化工生产工艺技术及发展研究

主　编　张海燕　刘立增　高海丽
副主编　孟宪昉　王会东　李修刚
　　　　杨晓红　季喜燕

中国水利水电出版社
www.waterpub.com.cn

内 容 提 要

本书主要阐述了在化工生产领域比较突出的几种产品的制备原理、生产特点、工艺过程和关键设备，较系统地介绍了一些重要化工产品、石油和煤的化工生产工艺，在反映现代国内外化学工业发展面貌的同时，也兼顾了化工工业的环保——绿色化学化工。全书主要内容包括化学工业及化工生产、化工生产工艺基础、合成氨、纯碱与烧碱生产、硫酸与硝酸生产、烃类热裂解、有机合成化工产品生产、高聚物合成、石油炼制、煤化工单元工艺、化工工艺计算与反应器、绿色化学化工等。

图书在版编目(CIP)数据

化工生产工艺技术及发展研究 / 张海燕，刘立增，高海丽主编. --北京：中国水利水电出版社，2015.7（2022.10重印）

ISBN 978-7-5170-3458-2

Ⅰ.①化… Ⅱ.①张… ②刘… ③高… Ⅲ.①化工过程—生产工艺—研究 Ⅳ.①TQ02

中国版本图书馆 CIP 数据核字(2015)第 174708 号

策划编辑：杨庆川　责任编辑：陈　洁　封面设计：马静静

书　名	化工生产工艺技术及发展研究
作　者	主　编　张海燕　刘立增　高海丽 副主编　孟宪昉　王会东　李修刚　杨晓红　季喜燕
出版发行	中国水利水电出版社 (北京市海淀区玉渊潭南路 1 号 D 座 100038) 网址：www.waterpub.com.cn E-mail：mchannel@263.net(万水) sales@mwr.gov.cn 电话：(010)68545888(营销中心)、82562819（万水）
经　售	北京科水图书销售有限公司 电话：(010)63202643、68545874 全国各地新华书店和相关出版物销售网点
排　版	北京厚诚则铭印刷科技有限公司
印　刷	三河市人民印务有限公司
规　格	184mm×260mm　16 开本　25.25 印张　646 千字
版　次	2016年1月第1版　2022年10月第2次印刷
印　数	2001-3001册
定　价	86.00 元

前　　言

过程工业是指以流程性物料(如气体、液体、粉体)为主要对象,以改变物料的状态和性质为主要目的的工业,它包括化工、石油化工、生物化工、化学、炼油等诸多行业与部门。过程工业所涉及的一些物理、化学过程,主要有传质过程、传热过程、流动过程、反应过程、机械过程、热力学过程等,其生产过程融“过程”、“机械”和“控制”为一体。

化学工业是国民经济发展中的重要基础产业,它与人们的衣、食、住、行及社会文化生活等各个方面息息相关。世界化学工业发展很快,新工艺、新技术、新产品和新设备不断涌现,极大地促进了社会的文明与进步。同时,为应对日益紧迫的能源、资源危机和越来越严峻的环境污染问题,世界各国都积极加快发展现代化学工业。绿色化学化工、循环经济与生态工业成为化学工业发展的重要理念,得到人们的广泛认同。

现代工业化学是研究现代化学工业及其规律的科学,它是融化学、化学工艺学、化学工程学以及资源、能源、环境、信息与管理科学为一体的综合性的应用科学。本书在讲述现代化学工业发展概貌的基础上,重点介绍现代化学工业的主要领域及其典型产品的制备原理、生产方法、工艺条件、关键设备及其材质的选用、安全技术和环境保护等,使读者了解现代化学工业的发展态势,熟悉化学工业生产中的工艺及其特点,认识资源、能源和环境与化学工业可持续发展的深刻内涵,优化自身知识结构,拓展专业知识视野,培养创新精神和综合素质,提高从事多种工作的适应能力。

本书以典型的无机、有机和聚合物化工产品的生产工艺和过程为主导,重点介绍了化工生产工艺技术的一些最基本的理论和知识,以少而精、重点突出为特色,力求该书无论是在内容上还是在形式上均有较大突破和创新。本书主要特点是在精选内容的基础上仍保持了一定的深度。全书共分为 12 章,内容有:化学工业及化工生产,化工生产工艺基础,合成氨,纯碱与烧碱生产,硫酸与硝酸生产,烃类热裂解,有机合成化工产品生产,高聚物合成,石油炼制,煤化工单元工艺,化工工艺计算与反应器,绿色化学化工。

编写此书参考了有关专著与文献(见参考文献),在此,谨向其作者致以崇高的敬意和诚挚的感谢。

由于编者水平所限,不妥之处在所难免,敬请读者批评指正,不吝赐教。

编　者

2015 年 5 月

目　录

第1章 化学工业及化工生产

1.1 化学工业

化学工业是指生产化工产品的工业。人们平常所说的化工就是指化学工业，化工是它的简称。不过“化工”有时也指“化工生产”、“化学工艺”或“化学工程”。

化学工业以自然资源或人工合成物质为原料，采用化学方法和物理方法，生产生活用化学品或生产资料，这种生活用化学品和生产资料统称为化工产品。与其他工业不同的是，经过化学工业的生产加工后，大多数情况下，得到的是从结构到性能与原料完全不同的新物质，这样的新物质是事先按要求设计好的。所以，化学工业承担着按人类的要求创造新物质、改变世界、推动人类社会发展的历史使命。

化学工业其实与每个人都息息相关，无论你是否从事化工这一职业，因为人们每天生活的衣食住行都与化工有关，人们每天都直接或间接地使用着各种不同的化工产品，比如服装、食品、住房的建筑材料、交通工具、洗漱用品、家用电器、化妆品等。

1.1.1 化学工业与国民经济

化学工业从其诞生起就在人类社会的发展中充当着非常重要的角色，并且为人类社会的发展做出了重要的贡献。从人们的日常生活用品，到国民经济的相关行业和部门，乃至科技的进步与发展，都离不开化学工业。化学工业已发展成为国民经济重要的基础产业、支柱产业。

化工产品使人们的生活丰富多彩。今天，人们的衣、食、住、行、用无一不与化工产品相关。化纤和染料使衣着更丰富、更漂亮；各种食品添加剂、保鲜剂满足了现代生活的快节奏；新型的建筑和装潢材料，使住房更安全、更节能，居家更舒适；交通工具不仅需要化学工业提供动力燃料，而且许多构建及装饰也用上了化工新材料；现代生活的家用电器，因为有了性能优异的化工新材料，性能不断提升，外观更加精美；琳琅满目的化妆品让人更漂亮、更精神、更自信，也更增添了生活的情趣。

化学工业改变了农业完全“靠天吃饭”的历史，加快了农业现代化的进程。化肥、农用薄膜、植物生长调节剂的使用使农业大幅增产；农药的使用大大降低了害虫及杂草的危害和影响；农业科技的发展也需要各种化学品。此外，合成纤维和合成橡胶的发展，大大节省了棉田和橡胶用地。化学工业为科学种田、农业现代化提供了物质基础和技术支持。

化学合成医药对维护人类的健康功不可没。新药的研制、开发和应用，使人类攻克了一个又一个疾病难关，人类的平均寿命因此而大大延长。今天，化学合成医药种类繁多，为人类健康提供了有力的保证。

能源是国民经济的命脉，化工与能源关系密切。石油、煤、天然气既是化学工业的基础原料，同时也是基础能源资源。化学工业将这些基础原料转换成化工产品，同时也承担着将这些基础能源资源加工成其他部门和行业所必需的动力能源。

今天，减少对自然能源资源的依赖，寻找、开发新的能源是化学工业对国民经济的最大的支持，也是新世纪赋予化学工业的历史使命。

国民经济的发展，靠的是各部门、各行业，而各部门、各行业的发展靠的是科学技术，所以科学技术是国民经济发展的原动力。今天，科学技术蓬勃发展，日新月异，科技成果层出不穷，这其中很多都需要具有特定化学性能的化学物质支持，这给化学工业的发展带来了极大的机遇。从冶金、电子、机械等传统工业，到国防、信息、航天等尖端技术部门，无论是技术改造、技术攻关还是技术创新，都离不开化学工业的密切配合与支持。科技带动了化工发展，化工促进了科技进步。

化学工业与各行各业紧密相关，化学工业与国民经济紧密相关，化学工业与人类的发展紧密相关。在人类社会高度发展的今天和未来，化学工业的作用和地位将会更加显著、更加重要。

1.1.2 化学工业发展概况

人类社会的发展催生、发展了化学工业，化学工业也推动、加速了人类社会的发展。

改变物质的形态和性质，使其为人类的生活和生产所用，早已被人类认识和应用，并形成了各种工艺技术。公元前 6000 年，中国的原始人已知烧结黏土制陶器，并逐渐发展了瓷器，至今欧洲人仍称瓷器为 china；中国的生漆至少有 6000 年历史；公元前 1000 前左右，中国人已掌握了以木炭还原铜矿石炼铜的技术；明朝宋应星在 1637 年刊行的《天工开物》中就详细记述了中国古代手工业技术，其中即有陶瓷器、铜、钢铁、食盐、焰硝（硝石）、石灰、红黄矾等的生产过程。

随着人类社会的发展，作坊式的手工制造已不能满足人类生活和生产的需要。尤其是 18 世纪末到 19 世纪中期，欧洲纺织、造纸、玻璃、肥皂、火药的发展，加速了酸、碱、盐化学工业的发展。1746 年世界第一个典型的化工厂 —— 铅室法硫酸厂在英国建立。1791 年法国医生路布兰以食盐、硫酸、石灰石、粉煤灰为原料生产出了纯碱，史称路布兰制碱法，并以此技术建立了第一个纯碱生产厂。铅室法制硫酸与路布兰法制碱是化学工业的重要标志之一。因此，有时称硫酸、纯碱是化学工业之母。

人类总是不断地追求技术进步。1861 年比利时人索尔维发明了氨碱法制纯碱取代了路布兰法，20 世纪初，接触法制硫酸取代了铅室法。

在制碱技术中，我国制碱专家侯德榜先生也做出了巨大的贡献。他发明的联合制碱法（侯氏制碱法），不仅使盐的利用率进一步提高，同时也减少了污染。联合制碱法与路布兰法、索尔维法，并称三大制碱法。

19 世纪中叶，随着钢铁工业的发展，人们注意到了炼焦副产焦炉气和煤焦油的化工价值，从煤焦油中分离出了苯、苯酚和萘等化学物质。由此化肥、染料、农药、医药等化学工业在德国兴起。煤化学工业的兴起，同时也促进了以煤为原料的有机化工的发展。

化学工业的另一个重要里程碑是 1913 年德国化学家哈伯和化学工程师博施发明的合成氨技术，其意义不仅在于合成了氨，发展了化肥工业，更在于它打开了人们的化学工艺思路：许多物质可以通过高压催化反应工艺实现。这一技术大大促进了无机化工和有机化工的迅速发展。

进入 20 世纪，在人类将石油和天然气作为燃料开采利用的同时，更发现了其化工价值。1920 年，美国新泽西标准石油公司开发了丙烯（炼厂气）水合制异丙醇的生产工艺，从此，化学工业发展进入石油化工年代。20 世纪 40 年代，石油烃的高温裂解和加氢重整工艺技术的成功开发，不仅为有机合成提供了丰富低廉的化工原料（如乙烯等低碳烯烃），而且促进了化工新产品的开发以及新工艺、新技术的发展。

石油化工的发展完全改变了高分子化工依靠加工、改性天然树脂和以煤焦油、电石乙炔为原料生产高分子材料的状况。大量的低碳不饱和烃为高分子聚合提供了丰富的单体原料，同时也加速了高分子工业向纵深发展。1931年氯丁橡胶实现工业化，1937年合成了己二酰己二胺(尼龙66)。合成塑料、合成橡胶、合成纤维三大合成材料的发展，使人类降低了对天然材料的依赖，进入了合成材料时代，同时也推动了工农业生产和科学技术的发展。

随着科学技术的进步和生活水平的提高，人类对化学品的要求也越来越高，为满足这种要求，产品批量小、品种多、功能优良、附加值高的精细化工也很快发展起来。

近年来，复合材料、信息材料、纳米材料、高温超导材料、生物技术、环境技术、能源技术等领域发展迅速，化工在其中发挥着重要作用。随着社会进步、科学技术的发展，化工行业将会得到更大的发展。

1.1.3 化学工业发展趋势

20世纪是化学工业高速发展的年代。进入21世纪，高新技术与高新产业更是层出不穷，这给化学工业带来了新的机遇。同时，资源、环保、能源等问题，又给化学工业提出了新的挑战。展望未来，化学工业有如下发展趋势。

(1) 综合利用资源，着力开发新资源、新能源

20世纪化学工业利用的原料资源主要是石油。但随着石油资源的减少和价格的不断上涨，人们将重视对煤和天然气的化工利用。随着科学技术的不断进步，煤和天然气的化工利用已出现较强劲的发展态势。

石油、天然气和煤是不可再生资源和能源。人类需要开发新的资源和能源，例如生物质、天然物、海洋生物、海底资源、再生资源等资源以及燃料电池、太阳能、氢能、地热能、水能和核能等能源。开发新能源是化学工业的历史使命。

(2) 开发更先进的化工生产工艺技术

通过化学工业自身或与其他领域高新技术相结合，开发出更先进的化学工艺新技术，加快化工产品的更新换代。例如，开发无毒、高效的催化剂，就是提升化学工艺技术的非常重要的手段之一。

(3) 清洁生产，绿色化工

在化工消耗着自然资源，以其神奇的创造力不断生产出新物资供人类享用的同时，人类曾经忽视了被过度开发利用的自然界和人类自己创造的物资对人类的反作用。传统的化工生产对环境造成污染，有害化学品对人类的健康和生态造成危害。这种“消耗”“污染”“危害”已经影响到了人类自身的可持续发展。保护环境，人和自然的和谐是可持续发展的保证。这就要求化工生产中，原料、产品对人类健康和生态无危害；生产加工过程零排放；生产资料、生活用品可回收再利用，也就是化工生产要“清洁生产”，化学工业是“绿色化工”。

(4) 信息技术在产品研发、工艺设计、化工生产和化工教学培训中得到更广泛的应用

新产品的研发可以结合电脑仿真信息技术寻找最佳的工艺条件；应用信息技术使化工生产工艺设计技术经济最优化；应用信息技术使化工生产过程更科学、更高效、更安全，提升化工生产与管理的智能化程度；应用电脑仿真信息技术进行化工教学培训，使学生(学员)可以“上岗”操作，学习的过程更加接近实际，在操作中学习，从而获得更多的操作技能和经验，提高学习的效率。

(5) 化工产品精细化

高新技术领域需要的往往是专用化工产品;人们生活水平的提高也希望化工产品的功能更优异(这样的产品往往具有更高的附加值)。这种需求使得化工生产趋向专门化和深度加工,产品趋向精细化。

化学工业的这种发展趋势,将推动以下化工领域更加快速地发展。

(1) 生物化工领域

生物化工是生物技术与化学工程相互融合与交叉产生的新领域。一生物化工具有使用可再生资源为原料、生产条件温和、选择性高、能耗低、污染低等优点。随着基因重组、细胞融合、酶的固定化等技术的发展,生物化工不仅可以提供大量廉价的化工原料和产品,而且还将改变某些化工产品的传统生产工艺,甚至一些以前不为人知的性能优异的化合物也将通过生物催化合成出来。

(2) 催化剂与催化技术领域

催化是化学工业的基础。化学工业的重大变革和技术进步大都与新的催化剂和催化技术有关。新型、无毒、高效的催化剂是提升化工生产工艺技术的关键因素。催化反应过程强化技术同样重要。有时只改变催化剂的应用技术也会起到巨大的作用。如近年来,以固体酸代替液体酸、固体碱代替液体碱作为催化剂已成为一种发展趋势。

(3) 材料化工领域

化工新材料为人类文明、社会进步、科技发展起到了巨大的推动作用。一种新材料的出现和使用,可能导致一些产业革命性的变化。今天,高新技术产业的不断发展更是需要性能优异的各种新材料,如复合材料、纳米材料等。因此,材料化工始终是化学工业的重要领域。

(4) 能源化工领域

能源化工的任务是使能源从有限的矿物资源向无限的可再生能源和新能源过渡。正在开发的新能源有核能、太阳能、生物能、风能、地热能和海洋能等。如氢能、燃料电池、太阳能电池和海洋盐差发电等正在得到开发和利用。

(5) 化工信息技术领域

化工信息技术是计算机技术、信息技术与化工技术相结合而产生的一门新的学科。近年来,DCS已成功应用于化工生产。DCS技术改变了化工生产的操作方式,实现了生产操作数字化,不仅减轻了操作者的劳动强度,降低了操作风险,更是大大提升了产品的质量,降低了生产成本,提高了生产效率。同时,化工信息技术在产品研发、工艺及管理优化、安全分析及控制(如HAZOP安全分析)、化工仿真教学培训等方面也已显示出独特的优势和巨大的发展前景。

1.1.4 化学工业分类

化学工业的产品数以万计,其性质、用途千差万别,生产方法更是各异。有时同一个产品可以用不同的原料生产,同一种原料可以生产出不同的产品。所以,化学工业有多种分类方法,以方便学习、交流和研究。

(1) 按性质分类

可分为:无机化工,有机化工。这种分类便于对化学工业及化工产品作一般的认识和了解。

(2) 按学科分类

可分为:基本无机化工,基本有机化工,高分子化工,精细化工,生物化工。这种分类便于按学科体系进行学习和研究。

(3) 按化工资源分类

可分为:石油化工,煤化工,天然气化工,盐化工,生物化工等。这种分类突出了化工原料的来源,体现出行业的原料特性。在研讨化工原料资源时,通常用到这种分类方法。

(4) 按产品用途分类

可分为:医药工业,染料工业,农药工业,化肥工业,涂料工业,橡胶工业,塑料工业等。这种分类能体现出行业的类型、企业产品的用途,企业的性质等市场属性,便于市场交流。

世界各国对化学工业有许多分类方法。中国对化学工业按化工产品划分,分为 19 个行业;按行业划分,分为 20 个行业,见表 1-1。

表 1-1　中国化学工业范围的分类

序号	按产品划分	按行业划分
1	化学矿	化学肥料
2	无机化工原料	化学农药
3	有机化工原料	煤化工
4	化学肥料	石油化工
5	农药	化学矿
6	高分子聚合物	酸、碱
7	涂料和颜料	无机盐
8	燃料	有机化工原料
9	信息用化学品 ①	合成树脂和塑料
10	试剂	合成橡胶
11	食品和饲料添加剂	合成纤维单体
12	合成产品	感光材料和合成记录材料
13	日用化学品	燃料和中间体
14	胶黏剂	涂料和颜料
15	橡胶和橡塑制品	化工新型材料
16	催化剂和各种助剂	橡胶制品
17	火工产品	化学医药
18	其他化学产品(包括炼焦和林产化学品)	化学试剂
19	化工机械	催化剂溶剂和助剂
20		化工机械

① 信息用化学品是指能接受电磁波信息的化学制品,如感光材料,紫外线、红外线、X 射线等射线材料和接收这类波的磁性材料、记录磁带、磁盘等。

1.2 化工生产

1.2.1 化工生产及特点

通过以上的活动学习，我们对化工生产有了初步的感知认识。化工生产是在化工企业进行的。在化工企业，人们可以看到高高的塔，大大的罐，这些就是化工设备。这些不同的设备用不同粗细的管道、各种阀门及输送泵连接起来，构成了化工生产装置。在设备和管道里是不同相态的化学物质。它们在设备里或进行剧烈的反应，或被进行各种处理；它们通过管道快速地从一个设备流向另一个设备。这些都是预先设计好的，也都处于受控状态。在现代化工企业，甚至很难看到现场的操作工人，这些装置的操作与控制是在操作控制室里完成的。在远离生产装置的中央控制室里，只能看到几个人坐在电脑前，操作着键盘，他们就是现代化工操作技术工人。他们在操作、控制着化工生产装置，进行着化工生产。他们的目的是要生产出特定的、合格的化工产品。为保证生产安全有效地进行，我们还可以看到化工企业设置有许多岗位和安全部门等相关的管理部门，可以看到许多特定的规章制度。在化工企业，为了生产出特定的化工产品，人们所从事的以上．这些活动就是在进行化工生产。化工生产需要相关人员、相关部门的协调合作才能正常运行，个人的职责对整个生产具有重要甚至是决定性的影响。

化学工业是一个特殊的行业，化工生产不同于一般的生产。和其他行业生产相比，化工生产有以下特点。

1. 化工生产的产品大多是全新物质

与其他的生产不同，化工生产不是原件的“组装”，大多数情况下原料经过复杂的化学反应和处理后，变成了另外的新物质，这种新物质从结构、相态到性能与原料完全不同。比如，原料是气态的，产品可能是液态或固态；原料可能是有毒的，产品却无毒。例如，人们平常熟悉的聚乙烯塑料 PE，其原料乙烯在常温常压下是气体，且有毒性，但乙烯经过聚合反应生成聚乙烯后，变为固体，是无毒的。所以，大多数情况下，化工生产的产品是按人的意愿和要求设计的，而且是自然界不存在的新物质。

2. 生产过程复杂

(1) 生产工序多

一个化工产品的生产有时需要十几道甚至是几十道生产工序，由几个生产车间组成，涉及许多化工单元反应和化工单元操作过程。

(2) 生产设备多，流程复杂

生产工序多，所用的设备、管道、阀门就多，构成的流程也就复杂。

(3) 操作难度大

化工生产过程环环相扣，一个环节出问题会影响到整个生产过程。

3. 技术要求高

化工生产按工艺要求将原料转化成产品，每个产品都有其关键的技术，且影响生产的因素非常多。和其他生产不同，化工生产不能“组装错了拆了重新组装”。任何一个小的差错，都可能会导致严重的后果，造成经济损失，甚至安全事故。

4. 过程、质量控制的间接性

化工生产过程中，设备多为封闭式，操作人员一般无法直接观察到设备、管道内的物料情况，物质内部分子结构的变化情况更是无法直接知晓，不能“看着工件来调整操作”。化工生产是通过仪器仪表检测工艺参数，间接反映设备管道里的物料情况，从而调整、控制生产操作。这给分析、判断和操作加大了难度。

5. 安全生产特别重要

化工生产的原料和产品，许多具有易燃、易爆、有毒、有害特性，有些生产过程还涉及高温、高压，所以，化工生产的安全性显得尤为重要。为此，从国家到生产企业，都制定了严格的安全法规。这些安全法规是安全生产的保证，企业和操作人员都必须严格执行。

6. 对操作工的素质、知识技能要求高

由于以上化工生产特点，同时现代化工生产已是高度的自动化、连续化，且正向智能化方向发展。所以，化工生产对操作者的职业素养、专业知识、综合技能等综合素质要求不断提高。现代化工企业的从业人员必须经过严格的专业学习和职业培训，且要达到相应的专业职业资格。

7. 化工生产的多方案性

随着科学技术的发展，化学反应的基本规律不断被人类认识和掌握。比如，同一种产品可以使用不同的原料；同种原料可以生产出不同的产品；同种原料、同一产品还可以通过不同的工艺路线来生产。这就为化工生产的环保、节能、降低成本以及因地制宜选择原料和生产方法提供了选择余地，使生产达到最优化。

1.2.2 化工生产安全第一

由于化工生产具有以上特点，为保证生产安全进行，从国家到企业都非常重视安全，强调安全在化工生产中具有第一重要性。强调安全生产的目的是为了保护劳动者在生产中的安全和健康，促进经济建设的健康发展。为此，国家颁布制定了一系列相应的安全生产法律法规，以规范劳动者安全操作，规范企业安全生产。

1. 安全生产的意义

(1) 安全生产是企业生存与发展的前提

如果一个企业安全生产没保障，存在安全隐患，甚至是安全事故频发，这样的企业，员工的健康甚至是生命安全得不到保障，必然导致人心涣散、企业不稳定、产品质量难以保证，企业的形象和商誉就会受到严重的影响，企业的生存无疑受到威胁。企业要发展，靠的是人才，留住人才最起码的条件是安全的工作环境。因此，在市场竞争的条件下，安全生产是企业生存和发展的前提。

(2) 安全生产是美好生活的保证

企业和职工都希望企业经济效益好，经济效益是企业发展的经济基础，也是职工生活的经济来源，但这一切的基础是安全生产。安全生产不仅关系到企业的发展，还关系到职工及其家庭生活。每个职工都希望自己平安健康，每个家庭都希望自己的亲人高高兴兴上班，平平安安回家。一个职工出事，整个家庭都受到影响。职工安全健康，家庭和谐幸福，这是每个职工的追求，也应该是企业的追求。安全生产为职工及其家庭的美好生活提供了保障，奠定了基础。

(3) 安全生产体现了以人为本的指导思想

安全生产的核心是在生产过程中人的安全与健康得到保障。产品的生产从工艺设计、设备设计到生产操作与环境，都应该保证人处于绝对的安全环境之中。过去赞扬在事故中保护财产安全，现在强调人的生命安全与健康是第一位的。安全生产体现了以人为本的指导思想，是社会进步与文明的标志。

(4) 安全生产是构建和谐社会的需要

安全生产是国家稳定发展的需要，是安定团结的需要，是企业对国家和人民应尽的责任。安全是社会安定的前提。企业生产多一份安全，社会就多一份安定，社会和谐就多一份保障。

(5) 安全生产对企业产生直接或间接的经济效益

做好劳动保护工作、保障企业安全生产，对于企业来说，还具有现实的经济意义。发生了生产事故不但造成直接经济损失，在工效、劳动者心理、企业商誉、资源耗费等方面还会造成难以估量的间接的经济损失。根据安全经济学原理，通常有这样的指标：1 元直接的经济损失通常伴随有 4 元间接的经济损失；1 元安全上的合理投入，能够有 6 元的经济产出；预防与事后整改所需的投入是 1 比 5 的关系。安全生产对企业的经济效益体现在：保护人的生命安全与健康的间接的经济效益；减少事故损失造成的直接经济效益；保护企业正常运行的间接经济效益；促进生产发展的直接经济效益。

2. 安全生产法规是安全生产的保证

(1) 安全生产法规的目的和作用

安全生产法规为保护劳动者的安全健康提供法律保障。我国的安全生产法规是以搞好安全生产、工业卫生、保障职工在生产中的安全、健康为前提的。它不仅从管理上规定了人们的安全行为规范，也从生产技术、设备上规定实现安全生产和保障职工安全健康所需的物质条件。

安全生产法规加强了安全生产的法制化管理，对搞好安全生产，提高生产效率具有重要的促进作用。通过安全生产立法，使劳动者的安全卫生有保障。职工能够在符合安全卫生要求的条件下从事劳动生产，必然会激发他们的劳动积极性和创造性，从而促使劳动生产率大大提高。

安全生产法规反映了保护生产正常进行、保护劳动者在劳动中安全健康所必须遵循的客观规律，对企业搞好安全生产工作提出了明确要求。同时，由于是一种法律规范，具有法律约束力，要求人人都要遵守，因此，为整个安全生产工作的开展提供了法律保障。

(2) 安全生产法规的严肃性和强制性

安全生产法规是国家法规体系的一部分，因此它具有法律的一般特征。

① 权力性。安全生产法规是由国家制定或认可的，具有由国家权力形成的特征。

② 强制性。法是由国家的强制力保证实施的。法的后盾是国家，国家是法的实施机关。法对国家内的所有人均具有约束力，必须实行，任何单位和个人均不得例外。

③ 规范性。规范性是指人们在一定情况下可以做什么或不应该做什么，也就是为人们的行为规定了模式、标准和方向，是一种社会规范。

除了国家的安全生产法规外，根据实际情况，地方和企业也会制定一些安全生产的具体条例或规章制度，这些条例或规章制度虽然不是国家法律，但它是在国家法律框架内制定的，所以也具有法律的一般特征。

安全生产法规和各种规章制度，对企业和职工具有同等的法律效应，必须严格执行，不折不扣。企业不能为图经济效益而忽视、打折扣甚至是有意不执行；职工不能为图省事、侥幸甚至是有意违犯。执行安全生产法规和各种规章制度具有严肃性和强制性，违犯者都要承担相应的法律责任。

(3) 遵守安全法规是每个职工应尽的职责

尽管国家的安全法规比较完善，绝大多数的企业都制定有严格的安全规章制度，但安全事故时有发生。究其原因，主要还是违法、违规所致。因此，贯彻落实和严格执行即成为关键。

作为企业，不是有了安全部门或将安全制度贴在墙上就万事大吉。企业必须加强对职工的安全教育，严格执行“三级”安全教育制度（厂级、车间级和班组级）。作为职工，必须提高自觉性，增强责任感，增强法制观念，牢固树立“安全第一”“生产服从安全”以及“安全生产，人人有责”的安全基本思想。在化工生产过程中，严格遵守、严格执行安全法规和各种规章制度，这是每个职工应尽的职责，既是对自己和他人生命安全、健康负责，也是对企业正常生产和企业财产安全负责。为此，职工必须自觉接受安全教育，学习有关安全知识，清楚各项安全法规和企业各项安全规章制度，掌握有关的安全技能。每个部门、每个职工的安全工作做好了，职工的生命安全与健康、企业的安全生产才有真正的保障。

1.2.3 化工操作在化工生产中的重要性

化工操作是指在一定的工序、岗位对化工生产装置和生产过程进行操纵控制的工作。对于化工这种靠设备作业的流程型生产，良好的操作具有特殊的重要性。因为流程、设备必须时时处于严密控制之下，完成按工艺规程运行，才能制造出人们需要的产品。大量事实表明，先进的工艺、设备只有通过良好的操作才能转化为生产力。操作水平的高低对于实现优质、高产、低耗起着关键的作用。

化工生产有许多环节，涉及许多部门，其中化工生产车间是化工产品生产最直接的部门，一线操作工人是化工产品生产最直接的操作者。生产第一线的操作直接关系到生产的安全性、产品的质量、企业的经济效益等。因此，生产操作在整个化工生产过程中是非常重要的环节，一线操作者在整个化工生产过程中起着非常重要的作用。为此，企业对各种化工操作都有严格的规定，除了规定持证上岗外，对具体操作都制定有各种操作规程，以指导、规范化工生产操作。

1. 化工操作必须严格遵守操作规程

化工生产操作规程是化工生产的依据，操作者应该予以充分的认识和高度的重视。

(1) 按规程操作的严肃性

操作规程是企业为保证产品质量和安全生产制定的生产操作制度，具有刚性和强制性，操作者必须严格遵守。操作者不能为图方便而违反操作规程，更无权更改操作规程。对违反操作规程而导致的各种事故，操作者要负相应的责任。

(2) 按规程操作是安全生产的保证

操作规程不仅是对生产操作的技术做了规定，同时也考虑到了操作过程中的各种安全因素，按规程操作通常不会发生安全事故。从历史的经验来看，多数事故的发生往往都是由于操作者违反操作规程操作造成的。因此，按规程操作是为安全生产把好了第一道关口，也是最重要的一道关口。

(3) 按规程操作是质量效益的保证

操作规程是根据生产工艺制定的。它规定了生产操作的程序、方法、步骤、技术参数、工艺指标和注意事项等，是生产操作的重要依据，是产品质量的基本保证。同样，质量事故多数情况下是由于操作失误或违反操作规程造成的。因此，严格按操作规程操作是产品质量和企业经济效益的基本保证。

2. 现代化工企业对化工生产操作者的基本要求

企业的产品最终是通过操作者的操作生产出来的，而化工产品的生产又有其特殊性。因此，对于化工企业而言，生产操作者的基本素质即显得尤为重要。很多工业发达国家对化工操作人员的素质都极为重视。我国对化工人员的素质要求已作出明确规定。《化工工人技术等级标准》等文件指出：化工主体操作人员从事以观察判断、调节控制为主要内容的操作，要求操作人员具有坚实的基础知识和较强的分析判断能力。

现代化工企业对化工生产的操作者通常有以下基本要求。

(1) 具有良好的职业道德

工作有责任心，遵纪守法，严格遵守企业的各项规章制度。

(2) 具有十分强的安全意识

掌握一定的安全知识和安全技能，切实遵守安全法规和各项安全规章制度，严格按操作规程操作。

(3) 具有一定的化学、化工专业知识和专业技能

必须是受过一定程度的化工专业教育或专业培训，达到相关岗位基本要求，持证上岗。

(4) 具有团队精神和良好的合作能力

通常情况下，化工生产不是一个人操作，而是几个或十几个人，甚至是几个车间，这就涉及团队合作。团队合作需要团队里的每一个成员都应具备团队精神、一定的沟通能力和协调能力。化工生产中，本工序、本车间的产物往往是下道工序或下个车间的原料，因此团队合作显得非常重要。

(5) 具有继续学习的基础和继续学习的能力

化学工业日新月异，产品、技术、知识和技能的更新不断加快，化工企业对一线的操作者的要求越来越高。作为未来的化工生产操作者，要求在学校学习或培训期间打好扎实的基础，培养继续学习的能力，为未来的发展奠定好基础。

1.2.4 化工生产流程举例

以中低压法生产甲醇为例。中低压法生产甲醇的方框图如图 1-1 所示。

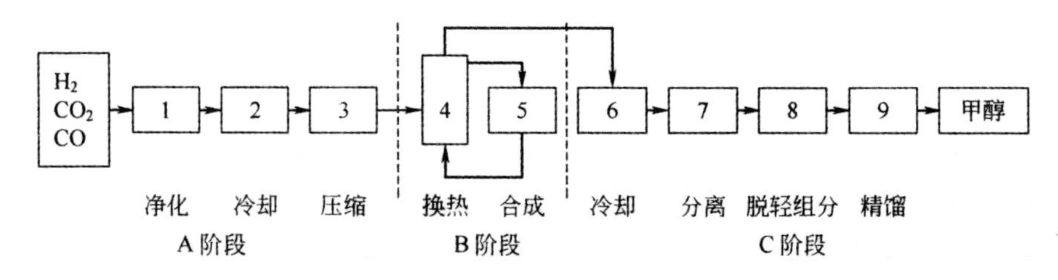

图 1-1 中低压法生产甲醇的方框图

从活动学习及以上的化工产品生产方框图中可以看出以下几点。

(1) 化工生产的生产工序较多，过程比较复杂。

(2) 化工生产的生产过程是原料不间断地进入生产系统，产品不间断地生产出来，是连续过程。

(3) 多数化工生产都是由两个基本工序组成，即物理工序和化学工序。

(4) 化工生产的 3 个基本过程。从以上的例子中可以看出，化工生产总是包括以下 3 个基本过程(图 1-2)。

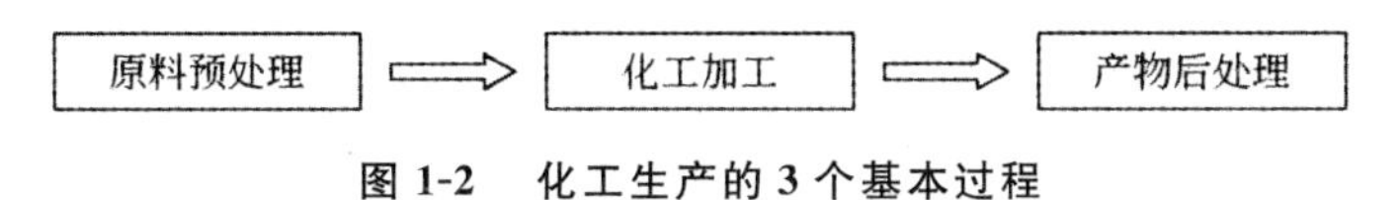

图 1-2　化工生产的 3 个基本过程

原料预处理过程。无论是进行物理混合还是化学反应，进行化工加工过程之前，对原料都有特定的要求。原料预处理就是要使原料达到这一特定的要求。比如粉碎，使固体达到一定的颗粒大小；预热，使物料达到反应所需要的温度；分离提纯，使物料达到所需要的纯度等。上面例子中以虚线划分的 A 阶段对应的即是原料预处理过程。

化工加工过程。化工加工过程有时只是按配方进行简单的物理混合，但多数情况是复杂的化学反应。尤其是具有化学反应的化工加工过程是化工生产的核心部分，它直接关系到产品的质量。上面例子中以虚线划分的 B 阶段对应的即是化工加工过程。

产物后处理过程。原料经过化工加工后，通常都要经过后处理加工过程。其目的一是分离提纯产品，或调整产品的技术指标，使其达到产品规定的质量指标要求；二是回收没有反应的原料，使其重新利用。上面例子中以虚线划分的 C 阶段对应的即是产物后处理过程。

中低压法制甲醇的生产过程方框图。在 A 阶段，通过净化、冷却、压缩等组合操作，完成对原料 H_2、CO_2、CO 的预处理，使其达到反应的要求；在 C 阶段，通过冷却、分离、精馏等操作，完成产物后处理，使其达到产品的质量要求。这些基本的操作就是我们学过的单元操作。这些操作有一个共同的特点就是操作过程中没有化学反应发生，属于物理工序。化工生产的原料预处理和产物的后处理通常就是由这些单元操作来完成。

单元操作是化工生产过程物理工序的“积木”，可根据生产需要进行组合，完成某一特定的生产任务。

在B阶段进行的是化学反应 $2H_2+CO \rightarrow CH_3OH$。化学反应是化工生产的核心。化学反应的种类繁多，按性质可分为若干单元反应，如氧化、加成、酯化、烷基化等。化工生产的化学反应即是由这些单元反应来完成的。

无论是简单的还是复杂的化工生产过程，都是由这些单元操作和单元反应的基本过程，按一定的生产工艺科学有机地组合来完成的。

仔细观察上面的例子发现：化工生产是物料状态不断“变化”、物质不断“转换”的过程。其实，从“变化”和“转换”的角度来考察化工生产过程，发现所有的化工生产过程进行的只是两种基本转换：能量转换和物质转换。

单元反应使物质的结构、形态发生了变化，生成了新物质，这种变化就是物质转换。反应过程中，物料的加热或冷却、反应过程的放热或吸热，这些总是伴随着温度的变化。所以，反应过程除了有物质转换，同时也伴随着能量转换。

单元操作中的物料输送，如将物料从一个设备输送到另一个设备；物料状态的改变，如精馏过程物料的汽化和冷凝等，这些都需要消耗能量。所以，单元操作其实是物质的能量转换过程。

从能量转换和物质转换的角度来认识化工生产过程开阔了认识的视野，认识到了化工生产过程的本质。这种认识方法有利于生产技术开发，提高能量综合利用率，降低能耗；有利于提高原材料的综合利用率，提高产品的质量和产量。

1.3 化工厂基本知识

1.3.1 热力学第一定律

1. 基本概念

(1) 体系与环境

体系:根据研究问题的需要,人为地选取一定范围内的物质作为研究对象,称为体系,又可以称做系统。

环境:体系之外并与体系有密切联系的其余部分物质或空间称为环境。体系与环境的划定完全是人为的,可以是实际的,也可以是想象的,体系和环境之间的联系主要包括物质交换和能量交换。

根据体系与环境之间的有无物质和能量的交换,体系又分为 3 类:

① 敞开体系。与环境之间既有物质交换又有能量交换的体系;

② 封闭体系。与环境之间只有能量交换而无物质交换的体系;

③ 孤立体系。完全不受环境影响的、与环境之间既无物质交换又无能量交换的体系。

状态函数:用来说明、确定体系所处状态的宏观物理量。热力学体系状态是体系的物理性质与化学性质的综合表现。对于有确定的化学组成和聚积态的体系状态是由许多宏观的物理量如质量、温度、压力、体积、密度等来描写和规定的。这些用来描写和规定状态的性质,称做状态性质,人们常把它们又称为状态函数。当体系的所有的状态函数都不随时间发生变化而处于定值时,统称体系处于一定的状态。状态函数的变化与过程的途径无关。

(2) 过程与途径

当体系的状态发生变化时,把状态变化的经过称为过程,而把完成变化的具体步骤称为途径。热力学常用的过程有:

① 定温过程。定温过程是指体系的始态温度 T_1 和终态温度 T_2 相等,并且过程中始终保持这个温度,$T_1 = T_2$。

② 定压过程。定压过程是指体系的始态压力 p_1 和终态压力 p_2 相等,并且过程中始终保持这个压力,$p_1 = p_2$。

③ 定容过程。定容过程是指体系变化时体积不变的过程。

④ 绝热过程。绝热过程是指体系与环境之间无热交换的过程。

⑤ 循环过程。循环过程是指体系从一种状态出发经一系列的变化后又回到原来的状态的过程。

(3) 热量与功量

体系状态发生改变时通常与环境进行能量交换,热力学变化中所交换的能量有两种形式,一种是热量,另一种是功量。

热量:热量是指体系与环境之间因存在温差而引起的能量传递形式。热量用符号 Q 表示。单位是焦耳(J) 或千焦(kJ)。热力学中规定:体系吸热,Q 为正值;体系放热,Q 为负值。

功量:功量是指体系和环境之间除热之外的其他能量传递形式。功量用符号 W 表示。单位是焦耳(J) 或千焦(U)。热力学中规定:体系对环境做功,W 为正值;环境对体系做功,W 为负值。

图 1-3 所示是一活塞中气体对外做功示意图。a 是活塞的起始位置，此时气体的体积是 W;b 是活塞的最后位置，此时气体的体积是 V_2。设气体对外的压力保持恒定压力 p 不变，活塞移动的距离是 l，活塞的面积是 A，则此过程中气体对外所做的功为

$$W = Fl = (Ap)l = p\Delta V \tag{1-1}$$

所以，在恒定压力下气体膨胀所做的功为

$$W = p\Delta V$$

若 $p\Delta V > 0$，表明气体膨胀，$W = p\Delta V$ 是正值。

若 $p\Delta V < 0$，表明气体被压缩，$W = p\Delta V$ 是负值。

式(1-1) 可以用来计算气体体积变化后所做的功。体积功即是由于体系的体积发生变化而与环境发生的能量的传递。除了体积功外，其他形式的功都称为非体积功。电功是一种常见的非体积功，例如电池放电，若电池的电动势是 E，电池对外放电量是 q，则电池对外做功 $W = Eq$。

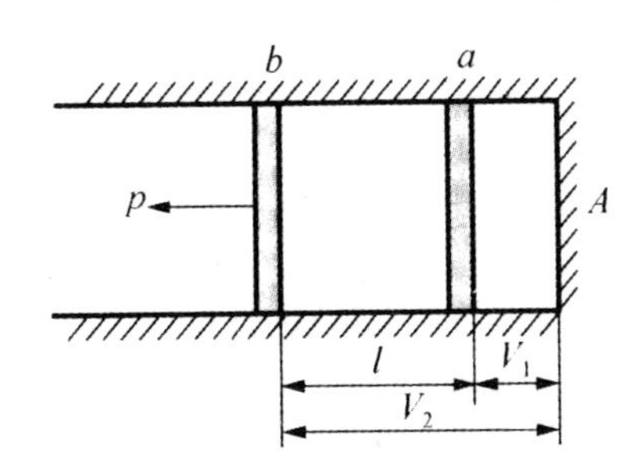

图 1-3　活塞中气体对外做功示意图

(4) 内能

内能，又称热力学能，它是指储存于体系内部一切能量的总和，它与体系内部粒子的微观运动和粒子的空间位置有关，包括分子热运动形成的内动能、分子间相互作用形成的内位能、维持一定分子结构的化学能、原子核内部的原子能以及电磁场作用下的电磁能等。

任何系统都具有一定的能量，它包括整个系统的运动动能、相对地面的位能和系统的热力学能。若用 U 表示系统的能量，用 U_k 表示系统的动能，用 U_p 表示系统的位能，用 U_i 表示系统的热力学能，则有

$$U = U_k + U_p + U_i \tag{1-2}$$

在热力学中，系统的能量通常只是指系统的热力学能或内能，即 $U = U_i$ 内能的单位是焦耳或千焦。

把能量守恒原理运用到热力学系统中来，可以得到下述两点结论：

① 任意系统处于确定状态时，系统的内能具有单一确定值；

② 系统可以沿不同的途径从始态变化到终态，但内能的变化值均相同，即内能的改变量只由始态和终态决定，而与过程的途径无关，它是状态函数。

2. 热力学第一定律

热力学第一定律即能量转换与守恒定律在热力学中的应用，确定了热力学过程中各种能量在数量上的相互关系。热力学第一定律表明，能量可以从一种形式转化为另一种形式，但转化过程中能量的总和不变。

假设有一封闭系统，在状态 1 时的内能是 U_1，变化到状态 2 时的内能是 U_2，在变化过程中，

系统吸收热为 Q,同时对外做功为 W,如图 1-4 所示。

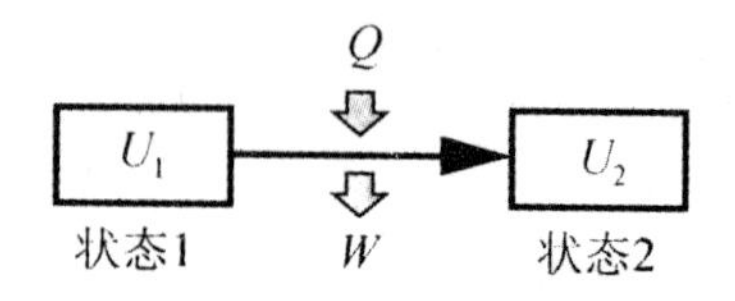

图 1-4　状态变化图

根据热力学第一定律有

$$U_1 + Q - W = U_2$$

则内能的改变量为

$$\Delta U = U_2 - U_1 = Q - W$$

即

$$\Delta U = Q - W$$

式(1-3)即是热力学第一定律的数学表达式。根据能量守恒定律,在系统的状态发生变化时,内能的改变量 ΔU 一定与热 Q 及功 W 的代数和相等。

如果系统发生的是一个无限小的变化,第一定律的数学表达式可以写成

$$\mathrm{d}U = \delta Q - \delta W \tag{1-4}$$

此处在 Q 及 W 前不用“d”而用“δ”,是为了表示热 Q 和功 W 不是状态函数,其微小改变量不具有微分的性质。

1.3.2　化学反应热的计算

1. 定容反应热

如果状态的变化满足这样的条件:

(1) 在外界压力 p_{out} 作用下系统的体积始终保持不变;

(2) 过程中没有其他功 W'。

则第一定律的表达式成为

$$\Delta U = Q - W = Q - \left(\sum p_{out}\mathrm{d}V + W'\right) = Q_V \tag{1-5}$$

可以看出,只要满足了(1) 和(2) 两个条件,过程的热(定容反应热)Q_V 在数值上就对应着状态函数 U 的改变量,变成了只由始、终态决定而与满足两条件的各具体途径无关的量。

2. 定压反应热

定压反应是指在恒定压力下进行的反应。例如在敞口的容器中所进行的反应就可以看成是定压反应,压力就是外界大气压。定压下反应的热效应用 Q_p 表示。

热力学中将焓的定义为

$$H = U + pV \tag{1-6}$$

式中,U、p、V 分别是系统在一定条件下的内能、压力和体积。

由热力学可以导出

$$\Delta H = Q_p \tag{1-7}$$

$\Delta H = H_1 + H_2$,H_2 和 H_1 分别是系统终态和始态的焓,ΔH 即化学反应的焓变。式(1-7) 表

明:化学反应的定压热效应等于过程的焓变。

3. 热化学方程式

表示化学反应与热效应关系的方程式称为热化学方程式。由于定压反应热和定容反应热在数值上等于反应的ΔH和ΔU，而ΔH和ΔU又与物质的聚集状态、所处的温度、压力有关，故书写热化学方程式时，必须注明条件。规定热化学方程式的写法为:前面写出化学反应方程式，式中各反应物、产物标明聚集态气(g)、液(l)、固(s)，固态标明晶型;后面加$\Delta_r H_m$、$\Delta_r U_m$或Q等于多少，$\Delta_r H_m$或$\Delta_r U_m$右下角标注反应温度。例如:

$$H_2(g)+\frac{1}{2}O_2(g)\xrightarrow[298.15K]{101325Pa}H_2O(l)$$

由于化学反应的热效应不仅与反应的条件有关，还与反应物和生成物的物理状态及物质的量有关，所以在书写热化学方程式时必须注意以下几点:

(1) 应注明反应的温度和压力，因为反应的焓变与温度和压力有关。热力学中规定物质在标准态时的压力为100kPa，用符号ΔH^Θ表示标准态的焓变(右上角标符号Θ表示标准态，标准态对温度无限定)。气态物质的标准态是指系统中各气体的分压处于标准压力下的理想气体;液态或固态物质的标准态是指处于标准压力下的纯液态或纯固态;溶液中溶质的标准态是指处于标准压力下，其浓度$c^\Theta = 1mol/L$。如果反应在标准状态和选定温度下进行，习惯上不注明。

(2) 应注明反应物和生成物的物理状态，通常用英文小写字母g、l、s分别表示气态、液态和固态;用aq表示水溶液。如果固态有几种晶型也应加以注明，如C(石墨)、C(金刚石)。

(3) 化学方程式中各物质前的系数是化学计量系数，可以是整数也可以是分数。同一化学反应的计量系数不同，其反应的热效应值也不相同。例如反应:

$$2H_2(g)+O_2(g)=2H_2O(g)\qquad \Delta H^\Theta=-483.6kJ/mol$$

(4) 在可逆反应中，正逆反应的焓变的绝对值相等，其正负号相反。例如反应:

$$H_2O(g)=H_2(g)+\frac{1}{2}O_2(g)\qquad \Delta H^\Theta=+241.8kJ/mol$$

应特别注意的是热化学方程式是表示一个已完成的反应，而不管反应是否真正完成。

4. 标准摩尔生成焓和由标准摩尔生成焓计算反应的热效应

一般人们把由稳定单质生成某化合物的反应称为该化合物的生成反应。在标准压力和指定温度下，由最稳定的单质反应生成1mol某物质，其过程的标准焓变，称为该物质在该温度下的标准摩尔生成焓。标准生成焓用$\Delta_f H_m^\Theta$表示，单位是kJ/mol。

规定在指定温度标准状态下，元素的最稳定单质的标准生成焓值为零。一个化合物生成反应的标准摩尔焓变就是该化合物的标准摩尔生成焓。

先从热力学数据表中查出反应各物质的标准生成焓，然后按式(1-8)计算反应的热效应，即

$$\Delta_r H_m^\Theta=\sum_i \gamma_i \Delta_f H_{m,i}^\Theta \tag{1-8}$$

式中，$\Delta_r H_m^\Theta$为化学反应在温度丁条件下进行时的焓变。

5. 标准摩尔燃烧焓和由标准摩尔燃烧焓计算反应的热效应

标准摩尔燃烧焓是指在标准状态下1mol物质完全燃烧时所放出的热量，通常称为燃烧焓，用$\Delta_c H_m^\Theta$表示，单位一般是kJ/mol。一般规定C的燃烧产物为$CO_2(g)$，H的燃烧产物为$H_2O(1)$，N的燃烧产物为$N_2(g)$，S的燃烧产物为$SO_2(g)$，Cl的燃烧产物为一定组成的盐酸水溶液

HCl(aq)。对燃烧最终产物的定义，不同的参考书可能不完全一样，标准摩尔燃烧焓的值可能不完全一致，查表时应注意使用同一组数据。

由标准摩尔燃烧焓计算化学反应的定压反应热的方法与由标准生成焓计算化学反应的定压反应热的方法类似。用热力学方法可以推出

$$\Delta_r H_m^\ominus = -\sum_i \gamma_i \Delta_c H_{m,i}^\ominus \tag{1-9}$$

式(1-9)表明，在一定温度下化学反应的标准摩尔反应焓，等于同样温度下反应前后各物质标准摩尔燃烧焓与其化学计量数的乘积之和。

6. 离子标准摩尔生成焓

在指定温度及标准状态下，由稳定单质生成无限稀薄溶液中1mol离子时的热效应称为离子标准摩尔生成焓，用 $\Delta_f H_m^\ominus(aq)$ 表示，并规定氢离子的标准摩尔生成焓为零，即 $\Delta_f H_{m,H^+}^\ominus = 0$。由此可求得其他离子的标准摩尔生成焓，例如：

$$\frac{1}{2}H_2(g) + \frac{1}{2}Cl_2(g) \xrightarrow[H_2O]{} H^+(aq) + Cl^-(aq) \quad \Delta_r H_m^\ominus = -167.4\ kJ/mol$$

根据以上规定得

$$\Delta_r H_{m,Cl^-(aq)}^\ominus = \Delta_r H_m^\ominus = -167.4\ kJ/mol$$

离子标准摩尔生成焓数据可以查有关数据，由离子标准摩尔生成含焓数据计算化学反应热的公式为

$$\Delta_r H_m^\ominus = \sum_i \gamma_i \Delta_f H_{m,i(aq)}^\ominus \tag{1-10}$$

1.3.3 化工生产的基本概念

1. 化工单元过程与化工单元操作

化工单元过程和化工单元操作共同组成学习化工生产的最基本知识。

(1) 化工单元过程

化工单元过程也称化工单元反应，是指具有共同的化学变化特点的基本过程。化工单元过程主要包括氧化、还原、氢化、脱氢、水解、水合、脱水、硝化、卤化、胺化、磺化、烷基化、酯化、碱熔、脱烷基、聚合、缩聚、催化等。表1-2为化工单元过程的分类及说明。

表1-2 化工单元过程的分类及说明

化工单元过程	主要内容说明
氧化	物质和氧化合的过程，或者是氧从含氢化合物中夺取氢成水的过程。如氯化氢氧化成氯和水，甲醇氧化成甲醛等
还原	含氧化合物被夺去氧的过程。如氧化铜和氢加热生成铜和水，对氧化铜来说就是还原过程
氧化	有机化合物和氢分子起反应的单元过程。通常在催化剂存在下进行，方法有加氢和氢解
脱氢	有机化合物脱去氢的单元过程。有催化脱氢和氧化脱氢两种形式
水解	是利用水将物质分解形成新的物质的过程

续表

化工单元过程	主要内容说明
水合	水合或者水化的物质和水化合的单元过程。水合有两种形式：① 以整个水分子进行水合，生成含水分子的水合物或水化物；② 以水分子组分进行水合，如乙烯水化生成乙醇，乙炔水化生成乙醛
脱水	脱水和水合是两个相反的过程。有两种形式：① 脱去整个水分子，如含水碳酸钠脱水生成无水碳酸钠；② 脱去水分子组分，如乙醇脱水生成乙烯或乙醚
硝化	有机化合物分子中引入硝基的单元过程
卤化	有机分子中引入卤素原子的单元过程。卤化一般有置换法和加成法
胺化	有机化合物与氨分子作用，其中一个或几个氢原子被置换生成胺类化合物的单元过程
磺化	有机化合物中引入磺基的单元过程。有机苯分子中的一个氢原子和硫酸分子中的一个氢氧基作用，失去一个水分子生成含磺基的化合物
烷基化	有机物分子中引入烷基的单元过程
酯化	通常指醇和酸作用生成酯和水的单元过程
碱熔	一般指芳香烃的磺酸化合物和碱共熔，使磺基转变为羟基的单元过程
脱烷基	有机物分子中脱去烷基的单元过程
聚合	一种或几种单体以共价键连接成为高分子化合物而不同时产生低分子副产物的单元过程
缩聚	一种或几种单体结合成高分子化合物同时产生低分子副产物的单元过程
催化	改变反应物的活化能，使物质改变化学反应速率的过程。催化剂可使化学反应物在小改变的情形下，经由只需较少活化能的途径来进行化学反应

（2）化工单元操作

和化工单元过程不同，化工单元操作是指在化学工业生产中具有共同的物理变化特点的基本操作，是以物理方法为主的处理方法。化工单元操作是由各种化工生产操作概括得来的，基本包括 5 个方面：

① 流体流动过程，包括流体输送、过滤、固体流态化等。

② 传热过程，包括热传导、蒸发、冷却等。

③ 传质过程，即物质的传递，包括气体的吸收、蒸馏、精馏、萃取、浸取、吸附、干燥等。

④ 热力过程，包括气体液化、冷凝等。

⑤ 机械过程，包括固体输送、粉碎、筛选等。

化工单元操作被应用于各种化工生产中，在 20 世纪初，它由美国麻省理工学院的科学家总结成一门独立的学科，和化工单元过程一起，组成学习化学工业生产的基础知识，这些单元的原理和计算方法，可以应用到各种化工门类的设计和生产过程中。

2. 工艺程序结构

化工工艺学以化学、机械输送过程、单元操作和反应器设计等科学训练为基础，开发化工工艺，不仅仅是简单地运用这些科学训练，还必须从这些科学领域中精选知识，将各方面的知识综合起来，并定量地进行解释。这意味着化工工艺学集各科学领域知识之大成。

工艺设计时必须以成品生产能力、原材料和产品的组成（规格）以及废物中污染环境的各组分的允许排放标准等为依据，根据这些数据确定设备的容量，此外还必须对经济效益、安全要求和劳动条件进行周密的考虑。复杂的是，化学工业还与原料供应和产品销售一起，组成了一个关系复杂的、范围宽广的、不断变化的系统。原料形势、市场关系、能量的供应情况和价格、当然还有政治经济因素等，它们的改变，不断地改变着这个系统的面貌。为了使工艺最佳，需要有“系统想法”，需要对产品需求和交通运输等许多条件进行综合考虑，从各种可能性中选择工厂的地理位置、社会环境和法律规定等。这不仅对选择现有的工艺是重要的，对发展新工艺也是重要的。而最关键的是，最后的结果反映在经济上必须是有竞争力的。

(1) 工艺程序结构

在化工工艺中，把原料转变为产品的路线，称为工艺程序，工艺程序结构示意如图 1-5 所示。它是一种相互关联的操作的逻辑连接，是一个由子系统（工艺设备）组成的系统。这些子系统中至少有一个是进行转化的化学反应器。反应器前的工艺设备属于预备进料装置，反应器后的则为处理转化后的物质，它通常包括分离步骤。

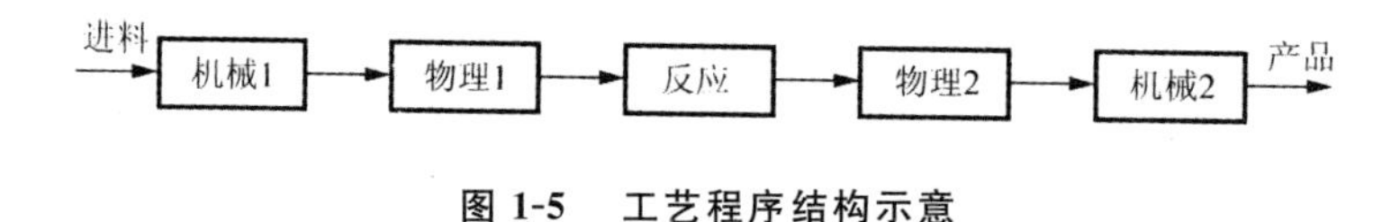

图 1-5　工艺程序结构示意

第一步工艺（如压榨或研磨等机械操作）之后，常常是混合、加热、蒸发之类的物理处理。这些工艺步骤可根据质量守恒、能量守恒和动量守恒原理来描述，一般属于单元操作范畴。反应器之后的单元处理在性质上也是物理的。未处理通常是机械操作过程（如造粒、包装）。

实际工艺系统比较复杂。这是因为：

① 原料一般是不纯的，甚至是不同化合物的混合物。

② 每个化学反应的进行基本上都不完全，并常常形成副产品。这样，生成物就更加复杂。

③ 常常使用辅助材料，因此，工厂中有许多分离步骤。对于任何分离步骤，一支进料至少有两支出料。未转化的进料和辅助化学品一般要尽可能地循环使用。

只要可能，应把中间产物和副产品在各自的工艺中转变为有用的产品，加以回收。剩下的全部排放物就是废物，它们在排出工厂前必须达到一个可接受的标准。排出物只有不带污染物的空气和水才是最理想的。

工艺可被视为由管道网连接的单元操作群，在描述工艺时，通常采用标准符号来代表单元操作处理，使所构成的网络（流程图）简明清晰。若流程图上标出各步处理的质量和热量平衡，将是相当复杂的，故一般不标出或只标出某一项。在需要标明质量和热量平衡时，可把每个单元处理当作一个子系统来考虑。

(2) 化工工艺过程的流程

化工工艺过程可以是连续的也可以是间歇的。工业生产的流向有顺流、逆流和错流。在工业生产过程中，为了充分完成反应，节约使用原料，减少设备套数等目的，常常采用循环处理法以增加物料的处理次数。为节约某些物料，经常要采用再生的方法。

1) 间歇过程及连续过程

间歇过程是间歇地将原料送入设备，经过一定时间，完成了某一阶段的反应后，卸出成品或半成品，然后更换新原料，重新开始重复的操作步骤。

连续过程是在一套设备中，操作经常昼夜不断地进行，即连续地在同一时间内不断地送入原料，不断地卸出产品。这是近代化工生产中逐渐趋于显著地位的操作方法。

连续过程与间歇过程相比，具有如下优点：

① 连续过程可以减少手工劳动，有可能全部机械化或自动化。

② 连续过程时，被处理物料在过程中各个环节所处的状态是稳定的，就是说每次生产时在指定设备中、指定情况下，它的数量或变化基本上都是保持稳定的。

③ 连续过程所得的成品较为均匀，因而质量更好。

④ 减少或几乎消除原料与成品的装卸时间，使设备利用率大大提高。

⑤ 由于过程是连续的，更有可能完善地设计整个过程中的热量平衡，特别是余热的交换和利用。

⑥ 由于机械化或自动化，减少了人工搬运；同时由于连续生产，减少了设备的停工装料时间，故可以在减少设备套数的情况下获得相同的产量。

2）流向选择

顺流（或并流）：各反应物或热流和物料的运动方向一致。

逆流：各反应物或热流和物料的运动方向彼此相反。

错流：各反应物或热流和物料的运动方向彼此成一定的角度。

顺流具有如下特点：

① 设备入口处的浓度差和温度差较大。

② 设备出口处，过程进行的条件比较温和（无过热、过干燥、过冷却等危险）。

③ 设备出口处，温度差或浓度差的极限等于零。

逆流与顺流相比，其主要优点为：

① 过程进行得更完全。

② 过程的平均推动力（决定于反应物间的浓度差或温度差）较大，因而可以减小设备的尺寸。

用溶剂提取固体物质中之某一组分时，采用逆流过程进行得比顺流完全，如图1-6所示。用液体吸收气体时，通常也采用逆流，如图1-7所示。

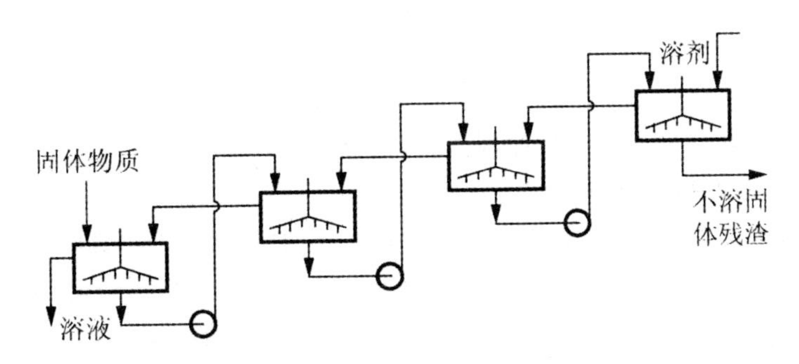

图1-6 用液体溶解、浸取和洗涤固体物质的流程

3）物料的处理次数

按照物料的处理次数，可将过程分为开链式和循环式两种。

循环式过程是把未起反应的物质当做原料与新的反应物混合后再重新进入循环系统的开端。循环的概念可以是对某一个设备、对反应物的某一物流、或对它们的某些组成部分而言。工业上用氮气和氢气合成氨时，所采用的就是循环流程。电解食盐溶液制氢氧化钠和氯气时，盐水是循环使用的。循环的溶剂中如逐渐含有更多的杂质时，必须加以净化或将溶剂从过程中排出。反应物的多次处理、热能的多次利用，也可应用于开链式的流程，图 1-9 所示的流程即是。

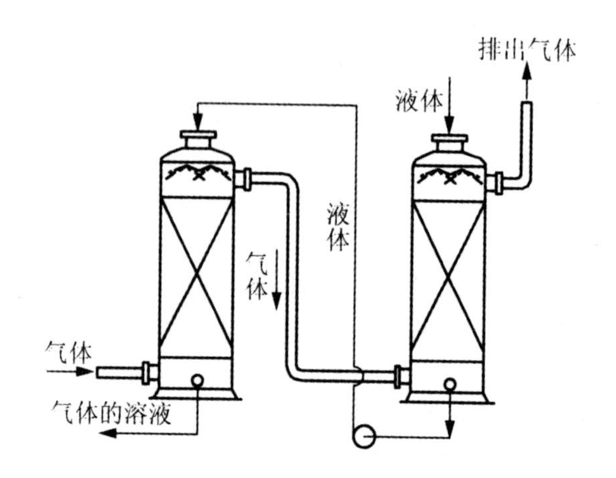

图 1-7 气体和液体在吸收塔内的流向

4）再生

再生就是将反应过的物质转变为原始状态以便重复加以利用。如催化剂的再生、离子交换树脂的再生、活性炭的再生等。

1.4 化工工艺学

1. 化工工艺学研究的主要内容

前已述及，工艺学本质上是研究产品生产的技术、过程和方法，这些过程和方法还有一个大前提，必须是先进的和经济的。实际上，这里还缺少一个重要的前提，就是产品的质量。也就是说，我们所研究的化工艺学是要用先进的和经济的技术过程和方法生产出合乎质量要求的产品。因此，我们把化工工艺学研究的内容分为两个大板块，一个是它的硬件，另一个是它的软件。

硬件包括它要有一个合理的、先进的、经济上有利的"工艺流程"，有了这个流程可以保证从原料进入流程直至产品下线，过程是顺畅的、经济合理的，原料的利用率高，能耗和物耗较少。这个流程最终是通过一系列设备和装置体现出来，组成一个有机的流水线，设备在这个流水线上串联或并联着，它们是产品的摇篮和载体。

软件包括它要有一套合理的、先进的、经济上有利的"工艺操作控制条件"和"质量保证体系"，它包括反应的温度、压力、催化剂、原料和原料准备、投料配比、反应时间、生产周期、分离水平和条件、后处理加工包装等，以及对这些操作参数监控、调节的手段。

当然，在整个生产过程中，要保证安全，即保证人身安全和设备设施的安全运行，遵守卫生标准和要求，在保证先进、合理、经济、安全的同时，要求保护环境、杜绝公害、减少污染，对产生的污染一定要综合治理，这也是工艺学研究的主要内容。

概括起来，化工工艺学研究的主要内容包括三个方面，即生产的工艺流程；生产的工艺操作控制条件和技术管理控制；安全和环境保护措施。

2. 化工工艺学和化学工程学的关系

化学工程学是将生产化工产品或其他产品中出现的具有物理变化或化学变化的各种操作方

法，加以归类概括、综合、提炼、升华，把这些操作方法划分为各种“单元操作”过程，如“化学反应”“分离”“系统”这些大的概括的过程，以及诸如“物料粉碎”“结晶”“蒸发”“干燥”“精馏”这些小的过程，对这些过程中的物理变化和化学变化的规律加以探讨，用以指导这些过程的操作，改进设备，改进操作方式，使之更加合理、更加经济，从而也更加先进的一门学问。化学工程学的主要任务就是研究这些规律，设计出更加先进、合理、经济的生产流程和设备。

由此可见，化工工艺学涉及的“硬件”的研究，要依赖化学工程或者说需要化学工程的指导，或者说要化学工程为它服务。没有化学工程的指导和介入，化工工艺学等于纸上谈兵。当然，化学工程必定要为化工工艺服务，它离不开产品的质量控制，产品的特有性能，产品的生产步骤等技术和过程环节条件，不是高谈阔论，而是“看菜吃饭”，就事论事。因此，化工产品生产的工艺流程的设计，必须由化工工艺和化学工程相结合，才能完成。比如，我们生产一种药物，根据产品的质量要求，它最后的成品需要“干燥”，以去除水分或溶剂。根据化学工程的理论，干燥有各种各样的方法，有许多计算的公式，当然温度高对干燥效果有利，可是我们的产品最高只能耐受70℃，这就要求化学工程的设计中，必须考虑这个工艺条件，在工艺条件的限定范围内，研究设计最先进可行的“干燥”过程和操作设备。

化工工艺学的软件部分，即工艺操作和控制条件，也不是一成不变的，随着化学工程与工艺的结合，一个先进的设备产生，它可能改变工艺条件，使之更加合理。比如某个产品的“干燥”过程，原先使用的工艺条件是在某个较高温度下，烘干若干时间，随着化学工程学技术的开发，改善传热和干燥效果，可以设计出一种先进设备，使操作温度可以再低一些，节省能量；同时，时间可以再短一些，以提高劳动生产率，缩短生产周期。从而使生产工艺更加先进合理和经济。也就是说，化学工程学可以影响工艺学。

可以这样描述，工艺学规定了工程学的工作和研究范围与条件。化学工程学为化工工艺服务必须遵循化工工艺限定的条件和要求，反过来，工程学又可以反作用于工艺学，使工艺学得到进步。当然，工程学研究的成果，必须经受工艺操作的检验。因此，在某种程度上说，化工工艺学接近于哲学上的“实践”，而化学工程学接近于哲学上的“理论”，理论来自于实践，理论指导实践，实践丰富理论并检验理论，理论要和实践相结合。不要理论的实践，可能盲目，陷入经验主义；而不联系实际的理论是空洞的教条，陷入教条主义。

所以，我们今天研究化工工艺学，必须密切联系化学工程学，使化工工艺和工程有机地结合起来。本书力图在研究的思路上，走出新的蹊径。

3. 工艺学和生产实践的关系

在哲学上，工艺学研究的是“一般”问题，是共性，而生产实践，即某一个工厂某一个产品是“个别”，是个性。共性寓于个性之中，共性是从个性中概括综合出来的。

化工工艺学研究的是生产化工产品的学问，这是从许多产品的生产实践中，提炼出它们共同的问题加以研究，如产品的质量控制体系问题，生产工艺条件（温度、压力、催化剂、原料配比、反应时间……），工艺流程的安排和优化等等。我们利用共性，运用工艺学的知识和方法，可以指导一个新的陌生的生产工艺的研究，充分把握其共性，再深入分析其个性，整个生产工艺问题就迎刃而解了。我们通过共性的研究，找出一般的规律性问题，并将之与化学工程理论相结合，使共性产生理论升华，成为一个可以指导生产实践的工艺学问。

4. 化工工艺学的研究方法

化工工艺学的研究方法有两种，或称两个层次，第一个层次，从个别到一般。也就是说，我们先解剖一个一个的特别的化工产品的生产过程，在研究这些“个别”的现象过程中，用理论即用化学工程学的理论来加以研究，从而归纳出一些规律性的东西再升华为理论。第二个层次，是将经过归纳的初步结论，加以深入分析研究，弄清之后用以解决问题，设计流程指导生产实践，并接受实践检验，加以丰富和修正。

化工产品数以百万计，按大的类型来分，也可以分为上百个类型，每个类型中各个产品生产的方法、技术、流程、设备又是千差万别的，因此，我们不可能去熟悉这么多的产品生产过程，而是必须从理论的高度上解析化工产品的生产过程，这就是化工工艺学的学问和重要的研究方法。

任何一个复杂的化工产品生产过程，我们把它从工艺学上分为三个部分，第一部分是工艺流程，第二部分是工艺操作参数，第三部分是三废治理。这三个部分是既相对独立，又互相依存，互相联系的。工艺流程，主要体现出来的是设备或装置的一个流水线，它的每一个设备，必须有工艺操作参数条件作为它的软件和核心。也就是说，生产的工艺操作参数条件是灵魂，而生产的工艺流程，设备流程是躯壳。灵魂必须寓居于躯壳之中，躯壳必须具有灵魂才会生动活泼，才是“活”的躯壳，才能运转，才能生产出产品，演出有声有色的流程。三废治理是我们研究灵魂和躯壳时，必须铭记在心的一个“规矩”。

我们在研究一个生产过程时，将它分为四个或五个板块，这样分别从这些板块中研究它的灵魂和躯壳，就显得条分缕析了。

(1) 板块的核心是“反应过程”，反应过程往往是生产化工产品的化学反应式或其他方程式的体现，确定了一种反应过程之后，就可以确定反应过程的基本参数：什么温度下反应，什么催化剂，什么压力，原料投料配比如何，反应的停留时间多少。这些就是反应的灵魂，有了灵魂，就应当设计一个寓居灵魂的躯体，就要设计一个或一套反应设备。

(2) 第二个板块，是“原料”板块，又称为“原料的准备”板块。原料的要求是从“反应”这个板块的灵魂中派生出来的，确定了一个反应形式，它就必然提出了对原料的要求。原料就必须按照这个要求加以准备。比如某个反应使用一种固体物料，根据“反应”的灵魂，必然对这种固体原料的纯度(含杂质、含水等水平)、细度、与其他原料配比和计量加料方式等提出了要求，在“原料”这个板块中，必须加以解决。

为了达到原料准备的要求，有了它自己的一套流程，有工艺操作条件，有设备，它们相互有机地连接起来。

(3) 第三个板块，叫“分离”板块，又叫“产物的分离”板块，这个板块也是从反应板块派生出来的。当一个反应过程确定之后，它的生成的反应产物就被大体确定，这些“反应产物”并不一定全是我们的目的产物，即使全是我们的目的产物，有时也不是符合质量指标的目的产物，需要分离和精制。这个板块是化工产品生产中相当重要的一个环节，上承反应板块的反应产物，而分离出来的产物呢，又必须符合产品的质量要求。分离的途径不是唯一的，设备也不是惟一的，可以有各种各样的研究和设计，对整个产品的技术先进性、经济有利性都是举足轻重的。

(4) 第四个板块，叫“产品后加工”板块，对于某一个产品来说，不一定必须具有这个“后加工”要求。通常作为商品，必须有一个包装和处理的过程，也可以算“产品商品化”板块。

(5) 第五个板块叫“三废治理”板块，将各个板块中产生的废水、废气和废渣(固体废弃物)，加以充分利用、循环利用、综合利用或无害化处理。这个板块实际上等同于一个或数个产品的工艺流程。

第2章　化工生产工艺基础

2.1　化学工业原料资源及其加工利用

2.1.1　概述

用作化工生产的原料，称为化工原料，可以是自然资源，也可以是化工生产的阶段产品。例如，由食盐生产纯碱、烧碱、氯气和盐酸；由硫铁矿生产硫酸；由煤或焦炭生产合成氨、硝酸、乙炔和芳烃；由石油和天然气生产低级烯烃、芳烃、乙炔、甲醇和合成气($CO+H_2$)；由淀粉或糖蜜生产酒精、丙酮和丁醇等。其中，硫酸、盐酸、硝酸、烧碱、纯碱、合成氨、工业气体(如氧气、氯气、氢气、一氧化碳、二氧化碳、二氧化硫等)等无机物，乙炔、乙烯、丙烯、丁烯(丁二烯)、苯、甲苯、二甲苯、萘、苯酚和醋酸等有机物，经各种反应途径，可衍生出成千上万种无机或有机化工产品、高分子化工产品和精细化工产品，故又将它们称为基础化工原料。

由基础化工原料制得的结构简单的小分子化工产品称作一般化工原料。例如，各种无机盐和无机化学肥料，各种有机酸及其盐类、醇、酮、醛和酯等。它们可直接作为商品出售，例如氧化铁红(Fe_2O_3)、锌钡白(俗称立德粉，是硫化锌和硫酸钡的混合物)等无机盐用作颜料和染料，丙烯酸酯用作建筑用涂料原料，氯化石蜡用作阻燃材料，丙酮用作工业溶剂等；也可作为原料继续参与化学反应制造大分子或高分子化合物，例如各种有机染料和颜料、医药、农药、香料、表面活性剂、合成橡胶、塑料、化学纤维等。

基础化工原料和一般化工原料统称为基本化工产品。

除利用一般的无机和有机反应外，工业上还可通过生化反应来生产化工产品。这一类产品统称为生化制品。例如利用微生物发酵和生物酶催化，可以制得乙醇、丙酮、丁醇、柠檬酸、谷氨酸、丙烯酸胺、各类抗生素药物、人造蛋白质、油脂、调味剂、食品添加剂和加酶洗涤剂等。随着科学技术的发展，利用生化反应制取的有机化工产品品种将愈来愈多。

化工原料可区分为有机原料和无机原料。前者包括石油、天然气、煤和生物质等；后者指空气、水、盐、无机非金属矿物和金属矿物等。

最重要的基本无机化工产品可用空气、焦炭(或者其他含碳产品)、水、石灰、岩盐、硝石灰、硫和黄铁矿等原料制取。重要的无机化工的终产品种类有：化肥、金属材料、无机非金属材料、无机颜料、催化剂、无机聚合物等。基本有机化工产品主要是以石油、天然气、煤和生物质为原料制得。石油、天然气和煤等有机原料同时又都是矿物能源或化石燃料，在相当长时期都是构成能源的主体。因此，化石燃料的供应情况和价格对化学工业有重大的影响。

下面重点介绍天然气、化学矿物和生物质及其加工利用，具体煤和石油将会在后面的章节再对其做重点讨论。

2.1.2　天然气及其加工利用

天然气是化学工业的重要原料资源，也是一种高热值、低污染的清洁能源。随着我国“西气东输”工程的实现，天然气资源的开发利用前景更加广阔。

1. 天然气的组成

天然气是蕴藏于地下的可燃性气体，主要成分是甲烷，同时含有 $C_2 \sim C_4$ 的各种烷烃以及少量的硫化氢、二氧化碳等气体。甲烷含量高于 90% 的天然气称为干气；$C_2 \sim C_4$ 烷烃的含量在 15% ～ 20% 以上的天然气称为湿气。

按来源，天然气可分为气井气、油田伴生气和煤层气。气井气是单独蕴藏的天然气，多为干气。油田伴生气是与石油共生的天然气，在石油开采的同时获得，多为湿气。煤层气也称为瓦斯气，是吸附在煤层上的甲烷气体。煤层气的储量很大，是一种很有竞争力的天然气资源，但目前的开采利用率很低。

我国天然气资源丰富，不同产地的天然气组成也有差异，见表 2-1。

表 2-1　我国主要天然气产地的天然气组成

产地	组成(体积分数)/%									
	CH_4	C_2H_6	C_3H_8	C_4H_{10}	C_5H_{12}	CO	CO_2	H_2	N_2	H_2S
四川	93.01	0.8	0.2	0.05	—	0.02	0.4	0.02	5.5	$(20 \sim 40) \times 10^{-6}$
大庆	84.56	5.29	5.21	2.29	0.74	—	0.13	—	1.78	30×10^{-6}
辽河	90.78	3.27	1.46	0.93	0.78	—	0.5	0.28	1.5	20×10^{-6}
华北	83.5	8.28	3.28	1.13	—	—	1.5	—	2.1	—
胜利	92.07	3.1	2.32	0.86	0.1	—	0.68	—	0.84	—

开采出来的天然气，在输送前要除去其中的水、二氧化碳、硫化氢等有害物质。常用的净化处理方法有化学吸收法、物理吸收法和吸附法。例如用碱、醇胺等水溶液为吸收剂，吸收脱除其中的硫化氢、二氧化碳等酸性气体。若天然气的处理量较小，有害杂质含量不高时，也可以采用吸附法脱除。

为了提高天然气资源利用的经济效益，可将甲烷与其中的 $C_2 \sim C_4$ 烃类分离出来。工业上采用的分离方法有吸附法、油吸收法和冷冻分离法。

2. 天然气的化工利用

天然气化工利用的主要途径如下。

(1) 转化为合成气($CO + H_2$)，再进一步加工制造成合成氨、甲醇、高级醇等。

(2) 在 930 ～ 1230℃ 裂解生成乙炔、炭黑。以乙炔为原料，可以合成多种化工产品，如氯乙烯、乙醛、醋酸、醋酸乙烯酯、氯化丁二烯等。炭黑可作橡胶补强剂、填料，是油墨、涂料、炸药、电极和电阻器等产品的原料。

(3) 通过氯化、氧化、硫化、氨氧化等反应转化成各种产品，如氯化甲烷、甲醇、甲醛、二硫化碳、氢氰酸等。

湿天然气经热裂解、氧化、氧化脱氢或异构化脱氢等反应，可加工生产乙烯、丙烯、丙烯酸、顺酐、异丁烯等产品。天然气的化工利用见图 2-1。

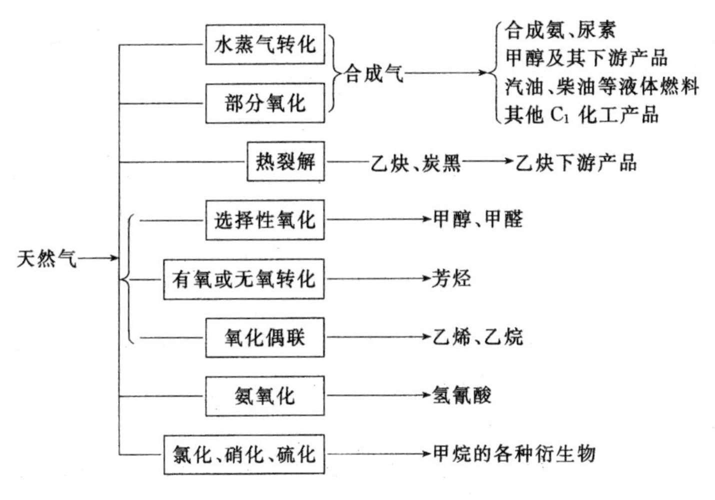

图 2-1　天然气的化工利用

2.1.3　化学矿物及其加工利用

化学矿物是化肥工业、化工、冶金及其他相关工业的原料，是除石油、天然气和煤以外的一类重要矿物资源。

我国化学矿产资源丰富，现已探明储量的矿产有磷矿、硫铁矿、自然硫、钾盐、钾长石、含钾页岩、明矾石、硼矿、天然碱、化工灰岩、重晶石、芒硝、钠硝石、蛇纹石、砷矿、锶矿、金红石、镁盐、溴、碘、沸石等 20 多种。在这些矿物中，硫铁矿、重晶石、芒硝及磷矿储量居世界前列，稀土矿的储量则居世界首位。

由于磷矿、硫铁矿及硼矿等化学矿物的储量居世界前列且产量较大，下面简要介绍其分布情况、资源特点和加工概况。

1. 磷矿

磷矿是生产磷肥、磷酸、单质磷、磷化物和磷酸盐的原料。磷矿分磷块岩、磷灰石和岛磷矿三种，其中有工业价值的为磷块岩和磷灰石。世界上磷矿资源较丰富的国家有摩洛哥、南非、美国、中国及俄罗斯。我国磷矿主要分布在西南和中南地区。虽然我国磷矿储量为世界第四位，但高品位矿储量较少。由于品位偏低，不仅选矿和矿石富集任务繁重，而且原料成本也随之升高。因此，立足我国磷矿资源的特点，开发适宜的工艺技术对合理有效地利用我国磷资源有重要意义。

85% 以上的磷矿用于制造磷肥。根据生产方法，磷肥主要分为酸法磷肥和热法磷肥两类。

(1) 酸法磷肥。酸法加工又称湿法工艺，它是利用硫酸、硝酸、磷酸或混酸分解磷矿粉，可获得过磷酸钙、重过磷酸钙、富过磷酸钙、半过磷酸钙、沉淀磷酸钙、磷酸铵及硝酸磷肥等。

(2) 热法磷肥。热法加工是指添加某些助剂在高温下分解磷矿石，经过进一步处理制成可被农作物吸收的磷酸盐。热法磷肥主要有：钙镁磷肥、脱氟磷肥及钢渣磷肥。

2. 硫铁矿

硫铁矿主要用于制硫酸，近年来，随着天然硫黄的开采及石油和天然气中硫化氢回收制硫黄技术的发展，以硫黄为原料制硫酸的比例显著增大。制硫酸用的硫铁矿有普通硫铁矿、浮选尾砂和含煤硫铁矿三种。我国硫铁矿主要集中在广东、内蒙古、安徽和四川等地，其储量占全国总储量的85%。由于硫黄价格较低，而硫铁矿开采成本较高，且硫铁矿制酸程序又比硫黄制酸复杂，因此为提高硫铁矿的竞争能力，很多国家采取对硫铁矿进行精选，并将焙烧制二氧化硫炉气后的烧渣加以综合利用或作为炼铁原料。

3. 硼矿

硼矿是生产硼酸、硼砂、单质硼及硼酸盐的原料。世界上拥有硼资源的国家不多，现除美国、土耳其、前苏联外，我国硼资源居世界第四位，约有3900万吨(以B_2O_3计)。我国目前的硼矿，除青海、西藏等地的盐卤型和盐湖固体型硼矿外，多数生硼矿埋藏于地下，主要集中于辽、吉、湘、皖、苏等省区，其中辽宁省拥有2516万吨，占全国总储量的65%。

虽然我国硼资源相对较丰富，但绝大多数硼矿品位较低，加工利用难度较大。以辽东－吉南地区的硼镁铁矿为例，尽管其储量占全国的60%，但由于该类硼矿结构复杂，共生矿物多，硼品位低，自20世纪60年代至今一直作为“待置矿量”。

目前用于生产硼酸和硼砂的硼矿主要为硼镁矿。由硼镁矿制硼砂的工艺主要有：碱法加工硼镁矿(又分为常压碱解法和加压碱解法)、碳碱法加工硼镁矿。由于碱法加工不适宜加工品位低的矿粉，且工艺流程长、设备多，现已逐步被碳碱法取代。由硼镁矿制硼酸的工艺主要有：盐酸分解萃取分离工艺、硫酸分解盐析分离工艺。

化学矿产绝大部分为非金属矿物，用途十分广泛，除用作生产化肥、酸、碱及其他无机盐化工、精细化工的原料外，还可用于国民经济其他工业领域(如冶金、轻工、石油、电子、建材、金属陶瓷、医药、水泥、玻璃、饲料及食品等)中的基本原料和配料。因此，其加工利用方法众多，工艺过程繁简不一，比较庞杂。

无论是固体还是液体矿床，我国的化学矿多属于一两种矿物伴生多种有益组分的综合性矿床。因此，需经复杂的采选、冶炼过程方能利用，开发初期投资较大，技术难度也大。但是一旦技术突破，其经济效益是十分可观的。目前，我国自产矿石还不能满足国内生产需求，还要从国外引进高品位的矿石，例如从南非引进高品位磷矿，从澳大利亚引进高品位的铁矿石等。

2.1.4 生物质及其加工利用

1. 生物质分类

生物质即是生物有机物质，泛指农产品、林产品以及各种农林产品加工过程中的废弃物。农产品的主要成分是单糖、多糖、淀粉、油脂、蛋白质、木质纤维素等；林产品主要是由纤维素、半纤维素和木质素三种成分组成的木材。

用于加工化工基本原料的生物质可分为三类。

(1) 含糖和淀粉的物质，主要成分是多糖化合物。如玉米、小麦、薯类和野生植物的果实与种子。淀粉产量最大的是玉米淀粉，约占淀粉总质量的80%。

(2) 含纤维素的物质，纤维素是自然界蕴藏十分丰富的可再生资源，几乎所有的植物都含有纤维素和半纤维素。棉花、大麻、木材等植物中都含有较高的纤维素。其中棉花的纤维素含量高达92%～95%(质量分数)。许多农作物的秆、壳、皮以及木材采伐和加工过程中产生的下脚料等都含有纤维素。

(3) 油脂，包括动植物油和脂肪，主要是各种高级脂肪酸和甘油酯等。如牛脂、猪脂、羊脂、乳脂、蓖麻油和桐油等。

2. 生物质的化工利用

利用生物质资源获取基本有机化学工业的原料和产品，已有悠久的历史。早在17世纪，人们已发现将木材干馏可制取甲醇（联产乙酸和丙酮）。长期以来，人们利用棉花、羊毛和蚕丝制取纤维，用纤维素制造纸张，用油脂制造洗涤剂，用天然胶乳生产橡胶等都已具有悠久的历史。

当前，利用生物质生产基本有机化工产品的加工途径如图2-2所示。主要方法有发酵、水解和干馏等。

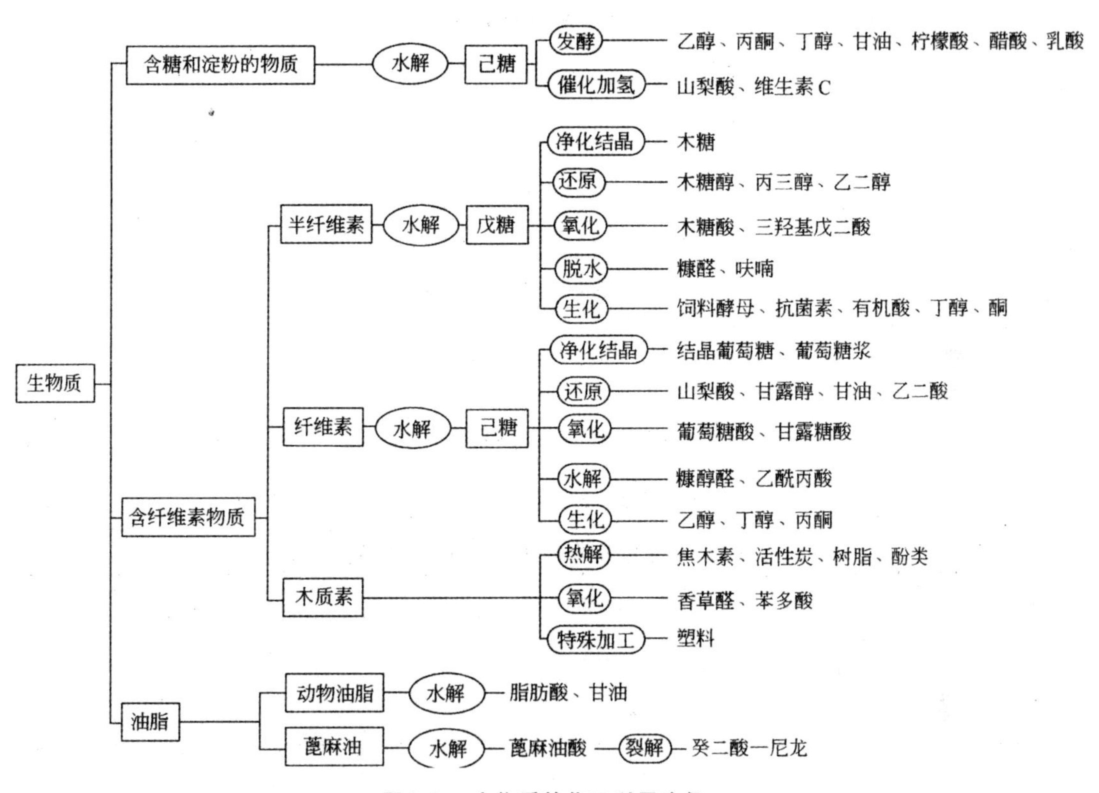

图2-2　生物质的化工利用途径

(1) 淀粉水解

将含糖或淀粉的物质经水解、发酵，可得乙醇、丙酮、丁醇等基本有机原料，如含淀粉物质先水解为麦芽糖和葡萄糖，然后加入酵母菌进行发酵可制得乙醇。

$$2(C_2H_{10}O_5)_n \xrightarrow{H_2O} C_{12}H_{22}O_{11} \xrightarrow{H_2O} 2C_6H_{12}O_6 \quad (2-1)$$

$$2C_6H_{12}O_6 \xrightarrow{\text{酵母菌}} 2C_2H_5OH + 2CO_2 \quad (2-2)$$

将发酵液进行精馏，得95%工业乙醇并副产杂醇油。糖厂副产物糖蜜含有蔗糖、葡萄糖等糖类约50%～60%，也是发酵法制乙醇的良好原料。含纤维素的农林副产品如木屑、碎木、植物茎秆等，经水解后再发酵也可得到乙醇。

(2) 纤维素水解

稻草、麸皮、玉米芯、甘蔗渣、棉籽壳、花生壳等农业副产品和农业废物中含有的纤维素是多缩己糖，半纤维素是由多缩己糖、多缩戊糖等组成的。多缩己糖水解得己糖，经发酵可制得乙醇。多缩戊糖不能用酶发酵，却可用酸加热水解为戊糖，戊糖在酸性介质中加热易脱水而转化为糠醛。

$$C_5H_{10}O_5 \xrightarrow{\triangle} \begin{array}{c} HC{-\!\!-}CH \\ \| \quad\quad \| \\ HC \quad C{-}CHO \\ \diagdown \;\; \diagup \\ O \end{array} + 3H_2O \tag{2-3}$$

糠醛学名呋喃甲醛，是无色透明的油状液体，分子结构中含有羰基、双烯和环醚的官能团，化学性质活泼，可参与多种类型的化学反应，主要用于生产糠醇树脂、糠醛树脂、顺丁烯二酸酐等，同时也是医药、农药产品的重要原料之一。糠醛是有机化学工业中的重要原料，糠醛的主要用途见图 2-3。

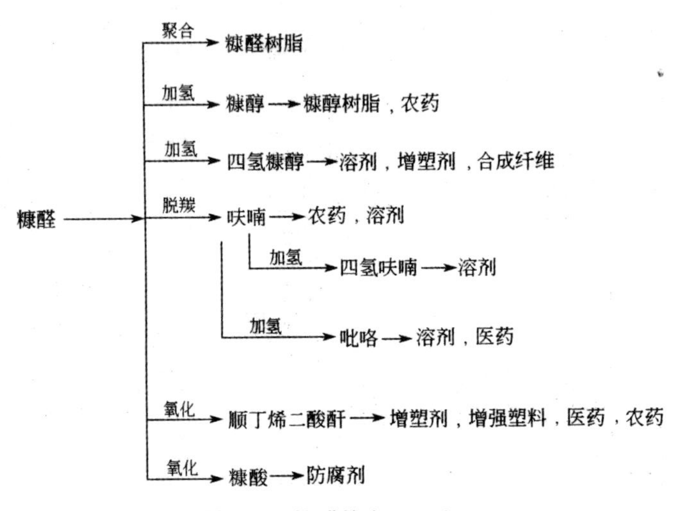

图 2-3　糠醛的主要用途

目前糠醛最主要的生产方法就是生物质水解。工业上采用稀硫酸水解法。水解的工艺条件是：硫酸浓度 6% 左右，固液比 1∶0.45，温度为 453 K 左右，压力 0.5 ～ 1 MPa。

几种主要生物质生产糠醛的理论产率见表 2-2。

表 2-2　几种主要生物质生产糠醛的理论产率

原　　料	理论产率 /%	原　　料	理论产率 /%
麸皮	20 ～ 22	甘蔗皮	15 ～ 18
玉米芯	20 ～ 22	稻壳	10 ～ 14
棉籽皮	18 ～ 21	花生壳	10 ～ 12
向日葵籽	16 ～ 18		

(3) 油脂水解

油脂是高级饱和和不饱和脂肪酸的甘油酯，是制取高级脂肪酸和高级饱和醇的重要原料，油脂水解可得高级脂肪酸。

$$\begin{array}{l} CH_2OCOR \\ | \\ CHOCOR \\ | \\ CH_2OCOR \end{array} + 3H_2O \longrightarrow 3RCOOH + \begin{array}{l} CH_2OH \\ | \\ CHOH \\ | \\ CH_2OH \end{array} \tag{2-4}$$

油脂或高级脂肪酸在高温、高压、催化剂作用下加氢，均可制得高级醇，高级醇是表面活性剂的重要原料。

蓖麻油在氧化锌作用下水解为蓖麻油酸，再在碱性和一定高温条件下裂解，经酸中和、酸化、结晶就可得到癸二酸，癸二酸是生产尼龙1010的主要原料，尼龙1010是一种性能优良的工程塑料，可以用来代替铜和不锈钢制造各种零件。

综上所述，利用生物质资源经过化学加工可得多种基本有机化工原料和产品，甚至有些产品从生物质制取是唯一的方法，因此开发利用生物质资源生产基本有机化工原料和产品具有重要意义。

2.2 化工生产过程及工艺流程

2.2.1 化工生产的组成

将原料转化成产品，需要经过一系列化学和物理的加工程序。化工生产过程（简称化工过程）就是若干个加工程序（简称工序）的有机组合，而每一个工序又由若干个（组）设备组合而成。物料通过各个设备完成某种化学或物理的加工，最终转化成合格产品，此即化工生产过程。

化工生产是将若干个单元反应过程、若干个化工单元操作，按照一定的规律组成生产系统，这个系统包括化学、物理的加工工序。

1. 化工生产的工序

化学工序，即以化学的方法改变物料化学性质的过程，也称反应过程。化学反应千差万别，按其共同特点和规律可分为若干个单元反应过程。例如，磺化、硝化、氯化、酰化、烷基化、氧化、还原、裂解、缩合、水解等。

物理工序，只改变物料的物理性质而不改变其化学性质，也称化工单元操作。例如，流体的输送、传热、蒸馏、蒸发、干燥、结晶、萃取、吸收、吸附、过滤、破碎等加工过程。

2. 化工生产的主要操作

化工生产的操作，按其作用可归纳为反应，分离和提纯，改变物料的温度、压力，混合等。

反应是化工生产过程的核心，其他的操作都是围绕着化学反应组织和实施的。化学反应的好坏，直接影响着生产的全过程。

分离与提纯，主要用于反应原料的净化、产品的分离与提纯。它是根据物料的物理性质（如沸点、熔点、溶解度、密度等）的差异，将含有两种或两种以上组分的混合物分离成纯的或比较纯的物质。例如，蒸馏、吸收、吸附、萃取等化工单元操作。

改变温度的操作，是热量交换的操作过程。化学反应速率、物料聚集状态的变化（如蒸汽的冷凝、液体的汽化或凝固、固体的熔化）以及其他物理性质的变化均与温度有着密切的关系。改变温度可以调节上述性质以达到生产所需的要求。温度的改变，一般是通过换热器实现的。热量从热流体转移到冷流体，冷、热流体由易导热的材料隔开，传递的热量取决于两流体的温度差、传热面积和两流体的相对速度。

改变压力的操作，是能量交换的操作过程。反应过程中有气相反应物时，改变压力可以改变气相反应物的浓度，从而影响化学反应速率和产品的收率。蒸汽的冷凝或者液体的汽化等相变化过程与压力有着密切的关系。改变压力可以改变相变条件。此外，流动物料的输送，需要增加流体压力以克服设备和管道的阻力。改变压力的操作，可通过泵、压缩机等机械设备将机械能转化为物料的内能来实现。生产中也常利用物料的余压输送物料；或利用余压进行闪蒸操作，实现混合物一定程度的分离。

物料的混合，是将两种及两种以上的物料按照配比进行混合的操作，以达到生产需要的浓度。

此外，在化工生产中还有破碎、筛分、除尘等操作。

3. 化工过程的组成

化工产品种类繁多，性质各异。不同的化工产品，其生产过程不尽相同；同一产品，原料路线和加工方法不同，其生产过程也不尽相同。但是，一个化工生产过程，一般都包括：原料的净化和预处理、化学反应过程、产品的分离与提纯、"三废"处理及综合利用等。

(1) 生产原料的准备(原料工序)。包括反应所需的各种原辅料的贮存、净化、干燥、加压和配制等操作。

(2) 反应过程(反应工序)。以化学反应为主，同时还包括反应条件的准备，如原料的混合、预热、汽化，产物的冷凝或冷却以及输送等操作。

(3) 产品的分离与提纯(分离工序)。反应后的物料是由主产物、副产物和未反应的原料形成的混合物，该工序是将未反应的原料、溶剂、主产物、副产物分离，对目的产物进行提纯精制。

(4) 综合利用(回收工序)。对反应生成的副产物、未反应的原料、溶剂、催化剂等进行分离提纯、精制处理以利于回收使用。

(5)"三废"处理(辅助工序)。包括生产过程中产生的废气、废水和废渣的处理，废热的回收利用。

化工生产过程的组成如图 2-4 所示。

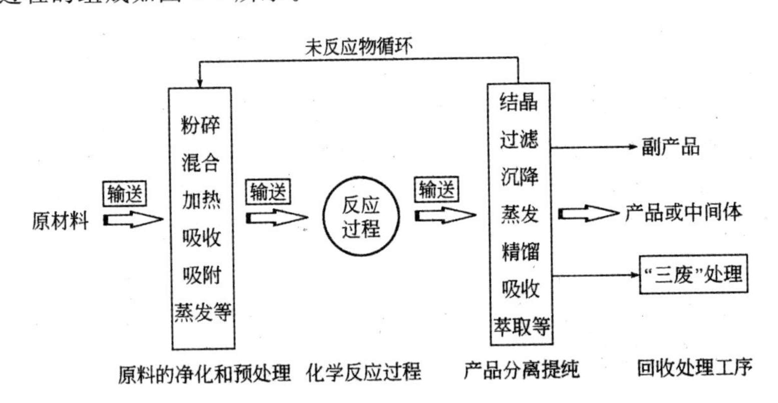

图 2-4　化工生产过程的组成

为保证化工生产的正常运行，还需要动力供给、机械维修、仪器仪表、分析检验、安全和环境保护、管理等保障和辅助系统。

2.2.2　化工生产的操作方式

(1) 间歇操作

物料一次性加入设备，在反应过程中，既不投入物料，也不排出物料，待达到生产(反应)要求后放出全部物料，设备清洗后进行下一批次的操作。在间歇操作中，温度、压力和组成等随时间变化。间歇操作包括投料、卸料、加热(或加压)、清洗等非生产性操作。间歇操作开、停工比较容易,生产批量的伸缩余地较大,品种切换灵活,适用于小批量、多品种的精细化学品或者反应时间比较长的生产过程。

(2) 连续操作

连续操作是连续不断地向设备中投入物料,同时连续不断地从设备中取出同样数量物料的操作。连续操作的生产条件不随时间变化。连续操作产品质量稳定,易于实现自动化控制,生产规模大,生产效率高。

(3) 半连续(半间歇) 操作

半连续操作有三种情况,如图 2-5 所示。图中(a) 是一次性向设备内投入物料,连续不断地从设备中取出产品的操作;(b) 是连续不断地加入物料,在操作一定时间后,一次性取出产品;(c) 是一种物料分批加入,而另一种物料连续加入,根据生产需要连续或间歇地取出产品。

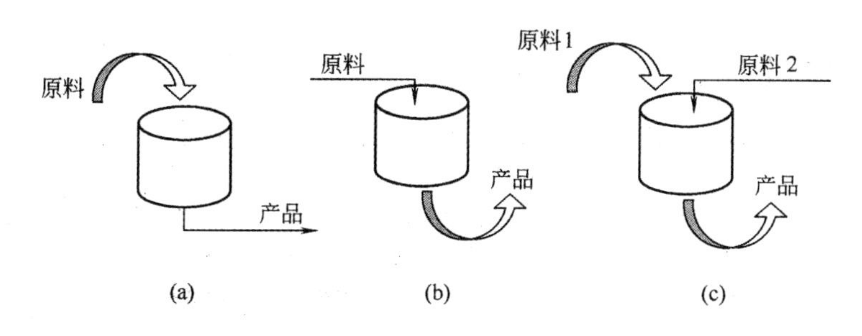

图 2-5　半连续操作示意图

2.2.3　化工生产工艺流程

化工生产是按照生产工艺进行的流程性生产,有先后次序和生产工序的要求。从原料开始,物料流经一系列由管道连接的设备,经过物料和能量转换的加工处理,最后得到预期的产品,实施这些转换所需的一系列功能单元和设备有机组合的次序和方式,就是工艺流程,也称为工艺过程。化工生产工艺流程反映了由若干个单元过程按一定的逻辑顺序组合起来,完成从原料变为目的产品的全过程。

1. 工艺流程基本构成

以下是丙烯酸甲酯生产的基本工艺过程,仔细阅读并思考,丙烯酸甲酯包括哪些基本生产工序。

【例 2-1】丙烯酸甲酯的生产过程。

丙烯酸甲酯是以丙烯酸及甲醇为原料,在催化剂作用下,经酯化反应而生成,化学反应式为:

$$CH_2=CHCOOH+CH_3OH \rightleftharpoons CH_2=CHCOOCH_3+H_2O \tag{2-5}$$

工艺过程如图 2-6 所示。

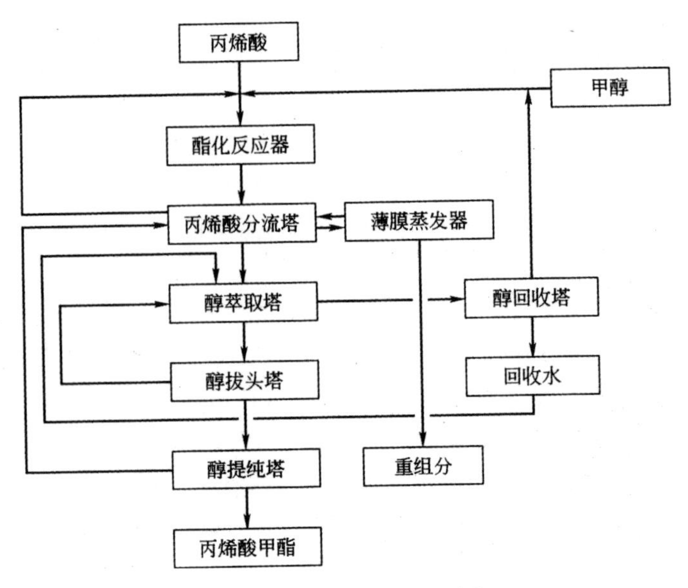

图 2-6 丙烯酸甲酯工艺流程方框图

丙烯酸甲酯的生产包括以下几个基本过程。

(1) 甲醇、丙烯酸净化

丙烯酸甲酯的生产原料是丙烯酸和甲醇。生产原料的准备过程包括原料储存和原料处理。丙烯酸容易聚合,具有腐蚀性,甲醇沸点低,所以对这两种原料的储存有特殊要求。酯化反应对原料的含水量及杂质有一定的要求,即必须达到酯化级,达不到酯化级的甲醇及丙烯酸必须进行相应的处理,然后才能投入反应,如图 2-7 所示(图中“杂质”颜色变浅表示杂质含量减少,经过处理达到了酯化反应要求)。

(2) 酯化反应

在丙烯酸和甲醇进入反应器之前,必须先将其加热到反应所需要的温度 75℃,随后进入反应器,在催化剂的作用下,反应生成丙烯酸甲酯。由于酯化反应是一个可逆反应,所以,离开反应器的产物中除了丙烯酸甲酯外,还有没有反应的丙烯酸和甲醇、反应生成的水和副产物,需要进一步地处理以回收原料和提纯产品,如图 2-8 所示。

图 2-7 净化过程组成变化

图 2-8 酯化反应过程组成变化

(3) 丙烯酸的分离回收

将反应得到的产物(混合物)送至丙烯酸蒸馏塔和薄膜蒸发器,并将回收的丙烯酸送回反应器继续与甲醇进行反应,同时通过薄膜蒸发器排除反应过程中生成的高沸点物质,如图 2-9 所示。

(4) 甲醇的分离回收

将回收了丙烯酸的物料送至萃取塔，用水将甲醇萃取出来，再通过精馏将甲醇从甲醇水溶液中分离出来，甲醇送回反应器与丙烯酸进一步反应，如图 2-10 所示。

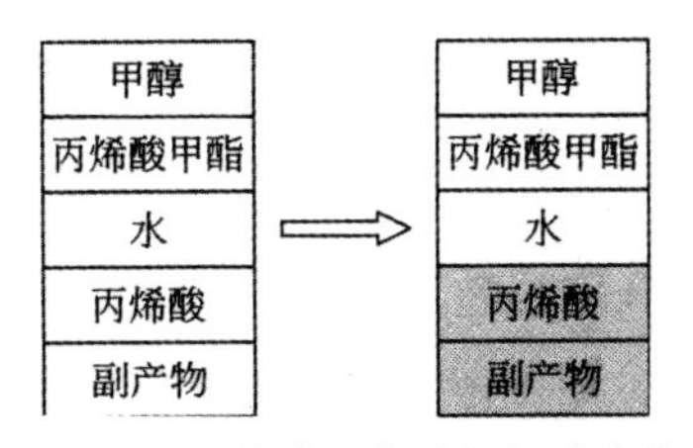

图 2-9　丙烯酸回收过程组成变化

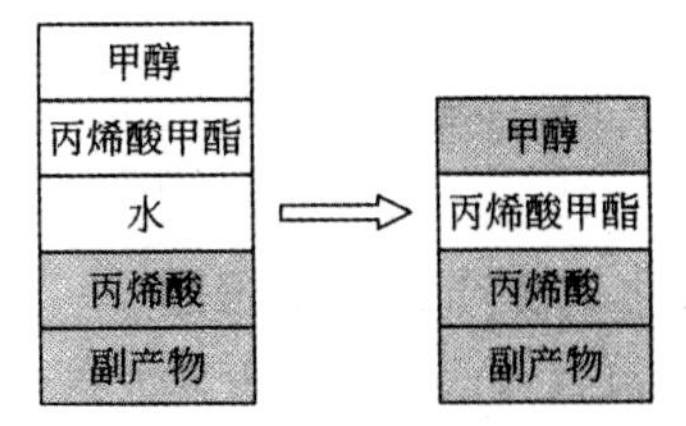

图 2-10　甲醇分离过程组成变化

(5) 丙烯酸甲酯分离

萃取过程不能将甲醇完全除去，得到的只是粗制丙烯酸甲酯，还需要通过精馏将甲醇进一步除去，如图 2-11 所示。

(6) 丙烯酸甲酯的提纯精制

经过丙烯酸甲酯的分离过程后，已经得到了纯度比较高的丙烯酸甲酯。但过程(5) 的丙烯酸甲酯是从塔釜得到的，可能还含有微量的丙烯酸、高沸物、金属离子及机械杂质，通过最后的精制过程以得到合乎质量要求的丙烯酸甲酯产品，如图 2-12 所示。

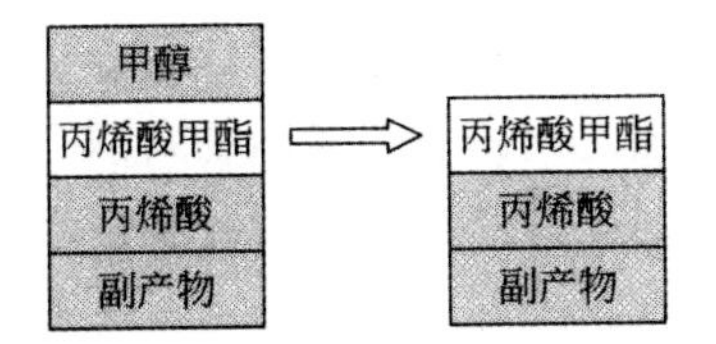

图 2-11　丙烯酸甲酯分离过程组成变化

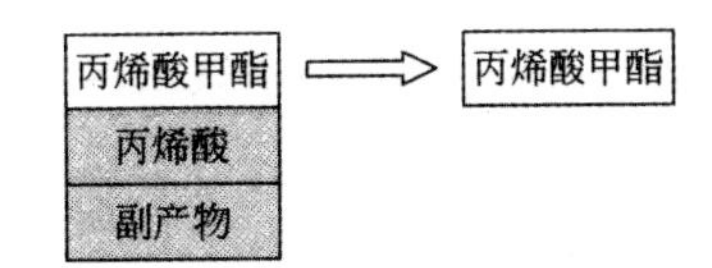

图 2-12　丙烯酸甲酯精制过程组成变化

通过观察丙烯酸甲酯的生产过程，可以发现，一般化工产品的生产包括以下 5 个基本工序。

(1) 原料工序 —— 生产原料的准备过程

将原料进行预处理，使其达到化学反应所需要的质量要求。原料工序包括原料的储存、净化、干燥及配料等。如丙烯酸甲酯生产工艺过程(1)。

(2) 反应工序 —— 化学反应过程

反应工序是化工生产的核心部分。反应工序包括反应的加热与冷却，催化剂的处理与使用等。如丙烯酸甲酯生产工艺过程(2)。

(3) 分离工序 —— 分离过程

将产品从反应产物体系中分离出来。对有些产品，经过分离工序即能达到最终产品的要求，但多数产品还需要进行进一步的处理。如丙烯酸甲酯生产工艺过程(5)。

(4) 精制工序 —— 精制过程，也称后处理过程

将分离工序制得的目的产品进行精制加工，使其满足成品质量的规格要求，如纯度、色泽、形状、杂质等。如丙烯酸甲酯生产工艺过程(6)。

(5) 回收工序 —— 回收过程

将没有反应的原料进行分离回收，循环利用，并回收反应过程中生成的副产物。如丙烯酸甲酯生产工艺过程(3) 和(4)。

将这 5 个基本工序按工艺顺序连接起来即构成化工生产工艺的基本流程，如图 2-13 所示。

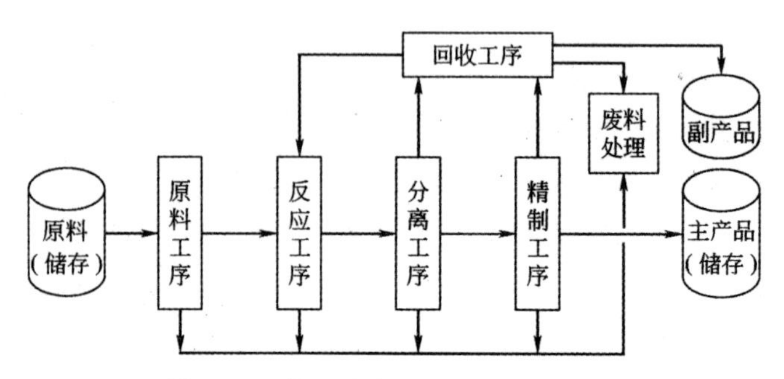

图 2-13　化工生产工艺流程基本构成

2. 化工生产工艺流程图

工艺流程有两种表达方式：文字表述和流程图描述。用图解方式描述的工艺流程称为工艺流程图。化工生产工艺流程图即是以图解和适当文字说明的方式来描述化工生产的全过程。工艺流程图通常用方框图来表示一个单元过程，用设备外形示意图来表示一个设备，用线段代表管道，用箭头表示物料或介质的流向，用带箭头线段连接两端的框图或设备示意图则表示生产过程的顺序或工艺流程。与文字表述相比，工艺流程图对流程的表述更形象、更直观、更简洁，更能反映出过程之间的工艺逻辑关系。工艺流程图是一种非常好的化工交流工程语言。按交流表述需要，工艺流程图有以下几种形式。

(1) 工艺流程方框图

工艺流程方框图用方框图表示单元过程或设备，方框图之间的箭头表示物料或介质的流向。方框图通常描述的是产品生产的主要过程，反应过程之间的工艺顺序。对产品的初步学习或交流通常使用工艺流程方框图。

(2) 工艺流程示意图

工艺流程示意图是用简单的设备外形图或常用的图例来描述一个化工产品的生产工艺流程。该图反映的是生产过程的主要工艺、主要设备和主要管线。图中设备图与实际设备形状相似；设备的位置按工艺顺序排列，并按工艺要求有一定的层次分布；设备图上标注有位号，并在图的下方注明相应位号的设备名称；图中标明物料或介质的来源和去向，如图 2-14 为丙烯酸甲酯生产工艺流程示意。

(3) 带控制点的工艺流程图

在施工图设计阶段绘制的化工生产工艺流程图叫带控制点的工艺流程图，也叫管道仪表流程图(PID 图)。它能用于工程施工、生产的组织管理与实施、工艺过程的技术改造等。由于含有的工艺技术非常详尽，带控制点的工艺流程图是企业非常重要的技术性文件，通常对外保密。

作为化工操作人员要读懂各种工艺流程图，尤其是带控制点的工艺流程图。通常工艺流程说明及带控制点的工艺流程图可以提供以下主要信息：

① 产品生产详尽的工艺过程及生产工序；

② 生产所需的所有工艺设备、设备的大致形状、设备的相对层次及设备之间的工艺关系；

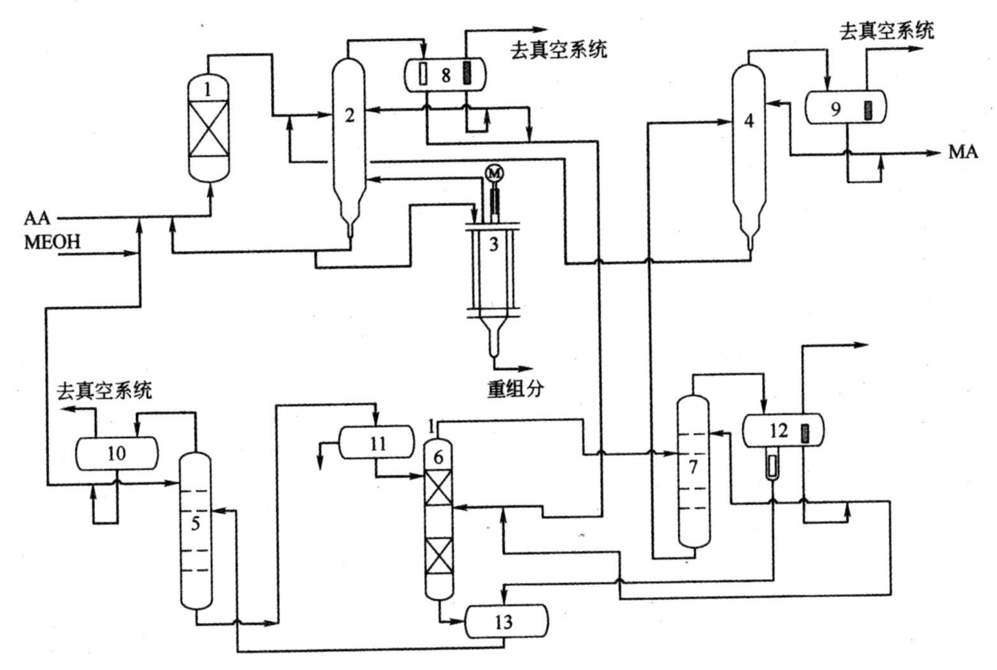

图 2-14　丙烯酸甲酯生产工艺流程不意

1— 酯化反应器；2— 丙烯酸蒸馏塔；3— 薄膜蒸发器；4— 酯提纯塔；5— 醇回收塔；6— 醇萃取塔；7— 醇拔头塔；8，9，10，12— 回流罐；11— 水储槽；13— 甲醇水溶液储罐

③ 动力输送设备及类型；

④ 主、副物料管线及物料流向；

⑤ 冷却介质、加热介质、真空、压缩空气等副管线及走向；

⑥ 阀门、管件及其类型；

⑦ 计量－控制仪表、检测－显示仪表、检测－控制点及控制方案；

⑧ 生产操作方法及工艺控制指标；

⑨ 地面及厂房各层标高；

⑩ 安全设施及安全措施。

图 2-15 为丙烯液相本体聚合带控制点的工艺流程(部分)。

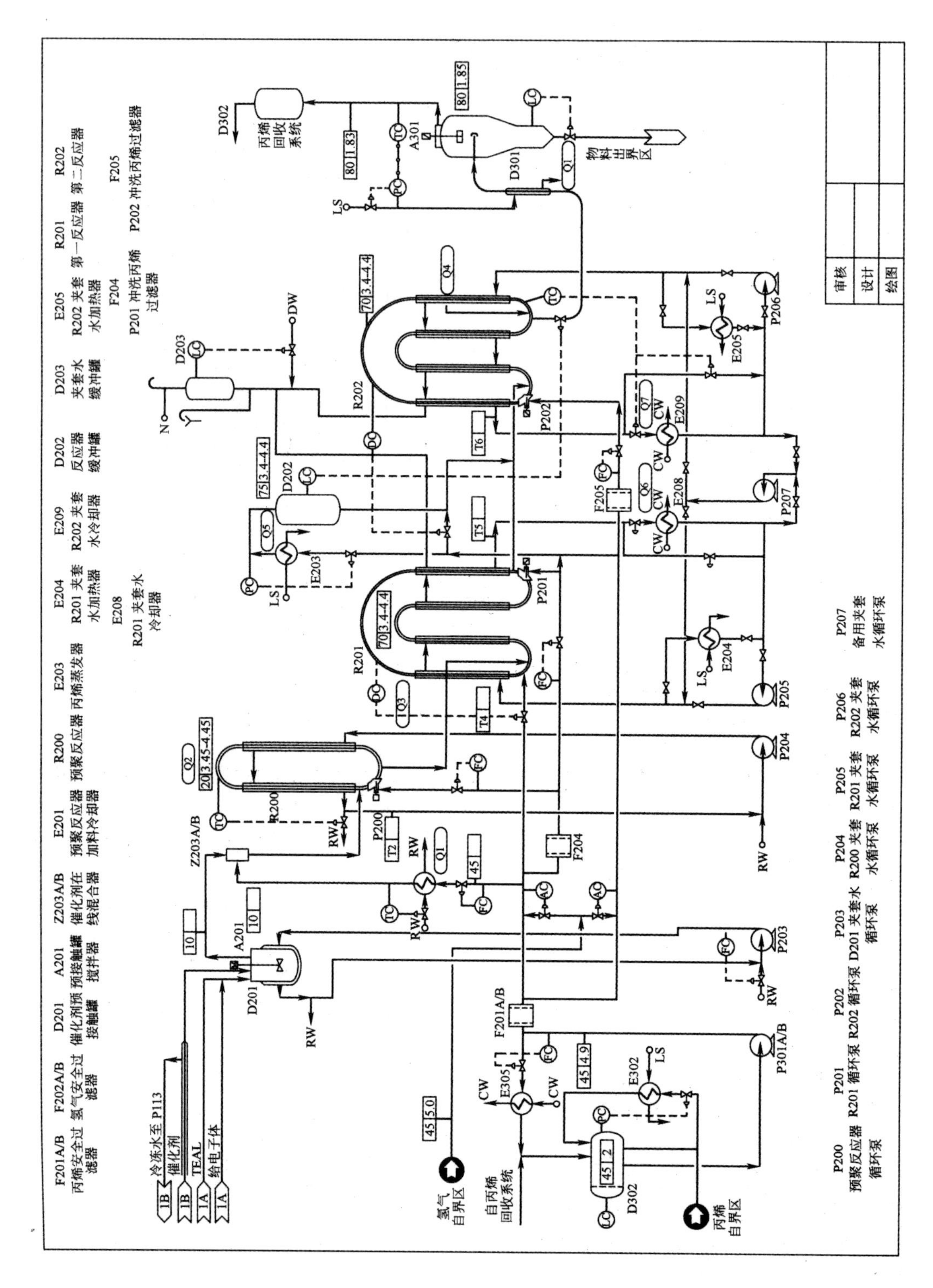

图 2-15　丙烯液相本体聚合带控制点的工艺流程(部分)

表 2-3 所列为工艺流程图的管道物料代号。表 2-4 所列为工艺流程图常用设备的代号及图例。表 2-5 所列为工艺流程图的管道及附件图例。

表 2-3　工艺流程图的管道物料代号

物料名称	代　号	物料名称	代　号	物料名称	代　号
工业用水	S	冷冻盐水	YS	输送用氮气	D_2
回水	S′	冷冻盐水回水	YS′	真空	ZK
循环上水	XS	脱盐水	TS	放空	F
循环回水	XS′	凝结水	N	煤气、燃料气	M
生活用水	SS	排出污水	PS	有机载热体	RM
消防用水	FS	酸性下水	CS	油	Y
热水	RS	碱性下水	JS	燃料油	RY
热水回水	RS′	蒸汽	Z	润滑油	LY
低温水	DS	空气	K	密封油	HY
低温回水	DS′	氮气或惰性气体	D_1	化学软水	HS

表 2-4　工艺流程图常用设备的代号及图例

序号	设备类别	代号	图例
1	塔	T	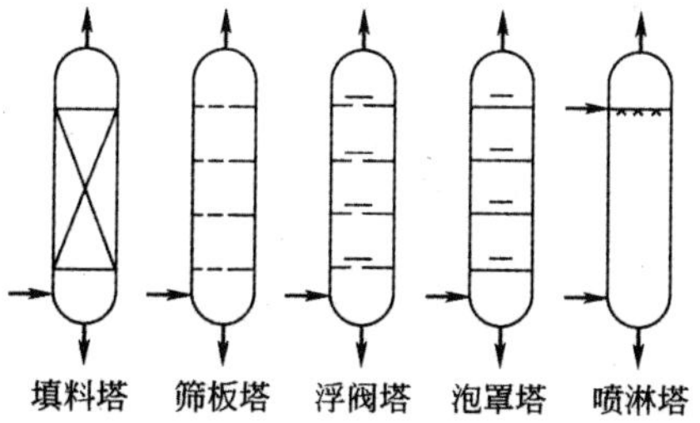 填料塔　筛板塔　浮阀塔　泡罩塔　喷淋塔
2	反应器	R	 固定床反应器　管式反应器　反应釜
3	容器(槽、灌)	V	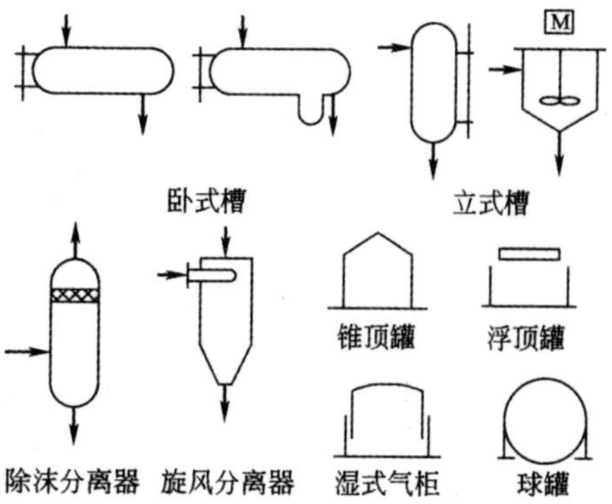 M 卧式槽　立式槽 锥顶罐　浮顶罐 除沫分离器　旋风分离器　湿式气柜　球罐

续表

序号	设备类别	代号	图例
4	换热器 冷却器 蒸发器	E	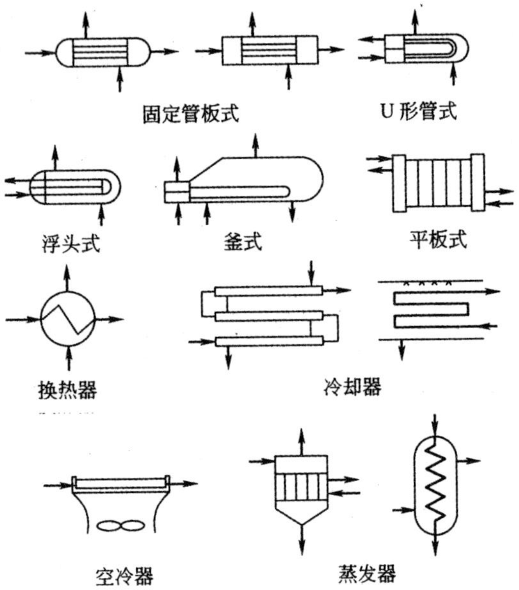 固定管板式　U形管式 浮头式　釜式　平板式 换热器　冷却器 空冷器　蒸发器
5	泵	P	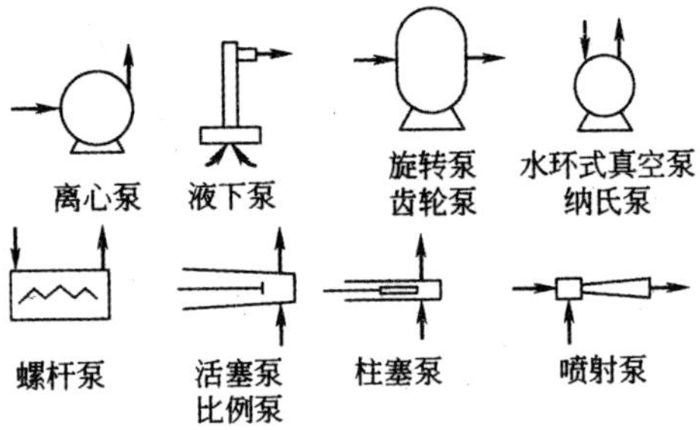 离心泵　液下泵　旋转泵 齿轮泵　水环式真空泵 纳氏泵 螺杆泵　活塞泵 比例泵　柱塞泵　喷射泵
6	鼓风机 压缩机	C	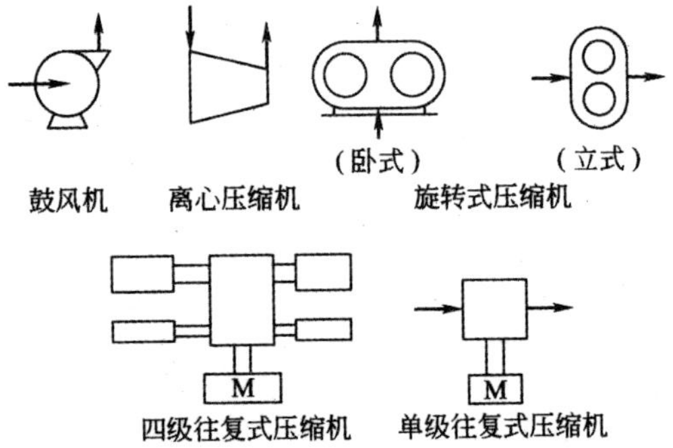 鼓风机　离心压缩机　旋转式压缩机（卧式）（立式） M　M 四级往复式压缩机　单级往复式压缩机
7	工业炉	F	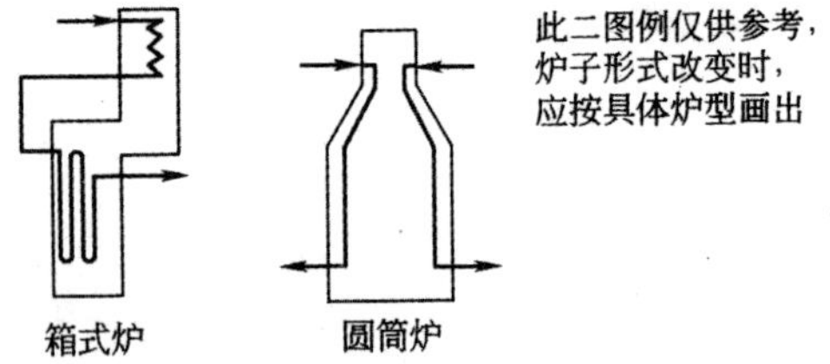 箱式炉　圆筒炉 此二图例仅供参考，炉子形式改变时，应按具体炉型画出

续表

序号	设备类别	代号	图例
8	烟囱火炬	S	烟囱　火炬
9	起重运输机	L	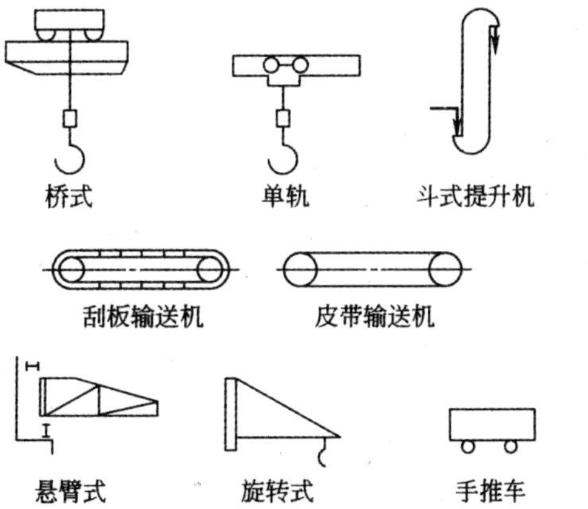 桥式　单轨　斗式提升机 刮板输送机　皮带输送机 悬臂式　旋转式　手推车
10	其他机械	M	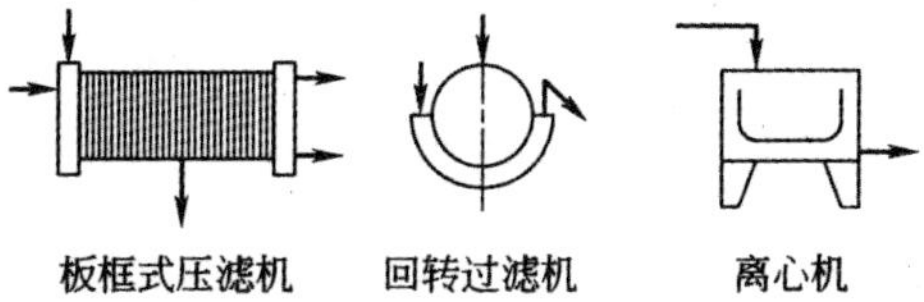 板框式压滤机　回转过滤机　离心机

表 2-5　工艺流程图常用设备的代号及图例

序号	名称	符号	序号	名称	符号
1	软管 翅管 可拆卸短管 同心异径管 偏心异径管 多孔管	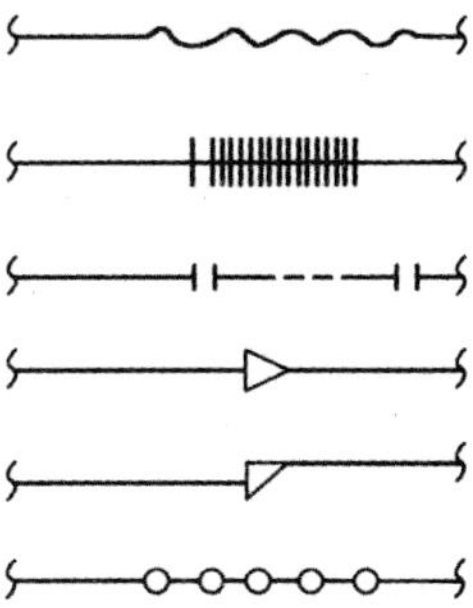	4	转子流量计	
2	管道过滤器	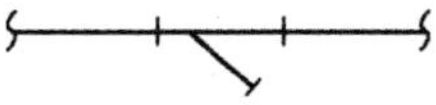	5	插板 锐孔版	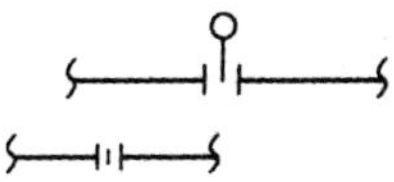

续表

序号	名称	符号	序号	名称	符号
3	毕托管 文氏管 混合管		6	盲法兰 管子平板封头	
7	活接头 软管活接头 转动活接头 吹扫接头 挠性接头		21	旋塞(直通、 三通四通)	
8	放空管		22	安全阀 (弹簧式与 重锤式)	
9	分析取样 接口漏斗	Ax	23	Y形阀	
10	消声器 阻火器 爆破膜		24	隔膜阀	
11	视盅		25	止回阀 高压止回阀 旋起式止回阀	或
12	伸缩器		26	柱塞器	
13	疏水器		27	活塞阀	
14	来自或去外界	图号XXX	28	浮球阀	
15	闸阀		29	杠杆转动节流阀	
16	截止阀		30	底阀	

续表

序号	名称	符号	序号	名称	符号
17	针孔阀		31	取样阀与实验室用龙头阀	
18	球阀	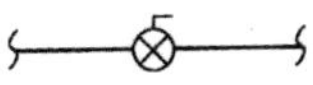	32	喷射器	
19	蝶阀	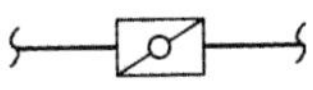	33	防雨帽	
20	减压阀				

2.3　化工生产中的化学反应

2.3.1　化学反应的类型

从宏观的角度而言，有新物质生成的变化称为化学变化；与之对应的是没有新物质生成的变化。比如说物质积聚形态的变化等，称为物理变化。

化学反应种类繁多，变化无穷，研究和应用的角度不同，分类方法也不尽相同，以下是几种常见的分类方法。

(1) 按相态分类

一般而言，将参加反应的物质根据其相态分为均相反应和非均相反应。均相反应包括气相反应和单一液相反应。比如说烃类的裂解反应，属于均相反应(气相)，而环氧乙烷水合制乙二醇属于单一的液相反应(液液之间没有相界面)。

非均相反应则是指不同相态之间的反应。如气液相反应、液液相反应、气固相反应等。

如苯硝化制硝基苯，虽然参与反应的物质均为液相，但实际上它们并不是均一液相，故而属于非均相的液液化学反应。

(2) 按反应可逆与否分类

可逆反应在化学工业中比较常见。即参与化学反应的物质不可能完全转化成为产物，最终在反应体系中是反应物和产物的混合平衡体系。常见的可逆反应有合成氨以及绝大多数的有机化学反应等。

(3) 按反应热效应分类

化学反应过程伴随着能量的变化。将放出热量的反应称为放热反应，而将吸收热量的化学反应称为吸热反应。例如，苯的硝化是强放热的反应。

(4) 按反应机理分类

从这个角度，可以将化学反应分为简单反应和复杂反应。

由反应物直接生成产物的反应称为简单反应；而需要多步骤才能生成产物的反应为复杂反

应。在化学工业中，以复杂反应最为常见。

(5) 按反应动力学特征分类

根据反应物浓度对于化学反应速率的影响程度，将反应分为零级反应、一级反应、二级反应。

(6) 按官能团反应分类

按官能团反应有：磺化、硝化、氯化、烷基化、氨基化、酯化、氧化、还原等。

上述反应分类方法是一些常见的分类，实际上还有一些其他的分类方法，比如根据反应的物质性质将反应分为无机反应、有机反应、生化反应；根据使用催化剂与否又分为催化反应和非催化反应；根据发生化学反应的原因分为热化学反应、光化学反应、核化学反应等。

2.3.2 化学反应过程的特点

1. 反应的复杂性

化学反应的实质是反应物各组分在反应器内相互作用，且由此引起能量和物质的变化。伴随反应过程的进行，引起的物质及能量的变化往往是复杂的。虽然物质之间的作用无法用肉眼直接观察到，但人们可以通过对反应过程及体系初、终状态的技术参数进行考察，从而认识这个反应的基本规律。

(1) 主、副反应同时发生

反应体系中的化学反应往往不是单一的某一个反应在进行，而是伴随着其他反应同时进行的过程。

比如乙烯水合法制乙醇(图 2-16)，希望反应体系中发生的化学反应为：

$$CH_2 = CH_2 + H_2O \rightarrow C_2H_5OH \quad \Delta H = -40kJ/mol \tag{2-6}$$

但实际反应过程中(图 2-17)，往往伴随着其他反应同时发生，如：

$$CH_2 = CH_2 + C_2H_5OH \rightarrow C_2H_5OC_2H_5 \tag{2-7}$$

即：

$$C_2H_5OH \rightarrow C_2H_5OC_2H_5 \tag{2-8}$$

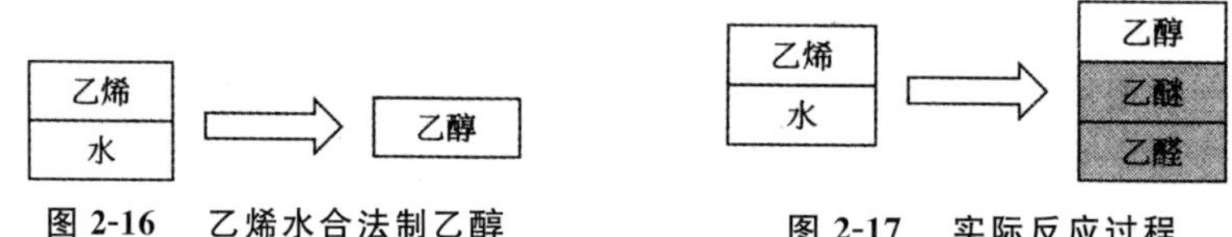

图 2-16 乙烯水合法制乙醇　　图 2-17 实际反应过程

这些反应称为副反应。副反应的发生，消耗了原料，而且增加了后续分离工序的难度。

因此，从工艺路线的选择到生产操作，应该尽量避免或减少副反应发生。

(2) 反应的可逆性

可逆反应也是化学反应中常见的一大类。在相同的反应条件下，产物和反应物能够同时相互转化，直到其达到化学平衡之后产物和反应物的浓度才相对不变。如合成氨即是常见的可逆反应。反应物为氢气和氮气，反应起始时体系中只有这两种物质，随着反应的进行，氮气和氢气被转化成氨气。氨气同时也被分解成氢气和氮气。只是生成氨气的速率比氨气分解的速率快，所以体系中氨气的含量是增加的。合成氨过程组成的变化如图 2-18 所示。

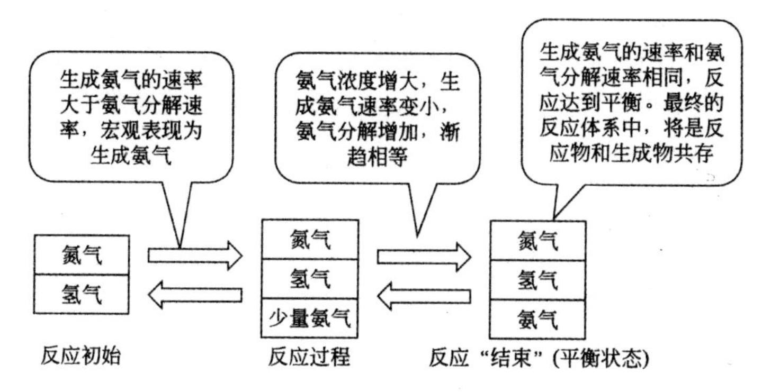

图2-18　合成氨过程组成的变化

用化学反应方程式表述为：

$$N_2 + 3H_2 \rightleftharpoons 2NH_3 \tag{2-9}$$

在可逆反应中，将生成目标产物的反应称为正反应；而将同时进行的反方向的反应称为逆反应。氨气是目标产物，所以合成氨气的反应是正反应；同时氨气分解成为氢气和氮气的反应称为逆反应。对于这种可逆反应，化工生产在工艺上要采取措施，抑制逆反应，提高转化率，从而获得更多的目的产物。

(3) 物理因素对于化学反应的影响突出

化学反应器中不仅进行着化学过程，而且还伴随着大量的物理过程。这些物理过程与化学过程相互影响，相互渗透，最终影响到反应的结果，使得整个反应过程复杂化。物理过程通常包括传质过程和传热过程。

① 传质过程。对于非匀相反应，大多数情况下化学反应是在某一个相中发生的。反应物往往部分或者全部由反应相以外的相提供，所以，虽然非均相的化学反应从反应规律上说与均相反应完全相同，但是其反应物的浓度却很大程度上受到扩散传质作用的影响。而且质量传递过程的发生存在着浓度的差异，这种新的浓度差异同样会对反应结果造成影响。

② 传热过程。化学反应过程中必定有发生热量传递的过程。反应器内部物质浓度、流动方式等因素的不同情况，会导致热量传递的不同，从而形成温度的分布，化学反应结果不可避免也会受到影响。

2. 反应的热效应

化学反应总是伴随着能量的变化，即吸热和放热。

如在实验中，苯的硝化反应是强烈的放热反应。为了操作的安全，人们必须用冷却水不断地与烧瓶表面进行换热冷却。因为热量的积聚会导致反应体系的温度升高，从而导致大量副反应的发生。另外温度过高也会使得反应体系不稳定，容易造成事故。

无论是生产安全，还是生产质量，对于化学反应体系，温度控制非常重要。对于反应的热效应，通常用反应热来描述其热量的大小。例如甲醇的氧化反应：

$$CH_3OH + 0.5O_2 \rightarrow HCHO + H_2O \quad \Delta H = -163.06kJ/mol \tag{2-10}$$

经过测量计算，每一摩尔甲醇被氧化为甲醛，放出163.06kJ的热量。

3. 反应的活化能

很多反应都是放热反应，但有趣的是，大多数反应物在发生反应之前必须要进行预热。

实际上，反应物并不是一旦相遇就会发生作用的，在反应前进行加热处理是为了使得反应物的分子具备足够的能量进行反应。换句话说，在未加热之前，反应物的分子都是“未活化”的分子，加热之后，分子获得了可以发生反应的能量之后，才能顺利进行化学反应。反应过程中能量变化趋势如图 2-19 所示。

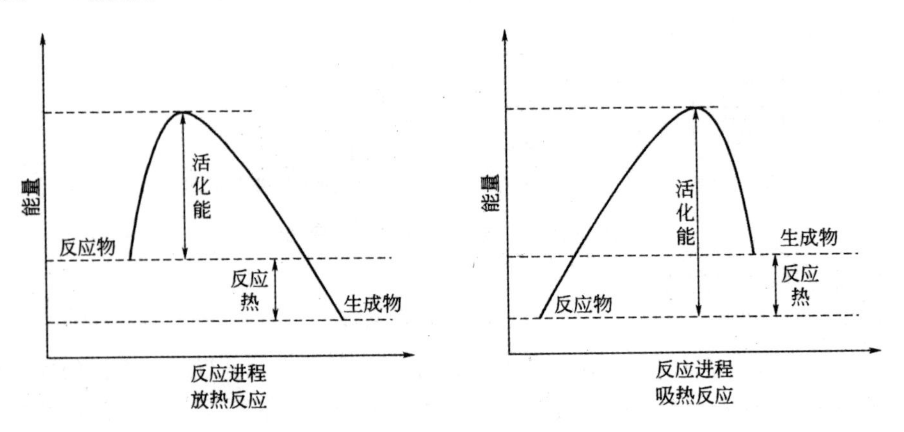

图 2-19　反应过程中能量变化趋势

人们将这个反应前必须要克服的“能量堡垒”称为“活化能”或者“能垒”。

活化能是非常重要的概念。活化能的大小直接关系到化学反应的难易程度。活化能高，说明分子被活化需要更多的能量，反应较难进行；反之活化能低，反应容易进行。需要指出的是，活化能和反应热是两个能量概念，此两者之间并无直接的关联。

活化分子增加，增加了活化分子的碰撞概率，宏观上表现为化学反应加快，通常用反应速率来描述其快慢的程度。化学反应有快慢之分，比如有些有机化学反应很慢，需要几天的时间才能完成，而有的反应很快，比如爆炸，似乎是瞬间就可以完成。工业上研究化学反应速率的意义重大，速率的增加，会缩短生产周期，增加设备的处理量。但也绝非越快越好。比如在聚合反应过程中，往往通过人为的办法(如添加惰性介质或者增大冷却效果等办法）来限制反应速率，以防止反应速率过快而发生爆聚等非正常现象。

4. 反应的安全性

(1) 有些化工原料具有一定的毒性、腐蚀性和挥发性。操作人员对于相关物料的性质必须十分清楚。有些操作按规定还需要佩戴相应的个人防护用品。

(2) 有些反应过程涉及高温和高压。设备在高温高压下存在一定的风险。操作人员要熟悉工艺原理、工艺条件、工艺过程；设备的作用、性能及操作，同时必须严格按照规程操作。反应器的温度、压力等在操作过程中是重要的监控指标。产生不正常工作时，应该迅速有效地采取相关的措施，制止非正常状态的扩大。

2.3.3　影响反应过程的基本因素

1. 温度对化学反应的影响

温度是影响反应系统最为敏感的因素之一。对于温度的确定不外乎从化学平衡、化学反应速率、催化剂使用和设备等几个方面予以考虑。

温度对于上述指标的定性影响总结于表 2-6。

表 2-6　温度对化学反应的影响

化学平衡	对于放热反应而言，降低温度是比较合适的，相反，提高温度有利于提高吸热反应的平衡产率
反应速率	温度的提高使得活化分子数目提高，从而加速了化学反应。对于存在着主副反应的复杂系统，温度提高，主副反应的反应速率同时提高，提高温度更有利于活化能大的反应，还需考虑温度对催化剂和能耗的影响，所以不能盲目提高反应温度
催化剂	温度是影响到催化剂活性最为直接的因素。一般的规律是在催化剂的使用温度范围内，温度升高，催化剂的活性也升高，但同时催化剂的中毒可能性也有所增加
设备	高温的工况会使得金属材料发生蠕变和松弛现象，长期工作在高温下的金属设备会使其力学性能严重下降

2. 压力对化学反应的影响

由于气体本身的可压缩性，所以压力的改变对于气相反应有着较大的影响。对于液体和固体而言，一般近似地认为是不可压缩的，故而外界压力的变化对液体和固体不会有很大的改变。压力对化学反应的影响总结于表 2-7。

表 2-7　压力对化学反应的影响

化学平衡	对于化学平衡的影响不能一概而论，这与气相反应前后分子数目的变化有关。压力增加，反应向分子数目减小方向进行
化学反应速率	对于有气相参与的化学反应而言，增加反应压力，会相应提高气相的分压，使得气相的浓度增加，除了那些浓度不影响化学反应速率的反应，增加压力会影响到反应速率
生产能力	一般而言，压力的增加会使得气体的体积减小，对于固定的生产设备而言，意味着增加了设备的生产能力。这对于强化生产是有利的。但是压力的增加往往需要压缩机来实现，能量的消耗也会增加
设备及安全	随着反应系统温度、压力的升高，对于设备的材质和耐温、耐压强度的要求也高，设备的造价、投资相应提高。对于有爆炸危险的气体原料，增加外压会使得气体的爆炸极限范围扩大。所以温度、压力增加，生产过程的危险性也有所增加
其他	对于有催化剂存在的体系，过高的压力会损坏催化剂

3. 催化剂对化学反应的影响

催化剂改变了反应的活化能，也就是说催化剂改变了反应发生的途径，但不改变化学平衡常数和反应热，催化剂最为显著的作用就是改变了反应速率，大多数情况下都使得反应速率增加。

4. 原料配比对化学反应的影响

原料配比是指在涉及两种或者两种以上物料时，原料物质的量之比或质量之比。按照化学计量比的投料是最为理想的。根据具体的反应还应该做具体的分析。

表 2-8 中列举了原料配比与化学平衡、反应速率之间的定性关系。

表 2-8　原料配比与化学平衡、反应速率之间的定性关系

类型	影响因素
化学平衡	提高某一反应物的浓度，则可以提高另一种反应物料的转化率
动力学因素	对于大多数的反应，浓度与化学反应速率呈现正比的关系，这种情况则要考虑过量操作。也有特殊情况的存在，如有的反应其反应速率与反应物浓度并无关系
其他	过量的原料势必会对后续的分离操作造成一定的难度；对于易于爆炸的物料，尤其要注意混合时要使其配比浓度在爆炸极限之外；对于过量物料的循环使用要做经济上的综合评价等

5. 停留时间对化学反应的影响

停留时间也称为接触时间，一般指原料在反应区或者催化剂层停留的时间。停留时间与上述的空速有着很紧密的关系。空速大，则停留时间短。

一般而言对于存在有连串副反应的反应体系来说，停留时间对于速度的影响尤为显著。

在烃类热裂解过程中对于原料气在反应器中停留的时间控制十分严格，以防止二次反应的发生和形成结焦生碳的反应。停留时间长，虽然原料的转化率提高了，但是却导致了大量的副产物生成。

另外停留时间增加也使得催化剂中毒的可能性增加，缩短了寿命。而且停留时间长必然会降低设备的生产能力。

2.3.4　化学反应的质量评价

由甲苯生成苯的化学反应如下：

$$C_6H_5CH_3 + H_2 \rightarrow C_6H_6 + CH_4 \tag{2-11}$$

在反应体系中有一部分苯还会发生串联反应，生成不需要的副产物联苯：

$$2C_6H_6 \rightarrow C_{12}H_{10} + H_2 \tag{2-12}$$

经过测定进出反应器物料的组成，得到下列数据，见表 2-9 所列。

表 2-9　测定进出反应器物料的组成

组　分	进口流率 /(kmol/h)	出口流率 /(kmol/h)
H_2	1858	1583
CH_4	804	1083
C_6H_6	13	282
$C_6H_5CH_3$	372	93
$C_{12}H_{10}$	0	4

如何对于这个化学反应体系进行科学的评价？投入的原料，有多少能够发生化学反应？

被反应掉的原料又有多少生成了主产品？

工业上，通常用转化率、选择性、收率来评价反应的质量。

假设某一化学反应的原料是 A 和 B，投料量分别记为 a 和 b。经过反应后生成目标产物 P，副产物 R，生成的量分别记为 p 和 r。反应器出口处的物料中，未反应的原料记为 a' 和 b'。经过分离

器分离后，回收的原料记为 a_1 和 b_1，未回收的原料记为 a'' 和 b''，即：

主反应

$$A + B \rightarrow P \quad (2-13)$$

副反应

$$A + B \rightarrow R \quad (2-14)$$

反应过程物料转化关系如图 2-20 所示。

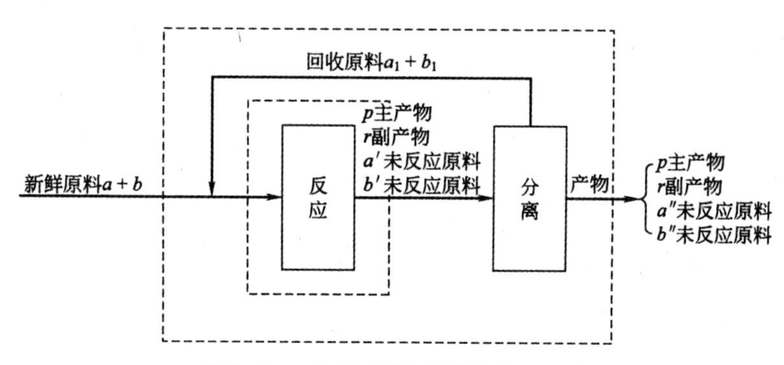

图 2-20　反应过程物料转化关系示意

1. 转化率

转化率为某原料 A 参与化学反应转化掉的量与其总的总投料量之比。常以符号"X_A"表示，即：

$$X_A = \frac{\text{反应转化掉的反应物 A 的量}}{\text{投入反应系统的反应物 A 的总量}} \times 100\% \quad (2-15)$$

顾名思义，转化率就是被转化的原料量。但需注意，被转化包括主反应被转化的和副反应被转化的。一般而言，转化率越高，表明物料转化程度越高。转化率为 100% 时，表明原料被完全转化，通常转化率小于 100%。

转化率的计算与其反应物、起始状态有关。转化率的计算，必须注明反应物、起始状态与操作方式。同一个化学反应，由于着眼的反应物不同，其转化率数值也不同。对于间歇操作，以反应开始投入反应器某反应物的量为起始量；对于连续操作，以反应器进口处的某反应物的量为起始量。根据连续操作物料有无循环，转化率分为单程转化率和全程转化率。

（1）单程转化率

是以反应器为研究对象，如图 2-20 所示的小虚线框的范围，物料一次性通过反应器的转化率即为：

$$X_{A,单} = \frac{\text{反应物 A 在反应器内转化掉的量}}{\text{反应器进口反应物 A 的量}} \times 100\% \quad (2-16)$$

按图 2-20 的物料关系有：

$$X_{A,单} = \frac{a + a_1 - a'}{a + a_1} \times 100\% \quad (2-17)$$

式中，反应物 A 在进口处的量等于新鲜原料中的量 a 与循环物料中 A 的量 a_1 之和。

（2）全程转化率

又称为总转化率，是指新鲜物料进入反应系统到离开反应系统所达到的转化率，如图 2-20 的大虚线框的范围，即：

$$X_{A,全} = \frac{反应物 A 在反应器内转化掉的量}{投入的新鲜物料中反应物 A 的量} \times 100\% \qquad (2-18)$$

物料关系有：

$$X_{A,全} = \frac{a - a''}{a} \times 100\% \qquad (2-19)$$

(3) 平衡转化率

是可逆反应达到平衡时的转化率。平衡转化率与平衡条件（温度、压力、反应物浓度等）密切相关，它表示某反应物在一定条件下，可能达到的最高转化率，实际生产中并不追求平衡转化率。

2. 选择性

在没有副反应发生的情况下，转化率能体现出化学反应的彻底性。当有副反应存在的情况下，转化率往往难以表示化学反应是否按照期望的主反应方向进行。针对这样的情况，工程上采用了选择性来描述。

选择性是指生成目的产物的原料占被转化原料的百分比，用 S 表示，即：

$$S = \frac{转化为目的产物的某反应物的量}{某反应物的转化总量} \times 100\% \qquad (2-20)$$

也可以目的产物的实际产量与其理论产量的比值表示，即：

$$S = \frac{目的产物的实际产量}{目的产物的理论产量} \times 100\% \qquad (2-21)$$

3. 收率

收率是指转化成为目的产物的原料量与投入的原料总量的比值，通常用 Y 表示，即：

$$Y = \frac{转化为目的产物的某反应物的量}{某反应物的投入量} \times 100\% \qquad (2-22)$$

显然，收率、转化率和选择性的关系为：

$$收率 = 转化率 \times 选择性 \qquad (2-23)$$

2.4 化工生产装置

活动学习中，人们在工厂或影视资料中看到的各种塔和罐就是化工生产的设备。设备上安装有各种仪器仪表，用来检测物料和控制生产，有些还配备安全设施。这些设备通过不同的管道、阀门和阀件连接起来，组成的就是化工生产装置。化工生产的各个单元过程就是在装置中的设备里完成的。原料通过装置，并按工艺要求受到严格的操作和控制，最终转变为所需要的产品。

化工生产工艺装置是实现化工生产的“工具”。先进的工具是优质高产的重要条件。化工产品的质量和产量、生产的安全性乃至企业的经济效益都直接与生产装置相关。工艺是软件，装置是硬件，如果没有科学合理的生产装置，再先进的工艺也不能体现出来。

2.4.1 生产工艺装置的基本构成

化工生产装置从外观上有些相似。装置中大多包含有塔、反应器、换热器、各种罐等基本设备，由许多不同直径的管道连接着这些设备。这是因为化工生产工艺虽然千变万化，但基本工艺过程是相近的，完成基本工艺的设备大多数是单元操作和单元反应的基本设备。这些基本设备按照基本工艺连接起来就构成了化工生产工艺的基本装置，如图 2-21 所示。

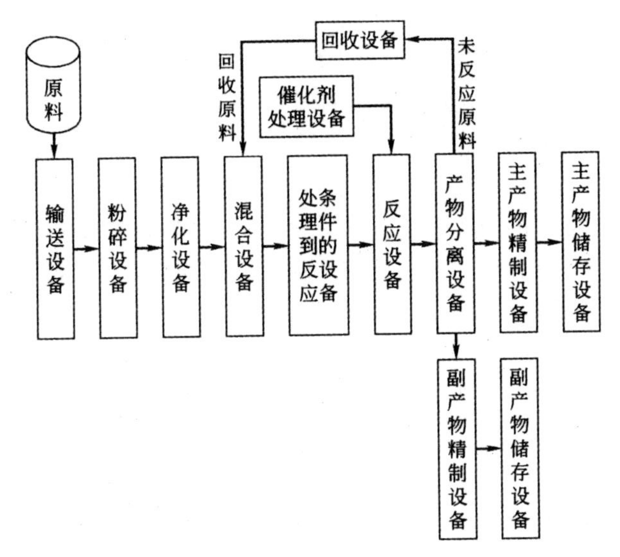

图 2-21　化工生产工艺装置的基本构成

2.4.2　生产工艺装置中的主要设备及作用

按化工生产基本过程，化工生产装置实际由三大系统组成，即原料预处理系统、反应系统和产品后处理系统，如图 2-22 所示。

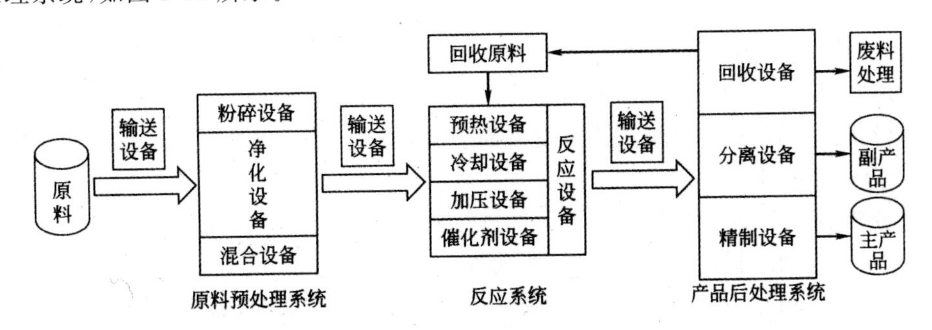

图 2-22　化工生产装置三大系统

各系统的主要设备及作用如下。

(1) 原料预处理系统

化学反应的原料有严格的要求，如原料的颗粒、纯度、杂质的含量等。原料不纯，不仅会影响产品的质量、反应的速率，严重的还会使催化剂中毒，反应无法进行，甚至导致安全事故。原料处理就是将原料通过有关的单元操作设备处理，使其达到反应条件所要求的质量标准。原料处理系统的主要设备有以下几种。

① 粉碎设备。应用于固体原料。

粉碎机 —— 按工艺要求，将固体原料处理到反应条件所需要的粒径大小。

② 原料净化设备。精制原料，除去原料中的杂质，提高原料的纯度。主要的设备有：

除尘器 —— 除去气体中的颗粒物。

沉降槽 —— 除去液体中的固体物。

洗涤塔 —— 除去气体中的尘埃或液体中的酸碱等有害成分。

蒸发器 —— 将原料分离出来或除去原料中的有害成分。

③ 混合设备。使原料在进入反应器前按比例充分混合。

混合器 —— 使原料(新鲜原料和回收原料)按工艺要求的一定比例进行充分混合。

(2) 反应系统

反应系统是整个化工生产的中心系统。反应系统的目的即是将原料尽可能多地转化为产品,并尽量做到能量的综合利用,以降低能耗。反应系统的中心设备是反应器。由于反应的类型不同,有的在反应前需要加热,有的在反应后需要冷却等,因此,反应系统除了反应器外,还包括反应前后的一些处理设备。反应系统的主要设备有以下几种。

预热器 —— 将反应的原料或回收的原料加热到反应所需要的温度。

冷却器 —— 将反应的原料或回收的原料冷却到反应所需要的温度,将反应后的物料冷却到一定的温度,送至下一工序处理。

压缩机 —— 将反应的原料和回收的原料加压到反应所需要的压力。

催化剂设备 —— 制备反应所需的催化剂或将催化剂进行活化。

反应器 —— 将原料转化成产品。按反应类型和要求不同,反应器有许多种类型,如釜式反应器、固定床反应器、流化床反应器等。

(3) 产品后处理系统

影响反应的因素非常多,如化学反应的性质、原料转化的程度、催化剂、操作控制等。因此,通过反应系统的反应后,通常得到的大都不是纯的目的产物,而是一个包括目的产物、副产物和没有反应的原料的混合物。后处理系统即是对这一混合物进行分离、回收和精制等处理,以获取符合质量要求的目的产品和副产品,同时回收没有完全反应的原料。产品后处理系统还包括产品的包装储存设备。产品后处理系统的主要设备如下所述。

① 产物分离设备。

离心分离器 —— 根据物质的密度不同进行离心分离,主要用于液 — 固体系。

过滤器 —— 通过过滤网或过滤膜,实现气 — 固分离或液 — 固分离。

结晶槽 —— 通过控制温度,使固体物从过饱和溶液中结晶出来。结晶槽既可用于产物的分离,也用于产品的精制。

蒸发器 —— 对产物进行初步分离或提浓。

吸收塔 —— 根据混合气体中各组分在溶剂中的溶解度不同,用溶剂吸收气体混合物中的一个或几个成分,从而分离气体混合物。

萃取塔 —— 根据液体混合物中各组分在两液相中的分配不同,用萃取剂萃取液体混合物中的一个或几个组分,从而分离液体混合物。

精馏塔 —— 根据各组分的相对挥发度不同,在塔内通过多次的传质和传热,在塔顶得到轻组分,在塔釜得到重组分,实现轻重组分的分离。精馏塔既可用于产物的分离,也用于产品的精制。精馏塔通常用于液体混合物的分离与精制。

② 产品精制设备。

精馏塔 —— 根据组分的相对挥发度的不同,实现产品的提纯精制。通过精馏操作,通常可以得到较高纯度的产品,因此,最终产品的提纯精制通常使用精馏塔。对于产品纯度要求高的,还应尽量使最终产品从塔顶得到。

此外，对于气体产物的精制可以使用分子筛、膜分离器；对于固体产物的精制可以使用结晶器等。

③ 回收设备。根据实际情况，以上产物分离设备和产品精制设备均可用作回收设备。

④ 产品储存设备。化工产品有气体、固体和液体。储存设备需根据产品的形态、性质和使用要求选用不同类型的设备。储存设备要将安全性放在首位，如产品的腐蚀性、燃烧性、爆炸性以及设备的耐压性等。

(4) 物料输送设备

输送设备的作用是按工艺要求，将物料从一个设备输送到另一个设备。主要的设备有以下几种。

固体物料输送 —— 带式输送机、提升式料斗和螺旋输送机等。

液体物料输送 —— 离心泵、轴流泵、旋涡泵、往复泵、电磁泵等。

气体物料输送 —— 鼓风机、压缩机等。

2.4.3 化工生产安全设施

化工生产安全技术是化工生产工艺的一部分，化工生产安全必须首先从工艺技术上得到保障。因此，化工生产装置必须要有化工生产安全设施。为保证化工生产装置的安全运行，工业上常有以下一些安全设施。

(1) 安全排放事故槽

如果反应是一放热反应，通常需要通过冷却剂(如冷却水)将反应热及时带出反应系统。若此时停电或停水，或其他原因造成反应热在反应系统聚集，必然导致反应温度上升，物料就有可能冲出反应器(冲料)，造成生产事故。

安全排放事故槽就是为避免更大事故发生而设置的一种安全装置，安全排放装置如图 2-23 所示。

(2) 安全阀和防爆片

安全阀是一种自动控制容器内压力的安全装置。安全阀安装在受压容器上。当容器内的压力大于规定的工作压力时，安全阀自动打开，将容器内的气体排放出去，以降低容器内的压力；当容器内压力降低到规定工作压力时，安全阀自动关闭。安全阀有杠杆式、弹簧式和脉冲式。其中弹簧式安全阀最常用，如图 2-24 所示。

防爆片又称爆破片，是一种破裂性的安全泄压装置。当容器内的压力超过规定的安全工作压力，达到爆破压力时，防爆片迅即破裂，物料泄出，容器压力随即降低，以避免爆炸事故的发生。

(3) 阻火器和安全水封

为阻止火种进入物料系统，防止火灾爆炸事故的发生，在化工企业通常可以看到在可燃性物料的管道上或储罐顶部安装有一个较小的设备，这种设备就是阻火器，是一种安全设施，如图 2-25 所示。

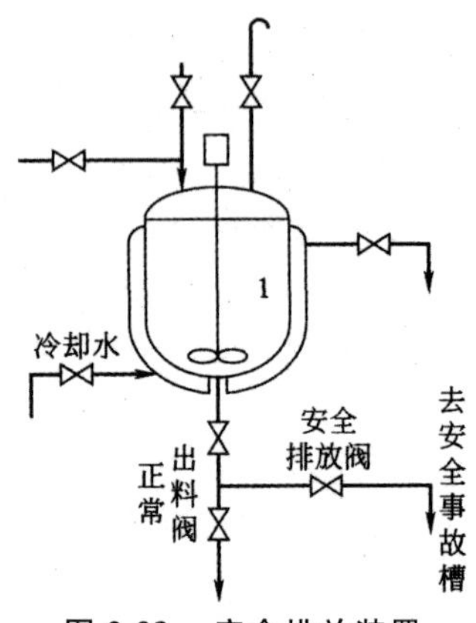

图 2-23　安全排放装置

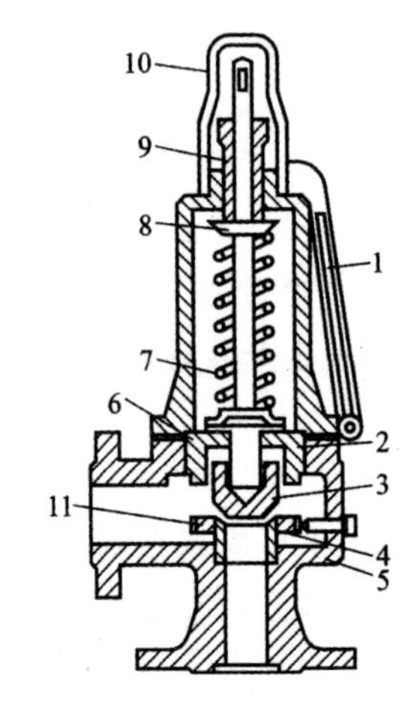

1— 手柄；2— 阀盖；3— 阀瓣；4— 阀座；5— 阀体；6— 阀杆；7— 弹簧；8— 弹簧压盖；9— 调节螺母；10— 阀帽；

图 2-24　弹簧式安全阀

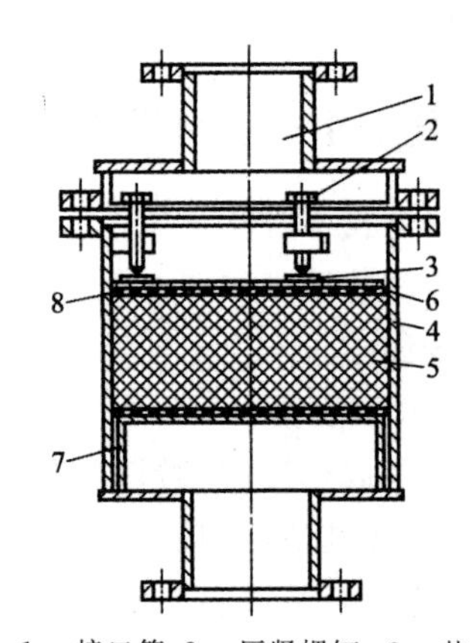

1— 接口管；2— 压紧螺钉；3— 垫板；4— 筒体；5— 填料；6— 隔板；7— 支撑环；8— 金属网；11— 调节环

图 2-25　阻火器的结构

阻火器的主要类型有填料式、缝隙式、筛网式和金属陶瓷式。通常使用的是填料式。常见的填料有砾石、刚玉、玻璃或陶瓷小球或环等。

安全水封是一种阻止火焰传播的安全设施。有了安全水封，可燃性气体进入容器或反应器之前，必须鼓泡穿过水封的水层，也就是水封将进气与容器或反应器隔离开来。一旦水封的一端着火，水封就可阻止火焰向另一端蔓延。安全水封有敞口式和密闭式。

图 2-26 是乙炔发生器的正水封和逆水封工作原理。乙炔发生器的安全运行必须保持正压状态。正常情况下，乙炔发生器是正压，产生的乙炔气通过正水封送出去。当反应不正常，造成乙炔发生器的压力低于工艺规定的压力时，气柜的乙炔会通过逆水封"倒灌"进入乙炔发生器，以维持乙炔发生器始终处于正压状态。

(4) 物料溢流装置

高位槽的上端通常都有一根管道与低位储槽相连，这根管道称为溢流管，如图 2-27 所示。当向高位槽输送物料，物料到达溢流口时，多余的物料会通过溢流口返回储槽，避免物料从放空阀中冲出造成事故。

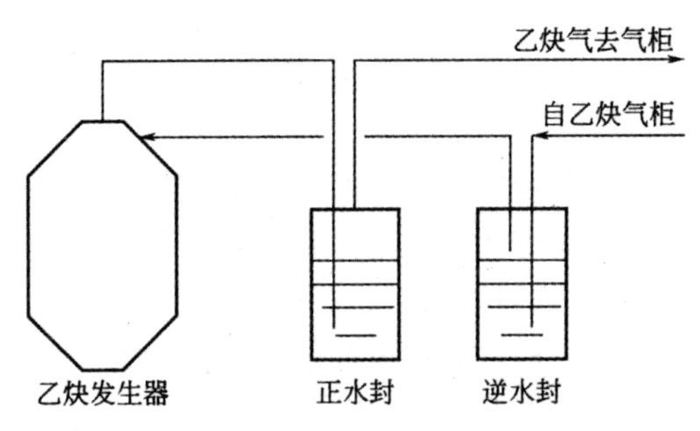

图 2-26　乙炔发生器正、逆水封工作原理

(5) 水斗

由于水斗通大气，出水经过水斗排出，便于操作者观察是否断水，同时也可避免由于虹吸效应将设备的水抽空。因此，水斗通常是作为冷却水出口的一种安全装置。图 2-28 是往复泵冷却水出口水斗安全装置。

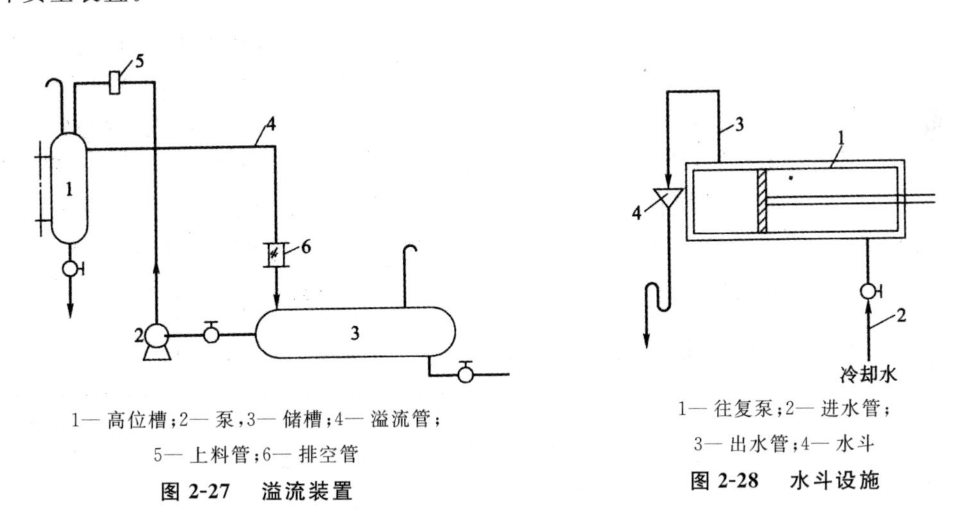

1— 高位槽；2— 泵，3— 储槽；4— 溢流管；
5— 上料管；6— 排空管

图 2-27　溢流装置

1— 往复泵；2— 进水管；
3— 出水管；4— 水斗

图 2-28　水斗设施

(6) 报警 - 连锁装置

在做化工仿真操作时，有时发现电脑显示器的左上方会有一个红颜色的图标不断闪烁，甚至无法继续操作。这就是报警 - 连锁装置在起作用。红颜色的图标不断闪烁是在报警，提示着你的操作控制超出了工艺规定的工艺指标，过低或过高；你不能继续操作是因为工艺指标已超过了连锁装置设定的安全边界，连锁装置自动强制断开有关系统，强迫停止生产操作。

报警 - 连锁装置是一种自动安全设施。当设备或装置工作超过工艺规定的工艺指标时，报警 - 连锁装置会发出报警信号，提示操作者赶快采取措施；当设备或装置工作超过设计规定的安全指标时，报警 - 连锁装置会使设备或装置自动停止运行，以保护操作者和装置的安全。

例如，在做 2 — 巯基苯并噻唑的仿真操作过程中，若温度过低时，会发出低温报警信号，提示你采取措施，尽快提高反应温度；若在低温下停留时间太长，搅拌器会自动停止，反应无法操作；若温度过高时，同样会发出高温报警，若不及时采取措施，连锁装置会使搅拌器自动断电，停止搅拌器搅拌，强制反应终止进行，同时蒸汽自动关闭，冷却水自动开到最大。这是因为温度过低，大量生成的是副产物；温度过高，一是副产物增加，同时可能产生“飞温”(温度急剧上升)，造成安全事故。

2.5 催化剂

化学反应系统中，加入某种物质，改变了反应速率而本身在反应前后的量和化学性质是不发生变化，则该物质称为催化剂。其中，加快反应速率的称为正催化剂；降低反应速率自称为负催化剂。在有机化工中，一般所指的催化剂，均指正催化剂。

催化反应通常分为单相（均相）催化反应和多相（非均相）催化反应。

单相（均相）催化反应是反应时催化剂和反应物同处于均匀的气相或液相中。均相催化反应中常见的是液相均相催化反应。

工业上应用最广的催化反应是多相（非均相）催化反应，多相催化反应的催化剂自成一相，反应在催化剂表面上进行。如气 — 固相和液 — 固相，其中以催化剂为固体而反应物为气体的气 — 固相催化反应最多。如氨的合成、氯乙烯合成、乙酸乙烯合成、丙烯酸合成等，固体催化剂又经常将催化剂分散在多孔性物质的载体上使用。

在化工产品合成的工业生产中，使用催化剂的目的是加快主反应的速率，减少副反应使反应定向进行，缓和反应条件，降低对设备的要求，从而提高设备的生产能力和降低产占成本。某些化工产品虽然在理论上是可以合成的，之所以长期以来不能实现工业化生产，就是因为未研究出适宜的催化剂，反应速率太慢。因此，在化工生产中研究、使用和选择合适的催化剂具有十分重要的意义。

目前，80％ ～ 90％ 的有机化工产品是在不同类型的催化剂作用下生产而得到的。因此对已实现工业化生产的反应过程，不断地改进催化剂的性能，提高催化剂的活性、选择性和寿命，也是一项很重要的技术研究工作。

2.5.1 催化剂的基本特征

在化学动力学中，决定反应在某一温度下的速率和方向的基本因素是活化能。所以若能降低反应活化能，就可以使反应速率加快。催化剂的作用即是使反应经过一些中间阶段，并且每一阶段所需的活化能都比较低，这样就使每一步的反应速率都比原反应速率快，从而加快了整个反应速率。因此，催化剂的作用是改变了化学反应的途径，降低了反应的活化能，使反应按照新的途径进行，从而改变了化学反应速率。

如图 2-29 所示，简单反应 A＋B→ AB 非催化反应的活化能为 E_0；催化反应第一步的活化能为 E_1，第二步为 E_3，E_1、E_3 均小于 E_0，这就是催化剂加速化学反应的主要原因所在。

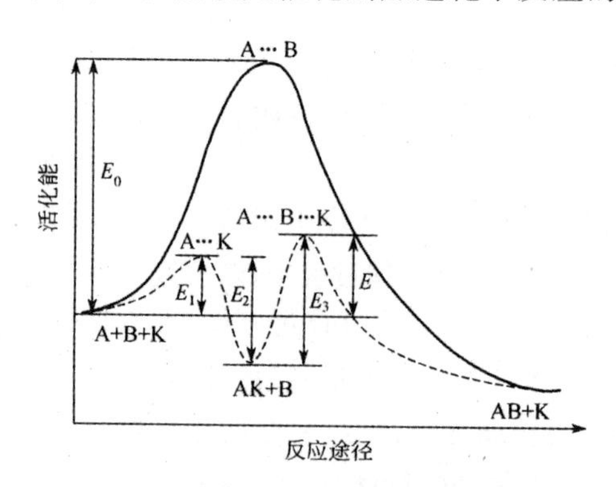

图 2-29 活化能与反应途径示意

由图 2-29 可知催化剂的特征如下。

① 参与催化反应，改变化学反应的途径，降低反应的活化能，从而显著加快反应速率，但反应终了时，催化剂的化学性质和数量都不变。

② 催化剂只能缩短到达平衡的时间，而不能改变平衡状态。催化剂的这一特征告诉人们，在寻找催化剂以前，先进行热力学分析，如果热力学认为反应不可能，就无需浪费精力再去寻找催化剂。

③ 催化剂不改变反应物系的始、末状态，当然也不会改变反应热效应。

④ 催化剂对反应的加速作用具有选择性。即在一个存在有平行反应或连串反应的复杂反应体系中，选用适当的催化剂，可以有选择性地加快某一反应速率，从而使反应尽可能朝着人们希望的方向进行，得到更多的目的产物。催化剂的选择性还表现在对于同一反应物，当选择不同的催化剂时，可以获得不同的产品。如乙醇在不同的催化剂作用下可以得到乙醛、乙醚、乙烯、丁二烯、乙酸乙酯等多种有机产品。

2.5.2　催化剂的活性、选择性和作用

(1) 活性

催化剂的活性是指催化剂改变反应速率的能力。其活性不仅取决于催化剂的化学性质，还取决于催化剂的孔结构等物理性质。催化剂的活性，可用以下几种方式来表示。

① 转化率。在一定的反应温度和反应物配比条件下，转化率高，说明反应物反应程度高，催化剂活性好；反之，则活性差。

工业上常用转化率来表示催化剂的活性。

② 空时收率。是指单位时间内，在单位催化剂（单位容积或单位质量）上生成的目的产物的量，以 kg/(kg・h) 或 kg/(m^3・h) 为单位。生产和科研部门常用空时收率来衡量催化剂的活性和生产能力。

$$\text{空时收率} = \frac{\text{产品量}}{\text{催化剂容积(或质量)} \times \text{时间}} \qquad (2-24)$$

③ 比活性。单位表面积催化剂的反应速率常数。它是评价催化剂活性比较严格的方法，一般不用。

提高催化剂的活性是研制新催化剂和改进老催化剂研究工作的最主要目标。高活性的催化剂可以有效地加快主反应的化学反应速率，提高设备的生产强度和生产能力，提高单位时间目的产品的产量。

(2) 选择性

表示催化剂促使反应向所要求的方向进行，而得到目的产物的能力。选择性是催化剂的重要特性之一，催化剂的选择性能好，可以减少化学反应过程的副反应，降低原料消耗定额，从而降低产品成本的目的。催化剂的选择性通常用目的产物的产率来表示：

$$\text{催化剂的选择性} = \text{主产率} = \frac{\text{目的产物的实际产量}}{\text{以参加反应的某种原料计的目的产物量}} \times 100\% \qquad (2-25)$$

(3) 催化剂的作用

① 加快主反应速率，提高生产能力。

② 使反应有选择性地定向进行，抑制副反应，提高目的产物的产率。

③ 缓和反应条件，降低对设备的要求。

④ 简化反应步骤，降低产品成本。例如，人造羊毛——聚丙烯腈的单体丙烯腈的生产，最初采用的工艺流程长，且安全性差，后来采用了磷－钼－铋催化剂后，用丙烯氨氧化法一步合成丙烯腈，简化了反应步骤，降低了产品成本。

⑤ 扩大原料利用途径，综合利用资源。同一原料，采用不同的催化剂，可发生不同的反应，得到多种不同的化工产品。

2.5.3 催化剂的组成

基本有机化工生产上常用的催化剂是液体催化剂和固体催化剂两种形式，又以固体催化剂最为普遍。

1. 固体催化剂

决定工业固体催化剂性能是否优良的主要因素是催化剂本身的化学组成和结构。但其制备方法和条件、处理过程和活化条件也是相当重要的因素。有的物质不需要经过处理就可作为催化剂使用。例如活性炭、某些黏土、高岭土、硅胶和氧化铝等。更多的催化剂是将具有催化能力的活性物质和其他组分配制在一起，经过处理而制得的。所以一般固体催化剂包括以下组分。

（1）活性组分

该物质是起催化作用的主要物质，是催化剂不可缺少的核心组分，没有活性组分，催化剂就没有活性。活性组分可以是单一物质，如加氢用的镍－硅藻土催化剂中的镍活性组分，也可以是多种物质的混合物，如裂解用的硅铝催化剂中的 SiO_2 和 Al_2O_3 活性组分。

（2）助催化剂

该物质单独存在时无催化作用，但将其添加到催化剂中，可提高催化剂活性、选择性和稳定性，这种添加剂称为助催化剂。目前，助催化剂主要是一些碱金属、碱土金属及其化合物、非金属元素及其化合物。

有的催化剂其活性组分本身性能已很好，也可不必加助催化剂。

（3）载体

载体是负载活性组分和助催化剂的支架，是催化剂中最多的组分，载体的主要作用是：提高催化剂的力学性能和热传导性（载体一般具有很高的导热性、力学性能、抗震强度等优点），减少催化剂的收缩，防止活性组分烧结，提高催化剂的稳定性；载体是多孔性物质，大的比表面积可使催化剂分散性增大，载体还能使催化剂的原子和分子极化变形，从而强化催化性能，增大催化剂的活性、稳定性和选择性；降低催化剂的成本，特别是对贵重金属（Pt、Pd、Au 等）载体的意义更大。

选择载体除了应考虑载体本身的性质和使用条件等因素外，还应考虑载体的结构特征（无定形性、结晶性、化学组成、分散程度等）、表面物理性质（多孔性、吸附性、力学性能稳定性）、催化剂载体活化表面的适应性等。常见的催化剂载体有硅藻土、沸石、水泥、石棉纤维、处理过的活性炭等。另外还有近年来发展起来的二氧化硅（硅胶）和氧化铝（铝胶）等载体。

2. 液体催化剂

液体催化剂可以是液态物质，例如硫酸。但有些场合液体催化剂是以固体、液体或气体催化活性物质作为溶质与液态分散介质形成的催化液。分散介质可以是外加的溶剂，也可以是液态反应物本身。催化液可以是均相，也可以是非均相，如胶体溶液。

大多数液体催化剂组成比较复杂，所含组分及其作用如下。

（1）活性组分

即起催化作用的主要物质，如用于氧化还原型催化反应系统的钴、锰等金属的乙酸盐、环烷酸盐的乙酸溶液、烃溶液等。用于芳烃烷基化的 $AlCl_3 + HCl$ 的烃溶液；$BF_3 + HF$ 的烃溶液；用于乙烯氧化制乙醛的 $PdCl_2 + CuCl_2$ 的盐酸溶液等。

（2）助催化剂

如甲醇羰基化合成乙酸工艺，采用铑配合物与碘化氢组成的催化剂，其中碘化氧为助催化剂。

（3）溶剂

对催化组分、反应物、产物起溶解作用的组分。

（4）其他添加剂

其他添加剂有引发剂、配位基添加剂、酸碱性调节剂和稳定剂。

如在用 $Co(Ac)_2$ 使烃类氧化时加醛酮作为引发剂，在配合催化中，向反应系统中加入配位基添加剂，以保证形成所需要的配合物，对于某些非均相催化液，加入稳定剂以保证相结构的稳定性。

2.5.4　催化剂的物理特性

催化剂的物理特性决定了催化剂的使用性能。其主要物理特性包括比表面积、堆密度、颗粒密度、真密度、空隙率、孔容积、粒度、力学性能等。

催化剂的比表面积为单位质量催化剂所具有的总面积，单位为 m^3/g。催化剂的表面积大，活性高。性能良好的催化剂应具有较大的比表面积。

催化剂的堆密度是指催化剂单位堆积体积的质量，单位为 kg/m^3。堆积体积是催化剂颗粒堆积时的外观体积。堆密度大，单位体积反应器装填的催化剂质量多，设备利用率大。

颗粒密度为催化剂单位颗粒体积的质量，单位为 kg/m^3。真密度为单位真实体积的质量，单位为 kg/m^3。真实体积是除去催化剂颗粒之间的空隙和颗粒的内孔容积的体积。

空隙率表示床层中的催化剂颗粒之间的空隙体积与整个催化剂床层体积之比，常用 ε 表示，催化剂的空隙率一般为 0.26 ～ 0.57。

孔隙率是指催化剂颗粒内部孔隙的体积与颗粒体积之比。

粒度是指催化剂颗粒的大小，常用筛目（筛号）表示。筛目是指 25.4mm 筛的孔边长度内所具有的筛孔数。

催化剂的力学性能包括耐压强度、耐磨损强度和耐撞击强度。

2.5.5　催化剂的活化和再生

（1）催化剂的活化

制备好的催化剂往往不具有活性，必须在使用前进行活化处理。催化剂的活化就是将制备好的催化剂的活性和选择性提高到正常使用水平的操作过程。在活化过程中，将催化剂不断升温，在一定的温度范围内，使其具有更多的接触面积和活性表面结构。活化过程常伴随着物理和化学变化。

（2）催化剂的使用

合理地使用催化剂是保证催化剂活性高、寿命长的主要措施之一。在基本有机化工生产中，合理地使用催化剂是高产、低耗的重要措施之一。

催化剂在装填时，应使催化剂装填均匀，以免气流分布不均匀而造成局部过热，烧坏催化剂的现象。

催化剂在使用时，应防止催化剂与空气接触，避免已活化或还原的催化剂发生氧化而活性衰退；应严格控制原料纯度，避免与毒物接触而中毒或失活；应严格控制反应温度，避免因催化剂床层局部过热而烧坏催化剂；应尽量减少操作条件波动，避免因温度、压力的突然变化而造成催化剂的粉碎。

（3）催化剂的再生

对活性衰退的催化剂，采用物理、化学方法使其恢复活性的工艺过程称为再生。催化剂活性的丧失，可以是可逆的，也可以是不可逆的。催化剂的活性衰退经过再生处理以后，可以恢复活性的称为暂时性失活，经再生处理不能恢复活性的称为永久性失活。

催化剂的再生根据催化剂的性质及失活原因，毒物性质及其他有关条件，各有其特定的方法，一般分化学法和物理法。

某些催化剂在再生过程中，会发生不可逆的结构变化。这种催化剂经过再生后，其活性不能完全恢复，经过多次再生后，活性会降低到不能使用的水平。

2.5.6 对工业催化剂的要求

从以上讨论可知，一种性能良好的工业催化剂应该满足以下要求。

（1）具有较高活性，高选择性，是选择催化剂的最主要条件。

（2）具有合理的流体流动性质，有最佳的颗粒形状（减少阻力，保证流体均匀通过床层）。

（3）有足够的力学性能、热稳定性和耐毒性，使用寿命长。

（4）原料来源方便，制备容易，成本低。

（5）毒性小。

（6）易再生。

在以上各条件中，活性和选择性是首先应予保证的。在选择催化剂和制造过程中也要尽量考虑同时保证其他各个因素。

第3章　合成氨

3.1　概述

20世纪初，德国物理化学家哈伯(F. Haber)成功地采用化学合成的方法，将氢气和氮气通过催化剂的作用，在高温高压下制取氨，人们称这种直接合成氨的方法为哈伯－博施法。为与其他制氨方法相区别，将这种直接合成的产物称为“合成氨”。目前工业上生产氨的方法几乎全部都采用氢、氮气直接合成法，合成氨的名称一直沿用至今。

氨是生产硫酸铵、硝酸铵、碳酸氢铵、氯化铵、尿素等化学肥料的主要原料，也是硝酸、染料、炸药、医药、有机合成、塑料、合成纤维、石油化学工业的重要原料。因此，合成氨工业在国民经济中占有十分重要的地位。

3.1.1　氨的性质和用途

氨在标准状态下为无色气体，密度比空气小，具有特殊的刺激性气味，会灼伤皮肤、眼睛，刺激呼吸器官黏膜。氨气易溶于水，溶解时放出大量的热。

液氨或干燥的氨气对大部分物质不具腐蚀性，但在有水存在时，对铜、银、锌等金属有腐蚀性。氨是一种可燃性气体，自燃点为630℃，故一般较难点燃。氨与空气或氧气在一定范围内能够发生爆炸，氨的爆炸极限为15.5%～27%。

氨的化学性质较活泼，能与酸反应生成铵盐。主要用于制造化学肥料，农业上使用的所有氮肥、含氮混肥和复合肥，都以氨为原料。

氨在工业上还可以用来制造炸药、各种化学纤维及塑料。氨还可以用作制冷剂，在冶金工业中用来提炼矿石中的铜、镍等金属，在医药工业中用作生产磺胺类药物、维生素、蛋氨酸和其他氨基酸等。

3.1.2　合成氨工业概况

1913年，德国建立了第一套日产30t的合成氨装置，合成氨工业从此正式诞生。第一次世界大战结束后，德国因战败而被迫把合成氨技术公开。一些国家在此基础上做了改进，出现了不同压力的合成方法：低压法(10MPa)、中压法(20～30MPa)和高压法(70～100MPa)。大多数工厂采用中压法，所用原料主要是焦炭和焦炉气。

第二次世界大战后，特别是20世纪50年代以后，随着世界人口不断增长，用于制造化学肥料和其他化工产品的氨量迅速增加。1992年，世界合成氨产量为112.16Mt。在化工产品中仅次于硫酸而居第二位，成为重要的支柱产业之一。

20世纪50年代，由于天然气、石油资源大量开采，为合成氨提供了丰富的原料，促进了世界合成氨工业的迅速发展。以天然气、石脑油和重油来代替固体原料生产合成氨，从工程投资、能量消耗和生产成本来看具有显著的优越性。起初，各国将天然气作为原料，随着石脑油蒸气转化催化剂的试制成功，缺乏天然气的国家开发了以石脑油为原料的生产方法。在重油部分氧化法成功以后，重油也成了合成氨工业的重要原料。经过 90 多年的发展，合成氨工业已遍布世界。合成氨技术得到了高速发展，而且促进了许多科技领域（如化学热力学、化学动力学、催化、高压技术、低温技术）的发展。因此，合成氨工业的诞生被誉为近代化学工业的开端。

2010 年世界合成氨生产能力为 192.5Mt，全球合成氨装置平均开工率约为 82%，产量 157Mt。其中天然气为原料占全球合成氨产能的 66%，煤炭和油焦占 30%。预计 2015 年天然气原料增长至 68%，煤为原料至 29%，其它原料约为 3%。据统计，2010 ～ 2015 年期间全球将有 67 套新建大型合成氨装置投产，如果这些项目按计划实施，2015 年全球合成氨产能将达到 229.6 Mt，增幅达 19%。产能增长幅度较大的地区主要集中在原料资源丰富的地区，东亚、非洲、西亚、拉丁美洲、以及南亚等。

我国合成氨工业始于 20 世纪 30 年代，在 1949 年建国时，有南京、大连两座合成氨厂，年生产能力为 46kt，此外，在上海还有一个电解水制氢生产合成氨的小型车间。

建国以来，基于农业的迫切需求，我国的合成氨工业得到很大的发展。在原料方面，由单一的焦炭发展到煤、天然气、焦炉气、石油炼厂气、轻油和重油等多种原料制氨。我国已拥有一支从事合成氨生产的科研、设计、制造与施工的技术队伍，研制并生产多种合成氨工艺所需的催化剂，在品种、产量和质量上都能满足工业生产的需要，一些品种的质量已达到国际先进水平，我国已能完成大型合成氨厂的设计及关键设备的制造；具有因地制宜特点的我国小型合成氨工业，经过多年的改进，工艺日趋完善，能耗也明显降低。经过 50 多年的努力，我国已拥有多种原料、不同流程的大、中、小型合成氨 J。到 1999 年，我国合成氨产量居世界首位，达 34.31Mt。2005 年全国合成氨产量有 45.45Mt，比上年增产约 3.20Mt。到 2007 年，我国合成氨产量继续保持增长势头，已达 51.589Mt。我国生产合成氨的原料多样。目前，以煤为原料的合成氨产量约占其总产量的 64%，以石油为原料的合成氨产量约占 14%，以天然气为原料的合成氨产量约占 22%。由于我国石油和天然气资源不够丰富，而煤资源相对丰富，因此合成氨原料结构继续向煤调整。

2004 年全国有合成氨生产企业 570 多家，其中产量达 300kt 以上的有 30 家，超过 500kt 的已有 4 家。2005 年泸天化集团有限责任公司合成氨产量达 985.6kt，比上年增长 156kt，约占全国合成氨总产量的 2.1%，居首位；中国石油天然气乌鲁木齐石化分公司 2005 年合成氨产量达 694kt，比上年增长 40.7kt，占全国合成氨总产量的 1.52%，居第二位；山东聊城鲁西化工集团，2005 年合成氨产量达 657kt，比上年降低 45.2kt，约占全国合成氨总产量的 1.4%，居第三位。

据国家统计局统计，2009 年，我国共有合成氨生产企业 496 家，合成氨产量 51355kt。2009 年进口液氨 281kt，出口量很少，表观消费量 51636kt，国内自给率 99.5%。总体上，我国合成氨工业能够满足氮肥工业生产需求，基本满足了农业生产需要。2000 ～ 2009 年，合成氨产量由 33640kt 增至 49950kt，年均增长 5.1%，2010 年我国合成氨生产能力达到 65600kt，全国合成氨产量为 52209kt，占全球总产量的 33%，已成为世界上最大的合成氨生产国。2010 年合成氨规模大于 300kt 的大型企业有 74 家，占总产能的 49.4%；大于 80kt 大中型企业 223 家，占总产能 82.4%，初步形成以大中型企业为主的格局 。

3.1.3　合成氨生产方法简介

氨的合成，首先必须制备合格的氢、氮原料气。

氮气可直接取自空气或将空气液化分离而得；或使空气通过燃料层燃烧，将生成的 CO 和 CO_2 除去制得。

氢气一般常用含有烃类的各种燃料，如焦炭、无烟煤、天然气、重油等为原料与水蒸气作用的方法来制取。

合成氨的生成过程基本上可分为 3 个步骤：原料气的制备：原料气的净化；氨的合成。

1. 原料气的制备

(1) 利用固体燃料（焦炭或煤）的燃烧将水蒸气分解，将空气中的氧与焦炭或煤反应而制得氮气、氢气、一氧化碳、二氧化碳等的气体混合物。

(2) 利用气体燃料来制取原料气。如天然气可采用水蒸气转化法、部分氧化法制得原料气；焦炉气、石油裂化气可采用深度冷冻法制得氢气等。

(3) 利用液体燃料（如重油、轻油）高温裂解或水蒸气转化、部分氧化等方法制得氮气、氢气、一氧化碳等气体混合物。

2. 原料气的净化

制得的原料气中含有一定量的硫化物（包括硫化氢、各种有机硫化合物，如 CO_2，CS_2 二氧化碳，以及部分灰尘、焦炭等杂质，为了防止管道设备阻塞和腐蚀以及避免催化剂中毒，必须在氨合成阶段前将杂质除净。

原料气中机械杂质的去除可借助过滤、用水洗涤或用其他液体洗涤的方法清除。

气体杂质的除去方法可视所含杂质的种类、含量等的不同而采用不同的方法，这些方法的不同也使得合成氨生产流程产生较大差异。如脱除硫化物的方法有干法（如活性炭法、钴钼加氢法、氧化锌法）、湿法（如氨水催化法、蒽醌二磺酸钠（ADA）法、栲胶法）两大类。对于一氧化碳的清除，一般是将一氧化碳变换为二氧化碳和氢，对未变换的残余微量一氧化碳再用铜氨液洗涤法或甲烷化法清除。清除二氧化碳的方法也很多，一般采用碳酸丙烯酯旨法、低温甲醇洗涤法、热碳酸钾法等进行清除。

3. 氨的合成

将净化后的氢、氮混合气经压缩后，在铁催化剂与高温条件下合成氨，反应式为

$$3H_2 + N_2 = 2NH_3$$

生成的氨经冷却液化与未反应的氢、氮气分离而成产品（液氨），氢、氮气则循环使用。

上述 3 步骤中，由于各步骤的操作压力不同，因此合成氨厂还设置一个压缩阶段，由多段（一般 5 ～ 6 段）压缩机将各阶段气体按不同需要压缩到合适的压力。

以焦炭（或无烟煤）、天然气、重油为原料的制氨示意流程分别如图 3-1、图 3-2、图 3-3 所示。

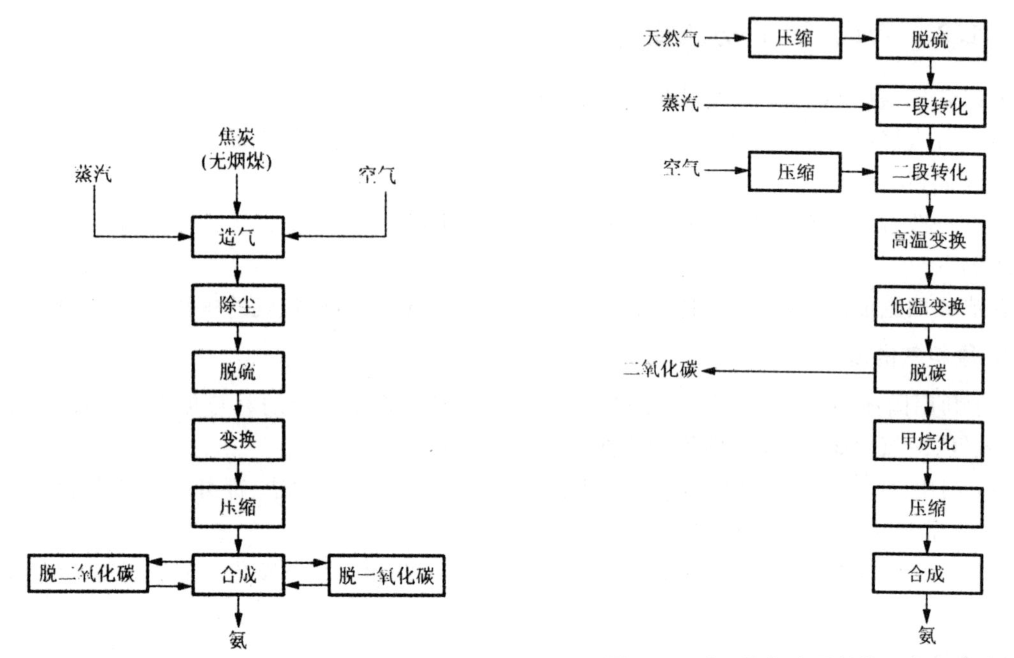

图 3-1　以焦炭(无烟煤)为原料的制氨示意流程

图 3-2　以天然气为原料的制氨示意流程

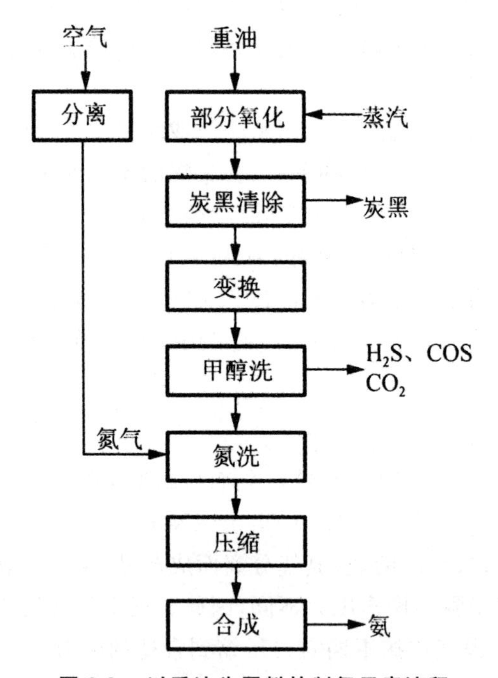

图 3-3　以重油为原料的制氨示意流程

3.2　合成氨原料气的制备与净化

3.2.1　合成氨原料气的制取

目前，制氨的生产方法主要有固体燃料气化法（煤或焦炭的气化）、烃类蒸气转化法（天然气、石脑油）、重油部分氧化法。由于合成氨原料气中的氮气容易取得，所以原料气的制备主要是制取氢气，而 CO 在变换过程能产生同体积的氢气，因此把原料气中的 CO 和 H_2 看作有效气成分。

氨的合成需 $H_2:N_2$ 为 3:1 的原料气，要求造气制得的煤气中有效气成分与氮气比例为（3.1～3.2）:1，这就是通常所说的半水煤气。

1. 固体燃料气化法

工业上用气化剂对煤或焦炭进行热加工，将碳转换为可燃性气体的过程，称为固体燃料的气化。

（1）半水煤气的工业生产方法

煤或焦炭中主要是碳元素，与水蒸气反应生成的有效气体成分是 CO 和 H_2，气化过程中的主要反应有

$$C + H_2O(g) = CO + H_2 \quad \Delta H = 131.39\text{kJ/mol}$$

$$C + 2H_2O(g) = CO_2 + 2H_2 \quad \Delta H = 90.20\text{kJ/mol}$$

此过程为强吸热过程，需要提供热量，一般是用空气、富氧空气或氧气与碳作用来提供能量。主要反应如下：

$$C + O_2 = CO_2 \quad \Delta H = 393.78\text{kJ/mol}$$

$$C + \frac{1}{2}O_2 = CO \quad \Delta H = 110.60\text{kJ/mol}$$

碳与水蒸气的反应吸热，而碳与空气的反应放热，如果控制空气与水蒸气的比例，使碳与空气反应放出的热量等于碳与水蒸气反应所需的热量，则制气过程可以维持自热运行，但产生的气体组成难以满足要求。所以，在满足半水煤气组成要求时，系统将不能维持自热运行。

现对空气、水蒸气同时通入气化装置的过程作一简单热量衡算。为简化起见，选取碳与水蒸气和碳与空气的反应都生成一氧化碳，并忽略过程热损失。根据空气中氧与氮的比例，气化反应可写成

$$2C + (O_2 + 3.76N_2) = 2CO + 3.76N_2 \quad \Delta H = 221.19\text{kJ/mol}$$

$$C + H_2O(g) = CO + H_2 \quad \Delta H = 131.39\text{kJ/mol}$$

若仅考虑基准温度下的反应热，则消耗 1mol O_2 的反应热可供 $x$mol 碳与水蒸气进行反应，即

$$x = 221.19/131.39 = 1.68$$

系统维持自热平衡的反应式为

$$3.68C + O_2 + 1.68H_2O(g) + 3.76N_2 = 3.68CO + 1.68H2 + 3.76N_2$$

则气化产物的组成为 H_2、N_2 和 CO。

H_2 的摩尔分率为 $1.68/(3.68+1.68+3.76) = 0.1842$，同理，$N_2$ 和 CO 的摩尔分率分别为 0.4123、0.4035。其中 $(H_2 + CO)/N_2 = (0.1842 + 0.4035)/0.4123 = 1.43$。

由以上计算可知，空气与水蒸气同时进行气化反应时，如不提供外部热源，则气化产物中(H_2+CO)的含量远低于合成氨原料气的组成要求。为解决气体成分与热量平衡这一矛盾，可采用下列办法：

1) 外热法

利用工业余热或其他廉价高温热源，用熔融盐、熔融铁等介质为热载体直接加热反应系统，或预热气化剂，以提供气化过程所需的热量。

2) 富氧空气连续气化法

用富氧空气(含 $O_2$50％左右)和水蒸气作为气化剂同时进行气化反应。由于富氧空气中含氮量较少，故在保证系统自热运行的同时，半水煤气的组成也可满足合成氨原料气的要求。此法的关键是要有较廉价的富氧空气来源。

3) 蓄热法(间歇气化法)

空气和水蒸气分别送入燃料层，也称间歇气化法。其过程大致为：先送入空气以提高燃料层温度，生成的气体(吹风气)大部分放空；再送入水蒸气进行气化反应，此时燃料层温度逐渐下降。所得水煤气配入部分吹风气即成半水煤气。如此间歇地送空气和送水蒸气重复进行，是目前用得比较普遍的补充热量的方法，也是我国多数中、小型合成氨厂的重要气化方法。

工业上间歇式气化过程，是在固定层煤气发生炉中进行的，如图 3-4 所示。块状燃料由顶部间歇加入，气化剂通过燃料层进行气化反应，灰渣落入灰箱后排出炉外。

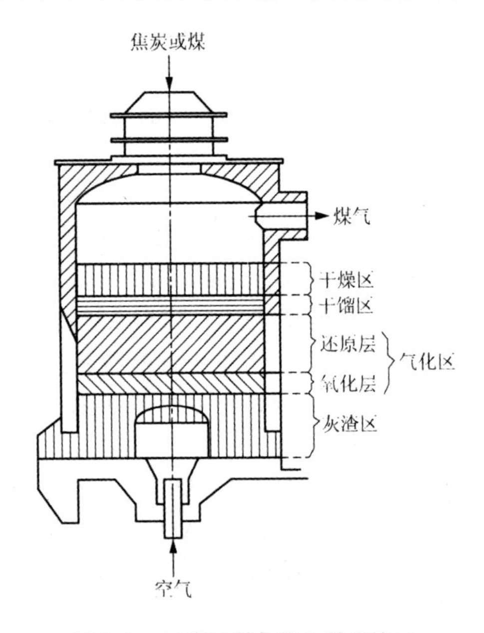

图 3-4　固定层煤气发生炉示意图

在稳定气化的情况下，燃料层大致可分为几个区域：最上部为干燥区；燃料下移时受热释放出烃类气体，这一区域称干馏区；而气化反应主要在气化区中进行。当气化剂为空气时，在气化区的下部进行碳的完全燃烧，主要生成二氧化碳，称为氧化层；其上部主要进行碳与二氧化碳的反应，生成部分一氧化碳，称为还原层。以水蒸气为气化剂时，在气化区进行碳与水蒸气的反应，不区分氧化层或还原层。燃料层底部为灰渣区，起预热气化剂及保护炉底的作用。

显然，间歇式气化装置中，燃料层温度随空气的加入而逐渐升高，而随水蒸气的加入又逐渐下降，呈周期性变化，生成煤气的组成亦呈周期性变化，这是工业上间歇制气的重要特点。

间歇式气化时，自当前开始送入空气至下一次欲送入空气止，称为一个工作循环。理论上讲间歇式制取半水煤气，只需交替进行吹风和制气两个阶段。而实际过程由于考虑到热量的充分利用，燃料层温度均衡和安全生产等原因，通常分5个阶段进行：

① 吹风阶段。空气从炉底吹入，进行气化反应，提高燃料层的温度(积蓄热量)，吹风气去余热回收系统或放空。

② 一次上吹制气阶段。水蒸气和加氮空气从炉底送入，经灰渣区预热进入气化区反应，生成的煤气送入气柜。在一次上吹制气阶段制气过程中，由于水蒸气温度较低，加上气化反应大量吸热，使气化区温度显著下降，而燃料层上部却因煤气的通过，温度有所上升，气化区上移，煤气带走的显热损失增加，因而在上吹制气进行一段时间后，应改变气体流向。

③ 下吹制气阶段。水蒸气和加氮空气从炉项自上而下通过燃料层，生成的煤气也送入气柜。水蒸气下行时，吸收炉面热量可降低炉顶温度，使气化区恢复到正常位置。同时，使灰层温度提高，有利于燃尽残碳。

④ 二次上吹制气阶段。下吹制气后，如立即进行吹风，空气与下行煤气在炉底相遇，可能导致爆炸。所以，再作第二次水蒸气上吹，将炉底及下部管道中煤气排净，为吹风作准备。

⑤ 空气吹净阶段。二次上吹制气后，煤气发生炉上部空间，出气管道及有关设备都充满了煤气，如吹入空气立即放空或送往余热回收系统将造成很大浪费，且当这部分煤气排至烟囱和空气接触，遇到火星也可能引起爆炸。因此在转入吹风阶段之前，从炉底部吹入空气，所产生的空气煤气与原来残留的水煤气一并送入气柜，加以回收。

此法虽不需要纯氧，但对煤的机械强度、热稳定性、灰熔点要求较高；非制气时间较长，生产强度低；阀门开关频繁，阀门易损坏，维修工作量大；能耗高。

(2) 间歇式制取半水煤气的工艺流程与操作条件

间歇式气化的工艺流程一般由煤气发生炉、余热回收装置，煤气除尘降温以及煤气贮存等设备构成。由于每个工作循环中有5个不同的阶段，流程中必须安装足够的阀门及双套管线，并通过自动机控制阀门的启闭。现介绍两种典型的流程：

1) 固定层煤气发生炉(UGI型)间歇式半水煤气生产流程

固定层煤气发生炉(UGI型)间歇式半水煤气生产流程是20世纪50～60年代以煤为原料的中型合成氨厂采用的流程，如图3-5所示。固体燃料由加料机从煤气发生炉顶部间歇加入炉内。吹风时，空气经鼓风机加压自下而上通过煤气发生炉，吹风气经燃烧室及废热锅炉回收热量后由烟囱放空。燃烧室中加入二次空气，将吹风气中可燃气体燃烧，使室内的格子蓄热砖温度升高。燃烧室盖子具有安全阀作用，当系统发生爆炸时可以泄压，以减轻对设备的破坏。水蒸气上吹制气时，煤气经燃烧室及废热锅炉回收余热后，再经洗气箱及洗涤塔进入气柜；下吹制气时，水蒸气从燃烧室顶部进入，经预热后进入煤气发生炉自上而下流经燃料层。由于煤气温度较低，直接经洗气箱及洗涤塔进入气柜。

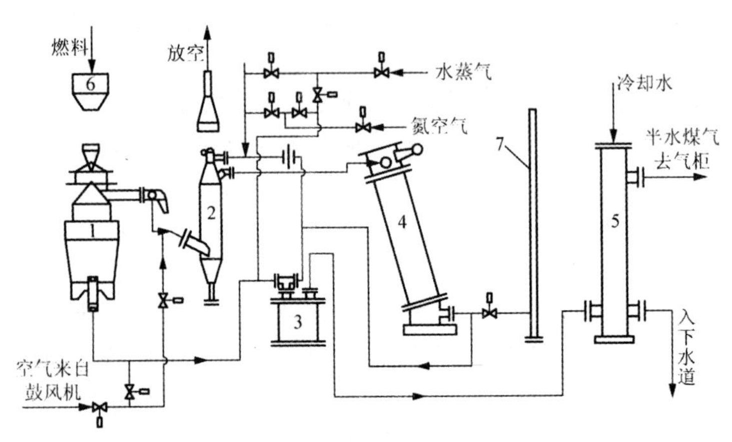

1— 煤气发生炉；2— 燃烧室；3— 水封槽(洗气箱)；4— 废热锅炉；5— 洗涤塔；6— 燃料贮仓；7— 烟囱

图 3-5　固定层煤气发生炉间歇式制半水煤气的工艺流程

二次上吹制气时，气体流向与一次上吹制气相同。空气吹净时，气体经燃烧室、废热锅炉、洗气箱和洗涤塔后进入气柜，此时燃烧室不能加二次空气。在上、下吹制气时，如配入加氮空气，其送入时间应滞后于水蒸气，并在水蒸气停送之前切断，以避免空气与煤气相遇而发生爆炸。燃料气化后，灰渣定期排出炉外。

2）小型合成氨厂节能型工艺流程

20 世纪 80 年代以前，小型合成氨厂造气工段余热回收效果较差，固体燃料和水蒸气消耗较高。随着有关设备、技术、安全等问题的解决，特别是为节能降耗，提高经济效益，目前已普遍采用节能型流程，此流程对生产过程中的余热进行了全面、合理的回收：回收上、下行煤气的显热，这部分显热主要用于副产低压水蒸气；对吹风气显热和潜热回收，主要采用“合成二气(指合成放空气和氨贮槽驰放气）连续输入，吹风气集中燃烧，燃烧室体外取热”的工艺路线。如生产正常，管理良好，造气工段应基本达到水蒸气自给。

如图 3-6 所示，由煤气发生炉产生的吹风气经旋风除尘器后，送入吹风气总管，进入吹风气余热回收系统。由水蒸气缓冲槽出来的水蒸气加入适量空气后从煤气发生炉底送入，炉顶出来的上行煤气通过旋风除尘器，安全水封后进入废热锅炉回收余热，并经过洗涤塔降温后送入气柜。下吹时水蒸气也配入适量空气从炉顶送入，炉底出来的下行煤气经集尘器及安全水封后也进入废热锅炉，并经洗涤塔降温后送入气柜。二次上吹时，空气吹净的气体流向与上吹制气阶段相同。

“合成二气”净氨后送入尾气贮槽，并经分离器后与来自空气预热器的二次空气混合进入燃烧室燃烧。出燃烧室的高温烟气进入带水蒸气过热器的烟气锅炉回收热量，产生 1.3MPa 的过热水蒸气，降温后的烟气依次通过空气预热器、软水加热器，出引风机送入烟囱后放空。

来自锅炉房的软水经软水加热器提温后，分别送至夹套锅炉、废热锅炉及烟气锅炉的锅筒中。

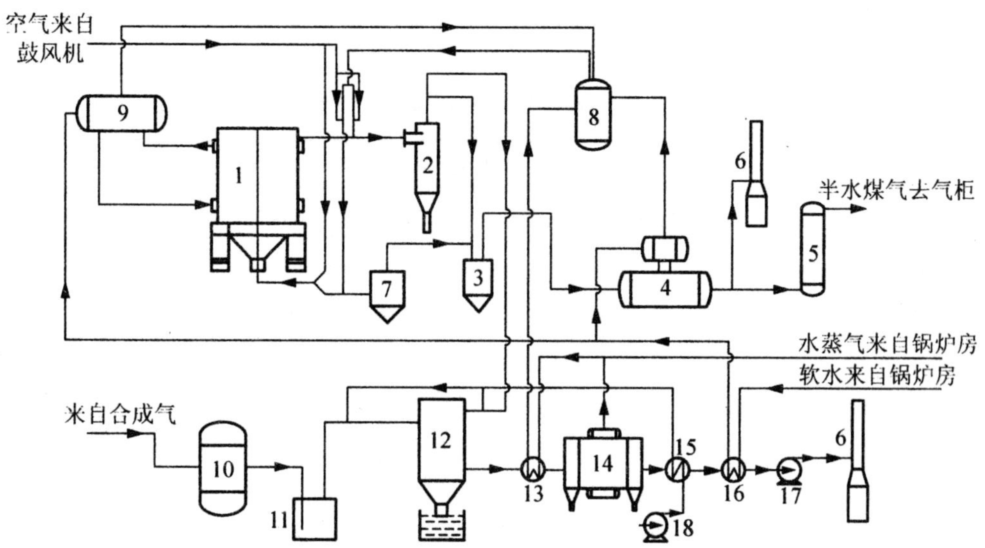

1— 煤气发生炉；2— 旋风除尘器；3— 安全水封；4— 废热锅炉；5— 洗涤塔；6— 烟囱；7— 集尘器；8— 水蒸气缓冲槽；9— 锅筒；10— 尾气贮槽；11— 分离器；12— 燃烧室；13— 水蒸气过热器；14— 烟气锅炉；15— 空气预热器；16— 软水加热器；17— 引风机；18— 二次吹风

图 3-6　小型合成氨厂节能型工艺流程图

固体燃料的间歇式气化过程中的主要操作条件有：

① 温度。燃料层的温度沿着煤气发生炉的轴向而变化，氧化层温度最高，煤气发生炉的操作温度一般指氧化层温度，简称炉温，炉温高对制气阶段有利，使煤气中一氧化碳与氢气含量高，水蒸气分解率高、反应速率快。总的结果为炉温高，煤气产量高、质量好，制气效率高。但炉温是由吹风阶段决定的，高炉温导致放空的吹风气中一氧化碳含量高，在流程设计中应对吹风气的显热及化学潜热作充分的回收，并根据碳与氧之间的反应特点，加大风速，以降低吹风气中一氧化碳的含量。在这一前提下，以低于燃料的灰熔点 50℃ 左右，做到既维持炉内燃料不熔融，又有较高的煤气产量及质量，一般炉温维持在 1000 ～ 1200℃。

② 吹风速率。提高炉温的主要手段是提高入炉空气量。入炉空气量是由吹风速率和吹风时间决定的。在氧化层中，碳的燃烧速率很快，属于扩散控制。所以，提高吹风速率，有利于碳的燃烧反应，还可缩短二氧化碳与灼热碳层的接触时间，以减少一氧化碳的生成量，从而减少了热损失，增加了炉内的蓄热量。在入炉空气量一定的情况下，提高吹风速率，还可以延长制气时间，有利于提高煤气发生炉的生产能力。但风速过大，将导致吹出物量增加，燃料损失加大，严重时，出现风洞甚至吹翻，造成气化条件恶化。

③ 循环时间的分配。每一工作循环所需的时间，称为循环时间。一般而言，循环时间长，气化层的温度、煤气的产量和成分波动大。循环时间短，气化层的温度波动小；煤气的产量与成分也较稳定，但阀门开关占有的时间相对增加，影响煤气发生炉的气化强度，而且阀门开关过于频繁，易于损坏。根据自控水平及维持炉内工作状况稳定的原则，一般循环时间为 2.5 ～ 3min。通常循环时间一般不作随意调整，在操作中可由改变各阶段时间分配来改善煤气发生炉的工作状况。每一循环各阶段的时间分配，随燃料的性质和工艺操作的具体要求而异。吹风阶段的时间以能提供制气所必需的热量为限，其长短主要取决于燃料的灰熔点及空气流速等。上下吹制气阶段的时间，以维持气化区稳定、煤气质量好及热能合理利用为原则，下吹制气较上吹制气的时间长。二次上

吹和空气吹净时间的长短，以能够达到排净煤气发生炉下部空间和上部空间残留煤气为原则，后者还可调节煤气中氮含量。不同燃料气化的循环时间分配百分比大致范围如表 3-1 所示。

表 3-1　不同燃料气化的循环时间分配百分比

燃料品种	工作循环中各阶段时间分配 /(%)				
	吹风	上吹	下吹	二次上吹	空气吹净
无烟煤，粒度 25 ～ 75 mm	24.5 ～ 25.5	25 ～ 26	36.5 ～ 37.5	7 ～ 9	3 ～ 4
无烟煤，粒度 15 ～ 25 mm	25.5 ～ 26.5	26 ～ 27	35.5 ～ 36.5	7 ～ 9	3 ～ 4
焦炭，粒度 25 ～ 75 mm	22.5 ～ 23.5	24 ～ 26	40.5 ～ 42.5	7 ～ 9	3 ～ 4
石灰碳化煤球	27.5 ～ 29.5	25 ～ 26	36.5 ～ 37.5	7 ～ 9	3 ～ 4

3）气体成分

气体成分调节主要是调节半水煤气中（$CO + H_2$）与 N_2 的比值，方法是改变加氮空气量，或改变空气吹净及回收时间。此外，还应尽量降低半水煤气中甲烷、二氧化碳和氧气的含量，特别是要求氧气含量小于 0.5%。若氧气含量过高，不仅有爆炸危险，而且还会给变换催化剂带来严重的危害。表 3-2 为以煤为原料间歇式气化过程气体的典型组成。

表 3-2　以煤为原料间歇式气化过程气体的典型组成

名称	CO/(%)	CO_2/(%)	H_2/(%)	N_2/(%)	CH_4/(%)	O_2/(%)	H_2S/(g/Nm^3)
吹风气	8.20	15.51	3.21	72.25	0.45	0.38	0.782
水煤气	31.97	7.81	41.40	17.77	0.75		1.313
半水煤气	30.31	8.35	38.73	21.58	0.73	0.30	1.276

注：1. 所有气体中的 Ar 均合并于 N_2 中；2. 配入加氮空气。

2. 烃类蒸汽转化法

作为合成氨原料的烃类，按照物理状态可分为气态烃和液态烃。气态烃包括天然气、油田气、炼厂气、焦炉气及裂化气等；液态烃包括原油、轻油和重油。其中除原油、天然气和油田气是地下蕴藏的天然矿产外，其余皆为石油炼制工业、炼焦工业和基本有机合成工业的产品或副产品。

（1）烃类蒸汽转化反应的特点

工业条件下不论何种烃类原料与水蒸气反应都需要经过甲烷转化这一阶段，甲烷是所有烃类中生成自由焓最低的，即最稳定的一种低碳烃，因而，它的蒸汽转化最为困难。为此，轻质烃类的蒸汽转化可用甲烷蒸汽转化反应来代表，即

$$CH_4 + H_2O(g) = CO + 3H_2$$

$$CH_4 + 2H_2O(g) = CO_2 + 4H_2$$

反应的产物为含 H_2、CO、CO_2 和未反应的 CH_4、$H_2O(g)$ 的混合气。为满足合成氨原料气对氢氮比的要求，可在反应系统加入空气参与反应。

总反应为吸热、体积增大的可逆反应。提高温度、增加水蒸气的配入量，有利于提高甲烷的平衡转化率。而提高压力则降低甲烷的平衡转化率。温度、压力和水碳比对甲烷平衡含量的影响如图 3-7 所示。

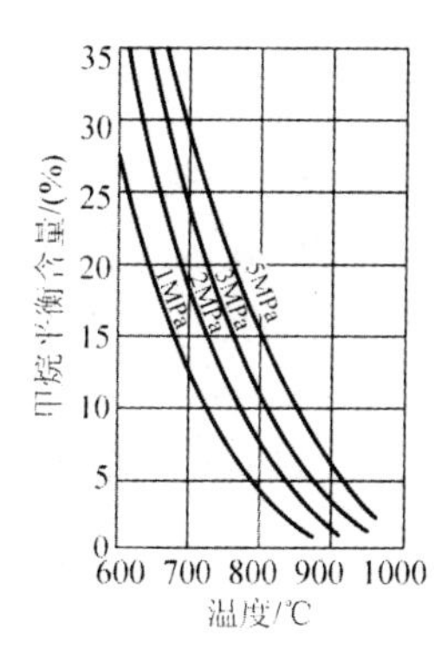

(a) 温度的影响(水碳比≈3)

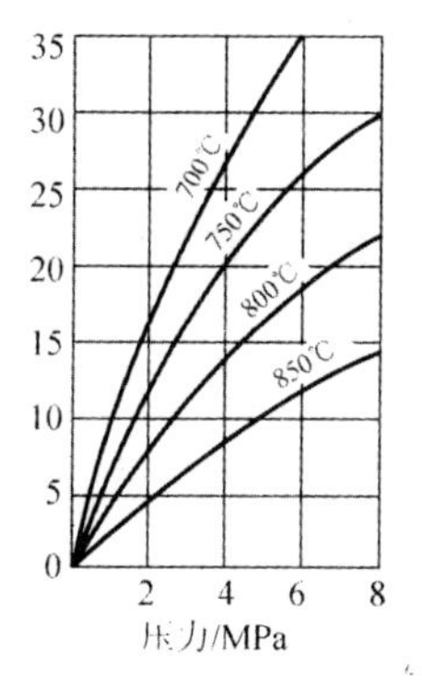

(b) 压力的影响(水碳比≈3)

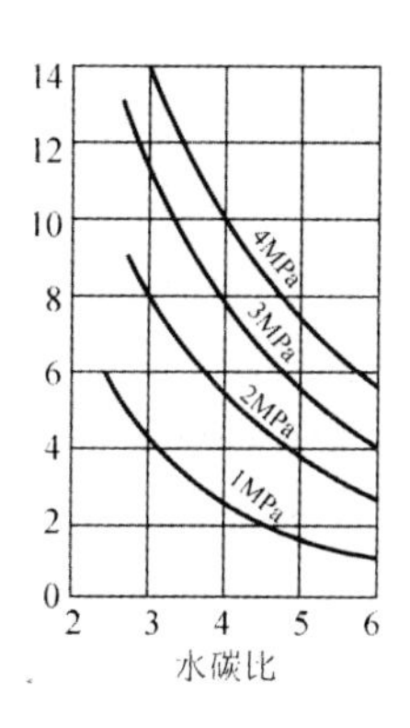

(c) 水碳比的影响(800℃)

图 3-7　温度、压力和水碳比对甲烷平衡含量的影响

① 温度。甲烷蒸汽转化反应是可逆吸热反应，温度提高，甲烷平衡含量下降；反之，甲烷平衡含量增加。转化温度每提高 10℃，甲烷平衡含量降低 1.0% ～ 1.3%。

② 压力。甲烷蒸汽转化为体积增大的可逆反应，压力增加，甲烷平衡含量也随之增大。

③ 水碳比。水碳比是指进口气体中水蒸气与烃原料中所含碳的物质的量之比。在温度、压力一定的条件下，水碳比愈高，甲烷平衡含量越低。但是水碳比直接关系到水蒸气消耗，不宜过大。

总之，提高转化温度，降低转化压力和增加水碳比有利于化学平衡，即平衡时，残余甲烷含量低。

实际生产中，甲烷蒸汽转化过程一般都是在加压条件下进行的。加压虽然降低了甲烷的平衡转化率，却可以节省动力消耗。这是因为，甲烷蒸汽转化过程是体积增大的反应，在反应前加热，只需压缩甲烷，水蒸气从锅炉中引出时已具有一定压力。而氨合成反应是在高压下进行的，即原料气迟早要加压。因此，压缩原料气甲烷的量要比压缩转换气的量少得多，故加压转化可以节省压缩功。此外，加压转化还可以提高过量水蒸气余热的利用价值，减少原料气的制备和净化系统的设备投资。

工业上甲烷蒸汽的转化反应是在催化剂存在条件下进行的，属气 — 固相催化反应，催化剂不仅提高了反应速率，而且抑制了副反应的产生，常用催化剂的活性组分是金属镍，使用前呈 NiO 状态。催化剂中的镍含量为 10% ～ 25%，助催化剂有 Cr_2O_3、$A1_2O_3$ 和 TiO_2，此类型催化剂以 $A1_2O_3$ 或耐高温的材料为载体做成环形，其直径为 17 ～ 19mm，高 19mm，其主要毒物是多种硫化物，氯、砷等对催化剂也有毒害作用。生产中要求原料中的含硫量（体积分数）小于 0.5×10^{-6}，使用催化剂时，先用甲烷 － 水蒸气混合气在 600℃ ～ 800℃ 对其进行还原，使催化剂中的 NiO 变成具有催化作用的金属镍。

甲烷蒸汽转化过程中在催化剂表面析碳是可能出现的副反应，即

$$CH_4 = C\downarrow + 2H_2$$

$$2CO = C\downarrow + CO_2$$

$$CO + H_2 = C\downarrow + H_2O$$

上述副反应析出的 C（炭黑）会覆盖催化剂微孔，使甲烷转化率下降。炭黑还可造成反应器的堵塞，增加系统阻力，甚至使生产无法进行。防止反应过程析碳是操作中的重要问题。通常采取的措施是确定恰当的水碳比、选用适当的催化剂、选择合适的操作条件等。

既然甲烷蒸汽转化过程有可能会因甲烷裂解而析碳，对碳数更多的烃类析碳就会更为容易。工业生产中可采取如下措施防止炭黑生成：

① 实际水碳比大于理论最小水碳比，这是保证不会有炭黑生成的前提。

② 选用活性好，热稳定性好的催化剂，以避免进入动力学可能析碳区。对于含有易析碳组分烯烃的炼厂气以及石脑油的蒸汽转化操作，要求催化剂应具有更高的抗析碳能力。

③ 防止原料气和水蒸气带入有害物质，保证催化剂具有良好的活性。

④ 选择适宜的操作条件，例如，原料烃的预热温度不要太高，当催化剂活性下降或出现中毒迹象时，可适当加大水碳比或减少原料烃的流量等。

(2) 天然气蒸汽转化工艺流程

由烃类制取合成氨原料气，目前采用的蒸汽转化法有美国凯洛格(Kellogg) 法、丹麦托普索法、英国帝国化学工业公司(ICI) 法等。但是，除一段转化炉炉型、烧嘴结构、是否与燃气轮机匹配等方面各具特点外，在工艺流程上均大同小异，都包括一、二段转化炉，原料气预热，余热回收与利用等。

目前国内外大型氨厂合成氨生产中普遍采用二段转化法。烃类作为制氨原料，要求尽可能转化完全。同时，甲烷为氨合成过程的惰性气体，它在合成回路中逐渐积累，不利于氨合成反应。因此，理论上转化气中残余甲烷含量越低越好。但残余甲烷含量越低，要求水碳比及转化温度越高、水蒸气消耗量增加，对设备材质要求提高，一般要求二段转化气中甲烷含量小于 0.5%(干基)。为了达到这项指标，在加压操作条件下，转化温度需在 1000℃ 以上。要在此高温下进行转化反应，除了采取蓄热式的间歇催化转化法以外，现在合成氨厂大都采用外热式的连续催化转化法。由于目前耐热合金钢管只能在 900℃ 以下工作，为了满足工艺和设备材质的要求，工业上采用了转化过程分段进行的流程。首先，较低温度下在外热式的转化管中进行烃类的蒸汽转化反应；然后，于较高温度下在耐火砖衬里的二二段转化炉中加入空气，利用反应热继续进行甲烷转化反应。一般情况下，一、二段转化气中残余甲烷含量分别控制在 10% 和 0.5%。

图 3-8 是日产 1000t 氨的两段转化的凯洛格传统工艺流程，一段转化炉分为两部分：

① 前部分设有转化管，主要依靠高温燃烧气体对转化管进行辐射传热，称为“辐射段”；

② 后部分设有多个预热器，用辐射段排出的高温烟道气加热各种原料气，主要依靠流体的对流传热故称为“对流段”。

原料天然气经压缩机加压到 4.15MPa 后，配入 3.5% ~ 5.5% 的氢(氨合成新鲜气) 于一段转化炉对流段盘管加热至 400℃，进入钴钼加氢反应器进行加氢反应，将有机硫转化为硫化氢，然后进入氧化锌脱硫槽，脱除硫化氢。出口气体中硫的体积分数低于 0.5×10^{-6}，压力为 3.65MPa，温度为 380℃ 左右，然后配入中压水蒸气，达到水碳比约 3.5，进入对流段盘管加热到 500 ~ 520℃，送到辐射段顶部原料气总管，再分配进入各转化管。气体自上而下流经催化床，一边吸热一边反应，离开转化管的转化气温度为 800 ~ 820℃，压力为 3.14MPa，甲烷含量约为 9.5%，汇合于集气管，再沿着集气管中间的上升管上升，继续吸收热量，使温度达到 850 ~ 860℃，经输气总管送往二段转化炉。

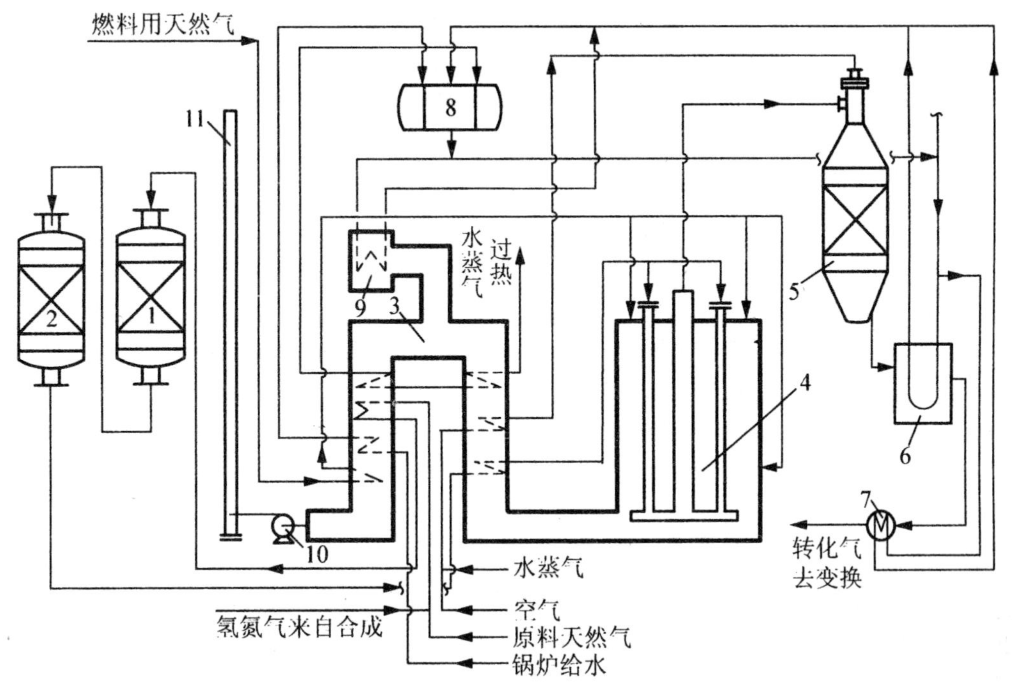

1— 钴钼加氢反应器；2— 氧化锌脱硫槽；3— 对流段；4— 辐射段(一段炉)；5— 二段转化炉；
6— 第一废热锅炉；7— 第二废热锅炉；8— 锅筒；9— 辅助锅炉；10— 排风机；11— 烟囱

图 3-8　日产 1000t 氨的两段转化的凯洛格传统工艺流程

二段转化炉为立式的钢板卷制圆筒，内衬耐火砖，外有水夹套保护，镍催化剂装填炉中。一段转换气和经预热的空气(配入少量水蒸气)分别进入二段转化炉顶部汇合，在顶部燃烧区燃烧，温度升到 1200℃ 左右，再通过催化剂床层反应，离开二段炉的气体温度约为 1000℃，压力为 3.04MPa，残余甲烷含量 0.3% 左右。

为了回收转化气的高温热能，二段转化气通过两台并联的第一废热锅炉后，接着又进入第二废热锅炉，这 3 台废热锅炉都产生高压水蒸气。从第二废热锅炉出来的气体温度约 370℃ 左右可送往变换工段。

燃料天然气在对流段预热到 190℃，与氨合成弛放气混合，然后分为两路：① 一路进入辐射段顶部烧嘴燃烧为转化反应提供热量，出辐射段的烟气温度为 1005℃ 左右，再进入对流段，依次通过混合气预热器、空气预热器、水蒸气过热器、原料天然气预热器、锅炉给水预热器和燃料天然气预热器，回收热量后温度降至 250℃，用排风机排往大气；② 另一路进对流段入口烧嘴，燃烧产物与辐射段来的烟气汇合。该处设置烧嘴的目的是保证对流段各预热物料的温度指标。此外，还有少量天然气进辅助锅炉燃烧，其烟气在对流段中部并入，与一段炉共用同一对流段。

为了平衡全厂蒸汽用量而设置一台辅助锅炉，用于补充整个合成氨装置水蒸气总需要量的不足部分。

3. 重油部分氧化法

重油是石油炼制过程中的产品，是以烷烃、环烷烃及芳香烃为主的混合物，其虚拟分子式可写作 C_mH_n。根据炼制原料不同，分为常压重油、减压重(渣)油、裂化重油。

重油部分氧化是指重质烃类和氧气进行部分燃烧，由于反应放出的热量，使部分碳氢化合物发生热裂解以及裂解产物发生转化反应，最终获得了以 H_2 和 CO 为主体，含有少量 CO_2 和 CH_4 的合成气。

重油气化与烃类催化转化不同之处在于：重油气化是在没有催化剂条件下的气、液、固三相的复杂反应，并且一开始就有氧气参与反应。

重油部分氧化法制取合成氨原料气的工艺流程包括 5 个部分：

(1) 原料油和气化剂的加压、预热、预混合。

(2) 原料油和气化剂通过喷嘴进入气化炉中，高温非催化部分氧化。

(3) 高温水煤气余热的回收。

(4) 水煤气的洗涤和炭黑的清除。

(5) 炭黑的回收及污水处理。

通常按余热回收方式的不同，分为德士古(Texaco)公司开发的激冷流程与壳牌(Shell)公司开发的废热锅炉流程。这两种方法的基本流程相同，只是在操作压力和热能回收方式上有所不同。

(1) 主要反应

在重油气化过程中，白喷嘴喷出的氧－水蒸气－重油混合物，首先发生急剧燃烧，放出大量的热，使系统温度迅速升高，与此同时，雾化的油滴瞬间气化并发生裂解和重整反应，生成甲烷和游离碳；其次燃烧产物二氧化碳、水蒸气、甲烷与游离碳在高温下进行转化反应。其主要反应方程式为

$$C_mH_n + \left(m + \frac{1}{4}n\right)O_2 = mCO_2 + \frac{1}{2}nH_2O$$

$$C_mH_n + \frac{1}{2}mO_2 = mCO + \frac{1}{2}nH_2O$$

$$C_mH_n + mCO_2 = 2mCO + \frac{1}{2}nH_2$$

$$C_mH_n + mH_2O = mCO + \left(\frac{1}{2}n + m\right)H_2$$

反应条件为 1200 ～ 1370℃，3.2 ～ 8.37MPa，每吨原料加入水蒸气量为 400 ～ 500kg，水蒸气起气化剂作用，同时可以缓冲炉温及抑制炭黑的生成。

(2) 工艺条件

重油部分氧化工艺条件的选择，应满足在尽可能低的氧耗和水蒸气消耗前提下，将重油最大限度地转化为有效成分 —— 一氧化碳和氢气。

1) 温度

一般认为甲烷与水蒸气及碳与水蒸气的转化反应是重油气化的控制步骤。这两个反应均为可逆吸热反应，因此，提高温度既可提高甲烷和炭黑的平衡转化率，又可加快反应速率，从而降低生成气体中甲烷和炭黑的含量，提高有效气体的产量。理论上重油部分氧化过程中反应温度越高越好。

但是，反应温度过高易烧坏气化炉的耐火衬里和喷嘴。此外，提高温度一般是通过增加氧气耗量达到的，随着氧气耗量的增加，更多的重油或有效气体被烧掉，不仅增加了重油和氧气的消耗，而且有效气体产量下降。因此，反应温度也不能太高，一般控制在 1300℃ ～ 1400℃。

2）压力

重油气化是体积增加的反应，提高压力对化学平衡不利。但是，目前工业上普通采用加压操作。其原因是：

① 加压气化可降低压缩功耗。冈为氧气用量仅为生成气量的1/4，所以压缩氧气比压缩生成气要节省功耗。

② 加压气化可提高气化炉的生产强度，减小设备容积，降低设备投资。

③ 加压气化有利于消除炭黑。

④ 加压气化喷嘴雾化效果好，有利于降低气体中炭黑和甲烷的含量，提高气体中有效成分产量。

但是，气化压力越高，压力对化学平衡所带的不利影响越显著，又会使生成气中的炭黑和甲烷含量升高，并且对设备材料及制造要求更严格。因此，选择气化压力需从全系统的技术经济效果来考虑。目前，我国小型厂气化压力为0.7～1.3MPa，中型厂为2.0～3.5MPa，大型厂高达8.0～8.5MPa。

3）氧油比

氧油比是指每千克重油所配入氧气的标准立方米数。氧油比对重油气化有决定性的影响，氧耗又是主要的经济指标，因此氧油比是控制生产的主要条件之一。

氧油比提高，可提高反应温度，减少生成气中甲烷和炭黑的含量，但氧油比过高，不仅增加了氧气的消耗，降低了有效气体产量，而且因反应温度过高，容易烧坏喷嘴和气化层的耐火衬里。氧油比过低，气化炉内温度低，重油转化不完全，生成气中甲烷和炭黑含量高。

4）蒸汽油比

蒸汽油比是指每千克重油所配入水蒸气的千克数。水蒸气在重油部分氧化过程中能作为气化剂与各种烃类及炭黑进行反应，降低了生成气中甲烷和炭黑的含量，同时降低氧耗，增加氢气的产量，并且对控制炉温，提高雾化效果起到了良好的作用。但蒸汽油比过大，不仅增加水蒸气的消耗，而且会使反应温度下降，反而又降低了转化反应速率和有效气的产率。如果蒸汽油比过小，反应温度会迅速上升，并且由于水蒸气量不足，生成气中甲烷和炭黑的含量迅速增加。

5）重油预热温度

重油预热温度也是重要的气化条件。提高重油预热温度有利于气化炉热平衡，可减少气化炉的氧气消耗，并有利于重油的雾化。但若预热温度过高，会造成重油中轻馏分气化，产生大量油蒸气，会使泵抽空，中断输送，造成断火事故。同时，重油中馏分会产生裂解，导致析碳而堵塞管道，对生产不利。一般重油预热温度在150℃～260℃之间。

（3）德士古激冷流程

大型氨厂的德士古激冷流程如图3-9所示。原料重油及由空分装置来的氧气与水蒸气经预热后进入气化炉燃烧室，油通过喷嘴雾化后，在燃烧室发生剧烈反应，火焰中心温度可高达1600℃～1700℃。由于甲烷蒸汽转化等吸热反应的调节，出燃烧室气体温度为1300℃～1350℃，会有一些未转化的碳和原料油中的灰分。在气化炉底部激冷室与一定温度的炭灰水相接触，在此达到激冷和洗涤的双重作用。然后于各洗涤器进一步清除微量的炭黑到0.001‰后直接去一氧化碳变换工序。洗涤下来的炭黑水送石脑油萃取工序，使未转化的碳循环回到原料油中实现碳的100%转化。

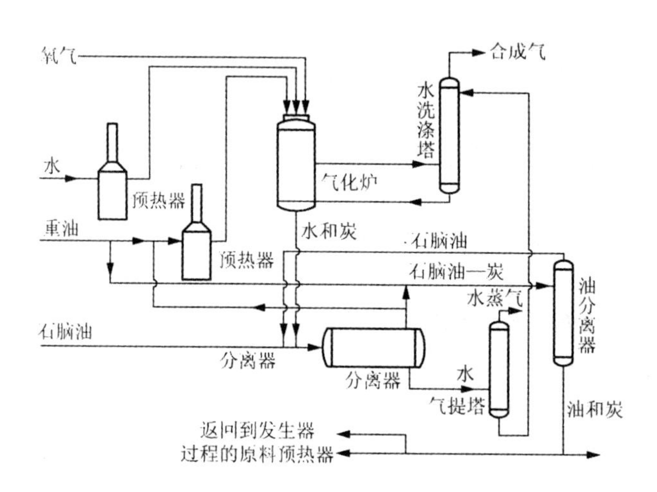

图 3-9　德士古激冷流程

热水在激冷室迅速蒸发，获得大量饱和水蒸气，可满足一氧化碳变换要求，这就必须要求原料为低硫重油，以使合成气中硫含量为常规变换催化剂所容许，或用耐硫的变换催化剂。总之，激冷流程不允许因脱硫而在变换前继续降温。否则在激冷室中以水蒸气状态回收的大量热能，将在降温过程中转化为冷凝水。

激冷流程具有如下特点：工艺流程简单，无废热锅炉，设备紧凑，操作方便，热能利用完全，可比废热锅炉流程在更高的压力下气化。不足之处是高温热能未能产生高压水蒸气，要求原料油含硫量低，一般规定硫含量低于 1%，否则须用耐硫的变换催化剂。

(4) 废热锅炉流程

废热锅炉流程是采用废热锅炉间接回收高温气体的热能，出废热锅炉气体可进一步冷却到 45℃ 左右，再经脱硫进入变换工序。因此，对重油的硫含量无限制，同时副产高压水蒸气，使用比较灵活方便。特别是喷嘴所需要的高压水蒸气缺乏气源时，采用废热锅炉流程自供水蒸气就更为有利了。不足之处是废热锅炉结构复杂，材料及制作要求高，目前工业上气化压力限于 6MPa 以下。

3.2.2　合成氨原料气的净化

1. 原料气的脱硫

任何原料制得的合成氨原料气，除含氢和氮外，还含有硫化物、一氧化碳、二氧化碳和少量氧，这些物质对氨合成催化剂有毒害或危害净化，须在进合成工段前予以脱除。

原料气中的硫化物分为无机硫(H_2S)和有机硫(CS_2、COS、硫醇、噻吩、硫醚等)。原料气中硫化物的含量与原料含硫量以及加工方法有关。以煤为原料时，每立方米原料气中含硫化氢一般为几克；用高硫煤为原料时，硫化氢可高达 20 ~ 30g/m^3，有机硫为 1 ~ 2g/m^3：天然气、石脑油、重油中的硫化物含量因产地不同而有很大差别。

硫化物是各种催化剂的毒物，对甲烷转化和甲烷化催化剂、中温变换催化剂、低温变换催化剂、氨合成催化剂的活性均有显著影响。硫化物还会腐蚀设备和管道，给后续工段的生产带来许多危害。因此，对原料气中硫化物进行清除是十分必要的。

脱硫方法有很多，通常是按脱硫剂的物理状态把它们分为干法脱硫和湿法脱硫两大类：

1）干法脱硫

采用固体吸收剂或吸附剂来脱除硫化氢和有机硫的方法称为干法脱硫。干法脱硫具有脱硫效率高、操作简便、设备简单、维修方便等优点。但干法脱硫受脱硫剂硫容的限制，且再生较困难，需定期更换脱硫剂，劳动强度较大。因此，干法脱硫一般用在硫含量较低、净化度要求较高的场合。

目前，常用的干法脱硫有：氧化锌法、钴钼加氢－氧化锌法、活性炭法、分子筛法等。

2）湿法脱硫

在塔设备中利用液体脱硫剂吸收气体中的硫化物的方法称为湿法脱硫。对于含大量无机硫的原料气，通常采用湿法脱硫。湿法脱硫有着突出的优点：

① 脱硫剂为液体，便于输送。

② 脱硫剂较易再生并能回收富有价值的化工原料硫黄，从而构成一个脱硫循环系统实现连续操作。

因此，湿法脱硫广泛应用于以煤为原料及以含硫较高的重油、天然气为原料的制氨流程中。当气体净化度要求较高时，可在湿法之后串联干法精脱，使脱硫在工艺上和经济上都更合理。有关内容如表3-3所示，这里重点介绍蒽醌二磺酸钠法（ADA法）。

表3-3 常用脱硫方法比较

	名称	脱硫剂	方法特点	温度	再生情况
干法脱硫	活性炭法	活性炭	脱除无机硫及部分有机硫，出口总硫小于1×10^{-6}	常温	可用水蒸气再生
	氧化锌法	氧化锌	脱除无机硫及部分有机硫，出口总硫小于1×10^{-6}	350～400℃	不再生
	钴钼加氢转化法	氧化钴、氧化钼	在H2存在下有机硫转化为无机硫，气体须经氧化锌脱硫	350～400℃	不再生
湿法脱硫	ADA法	稀碳酸钠溶液中添加蒽醌二磺酸钠、偏钒酸钠等	脱除无机酸，出口总硫小于20×10^{-6}	常温	脱硫液与空气接触进行再生，副产品为硫黄
	氨水催化法	稀氨水中添加对苯二酚或硫酸亚铁	脱除无机酸，出口总硫小于20×10^{-6}	常温	脱硫液与空气接触进行再生，副产品为硫黄

ADA是蒽醌二磺酸钠的英文缩写，这里是借用它代表该法所用的脱硫剂蒽醌二磺酸钠。

此法最初是以加有蒽醌二磺酸钠的稀碳酸钠溶液脱除气体中的硫化氢，即为ADA法，以后，为了加快吸收和氧化速率，在溶液中又加入了偏钒酸钠、酒石酸钾钠等，故称其为改良ADA法。

脱硫时，气体与溶液在吸收塔中接触，气体中的硫化氢被溶液吸收，吸收硫化氢后的溶液送入氧化塔，塔底通入空气进行氧化，氧化后的溶液再送入吸收塔脱硫。溶液经过一个循环后，组成并不发生变化。所以，可以把脱硫过程中的化学反应看成用空气氧化硫化氢。

(1) 反应原理

1) 吸收塔中的反应

以 pH 为 8.5 ～ 9.2 的稀碱液吸收硫化氢生成硫氢化物，反应式为

$$Na_2CO_3 + H_2S = NaHS + NaHCO_3$$

硫氢化物与偏钒酸盐反应转化为元素硫，反应式为

$$2NariS + 4NaVO_3 + H_2O = Na_2V_4O_9 + 4NaOH + 2S$$

氧化态 ADA 反复氧化焦性偏钒酸钠，反应式为

$$Na_2V_4O_9 + 2ADA(\text{氧化态}) + 2NaOH + H_2O = 4NaVO_3 + 2ADA(\text{还原态})$$

2) 氧化塔中反应

还原态 ADA 被空气中的氧氧化，恢复氧化态，其后溶液循环使用，反应式为

$$2ADA(\text{还原态}) + O_2 = 2ADA(\text{氧化态}) + 2H_2O$$

3) 副反应

气体中若有氧则要发生过氧化反应，反应式为

$$2NariS + 2O_2 = Na_2S_2O_3 + H_2O$$

因此，一定要防止硫以硫氢化钠形式进入氧化塔。

(2) 工艺流程

ADA 法脱硫的工艺流程如图 3-10 所示。

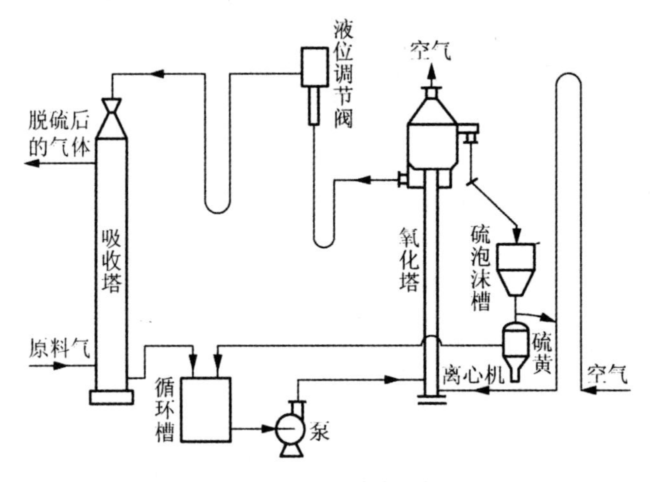

图 3-10　ADA 法脱硫工艺流程

含有硫化氢的原料气从底部进入吸收塔，与塔顶喷淋下来的溶液逆流接触，气体中的硫化氢即被脱除。净化后的气体从塔顶出来，送往下一工序。吸收硫化氢后的溶液从吸收塔底部引出，经循环槽用泵打入氧化塔进行再生，空气从氧化塔底部鼓泡通入，使溶液氧化，空气由塔顶排入大气，析出的硫黄呈泡沫状浮在液面上，由塔顶的扩大部分上部出口流入硫泡沫槽，用离心机分离出硫黄作为副产品，滤液则返回循环槽。氧化再生后的溶液由氧化塔顶部的扩大部分下部出口引出，经液位调节器进入吸收塔。

ADA 法的优点是溶液无毒，副产品硫黄中不含有毒物质。国内中小型厂多采用此法脱硫。缺点是溶液组成复杂。

2. 一氧化碳的变换

合成氨粗原料气中的一氧化碳是氨合成催化剂的毒物，需在进入氨合成工段前予以清除。

变换反应可用下式表示，即

$$CO + H_2O(g) = CO_2 + H_2 \quad \Delta H = -41.19kJ/mol$$

一氧化碳的清除一般分为两步：

① 利用一氧化碳与水蒸气作用生成氢和二氧化碳的变换反应除去大部分一氧化碳，这一过程称为一氧化碳的变换，反应后的气体称为变换气。通过变换反应既能把一氧化碳转变为易除去的二氧化碳，同时又可制得等体积的氢，因此一氧化碳变换既是原料气的净化过程，又是原料气制造的继续。

② 再采用铜氨液洗涤法、液氮洗涤法或甲烷化法脱除变换气中残余的一氧化碳。

(1) 变换反应过程的特点

该反应为等摩尔的可逆放热反应，因而存在着最佳反应温度。从反应动力学可知，温度升高，反应速率常数增大，对反应速率有利，但平衡常数随温度的升高而变小，即CO平衡含量增大，反应推动力变小，对反应速率不利，可见温度对两者的影响是相反的。对一定催化剂及气相组成，必将出现最大的反应速率值，其对应的温度即为最适宜反应温度。变换反应过程与硫酸生产过程中二氧化硫催化氧化过程具有许多相似之处。为了使反应速率最快或者说保持同样的生产能力所需的催化剂量最小，应尽可能接近最适宜反应温度线进行反应，工业变换反应则采用在多段催化床中进行，段间可采用间壁冷却，也可用水或水蒸气冷激。

可分为中(高)温变换和低温变换。20世纪60年代以前开发的催化剂，以Fe_2O_3为主体，Cr_2O_3、MgO等为助催化剂，操作温度为350℃～550℃。由于反应温度较高，受化学平衡的限制，出口气体中尚含3%左右的CO，此过程及催化剂分别称为中温变换和中变催化剂(大型氨厂习惯上称之为高温变换和高变催化剂)。20世纪60年代以后，经多年研究又开发了在较低温度具有良好活性的变换催化剂，即低变催化剂，它以CuO为主体，添加ZnO、Cr_2O_3等为助催化剂，操作温度为180℃～280℃，出口气体的CO含量可降至0.3%左右。

变换反应前应对催化剂进行还原。对中变催化剂需将Fe_2O_3还原成Fe_3O_4才具有活性。对于低变催化剂，金属铜才有活性。可用含有CO，H_2的工艺气体缓慢进行催化剂还原。在还原过程进行的主要反应分别为

$$3Fe_2O_3 + H_2 = 2Fe_3O_4 + H_2O(g) \quad \Delta H = -9.62kJ/mol$$

$$3Fe_2O_3 + CO = 2Fe_3O_4 + CO_2 \quad \Delta H = -50.81kJ/mol$$

$$CuO + H_2 = Cu + H_2O(g) \quad \Delta H = -86.7kJ/mol$$

$$CuO + CO = Cu + CO_2 \quad \Delta H = -127.7kJ/mol$$

在还原过程中，催化剂中的其他组分一般不会被还原。低变催化剂由于价格昂贵且极易中毒，故要求原料气中的H_2S的含量小于$1\times10^{-6}kg/m^3$。另外，目前开发的一些耐硫钴钼系低变催化剂活性组分为硫化物，需要一定的含硫量，有最低硫含量要求。

水蒸气比例一般指H_2O/CO比值或水蒸气/干原料气(摩尔比)，水蒸气比例一般为3～5(H_2O/CO)。改变水蒸气比例是工业变换反应最主要的调节手段。增加水蒸气用量，提高了CO的平衡变换率，有利于降低CO残余含量，加速变换反应的进行。由手过量水蒸气的存在，保证催化剂中活性组分Fe_3O_4的稳定而不被还原，并使析碳及生成甲烷等副反应不易发生。

过量的水蒸气还起到热载体的作用。提高水蒸气比例，使湿原料气中CO含量下降，催化剂

床层的温升将减少。所以改变水蒸气的用量是调节床层温度的有效手段。

水蒸气用量是变换过程中最主要消耗指标。其用量对过程的经济性具有重要意义。水蒸气比例过高还将造成催化剂床层阻力增加，CO停留时间缩短，余热回收设备负荷加重等。

压力对化学平衡基本无影响，但提高压力将使析碳和生成甲烷等副反应易于进行。单就平衡而言，加压并无好处。但从动力学角度，加压可提高反应速率，催化剂用量减少。

从能量消耗来看，加压也是有利的。由于反应物之一是大量的水蒸气，因而加压下进行变换反应，可节省合成氨总的压缩功耗，其原因与加压天然气蒸汽转化相同，其变换过程的操作压力与转化压力基本相同，并且干原料气摩尔数小于干变换气的摩尔数，先压缩原料气后再进行变换的能耗，比常压变换再压缩变换气的能耗低。根据原料气中CO含量的差异，其能耗可降低15%～30%。当然，加压变换需用压力较高的水蒸气，对设备材质的要求也较高，但综合的结果，优点还是主要的。

（2）一氧化碳变换工艺流程

变换流程的设计，应根据原料气中CO的含量、进入系统的原料气温度及含湿量、并结合后续工序的脱除残余CO的方法来确定。此外，还应考虑变换的压力、段间冷却方式、催化剂的段数、变换反应器的回收等问题。

图3-11为半水煤气为原料的二段中温变换流程。原料气中CO含量较高，故设置二段中温变换，而且由于进入系统的原料气温度与湿度较低，所以流程中设有原料气预热及增湿装置。因采用铜氨液最终清除残余的CO，该法允许变换气CO含量较高，故不设低温变换。

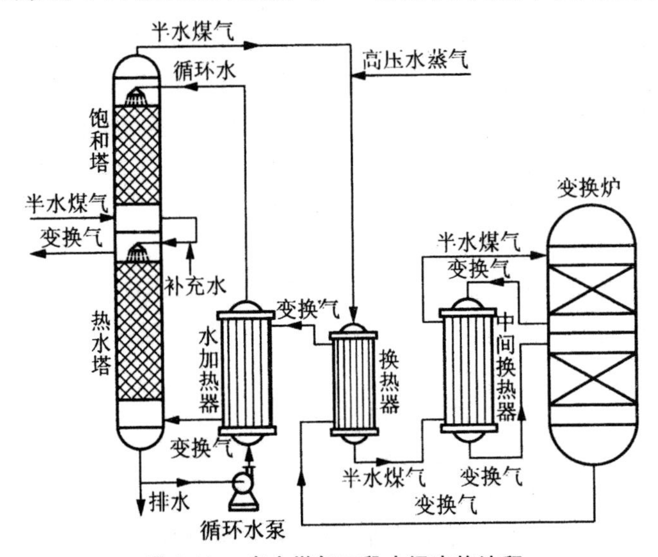

图3-11　半水煤气二段中温变换流程

如图3-11所示，脱硫后的半水煤气经压缩至0.7～1.0MPa后，进入饱和塔，与130℃～140℃的热水逆流接触，气体被加热并增湿，然后配入适量水蒸气使气体中H_2O/CO的比值达到5左右，进入换热器及中间换热器预热至380℃，然后进入变换炉。经第一段催化反应后温度升至约500℃，经中间换热器冷却后进入第二段催化床继续反应。有的流程还设有第三段催化床，经反应后CO变换率达90%，残余CO含量为3%左右。变换气经换热器与水加热器回收余热后，进入热水塔进一步冷却、减湿，而热水则被加热。

变换炉为固定床反应器，如图3-12所示。催化剂分为二、三段，外壳用钢板焊成，内衬耐火材料。每段催化剂的上下方均铺有耐火球，以利于气体均匀分布并防止催化剂下漏。

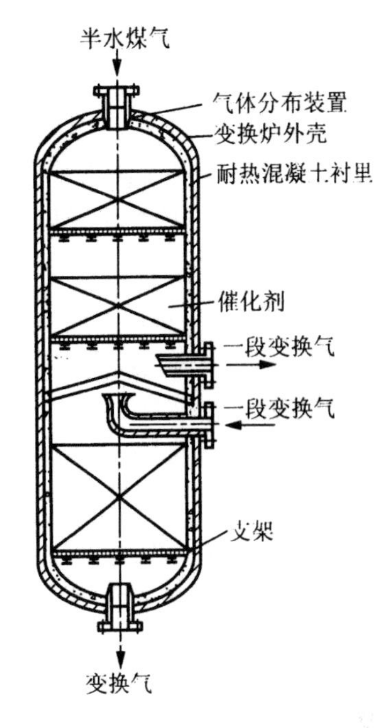

图 3-12　变换炉

图 3-13 所示为小型氨厂多段变换流程，因采用铜氨液最终清除 CO，该法允许变换气 CO 含量较高，故不设低温变换。

变换炉分为三段，一、二段间冷却采用原料气直接冷激降温，二、三段间冷却用水蒸气间接换热，将饱和水蒸气变为过热水蒸气，这对缺乏过热水蒸气的小型氨厂尤为合适，使用过热水蒸气可显著的减轻热交换器的腐蚀。

CO 含量 30% 左右的半水煤气，加压到 0.7 ～ 1 MPa，首先进入饱和塔（填料塔或板式塔，上段为饱和塔，下段为热水塔），与 130℃ ～ 140℃ 的热水逆流接触，气体被加热而又同时增湿。然后在混合器中与一定比例的 300℃ ～ 350℃ 过热水蒸气混合。25% ～ 30% 的气体不经热交换器，作为冷激气体，其他则经热交换器进一步预热到 380℃ 进入变换炉。经第一段催化反应后温度升到 480℃ ～ 500℃，冷激后依次通过二、三段，气体离开变换炉的温度为 400℃ ～ 410℃。CO 变换率达 90%，残余 CO 含量为 3% 左右。变换气经热交换器加热原料气，再经第一水加热器加热热水，然后进入热水塔进一步冷却、减湿，温度降到 100℃ ～ 110℃。为了进一步回收余热，气体进入第二水加热器（即锅炉给水预热器），温度降到 70℃ ～ 80℃，最后经冷凝塔冷却到常温返回压缩机加压。

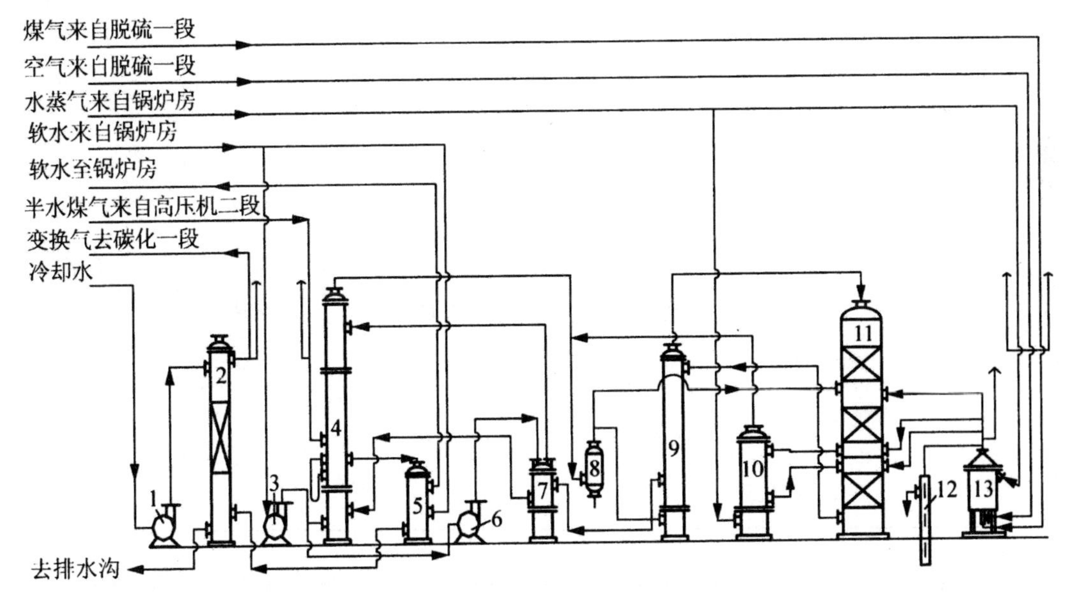

1— 冷却水泵；2— 冷凝塔；3— 软水泵；4— 饱和热水塔；5— 第二水加热器（锅炉给水预热器）；6— 热水泵；7— 第一水加热器；8— 水蒸气混合器；9— 热交换器；10— 水蒸气过热器；11— 变换炉；12— 水封；13— 燃烧炉

图 3-13　小型氨厂一氧化碳多段变换流程

系统中的热水在饱和塔、热水塔及第一水加热器中进行循环。定期排污及加水，以保持循环热水的质量及水的平衡。流程中还设置燃烧炉，用于开工时催化剂的升温还原。

以煤为原料的中、小型氨厂，高变催化剂段间常采用软水喷入填料层蒸发的冷却方式。这样既可达到气体降温，又可增加气体中水蒸气含量，有利于提高一氧化碳的最终变换率，节约了能量。采用软水冷激时应注意水质及喷头结构，水质不良将造成催化剂表面结盐而降低活性。喷头如不能使软水有效的雾化，将导致水滴与催化剂接触使催化剂崩裂。

3. 二氧化碳的脱除

由任何原料制得的原料气经变换后，都含有相当数量的二氧化碳，在合成之前必须清除干净。同时，二氧化碳又是生产尿素、碳酸氢铵和纯碱的重要原料，有必要回收利用，或在脱碳的同时，生成含碳的产品，即脱碳与回收过程结合在一起。

工业上常用的脱除二氧化碳方法为溶液吸收法。它又分为两大类：

(1) 循环吸收法，即溶液吸收二氧化碳后在再生塔解吸出纯态的二氧化碳，以提供生产尿素的原料，再生后的溶液循环使用。

(2) 将吸收二氧化碳与生产产品联合起来同时进行，称为联合吸收法。例如碳铵、联碱和尿素的生产过程。

本节只介绍循环吸收法，循环吸收法又可分为物理吸收法和化学吸收法。物理吸收法是利用二氧化碳能溶解于水或有机溶剂的特性将其吸收。化学吸收法则是以碱性溶液为吸收剂，利用二氧化碳是酸性气体的特性进行化学反应将其吸收。

一般采用的吸收设备大多为填料塔。常用的脱碳方法如表 3-4 所示。

表 3-4 常用脱碳方法

	名称	吸收剂	方法特点	温度	压力
物理吸收法	加压水洗法	水	加压下 CO_2 溶于水，净化度不高，出口 CO_2 达（体积分数，下同）1% ～ 1.5%	常温	1.8 MPa
	低温甲醇法	甲醇	加压、低温下 CO_2 溶于甲醇，净化度高，出口 CO_2 10×10^{-6}	−70℃ ～ −30℃	3.2 MPa
	碳酸丙烯酯法	碳酸丙烯酯	加压吸收，出口 CO_2 1%	35℃	2.7 MPa
化学吸收法	氨水法	氨水	氨水吸收 CO_2 生成 NH_4HCO_3	常温	
	乙醇氨法	乙醇氨	加压吸收，出口 CO_2 0.1%	43℃	
	改良热碱法	碳酸钾溶液中添加二乙醇氨、五氧化二钒等	在较高温度下加压吸收，出口 CO_2 0.1%	70℃ ～ 110℃	

由于合成氨生产中，二氧化碳的脱除及其回收是脱碳过程的双重目的，在选择脱碳方法时，不仅要从方法本身的特点考虑，而且要根据原料、二氧化碳用途、技术经济指标等进行考虑。

4. 原料气的最终净化

经变换和脱碳后的原料气中尚有少量残余的一氧化碳和二氧化碳。为了防止它们对氨合成催化剂的毒害，原料气在送往合成工段以前，还需要进一步净化，称为“精制”。精制后气体中一氧化碳和二氧化碳体积分数之和，大型厂控制在小于 10×10^{-6}，中小型厂小于 30×10^{-6}。

由于一氧化碳在各种无机、有机液体中的溶解度很小，所以要脱除少量一氧化碳并不容易。目前常用的方法有铜氨液洗涤法、甲烷化法和液氮洗涤法。

(1) 铜氨液洗涤法

铜氨液是由金属铜在空气存在的条件下与酸、氨的水溶液反应所制得的。为了减小设备的腐蚀，工业上不用强酸，而用甲酸(俗称蚁酸)、醋酸和碳酸等。

蚁酸亚铜在氨溶液中溶解度高，因此，单位体积的铜氨液吸收一氧化碳的能力大。由于蚁酸易挥发，再生时易分解而损失，需经常补充，使生产成本提高。碳酸铜氨液极易制得，但溶液中亚铜离子含量低，所以溶液吸收能力差，处理一定量的原料气需要的铜氨液量大，洗气中残留的一氧化碳和二氧化碳多。醋酸铜氨液的吸收能力与蚁酸铜氨液接近，且组成比较稳定，再生时损失较少。当前，国内大多数中小型合成氨厂采用醋酸铜氨液。

工业上通常把铜氨液吸收一氧化碳的操作称为铜洗，主要设备有铜洗塔和再生塔。铜洗时压力为 12 ~ 15MPa，温度为 8 ~ 12℃，经铜洗后，一氧化碳和二氧化碳体积分数之和小于 10×10^{-6}，而氧几乎全部被吸收。铜氨液在常压，温度为 76 ~ 80℃ 进行再生，释放出 CO、CO_2 等气体后循环使用。通常铜洗塔为填料塔，采用钢制填料，也可以用筛板塔。

(2) 甲烷化法

甲烷化法是利用催化剂使少量一氧化碳、二氧化碳加氢生成甲烷而使气体精制的方法。此法可使净化气中一氧化碳和二氧化碳的体积分数总量达 10×10^{-6} 以下。由于甲烷化过程消耗氢并且生成不利于氨合成的甲烷，因此此法仅适用于气体中一氧化碳和二氧化碳的体积分数总量低于 0.7% 的气体精制，并通常和低温变换工艺配套。

碳氧化物加氢的反应式为

$$CO + 3H_2 = CH_4 + H_2O(g) \quad \Delta H = -206.16\text{kJ/mol}$$

$$CO_2 + 4H_2 = CH_4 + 2H_2O(g) \quad \Delta H = -165.08\text{ kJ/mol}$$

当原料气中有氧存在时反应式为

$$2H_2 + O_2 = 2H_2O(g) \quad \Delta H = -484\text{ kJ/mol}$$

上述反应为甲烷蒸汽转化反应的逆反应，反应温度为 360℃ ~ 380℃，由于甲烷化反应是强放热反应，而镍催化剂床层不能承受很大的温升，故对气体中 CO 和 CO_2 的含量有一定的限制。因而甲烷化法一般与低变流程配合使用。

(3) 液氮洗涤法

液氮洗涤法(也称深冷分离法)是基于各种气体的沸点不同的特性进行分离的。氢的沸点最低，最不易冷凝，其次是氮、一氧化碳、氩、甲烷等，属物理吸收过程。前面介绍的两种方法都是利用化学反应把碳氧化物的体积分数脱除到 10×10^{-6} 以下，但净化后的氢氮混合气中仍含有 0.5% ~ 1.0% 的甲烷和氩，虽然这些气体不会使氨合成的催化剂中毒，但它降低了氢、氮气的分压，从而影响氨合成反应。液氮洗涤法不但能脱除一氧化碳，而且能有效地脱除甲烷和氩气，得到惰性气体的体积分数低于 10×10^{-6} 的高质量氨合成原料气，这对于降低原料气消耗，增加氨合成生产能力特别有利。除此以外，液氮洗涤还可分离原料气中过量氮气，以适应天然气二段转化工艺添加过量空气的需要。液氮洗涤法常与重油部分氧化、煤的纯氧和富氧空气气化以及采用过量空气制气的工艺相配套。

3.3 氨合成

氨合成的任务是将精制的氢氮气合成为氨，提供液氨产品，是整个合成氨流程的核心部分。氨合成反应是在较高压力和催化剂存在的条件下进行的。由于反应后气体中的氨含量一般只有10%～20%，因此，氨合成工艺通常都采用循环流程。氨合成的生产状况直接影响到工厂生产成本的高低，是合成氨厂高产低耗的关键工序。

3.3.1 氨合成反应的化学平衡

氨合成反应是放热和体积减小的可逆反应。反应式为

$$\frac{3}{2}H_2+\frac{1}{2}N_2=NH_3 \qquad \Delta H=-46.22\text{kJ/mol}$$

化学平衡常数 K_p 可表示为

$$K_p=\frac{p(NH_3)}{p^{0.5}(N_2)p^{1.5}(H_2)} \tag{3-1}$$

加压下的化学平衡常数 K_p 不仅与温度有关，而且与压力和气体组成有关。不同温度、压力下的 K_p 值如表3-5所示。

表3-5 不同温度、压力下氨合成反应的‰值

温度/℃	压力/MPa					
	0.1013	10.13	15.20	20.27	30.40	40.53
3 50	0.2596	0.2980	0.3293	0.3527	0.4235	0.5136
400	0.1254	0.1384	0.1474	0.1576	0.1818	0.2115
450	0.0641	0.0713	0.0749	0.0790	0.0884	0.0996
500	0.0366	0.0399	0.0416	0.0436	0.0475	0.0526
550	0.0213	0.0239	0.0247	0.0256	0.0276	0.0299

由表3-5可见，温度愈高，平衡常数值愈小，提高压力，K_p 值有所增加。利用平衡常数值及其他已知条件，可以计算某一温度、压力下的平衡氨含量。若干不同温度、压力下的平衡氨含量如表3-6所示。

表3-6 不同温度、压力下的平衡氨含量(体积分数×100，纯氢、氮气 $H_2/N_2=3$)

温度/℃	压力/MPa					
	0.1013	10.13	15.20	20.27	30.40	40.53
350	0.84	37.86	46.21	52.46	61.61	68.23
380	0.54	29.95	37.89	44.08	53.50	60.59
420	0.31	21.36	28.25	33.93	43.04	50.25
460	0.19	15.00	20.60	25.45	33.66	40.49
500	0.12	10.51	14.87	18.81	25.80	31.90
550	0.07	6.82	9.90	12.82	18.23	23.20

显然，提高压力、降低温度有利于氨的合成。但是，即使在压力较高的条件下反应，氨的合成率还是很低的，即仍有大量的氢、氮气未参与反应，因此这部分氢、氮气必须加以回收利用，从而构成了氨合成必然是采用氨分离后的氢、氮气循环的回路流程。

3.3.2　氨合成的反应机理和动力学方程

氨合成反应过程和一般气—固相催化反应一样，由外扩散、内扩散和化学反应等一系列连续步骤组成。

当气流流速相当大以及催化剂粒度相当小时，外扩散和内扩散的影响均不显著，此时整个催化反应过程的速率可以认为是本征反应动力学速率。

有关氮与氢在铁催化剂上的反应机理，存在着不同的假设。一般认为，氮在催化剂上被活性吸附，离解为氮原子，然后逐步加氢，连续生成 NH、NH_2 和 NH_3，即 $N_2 \rightarrow 2N \xrightarrow{+H_2} 2NH_2 \xrightarrow{+H_2} 2NH_3$。本征反应动力学过程包括吸附、表面化学反应和脱附3个步骤，催化反应的总反应速率为其中最慢的一步所决定。该反应机理认为：氮在催化剂表面上的活性吸附是本征反应动力学速率的控制步骤。

1939年，捷姆金和佩热夫根据以上机理，并假设催化剂表面活性不均匀，氢的吸附遮盖度中等，气体为理想气体及反应距平衡不很远等条件，推导出本征反应动力学方程式为

$$v_{NH_3} = k_1 p(N_2)\left(\frac{p^3(H_2)}{p^2(NH_3)}\right)^{\alpha} - k_2\left(\frac{p^2(NH_3)}{p^3(H_2)}\right)^{1-\alpha} \tag{3-2}$$

式中，v_{NH_3} 为过程的瞬时速率；k_1、k_2 为正、逆反应的速率常数；$p(i)$ 为混合气体中 i 组分的分压；α 为视催化剂性质及反应条件而异的常数，一般由实验测得。

对工业铁催化剂，α 可取0.5，于是式(3-2)变为

$$v_{NH_3} = k_1 p(N_2)\frac{p^{1.5}(H_2)}{p(NH_3)} - k_2\frac{p(NH_3)}{p^{1.5}(H_2)} \tag{3-3}$$

式(3-3)适用于常压，在加压下是有偏差的。加压下的 k_1 和 k_2 为总压的函数，且随着压力增大而减小。

当反应距离平衡甚远时，式(3-3)不再适用，特别是当 $p(NH_3)=0$ 时，由式(3-3)得 $v_{NH_3}=\infty$，这显然是不合理的。因此，捷姆金提出了远离平衡的动力学方程式，即

$$v_{NH_3} = k' p^{(1-\alpha)}(N_2)p^{\alpha}(H_2)$$

还有一些其他形式的氨合成反应动力学方程，但在一般工业操作范围，使用式(3-2)还是比较满意的。

3.3.3　催化剂及氨合成的工艺条件

1. 催化剂

长期以来，人们对氨合成中催化剂的影响做了大量的研究工作，发现对氨合成有活性的金属有锇、铀、铁、钼、锰、钨等，其中以铁为主体并添加有助催化剂的铁系催化剂，价廉易得，活性良好，使用寿命长，从而获得了广泛的应用。

大部分合成氨厂使用的氨合成催化剂是国产系列产品，用经过精选的天然磁铁矿通过熔融法制备。铁系催化剂活性组分为金属铁，未还原前为氧化亚铁和氧化铁，其中氧化亚铁占24%～28%(质量分数)。Fe^{2+}/Fe^{3+} 称为铁比，约为0.5，催化剂主要成分可视为四氧化三铁，具有尖晶

石结构，其质量分数为 90% 左右。工业生产中，操作压力在 15MPa 以上的氨合成催化剂，一般控制铁比在 0.55 ～ 0.65。

不含助催化剂的纯铁催化剂，不仅活性低，而且耐热性、耐毒性也不理想。现代熔铁氨合成催化剂均添加了铝、钾、钙、镁等金属元素的氧化物，借以改善催化剂的性能。

通常制成的催化剂为黑色不规则颗粒，有金属光泽，堆积密度 2.5 ～ 3.0kg/L，孔隙度 40% ～ 50%。还原后的铁催化剂一般为多孔的海绵状结构，孔呈不规则树枝状，比表面积为 4 ～ $16m^2/g$。

氨合成催化剂活性的好坏，直接影响到合成氨的生产能力和能耗的高低。催化剂的活性不仅与化学组成有关，在很大程度上还取决于制备方法和还原条件。因此，氨合成催化剂的还原可以看成催化剂制造的最后工序。催化剂还原反应式为

$$Fe_3O_4 + 4H_2 = 3Fe + 4H_2O \quad \Delta H = 149.9kJ/mol$$

由于反应吸热，故还原时应提供足够的热量。中小型氨合成装置一般用电加热器加热进入催化床的气体。对大型装置，则在加热炉中用燃烧气对氢、氮气进行间壁换热后进入催化床。对铁催化剂有毒的物质主要有硫、磷、砷的化合物以及一氧化碳、二氧化碳和水蒸气等。

2. 氨合成的工艺条件

(1) 压力

在氨合成过程中，合成压力是决定其他工艺条件的前提，是决定生产强度和技术经济指标的主要因素，提高操作压力有利于提高平衡氨含量和氨合成速率，增加装置的生产能力，有利于简化氨分离流程。但是，压力高时对设备材质及加工制造的技术要求均高，同时，高压下反应温度一般较高，催化剂使用寿命缩短。

生产上选择操作压力主要涉及功的消耗(即氢、氮气的压缩功耗，循环气的压缩功耗和冷冻系统的压缩功耗)。图 3-14 所示给出了某日产 900t 氨厂合成工段功耗随压力的变化关系。如图 3-14 所示，提高压力，循环气压缩功和氨分离冷冻功减少，而氢、氮气压缩功却大幅度增加。当操作压力在 20 ～ 30MPa 时，总耗功较低。

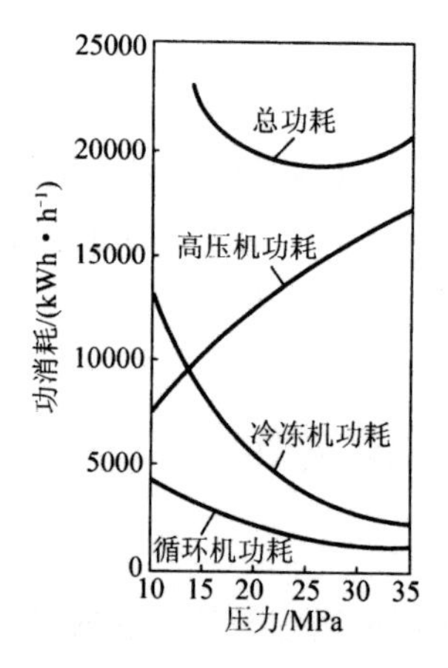

图 3-14　氨合成压力和功耗的关系

(2) 温度

和其他可逆放热反应一样，合成氨反应存在着最适宜温度，它取决于反应气体的组成、压力以及所用催化剂的活性。在最适宜温度下，氨合成反应速率最快，氨合成率最高。从理论上讲，氨合成操作曲线应与最适宜温度曲线相吻合，以保证生产强度最大，稳定性最好。

压力改变时，最适宜温度亦相应变化，气体组成一定，压力愈高，平衡温度与最适宜温度愈高。

氨合成反应温度，一般控制在400℃～500℃之间(依催化剂类型而定)。催化剂床层的进口温度比较低，大于或等于催化剂使用温度的下限，依靠反应热床层温度迅速提高，而后温度再逐渐降低。床层中温度最高点，称为"热点"，不应超过催化剂使用温度的上限。到生产后期，催化剂活性已经下降，操作温度应适度提高。

(3) 空间速率

空间速率是单位时间、单位体积催化剂上通过的标准立方米气体量。实际上它是气体与催化剂接触时间的倒数。其单位可写为 $Nm^3/(m^3 \cdot h)$ 或 h^{-1} 表示。显然空间速率(简称空速)越大，接触时间越短。选用空间速率即涉及氨净值(进出塔气体氨含量之差)、合成塔生产强度、循环气量、系统压力降，也涉及反应热的合理利用。

当操作压力及进塔气体组成一定时，对于既定结构的氨合成塔，提高空速，出口气体的氨含量下降即氨净值降低。但增加空速，合成塔的生产强度有所提高，不过循环气压缩功耗、氨分离过程所需的冷冻量均增加。同时，由于单位体积入塔气产氨量减少，所获得的反应热也相应减少，甚至可能导致不能维持自热反应。因此空速应根据实际情况维持一个适宜值，一般为 $(1 \sim 3) \times 10^4\ h^{-1}$。空间速率对氨合成塔生产强度的影响如表3-7所示。

表3-7　空间速率对氨合成塔生产强度的影响

空间速率 /h^{-1}	1×10^4	2×10^4	3×10^4	4×10^4	5×10^4
出口氨含量 /(%)	21.7	19.02	17.33	16.07	15.00
生产强度 /[$kg(NH_3)/(m^3 \cdot h)$]	1350	2417	3370	4160	4920

(4) 合成塔进口气体组成

合成塔入塔气体组成包括氢氮比、惰性气体含量和氨含量。

1) 氢氮比

由化学平衡可知，当氢氮比为3时，氨的平衡含量最大。但从动力学角度分析，最佳氢氮比随氨含量的变化而变化，反应初期最佳氢氮比为1，当反应趋于平衡时，最佳氢氨比接近3。生产实践表明，进塔气中适宜的氢氮比为2.8～2.9，若采用含钴催化剂其适宜氢氮比在2.2左右。氨合成反应氢与氮总是按3:1的比例消耗，若忽略氢与氮在液氨中溶解损失。新鲜气中氢氮比应控制为3，否则循环系统中多余的氢或氮会积累起来，造成氢氮比失调，使操作条件恶化。

2) 惰性气体含量

惰性气体的存在对化学平衡和反应速率都不利。惰性气体来源于新鲜气，主要靠"放空气"量来控制循环气中的惰性气体含量。惰性气体含量控制过低，需大量排放循环气而损失氢、氮气，导致原料气消耗量增加。当操作压力较低，催化剂活性较好时，循环气中惰性气体含量宜保持在16%～20%，以降低原料气消耗量。反之，宜控制在12%～16%之间。

3) 入塔氨含量

当其他条件一定时，入塔氨含量越高，氨净值越小，生产能力越低。反之，降低入塔氨含量，催化剂床层反应推动力增大，反应速率加快，氨净值增加，生产能力提高。入塔氨含量的高低，取决于氨分离的方法。冷凝法分离氨，入塔氨含量与系统压力和冷凝温度有关。受此条件限制，要维持较低的入塔氨含量，必须消耗大量冷冻量，增加冷冻功耗，在经济上并不可取。通常情况下，中压法操作入塔氨含量应在3.0%～3.8%，低压法操作入塔氨含量应在2.0%～3.0%。采用水吸收法分离氨，入塔氨含量可在0.5%以下。

3.3.4 氨合成工艺流程

氢氮混合气体经过合成塔催化剂床层反应后，只有少部分氢、氮气合成为氨，这种混合气体必须经过一系列冷却分离处理后才能使气相氨冷凝为液氨，并与氢、氮气分离，此过程称为氨的分离。

目前，氨合成生产过程中常使用的分离方法是冷凝法，它是利用氨气在高压下易于被冷凝的原理而进行的。高压下气相氨含量，随温度降低、压力提高而下降。

利用氨气易于液化的特点，对具有较高压力的含氨混合气体进行冷却，使氨气冷凝成液态而与其他气体分离。当操作压力高达45MPa时，用水冷却即可使大部分气相氨冷凝，而操作压力为15～30MPa的一般流程，用水冷却后，尚须用冷冻机将其冷却至0℃以下。最方便的方法是用液氨冷冻剂。这种水冷加氨冷的流程，称为两级氨分离流程。

合成氨厂工艺流程虽然不尽相同，但实现氨合成的几个基本步骤是相同的。一般包括：新鲜氢氮原料气的补入；对未反应气体进行压缩并循环使用；循环气预热和氨的合成；反应热回收；氨的分离及惰性气体排放等。工艺流程设计的关键在于上述几个步骤的合理组合，其中主要是合理地确定循环气压缩、新鲜气补入、惰性气体放空的位置以及氨分离的冷凝级数、冷热交换的安排和热能回收方式。

图3-15所示为典型的中压合成两级氨分离流程。合成塔出口气体中含氨14%～18%，压力约为30MPa，经排管式水冷凝器冷却至常温，气体中部分氨被冷凝，在氨分离器中将液氨分离。为降低系统中惰性气体含量，少量循环气在氨分离后放空，大部分循环气由循环气压缩机加压至32MPa后进入油过滤器，新鲜氢、氮气也在此处补入。经油过滤器过滤后的气体进入冷凝塔上部的换热器，与第二次分离氨后的低温循环气换热，再进入氨冷凝器中的蛇管，蛇管外用液氨蒸发作为冷源，使蛇管中循环气温度降至−8℃～0℃，气体中的大多数氨在此冷凝，并在冷凝塔下部进行气液分离，气体中残余氨含量约为3%。气体进入冷凝塔上部经换热后温度上升至10℃～30℃后进入氨合成塔，从而完成氢、氮气的循环过程。作为冷冻剂的液氨气化后回冷冻系统，经氨压缩机加压，水冷后又成为液氨，循环使用。

上述流程的特点是：放空的位置设在惰性气体含量较高、氨含量较低的位置，可减少氨及氢、氮气的损失；新鲜气在油过滤器中补入，经第二次氨分离时可以进一步达到净化目的，可除去油污以及带入的微量CO_2和水分；循环气压缩机位于水冷凝器之后，循环气温度较低，有利于降低压缩功耗。

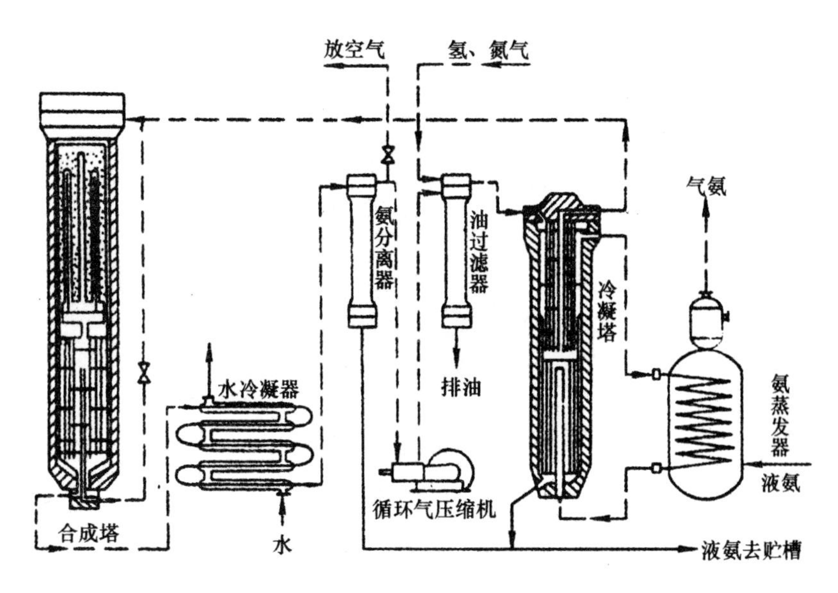

图3-15　中压合成两级氨分离流程

3.3.5　氨合成塔

1. 结构特点

氨合成塔是合成氨生产的主要设备之一。

氨在高温、高压条件下合成，在此条件下氢、氮气对碳钢有明显的腐蚀作用。造成腐蚀的原因有：

(1) 氢脆，氢溶解于金属晶格中，使钢材在缓慢变形时发生脆性破坏；

(2) 氢腐蚀，即氢渗透到钢材内部，使碳化物分解并生成甲烷，甲烷聚集于晶界微观孔隙中形成高压，导致应力集中沿晶界出现破坏裂纹。若甲烷在靠近钢表面的分层夹杂等缺陷中聚积，还可以出现宏观鼓泡。氢腐蚀与压力、温度有关，温度超过221℃、氢分压大于1.43MPa，氢腐蚀就开始发生。

在高温高压下，氮与钢中的铁及其他合金元素生成硬而脆的氮化物，导致金属机械性能降低。为了适应氨合成反应条件，合理解决高温和高压的矛盾，氨合成塔都由内件与外筒两部分组成，如图3-16所示。进入合成塔的气体先经过内件与外筒间的环隙。内件外面设有保温层(或死气层)，以减少向外筒的散热。因而，外筒主要承受高压，而不承受高温，可用普通低合金钢或优质低碳钢制成，在正常情况下，寿命可达40年以上；内件虽然在500℃左右的高温下工作，但只承受环隙气流与内件气流的压差，一般仅为0.5～2.0MPa，即主要承受高温而不承受高压。内件用镍铬不锈钢制作，由于承受高温和氢腐蚀，内件寿命一般比外筒短些。内件由催化剂筐、热交换器、电加热器3个主要部分构成，大型氨合成塔的内件一般不设电加热器，开工时由塔外加热炉供热来还原催化剂。整个合成塔中，仅热电偶内套管既承受高温又承受高压，但直径较细，用厚壁镍铬不锈钢管即可。

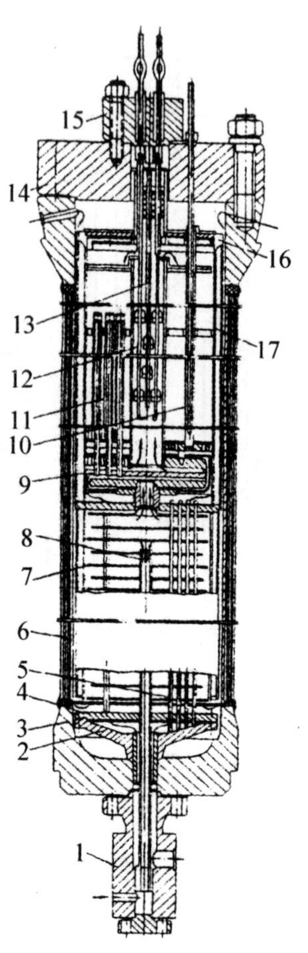

1— 塔体下部；2— 托架；3— 底盖；4— 花板；5— 热交换器；6— 外筒；7— 挡板；8— 冷气管；9— 分气盒；
10— 温度计管；11— 冷管(双套管)；12— 中心管；13— 电炉；14— 大法兰；15— 头盖；16— 催化剂床盖；17— 催化剂床

图 3-16　氨合成塔

氨合成塔结构繁多，目前常用的有冷管式和冷激式两种塔型，前者属于连续换热式，后者属于多段冷激式。20 世纪 60 年代开发成功的径向氨合成塔，将传统的塔内气体在催化剂床层中沿轴向流动改为径向流动以减小压力降，降低了循环功耗。中间换热式塔型是当今世界氨合成塔发展的趋向，但其结构较为复杂。

2. 冷管式氨合成塔

在催化剂床层中设置冷管，利用在冷管中流动的未反应的气体移出反应热，使反应比较接近最适宜温度线进行，此为冷管式氨合成塔的主要特征。我国小型氨厂多采用冷管式内件，早期为双套管并流冷管，1960 年以后开始采用三套管并流冷管和单管并流冷管。

冷管式氨合成塔的内件由催化剂筐、分气盒、热交换器和电加热器组成，催化剂床层顶部为不设置冷管的绝热层，反应热在此完全用来加热气体，温度上升快。在床层的中、下部为冷管层。并流三套管由并流双套管演变而来，二者的差别仅在于内冷管一为单层，一为双层，如图 3-17 所示。双层内冷管一端的层间间隙焊死，形成“滞气层”。“滞气层”增大了内外管间的热阻，因而气体在内管温升小，使床层与内外管间环隙气体的温差增大、改善了上部床层的冷却效果。

并流三套管的主要优点是床层温度分布较合理，催化剂生产强度高，如操作压力为 30MPa，空速 20000 ～ 30000h^{-1}，催化剂的生产强度可达 40 ～ 60t/(m^3·d)，结构可靠、操作稳定、适应性强。其缺点是结构较复杂，冷管与分气盒占据较多空间，催化剂还原时床层下部受冷管传热的影响升温困难，还原不易彻底。在国内此类内件广泛用于 ϕ800 ～ 1000mm 的合成塔。

从催化剂床层换热的角度讲，单管并流式与并流三套管式类似，如图 3-18 所示，以单管代替三套管，以几根直径较大的升气管代替三套管中几十根双层内冷管，从而使结构简化，取消了与三套管相适应的分气盒。因此塔内部件紧凑、催化剂筐与换热器之间间距小，塔的容积得到有效利用。此外，冷管为单管，不受管径和分气盒的限制，便于采用小管径多管数的冷管方案，有利于减小床层径向的温差。

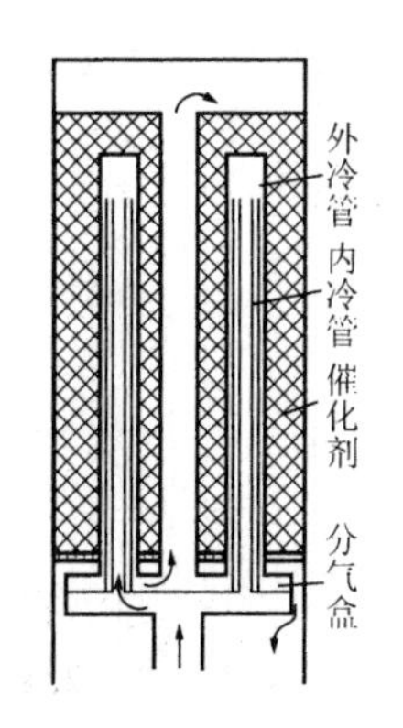

图 3-17　并流三套管示意图

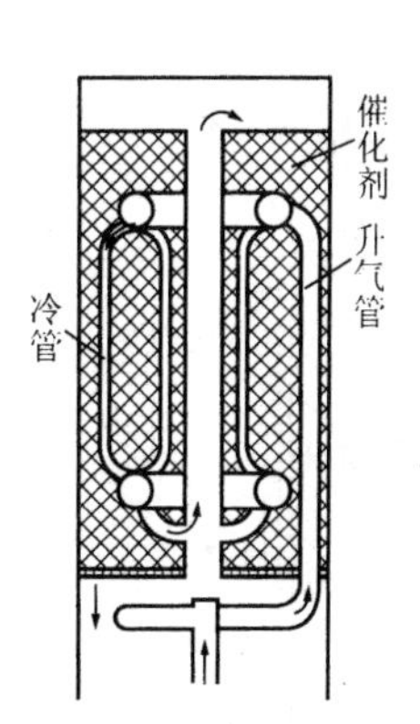

图 3-18　单管并流示意图

单管并流式内件的缺点是结构不够牢固，由于温差应力大，升气管、冷管焊缝容易裂开。

单管并流式塔在我国应用比较普遍，结构形式颇多，冷管形状有圆管、扁平管和带翅片的冷管 3 种；来自换热器的气体有的是先经中心管而后入冷管，有的是先经冷管而后入中心管，后者如图 3-18 所示。

3. 冷激式氨合成塔

日产 1000t 以上的大型合成氨厂大都采用冷激式氨合成塔。合成塔内部的催化剂床层分为几段，在段间通入未预热的氢、氮混合气直接降温。按床层内气体流动方向不同，可分为沿中心轴方向流动的轴向氨合成塔和沿半径方向流动的径向氨合成塔。图 3-19 所示为大型氨厂立式轴向 4 段冷激式氨合成塔(凯洛格型)。

该塔外筒形状为上小下大的瓶式，在缩口部位密封，以便解决大塔径造成的密封困难。内件包括 4 层催化剂、层间气体混合装置(冷激管和挡板)以及列管式换热器。原料气由塔底封头接管进入塔内，向上流经内外筒环隙，到达筒体上端后折返向下，通过换热器管间与反应后气体换热至 400℃ 左右，进入第一段催化剂床层，经反应后温度升至 500℃ 左右，在段间与冷激气混合，温度降至 430℃ 再进入第二段催化剂。如此连续进行反应—冷激过程，最后气体由第四层催化剂底部流出，再折流向上经中心管流入换热器管内，与原料气换热后流出塔外。

该塔的优点是：用冷激气调节反应温度、操作方便，而且省去许多冷管，结构简单，内件可靠性好，合成塔筒体与内件上开设人孔，装卸催化剂时，不必将内件吊出，外周密封在缩口处。

但该塔也有明显缺点：瓶式结构虽便于密封，但在焊接合成塔封头前，必须将内件装妥。日产 1000t 的合成塔总重达 300t，运输与安装均较困难，而且内件无法吊出，因此设计时只考虑用一个周期。维修上也带来不便，特别是催化剂筐外的保温层损坏后更难以检查修理。

图 3-20 为径向二段冷激式合成塔（托普索型），用于大型合成氨厂。反应气体从塔顶接口进入向下流经内外筒之间的环隙，再入换热器的管间，冷副线由塔底封头接口进入，二者混合后沿中心管进入第一段催化剂床层。气体沿径向呈辐射状流经催化剂层后进入环形通道，在此与塔顶接口来的冷激气混合，再进入第二段催化剂床层，从外部沿径向向内流动。最后由中心管外面的环形通道向下流，经换热器管内从塔底接口流出塔外。

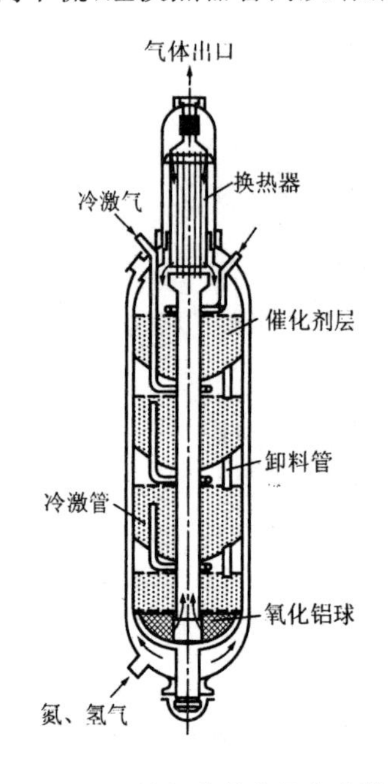

图 3-19　轴向冷激式氨合成塔

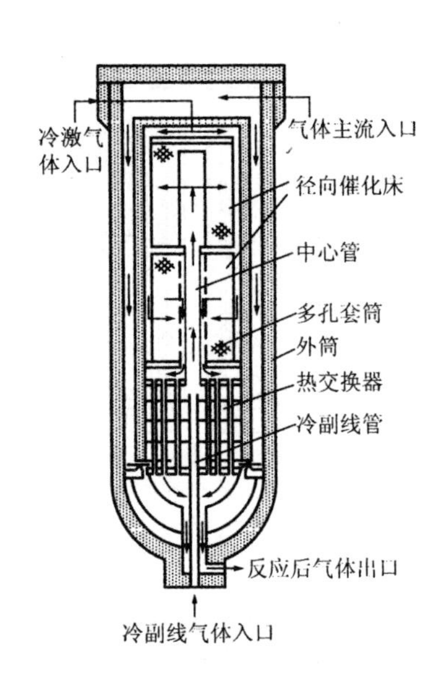

图 3-20　径向二段冷激式合成塔

与轴向冷激式合成塔比较，径向合成塔具有如下优点：气体呈径向流动，流速远较轴向流动为低，使用小颗粒催化剂时，其压力降仍然较小，因而合成塔的空速较高，催化剂的生产强度较大。对于一定的氨生产能力，催化剂装填量较少，故塔直径较小，采用大盖密封便于运输、安装与检修。径向合成塔存在的问题是如何有效地保证气体均匀流经催化剂床层而不会偏流。目前采用的措施是在催化剂筐外设双层圆筒，与催化剂接触的一层均匀开孔，且开孔率高，另一层圆筒开孔率很少，当气流以高速穿过此层圆筒时，受到一定的阻力，以此使气体均匀分布。另外，在上下两段催化剂床层中，仅在一定高度上装设多孔圆筒，催化剂装填高度高出多孔圆筒部分，以防催化剂床层下沉时气体短路。

3.4　我国合成氨工业特点

3.4.1　供需情况

近年来，我国合成氨年总产量保持稳定，一直在 5 000 万 t 左右波动。2011 年，我国共有合成氨企业约 485 家，产量 5 069.0 万 t，同比增长 2.1%。从 2006 到 2011 年数据来看，近 5 年合成氨产量增长率均保持在士 5% 左右，可见“十一五”以来我国合成氨生产、消费量可能已达到峰值。

2011年我国合成氨产能新增约128万t/a，总产能达6688万t/a据不完全统计，2006至2011年，我国新增合成氨产能达795万t/a，年均增长159万t/a。相比于表观消费量增长速度，产能增长过快，产能过剩形势更加严峻。未来5年的主要工作将是进行产业结构调整和淘汰落后产能。

3.4.2 生产布局

从地域分布分析，近年来我国合成氨产能主要分布在华东、中南、西南和华北等氮肥消费量较大的地区。2011年我国合成氨产量居于前5位的省份分别是山东、山西、河南、湖北、四川，其中山东省合成氨的产量达696万t，同比增长9.10%，占全国总产量的13.7%

目前我国产能)8万t/a的合成氨企业共占83.6%其中，产能)50万t/a的合成氨企业有26家，占全国合成氨总产能的24.3%；产能)30万t/a的合成氨企业有76家，占全国合成氨总产能的49.6%。若按照集团计算，产能排名前10位的集团约占全国合成氨总产能的41.8%。我国合成氨产能分布特点是以大中型企业为主导，集团化趋势逐步加强。

从企业个数分布来看，产能)30万t/a的大型企业有76家，占企业总个数的约16%合成氨产能)8万t/a的大中型企业约有260家，占企业总个数的约54%合成氨产能小于4万t/a的小型企业仍有约110家，占企业总个数的约23%。这些小企业数量所占比重仍过大、规模小、没有竞争优势。

3.4.3 原料、技术结构

受能源结构的影响，我国合成氨生产的原料以煤为主，以天然气为辅。煤气化技术水平成为我国合成氨行业发展的主要决定因素。"十一五"期间，合成氨生产的原料结构调整和先进煤气化技术应用均取得了重大进展。2011年，国内合成氨生产原料中，煤炭约占76.2%，大然气约占21.3%，油约占1.5%，焦炉气约占0.9%。煤原料中，无烟煤约占61%，非无烟煤(烟煤、褐煤等)约占12%。相比于"十一五"初期，天然气所占比重略有减少，煤炭所占比重略有提高，其中以非无烟煤为原料的合成氨产能有了显著提高。

据不完全统计，采用粉煤连续加压气化装置的合成氨能力约为785万t/a(已投运及在建)，其中以HT－L航大炉为代表的我国自主研发技术产能约占52%。采用水煤浆连续加压气化装置用于生产合成氨能力约为805万t/a(已投运及在建)，其中以华理—兖矿四喷嘴气化炉和西北院多元料浆气化炉为代表的我国自主研发技术产能约占66%。

3.4.4 价格走势

近年来，合成氨市场平均价格逐年增加，主要是受煤炭、大然气、用电等原料价格增长和供应趋紧的影响，部分合成氨企业生产成本大增。这些企业普遍效益下降，市场竞争力不强，导致氮肥企业平均负荷率也受到一定影响，2011年全国氮肥企业开工率不到80%

3.4.5 行业发展特点

1. 合成氨总产能严重过剩

2011年我国合成氨产能达6 688万t/a，产能过剩率超过30%。造成产能过剩的主要原因：一是受原料供应限制，煤价持续走高和大然气供应紧缺导致一些装置短期停产，粗略估计减少产能约有400万t/a；二是新产能未能及时置换落后产能，粗略估计这部分产能占100万t/a。目前，国内实际需求产能不超过 5 500 万 t/a,仍有约 700 万 t/a 富余量。

2. 原料结构调整逐步进行

近年来,原料结构调整工作正逐步展开。一是受国家化肥产业政策引导氮肥生产向资源产地转移的影响,煤炭产地以烟煤为原料的合成氨产能逐渐增多。二是由于原料价格上涨,部分以无烟煤、大然气和油为原料的产能退出。三是已有合成氨装置的原料路线改造,为原料结构调整做出贡献。例如,鲁西化工 30 万 t/a 合成氨项目的煤气化装置,于 2011 年以无烟煤为原料的固定床气化工艺路线改造为以烟煤为原料的 HT－L 航大粉煤加压气化技术。

3. 技术装备取得突破

"十一五"期间全国合成氨行业技术和装备水平取得明显突破,具有我国自主知识产权的水煤浆、粉煤加压气化等大型先进煤气化技术与装备已成功应用于合成氨生产过程,30 万 t/a 合成氨生产技术已实现自主化。

4. 节能减排初见成效

中国氮肥工业协会统计显示,"十一五"期间合成氨单位产品平均综合能耗下降了 13.7% 截至 2010 年,无烟煤、焦炭制合成氨的综合能耗(折合成标准煤)平均值为 1 414 kg/t,非无烟煤制合成氨为 1800 kg/t,天然气制合成氨为 1199 kg/t。氨氮排放量下降了 29.3% ,COD 排放量下降了 27.6%,排水量下降了 25.3%。

3.4.6 行业发展建议

合理控制产业规模。建议合成氨企业采取谨慎策略新建或扩张产能,需经过对市场及自身的合理评估,确保形成技术先进和经济性良好的新增产能,合理置换落后产能,鼓励形成具有竞争力的大型合成氨企业集团。

规范行业准入标准。可以从合成氨企业的规模和技术装备、能源消耗、环境保护、安全生产等方而规范新建的合成氨项目。目的在于提高新建项目的规模和技术门槛,遏制盲目建设,实现总量控制。

促进循环经济发展。根据循环经济的减量化、再利用、资源化的原则,合成氨企业一方而要开展减少资源消耗和节能减排的技术改造,另一方而应加强对废弃物的回收转化,变废为宝,化害为利。

加大自主技术装备的发展力度。发展和应用国产化技术和装备,有助于缓解合成氨行业关键技术对国外的依赖,降低建造费用和合成氨生产成木,有力推动我国合成氨工业的平稳健康发展。

3.5 合成氨未来发展趋势

合成氨工业自诞生以来先后经历了发明阶段(1901 ～ 1918 年)、推广阶段(1919 ～ 1945 年)、原料结构变迁阶段(1946 ～ 20 世纪 60 年代初)、大型化阶段(20 世纪 60 年代初 ～ 1973 年左右)和节能降耗阶段(1973 年至今)。今后的发展趋势可从以下几方面简述。

3.5.1 装置改进

单系列合成氨装置生产能力将从2000t/d提高至4000～5000t/d;以天然气为原料制氨的吨氨能耗已经接近了理论水平,今后难以有较大幅度的降低,但以油、煤为原料制氨,降低能耗还可以有所作为。

在合成氨装置大型化的技术开发过程中,其焦点主要集中在关键性的工序和设备,即合成气制备、合成气净化、氨合成技术、合成气压缩机。

(1) 合成气制备

天然气自热转化技术和非催化部分氧化技术将会在合成气制备工艺的大型化方面发挥重要的作用。Top soe公司和Lurgi公司均认为ATR技术是最适合大型化的合成气制备技术,并推出了基于此的大型化制氨工艺技术。Texaco、Shell和中国工程公司研发的非催化部分氧化技术,为合成气制备工艺的大型化进行技术准备。

(2) 合成气净化技术

以低温甲醇洗、低温液氮洗为代表的低温净化工艺有可能在合成气净化大型化中得以应用。

(3) 氨合成技术

以Uhde公司的"双压法氨合成工艺"和Kellogg公司的"基于钌基催化剂KAAP工艺",将会在氨合成工艺的大型化方面发挥重要的作用。

(4) 合成气压缩机

针对大型化的合成气压缩机正在开发之中,以适用于未来产量可能高达3000～5000t/d甚至更高的装置。

在低能耗合成氨装置的技术开发过程中,其主要工艺技术将会进一步发展。

(1) 合成气制备工艺单元

预转化技术、低水碳比转化技术、换热式转化技术。

(2)CO变换工艺单元

等温CO变换技术(以Linde公司的等温变换塔ISR为代表,催化床层内装U形旁管或其它形式散热设备,管内走锅炉给水,逆向流动;控制反应床层温度不超过250℃,达到降低CO的目的),低水气比CO变换技术。

(3)CO_2脱除工艺单元

无毒、无害、吸收能力更强、再生热耗更低的净化技术。

(4) 氨合成工艺单元

增加氨合成转化率(提高氨净值),降低合成压力、减小合成回路压降、合理利用能量。开发气体分布更加均匀、阻力更小、结构更加合理的合成塔及其内件;开发低压、高活性合成催化剂,实现"等压合成"。

3.5.2 原料结构调整

以"油改气"和"油改煤"为核心的原料结构调整和以"多联产和再加工"为核心的产品结构调整,是合成氨装置"改善经济性、增强竞争力"的有效途径。

全球原油供应处于递减模式,正处于总递减曲线的中点,需用其它能源补充。石油时代赛将逐步转入煤炭(气体)时代,原油的加工产品轻油、渣油的价格也将随之持续升高。目前以轻油和渣油为原料的制氨装置在市场经济的条件下，已经不具备生存的基础，以“油改气”和“油改煤”为核心的原料结构调整势在必行；借氮肥装置原料结构的调整之机，及时调整产品结构，联产氢气及多种碳一化工产品亦是装置改善经济性的有效途径。

(1) 洁净煤气化技术

以 Texaco 水煤浆气化和 Shell 粉煤气化为代表的洁净煤技术，以及相应的合成气净化技术，将在“油改煤”结构调整中发挥重要的作用，并在大型化和低能耗方面将取得重大的进展和实质性的突破。

(2) 天然气制合成气技术

天然气自热转化技术、非催化部分氧化技术以及相应的合成气净化技术，也将在“油改气”结构调整中发挥重要的作用，并在大型化和低能耗方面将会取得重大的进展和实质性的突破。

(3) 联产和再加工技术

联产氢气和多种碳一化工产品及尿素的再加工技术亦将得到高度重视，并在与合成氨、尿素装置的系统集成、能量优化方面取得进展。

3.5.3 延长运行周期

提高生产运转的可靠性，延长运行周期是未来合成氨装置“改善经济性、增强竞争力”的必要保证。有利于“提高装置生产运转率、延长运行周期”的技术，包括工艺优化技术、先进控制技术等将越来越受到重视。

总之，合成氨技术的发展将结合现今的资源储备情况和社会发展状况，沿着“低能耗、高效率、零排放”的路线，使合成氨生产的经济性、盈利性和环境友好性更加和谐统一。

第4章　纯碱与烧碱生产

4.1　概述

碱是化学工业中产量最大的产品之一，是用途十分广泛的基本工业原料，其产量和用量可以反映一个国家的化学工业生产水平，因此在国民经济中具有很重要的地位。

碱的品种很多，有纯碱、烧碱、硫化碱、泡化碱等20多种，其中产量最大，用途最广的是纯碱和烧碱，它们的产量在无机化工产品中仅次于化肥和硫酸。

4.1.1　纯碱工业在国民经济中的重要性及其发展简史

无水碳酸钠(Na_2CO_3)俗称纯碱，是重要的化工原料。过去衡量一个国家化学工业的发展水平，是以纯碱与硫酸的年产量为标准的。今天的化学工业虽然已朝着多品种、综合性的方向发展，但纯碱的年产量仍然是化学工业发展水平的重要标志，在国民经济中占有举足轻重的地位。

以纯碱为原料的工业，如玻璃工业、肥皂制造业、工业用水的净化、造纸工业、纺织与印染、纤维工业、制革工业以及钢铁和有色金属冶炼等，都需要大量的纯碱，即使是日常生活所需纯碱量亦颇为可观。

天然的碳酸钠多产于少雨和干旱地区，如我国的内蒙古、吉林、黑龙江、青海和宁夏等地。这些地区的地下水中都含有一定量的纯碱，春秋两季气候干燥，地下水上升蒸发，而在地表结晶出大量的十水碳酸钠($Na_2CO_3 \cdot 10H_2O$)，习惯上称口碱或洗涤碱。

纯的无水碳酸钠为白色粉末，相对密度为2.533，熔点为845℃～852℃，易溶于水，碳酸钠的溶解度一开始随温度的升高而增大，当温度为32.5℃时达极大值，即每100g水溶解49g Na_2CO_3；当温度超过32.5℃后，溶解度又下降。如在100℃时，每100g水中只溶解45.1g Na_2CO_3。溶解度之所以这样变化，是由于碳酸钠与水可以生成数种水合物所致。

结晶态的碳酸钠除以上提到的$Na_2CO_3 \cdot 10H_2O$外，尚有$Na_2CO_3 \cdot 7H_2O$及$Na_2CO_3 \cdot H_2O$等。它们之间的转变温度分别为31.5℃和32.5℃，即

$$Na_2CO_3 \cdot 10H_2O \xrightarrow[31.5℃]{} Na_2CO_3 \cdot 7H_2O$$

$$Na_2CO_3 \cdot 7H_2O \xrightarrow[32.5℃]{} Na_2CO_3 \cdot H_2O$$

早在18世纪末，由于生产的发展，天然的纯碱已远不能满足玻璃、肥皂、皮革等工业的需要，于是法国人路布兰在1791年首先提出了人工制碱法。路布兰制碱法(简称路氏制碱法)是以食盐、煤、硫酸及石灰石等为原料，具体反应为

$$NaCl + H_2SO_4 \xrightarrow{120℃} NaHSO_4 + HCl\uparrow$$

$$NaCl + NaHSO_4 \xrightarrow{600-700℃} Na_2SO_4 + HCl\uparrow$$

$$Na_2SO_4 + 2C(\text{煤粉}) \xrightarrow{\text{反射炉中强热至}1000℃} Na_2S + 2CO_2\uparrow$$

$$Na_2S + CaCO_3 \xrightarrow{1000℃} Na_2CO_3 + CaS$$

路氏制碱法的问世，对化学及化学工业的发展，以及促进人类对客观物质世界的认识无疑起重要的作用，它推动了硫酸、盐酸、漂白粉等工业的发展，同时也为煅烧、萃取、吸收、蒸发、结晶等单元操作的操作技术积累了经验。但路氏制碱法也存在着严重的缺点，如硫酸耗量大，熔融过程需要高温且燃料耗量大；设备生产能力小；原料利用不充分，产品不纯；设备腐蚀程度严重以及劳动条件差等。因而促使人们去研究新的制碱方法。在19世纪60年代由比利时人苏尔维提出“氨碱法”（又称苏尔维制碱法）代替了路布兰制碱法。

氨碱法是以食盐和石灰石为主要原料，以氨为媒介来制造纯碱的。该法虽没有路氏法的那些缺点，但亦存在食盐利用率不高（食盐中 Cl^- 未被利用）和生成用途不大的氯化钙副产品的问题。为解决这个问题，我国化学家侯德榜于1924年提出了联合制碱法（简称联碱法）。联碱法是碱厂与合成氨厂的联合生产，使合成氨厂副产的二氧化碳与氯化钠中的钠结合制成碳酸钠，同时使氨厂生产的氨与氯化钠中氯结合生成氯化铵。氯化铵是一种有价值的氮肥，联碱法生产既生产了纯碱又生产了氮肥，一举两得。侯德榜创造的联碱法，给制碱工业指出了方向。

另外，在一些自然资源允许的地区发展建设了天然碱加工厂，美国的天然碱加工产量所占比例较高。

4.1.2 氯碱工业在国民经济中的重要性及其发展简史

烧碱的化学名为氢氧化钠 NaOH，又称苛性碱（或苛性钠），为白色不透明羽状结晶，相对密度为2.1，熔点为328℃，质脆，易溶于水并放出大量热。烧碱在空气中易潮解，且吸收 CO_2，它对许多物质都有强烈的腐蚀性。其产品可分为固体烧碱（简称固碱），液体烧碱（简称液碱）及片碱等。

氯碱工业是现代化学工业中的基本工业，通过电解食盐水溶液生产烧碱、氯气和氢气。烧碱在国民经济中有广泛的应用，使用烧碱最多的部门是化学药品的制造，其次是造纸、纺织、肥皂、炼铅、石油、合成纤维、橡胶等工业部门。

氯的化学性质非常活泼，用途广泛，可用于制造漂白粉、液氯、次氯酸钠、漂白精等产品。氯气与氢气合成氯化氢气体并生产盐酸，盐酸是“三酸”之一。氯化氢是制造聚氯乙烯和氯丁橡胶的主要原料。聚氯乙烯可用作电气绝缘和耐腐材料，也可加工成薄膜、板材、管子、管件、设备及设备零件、人造革等材料，是最大耗氯产品。用氯气生产的含氯溶剂，可代替易燃而能耗大的石油系溶剂。

我国的氯碱工业开始于20世纪20年代末期，较欧美国家大约晚30年。建国以前，氯碱工业的发展十分缓慢，从1929年到1949年的20年间，烧碱的年产量仅有15kt左右。1949年后，氯碱工业技术经历了几次大的更新。首先在20世纪60年代初期，用立式吸附隔膜电解槽更换旧式的水平隔膜电解槽，全国烧碱总产量从1957年的193kt发展到1966年的693kt，增长近3.6倍；到了20世纪70年代后期，开始用金属阳极代替石墨阳极，到1984年，烧碱的年产量已达到2.22Mt，仅次于美国、前联邦德国、日本、前苏联，居世界第五位。全国除西藏外，各省、市、自治区均有氯碱生产。

20世纪80年代初，随着高纯烧碱的需求量日益增长，以及能源供应的紧张，离子交换膜电解新技术为不少国家所采用。同隔膜法相比，每生产一万吨烧碱可节电1.60MkW·h，节煤4.2kt，节盐1.5kt以上，是氯碱工业近期发展的方向。近些年国内也向国外洽购了生产能力为数万吨级的离子膜制氯碱的设备，以求把国内研究取得的初步成果与国外先进技术相结合，从而尽快提高我国氯碱工业的技术水平。2004年全国烧碱总量为10.603Mt，其中离子膜法烧碱产量为2.525Mt。

总之，我国的氯碱工业现已成为轻工、化工和纺织等部门的重要支柱之一，它对我国国民经济的发展有着举足轻重的作用。

4.2　氨碱法制纯碱

4.2.1　氨碱法生产的流程

氨碱法生产纯碱过程主要分以下几个工序，工艺流程示意如图4-1所示。

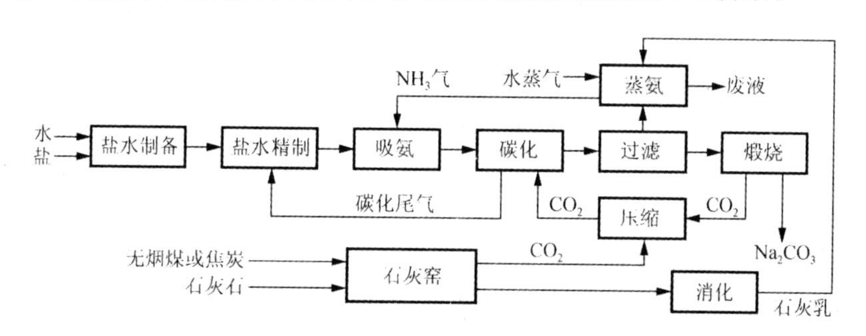

图4-1　氨碱法工艺流程示意图

(1) 二氧化碳和石灰乳的制备。将石灰石于940～1200℃在煅烧窑内分解得到生石灰CaO和CO_2气体，氧化钙加水制成氢氧化钙乳液。

(2) 盐水的制备和精制。将原盐溶于水制得饱和食盐水溶液。由于盐水中含有Ca^{2+}，Mg^{2+}等离子，它们影响后续工序的正常进行，所以盐水溶液必须精制。

(3) 氨盐水的制备。精制后的盐水吸氨制备含氨的盐水溶液。

(4) 氨盐水的碳酸化。氨盐水的碳酸化是氨碱法的一个最重要工序。将氨盐水与CO_2作用，生成碳酸氢钠(重碱)和氯化铵，碳酸氢钠浓度过饱和后结晶析出，从而与溶液分离。这一过程包括了吸收、气液相反应、结晶和传热等，其总反应可表示为

$$NaCl + NH_3 + CO_2 + H_2O = NaHCO_3 \downarrow + NH_4Cl$$

(5) 碳酸氢钠的煅烧。煅烧的目的是为了分解碳酸氢钠，以获得纯碱Na_2CO_3，同时回收近一半的CO_2气体(其含量约为90%)，供碳酸化使用。其反应式为

$$2NaHCO_3 = Na_2CO_3 + H_2O + CO_2 \uparrow$$

(6) 氨的回收。碳酸化后分离出来的母液中含有NH_4Cl、NH_4OH、$(NH_4)_2CO_3$和NH_4HCO_3等，需要将氨回收循环使用。

4.2.2　石灰石煅烧与石灰乳制备

氨盐水碳化需要大量的CO_2，氨盐水精制和氨回收又需要大量的石灰乳，因此煅烧石灰石制取CO_2和CaO，再将生石灰消化制成石灰乳，成为氨碱法制碱中必不可少的工序。

1. 石灰石煅烧的原理

(1) 反应的化学平衡与温度

石灰石的来源丰富，主要成分是 $CaCO_3$，优质石灰石的 $CaCO_3$ 含量在 95% 左右，此外尚有 2% ～ 4% 的 $MgCO_3$，少量 SiO_2、Fe_2O_3 及 Al_2O_3。

石灰石经煤煅烧受热分解的主要反应为

$$CaCO_3 = CaO + CO_2 \uparrow \qquad \Delta H = 179.6 kJ/mol$$

这是一可逆吸热反应，当温度一定时，CO_2 的平衡分压为定值。此值即为石灰石在该温度下的分解压力。

使 $CaCO_3$ 分解的必要条件是升高温度，以提高 CO_2 的平衡分压；或者将已产生的 CO_2 排出，使气体中的 CO_2 的分压小于该温度下的分解压力，$CaCO_3$ 即可连续分解，直至分解完全为止。

石灰石的分解速率从理论上讲与其块状大小无关，只随温度的升高而增加。当温度高于 900℃ 时，分解速率急剧上升，有利于 $CaCO_3$ 迅速分解并分解完全。这是因为提高温度不仅加快了反应本身，而且能使热量迅速传入石灰石内部并使其温度超过分解温度，达到加速分解的目的。但提高温度也受一系列因素的限制，温度过高可能出现熔融或半熔融状态，发生挂壁或结瘤，而且还会使石灰石变成坚实不易消化的"过烧石灰"。生产中一般控制石灰石温度在 950℃ ～ 1200℃。

(2) 窑气中 CO_2 浓度

石灰石煅烧后，产生的气体称为窑气。$CaCO_3$ 分解所需热量由燃料煤（也可用燃气或油）提供。首先是由煤与空气中的氧反应生成 CO_2 和 N_2 的混合气，并放出大量的热量。燃烧所放出的热被 $CaCO_3$ 吸收并使之分解，同时产生大量的 CO_2。燃料燃烧和 $CaCO_3$ 的分解是窑气中 CO_2 的来源。两反应所产生的 CO_2 之和理论上可达 44.2%，但实际生产过程中，由于空气中氧不能完全利用，即不可避免地有部分残氧（一般约为 0.3%）；煤的不完全燃烧产生部分 CO（约 0.6%）和配焦率（煤中的 C 与矿石中 $CaCO_3$ 的配比）等原因，使窑气中的 CO_2 浓度一般只能达 40% 左右。

产生的窑气必须及时导出，否则将影响反应的进行。在生产中，窑气经净化、冷却后被压缩机不断抽出，以实现石灰石的持续分解。

2. 石灰窑

$CaCO_3$ 和煤通入空气制生石灰的反应过程是在石灰窑中进行的。石灰窑的形式很多，目前采用最多的是连续操作的竖窑。窑身用普通砖砌或钢板卷焊而制成，内衬耐火砖，两层之间填装绝热材料，以减少热量损失。空气由鼓风机从窑下部送入窑内，石灰石和固体燃料由窑项装入，在窑内自上而下运动，反应自下而上进行，窑底可连续产出生石灰。

此类立窑称之为混料立窑。该窑具有生产能力大，上料、下灰完全机械化，窑气中 CO_2 浓度高，热利用率高，石灰产品质量好等优点，因而被广泛采用。

3. 石灰乳制备

把石灰窑排出的成品生石灰加水进行消化，即可制成后续工序（盐水精制和蒸氨过程）所需的氢氧化钙，其化学反应为

$$CaO(s) + H_2O = Ca(OH)_2(s) \qquad \Delta H = -15.5 kJ/mol$$

消化时因加水量不同即可得到消石灰（细粉末），石灰膏（稠厚而不流动的膏），石灰乳（消石灰在水中的悬浮液）和石灰水[$Ca(OH)_2$ 水溶液]。$Ca(OH)_2$ 溶解度很低，且随温度的升高而降

低。粉末消石灰等使用很不方便，因此，工业上采用石灰乳，石灰乳存在下列平衡

$$Ca(OH)_2(s) \rightleftharpoons Ca(OH)_2(l) \rightleftharpoons Ca^{2+} + 2OH^-$$

石灰乳较稠，对生产有利，但其黏度随稠厚程度增加而升高，太稠则沉降和阻塞管道及设备，一般工业上制取和使用的石灰乳比重约为1.27。

近年来，石灰乳的制备工艺也有了新的一些改进，有的企业利用氯碱企业生产聚氯乙烯的副产物电石泥，回收其中的活性钙，取得了良好的经济效益。

4.2.3　盐水精制与吸氨

1. 饱和盐水的制备与精制

氨碱法生产的主要原料之一是食盐水溶液。用盐作制碱原料，首先是除去盐中有害和无用杂质，再制成饱和溶液进入制碱系统。无论是海盐、岩盐、井盐和湖盐，均须进行精制，精制的主要任务是除去盐中的钙、镁元素。虽然这两种杂质在原料中的含量并不大，但在制碱的生产过程中会与 NH_3 和 CO_2 生成盐或复盐的结晶沉淀，不仅消耗了原料 NH_3 和 CO_2，沉淀物还会堵塞设备和管道。同时这些杂质混杂在纯碱成品中，致使产品纯度降低。因此，生产中须进行盐水精制。

精制盐水的方法目前有两种，石灰－碳酸铵法和石灰－纯碱法。

(1) 石灰－碳酸铵法

用消石灰除去盐中的镁(Mg^{2+})，反应式为

$$Mg^{2+} + Ca(OH)_2 = Mg(OH)_2\downarrow + Ca^{2+}$$

这一过程中溶液的pH一般控制在10～11，若需加速沉淀出 $Mg(OH)_2$(一次泥)时，也可适当加入絮凝剂。

将分离出沉淀后的溶液送入除钙塔中，用碳化塔顶部尾气中的 NH_3 和 CO_2 再除去 Ca^{2+}，其化学反应为

$$Ca^{2+} + CO_2 + 2NH_3 + H_2O = CaCO_3\downarrow + 2NH_4^+$$

此法适合于含镁较高的海盐。由于利用了碳化尾气，可使成本降低。但此法具有盐水精制受碳化作业的影响较大，以及在清理除钙塔时劳动强度较大，溶液中氯化铵含量较高，并使氨耗增大，工艺流程复杂的缺点。我国氨碱技术路线多数采用此法。

(2) 石灰－纯碱法

石灰－纯碱法除镁的方法与石灰－碳酸铵法相同，除钙则采用纯碱，反应式为

$$Ca^{2+} + Na_2CO_3 = CaCO_3\downarrow + 2Na^+$$

用该法精制具有工艺流程简单、操作简便、盐水精制度高等优点。

采用这一方法时，除钙、镁的沉淀过程是一次进行的。其消石灰的用量与镁的含量相等，而纯碱的用量为钙镁之和。由于 $CaCO_3$ 在饱和盐水中的溶解度比在纯水中大，因此纯碱用量应大于理论用量，一般控制纯碱过量0.8g/L，石灰过量0.5g/L，pH为9左右。

石灰－纯碱法须消耗最终产品纯碱，但精制盐水中不出现结合氨(即 NH_4Cl)，而石灰一碳酸铵法虽利用了碳化尾气，但精制盐水中出现结合氨，对碳化略有不利。

2. 盐水吸氨

盐水精制完成后即进行吸氨。吸氨操作称为氨化，目的是制备符合碳酸化过程所需浓度的氨盐水，同时起到最后除去盐水中钙镁等杂质的作用。所吸收的氨主要来自蒸氨塔，其次还有真空

抽滤气和碳化塔尾气，这些气体中含有少量的 CO_2 和水蒸气。

(1) 吸氨的化学原理

精制盐水与 NH_3 发生下列反应：

$$NH_3(g) + H_2O(l) = NH_4OH(l)$$

有 CO_2 存在时则发生下列反应：

$$2NH_3(g) + CO_2(g) + H_2O(1) = (NH4)_2CO_3(1)$$

$$NH_3(g) + CO_2(g) + H_2O(1) = NH_4HCO_3(1)$$

当有残余 Mg^{2+}、Ca^{2+} 存在时发生如下反应：

$$Ca^{2+} + (NH_4)_2CO_3 = CaCO_3\downarrow + 2NH_4^+$$

$$Mg^{2+} + (NH_4)_2CO_3 = MgCO_3\downarrow + 2NH_4^+$$

$$Mg^{2+} + 2NH_4OH = Mg(OH)_2\downarrow + 2NH_4^+$$

(2) 工艺流程及主要设备

精盐水吸氨的工艺流程如图 4-2 所示。精制以后的二次饱和盐水经冷却后进入吸氨塔，盐水由塔上部淋下，与塔底上升的氨气逆流接触，以完成盐水吸氨过程。此时放出大量热，会使盐水温度升高，因此需将盐水从塔中抽出，送入冷却排管进行冷却后再返回中段吸收塔。同理，需从塔中部抽出吸氨后的盐水经过冷却排管降温后，返回吸收塔下段。由吸收塔下段出来的氨盐水经循环段储桶、循环泵、冷却排管进行循环冷却，以提高吸收率。

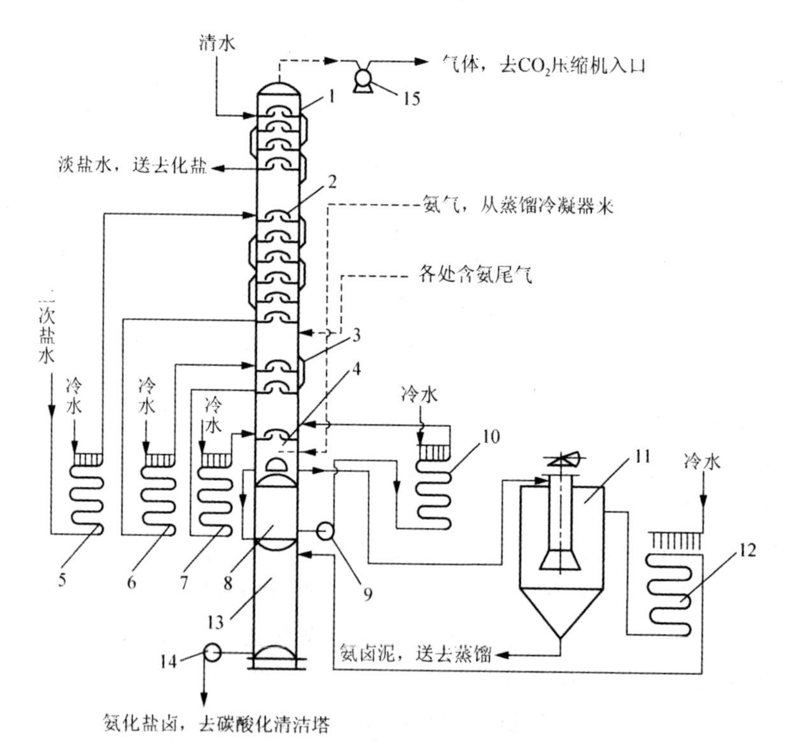

1— 净氨塔；2— 洗氨塔；3— 中段吸氨塔；4— 下段吸氨塔；5，6，7，10，12— 冷却排管；8— 循环段储桶；9— 循环泵；11— 澄清桶；13— 氨盐水储槽；14— 氨盐水泵；15— 真空泵

图 4-2　吸氨工艺流程图

精制后的盐水虽已除去 99% 以上的钙、镁，但难免仍有少量残余杂质进入吸氨塔，形成碳酸

盐和复盐沉淀。为保证氨盐水的质量，成品氨盐水经澄清桶沉淀，再经冷却排管后进入氨盐水储槽，再经氨盐水泵送往碳酸化系统。

用于精制盐水吸氨的含氨气体，导入吸氨塔下部和中部，与盐水逆流接触吸收后，尾气由塔顶放出，经真空泵，送往二氧化碳压缩机入口。

(3) 主要工艺条件

1) 氨盐水 $NH_3/NaCl$ 比值的选择

为获得较高浓度的氨盐水，使设备利用和吸收效果好，原料利用率高，必须选择适当的 $NH_3/NaCl$ 比值。

理论计算中，氨盐水碳酸化时 $NH_3/NaCl$ 之比应为 1∶1(摩尔比)，而生产实践中 $NH_3/NaCl$ 的比值为 1.08 ～ 1.12，即氨稍有过量，以补偿在碳化过程的氨损失。若此比值过高，会有 NH_4HCO_3 和 $NaHCO_3$ 共同析出，降低了氨的利用率；若比值过低，又会降低钠的利用率。

2) 盐水吸氨温度的选择

盐水进吸氨塔之前用冷却水冷至 25℃ ～ 30℃，自蒸氨塔来的氨气也先经冷却再进吸氨塔。低温有利于盐水吸收 NH_3，也有利于降低氨气夹带的水蒸气含量，继而降低对盐水的稀释程度，但温度不宜太低，否则会产生$(HH_4)_2CO_3 \cdot H_2O$、NH_4HCO_3 等结晶堵塞管道和设备。实际生产中进入吸氨塔的气温一般控制在 55℃ ～ 60℃。

3) 吸收塔内的压力

为防止和减少吸氨系统的泄漏，加速蒸氨塔中 CO_2 和 NH_3 的蒸出，提高蒸氨效率和塔的生产能力，减少水蒸气用量，吸氨操作是在微负压条件下进行的。其压力大小以不妨碍盐水下流为限。

4.2.4　氨盐水碳酸化

氨盐水吸收 CO_2 的过程称之为碳酸化，又称碳化，是纯碱生产过程中一个重要的工序，它集吸收、结晶和传热等化工单元操作过程于一体，其总反应式为

$$NaCl + NH_4HCO_3 = NH_4Cl + NaHCO_3 \downarrow$$

碳酸化的目的和要求在于获得产率高、质量好的碳酸氢钠结晶。要求结晶颗粒大而均匀，便于分离，以减少洗涤用水量，从而降低蒸氨负荷和生产成本；同时降低碳酸氢钠粗成品的含水量，有利于重碱的煅烧。

1. 碳化的基本原理

(1) 碳化的化学反应

氨盐水碳化的基本化学过程与碳酸氢铵的生产过程极为相似，其不同之处在于该溶液中含有 NaCl 而已，因而 NH_4HCO_3 将进一步与 NaCl 反应。化学反应为

$$NH_3 + H_2O + CO_2 = NH_4HCO_3$$

$$NH_4HCO_3 + NaCl = NaHCO_3 \downarrow + NH_4Cl$$

(2) 原料的利用率

吸收二氧化碳并使之饱和的氨盐溶液及其形成 $NaHCO_3$ 沉淀的过程所组成的系统是一个复杂的多相变化系统，可把 NaCl 和 NH_4HCO_3 看作原料来计算系统的原料利用率，在实际生产和计算时，用钠和氨的利用率分别表示氯化钠和碳酸氢铵的利用率。

反应终点的温度不同，钠和氨的利用率有很大差别。实验证明，塔底温度为32℃是最佳操作温度，此时钠的利用率U_{Na}为84%，是氨碱法生产纯碱的最高钠利用率。

2. 氨盐水碳酸化工艺流程和主要设备

(1) 工艺流程

氨盐水碳酸化过程是在碳化塔中进行的。如以氨盐水的流向区分，碳化塔分为清洗塔和制碱塔。清洗塔也称中和塔或预碳酸化塔，氨盐水先流经清洗塔进行预碳酸化，清洗附着在塔体及冷却壁管上的疤垢，然后进入制碱塔进一步吸收CO_2，生成碳酸氢钠晶体。制碱塔和清洗塔周期性交替轮流作业，氨盐水碳酸化的工艺流程如图4-3所示。

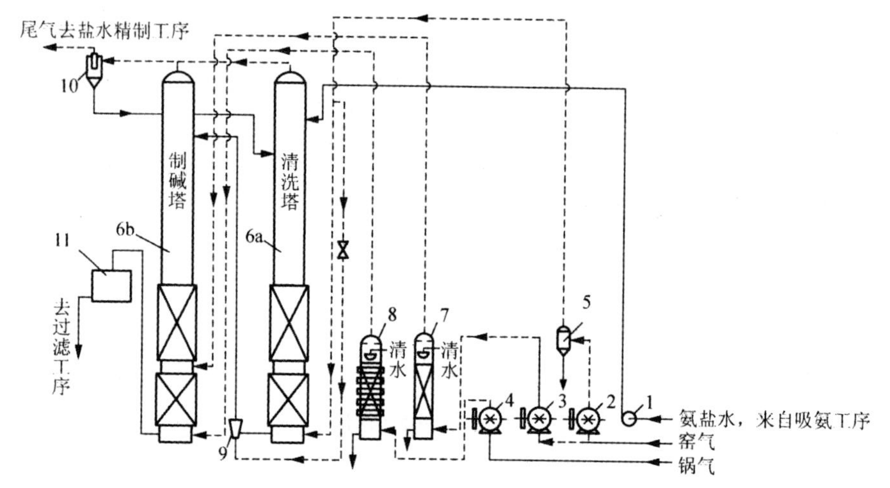

1— 氨盐水泵；2— 清洗气压缩机；3— 中段气压缩机；4— 下段气压缩机；5— 分离器；6a— 碳酸化清洗塔；6b— 碳酸化制碱塔；7— 中段气冷却塔；8— 下段气冷却塔；9— 气升输卤器；10— 尾气分离器；11— 碱液槽

图4-3 碳酸化工艺流程

精制合格的氨盐水经泵送往清洗塔的上部，窑气经清洗气压缩机及分离器送入清洗塔的底部，以溶解塔中的疤垢并初步对氨盐水进行碳酸化，而后经气升输卤器送入制碱塔的上部。另一部分窑气经中段气压缩机及中段气冷却塔送入制碱塔中部；煅烧重碱所得的炉气(习称锅气)经下段气压缩机及下段气冷却塔送入制碱塔下部。

碳酸化以后的晶浆，由碳化塔下部靠塔内压力和液位自流入过滤工序悬浮液碱液槽中，然后过滤分离出重碱。

(2) 碳化塔

碳化塔是氨碱法制碱的主要设备之一，它由许多铸铁塔圈组装而成，分为上、下两部分。一般塔高为24～25m，塔径为2～3m。塔上部是二氧化碳的吸收段，每圈之间装有笠形泡帽以及略为向下倾斜的中央开孔的漏液板、孔板和笠帽。边缘有分散气体的齿缝以增加气液接触面积，促进吸收。塔的下部是冷却段，区间内除了有笠帽和塔板外，还设有列管式冷却水箱，用来冷却碳化液以析出碳酸氢钠结晶。冷却水在水箱管中的流向可根据水箱管板的排列方式分为“田”字形或“弓”字形。

3. 氨盐水碳化的工艺条件与影响 $NaHCO_3$ 结晶因素

(1) 碳化度

碳化度是指氨盐水溶液吸收 CO_2 程度的量，一般以 R 表示，定义为碳化液体系中全部 CO_2 摩尔数与总 NH_3 摩尔数之比。

在适当的氨盐水组成条件下，R 值越大，氨转变成 NH_4HCO_3 越完全，NaCl 的利用率 U_{Na} 越高。生产上尽量提高尺值以达到提高 U_{Na} 的目的，但受多种因素和条件的限制，实际生产中的碳化度一般只能达到(180 ～ 190)％。

(2) 原始氨盐水溶液的理论适宜组成

所谓理论适宜组成是指在一定温度和压力条件下，塔内达到固液平衡时，液相的组成是 U_{Na} 达到最高时的原始溶液组成。在实际生产中，原始氨盐水的组成不可能达到最适宜的浓度，其原因是饱和盐水被吸氨过程中氨夹带的水所稀释，相对使 $NH_3/NaCl$ 的摩尔比提高；另外生产中为防止碳化塔尾气的带氨损失，须控制 $NH_3/NaCl$ 摩尔比过量在 1.08 ～ 1.12。因此，最终液相的组成点也不可能落在 U_{Na} 最高的位置，而只能在靠近 U_{Na} 最高处的附近区域。

(3) 影响 $NaHCO_3$ 结晶因素

$NaHCO_3$ 在碳化塔中生成重碱结晶，结晶颗粒越大，越有利于过滤、洗涤，所得产品含水量低，收率高，煅烧成品纯碱的质量高。因此，碳酸氢钠结晶在纯碱生产过程中对产品的质量有决定性的意义。$NaHCO_3$ 结晶的大小、快慢与溶液的过饱和度有关，过饱和度又与温度有关，因此，温度和过饱和度成为影响 $NaHCO_3$ 结晶的重要因素。

1) 温度

$NaHCO_3$ 在水中的溶解度随温度降低而减少，所以低温对生成较多的 $NaHCO_3$ 结晶有利。

在塔内进行的碳化反应是放热反应，使进塔溶液沿塔下降的过程中温度由 30℃ 逐步升高至 60℃ ～ 65℃。温度高，$NaHCO_3$ 的溶解度大，形成的晶核少，但晶粒较大。当结晶析出后再逐步降温，有利于 CO_2 的吸收和提高放热反应的平衡转化率，提高产率和钠的利用率；更重要的是可使晶体长大，产品质量得以保证。

降温过程特别应注意降温速率，在较高温度条件下，应适当维持一段时间，以保证足够的晶核生成。时间太短则晶粒尚未生成或生成太少，会导致过饱和度增大，出现细小晶粒，甚至在取出时不能长大。时间太长则导致后来降温速率太快，使过饱和加快，易于生成细晶。一般液体在塔内的停留时间为 1.5 ～ 2h，出塔温度约为 20℃ ～ 28℃。

2) 添加晶种

当碳化过程中溶液达到饱和甚至稍过饱和时，并无结晶析出，但此时若加入少量固体杂质，就可以使溶质以固体杂质为核心，长大而析出晶体。在 $NaHCO_3$ 生产中，就是采用往饱和溶液中加晶种并使之长大的办法来提高产量和质量的。

应用此方法时应注意两点：

① 加晶种的部位和时间，晶种应加在饱和或过饱和溶液中，如果加入过早，晶种会被溶解，加入过迟则溶液自身已发生结晶，再加晶种失去了作用。

② 加入晶种的量要适当，如果加入晶种过多，则结晶中心过多，使晶种长大的效果不明显，设备的生产能力反而下降，如果加入的量过少，则又不能起到晶种的作用，仍需溶液自身析出晶体作为结晶中心，因此质量难以提高。

另外，也有少数企业采用加入少量表面活性剂的方法使晶粒长大，效果也较好。

4.2.5 重碱过滤与煅烧

从碳化塔取出的晶浆含悬浮固体 $NaHCO_3$ 45%～50%(体积)，生产中采用过滤的方法使其分离。分离并洗涤后的固体 $NaHCO_3$ 去煅烧，母液送氨回收系统。煅烧过程要求保证产品纯碱含盐量少，分解出来的 CO_2 气体纯度高，损失少，生产过程中能耗低。

1. 过滤分离设备

过滤分离方法在制碱工业中经常采用的有两类：离心分离和真空分离，相应的设备分别为离心过滤机和真空过滤机。

离心过滤是利用离心力原理使液体和固体分离。这种设备流程简单、动力消耗低，滤出的固体重碱含水量少(可小于10%)，但它对重碱的粒度要求高，生产能力低，氨耗高，国内大厂较少使用。所以在本节中重点介绍真空过滤设备。

真空过滤的原理是利用真空泵将过滤机滤鼓内抽成负压，使滤布(即过滤介质层)两边产生压差，随着过滤设备的运转，碳化悬浮液中的母液被抽入鼓内导出，重碱固体附着在鼓面滤布上被吸干，再经洗涤挤压后由刮刀从滤布上刮下送煅烧工序。

真空过滤机主要由滤鼓、错气盘、碱液槽、压辊、刮刀、洗水槽及传动装置组成，其中滤鼓的工作原理如图4-4所示。滤鼓内有许多格子连在错气盘上，鼓外面有多块箅子板，板上用毛毡作滤布，鼓的两端装有空心轴，轴上有齿轮与传动装置相连。滤鼓下部约2/5浸在碱槽内，旋转时全部滤面轮流与碱液槽内碱液相接触，滤液因减压而被吸入滤鼓内，重碱结晶则附着于滤布上。在滤鼓的旋转过程中，滤布上重碱内的母液被逐步吸干，转至一定角度时用洗水洗涤重碱内残留母液；然后再经真空吸干，同时用压辊挤压，使重碱内的水分减少到最低程度；最后滤鼓上的重碱被刮刀刮下，落在带运输机上送至煅烧工序。滤液及空气经空心轴抽到气液分离器。为了不使重碱在碱槽底部沉降，真空过滤机上附有搅拌机在半圆槽内往复摆动，使重碱均匀地附在滤布上。

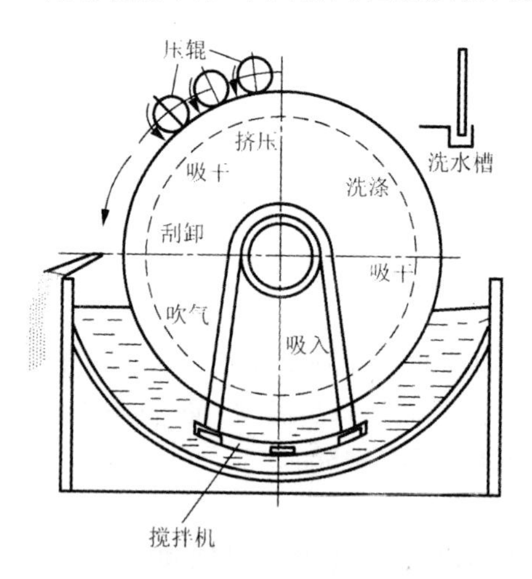

图4-4 滤鼓旋转一周的工作原理图

该方法的优点是能连续操作，生产能力大，适合于连续大规模自动化生产；其缺点是滤出的重碱含水量较高，一般含水在15%左右，有时高达20%。

2. 真空过滤的流程

真空转鼓过滤的工艺流程如图 4-5 所示。

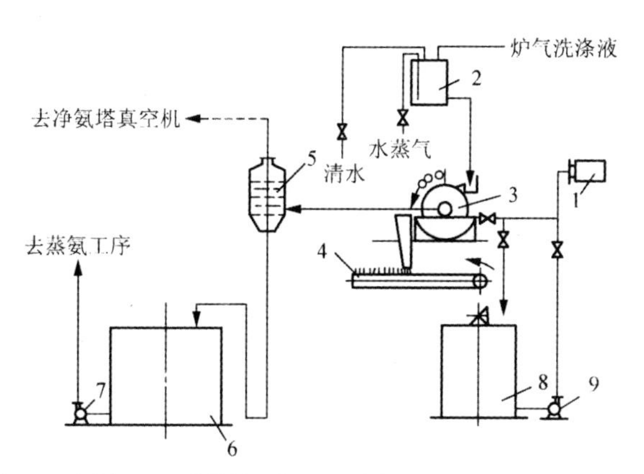

1— 出碱槽；2— 洗水槽；3— 过滤机；4— 皮带输送机；5— 分离器；6— 储存槽；7— 泵；8— 碱液桶；9— 碱液泵

图 4-5　真空转鼓过滤的工艺流程简图

碳化塔底部流出的晶浆碱液经出碱槽流入过滤机的碱槽内，在真空系统作用下，母液通过滤布的毛细孔被抽入转鼓，而重碱结晶则被截在滤布上。转鼓内滤液与同时被吸入的空气一起进入分离器，滤液由分离器底部流出，进入滤液储存槽，经泵送至氨回收工序；气体由分离器上部出来，进入过滤净氨塔下部，被逆流加入的清水洗涤并回收 NH_3。洗水从塔底流出并收集，供煅烧尾气洗涤时用，气体由塔顶出来后排空。滤布上的重碱经吸干、洗涤、挤干、刮下后送煅烧工序。

3. 重碱煅烧的基本原理

重碱是一种不稳定的化合物，在常温常压下即能自行分解，随着温度的升高而分解速率加快。化学反应式为

$$2NaHCO_3 \overset{\Delta}{=} Na_2CO_3 + CO_2\uparrow + H_2O\uparrow$$

其平衡常数为

$$K_p = p(CO_2)p(H_2O)$$

式中，$p(CO_2)$、$p(H_2O)$ 分别为 CO_2 和水蒸气的平衡分压，二者之和为分解压力。纯净的 NaHCO3 煅烧分解时，$p(CO_2)$ 和 $p(H_2O)$ 相等。

若温度升高，则 K_p 值随之增大，$p(CO_2)$ 和 $p(H_2O)$ 也增大。表 4-1 列出了不同温度下的分解压力。

表 4-1　某些温度下重碱的分解压力

温度 /℃	30	50	70	90	100	110	120
分解压力 /Pa	826.6	3999.6	16051.7	55234.5	97470.3	166996.6	263440.3

由表可见，分解压力的值随温度升高而急剧上升，并且当温度在 100℃ ～ 101℃ 时，分解压力已达到 101.325kPa，即可使 $NaHCO_3$ 完全分解，但此时的分解速率仍较慢。生产实践中为了提高分解速率，一般采用提高温度的办法来实现。当温度达到 190℃ 时，煅烧炉内的 $NaHCO_3$ 在半小时内即可分解完全，因此生产中一般控制煅烧温度为 160℃ ～ 190℃。

煅烧过程除了上述主反应外，部分杂质也会发生如下反应：

$$(NH_4)_2CO_3 \xlongequal{\Delta} 2NH_3\uparrow + CO_2 + H_2O\uparrow$$

$$NH_4HCO_3 \xlongequal{\Delta} NH_3\uparrow + CO_2\uparrow + H_2O\uparrow$$

重碱中如果夹带有 NH_4Cl 时，会发生复分解反应：

$$NH_4Cl(aq) + NaHCO_3(s) = NaCl(s) + NH_3\uparrow + CO_2\uparrow + H_2O\uparrow$$

因此，在煅烧炉炉气中除了有 CO_2 和水蒸气外，也有少量的 NH_3。

以上各种副反应不仅消耗了热能，而且使系统氨循环量增大，氨耗增加，同时在纯碱中夹带氯化钠而影响产品质量。因此重碱的碳化、结晶、过滤、洗涤是保证最终产品质量首先应把握的源头和环节。

重碱经煅烧以后所得的纯碱质量与原重碱质量的比值称为烧成率，这是衡量重碱煅烧成为纯碱效率的数据。实际生产中，重碱的烧成率约为 50% ～ 60%。

4. 重碱煅烧的工艺流程

目前工业上一般采用内热式蒸汽煅烧炉，其工艺流程和设备如图 4-6 所示。

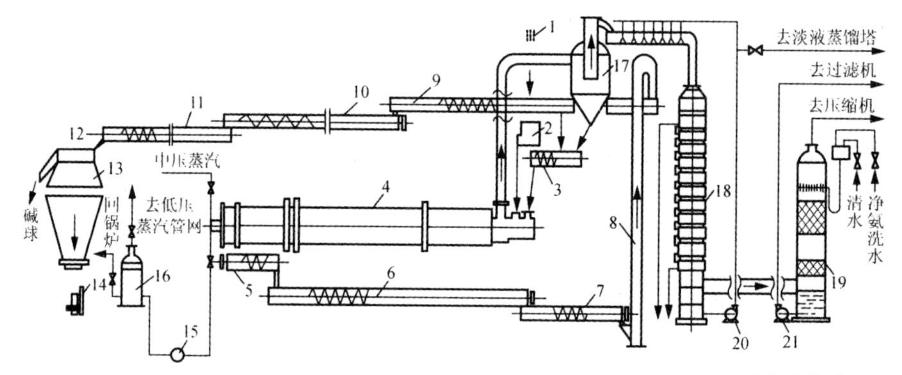

1— 重碱带运输机；2— 圆盘加料器；3— 返碱螺旋输送机；4— 蒸汽煅烧炉；5— 出碱螺旋输送机；6— 地下螺旋输送机；7— 喂碱螺旋输送机；8— 斗式提升机；9— 分配螺旋输送机；10— 成晶螺旋输送机；11— 筛上螺旋输送机；12— 回转圆筒筛；13— 碱仓；14— 磅秤；15— 疏水器；16— 扩容器；17— 炉气分离器；18— 炉气冷凝塔；19— 炉气洗涤塔；20— 冷凝泵；21— 洗水泵

图 4-6　重碱煅烧工艺流程

重碱由带输送机运来，经重碱溜口进入圆盘加料器控制加碱量，再经返碱螺旋输送机与返碱混合，并与炉气分离器来的粉尘混合后进蒸汽煅烧炉，经中压水蒸气间接加热分解约 20 min，即由出碱螺旋机自炉内卸出，经地下螺旋输送机、喂碱螺旋输送机、斗式提升机、分配螺旋输送机后，一部分作返碱送至入口，一部分作为成品经成品螺旋输送机、筛上螺旋输送机后送回转圆筒筛筛分入仓。

煅烧炉分解出的 CO_2、H_2O 和少量的 NH_3，一并从炉尾排出。炉气经炉气分离器将其中大部分碱尘回收返回炉内，少量碱尘随炉气进入总管，以循环冷凝液喷淋，洗涤后的循环冷凝液与炉气一起进入炉气冷凝塔塔顶，炉气在塔内被由上而下的冷却水间接错流冷却。

炉气中的水蒸气大部分冷凝成水。这部分冷凝水自塔底用泵抽出，一部分用泵送往炉气总管喷淋洗涤炉气，另一部分送往淡液蒸馏塔，冷却后的炉气由冷凝塔下部引出，进入洗涤塔的下部，与塔上喷淋的清水及自过滤净氨塔工序来的净氨洗水逆流接触，洗涤炉气中残余的碱尘和氨，并进一步降低炉气温度。经除尘冷却洗涤，炉气 CO_2 浓度可达90%以上。洗涤后的炉气自炉气洗涤塔顶部引出送入二氧化碳压缩机，经压缩后供碳化使用。洗涤液用洗水泵送到过滤机作为洗水。

4.2.6　氨回收

氨碱法生产纯碱的过程中，氨是循环使用的。每生产1t纯碱约需循环0.4～0.5t氨，但由于逸散、滴漏等原因，还需往系统币补充1.5～3.0kg的氨，且氨的价格较纯碱高几倍。因此，在纯碱生产和氨回收循环使用过程中，如何减少氨的逸散、滴漏和其他机械损失，是氨碱法的一个极为重要的问题。常见的氨回收方法是将各种含氨的溶液集中进行加热蒸馏回收，或用氢氧化钙对溶液进行中和后再蒸馏回收。

含氨溶液主要是指过滤母液和淡液。过滤母液中含有游离氨和结合氨，同时有少量的 CO_2 或 HCO_3 一之类。为了减少石灰乳的损失，避免生成 $CaCO_3$ 沉淀，氨回收在工艺上采用两步进行：

(1) 将溶液中的游离氨和二氧化碳用加热的方法逐出液相。

(2) 再加石灰乳与结合氨作用，使结合氨分解成游离氨而蒸出。淡液是指炉气洗涤液、冷凝液及其他含氨杂水，其中所含的游离氨回收较为简单，可以与过滤母液一起或分开进行蒸馏回收。分开回收时可节约能耗，减轻蒸氨塔的负荷，但需单设一台淡液回收设备。

1. 氨回收的基本化学原理

由于母液中的组成较复杂，其蒸氨回收过程中的化学反应也很复杂。

首先在加热段加热时发生下列反应：

$$NH_4OH = NH_3 + H_2O$$

$$NH_4HCO_3 = NH_3 + CO_2 + H_2O$$

$$(NH_4)_2CO_3 = 2NH_3 + CO_2 + H_2O$$

$$NH_4HS = NH_3 + H_2S$$

$$(NH_4)_2S = 2NH_3 + H_2S$$

母液中的 $NaHCO_3$ 发生如下反应：

$$NaHCO_3 + NH_4Cl = NaCl + NH_3 + CO_2 + H_2O$$

溶解于洗液中的 Na_2CO_3 发生如下反应：

$$Na_2CO_3 + 2NH_4Cl = 2NaCl + 2NH_3 + CO_2 + H_2O$$

补充氨中带入 Na_2S 时发生如下反应：

$$Na_2S + 2NH_4Cl = 2NaCl + 2NH_3 + H_2S$$

在预灰桶和石灰蒸馏塔内发生的主反应的反应式为

$$Ca(OH)_2 + 2NH_4Cl = CaCl_2 + 2NH_3 + 2H_2O$$

其他次反应的反应式为

$$(NH_4)_2SO_4 + Ca(OH)_2 = CaSO_4 + 2NH_3 + 2H_2O$$

$$Ca(OH)_2 + CO_2 = CaCO_3 + H_2O$$

$$Ca(OH)_2 + H_2S = CaS + 2H_2O$$

2. 蒸氨的工艺流程与设备

蒸氨过程的工艺流程如图4-7所示，主要设备是蒸氨塔，如图4-8所示。

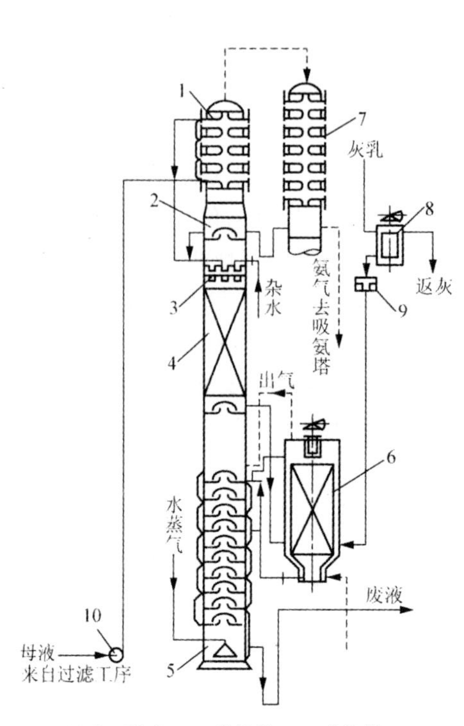

1— 母液预热段；2— 蒸馏段；3— 分液槽；
4— 加热段；5— 石灰乳蒸馏段；6— 预灰桶；
7— 冷凝器；8— 加石灰乳罐；9— 石灰乳流堰；10— 母液泵

图 4-7　蒸氨过程的工艺流程

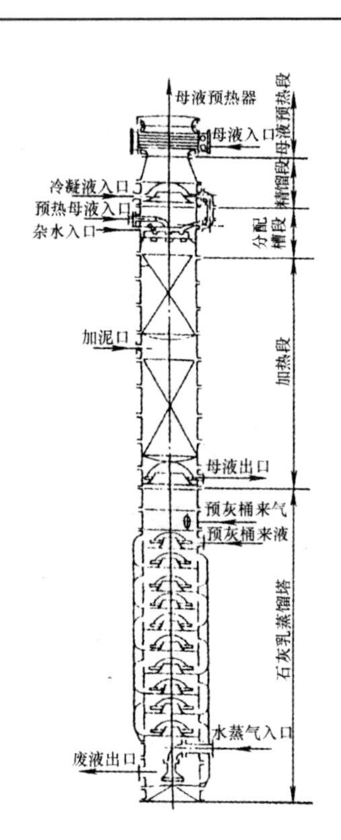

图 4-8　蒸氨塔

从过滤工序来的 25℃ ～ 32℃ 的母液经泵打入蒸氨塔顶母液预热段的水箱内，被管外上升水蒸气加热，温度升至约 70℃ 左右，从预热段最上层流入塔中部加热段。

加热段采用填料或设置托液槽，以扩大气液接触面，强化热量、质量传递。石灰乳蒸馏段主要用来蒸出由石灰乳分解结合氨而得的游离氨。母液经分液槽加入，与下部上来的热气直接接触，蒸出液体中的游离氨和二氧化碳，剩下含结合氨和盐的母液。

含结合氨的母液送入预灰桶，在搅拌作用下与石灰乳均匀混合，将结合氨转变成游离氨，再进入蒸氨塔下部石灰乳蒸馏段的上部单菌帽泡罩板上，液体与底部上升蒸气直接逆流接触，蒸出游离氨。至此，99% 以上的氨被蒸出，含微量氨的废液由塔底排出。

蒸氨塔各段蒸出的氨气自下而上升至预热段，预热母液后温度降至 65℃ ～ 67℃，再进入冷凝器冷凝掉大部分水蒸气，随后送往吸氨工序。

3. 蒸氨的工艺条件

(1) 温度

蒸氨只需要热量即可，所以采用何种形式的热源并不重要，因此为节省加热设备，工业上采用直接水蒸气加热。加水蒸气量要适当：若水蒸气用量不足，将导致液体抵达塔底时尚不能将氨逐尽而造成损失；若水蒸气量过多虽能使氨蒸出完全，但会使气相中水蒸气分压增加，温度升高。蒸氨尾气中水蒸气量增加，带入吸氨工序会稀释氨盐水。温度越高，母液中氯化铵的腐蚀性越强。一般塔底温度维持在 110℃ ～ 117℃，塔顶在 80℃ ～ 85℃，并在气体出塔前进行一次冷凝，使温度降至 55℃ ～ 60℃。

（2）压力

蒸氨过程中，在塔的上、下部压力不同。塔下部压力与所用水蒸气压力相同或接近，塔顶的压力为负压，有利于氨的蒸发和避免氨的逸散损失。同时也应保持系统密封，以防空气漏入而降低气体浓度。

（3）石灰乳浓度

石灰乳中活性氧化钙浓度的大小对蒸氨过程有影响。石灰乳浓度低，稀释了母液使水蒸气消耗增大，石灰乳浓度高又使石灰乳耗量增加。

4.2.7　氨碱法生产纯碱的特点及总流程

氨碱法生产纯碱的总流程如图 4-9 所示。

氨碱法生产纯碱的技术成熟，设备基本定型，原料易得，价格低廉，过程中的 NH_3 循环使用，损失较少。能大规模连续化生产，机械化自动化程度高，产品的质量好，纯度高。

氨碱法生产纯碱的突出缺点是：原料利用率低，主要是指 NaCl 的利用率低，废渣排放量大，严重污染环境，厂址选择有很大的局限性，石灰制备和氨回收系统设备庞大，能耗较高，流程较长。

针对上述不足和合成氨厂副产 CO_2 的特点，提出了氨、碱两大生产系统组成同一条连续的生产线，用 NaCl、NH_3 和 CO_2 同时生产出纯碱和氯化铵两种产品的工艺 —— 联碱法。

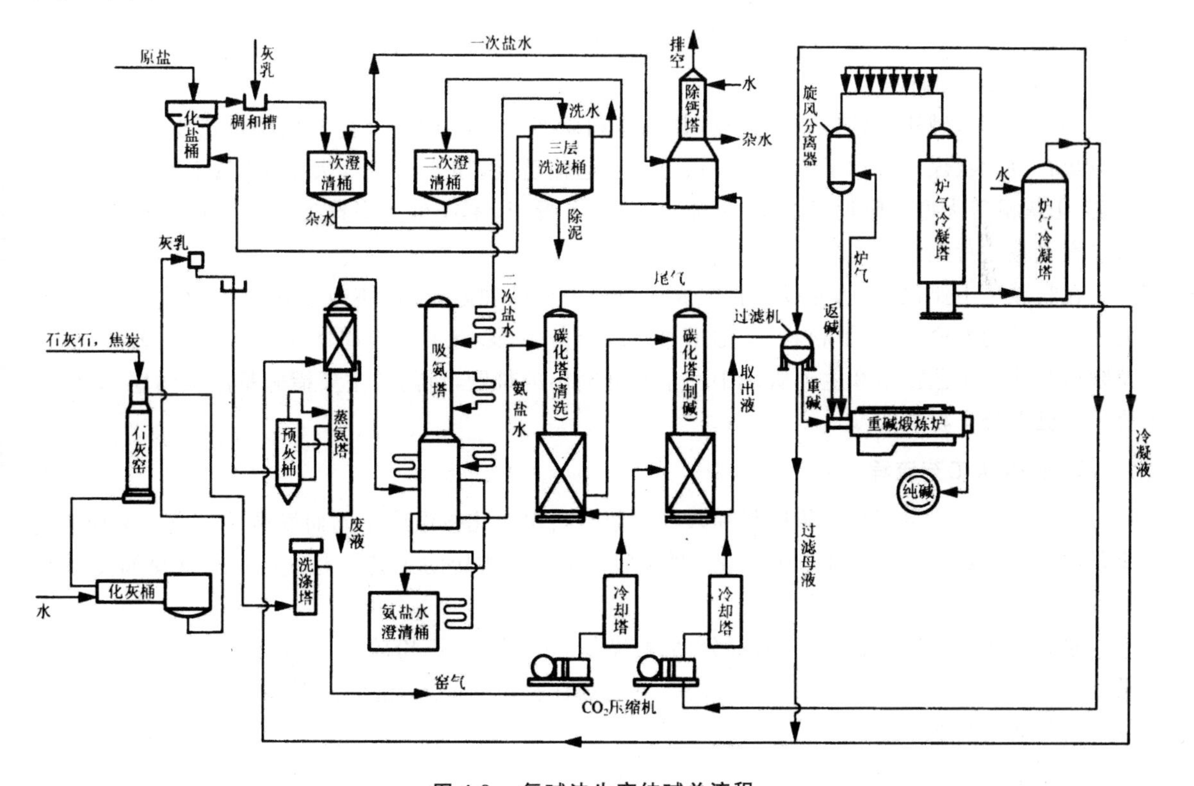

图 4-9　氨碱法生产纯碱总流程

4.3 联合制碱法生产纯碱和氯化铵

4.3.1 联合制碱法生产纯碱和氯化铵概述

1. 联碱法简介

(1) 联碱法的由来

氨碱法是目前工业生产纯碱的主要方法之一,但该法原料利用率低,环境污染严重,厂址受到限制,这也是氨碱法生产的致命弱点。

长期以来,国内外科学工作者不遗余力地寻求合理综合利用的解决办法,提出了一种比较理想的工艺路线是氨、碱联合生产。以食盐、氨及合成氨工业副产的二氧化碳为原料,同时生产纯碱及氯化铵,即联合法生产纯碱与氯化铵,简称联合制碱或称为联碱。

我国著名化学家侯德榜在1938年即对联碱技术展开了研究,1942年提出了比较完整的工业方法。1961年在大连建成我国第一座联碱车间,后来经过完善和发展,现在已经成为制碱工业的主要技术支柱和方法。

产品 NH_4Cl 是一种良好的农用氮肥,特别适用生产复合肥料。NH_4Cl 也用于电镀、电池、染料、印刷、医药等部门,其常温下为白色晶体,理论含 N 量为 26.2%,比重为 1.532,溶解热为 16.72kJ/mol,在密闭条件下加热至 400℃ 熔化,在空气中加至 100℃ 时开始升华,337.8℃ 时分解为 NH_3 和 HCl。NH_4Cl 易吸潮结块,给储存和运输带来一定困难。

(2) 联碱法的特点

联碱法与氨碱法比较有较多优点,其原料利用率高,其中 NaCl 的利用率可达 90% 以上,不需石灰石、焦炭(煤),节约了燃料、原料、能源和运输费用,使产品成本大幅下降;不需蒸氨塔、石灰窑、化灰机等大型笨重设备,缩短了流程,节省了投资;不产生大量废渣废液排放,建厂厂址要求没有氨碱法苛刻。

在联碱法工业化后,研究设备腐蚀成为一个重要的课题,腐蚀不仅影响产品的质量,同时也缩短了设备的寿命,消耗了材料,增加了设备维修费用,影响了生产周期和经济效益。因此,设备及管道腐蚀是工艺技术和生产管理中一个十分突出的难题,目前的主要措施是涂料防腐,其中主要为有机高分子材料。

2. 联碱法工艺流程

世界上联碱法生产技术依原料加入的次数及析出氯化铵温度不同而发展并形成了多种工艺流程,我国联碱法主要采用一次碳化,两次吸收,一次加盐的工艺方法,其生产流程如图 4-10 所示。

原盐经洗盐机洗涤后,除去大部分钙、镁杂质,再经粉碎机粉碎后,入立洗桶分析稠厚,滤盐机分离,制成符合规定纯度和粒度的洗盐,然后送往盐析结晶器。洗涤液循环使用,液相中杂质含量升高时则回收处理。

当原始开车时,在盐析结晶器中制备饱和盐水,经吸氨器吸氨制成氨盐水,此氨盐水(正常生产时为氨母液 Ⅱ)在碳化塔内与合成氨系统所提供的 CO_2 气体进行反应,所得重碱经过滤机分离后,送煅烧炉加热分解成纯碱。煅烧分解的炉气经冷却与洗涤,回收其中的氨和碱粉,并使大部分水蒸气冷凝分离，使炉气自然降温。此时 CO_2 含量约为 90% 的炉气用压缩机送回碳化塔制碱。此工艺过程与氨碱法基本相同。

过滤重碱后的母液称为母液 Ⅰ。母液 Ⅰ 被 $NaHCO_3$ 所饱和，NH_4HCO_3 和 NH_4Cl 接近饱和，此时如果加入盐并冷却，可能会有 NH_4Cl、NH_4HCO_3 和 $NaHCO_3$ 同时析出，影响产品质量。为了使 NH_4Cl 单独析出，生产中将母液Ⅰ首先吸 NH3，制成氨母液 Ⅰ，使溶解度小的 HCO_3^- 变成溶解度大的 CO_3^{2-}，然后送往冷析降沉结晶器，使部分 NH_4Cl 冷析结晶。冷析后的母液称为“半母液 Ⅱ”，由冷析结晶器溢流入盐析结晶器；加入洗盐，由于同离子效应，在此析出了部分 NH_4Cl，并补充了一下过程所需的 Na^+。

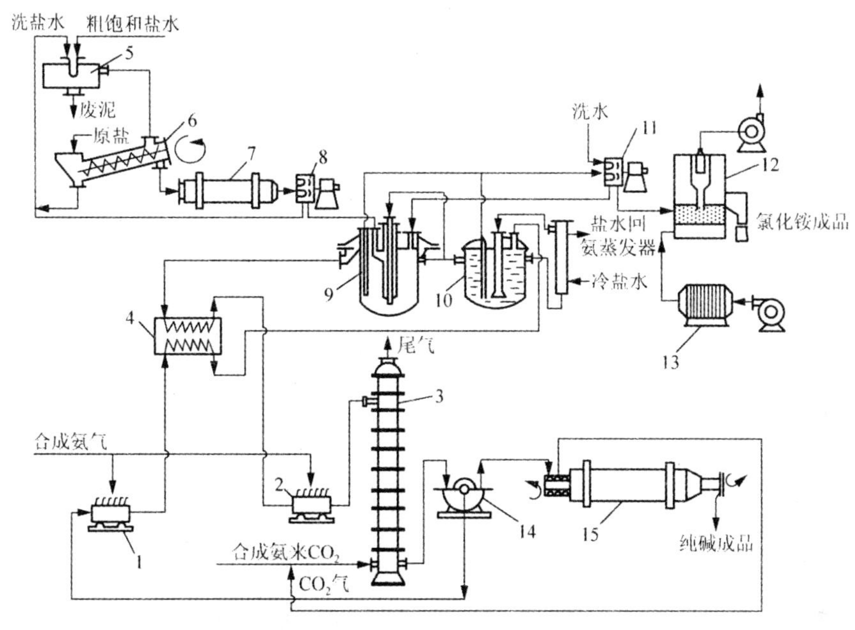

1，2— 吸氨器(塔)；3— 碳化塔；4— 热交换器；5— 澄清桶；6— 洗盐机；7— 球磨机；8，11— 离心机；9— 盐析结晶器；10— 冷析结晶器；12— 沸腾干燥炉；13— 空气预热器；14— 过滤机；15— 重碱煅烧炉

图 4-10　联合制碱生产流程图

由冷析结晶和盐析结晶器下部取出的 NH_4Cl 悬浮液，经稠厚器、滤铵机，再干燥制得成品 NH_4Cl。滤液送回盐析结晶器，盐析结晶器的清液(母液 Ⅱ)送入母液换热器与氨母液 Ⅰ 进行换热，经吸氨器吸 NH_3 后制成氨母液 Ⅱ，再经沉淀桶去泥后，送碳化塔制碱。

4.3.2　联合生产纯碱和氯化铵的工艺条件

1. 压力

制碱过程可在常压下进行，但氨盐水的碳化过程在加压条件下可以达到强化吸收的效果。因此，碳化制碱的压力可以从常压到加压，氨厂在流程上具体采用何种压力进行碳化，由合成氨系统的压缩机类型及流程设备而定，制铵和其他工序均可在常压下进行。

2. 温度

碳酸化反应是放热反应，降低温度，平衡向生成 NH_4Cl 和 $NaHCO_3$ 方向移动，可提高产率。但温度降低，反应速率减慢，影响生产能力，实际操作中，联碱法碳化温度略高于氨碱法。由于联

合制碱的氨母液 Ⅱ 中有一部分 NH_4Cl 和 NH_4HCO_3，为了防止碳化过程结晶析出，故选取较高的出塔温度，但此温度又不宜过高，否则制铵结晶较困难或能耗提高，并且温度过高时，$NaHCO_3$ 的溶解度增大，产量下降。工业生产上一般控制碳化塔出塔温度为 32 ～ 38℃。

在制氨母液 Ⅱ 的过程中，随着 NH_4Cl 结晶温度的降低，冷冻费用亦相应增加，且母液 Ⅱ 的黏度也提高，致使 NH_4Cl 分离困难。因此，在工业生产中一般控制 NH_4Cl 的冷析结晶温度应不低于 10℃，盐析结晶温度为 15℃ 左右，且制碱与制铵两过程的温差以 20 ～ 25℃ 为宜。

3. 母液浓度

联合制碱循环母液有 3 个非常重要的控制指标，又称三比值，它们分别是 α、β、γ 值。

(1)α 值是指氨母液 Ⅰ 中的游离氨 $f-NH_3$ 与二氧化碳浓度之比。其定义为

$$\alpha = \frac{c(f-NH_3)}{c(CO_2)}$$

式中的 $f-NH_3$ 和二氧化碳浓度以物质的量浓度表示。在联碱生产中 CO_2 浓度是以 HCO_3^- 的形态折算的。母液 Ⅰ 吸氨是为了减少液相中的 HCO_3^-，使之不至于在低温下形成太多的 $NaHCO_3$ 结晶而与 NH_4Cl 共析。因此，应维持母液中 $f-NH_3$ 与 CO_2 在一定的比例关系。α 值过低，重碳酸盐与氯化铵共同析出；若 α 值过高，氨的分压增大，损失增大，同时恶化操作环境。

一般情况下，只要操作条件稳定，母液 Ⅰ 中的 CO_2 浓度可视为定值，而 α 值则就只与 NH_4Cl 结晶温度有关，如表 4-2 所示。

表 4-2　结晶温度与 α 值的关系

结晶温度 /℃	20	10	0	—10
α 值	2.35	2.22	2.09	2.02

由表 6-2 可知，结晶温度越低，要求维持的 α 值越小，即在一定的 CO_2 浓度条件下，要求的吸氨量越少。在实际生产中结晶析出温度在 10℃ 左右，因此 α 值一般控制在 2.1 ～ 2.4 之间。

(2)β 值是指氨母液 Ⅱ 中游离氨 $f-NH_3$ 与氯化钠的浓度之比，即相当于氨碱法中的氨盐比，其定义为

$$\beta = \frac{c(f-NH_3)}{c(NaCl)}$$

在制碱过程中的反应是可逆反应，提高反应物浓度有利于化学反应向生成物的方向进行。因此，在碳化开始之前，溶液 NaCl 应尽量达到饱和，碳化时 CO_2 气体的浓度应尽可能提高。在此基础上，溶液中游离氨的浓度适度提高，以保证较高的钠的利用率。实际生产中，β 值不宜过高，因游离氨 $f-NH_3$ 过高，碳化过程中会有大量的 NH_4HCO_3 随 $NaHCO_3$ 结晶析出，部分游离氨被尾气和重碱带走，造成氨的损失。因此要求氨母液 Ⅱ 中 β 值控制在 1.04 ～ 1.12 之间。

(3)γ 值是指母液 Ⅱ 中 Na^+ 浓度与结合氨浓度 $c-NH_3$ 的比值。其定义为

$$\gamma = \frac{c(Na^+)}{c(c-NH_3)}$$

γ 值的大小标志着加入原料氯化钠的多少。加入的氯化钠越多，根据同离子效应，母液 Ⅱ 中结合氨浓度越低，γ 值越大，单位体积溶液的 NH_4Cl 产率越大。但 NaCl 在溶液中的量是与溶液的温度相关的，即与该温度条件下 NaCl 溶解度相关。

生产中为了提高 NH_4Cl 产率，避免过量 NaCl 与产品共结晶，一般盐析结晶器的温度为 10 ～

15℃ 时，γ 值控制在 1.5 ～ 1.8 左右。

4.3.3　氯化铵的结晶与生产流程

氯化铵结晶是联碱法生产过程的一个重要步骤，它不仅是生产氯化铵的过程，同时也密切影响制碱的过程与质量。氯化铵的结晶是通过冷冻和加入氯化钠产生同离子效应而发生盐析作用来实现的，同时获得合乎要求的母液 Ⅱ。

1. 氯化铵结晶原理

(1) 过饱和度

在碳化塔中，溶液连续不断地吸收 CO_2 而生成 $NaHCO_3$，当其浓度超过了该温度下的溶解度，并且形成过饱和时才有结晶析出。氯化铵的析出并不是由于逐步增加浓度而使其超过溶解度，而是溶液在一定浓度条件下，降低温度所形成的对应温度下的过饱和后而析出的结晶。对一个过饱和溶液，如果使之缓慢冷却，则仍可保持较长一段时间不析出结晶。

过饱和度可通过图解和计算两种方法求得，在这里只介绍图解法。

氯化铵在氨母液 Ⅱ 中的过饱和曲线如图 4-11 所示。图中 SS 为溶解度曲线，$S'S'$ 为过饱和曲线。如在温度 t_1 时，所对应的饱和溶液浓度为 C_1，过饱和溶液浓度为 C_1'，其过饱和的浓度为 $C_1'-C_1$。

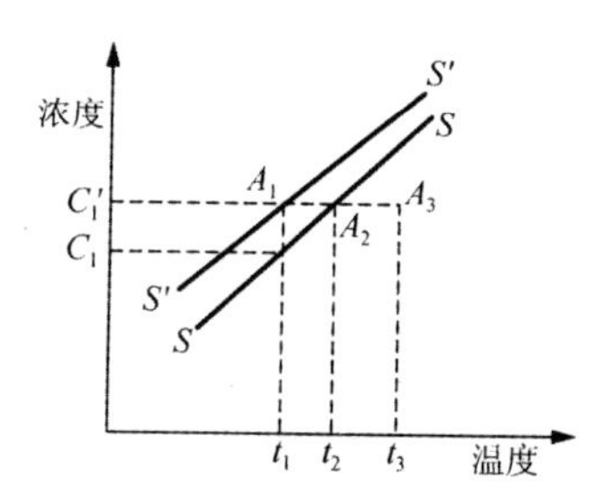

图 4-11　图解法求过饱和度

因为温度可直接从温度计读出，生产中过饱和度常以温度来表示。用温度表示的方法是：在温度 t_3 时，有一溶液浓度为 C_1'（图中 A_3 点），由于 A_3 点不饱和，当开始冷却时，仅温度下降，而无结晶析出，故无浓度变化，过程沿水平方向由 $A_3 \rightarrow A_2 \rightarrow A_1$；$A_2$ 与 A_1 分别交于 SS 和 $S'S'$ 线，相对应的温度为 t_2 和 t_1，t_2 和 t_1 是溶液 A_3 的饱和温度和过饱和温度，用温度表示的过饱和度则为 (t_2-t_1)。

用温度表示和用浓度表示的过饱和度，在数值上显然是不相等的。实际应用中，常用浓度过饱和度与温度过饱和度之比，表示在 t_2 到 t_1 这一温度范围内每降低 1℃ 所能析出的氯化铵的量。

(2) 影响氯化铵结晶粒径的因素

从溶液到析晶，可分为过饱和的形成、晶核生成和晶粒成长 3 个阶段，为了得到较大的均匀晶体，必须避免大量析出晶核，同时促进一定数量的晶核不断成长。

过饱和溶液虽是不稳定的，但在一定过饱和度内，不经摇动、无灰尘落入或无晶种投入，则很难引发结晶生成和析出，当以上三者中任一情况发生就引起结晶生成的溶液状态，称为介稳状态。如图 4-11 所示，SS 和 $S'S'$ 线之间的区域为介稳区，此区域内，较少引发新晶核，原有晶核却可长大；SS 线以下为不饱和区，晶体投入其中便被溶解；$S'S'$ 线以上为不稳定区，晶核可在此区域内瞬间形成。因此，应尽量将过饱和度控制在介稳区内，以获得大颗粒的晶粒。

影响晶核成长速率和大小的因素有：

① 溶液的成分。不同母液组成具有不同的过饱和极限，溶液成分是影响结晶粒度的主要因素。氨母液Ⅰ的介稳区较宽，而母液Ⅱ的介稳区较窄。介稳区较窄，使操作易超出介稳区范围，造成晶核数量增多，粒度减小。

② 搅拌强度。适当增加搅拌强度，可以降低溶液的过饱和度，并使其不超过饱和极限，从而减少骤然大量析晶的可能。但过分激烈搅拌将使介稳区缩小而易出现结晶，同时颗粒间的互相摩擦、撞击会使结晶粉碎，因此搅拌强度要适当。

③ 冷却速率。冷却越快，过饱和度必然有很快的增大的趋势，容易超出介稳区极限而析出大量晶核，从而不能得到大晶体。

④ 晶浆固液比。母液过饱和度的消失需要一定的结晶表面积。晶浆固液比高，结晶表面积大，过饱和度消失将较完全。这样不仅可使已有结晶长大，且可防止过饱和度积累，减少细晶出现，故应保持适当的晶浆固液比。

⑤ 结晶停留时间。停留时间为结晶器内结晶盘存量与单位时间产量之比。在结晶器内，结晶停留时间长，有利于结晶粒子的长大。当结晶器内的晶浆固液比一定时，结晶盘存量也一定，因此当单位时间的产量小时，则停留时间就长，从而可获得大颗粒晶体。

2. 氯化铵结晶分离流程

氯化铵结晶的工艺流程，按所选方法、制冷手段的不同而不同。

(1) 并料流程

在母液Ⅱ中析出氯化铵分为两步，先冷析后盐析，然后分别取出晶浆，再稠厚分离出氯化铵，此即“并料流程”。并料工艺流程如图 4-12 所示。

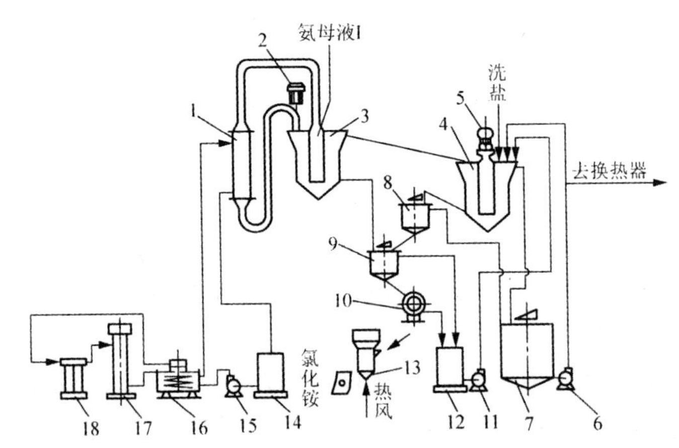

1—外冷器；2—冷析轴流泵；3—冷析结晶器；4—盐析结晶器；5—盐析轴流泵；6—母液Ⅰ泵；7—母液Ⅰ桶；8—盐析稠厚器；9—混合稠厚器；10—滤铵机；11—滤液泵；12—滤液桶；13—干铵炉；14—盐水桶；15—盐水泵；16—氨蒸发器；17—氨冷凝器；18—氨压缩机

图 4-12 并料工艺流程图

从制碱来的母液Ⅰ吸氨后成为氨母液Ⅰ，在换热器中与母液Ⅱ进行换热以降低温度，经流量计后，与外冷器的循环母液一起进入冷析结晶器的中央循环管，到结晶器底部再折回上升。冷析结晶器的母液由冷析轴流泵送至外冷器，换热降温后经冷析器中央循环管回到冷析结晶器底部。如此循环冷却，以保持结晶器内一定的温度。结晶器内，降温形成的氯化铵过饱和会逐渐消失，并促使结晶的生成和长大。

由于大量液体循环流动，所以晶体呈悬浮状，上部清液为半母液 Ⅱ，溢流进入盐析结晶器的中央循环管。由洗盐工序送来的精洗盐也加入盐析结晶器中央循环管，与母液 Ⅱ 一起由结晶器下部均匀分布上升，逐渐溶解，借同离子效应析出 NH_4Cl 结晶。盐析轴流泵不断地将盐析结晶器内母液抽出，再压入中央循环管，使盐析晶浆与冷析结晶器中物料一样，呈悬浮结晶状。

盐析结晶器上部清液流入母液 Ⅱ 桶，用泵送至换热器与氨母液 Ⅰ 换热，再去吸氨制成氨母液 Ⅱ 后，用以制碱。

两结晶器的晶浆，都是利用系统内自身静压取出。盐析晶浆先入盐析稠厚器，稠厚器内高浓度晶浆由下部自压流入混合稠厚器，与冷析晶浆混合。盐析晶浆中含盐较高，在混合稠厚器中，用纯度较高并有溶解能力的冷析晶浆来洗涤它，并一起稠厚，如此可提高产品质量。稠厚晶浆用滤铵机分离，固体 NH_4Cl 用皮带输送去干铵炉进行干燥。滤液与混合稠厚器溢流液一起流入滤液桶，用泵送回盐析结晶器。

从氨蒸发器来的低温盐水，入外冷器管间上端，借助于盐析轴流泵在管间循环。经热交换后的盐水由外冷器管间下端流回盐水桶，并用泵送回氨蒸发器，在氨蒸发器中，利用液氨蒸发吸热使盐水降温。气化后的氨气进氨压缩机，经压缩后进氨冷凝器，以冷却水间接冷却降温，使氨气液化，再回氨蒸发器，供盐水降温之用。工业上，将如此不断的循环称为冰机系统。

(2) 逆料流程

逆料流程，是将盐析结晶器的结晶借助于晶浆泵或压缩空气气升设备送回冷析结晶器的晶床中，而产品全部从冷析结晶器中取出，其流程简图如图 4-13 所示。

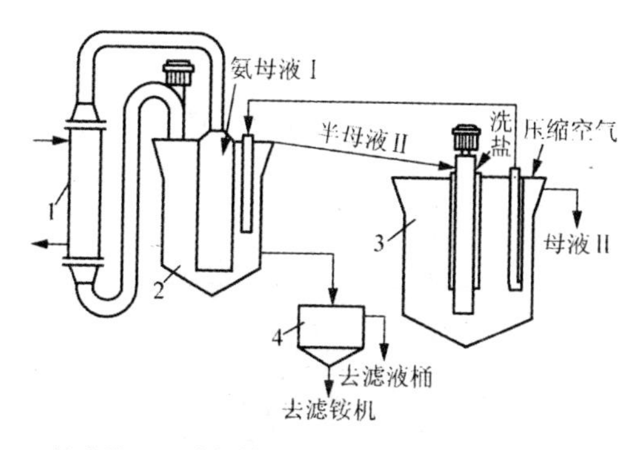

1— 外冷器；2— 冷析结晶器；3— 盐析结晶器；4— 稠厚器

图 4-13　逆料流程简图

半母液 Ⅱ 由冷析结晶器溢流到盐析结晶器中，经加盐再析结晶，因此结晶须经过两个结晶器，停留时间较长，故加盐量可以接近饱和。盐析结晶器中的晶浆返回到冷析结晶器中，冷析器中的晶浆导入稠厚器，经稠厚后去滤铵机分离得 NH_4Cl 产品。在盐析结晶器上部溢流出来的母液 Ⅱ，送去与氨母液 Ⅰ 换热。

近年来，我国已对此晶液逆向流动的流程，取得良好的试验和使用效果。它具有以下突出特点：

① 由于盐析结晶器中的结晶送至冷析结晶悬浮层内，使固体洗盐在 Na^+ 浓度较低的半母液 Ⅱ 中可以充分溶解。与并料流程相比，总的产品纯度可以提高。但在并料流程中，在冷析结晶器

可得到颗粒较大、质量较高的“精铵”，而逆料流程则不能制取精铵。

② 逆料流程对原盐的粒度要求不高，不像并料流程那样严格，但仍能得到合格产品。可使盐析结晶器在接近 NaCl 饱和浓度的条件下进行操作，提高了设备的利用率，相对盐析结晶器而言，控制也较容易掌握。

③ 由于盐析结晶器允许在接近 NaCl 饱和浓度的条件下操作，因此，可提高 γ 值，使母液 Ⅱ 的结合氨降低，从而提高了产率，母液的当量体积可以减少。

3. 制铵过程的主要设备 —— 结晶器

结晶器是氯化铵结晶的主体设备，母液过饱和度的消失，晶核的生成及长大都在结晶器中进行。当前使用的结晶器属于奥斯陆（OSLO）外冷式，如图 4-14、图 4-15 所示。

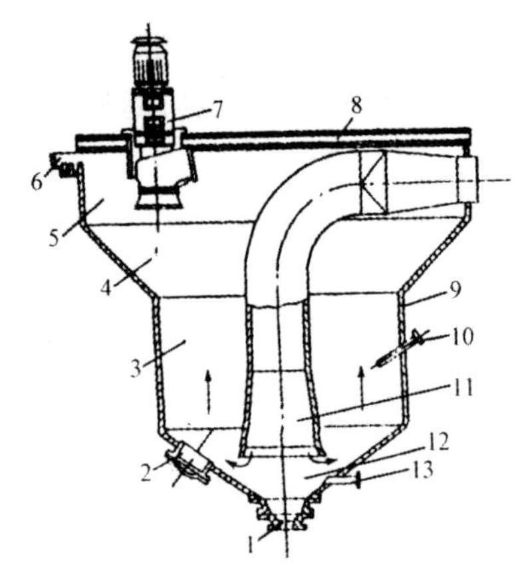

1— 排渣口；2— 人孔；3— 悬浮段；4— 连接段；5— 清液段；6— 溢流槽；7— 轴流泵；8— 结晶器顶盖；9— 结晶器筒体；10— 取出口；11— 中心循环管；12— 锥底；13— 放出口

图 4-14　冷析结晶器

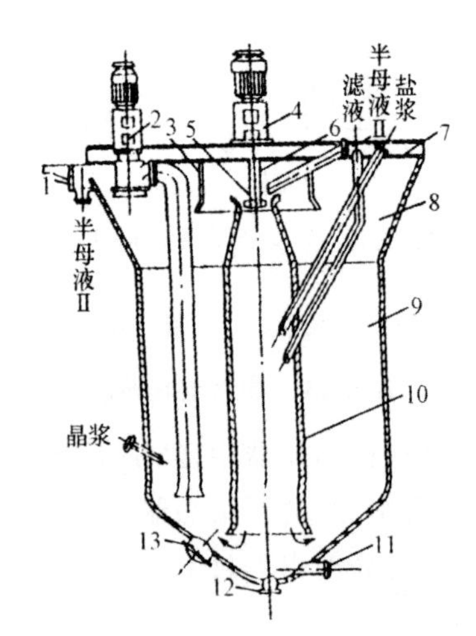

1— 溢流槽；2— 备用轴流泵；3— 套筒；4— 轴流泵；5— 轴流泵叶轮；6— 轴流泵轴；7— 结晶器盖；8— 清液段；9— 悬浮段；10— 中心循环管；11— 放出口；12— 排渣口；13— 入孔

图 4-15　盐析结晶器

结晶器在设计和制造时必须满足以下要求：

(1) 应有足够的容积和高度。为了稳定结晶质量，一般要求在器内结晶停留时间大于8h。盐析结晶器负荷比冷析结晶器大，所以它的容积应较冷析结晶器大，结晶器的悬浮段是产生结晶的关键段，一般应高3m左右。

(2) 要有分级作用。当含氯化铵的过饱和溶液通过晶浆浆层，在中心管外的环形截面上升时，产生对晶粒的上升力，在一定流速与晶浆固液比条件下，悬浮出一定大小的晶粒。结晶器的分级作用是通过不同表观流速来实现的。所以要求结晶器清液段直径要大，以降低其表观流速(0.015～0.02m/s)；对于悬浮层，为了悬浮一定粒度的结晶，要求有较大的表观流速(0.025～0.05m/s)，直径应较清液段小。因此结晶器上部直径大，中部直径小。上述表观流速，下限适用于盐析，上限适用于冷析。

4.4　电解法生产烧碱

4.4.1　氯碱生产概述

1. 烧碱的生产方法及发展概况

烧碱生产有苛化法与电解法两种。苛化法是纯碱与石灰乳通过苛化反应生成烧碱，也称石灰苛化法。电解法是采用电解食盐水溶液生产烧碱和氯气、氢气的方法，简称氯碱法，该工业部门又称氯碱工业。

生产烧碱和氯气有者悠久的历史，早在19世纪初，人们已经研究烧碱生产的工业化问题。1884年开始在工业上采用石灰乳苛化纯碱溶液生产烧碱。19世纪末，大型直流发电机制造成功，提供了大功率直流电源，促进了电解法的发展。1890年，德国在格里斯海姆建成世界第一个工业规模的隔膜电解槽制烧碱装置并投入生产。1892年美国人卡斯勒(H. Y. Castner)发明水银法电解槽。第二次世界大战结束，随着氯碱产品从军用生产转入民用生产，特别是石油工业的迅速发展，为氯产品提供了丰富而廉价的原料，氯需要量大幅度增加，促进了氯碱工业的发展，从而电解法取代苛化法成为烧碱的主要生产方法。1968年钛基涂钌的金属阳极隔膜电解槽实现了工业化。1975年世界上第一套离子交换膜法电解装置在日本旭化成公司投入运转。

我国最早的隔膜法氯碱工厂是1929年投产的上海天原电化厂(现在的天原化工厂前身、)。国内第一家水银法氯碱工厂是锦西化工厂，于1952年投产。1974年我国首次采用金属阳极电解槽，在上海天原化工厂投入工业化生产。自1986年我国甘肃盐锅峡化工厂引进第一套离子膜烧碱装置投产以来，离子交换膜法电解烧碱技术迅速发展。北京化工机械厂开发的复极式离子膜电解槽(GL型)，使我国成为世界上除日本、美国、英国、意大利、德国等少数几个发达国家之外能独立开发、设计、制造离子膜电解槽的国家之一。此外，我国在金属扩张阳极、活性阴极、改性隔膜及固碱装置等方面都有很大进展。

2. 氯碱工业的特点

氯碱工业除原料易得，生产流程较短外，主要有以下3个特点：

(1) 能耗高

氯碱工业的主要能耗是电能，目前，我国采用隔膜法生产1t的100%烧碱约耗电2580kW·h，总能耗折合标准煤约为1.815t。如何采用节能新技术来提高电解槽的电解效率和碱液热能蒸发利用率，具有重要的意义。

(2) 产品结构可调整性差

氯与碱的平衡电解法制碱得到的烧碱与氯气产品的质量比恒定为1:0.88，但一个国家或地区对烧碱和氯气的需求量，是随着化工产品生产的变化而变化的。对于石油化工和基本有机化工发展较快的发达国家，会因氯气用量过大，而出现烧碱过剩的矛盾。烧碱和氯气的平衡，始终是氯碱工业发展中的矛盾问题。

(3) 腐蚀和污染严重

氯碱工业的产品烧碱、氯气、盐酸等均具有强腐蚀性，生产过程中所使用的石棉、汞，以及含氯废气都可能对环境造成污染。因此，防止腐蚀、保护环境一直是氯碱工业努力改进的方向。

3. 电解制碱方法

氯碱工业的核心是电解，电解方法有隔膜法、水银法、离子交换膜法。

隔膜法是在电解槽的阴极与阳极间设置多孔性隔膜。隔膜不妨碍离子迁移．但能隔开阴极和阳极的电解产物。隔膜法电解所采用的阳极是石墨阳极或金属阳极，阴极材料为铁，隔膜常用石棉或石棉掺入含氟树脂的改性石棉隔膜。在阳极室引出氯，阴极室引出氢和含食盐的氢氧化钠溶液。

水银法以食盐水溶液为电解质，电解槽包括电解室和解汞室两部分。电解室中没有隔膜，阳极用石墨或金属阳极，阴极则采用汞。在阳极上析出氯，在阴极上 Na^+ 放电并与汞生成钠汞齐。钠汞齐从电解室引入解汞室，钠汞齐分解并与水生成 NaOH 和 H_2。生成的汞送回电解室循环利用。水银法中，电解室产生氯，解汞室产生氢和苛性钠溶液，溶液不含氯化钠。这样就解决了阳极产物和阴极产物隔开的关键问题，所以水银法电解制烧碱的特点是浓度高、质量好、生产成本低，于19世纪末实现工业化后就获得广泛应用。但水银法最大缺点为汞对环境的污染，因此，水银法电解生产受到世界性的限制。

离子交换膜法是选择具有选择性的阳离子交换膜来隔开阳极和阴极，只允许 Na^+ 和水透过交换膜向阴极迁移。不允许 Cl^- 透过，所以离子交换膜法从阳极室得到氯，从阴极室得到氢和纯度较高的烧碱溶液，NaOH 浓度为17%～28%，基本上不含氢化钠。离子交换膜法兼有隔膜法和水银法的优点，产品质量高，能耗低，又无水银、石棉等公害，没有污染问题，是极有发展前途的方法。

此外，还有固体聚合物电解质法电解和β—氧化铝隔膜法电解。

此前，美国、日本和俄罗斯以隔膜法为主，西欧各国以水银法为主，但总的发展趋势是水银法会继续下降。新建或扩建厂都采用隔膜法或离子交换膜法。

4. 电解法制烧碱生产工艺流程

电解食盐水溶液制造烧碱、氯气和氢气的隔膜法的基本工艺如图4-16所示。

首先将食盐溶解制成粗盐水。粗盐水中含有很多杂质，必须精制，主要是除去机械杂质及 Ca^{2+}、Mg^{2+}、SO_4^{2-}、Fe^{3+} 等，使之符合电解要求。精制后的盐水送去电解。

电解需要使用大量的直流电，而电厂输送的是交流电。因此，必须把交流电经过整流设备变成直流电，然后把直流电送到电解槽进行电解。在电解槽中，精盐水借助于直流电电解产生烧碱、氯气和氢气。

从电解槽来的电解碱液中，烧碱含量比较低，仅含有 11% ～ 12%，还含有大量的盐，不符合要求，因此需要经过蒸发，变成碱浓度符合要求的液体烧碱。电解碱液中的盐在蒸发过程中结晶析出，送盐水精制工序回收。回收盐水中有少量的烧碱，对盐水的精制具有一定的作用。

电解槽来的氯气温度较高，且含有大量的水分，不能直接使用。经过冷却、干燥后送出，制造液氯、盐酸等氯产品。

电解槽来的氢气，其温度和含水与氯气相似，经冷却、干燥后作为产品。

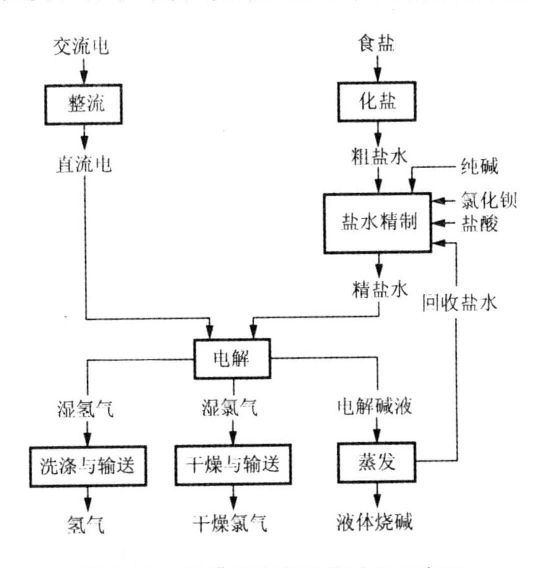

图 4-16　隔膜法生产工艺过程示意图

4.4.2　食盐水溶液电解的基本原理

1. 电解过程的反应

(1) 电解过程的主反应

食盐水溶液中主要有 4 种离子，即 Na^+、Cl^-、OH^- 和 H^+，直流电通过食盐溶液时，阴离子向阳极移动，阳离子向阴极移动。当阴离子到达阳极时，在阳极放电，失去电子变成不带电的原子；同理，阳离子到达阴极时，在阴极放电，获得电子也变成不带电的原子。离子在电极上放电的难易不同，易放电的离子先放电，难放电的离子不放电。

在阴极上，H^+ 比 Na^+ 容易放电，所以，阴极上是 H^+ 放电，电极反应为

$$2H^+ + 2e^- = H_2\uparrow$$

在阳极上，Cl^- 比 OH^- 易放电，所以，阳极上是 Cl^- 放电，其放电反应为

$$2Cl^- - 2e^- = Cl_2\uparrow$$

不放电的 Na^+ 和 OH^- 则生成了 NaOH。

电解食盐水溶液的总反应式为

$$2NaCl + 2H_2O = 2NaOH + Cl_2\uparrow + H_2\uparrow$$

(2) 电解过程的副反应

随着电解反应的进行，在电极上还有一些副反应发生。在阳极上产生的 Cl_2 部分溶解在水中，与水作用生成盐酸和次氯酸，反应式为

$$Cl_2 + H_2O = HCl + HClO$$

电解槽中虽然放置了隔膜，但由于渗透扩散作用仍有少部分 NaOH 从阴极室进入阳极室，在阳极室与次氯酸反应生成次氯酸钠，反应式为

$$NaOH + HClO = NaClO + H_2O$$

次氯酸钠又离解为 Na^+ 和 ClO^-，ClO^- 也可以在阳极上放电，生成氯酸、盐酸和氧气，反应式为

$$12CLO^- + 6H_2O—12e = 4HClO_3 + 8HCl + 3O_2 \uparrow$$

生成的 $HClO_3$ 与 NaOH 的作用，生成氯酸钠和氯化钠等。

此外，阳极附近的 OH^- 浓度升高后也导致 OH^- 在阳极放电，反应式为

$$4OH^- - 4e = O_2 \uparrow + 2H_2O$$

副反应生成的次氯酸盐、氯酸盐和氧气等，不仅消耗产品，而且浪费电能。必须采取各种措施减少副反应，保证获得高纯度产品，降低单位产品的能耗。

2. 理论分解电压

某电解质进行电解，必须使电极间的电压达到一定数值。使电解过程能够进行的最小电压，称为理论分解电压，主要与其浓度、温度有关。理论分解电压是阳离子的理论放电电位和阴离子的理论放电电位之差，即

$$E_{理} = E_+ - E_-$$

3. 过电压

过电压（又称超电压，$E_{超}$）是离子在电极上的实际放电电位与理论放电电位的差值。实际电解过程并非可逆，存在浓差极化、电化学极化，从而使电极电位发生偏离，产生了过电压。金属离子在电极上放电的过电压不大，可忽略不计。但如果在电极上放出气体物质，过电压则较大。

过电压的存在，要多消耗一部分电能，但在电解技术上有很重要的应用。利用过电压的性质选择适当的电解条件，以使电解过程按着预先的设计进行。如阳极放电时，氧比氯的过电压高，所以阳极上的氯离子首先放电并产生氯气。

过电压的大小主要取决于电极材料和电流密度，降低电流密度、增大电极表面积、使用海绵状或粗糙表面的电极、提高电解质温度等，均可降低过电压。

4. 槽电压和电压效率

(1) 槽电压

电解生产过程中，由于电解浓度不均匀和阳极表面的钝化，以及电极、导线、接点、电解液和隔膜的局部电阻等因素也会消耗外加电压，因此实际分解电压大于理论分解电压。工业上，将实际分解电压称为槽电压，数学表达式为

$$E_{槽} = E_{理} + E_{超} + \Delta E_{液} + \sum \Delta E_{降}$$

式中，$\Delta E_{液}$ 为电解液中的电压降；$\sum \Delta E_{降}$ 为电极、接点、电线等电压降之和。

实际分解电压可通过实测的方法获得。隔膜法电解的实际分解电压一般为 3.5 ～ 4.5V；离子膜法电解的实际分解电压目前一般低于 3V。

(2) 电压效率

理论分解电压与实际分解电压之比，叫做电压效率，表达式为

$$电压效率 = \frac{理论分解电压}{实际分解电压} \times 100\% = \frac{E_{理}}{E_{槽}} \times 100\%$$

由上式可见，降低实际分解电压，可提高电压效率，进而可降低单位产品电耗。一般来说，隔膜电解槽的电压效率在 60% 左右，离子膜电解槽的电压效率在 70% 以上。

5. 电流效率和电能效率

(1) 电流效率

根据法拉第定律，每获得 1g 当量的任何物质需要 96500C 的电量。实际生产中，由于电极上要发生一系列的副反应以及漏电现象，电能不可能被完全利用，某物质实际析出的质量总比理论产量低。实际产量与理论产量之比称为电流效率，表达式为

$$电流效率 = \frac{实际产量}{理论产量} \times 100\%$$

电解食盐水溶液时，根据 Cl_2 计算的电流效率称为阳极效率，根据 NaOH 计算电流效率称为阴极效率。电流效率是电解生产中很重要的技术经济指标，电流效率高，意味着电量损失小，说明相同的电量可获得较高的产量。现代氯碱工厂的电流效率一般为 95% ~ 97%。

(2) 电能效率

电解是利用电能来进行化学反应而获得产品的过程，因此，产品消耗电能的多少，是工业生产中的一个极为重要的技术指标。电能用 kW·h 来表示。电解理论所需的电能值($W_{理}$) 与实际消耗电能值(形实) 的比值，称为电能效率，表达式为

$$电能效率 = \frac{W_{理}}{W_{实}} \times 100\%$$

由于电能是电量和电压的乘积，故电能效率是电流效率和电压效率的乘积，即

$$电能效率 = 电流效率 \times 电压效率$$

由上可见，降低电能消耗，必须提高电流效率和电压效率。

4.4.3　氯碱的生产

在金属阳极和改性隔膜电解槽基础上开发出的离子交换膜电解槽，被称为第三代电解槽。与隔膜法和水银法相比，离子交换膜电解法具有能耗低、投资少、产品质量好、生产能力大、没有汞污染等优点。

1. 离子交换膜电解法的基本原理

图 4-17 是离子膜法电解原理。离子膜将电解槽分成阳极室和阴极室，饱和精盐水进入阳极室，去离子纯水进入阴极室。导入直流电时，Cl^- 在阳极表面放电产生 Cl_2 逸出；H_2O 在阴极表面不断被离解成 H^+ 和 OH^-，H^+ 放电生成 H_2；Na^+ 通过离子膜迁移进阴极室，与 OH^- 结合生成 NaOH。形成的 NaOH 溶液从阴极室流出，其含量为 32% ~ 35%，经浓缩得成品液碱或同碱。电解时，由于 NaCl 被消耗，食盐水浓度降低为淡盐水排出，NaOH 的浓度可通过调节去离子纯水量来控制。

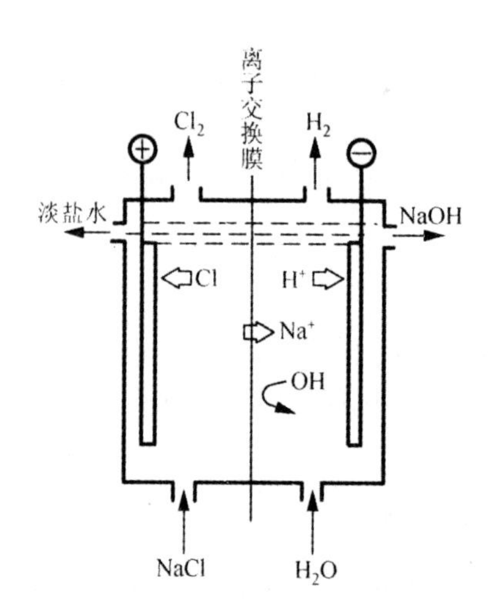

图 4-17 离子膜法电解原理

目前，国内外使用的离子交换膜（简称离子膜）是耐氯碱腐蚀的磺酸型阳离子交换膜，膜内部具有较复杂的化学结构。膜体中有活性基团，由带负电荷的固定离子团（如 $-SO_3^{2-}$、$-COO^-$）和一个带正电的可交换离子（如 Na^+）组成。

从微观角度看，离子膜是多孔结构物质，由孔和骨架组成，孔内是水相，固定离子团（负离子团）之间由微孔水道相通，骨架是含氟的聚合物，如图 4-18 所示。

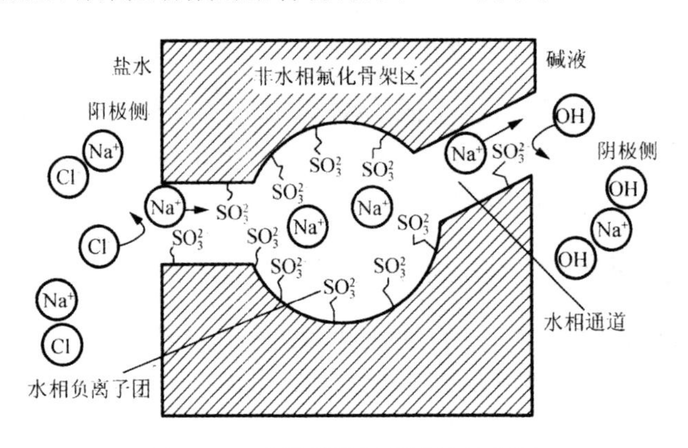

图 4-18 离子膜选择透过性示意图

在电场作用下，阳极室的 Na^+ 被负离子吸附并从一个负离子团迁移到另一个负离子团，这样 Na^+ 从阳极室迁移到阴极室。

离子膜内存在着的负离子团，对阴离子 Cl^- 和 OH^- 有很强的排斥力，尽管受电场力作用，阴离子有向阳极迁移的动向，但无法通过离子膜。若阴极室碱溶液浓度太低，膜内的含水量增加使膜膨胀，OH^- 有可能穿透离子膜进入阳极室，导致电流效率降低。

2. 离子膜电解槽

(1) 电解槽

离子交换膜电解槽有多种类型。无论何种类型，电解槽均由若干电解单元组成，每个电解单元由阳极、离子交换膜与阴极组成。

图 4-19 是离子膜电解槽的结构示意图，其主要部件是阳极、阴极、隔板和槽框。在槽框的当

中，有一块隔板将阳极室与阴极室隔开。两室所用材料不同，阳极室一般为钛，阴极室一般为不锈钢或镍。隔板一般是不锈钢或镍和钛板的复合板。隔板的两边还焊有筋板，其材料分别与阳极室和阴极室的材料相同。筋板上开有圆孔以利于电解液流通，在筋板上焊有阳极和阴极。

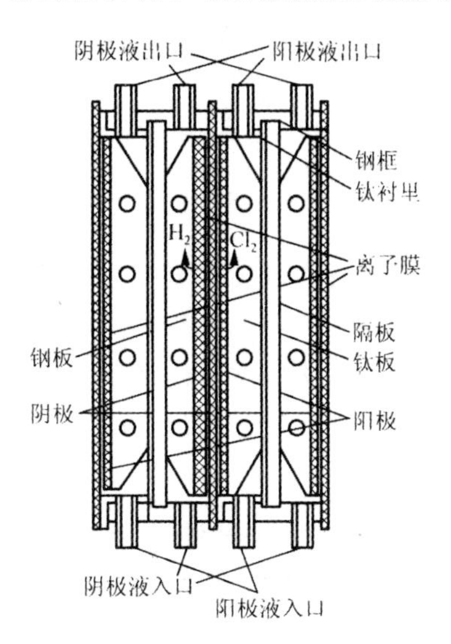

图 4-19　离子膜电解槽的结构示意图

按供电方式不同，离子膜电解槽分成单极式和复极式，两者的电路接线方式如图 4-20 所示。

由图 4-20(a) 可知，单极式电解槽内部的直流电路是并联的，通过各个电解单元的电流之和等于通过这台单极电解槽的总电流，各电解单元的电压是相等的。所以，单极式电解槽适合于低电压高电流运转。复极式电解槽则相反，如图 4-20(b) 所示，槽内各电解单元的直流电路都是串联的，各个单元的电流相等，电解槽的总电压是各电解单元电压之和。所以，复极式电解槽适合于低电流高电压运转。

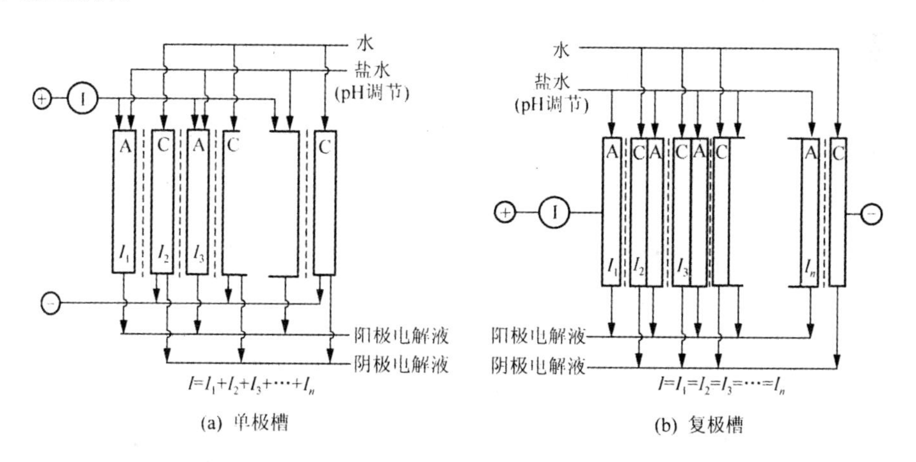

(a) 单极槽　　(b) 复极槽

图 4-20　单极槽和复极槽的直流电接线方式

(2) 电极材料

电极材料分为阳极材料和阴极材料。

1) 阳极材料

由于阳极直接与氯气、氧气及其他酸性物质接触，因此要求阳极具有较强的耐化学腐蚀性、对氯的过电压低、导电性能良好、机械强度高、易于加工及便宜等特点，此外还要考虑电极的寿命。

阳极材料有金属阳极和石墨阳极两类，离子膜电解均采用金属阳极，以金属钛为基体，在表面涂有其他金属氧化物的活性层。金属钛的耐腐蚀性好，具有良好的导电性和机械强度，便于加工；阳极活性层主要成分以钌、铱、钛为主，并加有锆、钴、铌等成分。

金属阳极具有耐腐蚀、过电位低、槽电压稳定、电流密度高、生产能力强、使用寿命长和无环境污染等优点，一般为网形结构。

2）阴极材料

阴极材料要耐氢氧化钠和氯化钠腐蚀，氢气在电极上的过电压低，具有良好的导电性、机械强度和加工性能。

阴极材料主要有铁、不锈钢、镍等，铁阴极的电耗比带活性涂层的阴极高，但镍材带活性层阴极的投资比铁阴极高。阴极材料的选用，要考虑综合经济效益。

3. 电解工艺条件

离子膜对电解产品质量及生产效益具有关键作用，而且价格昂贵，所以，电解工艺条件应保证离子膜不受损害，离子膜电解槽能长期、稳定运转。

（1）食盐水的质量

离子膜法制碱技术中，盐水质量对离子膜的寿命、槽电压和电流

效率均有重要的影响。盐水中的 Ca^{2+}、Mg^{2+}、Ba^{2+} 等重金属离子透过交换膜时，会与从阴极室反渗透来的少量 OH^- 或 SO_4^{2-} 结合生成沉淀物，堵塞离子膜，使膜电阻增加，引起电解槽电压上升，降低电压效率。因此，应严格控制盐水中的 Ca^{2+}、Mg^{2+} 等杂质含量，使 Ca^{2+}、Mg^{2+} 浓度小于 20μg/L，SO_4^{2-} 浓度小于 4g/L。

（2）阴极液中 NaOH 的浓度

阴极液中氢氧化钠的浓度与电流效率的关系存在极大值，如图 4-21 所示，当 NaOH 浓度（质量分数）低于 36% 时，随其升高，阴极一侧离子膜的含水率减少，排斥阴离子力增强，电流效率增大；若氢氧化钠浓度继续升高，膜中 OH^- 浓度增大，反迁移增强，电流效率明显下降。此外，NaOH 浓度升高，槽电压也升高。因此，氢氧化钠的浓度一般控制在 30% ～ 35%。

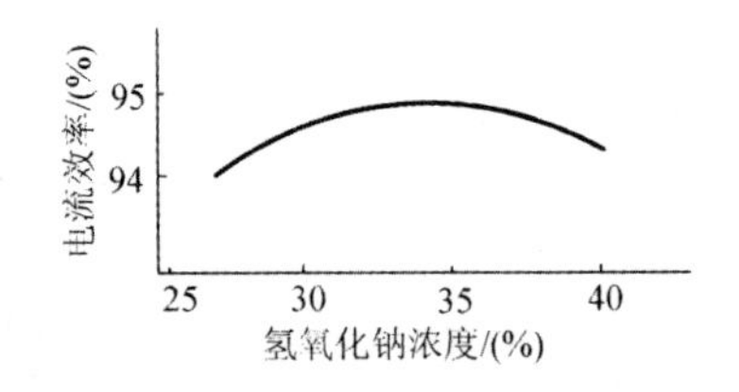

图 4-21　氢氧化钠浓度对电流效率的影响

（3）阳极液中 NaCl 的浓度

若阳极液中 NaCl 浓度太低，阴极室的 OH^- 易反渗透，导致电流效率下降，此外，膜中含水量上升，阳极液中 Cl^- 也容易通过扩散迁移到阴极室，导致碱液的盐含量增加。如果离子膜长期在低盐浓度下运行，还会使膜膨胀，严重时可导致起泡、膜层分离，出现针孔使膜遭到永久性的损坏；但阳极液中盐浓度也不宜太高，否则会引起槽电压升高。生产上，阳极液中的氯化钠浓度通常控制在 200 ～ 220g/L。

(4) 阳极液的 pH 值

阳极液一般处于酸性环境中，有时，在进槽的盐水中加入盐酸，中和从阴极室反迁移来的 OH^-，可以阻止副反应的发生，提高阳极电流效率。但是，要严格控制阳极液的 pH 值不低于 2，以防离子膜阴极侧的羧酸层因酸化而致使导电性受损，并使电压急剧上升并造成膜的永久性破坏。

4. 离子膜法生产工艺流程

离子膜法电解工艺流程如图 4-22 所示。

在原盐溶解后，需先对其进行一次精制，即用普通化学精制法使粗盐水中 Ca^{2+}、Mg^{2+} 含量降至 10 ～ 20mg/L。而后送至螯合树脂塔，用螯合树脂吸附处理，使盐水中 Ca^{2+}、Mg^{2+} 含量低于 20μg/L，这一过程称为盐水的二次精制。

二次精制盐水经盐水预热器升温后送往离子膜电解槽阳极室进行电解；纯水由电解槽底部进入阴极室。通入直流电后，在阳极室产生的氯气和流出的淡盐水经分离器分离后，湿氯气进入氯气总管，经氯气冷却器与精制盐水热交换后，进入氯气洗涤塔洗涤，然后送往氯气处理工序。从阳极室流出来的淡盐水，一部分补充到精制盐水中返回电解槽阳极室，另一部分进入淡盐水储存槽，再送往氯酸盐分解槽，用高纯盐酸进行分解。分解后的盐水回到淡盐水储存槽，与未分解的淡盐水充分混合并调节 pH 在 2 以下，送往脱氯塔脱氯，最后送到一次盐水工序重新制成饱和盐水。在阴极室产生的氢气经过洗涤和分离水雾后送后续使用环节，而氢氧化钠溶液送蒸发浓缩处理。

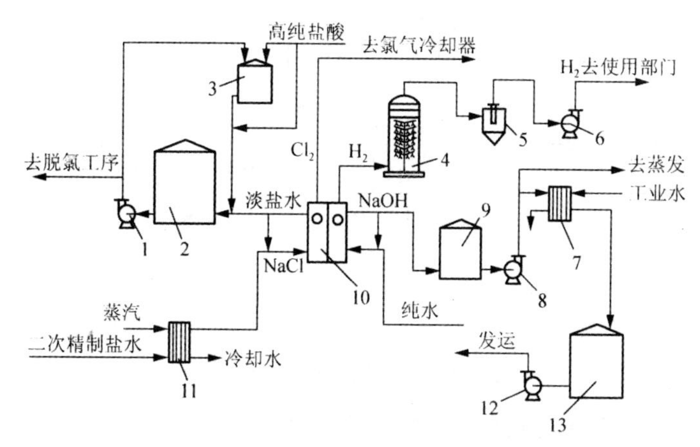

1— 淡盐水泵；2— 淡盐水储存槽；3— 氯酸盐分解槽；4— 氢气洗涤塔；5— 水雾分离器；6— 氢气鼓风机；7— 碱冷却器；8，12— 碱泵；9— 碱液受槽；10— 离子膜电解槽；11— 盐水预热器；13— 碱液储存槽

图 4-22　离子膜电解工艺流程图

5. 碱液的蒸发浓缩

电解槽出来的电解液不仅含有烧碱，而且含有盐。蒸发电解液的主要目的是将电解液中 NaOH 含量浓缩至符合一定规格的产品浓度(质量分数)，如 30%、42%、45%、50% 和 73% 等；隔膜法可将电解液中未分解的 NaCl 与 NaOH 分离，并回收送至化盐工序再使用。

(1) 电解液蒸发原理

本工序借助于蒸汽，使电解液中的水分部分蒸发，以浓缩氢氧化钠。

工业上，该过程是在沸腾状态下进行的。在隔膜法电解液蒸发的全过程中，烧碱溶液始终是一种被 NaCl 所饱和的水溶液。经证明，NaCl 在 NaOH 水溶液中的溶解度随 NaOH 含量的增加而明显减小，随温度的升高而稍有增大，因而随着烧碱浓度的提高，NaCl 便不断从电解液中结晶出来，从而提高了碱液的纯度。

(2) 电解液蒸发的工艺流程

为了减少加热蒸汽的耗量、提高热能利用率，电解液蒸发常在多效蒸发装置中进行。随着效数的增加，单位质量的蒸汽所蒸发的水分增多，蒸汽利用的经济程度更好。但蒸发效数过多会因增加成本投入而降低经济效益，故实际生产中，通常采用二效或三效蒸发工艺。

离子膜法的蒸发广泛采用的是双效蒸发流程，也有一部分单效蒸发流程，三效蒸发流程则将会越来越受到重视。

双效并流蒸发流程如图 4-23 所示。从离子膜电解槽出来的碱液被送入 Ⅰ 效蒸发器，在外加热器中由大于 0.5MPa 表压的饱和蒸汽进行加热，碱液达到沸腾后在蒸发室中蒸发，二次蒸汽进入 Ⅱ 效蒸发器的外加热器。Ⅰ 效蒸发器中的碱液浓度控制在 37% ～ 39%，碱液依靠压力差进入 Ⅱ 效蒸发器中，在加热室被二次蒸汽加热沸腾，蒸发浓缩至产品浓度分别为 42%、45% 或 50% 等。

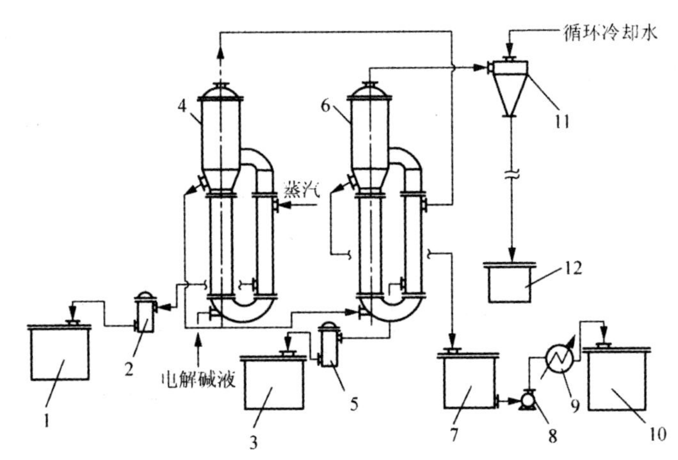

1— Ⅰ 效冷凝水储罐；2，5— 气液分离器；3— Ⅱ 效冷凝水储罐；4— Ⅰ 效蒸发器；6— Ⅱ 效蒸发器；
7— 热碱储罐；8— 浓碱泵；9— 换热器；10— 成晶碱储罐；11— 水喷射冷凝器；12— 冷却水储罐

图 4-23　双效并流蒸发流程

Ⅱ 效蒸发器的二次蒸汽进入水喷射冷凝器后被冷却水冷凝，然后冷却水进入冷却水储罐。达到产品浓度的碱液连续出料至热碱储罐，然后由浓碱泵经换热器冷却后送入成品碱储罐。

Ⅰ 效蒸发器的蒸汽冷凝水经气液分离器进入 Ⅰ 效冷凝水储罐，Ⅱ 效蒸汽冷凝水经气液分离器分离后进入 Ⅱ 效冷凝水储罐。由于 Ⅰ、Ⅱ 效冷凝水的质量不同（Ⅱ 效冷凝水温度较低，且可能含微量碱），应分别储存及使用。

流程图中蒸发器为自然循环蒸发器，实际生产中为了提高传热速率，很多工厂都用蒸发器循环泵来代替自然循环，使碱液循环速率提高，从而提高了传热系数、传热速率及蒸发能力。

第 5 章　硫酸与硝酸生产

5.1　概述

硫酸和硝酸都是重要的化工原料，广泛应用于国民经济的很多重要部门。它们最主要的用途是生产化学肥料，用于生产用于生产磷铵、过磷酸钙、硫铵等，每生产 1t 过磷酸钙（以 18％P_2O_5 计）消耗 350 ～ 360kg 的硫酸（100％ 硫酸）。其中，硫酸可以用于生产硫酸盐、塑料、人造纤维、染料、油漆、药物、农药、杀草剂、杀鼠剂等；可用作除去石油产品中的不饱和烃和硫化物等杂质的洗涤剂；在冶金工业中用作酸洗液，电解法精炼铜、锌、镉、镍时的电解液和精炼某些贵重金属时的溶解液；在国防工业中与硝酸一起用于制取硝化纤维、三硝基甲苯等。

硝酸也是强酸之一，氧化性很强。除金、铂及某些其他稀有金属外，各种金属都能与稀硝酸作用生成硝酸盐。由浓硝酸与盐酸按 1：3（体积比）混合而成的“王水”却能溶解金和铂。

硝酸是基本化学工业重要的产品之一，产量在各类酸中仅次于硫酸。其用途如下：

（1）制造化肥。硝酸大部分用于生产硝酸铵和硝酸磷肥。

（2）有机合成原料。浓硝酸可将苯、蒽、萘和其他芳香族化合物硝化制取有机原料。如硝酸和硫酸的混酸（工业上常用由 30％HNO_3、60％H_2SO_4 和 10％H_2O 组成的混酸）与苯反应，生成硝基苯，再加氢生成苯胺，它是合成染料、医药、农药的中间体。

（3）军火工业。硝酸除用于制造 TNT 炸药外，还用它精制提取核原料。钚是重要的核燃料，在精制过程中，先将钚转化成 $Pu(NO_3)_4$ 溶液，再萃取分离。

（4）合成香料。硝酸与二甲苯反应制得二甲苯麝香（Muskxylene），它具有柔和的麝香气味，广泛用于调配化妆品、皂用及室内香用香料。

5.2　硫酸生产

5.2.1　硫酸的生产方法和原料

目前广泛使用接触法生产硫酸，生产过程通常包括以下几个基本步骤：

含硫原料→ 原料气的生产 → 含二氧化硫的炉气 → 炉气净制 → 净化炉气 → 二氧化硫催化转化 → 含三氧化硫气体 → 成酸 → 硫酸

制酸原料来源较广，硫化物矿、硫磺、硫酸盐、含硫化氢的工业废气，以及冶炼烟气等都可作为硫酸生产的原料，其中以硫铁矿和硫磺为主要原料。

（1）硫铁矿

硫铁矿是硫元素在地壳中存在的主要形态之一，是硫化铁矿的总称。硫铁矿分为普通硫铁矿和磁硫铁矿两类。普通硫铁矿的主要成分是 FeS_2，纯净的 FeS_2 多为正方晶系，呈金黄色，称为黄铁矿;另一种斜方晶系的 FeS_2,称为白铁矿。还有一种比较复杂的含铁硫化物,一般可用 Fe_nS_{n+1},表示($5 \leqslant n \leqslant 16$),最常见的是 Fe_7S_8,称为磁硫铁矿或磁黄铁矿。

自然界开采的硫铁矿都是不纯的,矿石中除 FeS_2 以外,还含有铜、锌、铅、砷、镍、钴、硒、碲等元素的硫化物和氟、钙、镁的碳酸盐和硫酸盐以及少量银、金等杂质,而呈现灰色、褐绿色、浅黄铜色等不同颜色。最常见的普通硫铁矿是黄铁矿,质量分数一般为 30% ~ 50%。含硫量在 25% 以下,称为贫矿。根据来源不同,硫铁矿又可分为:块状硫铁矿、浮选硫铁矿和含煤硫铁矿 3 种。

(2) 硫磺

硫磺是制造硫酸使用最早而又最好的原料。硫磺的来源有天然硫磺、从石油和天然气副产的回收硫磺以及用硫铁矿生产的硫磺。

天然硫磺和回收硫磺的纯度很高,可达 99.8% 以上,有害杂质的含量很少。作为生产硫酸的原料,不需要复杂的炉气净制工序,还可以省掉排渣设备,工艺流程短,生产费用低,生产中热能可合理利用,对环境污染少。

5.2.2 硫铁矿制二氧化硫炉气

1. 硫铁矿的焙烧

(1) 硫铁矿的焙烧反应

硫铁矿的焙烧反应过程可分为两步进行:

首先,在大约 900℃ 的高温下,硫铁矿受热分解为硫化亚铁(FeS) 和单质硫:

$$2FeS_2 \xrightarrow{900℃} 2FeS + S_2 - Q$$

在 $FeS_2-FeS-S_2$ 系统中,可用硫磺的蒸气压表示反应的平衡状况,它的平衡蒸气压与温度的关系见表 5-1。

表 5-1 $FeS_2-FeS-S_2$ 系统中硫的平衡茎每压与温度的关系

温度 /℃	580	600	620	650	680	700
p /Pa	166.67	733.33	2879.97	15133.19	66799.33	261331.7

温度增高则对 FeS_2 的分解反应有利,实际上高于 400℃ 就开始分解,500℃ 时则较为显著。

其次,分解产物中的硫燃烧,生成二氧化硫;硫化亚铁氧化为三氧化二铁和二氧化硫:

$$S_2 + 2O_2 \longrightarrow 2SO_2 \qquad \Delta H < 0$$

$$4FeS + 7O_2 \longrightarrow 2Fe_2O_3 + 4SO_3 \qquad \Delta H < 0$$

由此可得,硫铁矿焙烧过程的总反应方程式为:

$$4FeS_2 + 11O_2 \longrightarrow 2Fe_2O_3 + 8SO_2 \qquad \Delta H = -3411kJ$$

在硫铁矿焙烧过程中,除上述反应外,当空气量不足,氧浓度低时,还有生成 Fe_3O_4 的反应:

$$3FeS_2 + 8O_2 \longrightarrow Fe_3O_4 + 6O_2 \qquad \Delta H = -2435kJ$$

此外,在 Fe_2O_3 的催化作用下还有下述反应:少量 SO_2 氧化为 SO_3,硫铁矿中钙、镁碳酸盐分解生成的氧化物再与 SO_3 反应生成相应的硫酸盐,砷、硒氧化成气态氧化物,氟生成氟化物。

硫铁矿焙烧反应放热较多,当矿石中杂质较少,炉气中二氧化硫浓度较高时,热量有过剩,需设法(一般在炉膛内安装水箱) 移走多余热量,以保证反应在正常温度下进行。

(2) 硫铁矿焙烧的焙烧速度

硫铁矿的焙烧是气—固相非催化反应，反应在两相的接触表面上进行。焙烧炉的生产能力由硫铁矿的焙烧速度决定。焙烧速度不仅和化学反应速率有关，还与传热和传质过程有关。

$$4FeS_2 \longrightarrow 2FeS + S_2$$

$$S_2 + 2O_2 \longrightarrow 2SO_2$$

$$4FeS + 7O_2 \longrightarrow 2Fe_2O_3 + 4SO_2$$

由实验数据描绘硫铁矿焙烧的 $\log k - \frac{1}{T}$ 曲线如图 5-1 所示。从图 5-1 上看，曲线分为三段：第一段为 485℃～560℃，斜率很大，活化能很大，在 500℃ 时与二硫化亚铁分解反应的活化能一致，属 FeS_2 分解动力学控制；第三段为 720℃～1155℃，斜率较小，活化能较小，与 FeS 和氧反应时的活化能只有 12.56kJ/mol 一致，符合扩散规律，属于氧的内扩散控制；第二阶段为 560℃～720℃，由一氧化铁燃烧和氧扩散联合控制。

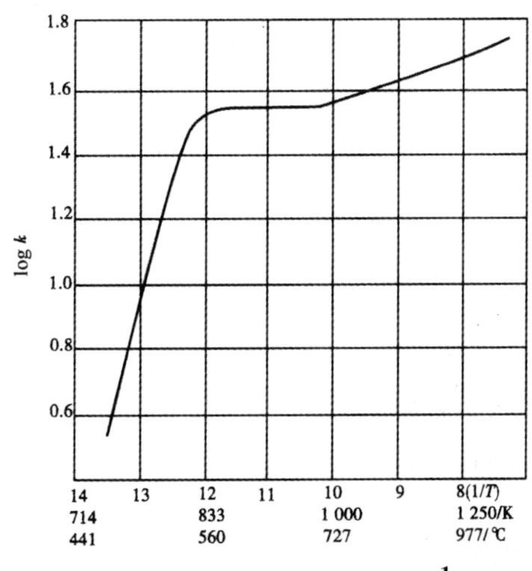

图 5-1　硫铁矿焙烧的 $\log k - \frac{1}{T}$ 曲线

在实际生产中，反应温度高于 700℃，硫铁矿焙烧属氧扩散控制。提高氧的浓度，能加快焙烧过程的总速度，在整个硫铁矿焙烧过程中，是氧的扩散控制了总反应速度。此时反应总速率主要由反应温度、颗粒粒度、气固相相对运动速度、气固相接触面积等决定。

2. 沸腾焙烧

随着流态化技术在硫酸工业中的应用，焙烧炉的发展经历了由固定型块矿炉、机械炉，到现在全部使用沸腾炉。

(1) 沸腾焙烧炉的构造

焙烧硫铁矿的沸腾炉有多种形式：直筒型、扩散型和锥床型等，我国主要采用扩散型。扩散型沸腾炉的基本结构如图 5-2 所示。

沸腾炉炉体一般为钢壳内衬保温砖再衬耐火砖结构。为防止外漏炉气产生冷凝酸腐蚀炉体，钢壳外面设有保温层。由下往上，炉体可分为 4 部分：风室、分布板、沸腾层、沸腾层上部燃烧空间。炉子下部的风室设有空气进口管。风室上部为气体分布板，分布板上装有许多侧向开口的风帽，风帽间铺耐火泥。空气由鼓风机送入空气室，经风帽向炉膛内均匀喷出。炉膛中部为向上扩大截头圆锥形，上部燃烧层空间的截面积较沸腾层截面积大。

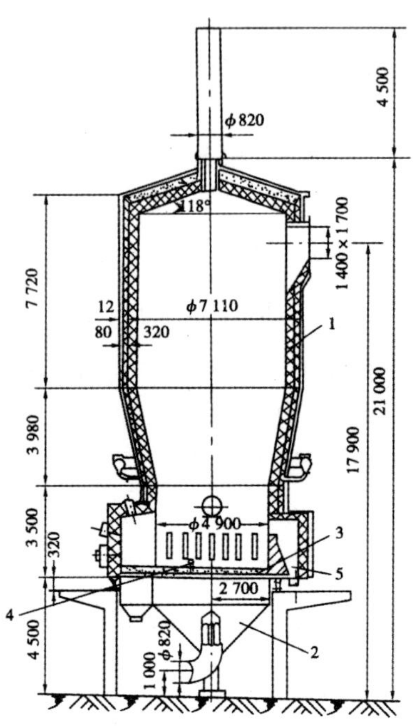

1— 保温砖内衬；2— 耐火砖内衬；3— 风室；4— 空气进口管；5— 空气分布板；
6— 风帽；7— 上部焙烧空间；8— 沸腾床；9— 冷却管束；10— 加料口；
11— 矿渣溢流管；12— 炉气出口；13— 二次进风口；14— 点火口；15— 安全口

图 5-2　沸腾焙烧炉体结构

焙烧过程中，为避免温度过高炉料熔结，需从沸腾层移走焙烧释放的多余热量。通常采用在炉壁周围安装水箱（小型炉），或用插入沸腾层的冷却管束冷却，后者作为废热锅炉换热元件移热，以产生蒸汽。

由于扩散型沸腾炉的沸腾层和上部燃烧空间尺寸不一致，使沸腾层和上部燃烧层气速不同，沸腾层气速高，可焙烧矿料的颗粒较大（可达 6mm），细小颗粒被气流带到扩大段，部分气速下降的颗粒又返回沸腾层，避免过多矿尘进入炉气。这种炉型对原料品种和粒度适应性强，烧渣含硫量低，不易结疤。扩散型炉的扩大角一般为 15° ～ 20°，目前国内大多数厂家都采用这种炉型。

（2）余热的回收

硫铁矿焙烧时放出大量热量，炉气温度高达 850℃ ～ 950℃。按硫的质量分数为 35％ 的标准矿计算，每千克矿石焙烧时约放出热量 4500kJ。利用其中的 60％，每吨矿可得约 100kg 标准煤的发热量，即副产 0.9 ～ 1.1t 蒸汽。沸腾焙烧炉配置废热锅炉是回收余热的有效措施。硫铁矿沸腾炉的废热锅炉基本结构与普通的废热锅炉在原则上相似，其特点如下：

① 炉气中含大量炉尘，直接冲刷锅炉管会造成严重磨损。

② 含硫炉气有强烈的腐蚀性，当锅炉管温低于 SO_3 的露点时，炉气中的 SO_3 与水分在炉管上冷凝成酸，产生的腐蚀尤为严重。

③ 要求炉体有良好的气密性，防止空气漏入和炉气漏出。一般多在砖砌炉体外加层钢板，钢板与砖层间填充较厚的石棉板。

硫铁矿的沸腾焙烧和废热回收流程如图 5-3 所示。硫铁矿由胶带输送机送人贮料斗，经圆盘加料机均匀地送入沸腾焙烧炉。沸腾层的温度由设在沸腾层中的冷却水箱来控制，维持在 850℃

左右。带有大量炉尘的 900℃ 高温炉气出沸腾炉后进入废热锅炉，产生饱和蒸汽。出废热锅炉的炉气温度约为 450℃，经旋风除尘后引往净制系统。

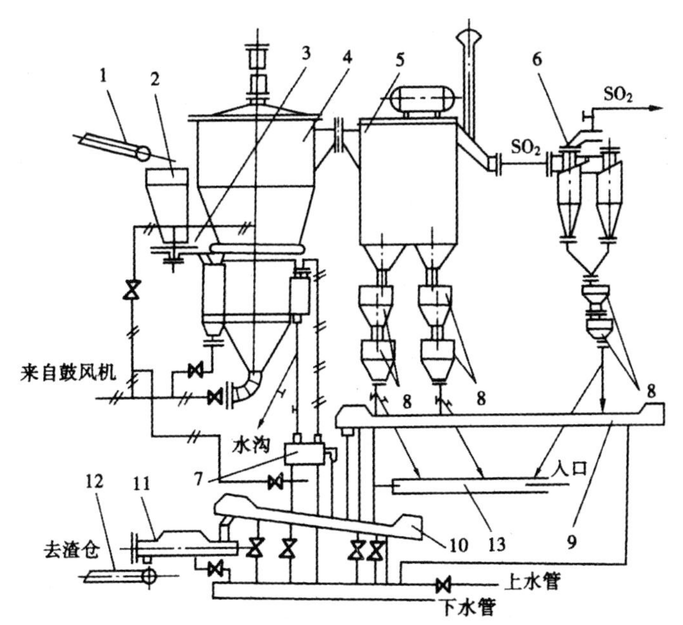

1— 皮带输送机；2— 矿贮斗；3— 圆盘加料器；4— 沸腾炉；5— 废热锅炉；
6— 旋风除尘器；7— 矿渣沸腾冷却箱；8— 闪动阀；9，10— 埋刮板机；
11— 增湿器；12— 胶带输送器；13— 事故排灰

图 5-3　沸腾焙烧和废热回收

(3) 沸腾焙烧炉的特点

沸腾焙烧炉是流态化技术在硫酸工业中的应用。在沸腾炉中，空气使矿粒流态化，焙烧反应进行剧烈。沸腾炉具有以下优点：

① 生产强度大。沸腾炉内焙烧温度高并且均匀，炉内空气与矿粒相对运动剧烈；矿粒较细，比表面大，可达 $3 \times 10^3 \sim 5 \times 10^5 m^2/m^3$（矿），矿粒表面因磨损而不断更新，因而焙烧强度大。

② 硫的烧出率高。沸腾炉内焙烧比较完全，矿渣的残硫可小于 0.5%，硫的烧出率可达 99%。

③ 传热系数高。沸腾炉焙烧用冷却水夹套时，总传热系数达 $175 \sim 250 W/(m^2 \cdot K)$，用蒸发管束（废热锅炉的炉管）时，达 $280 \sim 350 W/(m^2 \cdot K)$，而一般废热锅炉的总传热系数只有 $25 \sim 35 W/(m^2 \cdot K)$。因此，沸腾炉中容易将热量移走，保持炉床正常操作。因炉温较高，热能利用价值高 .

④ 能得到较高浓度的二氧化硫炉气。沸腾炉中焙烧速率快，用较少的过量空气，就可以防止升华硫发生和控制矿渣低残硫量，得到二氧化硫的体积分数高达 10% ～ 13% 的炉气。

⑤ 适用的原料范围广。可以使用较高品位的矿石，也可以使用硫的质量分数为 15% ～ 20% 的低品位矿。可以使用含硫尾砂，也可以使用含水稍高的料浆，有利于充分利用当地资源。

3. 几种焙烧方法

(1) 氧化焙烧

氧化焙烧即常规焙烧，是目前硫酸厂中广泛采用的焙烧方法。在氧过量的情况下，使硫铁矿完全氧化，烧渣主要为 Fe_2O_3，部分为 Fe_3O_4。主要工艺条件：炉床温度为 800℃ ～ 850℃，炉顶温度为 900℃ ～ 950℃，炉气中 SO_2 的体积分数为 13% ～ 13.5%，炉底压力为 10 ～ 15kPa，空气过剩系数为 1.1。

（2）磁性焙烧

磁性焙烧的目的是使烧渣中的铁绝大部分成为具有磁性的四氧化三铁，通过磁选后得到含铁大于 55% 的高品位精矿作为炼铁的原料。磁性焙烧时控制焙烧炉内呈弱氧化性气氛，过量氧很少。磁性焙烧技术的应用改善了渣尘与炉气的性质，如炉气中 SO_2 浓度较高，SO_3 浓度低，矿尘流动性好等。更重要的是，为低品位硫铁矿烧渣的利用创造了磁选炼铁的条件。因此，要使贫矿烧渣中的铁也能得到利用，磁性焙烧技术是一种简便有效的方法。

（3）硫酸化焙烧

硫酸化焙烧是为综合利用某些硫铁矿中伴生的钴、铜、镍等有色金属而采用的焙烧方法。焙烧时控制较低的焙烧温度，一般 600℃ ～ 700℃ 为宜，保持大量过剩的氧，使炉气含较高浓度的三氧化硫，造成选择性的硫酸化条件，使有色金属形成硫酸盐，铁生成铁氧化物。用水浸取烧渣时，有色金属的硫酸盐溶解而与氧化铁等不溶渣料分离，随后可以用湿法冶金提取有色金属。焙烧时，有色金属硫化物 MS 所发生的反应为：

$$2MS + 3O_2 \longrightarrow 2MO + 2SO_2$$

$$2SO_2 + O_2 \longrightarrow 2SO_3$$

$$MO + SO_3 \longrightarrow MSO_4$$

焙烧时用的空气量比理论空气量多 150% ～ 200%。空气多时，炉气中二氧化硫的体积分数只有氧化焙烧的 1/2 左右；焙烧炉的焙烧强度只有氧化焙烧的 1/4 ～ 1/5。

（4）脱砷焙烧

脱砷焙烧是指焙烧含砷硫铁矿时，使矿料中砷全部脱出的一种方法。脱砷焙烧有多种工艺路线，两段焙烧法是其中之一。第一段焙烧先使含砷硫铁矿在低的氧分压、高的 SO_2 分压条件下焙烧，发生的主要反应为：

$$FeS_2 + O_2 \longrightarrow FeS + SO_2$$

同时也发生含砷硫铁矿的热分解：

$$4FeAsS \longrightarrow 4FeS + As_4$$

$$4FeAsS + 4FeS_2 \longrightarrow 8FeS + As_4S_4$$

$$2FeS_2 \longrightarrow 2FeS + S_2$$

及少量的其他氧化反应：

$$As_4 + 3O_2 \longrightarrow 2As_2O_3$$

$$S_2 + 2O_2 \longrightarrow 2SO_2$$

$$3FeS + 5O_2 \longrightarrow Fe_3O_4 + 3SO_2$$

若炉气中氧含量过多，会使 As_2O_3 氧化成 As_2O_5，Fe_3O_4 氧化成 Fe_2O_3，Fe_2O_3 与 As_2O_5 反应生成 $FeAsO_4$，使砷在炉渣中固定下来。因此，焙烧条件要求低氧高二氧化硫。第二段焙烧主要发生以下反应：

$$4FeS + 7O_2 \longrightarrow 2Fe_2O_3 + 4SO_2$$

两段焙烧的工艺常采用德国 BASF 公司的两段焙烧流程，如图 5-4 所示。第一段焙烧温度控制在 900℃ 左右，炉气中 $\varphi(SO_2)$，固体产物为 FeS，此时砷、锑、铅大部分以硫化物、部分以氧化物形式与二氧化硫一起挥发，焙烧气中夹带的尘粒（≤50%）由旋风分离器除去，与一段炉渣同时进入第二段焙烧炉培烧。第二段是在 800℃ 和压降 6.86 kPa 下焙烧 FeS，生成体积分数为 10% 的 SO_2。

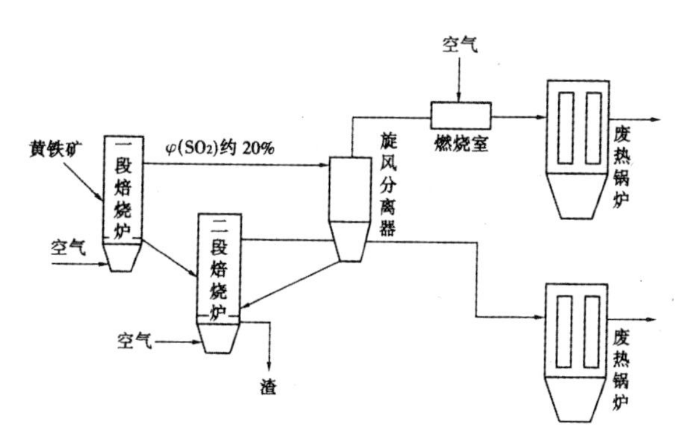

图 5-4　BASF 二段法生产流程

一、二两焙烧段间应避免气体互换，否则会将挥发的砷再固定。第一段炉气中含有升华硫磺将其送入废热锅炉并补充一段燃烧空气量 15% 的空气。第二段焙烧炉气不必经过特殊处理即可进净化工段，砷在洗涤塔内除去。

5.2.3　炉气的净化与干燥

存在会使 SO_2 转化的钒催化剂中毒，硒的存在会使成品酸着色。氟的存在不仅对硅质设备及塔填料具有腐蚀性，而且会侵蚀催化剂，引起粉化，使催化床层的阻力上涨。此外，随同炉气带入净化系统的还有水蒸气及少量 SO_3 等，它们本身并非毒物，但在一定条件下两者结合可形成酸雾。酸雾在洗涤设备中较难吸收，带入转化系统会降低 SO_2 的转化率，腐蚀系统的设备和管道。因此，必须对炉气进行进一步的净化和干燥，方可进行二氧化硫的催化转化。

1. 炉气净制的湿法工艺流程和设备

湿法洗涤有水洗和酸洗两类，但水洗工艺因排污量大，污水处理困难，在越来越高的环保要求条件下已逐渐被淘汰。酸洗流程是用稀硫酸洗涤炉气，除去其中的矿尘和有害杂质，降低炉气温度。大中型硫酸厂多采用酸洗流程。经典的酸洗流程是三塔二电流程，基本工序如图 5-5 所示。

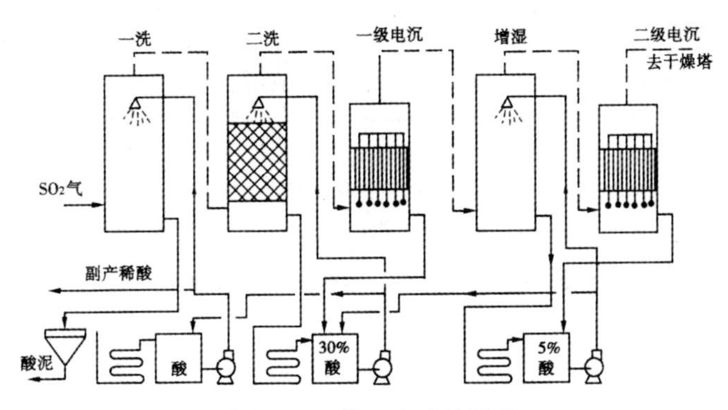

图 5-5　三塔二电酸洗流程

温度为 327℃ 左右的热炉气，由下而上通过第一洗涤塔，被温度为 40℃ ～ 50℃、质量分数为 60% ～ 70% 的硫酸洗涤。除去了炉气中大部分矿尘及杂质后，温度降至 57℃ ～ 67℃，进入第二洗涤塔，被质量分数为20%～30%的硫酸进一步洗涤冷却到37℃～47℃。这时炉气中气态的砷硒氧化物已基本被冷凝，大部分被洗涤酸带走，其余呈细小的固体微粒悬浮于气相中，成为酸雾的凝聚中心并溶解其中，在电除雾器中除去。

炉气在第一段电除雾器中分离掉大部分酸雾后，剩余的酸雾粒径较细。为提高第二段电除雾效率，炉气先经增湿塔，用5%的稀硫酸喷淋，进一步冷却和增湿，同时酸雾粒径增大，再进入第二段电除雾器，进一步除掉酸雾和杂质。炉气离开第二段电除雾器时，温度为30℃～35℃，所含的水分在干燥塔中除去。

从第一洗涤塔底流出的洗涤酸，其温度和浓度均有提高，且夹带了大量矿尘杂质，为了继续循环使用，先经澄清槽沉降分离杂质酸泥，上部清液经冷却后继续循环喷淋第一塔。进入第一洗涤塔的炉气含尘较多，宜采用空塔以防堵塞。第二洗涤塔通过的炉气和循环酸含尘少，可以采用填料塔。循环酸可不设沉降槽，只经冷却器冷却后，再循环喷淋第二塔。

增湿塔和电除雾器流出的稀酸送入第二洗涤塔循环槽，第二塔循环槽多余的酸串入第一洗涤塔循环槽。这样，炉气带入净化系统的三氧化硫最终都转入循环酸里，并从第一洗涤塔循环泵出口引出作为稀酸副产品，但由于其中含较多的有害物质，用途受到很大限制。

该流程的特点是排污少，二氧化硫和三氧化硫损失少，净制程度较好，缺点是流程复杂，金属材料耗用多，投资费用高。

随着科学技术的发展，这种20世纪50年代的先进工艺在某些方面已显得落后。为了提高了炉气除砷的效果，目前已出现了一系列高效、耐腐蚀的新型设备和材料。文—泡—冷—电酸洗流程(图5-6)是为了适应环境保护的需要，在水洗流程的基础上改革开发了以文氏管为主要洗涤冷却设备的酸洗净化流程。

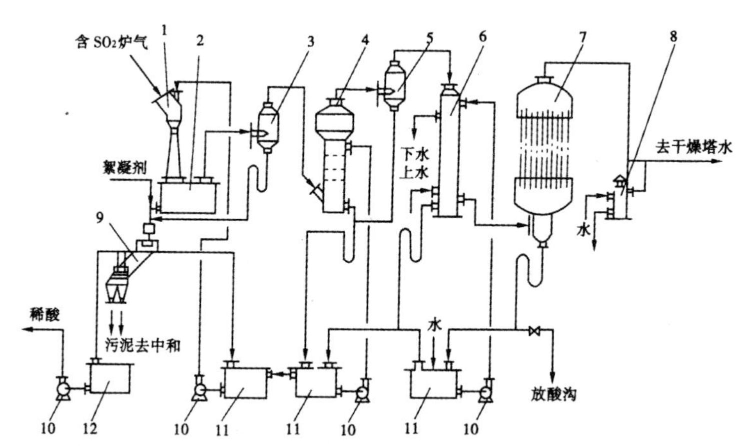

1—文氏管；2—文氏管受槽；3，5—复挡除沫器；4—泡沫塔；6—间接冷却器；
7—电除雾器；8—安全水封；9—斜板沉降槽；10—泵；11—循环槽；12—稀酸槽

图5-6 文—泡—冷—电酸洗流程

该流程具有以下特点：

(1) 炉气采用两级洗涤。第一级为喷射洗涤器，洗涤酸 H_2SO_4 的质量分数为15%～20%，第二级为泡沫塔，用质量分数为1%～3%的稀硫酸洗涤，洗涤酸循环使用。

(2) 文氏管及泡沫塔均用绝热蒸发冷却炉气，故循环系统不设冷却装置，系统的热量主要由间冷器冷却水带走。

(3) 流程对炉尘含量适应性强。本流程中，炉气进入净化系统前未经电除尘，含尘量在 4～5g/m^3 左右，文氏管的除尘率达 90% 以上。经净化后的炉气，水分和杂质含量均达到指标。

(4) 进入系统的矿尘杂质，大部分转入洗涤酸中。含尘洗涤酸从文氏管下部流入斜板沉降槽时，加入聚丙烯酰胺絮凝剂，以加速污泥的沉降，经沉降后的清液循环使用，从而大大减少了净化系统的排污量，大约每吨酸的排污量为 25L，达到了封闭循环的要求。

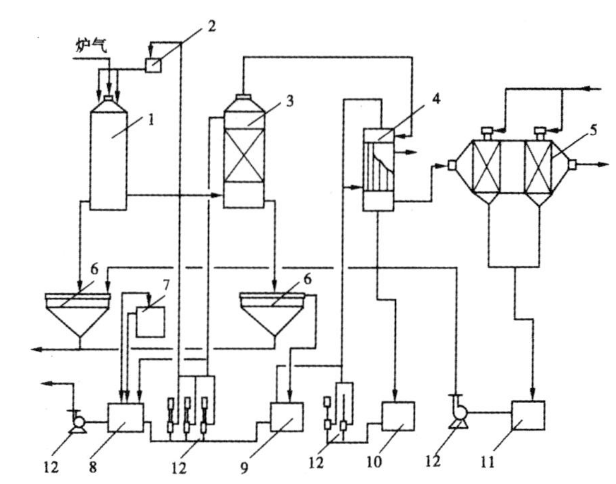

1— 空塔；2— 高位槽；3— 洗涤塔；4— 冷却器；5— 电除雾器；6— 沉降槽；
7— 硅反应槽；8，9— 循环槽；10— 冷却排液槽；11— 洗涤水槽；12— 泵

图 5-7　两塔一器两电酸洗流程

两塔一器两电稀酸洗涤净化流程(图 5-7) 在大型厂中获得广泛应用。该流程具有以下特点：

(1) 用温度较高的稀酸喷淋洗涤高温烟气。洗涤酸由于受热而绝热蒸发，酸浓度提高而温度基本不变，省去了出塔酸冷却设备，简化了流程。

(2) 第一塔采用质量分数为10%～15%的稀酸洗涤，第二塔洗涤酸 H_2SO_4 质量分数仅1%，有利于气相中砷、氟的清除。

(3) 稀酸循环系统设置硅石反应槽，使溶解在稀酸中的氟化氢与硅石反应，形成溶解度低的氟硅酸而分离，这样可避免稀酸中的氟化氢再次逸入气相。

(4) 第一洗涤塔采取气。液并流方式，避免烟尘堵塞进口气道。且塔系操作气速比常见的高，尤其是第一洗涤塔，比一般塔式酸洗流程中的操作气速大 2～3 倍，从而强化了设备处理能力。

(5) 用列管式石墨冷凝器作为净化系统的除热装置。在气体冷却过程中，由于水蒸气在雾粒表面的冷凝，使雾粒直径增大。为改善传热，采用管内带有翅片的挤压铅管。

(6) 采用具有导电和防腐蚀性能的 FRP(以聚醋酸纤维和乙基树脂作内层的玻璃钢) 作电除雾器。除雾器为卧式，电压 80kV，电流 300mA。除雾设备小，效率高。

(7) 在材质上大量采用非金属材料和耐腐蚀材料，塔的主体及槽管采用耐氟的 FRP，塔内的填料改用聚丙烯鲍尔环，以抗氟害。既节省了铅材，施工也方便。

2. 炉气的干燥

炉气除去矿尘、杂质和酸雾之后，需经干燥除去炉气中的水分。

(1) 干燥的原理和工艺条件

因浓硫酸具有吸湿性，常用它来干燥炉气。干燥过程所用的设备，目前广泛采用的是填料塔。为了强化干燥的速率，在接触表面一定时，必须合理选择气流速度、吸收酸浓度以及喷淋密度等。

1）吸收酸的浓度

在一定温度下，硫酸溶液上的水蒸气压随 H_2SO_4 质量分数的增加而减少，在 H_2SO_4 质量分数为 98.3% 时，具有最低值。各种温度下不同浓度硫酸溶液的水蒸气分压如图 5-8 所示。

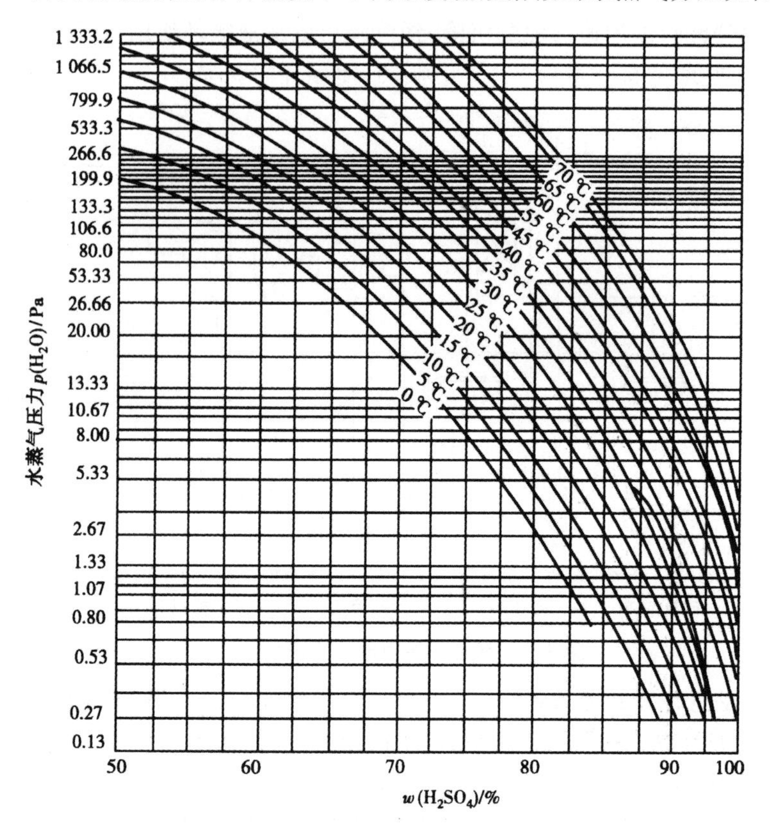

图 5-8　硫酸溶液的水蒸气分压

由图 5-8 可看出，同一温度下硫酸浓度越高，其水蒸气平衡分压越小。如在 40℃ 时，质量分数为 92% 的 H_2SO_4 液面上水蒸气的平衡分压为 2.67Pa 左右，此值与同一温度下纯水的饱和蒸汽压 7.89kPa 相比约小 3000 倍。从脱水指标看，干燥炉气所用的硫酸浓度越高越好。但是，硫酸浓度越高，三氧化硫分压越大，三氧化硫易与炉气中的水蒸气形成酸雾。温度愈高，生成的酸雾愈多，表 5-2 中列出了不同温度下干燥后炉气中酸雾质量浓度与干燥塔喷淋酸质量分数的关系。

表 5-2　干燥后气相中酸雾质量浓度与喷淋酸质量分数的关系

喷淋酸质量分数 $w(H_2SO_4)$/%	酸雾质量浓度 /(mg·m^{-3})			
	40℃	60℃	80℃	100℃
90	0.6	2	6	23
95	3	11	33	115
98	9	19	56	204

硫酸的浓度大于 80% 之后，二氧化硫的溶解度随酸浓度的提高而增大。当干燥酸作为产品

酸引出或串入吸收工序的循环酸槽时，酸中溶解的二氧化硫就随产品酸带走，引起二氧化硫的损失。表5-3列出了二氧化硫损失与干燥塔喷淋酸质量分数与温度的关系。

表5-3　二氧化硫损失与干燥塔喷淋酸质量分数、温度的关系

喷淋酸质量分数 $w(H_2SO_4)/\%$	二氧化硫的损失(以产品%计)		
	60℃	70℃	80℃
93	0.55	0.51	0.37
95	1.00	0.92	0.64
97	3.30	2.92	2.22

从表5-3可以看出，硫酸的质量分数越高，温度越低，二氧化硫的溶解损失愈大。

综上所述，干燥酸质量分数以93%～95%较为适宜，这种酸还具有结晶温度较低的优点，可避免冬季低温下，因硫酸结晶而带来操作和贮运上的麻烦。

2）气流速度

提高气流速度能增大气膜传质系数，有利于干燥过程的进行。但气速过高，通过塔的压降迅速增加，其关系可用下式表示：

$$\frac{\Delta p_2}{\Delta p_1}=\left(\frac{u_2}{u_1}\right)^2$$

式中，Δp_1、Δp_2 分别是填料塔内气流速度为 u_1 和 u_2 时的流体压力降。

气速过大，炉气带出的酸沫量多，甚至可造成液泛。目前干燥塔的空塔气速大多为0.7～0.9m/s。

3）喷淋密度

由于炉气干燥是气膜控制的吸收过程，在理论上，喷淋酸量只要保证塔内填料表面的全部润湿即可。但硫酸在吸收水分的同时，产生大量的稀释热，使酸温升高。因此，若喷淋量过少，会使硫酸浓度降低和酸温升高过多，降低干燥效果，加剧酸雾的形成。

通常的喷淋密度是10～15$m^3/(m^2\cdot h)$。喷淋密度过大，不仅增加气体通过干燥塔的阻力损失，也增加了循环酸量，这两项均导致动力消耗增加。

(2) 炉气干燥的工艺流程

炉气干燥的工艺流程如图5-9所示。经过净化除去杂质的湿炉气，从干燥塔的底部进入，与塔顶喷淋的浓硫酸逆流接触，气相中的水分被硫酸吸收后，经捕沫器以除去气体夹带的酸沫，然后进入转化工序。

吸收了水分后的干燥酸，温度升高，由塔底流入淋洒式酸冷却器，温度降低后流入酸贮槽，再由泵送到塔顶喷淋。

为维持干燥酸浓度，必须由吸收工序引来质量分数为98%H_2SO_4，在酸贮槽中混合。贮槽中多余的酸由循环酸泵送回吸收塔酸循环槽中，或．把干燥塔出口质量分数为92.5%～93%的硫酸直接作为产品酸送入酸库。

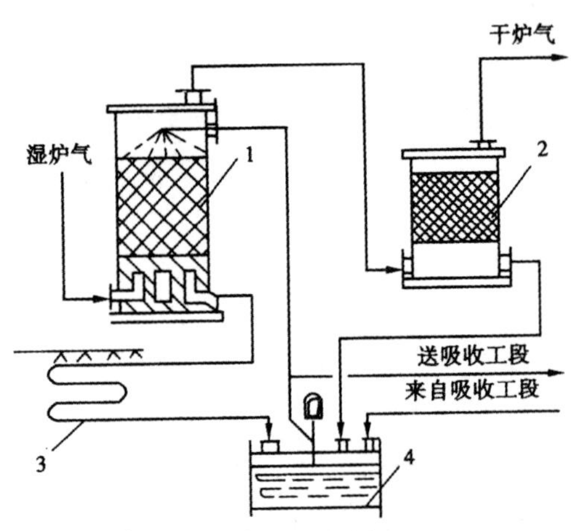

1— 干燥塔；2— 捕沫器；3— 酸冷却器；4— 干燥酸贮槽

图 5-9　炉气干燥工艺流程

5.2.4　二氧化硫的催化氧化

二氧化硫炉气经过净化和干燥，消除了有害杂质，余下主要是 SO_2、O_2 和惰性气体氮(N_2)。SO_2 和 O_2 在钒催化剂作用下发生氧化反应，生成三氧化硫。这是硫酸生产中的重要一步。

1. 化学平衡和平衡转化率

二氧化硫的催化氧化反应如下：

$$SO_2 + \frac{1}{2}O_2 \longrightarrow SO_3 + Q$$

反应释放出大量的热，该反应的平衡常数为：

$$K_p^{\ominus} = \frac{p(SO_3)(p^{\ominus})^{0.5}}{p(SO_2) \cdot p^{\frac{1}{2}}(O_2)}$$

在 400℃ ～ 700℃ 范围内，反应热、平衡常数与温度的关系可用下列简化经验式：

$$-\Delta H^{\ominus} = 101342 - 9.25T$$

$$\lg K_p^{\ominus} = \frac{4905.5}{T} - 4.6455$$

用热力学理论可得二氧化硫平衡转化率 x_e 的公式：

$$x_e = \frac{K_p^{\ominus}}{K_p^{\ominus} + \sqrt{\dfrac{100 - 0.5ax_e}{p(b - 0.5ax_e)}}}$$

式中，a、b 分别为 SO_2 和 O_2 的初始体积分数。

当压强 p 和炉气的原始组成一定时，平衡转化率 x_e 随温度的升高而降低，温度越高，平衡转化率下降的幅度越大。不同炉气原始组成时的平衡转化率与温度的关系如表 5-4 所示。

表5-4　0.1MPa下不同炉气组成的平衡转化率 x_e 与温度的关系

$\varphi(SO_2)/\%$		5	6	7	7.5	9
$\varphi(O_2)/\%$		13.9	12.4	11.0	10.5	8.1
温度/℃	400	99.3	99.3	99.2	99.1	98.8
	440	98.3	98.2	97.9	97.8	97.1
	480	96.2	95.8	95.4	95.2	93.7
	520	92.2	91.5	90.7	90.3	87.7
	560	85.7	84.7	83.4	82.8	79.0
	600	76.6	75.1	73.4	72.6	68.1

2. 二氧化硫催化氧化的动力学

(1) 催化剂

目前硫酸工业中二氧化硫催化氧化反应所用的催化剂仍然是钒催化剂，它是以五氧化二钒为活性组分，氧化钾为助催化剂，以硅藻土或硅胶为载体制成的。有时还配少量的 Al_2O_3，BaO，Fe_2O_3 等，以增强催化剂某一方面的性能。

钒催化剂一般要求具有活性温度低，活性温度范围大、活性高、耐高温、抗毒性强、寿命长、比表面积大、流体阻力小、机械强度大等性能。

国产的钒催化剂型号有S101，S102和S105。S101是国内广泛使用的中温催化剂，S102是环状催化剂，S105是低温催化剂。S101钒催化剂用优质硅藻土为载体，操作温度425℃～600℃，适用于催化剂床层的各段，其催化活性已达国际先进水平。

(2) 二氧化硫催化氧化反应速度

在工业生产条件下，作为气—固催化反应的二氧化硫催化氧化，其气流速度已足够大，不会出现外扩散控制。关于二氧化硫催化氧化反应机理，目前尚无定论。

我国钒催化剂 I = 常用的反应速率方程为：

$$r=\frac{\mathrm{d}c(SO_3)}{\mathrm{d}t}=k_1\left[\frac{c(SO_2)}{c(SO_2)+0.8c(SO_3)}\right]\left[1-\frac{c^2(SO_3)}{(K_p^{\ominus})^2c^2(SO_2)c(O_2)}\right]$$

式中，k_1 代表二氧化硫催化氧化的正反应速率常数；k_2 代表二氧化硫催化氧化的逆反应速率常数；$K_p^{\ominus}=\frac{k_1}{k_2}$ 代表二氧化硫催化氧化的总反应速率常数。

以二氧化硫和氧的初始浓度 a，b 代入，上式化为：

$$r=\frac{\mathrm{d}x}{\mathrm{d}t}=\frac{k_1}{a}\left(\frac{1-x}{1-0.2x}\right)(b-0.5ax)\left[1-\frac{x^2}{(K_p^{\ominus})^2(1-x)^2(b-0.5ax)}\right]$$

钒催化剂有大量孔隙，孔隙率为50%～60%，有相当数量的孔隙直径为0.1～1μm，内表面积为2～10m²/g。二氧化硫和氧分子扩散到孔深处和生成的三氧化硫分子从微孔深处向外扩散都有很大的阻力。当传质速率低于化学反应速率时，催化剂的内表面不能充分利用。圆柱形钒催化剂的内表面利用率如图5-10所示。

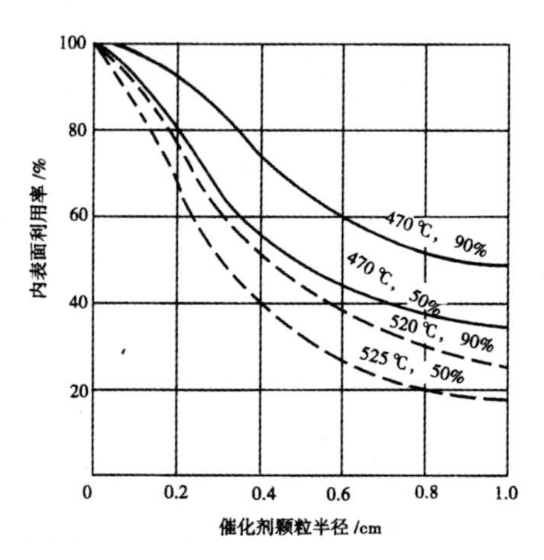

图 5-10　不同温度和二氧化硫转化率时，圆柱形钒催化剂的内表面利用率

当内表面利用率接近于 1，过程为动力学控制；若远小于 1，则过程中内扩散有显著影响。从图中可见，催化剂颗粒越小，内表面利用率越高；当颗粒增大，微孔深度增加，内表面利用率就降低。此外，在催化剂的活性温度范围内，温度提高，反应速度加快，反应物还来不及扩散到颗粒深孔，反应已经完成，深处的内表面未能及时起作用使内表面利用率降低。同理，低转化率时过程有较快反应速度。也使内表面利用率降低。只有在转化率高，反应温度较低和催化剂小颗粒的情况下，内表面才能较好利用。从宏观动力学来说，二氧化硫催化氧化的开始和中间阶段，内扩散起着显著的作用，仅在反应末期才属动力学控制。不同控制步骤的反应物浓度分布如图 5-11 所示。

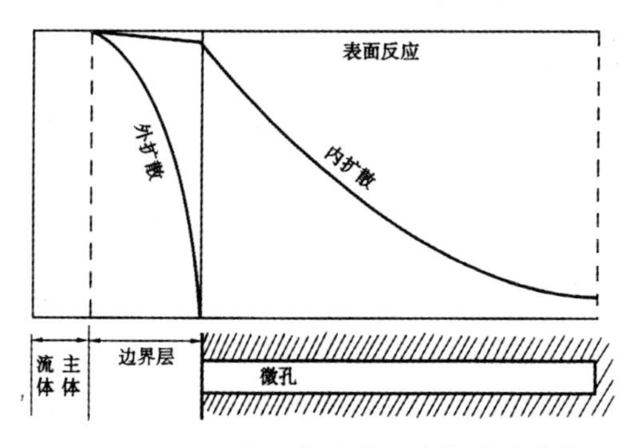

图 5-11　不同控制步骤的反应物浓度分布

3. 二氧化硫催化氧化的工艺条件

根据平衡转化率和反应速度综合分析，二氧化硫催化氧化的工艺条件主要涉及反应温度、起始浓度和最终转化率 3 个方面。这些工艺条件怎样才是最适宜，则应根据技术经济原则进行判断。这些原则是：提高转化率和原料利用率，提高劳动生产率和生产操作强度，降低生产费用和设备投资等。

(1) 最适宜温度

温度对 SO_2 氧化反应的平衡转化率 x_e 和催化氧化反应速度厂均有很大影响。从平衡角度来看，温度愈低，平衡转化率高；从动力学角度来看，温度愈高，反应速度快；而催化剂有一个活件温度范围，为了确定最适宜温度，我们先来看 $T—x_e-r$ 之间的变化规律(见图 5-12)。

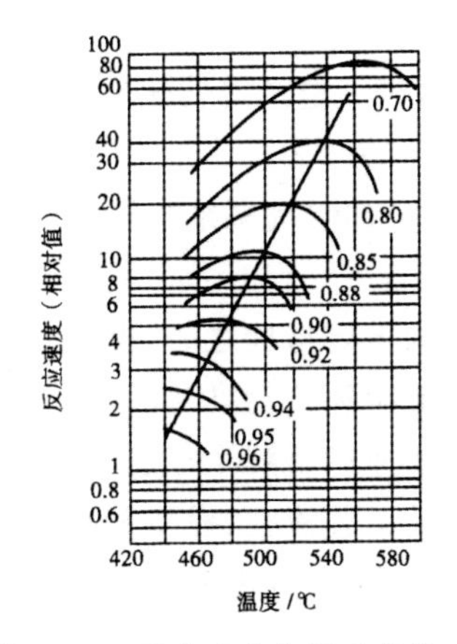

图 5-12　反应速度与温度的关系

从图 5-12 可以看出：在各种转化率下，都有一个反应速度的最大值，与此值相应的温度称为最适宜温度；随着转化率的升高，最适宜温度逐渐降低。

由热力学原理知，增加压力，平衡温度提高；提高转化率，平衡温度下降；原始气体组成中，降低 SO_2 体积分数，提高 O_2 体积分数，将使平衡温度增大，最佳温度将相应地变化。

(2) 二氧化硫的起始浓度

进入转化器的最适宜 SO_2 体积分数是根据硫酸生产的总费用最小来确定的。若增加炉气中 SO_2 的体积分数度，就相应地降低了炉气中 O_2 的体积分数。若 O_2 的体积分数(б)减小，SO_2 体积分数(0)则增大，反应速度 $\frac{dx}{dT}$ 随之降低，为达到一定的最终转化率所需要的催化剂量也随之增加。因此，从减小催化剂量的角度来看，采用 SO_2 体积分数低的炉气进入转化器是有利的。但是，降低炉气中 SO_2 体积分数，会使生产所需要处理的炉气量增大。在其他条件一定时就要求增大干燥塔、吸收塔、转化器和输送，SO_2 的鼓风机等设备的尺寸，或者使系统中各个设备的生产能力降低，从而使设备折旧费用增加。因此，必须经过经济核算来确定在硫酸生产总费用最低时的 SO_2 体积分数。SO_2 体积分数与生产成本的关系见图 5-13。

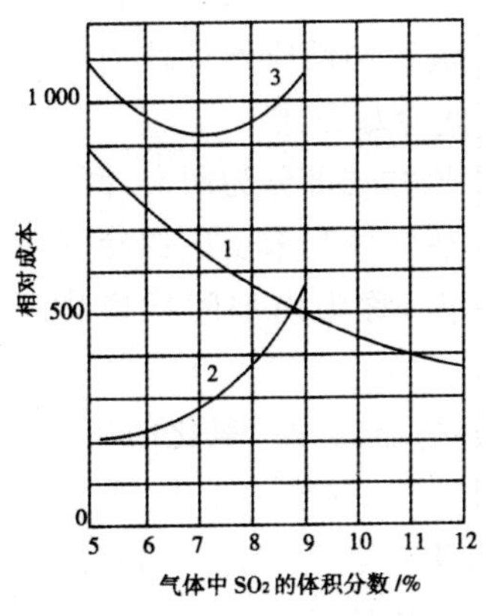

1— 设备折旧费与 SO_2 的初始体积分数的关系；

2— 最终转化率 97.5% 时催化剂用量与 SO_2 的初始体积分数的关系；

3— 系统生产总费用与 SO_2 的初始体积分数的关系

图 5-13　SO_2 体积分数对生产成本的影响

图中曲线1表明,随着 SO_2 体积分数的增加,设备生产能力增加,相应设备折旧费减少。曲线2表明,随着 SO_2 体积分数的增加,达到一定最终转化率所需催化剂量增加。曲线3表示系统生产总费用与 SO_2 体积分数的关系。口的值为7%～7.5%时,总费用最小。如果炉气中的 SO_2 体积分数超过最佳体积分数,可在干燥塔前补加空气来维持最佳体积分数。

(3) 最终转化率

最终转化率是接触法生产硫酸的重要指标之一。提高最终转化率,可使放空尾气中二氧化硫含量减少,提高原料中硫的利用率,减少环境污染。提高最终转化率需要增加催化剂的用量,并增大流体阻力。因此在实际生产中,主要考虑硫酸生产总成本最低的最终转化率。

最终转化率的最佳值与所采用的工艺流程、设备和操作条件有关。一次转化一次吸收流程,在尾气不回收的情况下,最终转化率与生产成本的关系如图5-14所示。

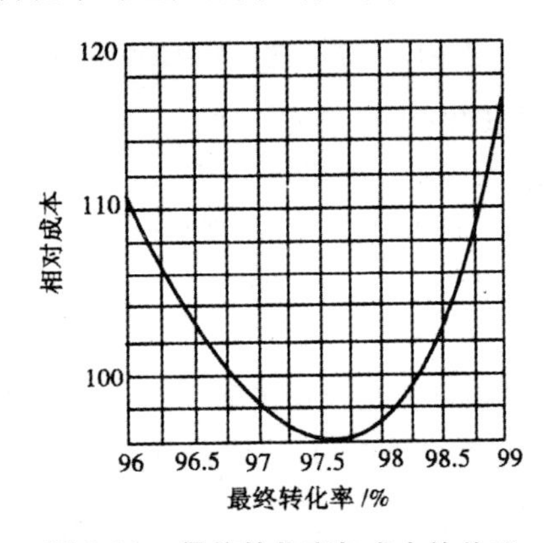

图5-14　最终转化率与成本的关系

由图可知,当最终转化率为97.5%～98%时,硫酸的生产成本最低。如有 SO_2 回收装置,最终转化率可以取得低些。如采用两次转化两次吸收流程,最终转化率则应控制在99.5%以上。

4. 二氧化硫催化氧化的工艺流程及设备

二氧化硫的催化氧化是可逆放热反应,最适宜温度随转化率的升高而降低。随着催化氧化反应的进行,物系不断放出大量的热量,必然使物系温度不断上升,因此适时、适量地移出反应热,以保持物系的最适宜温度是转化流程和反应器设计的基本原则。

(1) 段间换热式转化器的中间冷却方式

段间换热式转化器的中间冷却方式可分为两类,间接换热式和冷激式两种。

间接换热式是将部分转化的热气体与未反应的冷气体在间壁换热器中进行换热,达到降温的目的。换热器放在转化反应器内,称为内部间接换热式,放在转化反应器外,为外部间接换热式。

图5-15是多段间接换热式转化器内 SO_2 氧化的 $T—x$ 图。图中的冷却线是水平的,因为冷却过程中混合气体的组成没有变化,所以转化率不变。从这个图可以看出,各段绝热操作线斜跨最适宜温度曲线的两侧,段数越多,跨出最适宜曲线的范围越短,也即是越接近最适宜操作。但是,转化器段数的增多必然导致设备和管路庞杂,阻力增加,操作复杂。实际生产中,一般采用4～5段的间接换热式转化器。

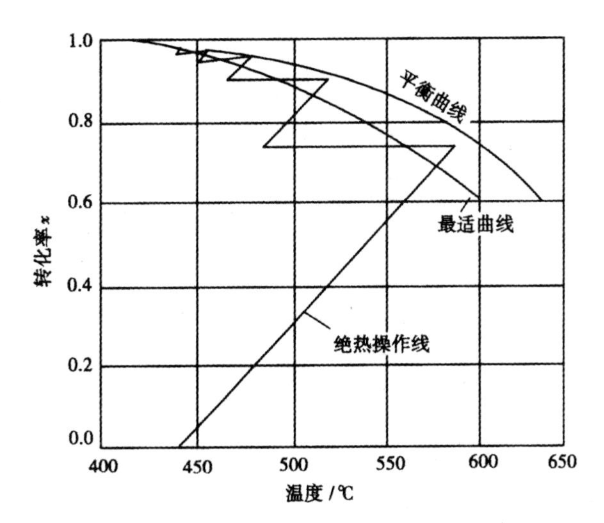

图 5-15　多段间接换热式转化器内的 T—x 图

冷激式转化器采用绝热操作。但冷激式采用冷的气体通人绝热反应后的热气中，让其迅速混合，降低反应气温度。冷激介质可以是冷炉气，也可以是空气，分别称为炉气冷激和空气冷激。

炉气冷激式只有部分新鲜炉气进入第一段催化床，其余的炉气作冷激用。图 5-16 系四段炉气冷激过程的 T—x 图，与图 5-15 不同之处在于，换热过程的冷却线不是水平线，而是一条温度和 SO，转化率都降低的直线。这是由于加入了冷炉气，气体混合物中二氧化硫含量增多，三氧化硫含量虽然不变，但二氧化硫和三氧化硫总含量增加，由此计算而得的转化率降低。

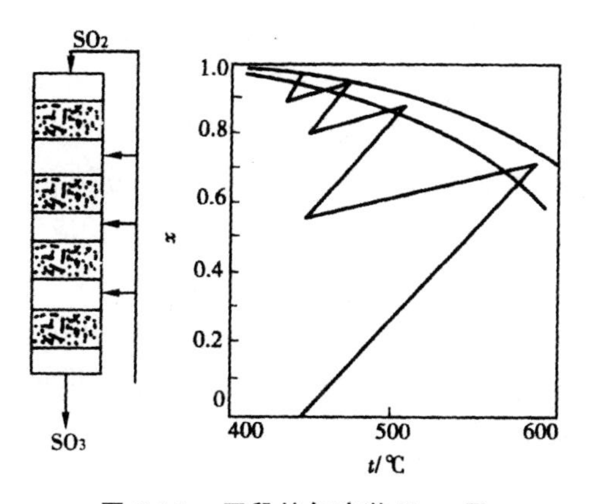

图 5-16　四段炉气冷激 T—x 图

空气冷激式转化器是在段间补充干燥的冷空气，使混合气体的温度降低，尽量满足最适宜温度的要求。图 5-17 表示四段空气冷激过程的 T—x 关系。添加冷空气后，气体混合物中 SO_2 和 SO_3 含量比值没有变化，冷却线仍为水平线；加入空气后，进入下一段催化床的原料气的原始组成发生变化，初始 SO_2 体积分数降低，O_2 的体积分数增加，平衡曲线、最适宜温度线将向同一温度下 SO_2 转化率增高的方向移动，各段绝热操作线斜率发生改变，彼此不平行。

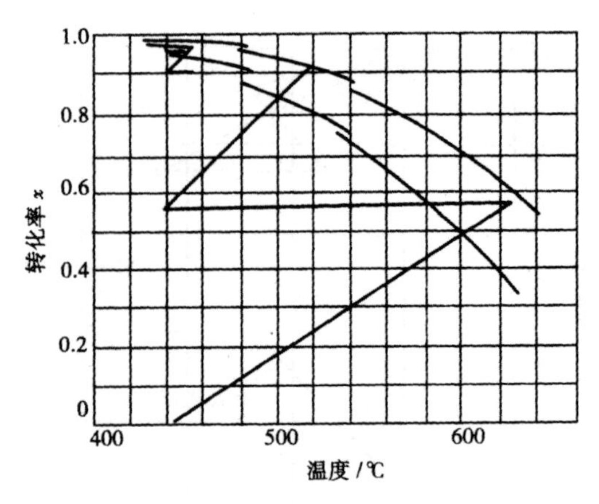

图 5-17　四段空气冷激式的 T—x 图

空气冷激因省略了中间换热器，流程也随着简化。但必须指出，采用空气冷激必须满足两个条件：第一，送入转化器的新鲜混合气体不需预热，便能达到最佳进气温度。第二，进气中的 SO_2 体积分数比较高，否则由于冷空气的稀释，使混合气体体积分数过低，体积流量过大。

根据这些特点，当用硫磺或硫化氢为原料时，炉气中的 SO_2 体积分数较高，炉气比较纯净，无须湿法净化，适当降低温度即可进入转化器，适宜于采用多段空气冷激。而用普通硫铁矿为原料时，炉气中 SO_2 体积分数变化不大，湿法净化后的气体又需升温预热，所以宜采用多段间接换热式或多段间接换热式与少数段炉气冷激相结合部分冷激式。

(2) 一次转化流程

一次转化是将炉气一次通过多段转化器转化，段与段间进行换热，转化气送去吸收。一次转化按段间的换热方式可分为间接换热式一次转化、冷激式一次转化和冷激 — 间接换热式一次转化三种方式。下面以炉气冷激 — 间接换热式一次转化流程为例。

炉气冷激间接换热一次转化流程如图 5-18 所示。大部分炉气(约 85%) 经各换热器加热到 430℃ 后进入转化器。其余炉气从 Ⅰ — Ⅱ 段间进入，与Ⅰ段的反应气汇合，使转化气温度从 600℃ 左右降到 490℃ 左右，以混合气为基准的二氧化硫转化率从Ⅰ段反应气的 65% ～ 75% 降到混合气的 50% ～ 55%。为获得较高的最终转化率，炉气冷激只用于 Ⅰ — Ⅱ 段间，其他各段间仍用换热器换热，换热器采用外部换热式。这一流程省去了 Ⅰ — Ⅱ 段间的热交换器，Ⅳ — Ⅴ 段间只用两排列管放在转化器内换热，简化了转化器结构，也便于检修。

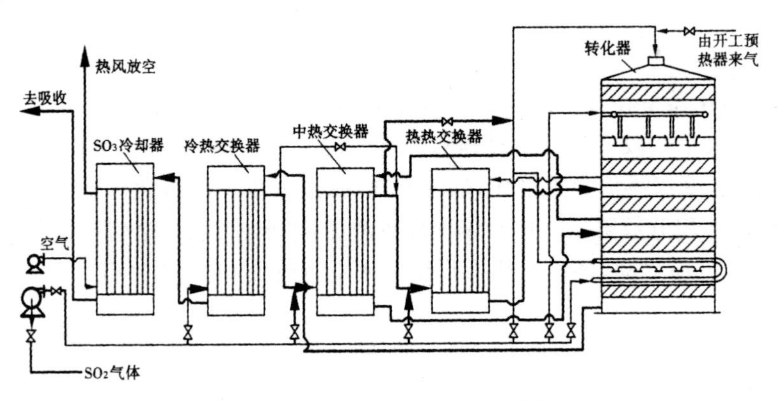

图 5-18　一段炉气冷激四段换热转化流程

(3) 两次转化两次吸收流程

前面讨论的一次转化一次吸收工艺，最佳的最终转化率是 97.5% ~ 98%。如果要得到更高的转化率，转化段数要增加很多，这是不经济的。如将尾气直接排入大气，将造成严重污染，采用两次转化两次吸收工艺就能很好地解决上述问题。两次转化两次吸收流程有以下的特点：

① 反应速度快，最终转化率高。一次转化后 SO_3 被吸收，再次转化时，减少了逆反应，提高了总反应速率，同时剩余气中 $n(O_2)$ 与 $n(SO_2)$ 比值增大，提高了平衡转化率。

② 采用较高体积分数的 SO_2 炉气。中间吸收除去了反应产物 SO_3，使两次转化可以采用较高体积分数的 SO_2 炉气。对硫铁矿炉气来说，一次转化常用 7.5% ~ 8.0%，两次转化常用 9.0% ~ 9.5%。但体积分数更高时，炉气中氧含量降低，限制了最终转化率，如炉气含加(SO_2) = 10% 时，最终转化率最高可达 99.5%。

③ 减轻尾气污染。两次转化的尾气中 SO_2 体积分数小于 500×10^{-6}，操作正常时只有 $100 \times 10^{-6} \sim 200 \times 10^{-6}$，可用高烟囱排空。两次转化流程虽然投资比一次转化稍高，但若考虑尾气处理在内，成本与一次转化是相近的。

④ 热量平衡。两次转化两次吸收流程的关键是保持热量平衡。由于增加了中间吸收过程，气体要再一次从 100℃ 左右升到 420℃ 左右，要用较多的换热面积才能满足热平衡的要求。SO_2 体积分数为 7.5% 的炉气一次转化所需的换热面积为 1.

两次转化有 10 多种流程，用得较多的是四段转化，分为(2+2) 和(3+1) 流程。(2+2) 是指炉气经二段转化后进行中间吸收，再经二段转化后第二次吸收。(2+2) 流程的转化率在相同条件下比(3+1) 流程的稍高一些，因为 SO_3 较早被吸收掉，有利于反应平衡和加快反应速率。(3+1) 流程则在换热方面较易配置。我国用得较多的一种(3+1) 两次转化两次吸收流程如图 5-19 所示。炉气依次经过 Ⅲ 段出口的热交换器和 Ⅰ 段出口的热交换器后送去转化，经中间吸收，气体再顺序经过 Ⅳ 段和 Ⅱ 段换热器后送去第二次转化。二次转化气经 Ⅳ 段换热器冷却后送去最终吸收。

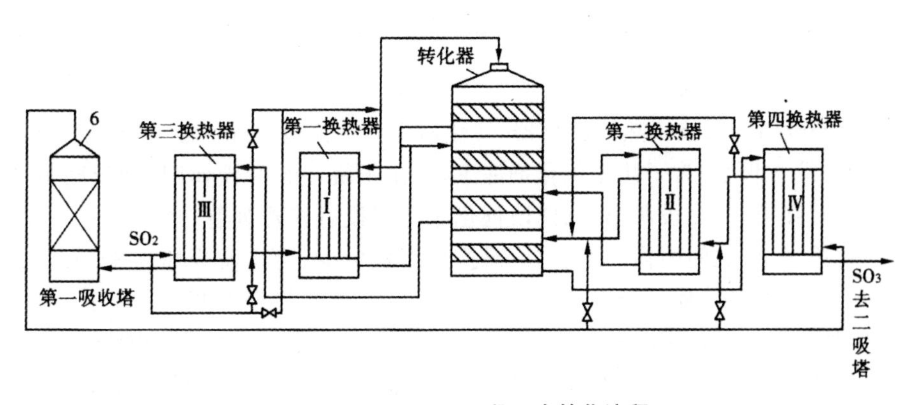

图 5-19　ⅢⅠ/ⅣⅡ 四段两次转化流程

(3+1) 流程有多种换热配置方式，如图 5-20 所示，可以根据催化剂性能和操作要求来选择，目的是用较少的换热面积，充分利用热能，使过程自然进行。由于Ⅰ段出口气的温度较高，换热量较大，用Ⅰ段换热器预热炉气对开车平稳操作和调节控制是有利的。ⅢⅠ/ⅣⅠ式是我国用得较多的流程。

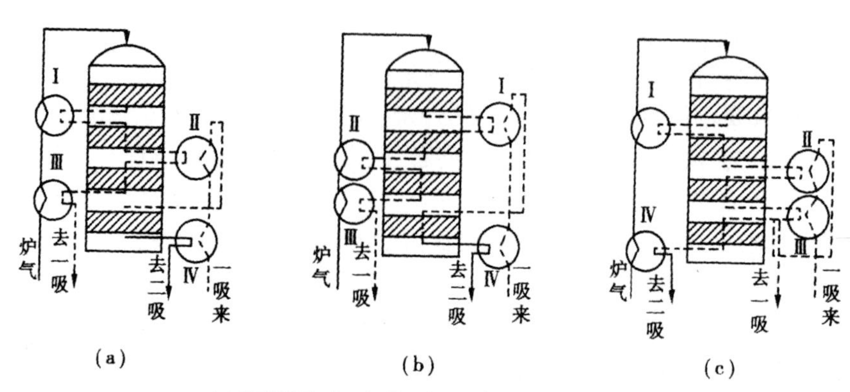

(a)ⅢⅠ/ⅣⅡ 式;(b)ⅢⅡ/ⅣⅠ式;(c)ⅣⅠ/Ⅲ Ⅱ 式

图 5-20 (3＋1)四段两次转化两次吸收流程的换热配置方式

(4)二氧化硫转化器

一般设计转化器时，需要考虑下列几个方面：能使转化接近于最适宜温度下进行，以提高催化剂的利用率；转化器的生产能力应尽可能大，以节约材料、投资和用地；气体在转化器内能均匀分布，阻力小，动力消耗低；转化器 — 换热器组应有足够的换热面，以保证净化后气体能靠反应热而预热到规定温度；转化器内催化剂的装填系数应尽可能大，以提高生产强度；转化器的结构要便于制造、安装、检修和更换催化剂。转化器使用条件如表 5-5 所示。

表 5-5 转化器使用条件

催化剂量 /$(t \cdot d^{-1})$	气体流量 /$(m^3 \cdot s^{-1})$	压力损失 /Pa	处理催化剂 /(次·年$^{-1}$)	转化率 /%
180 ～ 250	0.3 ～ 0.5	3000 ～ 15000	1 ～ 7	一次转化率 95 ～ 98 两次转化率 99.5 ～ 99.8

转化器的型式很多，下面举例说明。

图 5-21 是四段内部间接换热式转化器。转化器壳体由钢板卷焊而成，内衬耐火砖，催化剂分段堆放在钢制的篦子板上，为了防止催化剂漏下，在篦子板上装有铁丝网，铁丝网与催化剂之间放上一层鹅卵石。在第一、二段和第三、四段催化床之间设有换热列管，炉气走管外，与管内的转化气进行换热。第三、四之间因换热量少，所需换热面积也少，换热器为螺旋式。为了测定各段出入口的温度和压力，在各段催化床上下部均装有热电偶，在各段设有测压口。为 *r* 使进入转化器的炉气能均匀地分布在催化床的整个截面上，在气体进口处设有气体分布板。为了更换催化剂和检修方便，在各段催化床上方均开有入孔。这种转化器结构紧凑，阻力小，占地面积小，广泛用在日产 15 ～ 120t 硫酸的中小型硫酸生产中。由于受管板的机械强度所限，制作大直径转化器较困难，故限制了单台转化器生产能力的提高。

为了克服这一缺点，前苏联将转化器内换热列管改为卧式双程管，如图 5-22 所示。该转化器有五段催化床，第一、二段间用炉气冷激，第四、五段间用螺旋式换热器间接换热，其余各段均采用卧式双程列管换热。这种转化器结构很复杂，对于大型硫酸生产装置，还是采用多段外部中间换热式转化器较好。

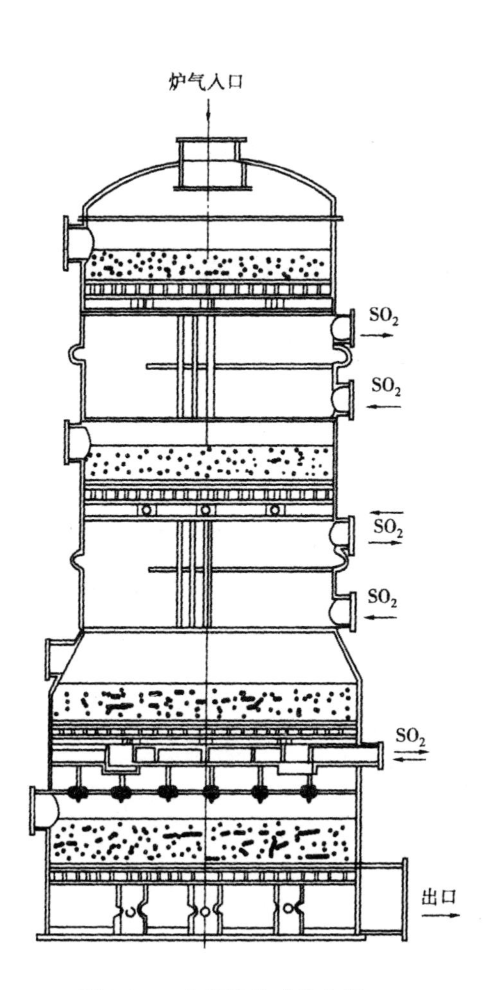

图 5-21　中间换热式转化器

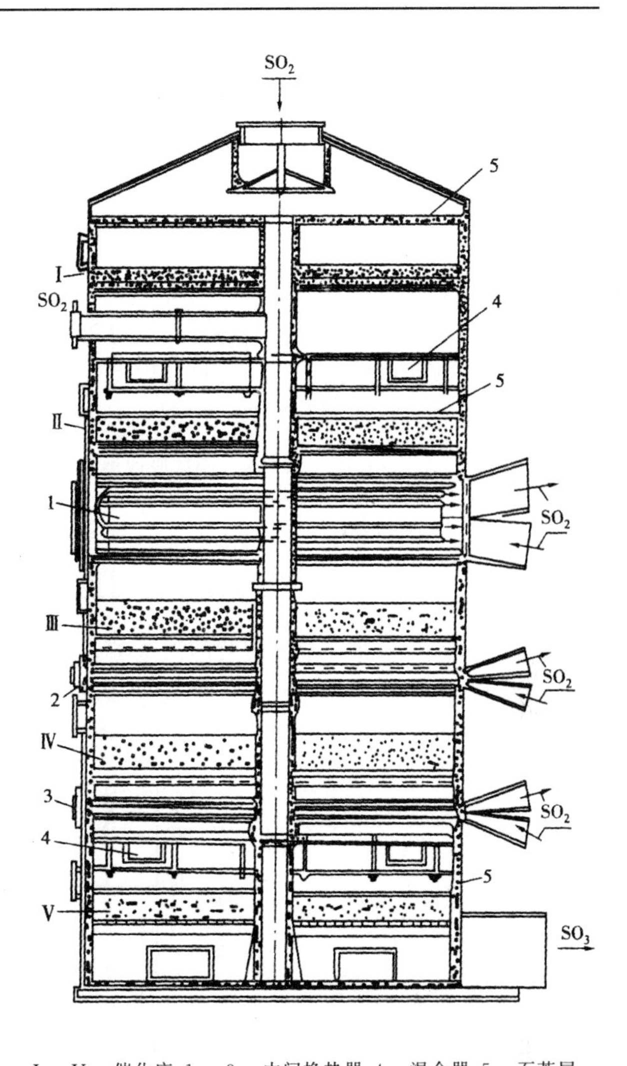

Ⅰ～Ⅴ—催化床；1～3—中间换热器；4—混合器；5—石英层

图 5-22　第一、二段间炉气冷激的中间换热式转化器

5.2.5　三氧化硫的吸收

在硫酸的生产中，SO_3 是用浓硫酸来吸收的，使 SO_3 溶于硫酸溶液，并与其中的水生成硫酸，或者用含有游离态 SO_3 的发烟硫酸吸收，生成发烟硫酸。这一过程可用下列方程式表示：

$$nSO_3 + H_2O \longrightarrow H_2SO_4 + (n-1)SO_3$$

当式中的 $n>1$ 时，制得发烟硫酸；当 $n=1$ 时，制得无水硫酸；当 $n<1$ 时，制得含水硫酸，即硫酸和水的溶液。

1. 发烟硫酸吸收过程的原理和影响因素

吸收系统生产发烟硫酸时，含有 SO_3 的转化气首先送往发烟硫酸吸收塔，用与产品浓度相近的发烟硫酸喷淋吸收 SO_3。

用发烟硫酸吸收 SO_3 的过程是一个物理吸收过程。在其他条件一定时，吸收速度快慢主要取决于推动力，即气相中三氧化硫的分压与吸收液液面上三氧化硫的平衡分压之差。在气液相进行逆流接触的情况下，吸收过程平均推动力可用下式表示：

$$\Delta p_m = \frac{(p'_1 - p''_2) - (p'_2 - p''_1)}{\ln \frac{p'_1 - p''_2}{p'_2 - p''_1}}$$

式中，p'_1，p'_2 分别为进出口气体中 SO_3 的分压，Pa；p''_1，p''_2 分别为进出口发烟硫酸液面上 SO_3 的平衡分压，Pa。

当气相中 SO_3 的体积分数和吸收用发烟硫酸浓度一定时，吸收推动力与吸收酸的温度有关。酸温度越高，酸液面上 SO_3 的平衡分压越高，使吸收推动力下降，吸收速率减慢；当吸收酸升高到一定温度时，推动力接近于零，吸收过程无法正常进行。

当气体中 SO_3 体积分数为 7% 时，不同酸温下所得发烟硫酸的最大浓度如表 5-6 所示。

表 5-6　不同吸收酸温度下产品发烟硫酸的最大浓度

吸收酸温度 /℃	20	30	40	50	60	70	80	90	100
产品发烟硫酸浓度，$\varphi(SO_3)$/%	50	45	42	38	33	27	21	14	7

由表 5-6 可见，在一定的吸收酸温度下，气相中 SO_3 体积分数越高，发烟硫酸对 SO_3 的吸收率越高。用 SO_3 的体积分数为 20% 的发烟硫酸吸收 SO_3 时，气相中三氧化硫的体积分数及吸收酸温度对吸收率的影响可用图 5-23 的曲线表示。

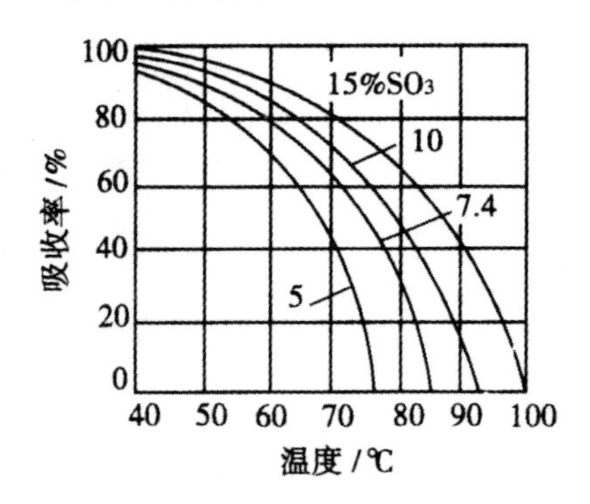

图 5-23　用发烟硫酸吸收 SO_3 的吸收率与温度的关系

由图 5-23 可见，在通常的条件下，用发烟硫酸来吸收 SO_3 时，吸收率是不高的。气相中其余的 SO_3 必须再用浓硫酸吸收。因此，生产发烟硫酸时一般采用两个塔吸收。如果不生产发烟硫酸，全部产品为浓硫酸，则 SO_3 的吸收只需在浓硫酸吸收塔中完成。这是一个伴有化学反应的气液相吸收过程。

2. 生产发烟硫酸的吸收流程

生产发烟硫酸采用两级吸收流程，如图 5-24 所示。经冷却的转化气先经过发烟硫酸吸收塔（一塔），再经过浓硫酸吸收塔（二塔），尾气送回收处理系统。发烟硫酸吸收塔喷淋的是含游离 SO_3 体积分数为 18.5% ～ 20% 的发烟硫酸，喷淋酸温度控制在 40℃ ～ 50℃，吸收 SO_3 后浓度和温度均有所升高，经稀释后用螺旋冷却器冷却，以维持循环酸和成品酸的浓度和温度。发烟硫酸的 SO_3 蒸气压高，只能用 98.3% 的浓硫酸稀释以减少酸雾的生成。混合后的发烟硫酸一部分作为产品，大部分循环用于吸收。浓硫酸吸收塔用 98.3% 硫酸喷淋，吸收 SO_3 后用干燥塔来的 93% 的硫酸混合稀释并冷却，一部分送往发烟硫酸循环槽，一部分送往干燥系统，大部分循环用于吸收,另一部分作为产品抽出。

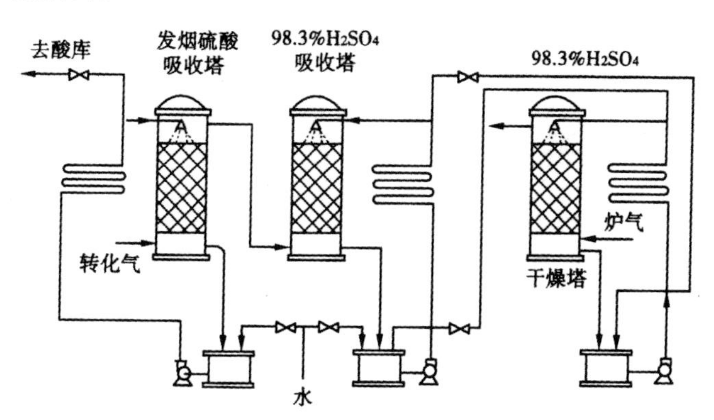

图 5-24 制造发烟硫酸和浓硫酸的吸收流程

3. 生产浓硫酸的吸收流程

我国普遍采用的生产 98.3% 浓硫酸的吸收流程如图 5-25 所示。

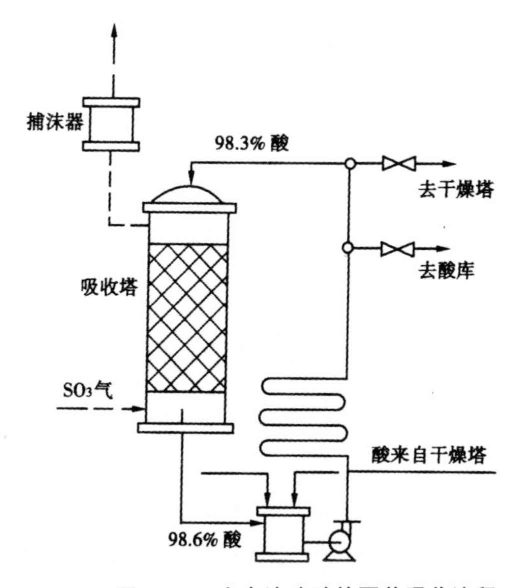

图 5-25 生产浓硫酸的泵前吸收流程

催化氧化后的转化气从吸收塔底部进入,98.3% 的浓硫酸从塔顶喷淋,气液两相逆流接触三氧化硫被吸收得很完全。进塔气体温度维持在 140℃ ~ 160℃,空塔气速为 0.5 ~ 0.9m/s,吸收在常压下进行。喷淋酸温度控制在 50℃ 以下,出塔酸温度用喷淋量控制,使之小于 70℃。吸收塔流出的酸浓度比进塔酸提高 0.3% ~ 0.5%,经排管冷却器冷却后送往循环槽,用干燥塔来的变稀硫混合,不足的水分由新鲜水补充,再用酸泵输送,除循环外,部分送往干燥塔,部分抽出作为产品。正常操作时,吸收率可达 99.95%。

此流程冷却器位于泵前,称为泵前流程。特点是输送过程中酸的压头小,操作比较安全。冷却器也可以放在泵后,成为泵后流程,酸由泵强制输送通过冷却器,传热效果好,但酸因受压而易泄漏。

5.3 稀硝酸生产

5.3.1 氨的催化氧化制一氧化氮

1. 氨氧化反应

氨和氧可以进行下列三个反应：

$$4NH_3 + 5O_2 \xrightarrow{k_1} 4NO + 6H_2O \qquad \Delta H = -907.28kJ/mol$$

$$4NH_3 + 4O_2 \xrightarrow{k_2} 2N_2O + 6H_2O \qquad \Delta H = -1104.9kJ/mol$$

$$4NH_3 + 3O_2 \xrightarrow{k_3} 4N_2 + 6H_2O \qquad \Delta H = -1269.02kJ/mol$$

除此之外，还可能发生下列反应：

$$2NH_3 \xrightarrow{k_4} N_2 + 3H_2 \qquad \Delta H = 91.69kJ/mol$$

$$2NO \longrightarrow N_2 + O_2 \qquad \Delta H = 180.6kJ/mol$$

$$4NH_3 + 6NO \longrightarrow 5N_2 + 6H_2O \qquad \Delta H = 1810.8kJ/mol$$

不同温度下，平衡常数见表5-7。

表5-7 不同温度下氩氧化或氢分解反应的平衡常数($p = 0.1MPa$)

温度/K	反应			
	k_1	k_2	k_3	k_4
300	6.4×10^{41}	7.3×10^{47}	7.3×10^{56}	1.7×10^{-3}
500	1.1×10^{26}	4.4×10^{28}	7.1×10^{34}	3.3
700	2.1×10^{19}	2.7×10^{20}	2.6×10^{25}	1.1×10^{2}
900	3.8×10^{15}	7.4×10^{15}	1.5×10^{20}	8.5×10^{2}
1100	3.4×10^{11}	9.1×10^{12}	6.7×10^{16}	3.2×10^{3}
1300	1.5×10^{11}	8.9×10^{10}	3.2×10^{14}	8.1×10^{3}
1500	2.0×10^{10}	3.0×10^{9}	6.2×10^{12}	1.6×10^{4}

从表5-7可知，在一定温度下，几个反应的平衡常数都很大，实际上可视为不可逆反应。比较各反应的平衡常数，可见，如果对反应不加任何控制而任其自然进行，氨和氧的最终反应产物必然是氮气。欲获得所要求的产物NO，不可能从热力学去改变化学平衡来达到目的，而只可能从反应动力学方面去着手。即要寻求一种选择性催化剂，抑制不希望的反应进行。实验研究证明，铂是目前最好的选择性催化剂。

2. 氨氧化催化剂

氨氧化用催化剂有两大类：一类是以金属铂为主体的铂系催化剂；另一类是以其他金属如铁、钴为主体的非铂系催化剂。

(1) 铂系催化剂

铂系催化剂价值昂贵，催化活性最好，具有良好的机械性能和化学稳定性，易于再生，容易点燃，操作方便，在硝酸生产中得到广泛应用。为了增加铂的机械强度，减少铂在使用过程中的损失，常用铂、铑、钯的三元合金。其成分为：93%Pt，4%Pd，3%Rh。

① 物理形状。铂系催化剂不用载体，因为用了载体后，铂难以回收。为了使催化剂具有更大的接触面积，工业上将其做成丝网状。

② 铂网的活化、中毒和再生。新铂网表面光滑而具弹性，但活性不好。为了提高活性，在使用前需要进行“活化”处理。方法是用氢火焰进行烘烤，使之变得疏松、粗糙，以增大接触面积。

铂与其他催化剂一样，许多杂质都会降低其活性。空气中的灰尘和氨气中夹带的油污等会覆盖铂的活性表面，造成暂时中毒；H_2S 也会使铂网暂时中毒，尤其是 PH_3，气体中即使仅含有 0.002%，也足以使铂催化剂永久性中毒。为保护铂催化剂，预先必须对反应气体进行净化处理。即使如此，铂网还是会随着时间的增长而逐渐失活。因此，一般在使用 3 ～ 6 个月后就应进行再生处理。

再生的方法是将铂网从氧化炉中取出，先浸入 10% ～ 15% 盐酸溶液中，加热到 60℃ ～ 70℃，在该温度下保持 1 ～ 2h，然后将铂网取出用蒸馏水洗涤至水呈中性。再将其干燥并用氢火焰重新活化。活化后的铂网，活性一般可恢复正常。

③ 铂的损失及回收。铂网在硝酸生产中受到高温及气流的冲刷，表面会发生物理变化，细粒极易被气流带走，造成铂的损失。铂的损失量与反应温度、压力、网径、气流方向以及接触时间等因素有关。一般认为，温度超过 800℃ ～ 900℃，铂的损失会急剧增加。因此，常压下氨氧化时铂网温度一般为 800℃，加压时一般为 880℃。

由于铂价格昂贵，目前工业上用数层钯 — 金捕集网置于铂网之后来回收铂。在 750℃ ～ 850℃ 下被气流带出的铂微粒通过捕集网时，铂被钯置换。铂的回收率与捕集网数、氨氧化操作压力及生产负荷有关。常压下，用一张捕集网可回收 60% ～ 70% 的铂；加压氧化时，要回收 60% ～ 70% 的铂，需要两张甚至更多张捕集网。

(2) 非铂系催化剂

为替代价格昂贵的铂，长期以来，对铁系及钴系催化剂进行了许多研究。因铁系催化剂氧化率不及铂网高，因此至少目前还难以完全替代铂网，多数情况下是将两者联合使用。国内外对铂网和铁铋相结合的两段催化氧化曾有工业规模的试验，以期达到用适当的非铂催化剂代替部分铂的目的。但实践表明，由于技术及经济上的原因，节省的铂费用往往抵消不了由于氧化率低造成的氨消耗，因而非铂催化剂未能在工业上大规模应用。

非铂催化剂毕竟价廉易得，新制备的非铂催化剂活性往往也较高，所以研制这类新催化剂并逐步克服某些不足，满足工业生产，仍是很有前景的。

3. 氨催化氧化反应动力学

氨与氧反应生成一氧化氮，需四个分子氨和五个氧碰撞在一起才能完成。从动力学角度看，用九个分子碰撞在一起的机会极小。

一般来讲，氨氧化过程与其他气 — 固催化反应过程一样，包括：反应物的分子从气相主体扩散到催化剂表面；在表面上被吸附并进行化学反应；反应产物从催化剂表面解吸并扩散到气相主体等步骤。在铂催化剂上氧化生成 NO 的机理如图 5-26 所示。

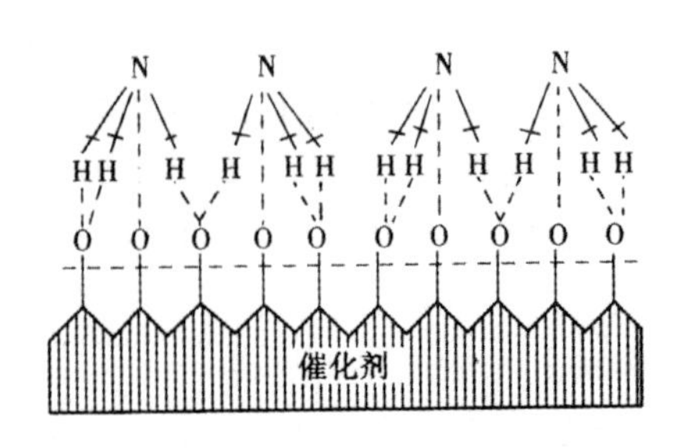

图 5-26　铂催化剂表面生成 NO 的图解

有人认为反应机理是：

(1) 铂吸附氧的能力极强，吸附的氧分子发生原子间的键断裂。

(2) 铂催化剂表面从气体中吸附氨分子，随之氨分子中氮和氢原子分别与氧原子结合。

(3) 在铂催化剂活性中心进行电子重排，生成一氧化氮和水蒸气。

(4) 铂催化剂对一氧化氮和水蒸气吸附能力较弱，因此它们会离开铂催化剂表面进入气相。

上述过程中，以氨向铂催化剂表面扩散为最慢，是整个氧化过程的控制步骤。诸多学者认为，氨氧化的反应速度受外扩散控制，对此，M. N. 捷姆金导出了 800℃ ～ 900℃ 间在 Pt－Rh 网上氨氧化反应的动力学方程为：

$$\lg \frac{c_0}{c_1} = 0.951 \frac{Sm}{dV_0}[0.45 + 0.288(dV_0)^{0.56}]$$

式中，c_0 氨空气混合气中氨的浓度，%；c_1 是通过铂网后氮氧化物气体中氨的浓度，%；S 为铂网的比表面积，活性表面积 cm^2 / 铂网截面积 cm^2；m 为铂网层数；d 为铂丝直径，cm；V_0 为标准状态下的气体流量，l/h · cm^2 铂网面积。

4. 氨氧化工艺条件的选择

氨催化氧化工艺条件的选择，应该考虑的主要因素有：较高的氨氧化率，尽可能高的生产强度，较低的铂损失。

(1) 温度

温度越高，催化剂的活性也越高。生产实践也证明，要达到 96% 以上的氨氧化率，温度不得低于 780℃。但若温度太高，超过 920℃ 时，铂的损失速度剧增，且副反应加剧。因此，常压下氨氧化温度取 780℃ ～ 840℃ 比较适宜。压力增高时，操作温度可相应提高，但不应超过 900℃。

(2) 压力

氨氧化反应实际上可视为不可逆反应，压力对于 NO 产率影响不大，但是加压有助于反应速度的提高。尽管加压(如 0.8 ～ 1.0MPa) 氧化导致氨氧化率有所降低，但由于反应速度的提高可使催化剂的生产强度增大。尤其是压力提高可大大节省 NO 氧化和 NO_2 吸收所用的昂贵不锈钢设备。生产中究竟采用常压还是加压操作，应视具体条件而定。一般加压氧化采用0.3 ～ 0.5MPa，国外有采用 1.0MPa。也有采用综合法流程，即氨氧化采用常压，NO_2 吸收采用加压，以兼顾两者之优点。

(3) 接触时间

接触时间应适当。时间太短，氨来不及氧化，致使氧化率降低；但若接触时间太长，在铂网前高温区停留过久，容易被分解为氮气，同样也会降低氨氧化率。

考虑到铂网的弯曲因素，接触时间可由下式计算：

$$\tau_0 = \frac{3fSdmp_k}{V_0 T_k}$$

式中，p_k 是操作压力；T_k 为操作温度；f 为铂网自由空间体积百分率；其余符号同动力学方程意义。

可见，当铂网规格一定时，接触时间与网数成正比，而与处理的气量成反比。

为了避免氨过早氧化，常压下气体在接触网区内的流速不低于 0.3m/s。加压操作时，由于反应温度较高，宜采用大于常压时的气速，但最佳接触时间一般不因压力而改变。故在加压时增加网数的原因就在于此。

另外，催化剂的生产强度与接触时间有关

$$A = 1.97 \times 10^5 \times \frac{c_0 f d P_k}{S\tau_0 T_k}$$

在其他条件一定时，铂催化剂的生产强度与接触时间成反比，即与气流速度成正比。从提高设备的生产能力考虑，采用较大的气速是适宜的。尽管此时氧化率比最佳气速时稍有减小，但从总的经济效果衡量是有利的。

在 900℃ 及 $O_2/NH_3 = 2$ 的条件下，不同初始氨含量 c_0 时，氨的氧化率与生产强度的关系见图 5-27。

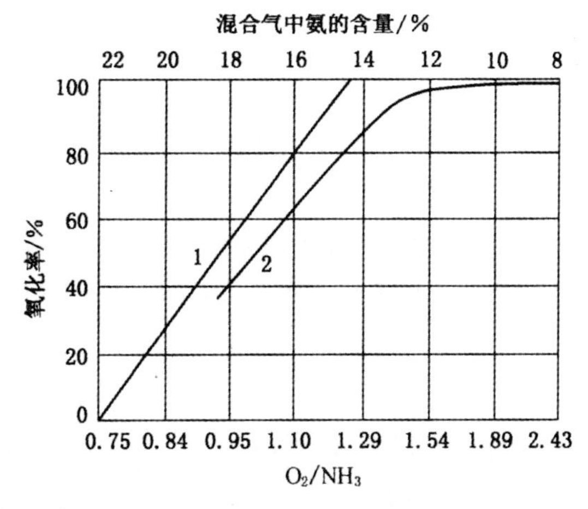

图 5-27　在 900℃ 时，氧化率与催化剂生产强度、混合气中氨含量的关系

由图可看出，对应于某一个氨含量 c_0，有一个氧化率最大时的催化剂生产强度 A. 工业上选取的生产强度一般稍大些，多控制在 600 ～ 800kgNH_3/(m^2 · d)。如果催化剂选用 Pt—Rh—Pd 三元合金，催化剂的生产强度可达 900 ～ 1000kg NH_3/(m^2 · d)，氨氧化率可保证在 98.5% 左右。

(4) 混合气体组成

氨氧化的混合气中，氧和氨的比值($\upsilon = O_2/NH_3$) 是影响氨氧化率的重要因素之一。增加混合气中氧浓度，有利于氨氧化率的增加；增加混合气中的氨浓度，则可提高铂催化剂的生产强度。因此，选择 O_2/NH_3 比值时需全面考虑。

硝酸制造过程，除氨氧化需氧外，后工序 NO 氧化仍需要氧气。在选择 O_2/NH_3 比时，还要考虑 NO 氧化所需的氧量。为此，需考虑总反应式：

$$NH_3 + 2O_2 \longrightarrow HNO_3 + H_2O$$

式中，$v = O_2/NH_3 = 2$，配制 $v = 2$ 的氨空气混合气，假设氨为 1mol，则氨浓度可由下式算出：

$$[NH_3] = \frac{1}{1 + 2 \times \frac{100}{21}} \times 100\% = 9.5\%$$

因此，在氨氧化时，若氨的浓度超过 9.5%，则在后工序 NO 氧化时必须补加二次空气。

氧氨比在 1.7 ~ 2.0 时，对于保证较高的氨氧化率是适宜的。工业生产中，为提高生产能力，一般均采用较 9.5% 更高的氨浓度，通常往氨 — 空气混合物中加入纯氧配成氨 — 富氧空气混合物。必须注意，氨在混合气中的含量不得超过 12.5% ~ 13%，否则便有发生爆炸的危险。若在氨 — 富氧空气中加入一些水蒸气，可以降低爆炸的可能性，从而可适当提高 NH_3 和氧的浓度。

(5) 爆炸及其预防措施

氨 — 空气混合气中，当氨的浓度在一定范围内，一旦遇到火源便会引起爆炸，爆炸极限与混合气体的温度、压力、氧含量、气体流向、容器的散热速度等因素有关。当气体的温度、压力及氧含量增高，气体自下而上通过，容器散热速度减小时，爆炸极限变宽。反之，则不易发生爆炸。氨 — 空气混合气的爆炸极限参见表 5-8。

表 5-8　氨 — 空气混合物的爆炸极限

气体火焰方向	爆炸极限(以 NH_3 含量 /% 计)				
	18℃	140℃	250℃	350℃	450℃
向上	16.1 ~ 26.6	15 ~ 28.7	14 ~ 30.4	31 ~ 32.2	12.3 ~ 33.9
水平	18.2 ~ 25.6	17 ~ 27.5	15.9 ~ 29.6	14.7 ~ 31.1	13.5 ~ 33.1
向下	不爆炸	19.9 ~ 26.3	17.8 ~ 28.2	16 ~ 30	13.4 ~ 32.0

为了保证安全生产，防止爆炸，在设计和生产中要采取必要措施，严格控制操作条件，使气流均匀通过铂网，合理设计接触氧化设备或添加水蒸气，并避免引爆物存在。

5. 氨催化氧化工艺流程及反应器

(1) 工艺流程

常压下氨的催化氧化工艺流程如图 5-28 所示。

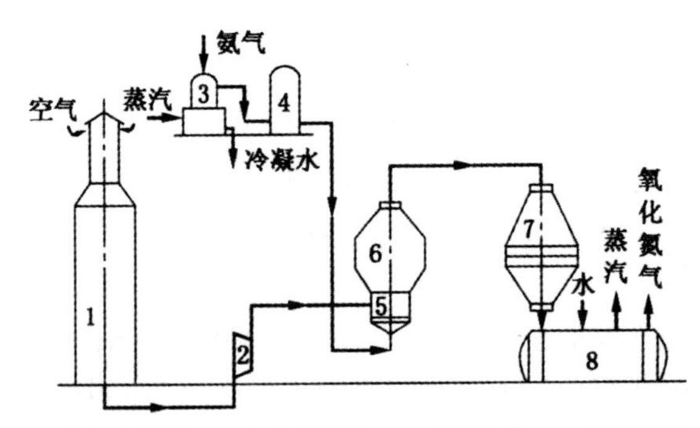

1— 空气净化器；2— 空气鼓风机；3— 氨蒸发器；4— 氨过滤器；
5— 混合器；6— 纸板过滤器；7— 氧化炉；8— 废热锅炉

图 5-28　氨氧化部分工艺流程

空气由净化器顶部进入，来自气冷器的水从净化器顶部向下喷淋，形成栅状水幕与空气逆流接触，除去空气中部分机械杂质和一些可溶性气体。然后进入袋过滤器，进一步净化后送入鼓风机前气体混合器。来自气柜的氨经氨过滤器除去油类和机械杂质后，在混合器中与空气混合，送人混合器预热到70℃～90℃，然后进入纸板过滤器进行最后的精细过滤。过滤后的气体进入氧化炉，通过790℃～820℃的铂网氨氧化为NO气体。

高温反应后的气体进入废热锅炉管间，逐步冷却到170℃～190℃，然后进入混合预热器管外，继续降温到110℃，进入气体冷却器，再冷却到40℃～55℃后进入透平机。

在气体通过冷却器时，随着部分水蒸气被冷凝，同时与部分氮化物反应，出冷却塔会生成10%左右的稀硝酸，此冷凝酸送回循环槽以备利用。

(2) 反应器

氨催化氧化的主要设备是氨氧化炉。氨氧化炉的构造如图5-29所示。它是由两个锥体1、3和一段圆柱体2所组成。上锥体与中部圆柱体为不锈钢，底部锥体为碳钢，内衬耐火砖。上锥体与圆柱体之间设有花板4，板上钻有小孔，主要用于分散气体，使之均匀。下锥体与圆柱体之间有数层铂网5，安装在不锈钢的支架上。铂网以上的圆筒四周设有四个镶有云母片的视孔。此外，还设有点火孔、取样器，铂网以下的圆筒体内设有热电偶温度计。

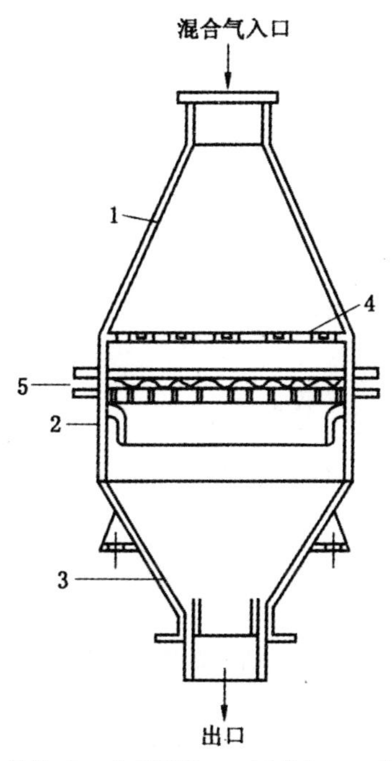

1— 上锥体；2— 中部圆筒；3— 下锥体；4— 花板；5— 铂网

图5-29　氨氧化炉

混合气由氧化炉上部进入，硝化气（含有NO及NO_2、N_2O_3、N_2O_4等氮氧化物的气体称为硝化气）从炉下部引出。这与过去由炉下部进气不同，它可避免由下部进气而引起的铂网震动。

5.3.2　一氧化氮的氧化

NO只有在氧化为NO_2后，才能被水吸收，制得硝酸。NO的氧化反应如下：

$$2NO + O_2 \longrightarrow 2NO_2 \qquad \Delta H = -112.6 kJ/mol$$

$$NO + NO_2 \longrightarrow N_2O_3 \qquad \Delta H = -40.2kJ/mol$$

$$2NO_2 \longrightarrow N_2O_4 \qquad \Delta H = -56.9kJ/mol$$

NO是无色气体，微溶于水。NO_2 是棕红色气体，与水作用生成硝酸，气态的 NO_2 在低温下会部分迭合成无色的 N_2O_4，在常压下冷却到21.5℃，它便冷凝变成液体，冷到－10.8℃则成固体。N_2O_3 在常温下很容易分解成 NO 和 NO_2。

氮的氧化物有毒，规定每立方米空气中不能超过5mg。

上述三个反应都是可逆放热反应，反应后物质的量减少。所以，降低温度，增加压力，有利于一氧化氮氧化反应的进行。

NO 和 NO_2 生所 N_2O_3 的速度在0.1s内便可达到平衡；NO_2 迭合成 N_2O_4 的速度更快，在 10^{-4}s 内便可达到平衡。

NO氧化成 NO_2 是硝酸生产中重要的反应之一，与其他反应比较，是硝酸生产中最慢的一个反应，因此 NO 氧化为 NO_2 的反应就决定了全过程进行的速度。

在 NO_2 用水吸收生成 HNO_3 的过程中，还能放出NO，所以在吸收过程亦需考虑NO的氧化反应。

如何提高 NO 的氧化度，以及提高 NO 氧化的速度是硝酸生产中很重要的一个问题。影响NO 氧化的因素有温度、压力、NO 的初始浓度和氧含量等等。

1. 一氧化氮氧化反应的化学平衡

气相中，NO、NO_2、N_2O_3、N_2O_4 及 O_2 等达到平衡，它们的平衡组成应满足下面三个公式：

$$K_{p1} = \frac{p_{NO}^2 \cdot p_{O_2}}{p_{NO_2}^2}$$

$$K_{p2} = \frac{p_{NO} \cdot p_{NO_2}}{p_{N_2O_3}}$$

$$K_{p3} = \frac{p_{NO_2}^2}{p_{N_2O_4}}$$

平衡常数 K_{p1} 与温度的关系用下式表示

$$\log K_{p1} = \lg \frac{p_{NO}^2 \cdot p_{O_2}}{p_{NO_2}^2} = -\frac{5749}{T} + 1.78\lg T - 0.0005T + 2.839$$

按上式计算值和实验值列于表5-9。

表5-9 K_{p1} 的计算值与实验值

温度/℃	225.9	246.5	297.4	353.4	454.7	513.8	552.3
实验值	6.08×10^{-5}	1.84×10^{-4}	1.97×10^{-3}	1.76×10^{-2}	0.382	0.637	3.715
计算值	6.14×10^{-5}	1.84×10^{-4}	1.99×10^{-3}	1.75×10^{-2}	0.384	0.611	3.690

由表5-9可见，温度低于225.9℃时，NO氧化反应可以认为是不可逆的，类推下去只要控制在较低温度，NO几乎全部氧化成 NO_2. 在常压下温度低于100℃或5atm下温度低于200℃时，氧化度 α_{NO} 都几乎为1。当温度高于800℃时，α_{NO} 接近于0，即 NO_2 几乎完全分解为NO及 O_2。

生成 N_2O_4 和 N_2O_3 的方程都是放热及体积缩小的可逆反应，它们的反应速度在一般条件下都是极快的。只要在氮氧化物气体中有NO2就可以认为总会有 N_2O_3 及 N_2O_4 存在，其量与平衡含量相当。从平衡条件下计算的结果，与 N_2O_4 含量相比，仅有很少一部分是以 N_2O_3 形式存在。因此，在实际生产条件下可以忽略 N_2O_3 对 NO_2 和 N_2O_4 的影响。

在低温下会有更多的 NO_2 迭合成 N_2O_4，达到平衡时，混合物组成可由平衡常数 K_{p_3} 求得。K_{p_3} 与温度的关系是：

$$\log K_{p_3} = \log \frac{p_{NO_2}^2}{p_{N_2O_4}} = -\frac{2692}{T} + 1.75\log T + 0.00484T - 7.144 \times 10^{-6} T^2 - 3.062$$

2. 一氧化氮氧化的反应速度

对于 NO 氧化为 NO_2 的动力学问题，已经有较多的研究。根据实验，其反应速度方程式可表示为

$$\frac{dp_{NO_2}}{d\tau_0} = k_1 p_{NO}^2 \cdot p_{O_2} - k_2 p_{NO_2}^2$$

式中，k_1，k_2 为正、逆反应速度常数。

工业生产条件下，温度均低于 200℃，故 NO 的氧化实际上是不可逆的，上式可改写为

$$\frac{dp_{NO_2}}{d\tau_0} = k_1 p_{NO}^2 \cdot p_{O_2}$$

对 NO 氧化反应来说，k 与温度的关系是不符合阿累尼乌斯公式的，即温度升高不仅不能加速反应，相反地会使过程减慢，这是一个反常的反应。

为了便于计算在给定条件下 NO 氧化反应所需的时间 τ(s)，需要将上式进行积分得

$$K_p \cdot a^2 \cdot p^2 \cdot \tau = \frac{\alpha_{NO}}{(r-1)(1-\alpha_{NO})} + \frac{1}{(r-1)^2}\ln\frac{r(1-\alpha_{NO})}{r-\alpha_{NO}}$$

式中，a 为 NO 的起始浓度，mol；b 为 O_2 的起始浓度，mol；p 为总压力，atm；同时，$r=\dfrac{b}{a}$。

为方便起见，可用图线表示，即以 $K_p \cdot a^2 \cdot p^2 \cdot \tau$ 为横坐标，α_{NO} 为纵坐标，r 为参变数得到算图 5-30。可用此算图计算氧化时间 τ。

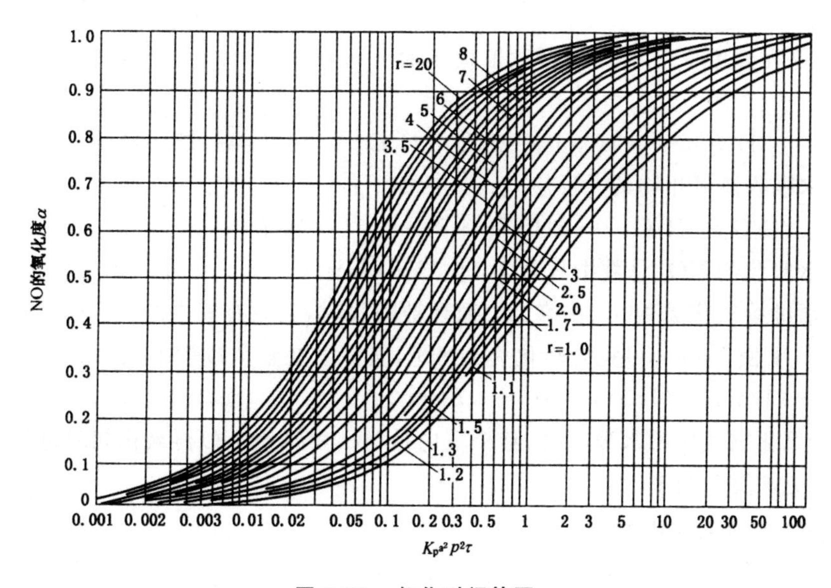

图 5-30　氧化时间算图

3. 一氧化氮氧化的工艺过程

从上面讨论可知，保证 NO 氧化的良好条件是：加压、低温和适宜的气体浓度。这些也是吸收的良好条件。

氮氧化物在氨氧化时经过余热回收，可冷至 200℃ 左右。以后，还需继续冷却，而且温度愈低愈好。在温度下降的过程中，NO 就会不断氧化，而气体中的水蒸气达到露点后就开始冷凝下来，从而就有一部分 NO 和 NO_2 溶解在水中，成了稀硝酸，这就降低了气体中所含氧化物的浓度，不利于以后的吸收操作。

为了解决这个问题，氮氧化物气体必须很快冷却下来，使其中水分尽快冷凝，NO 尽量少氧化成 NO_2。如果 NO_2 浓度不高，溶解在水中的氮氧化物量也就较少了。这个过程是在所谓快速冷却设备中进行的，对冷却器的选择应是传热系数大的高效设备，以实现短时间完成气体冷却和水蒸气的冷凝。

经快速冷却后的气体，其中水分已大部分除去。此时，就可以使 NO 充分进行氧化。通常是在气相或液相中进行，习惯上可分干法氧化和湿法氧化两种。

干法氧化是把气体通过一个氧化塔，使气体在里面充分地停留，从而达到氧化的目的。氧化可在室温下操作，也可以采取冷却措施，以排除氧化时放出的热量。

湿法氧化是将气体通人塔内，塔中用较浓的硝酸喷淋。

5.3.3 氮氧化物气体的吸收

氮氧化物气体中除了一氧化氮外，其他的氮氧化物都能按下列各式与水互相作用

$$2NO_2 + H_2O \longrightarrow HNO_3 + HNO_2 \qquad \Delta H = -11.6kJ/mol$$

$$N_2O_4 + H_2O \longrightarrow HNO_3 + HNO_2 \qquad \Delta H = -59.2kJ/mol$$

$$N_2O_3 + H_2O \longrightarrow 2HNO_2 \qquad \Delta H = -55.7kJ/mol$$

实际上，氮氧化物气体中 N_2O_3 含量是极少的，因此在吸收过程中，所占比重不大，可以忽略。

亚硝酸只是在温度低于 0℃，以及浓度极小时方才稳定，所以在工业生产条件下，它会迅速分解，

$$3HNO_2 \longrightarrow HNO_3 + 2NO + H_2O \qquad \Delta H = +75.9kJ/mol$$

因此，用水吸收氮氧化物的总反应式可概括如下：

$$3NO_2 + H_2O \longrightarrow 2HNO_3 + NO \qquad \Delta H = -136.2kJ/mol$$

可见，被水吸收的 NO_2 总数中只有 2/3 生成硝酸，还有 1/3 又变成 NO，要使这一部分 NO 也变成硝酸，必须继续氧化成 NO_2。在第二个循环被吸收时，又只有其中的 2/3 被吸收，其中 1/3 又变为 NO。所以，要使 1mol NO 完全转化为 HNO_3，实际上在整个过程中氧化的 NO 量不是 1mol，而是 $1 + 1/3 + (1/3)2 + (1/3)3 + \cdots = 1.5mol$。

由于含氮氧化物气体用水吸收时，整个塔内是 NO_2 吸收和 NO 再氧化同时进行的，这样就使整个过程变得更加复杂起来。

1. 吸收反应平衡和平衡浓度

从上面吸收反应式可知其为一放热、物质的量减少的可逆反应。降低温度、增高压力对平衡有利，用平衡常数来讨论。

为了测定及计算方便起见，把 K_p 分成两个系数来研究：

$$K_p = K_1 \cdot K_2, \quad K_1 = \frac{p_{NO}}{p_{NO_2}^2}, \quad K_2 = \frac{p_{HNO_3}^2}{p_{H_2O}}$$

平衡常数 K_p 只与温度有关，而 K_1 与 K_2 除了与温度有关外，还与溶液中酸含量有关。酸浓度改变时，K_1 与 K_2 均要变化。图 5-31 为系数 K_1 与温度的关系。

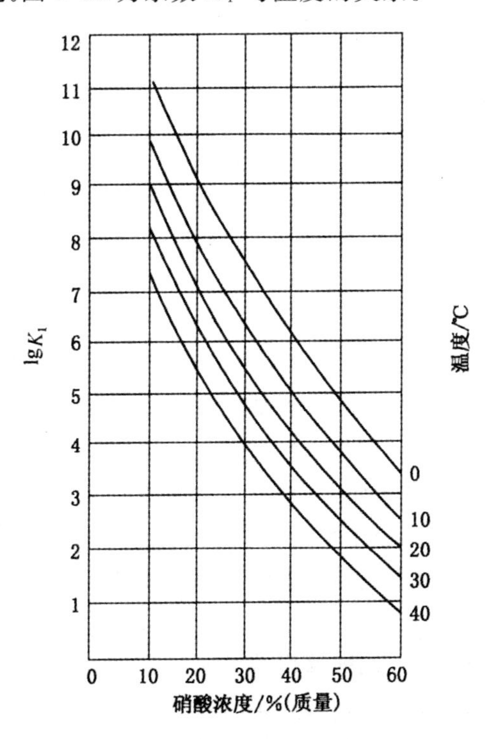

图 5-31　logK_1 与温度及硝酸浓度的关系

由图可以看出，温度愈低，K_1 值愈大；硝酸浓度愈低，K_1 值也愈大。若 K_1 为定值，则温度愈低，酸浓度愈大。因此，只有在较低温度下才能获得较浓硝酸。

如值与温度及硝酸浓度间的关系和 K_1 值相反，温度愈高 K_2 值愈大。

虽然低浓度硝酸，有利于吸收，但是生产中要考虑吸收速度的大小。如果用大量低浓度硝酸来吸收氮氧化物，即使吸收完全，然而得到产品酸的浓度也很低。而当硝酸浓度 $>60\%$ 时，$\log K_1 < 1$，吸收几乎不能进行，反应向逆反应方向进行。

综上所述，从化学平衡角度来看，在一般条件下，用硝酸水溶液吸收氮氧化物气体，成品酸所能达到的浓度，就有一定的限制，常压法不超过 50%HNO_3，加压法最高可制得 70%HNO_3。

从吸收的平衡浓度来研究，当硝酸浓度 65% 时，几乎不再吸收。所以在常压、常温下操作时很不容易获得比 65% 更浓的硝酸，一般不会超过 50%。要想提高硝酸浓度，就必须降低温度，或增加压力，而以加压更为显著。

2. 氮氧化物吸收条件的选择

吸收工段的任务是将气体中的氮氧化物用水吸收成为硝酸。要求生产的硝酸浓度尽可能高，总吸收度尽可能大。

所谓总吸收度，指气体中被吸收的氮氧化物总量与进入吸收系统的气体中氮氧化物总量之比。

产品酸浓度愈高，吸收容积系数($m^3/t \cdot d$)(即每昼夜 lt100%HNO_3 所需要的吸收容积)愈大。常压吸收操作的参考数据如表 5-10 所示。

表 5-10　常压吸收操作产品酸的浓度与吸收容积系数的关系

硝酸浓度 /%	44	46	48	50
吸收容积系数 /($m^3/t \cdot d$)	18.4	20.7	23.9	28.6

在温度和产品浓度一定时，总吸收度愈大，则吸收容积系数愈大。就意味着吸收塔尺寸与造价愈大，操作费用也愈大。为此，考虑吸收氮氧化物操作条件的原则是：在生产合乎浓度要求的稀硝酸和保证一定的总吸收度的前提下，尽可能减少吸收容积系数，因而要求加快硝酸的生成速度。

(1) 温度

降低温度，平衡向生成硝酸的方向移动。同时，NO 的氧化速度也随温度的降低而加快。在常压下，总吸收度为 92% 时，若以温度 30℃ 的吸收容积作为 100，则 5℃ 时只有 23，而 40℃ 时高达 150。所以无论从提高成品酸的浓度，还是从提高吸收设备的生产强度，降低温度都是有利的。

由于 NO，的吸收和 NO 的氧化都是放热反应，根据计算，每生成 1t 硝酸需除去大约 4.18GJ 热量。过去除去热量的方法，都是用水，由于受到冷却水温度的限制，吸收温度多维持在 20℃ ～ 35℃。要进一步降低温度，用冷冻盐水来移走热量。这时可以在 0℃ 以下进行吸收。

(2) 压力

提高压力，不仅可使平衡向生成硝酸反应的方向移动，可制得更浓的成品酸，同时对硝酸生成的速度有很大的影响。这是因为 NO 在气相中所需氧化空间几乎与压力的三次方成反比。所以加压可大大减少吸收体积。

表 5-11 是当温度为 37℃ 时，两个不同压力下，每昼夜制造 1t 硝酸(100%HNO_3)不同总吸收度所需的吸收反应容积。

表 5-11　不同压力时，总吸收度与吸收容积系数的关系

压力 /atm(绝)	3.5			5		
总吸收度 /%	94	95	95.5	96	97	98
吸收容积系数 /($m^3/t \cdot d$)	1.2	1.7	2.3	0.8	1.0	1.5

适宜吸收压力的选择，需视吸收塔、压缩机、尾气膨胀机的价值、电能的消耗、对成品酸浓度的要求等一系列因素而定。

目前实际生产上除采用常压操作外，加压的有用 0.07、0.35、0.4、0.5、0.7、0.9MPa 等压力，这是因为吸收过程在稍为加压下操作已有相当显著的效果。

(3) 气体组成

主要指气体混合物中氮的氧化物的浓度和氧的浓度。

① 氮氧化物的浓度。由吸收反应平衡的讨论可知，使产品酸浓度提高的措施之一是提高 NO_2 的浓度或提高氧化度 α_{NO}。其关系如下式

$$c_{HNO_3}^2 = 6120 - \frac{19900}{c_{NO_2}}$$

式中，c_{HNO_3} 为成品酸浓度(55％～60％)；c_{NO_2} 为氮氧化物浓度。

当 c_{NO_2} 增加时，c_{HNO_3} 就可以提高。为了保证进吸收塔气体的氧化度，气体在进入吸收塔之前必须经过充分氧化。

气体进入吸收塔的位置对吸收过程也有影响。因为从气体冷却器出口的气体温度约在40℃～45℃。由于在管道中NO继续氧化，实际上进入第一塔塔底的温度可升高到60℃～80℃。若气体中尚有较多的NO未氧化为NO_2而温度又较高时，在此条件下的氮氧化物遇到浓度为45％HN_3左右的硝酸，非但有可能不吸收，反而使硝酸分解。这种情况下，第一塔只起氧化作用，气体中的水蒸气冷凝而生成少量的硝酸。整个吸收系统的吸收容积有所减少，影响了吸收效率。此时生产成品酸的部位会后移到第二塔。

为使第一塔(在常压下)出成品酸，可将气体从第一塔顶加入。当气体自上而下流过第一塔时，在塔上半部可能继续进行氧化，而在塔下半部则被吸收。这样，成品酸就可以从第一塔导出，而提高了吸收效率，实践证明是有效的。

② 氧的浓度。当氨—空气混合气中氨的浓度达到9.5％以上时，在吸收部分就必须加大二次空气。实际上在吸收时，NO氧化和NO_2吸收同时进行，以至问题较复杂，很难从计算中确定出最适宜的氧含量。通常是控制吸收以后尾气中的氧含量，一般在3％～5％。尾气中氧含量太高，表示前面加入二次空气量太多，反而将氮氧化物稀释，且处理气量大，阻力过高；太低时，表示所加二次空气量不足，也不利于氧化。这样都能影响到吸收体积，其间关系如图5-32所示。

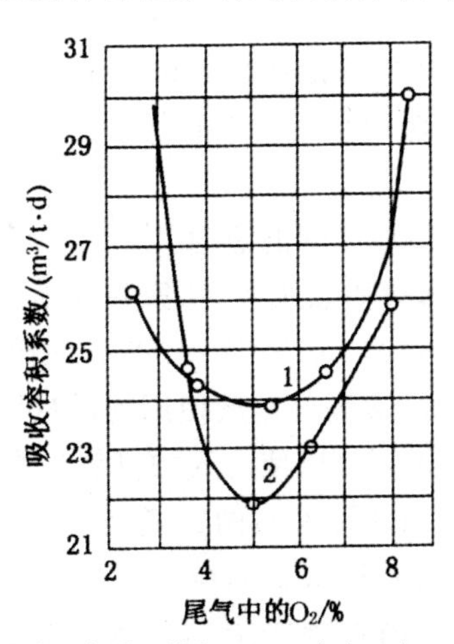

1—所有空气从一塔加入；2—气加入每一塔中

图5-32　六塔系统中，吸收容积

若在氨催化氧化时，采用纯氧或富氧空气，则不仅能提高NH_3的氧化率，对吸收部分也是很有利的。采用氧量愈多，则吸收容积系数就愈小，如表5-12所示。

表5-12　吸收容积系数与氧用量的关系

氧用量/(m^3/tHNO_3)	0	63	170	315	520	800
吸收容积系数相对值/％	100	84.5	61.6	42.8	28.4	19.5

3. 吸收流程

吸收设备应能保证气液两相充分地接触和 NO 的氧化与 NO_2 吸收两个过程同时迅速进行。

(1) 常压下的填充塔系。

① 塔的数目。常压吸收都不是只用一个塔,为了移走吸收过程的反应热及保证一定的吸收效率,应该有足够的循环酸,一般采取 5 ~ 7 塔。塔数与吸收容积系数、能量消耗关系如表 5-13 所示。

表 5-13　不同塔数下的某些技术经济指标

塔数	6 塔	8 塔	12 塔
吸收容积系数 /(m^3/t·d)	32.6	23.63	18.09
塔高与塔径比 H/D	3.0	1.63	1.33
电能消耗 /(Kw·h/t)	405.2	324.5	281.0
耐酸钢材 /(t/t)	252.8	198.7	187.0

② 对填料的要求。既要具有大的自由空间率,又要具有大的比表面。由于前几个吸收塔的主要是进行吸收过程,所以应该用比表面大一些的填充物;而在后面几个塔中,氧化过程很慢,故采用自由空间大的填充物,通常用 50mm × 50mm × 5mm 及 75mm × 75mm × 8mm 的瓷环。

③ 气流速度、酸喷淋密度和气液流向。气体流速太小不利于扩散;太大,则阻力过大。酸的喷淋量取决于能使填充物表面充分润湿,又可以导出塔内的反应热。为此,前几个塔内由于放热多,需要的喷淋酸量大于后几个塔。例如第一、二塔取 8 ~ 10m^3/m^2·h,其余各塔取 3 ~ 5m^3/m^2·h。

气液相的流向并无严格要求。但在硝酸吸收塔中同时进行着吸收和氧化过程,所以并流操作时,气体一边吸收一边继续在氧化,吸收推动力未必低于逆流操作,故一般配置气液流向时,主要以节省气体管道为原则。

(2) 常压下氮氧化物吸收流程与成品酸的漂白。

常压下,氮氧化物吸收流程为多塔串联吸收。从第一或第二吸收塔引出的成品酸因溶解有氮氧化物而呈黄色。酸浓度愈高,溶解愈多,如 58% ~ 62% 的硝酸中可以有 2% ~ 4% 的氮氧化物。为了减少溶解的氮氧化物的损失,以满足硝酸使用的质量要求,故成品酸未经入库以前,先经"漂白"处理。方法是在漂白塔中通入空气以使溶入的氮氧化物解吸。

此外,在常压吸收时,尾气中含有 1% 左右的氮氧化物,需要用纯碱溶液加以回收。而在加压吸收时,尾气中氮氧化物的含量已减低到 0.2%,减少了处理的难度。但尚有一定压力。压力大小决定于系统的操作压力及阻力损失。因此,宜在尾气排入大气前,将能量加以回收。一般都用与压缩机装在同一轴上的膨胀机,这样可使压缩机的电力消耗减少 25% ~ 40%。

5.3.4　稀硝酸生产工艺流程

稀硝酸生产流程按操作压力不同分为常压法、加压法及综合法三种流程。衡量某一种工艺流程的优劣,主要决定于技术经济指标和投资费用,具体包括氨耗、铂耗、电耗及冷却水消耗等。上述三种流程的主要技术经济指标见表 5-14。

表 5-14　国内各种硝酸生产方法的技术经济指标

生产方法	操作压力 / MPa		主要消耗指标 t 100%HNO_3				氨氧化率 / %	成品酸 / %	尾气 NO_x / %
	氧化	吸收	氨 / t	铂 / g	水 / t	电 MJ			
常压法	常压	常压	0.290	0.09	190	396	97	39 ～ 43	0.15 ～ 0.20（处理前）
加压法	0.09	0.09	0.315	0.06	330	540	95	43 ～ 47	0.4
	0.35	0.35	0.295	0.1	320	144	96	53 ～ 55	0.2
综合法	常压	0.35	0.286	0.09	240	864	97	43 ～ 45	0.22 ～ 0.3

从降低氨耗、提高氨利用率角度来看，综合法具有明显的优势。它兼有常压法和加压法两者的优点。其特点是常压氧化，加压吸收。产品酸浓度 47% ～ 53%。采用氧化炉和废热锅炉联合装置，设备紧凑，节省管道，热损失小。用带有透平装置的压缩机，降低电能消耗。吸收塔采用泡沫筛板，吸收效率高达 98%。图 5-33 为综合法生产稀硝酸的典型工艺流程。

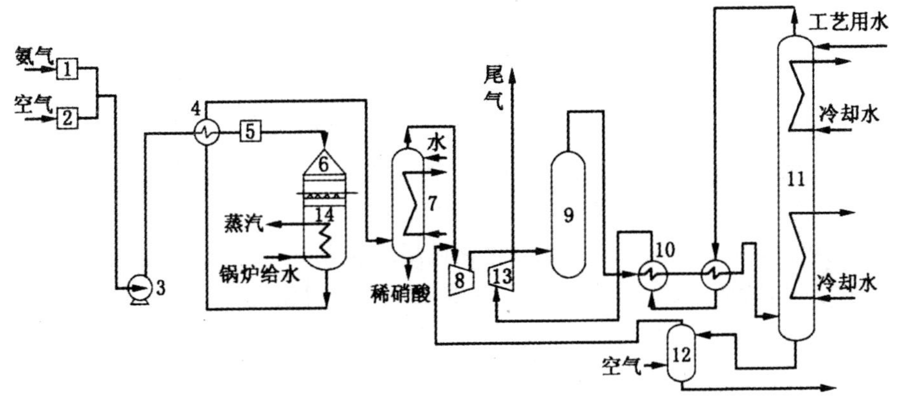

1— 氨过滤器；2— 空气过滤器；3— 混合气鼓风机；4— 混合气预热器；5— 过滤器；6— 氧化炉；7— 气体冷却洗涤器；8— 透平压缩机；9— 氧化器；10— 尾气预热器；11— 吸收塔；12— 漂白塔；13— 尾气透平；14— 废热锅炉

图 5-33　综合法硝酸生产示意流程

5.4　浓硝酸生产

5.4.1　由氨直接合成浓硝酸

1. 制造浓硝酸的生产过程

由氨为原料直接合成浓硝酸，首先必须制得液态 N_2O_4，将其按一定比例与水混合，加压通入氧气，按下列反应式合成浓硝酸

$$2N_2O_4(l)+O_2(g)+2H_2O(l)=4HNO_3 \quad \triangle H=-78.9kJ$$

工艺过程包括以下几个步骤：

（1）氨的接触氧化

生产工艺与稀硝酸相同。

（2）氮氧化物气体的冷却和过量水的排出

以氨为原料用吸收法制造浓硝酸总反应为：

$$NH_3+2O_2 \longrightarrow HNO_3+H_2O$$

按该反应，只能得到浓度为77.8%的硝酸。为了得到100%HNO_3，必须将多余水除去。通常采用快速冷却器除去系统中大部分水，同时减少氮氧化物在水中的溶解损失。然后采用普通冷却器进一步除去水分并将气体降温。

（3）一氧化氮的氧化

一氧化氮氧化分两步进行。首先用空气中的氧将NO氧化，使氧化度达到90%～93%，然后用浓硝酸(98%)进一步氧化，反应如下：

$$NO+2HNO_3 \longrightarrow 3NO_2+H_2O$$

如果采用加压操作将NO氧化，就不必用浓硝酸，而仅用空气中的氧即可将NO氧化完全。

（4）液态N_2O_4的制造

将NO_2或N_2O_4冷凝便可制得液态N_2O_4。在-20℃～20℃温度范围内，液态N_2O_4的蒸气压p与温度的关系为：

$$\log p=14.6\log T-33.1573$$

由此可见，温度越低，则N_2O_4的平衡蒸气压越小，冷凝就越完全。实际操作一般将冷凝过程分两步进行。首先用水冷却，然后用盐水冷却。盐水温度约-15℃，冷凝温度可达-10℃。低于-10℃时，N_2O_4会析出固体，堵塞管道和设备，恶化操作。

应当指出，用空气将氨氧化得到的氮氧化物最高浓度为11%，相当于11.1kPa的分压。若冷凝温度为-10℃时，液面上N_2O_4蒸气分压为20kPa。在这种情况下N_2O_4难以液化。为使N_2O_4液化，必须提高总压力以提高N_2O_4分压，使N_2O_4分压超过该条件下的饱和蒸气压。由表5-15可知，压力越高，N_2O_4冷凝程度越大。

表5-15　NO_2的冷凝度(浓度为10%NO_2)

气体压力/MPa	温度/℃				
	5	－3	－10	－15.5	－20
	冷凝度/%				
1.0	33.12	56.10	72.90	78.85	84.49
0.8	16.61	44.74	66.18	73.40	80.54
0.5	—	9.75	45.10	56.96	68.59

在提高N_2O_4分压之前，应将氮氧化物气体中的惰性气体(如N_2)分离。最好用浓硝酸吸收气体中NO_2，以达到上述分离目的，同时得到发烟硝酸。而后将发烟硝酸加热，将其中溶解的NO_2解吸出来。此时逸出的NO_2浓度近乎为100%，将此高纯度NO_2进行液化成为液态N_2O_4。

将发烟硝酸中游离的NO_2蒸出是一个普通的二组分蒸馏过程。压力增高，对于从硝酸溶液中分离出高浓度氮氧化物较有利。但加压下沸点升高，设备腐蚀加重，气体泄漏造成损失。综合两者因素，一般在稍减压条件下进行操作。

氮氧化物蒸出的过程是在铝制板式塔或填料塔中进行。含 NO_2 的硝酸溶液被冷却到 0℃，由塔顶加入，溶液自上而下受热分解放出氮氧化物，并提高 HNO_3 含量。气体由塔顶排出，温度为 40℃，含有 97% ～ 98% 的 NO_2 和 2% ～ 3% 的 HNO_3。氮氧化物经冷却送入高压反应器，便可得到液态 N_2O_4。

(5) 四氧化二氮合成硝酸

直接合成浓硝酸的反应包括如下步骤：

$$N_2O_4 \longrightarrow 2NO_2$$

$$2NO_2 + H_2O \longrightarrow HNO_3 + HNO_2$$

$$3HNO_2 \longrightarrow HNO_3 + H_2O + 2NO$$

$$2HNO_2 + O_2 \longrightarrow 2HNO_3$$

$$2NO + O_2 \longrightarrow 2NO_2 \rightleftharpoons N_2O_4$$

有利于直接合成浓硝酸的条件是：提高操作压力；控制一定的反应温度；采用过量的 N_2O_4 及高纯度的氧，并加以良好的搅拌。

一般工厂采用 5MPa 的操作压力，若压力再继续提高，影响效果变小，且消耗大量动力。对于反应温度，取 65℃ ～ 70℃ 较合适。

原料配比对反应速度影响甚大，若按理论的比例合成浓硝酸，即使采用很高的压力，反应时间仍需很长。实际生产中一般采用配料比 6.82 左右。相当于原料中含有 25% ～ 30% 过剩量的 N_2O_4。

此外，氧的用量及纯度也十分重要。一般氧的耗用量为理论量的 1.5 ～ 1.6 倍，氧的纯度为 98%。若氧的纯度降低，则难以得到纯硝酸。

2. 直接合成浓硝酸的工艺流程

直接合成浓硝酸的工艺流程有早期的霍科(Hoko)法，20 世纪 60 年代末出现了考尼亚(Conia)、萨拜(Sabar)、住友(Sumitomo)等法。图 5-34 为浓硝酸合成的住友法工艺流程。

该流程具有下列优点：

(1) 将氮氧化物气体、空气和稀硝酸在 0.7 ～ 0.9MPa 压力和 45℃ ～ 65℃ 下直接合成为 85% 中等浓度的硝酸，既不用氧化，又省去高压泵和压缩机。

(2) 采用带有搅拌器的釜式反应器，气液反应速度快，节省反应时间。

(3) 设有 NO_2 吸收塔，用 80% ～ 90% 硝酸吸收 NO_2 制成发烟硝酸，然后在漂白塔中用空气气提。吸收和气提在同一压力下进行，循环吸收动力消耗低。

(4) 流程中设有分解冷凝塔，将温度为 125℃ ～ 150℃ 的氮氧化物气体与 50%HNO_3 相接触，使稀硝酸分解产生 NO 和 NO_2。与此同时，氮氧化物气体中的水分被冷凝，将酸稀释为 35% 的硝酸，送入稀硝酸精馏塔进行提浓。这样既可提高氮氧化物气体浓度，又能除去过量的反应水，达到多产浓硝酸的目的。

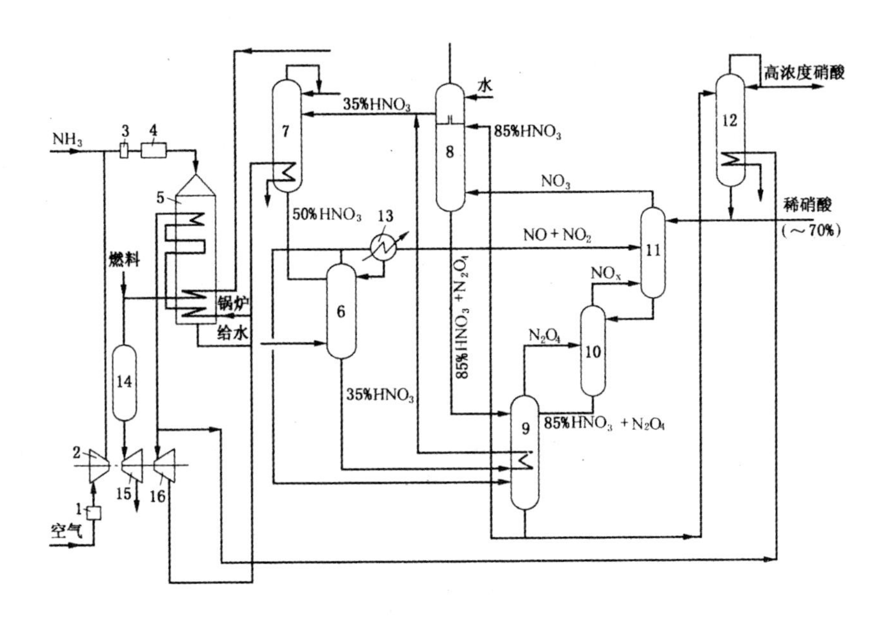

1、3— 过滤器；2— 空气压缩机；4— 氨燃烧器；5— 废热锅炉；6— 分解冷凝塔；
7— 稀硝酸精馏塔；8—NO_2 吸收塔；9— 白塔；10— 应器；11— 尾气吸收塔；
12— 浓硝酸精馏塔；13— 冷凝器；14— 气燃烧器；15— 尾气透平；16— 汽透平

图 5-34 住友法浓硝酸和稀硝酸联合生产的工艺流程

5.4.2 间接法生产浓硝酸简介

硝酸水溶液含 68.4%HNO_3 的混合物为恒沸混合物，若采用直接蒸馏法，硝酸浓度不会大于 68.4%，只有通过脱水剂才能达到目的。因此由稀硝酸间接生产浓硝酸是借助于脱水剂，通过精馏取得，目前工业上采用的有浓硫酸法和硝酸镁法。

1. 浓硫酸法浓缩硝酸

早在 1935 年中国就用浓硫酸作脱水剂，即将稀硝酸与浓硫酸混合，经蒸馏制取浓度为 97%HNO_3，稀硫酸(72%H_2SO_4）供加工为硫酸铵用。工业上为减少硫酸用量，先将稀硝酸浓缩到 60%。

美国 Chemico NAC/SAC 流程，是经计量的 60%HNO_3 和 93%H_2SO_4 进入填料脱水塔，热量由再沸器供给，将硝酸蒸出，气化的硝酸和呈平衡状态的少量水蒸气，从塔顶排出，经冷凝、冷却得 98%HNO_3 产品。72%H_2SO_4 从塔底部排出，进入第二填料塔经气提脱硝，然后在鼓式浓缩器内与炉气接触而再浓缩至 93%，供循环使用。硫酸法浓缩工艺设备，腐蚀严重，工业发达国家部分设备采用钽、钛等贵金属。

2. 硝酸镁法浓缩硝酸

将浓硝酸镁溶液加入到稀硝酸中，便立即吸收硝酸中的水分，经萃取蒸馏制取浓硝酸产品。

1965 年美国 Hercules Powder 公司，首先开发了工业规模的硝酸镁浓缩工艺技术，尔后，又发展新一代的硝酸镁工艺流程。中国于 1964 年用硝酸镁为脱水剂中间试验装置成功投产。该装置设有浓缩塔，塔的下部是提馏段，上部为精馏段，塔内所需热量由塔底部加热器供给，约

50% HNO_3 与 72% ～ 74% $Mg(NO_3)_2$ 分别计量后，进混合分配器，流入提馏段顶部，混合液自上而下与加热蒸出的硝酸蒸气进行热交换，提馏段顶部出来的 115℃ ～ 120℃ 含有约 90% HNO_3 蒸气进入精馏段，98% HNO_3 蒸气从塔顶逸出，经冷凝、冷却后，一部分作回流液，另一部分为产品。塔底排出的 $Mg(NO_3)_2$ 溶液浓度为 68%，送蒸发器浓缩到 72% ～ 74%，返回系统循环使用。

第 6 章　烃类热裂解

6.1　烃类热裂解过程的概念及工业应用

烃类裂解的过程是很复杂的，即使是单一组分裂解也会得到十分复杂的产物，例如乙烷热裂解的产物就有氢、甲烷、乙烯、丙烯、丙烷、丁烯、丁二烯、芳烃和碳五以上组分，并含有未反应的乙烷。因此必须研究烃类热裂解的化学变化过程与反应机理，以便掌握其内在规律。目前，已知道烃类热裂解的化学反应有脱氢、断链、二烯合成、异构化、脱氢环化、脱烷基、叠合、歧化、聚合、脱氢交联和焦化等一系列十分复杂的反应，裂解产物中已鉴别出的化合物已达数十种乃至百余种。因此，要全面描述这样一个十分复杂的反应系统是非常困难的，而且有许多问题到目前还没有研究清楚。为了对这样一个反应系统有一个概括认识，将烃类热裂解过程中的主要产物及其变化关系用图 6-1 来说明。

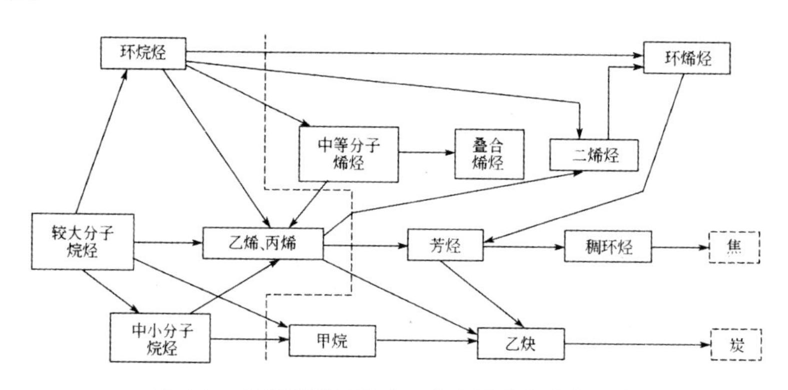

图 6-1　烃类裂解过程中一些主要产物变化示意

随着裂解原料组成的复杂化、重质化，裂解反应的复杂性及产物的多样性难以简单描述，为了指导生产，提高目的产物的收率，可将复杂的裂解反应归纳为一次反应和二次反应。

一次反应，即由原料烃类经裂解生成乙烯和丙烯的反应，在图 6-1 中虚线左边部分。二次反应主要指一次反应生成的乙烯、丙烯等低级烯烃进一步发生反应，生成多种产物，甚至最后生成焦或炭。

在生产中希望发生一次反应。因为它能提高目的产物乙烯的收率；不希望发生二次反应，并抑制它，因为它降低了目的产物的收率。而且由于结焦生炭反应的增加会堵塞设备，影响裂解操作的稳定，甚至发生事故。所以二次反应是不希望发生的。

6.1.1　烃类裂解的一次反应

各种裂解原料中主要有烷烃、环烷烃和芳香烃，以炼厂气为原料时还含有少量烯烃，下面分述各类烃的裂解反应。

1. 烷烃裂解的一次反应

(1) 脱氢反应

这是 C—H 键的断裂反应，产物中碳原子数不变，生成碳原子数相同的烯烃和氢，反应通式如下：

$$C_nH_{2n+2} \rightleftharpoons C_nH_{2n} + H_2 \tag{6-1}$$

脱氢反应是可逆反应，在一定条件下达到动态平衡。

(2) 断链反应

这是 C—C 键的断裂反应，反应产物为碳原子数较少的烷烃和烯烃，其通式：

$$C_{m+n}H_{2(m+n)+2} \rightleftharpoons C_mH_{2m} + C_nH_{2n+2}$$

碳原子数 $(m+n)$ 越大，断链反应越容易进行。

不同烷烃脱氢和断链的难易，可以从分子结构中键能数值的大小来判断，键能值越大，越不易脱去。通过烃分子结构键能比较可以得出以下规律。

① 同碳原子数的烷烃，C—C 键能小于 C—H 键能，故断链比脱氢容易。

② 烷烃的相对热稳定性随着碳链的增长而降低，它们的热稳定性顺序是：

$$CH_4 > C_2H_6 > C_3H_8 > \cdots > \text{高碳原子}$$

碳链越长的烃分子越容易断裂。

③ 烷烃的脱氢能力与烷烃的分子结构有关。叔氢 $\left(H_3C—\overset{CH_3}{\underset{CH_3}{C}}—H\right)$ 最易脱去，仲氢次之，伯氢 $\left(CH_3CH_2\underset{CH_3}{CH}—H\right)$($CH_3CH_2CH_2CH_2$—H) 最难脱去。

④ 带支链烃的 C—C 键或 C—H 键能比直链烃的 C—C 或 C—H 键能小，易断裂，所以，有支链的烃容易断裂或脱氢。

除了上述两种反应外尚有一些占比例不大的反应，如脱氢反应为可逆反应，断链反应为不可逆反应。断链反应当转化率达到一定程度后，反应速率变化甚小，与可逆反应类似，也可用研究可逆反应的方法计算其化学平衡，烷烃的断链反应属于这一类反应。

由于裂解反应是在高温低压下进行，可把各种气态烃视作理想气体。由化学热力学得知反应的平衡常数 K_p，与反应的标准自由焓差 $\Delta G^\ominus$ 有如下关系。

$$\Delta G^\ominus = -RT\ln K_p \tag{6-3}$$

$$\Delta G^\ominus = \left[\sum_{i=-1}^{n} v_i \Delta G_{f,i}^\ominus\right]_{\text{生成物}} - \left[\sum_{i=-1}^{n} v_i \Delta G_{f,i}^\ominus\right]_{\text{反应物}} \tag{6-4}$$

式中，T 为热力学温度，K；$\Delta G^\ominus$ 为反应的标准自由焓变化；K_p 为以分压表示的平衡常数；$G_{f,i}^\ominus$ 为化合物 i 的标准生成自由焓；v_i 为化合物 i 的化学计量系数。

由式(6-4)知，$\Delta G^\ominus$ 越小，达到平衡时生成物的数量越多，反之则相反。因此，$\Delta G^\ominus$ 表示裂解反应进行的难易程度。

正构烷烃的裂解有如下规律。

① 不论是脱氢还是断链反应都是热效应很大的吸热反应，所以烃类裂解必须供给大量的热量。脱氢比断链所需的热量更多。

② 断链反应的 $\Delta G^{\ominus}$ 都有较大的负值，接近不可逆反应，. 而脱氢反应的 $\Delta G^{\ominus}$ 是较小的负值或为正值，是可逆反应，其转化率受到平衡的限制。因此，从热力学分析，断链反应比脱氢反应容易进行，且不受平衡的限制。脱氢反应若达到较高的转化率，必须采用较高的温度。

③ 在断链反应中，低分子烷烃的 C—C 键在分子两端比在分子中央断裂在热力学上占优势，断链所得的较小分子主要是甲烷；较大分子是烯烃。随着烷烃碳链的增长，C—C 键在两端断裂的趋势逐渐减弱，在分子中央断裂的趋势逐渐增大。

④ 乙烷不易发生断链反应，易发生脱氢反应，生成乙烯及氢。

⑤ 在生产中以乙烷为裂解原料，裂解气中的氢气量高于甲烷量，而当用较大分子烷烃作裂解原料时，则裂解气中甲烷含量高于氢气量。

2. 环烷烃裂解一次反应

环烷烃裂解时，可以发生断链和脱氢反应，生成乙烯、丁烯、丁二烯和芳烃等。

如环己烷裂解：

环己烷 →	$\Delta G^{\ominus}_{f,1000K}$/(kJ/mol)
$C_2H_4 + C_4H_8$	−54.22
$C_2H_4 + C_4H_6 + H_2$	−57.24
$C_4H_6 + C_2H_6$	−66.11
$3/2C_4H_6 + 3/2H_2$	−44.98
$2C_3H_6$	−72.81

(6-5)

脱氢：

$$\text{环己烷} \longrightarrow \text{苯} + 3H_2 \qquad -175.64 \tag{6-6}$$

从以上反应式的 $\Delta G^{\ominus}_{f,1000K}$ 数值来看，以环己烷为裂解原料时，生成乙烯、丁烯和丁二烯的可能性较小，而生成丙烯的可能性较大，生成苯的可能性最大。

在煤油、柴油中含有单环的环烷烃绝大部分都带有较长的侧链。环烷烃侧链的断裂比烃环容易。如：

$$\text{环戊烷}-C_2H_5 \longrightarrow \text{环戊烷} + C_2H_4 \tag{6-7}$$

$$\text{环戊烷}-C_{10}H_{21} \longrightarrow \text{环戊烷}-C_5H_{11} + C_5H_{10} \tag{6-8}$$

环烷烃裂解反应有如下的规律。

(1) 侧链烷基比烃环易裂解，长侧链先在侧链中央的 CC 键断裂，一直断到烃环不带侧链为止。有侧链的环烷烃比无侧链的环烷烃裂解时得到较多的烯烃，乙烯收率高。

(2) 环烷烃脱氢比开环反应容易，生成芳烃可能性大。

(3) 五元环比六元环较难开环。

环烷烃易于裂解的顺序为：

侧链环烷烃 ＞ 烃环，脱氢 ＞ 开环

裂解原料中环烷烃含量增加时，乙烯和丙烯收率会下降，而丁二烯、芳烃收率有所增加。

3. 芳香烃的裂解反应

芳香烃的芳环热稳定性很大，在裂解反应时不易发生芳环开裂的反应，而易发生两类反应，一类是芳烃的脱氢缩合反应，另一类为烷基芳烃的侧链发生断裂反应生成苯、甲苯、二甲苯等。

脱氢缩合反应，如：

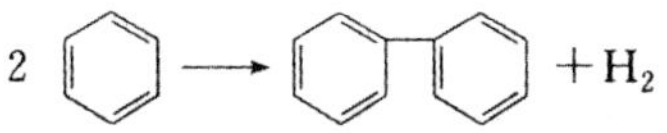

$$2 \longrightarrow + H_2 \tag{6-9}$$

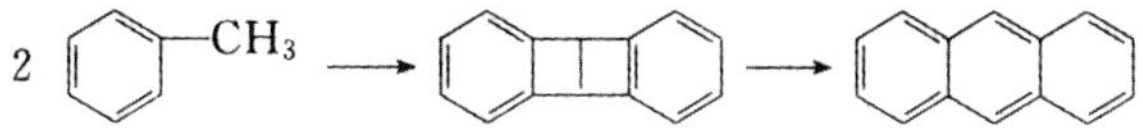

$$2 \; -CH_3 \longrightarrow \longrightarrow \tag{6-10}$$

$$R^1 + R^2 \longrightarrow R^3 + R^4H \tag{6-11}$$

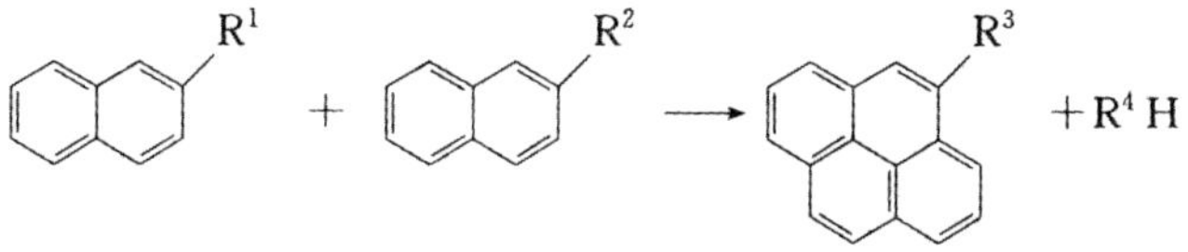

多环、稠环芳烃继续脱氢缩合生成焦油直至结焦。

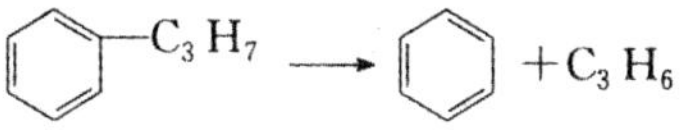

断侧链反应，如：

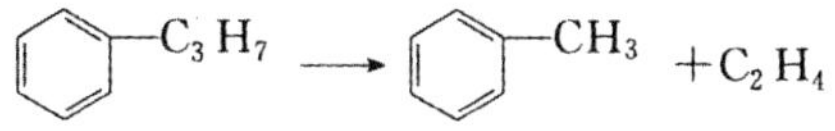

$$-C_3H_7 \longrightarrow -CH_3 + C_2H_4 \tag{6-12}$$

$$-C_3H_7 \longrightarrow + C_3H_6 \tag{6-13}$$

脱氢反应，如：

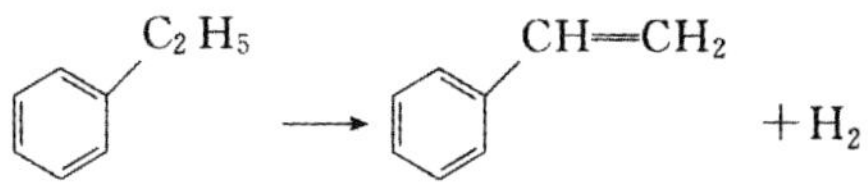

$$C_2H_5 \longrightarrow CH{=\!=}CH_2 + H_2 \tag{6-14}$$

芳香烃裂解由于芳环稳定只发生脱氢缩合反应，生成稠环芳烃甚至结焦，带侧链的芳烃易发生侧链的断链或脱氢反应。芳香烃不宜作为裂解原料，因为不能提高乙烯收率，反而易结焦导致运转周期缩短。

4. 烯烃热裂解

天然石油中不含烯烃，但在石油加工所得的各种油品中则可能含有烯烃。烯烃在裂解条件下也能发生断链反应和脱氢反应，生成乙烯、丙烯等低级烯烃和二烯烃。

$$C_{m+n}H_{2(m+n)} \longrightarrow C_mH_{2m} + C_nH_{2n} \tag{6-15}$$

$$C_nH_{2n} \longrightarrow C_nH_{2n-2} + H_2 \tag{6-16}$$

各族烃易于裂解的顺序可归纳为：

正构烷烃 ＞ 异构烷烃 ＞ 环烷烃（六元环 ＞ 五元环）＞ 芳烃

芳烃性质稳定，最不容易发生裂解反应。

6.1.2　烃类裂解的二次反应

烃类裂解过程的二次反应比一次反应复杂，原料烃经过一次反应后生成的产物主要是烯烃及氢、甲烷等，氢、甲烷在该裂解温度下很稳定，而烯烃可进一步反应。

1. 烯烃裂解

烯烃在裂解条件下，可以分解生成较小分子的烯烃或二烯烃。如戊烯裂解：

$$C_5H_{10} \longrightarrow \begin{cases} C_2H_4 + C_3H_6 \\ C_4H_6 + CH_4 \end{cases} \tag{6-17}$$

丙烯裂解的主要产物是乙烯和甲烷。2. 烯烃聚合、环化、缩合反应烯烃能发生聚合、环化和缩合反应，生成较大分子的烯烃、二烯烃和芳香烃。如：

$$2C_2H_4 \rightleftharpoons C_4H_6 + H_2 \tag{6-18}$$

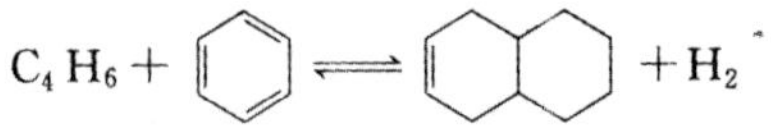

$$C_4H_6 + \text{(环状结构)} \rightleftharpoons \text{(双环结构)} + H_2 \tag{6-19}$$

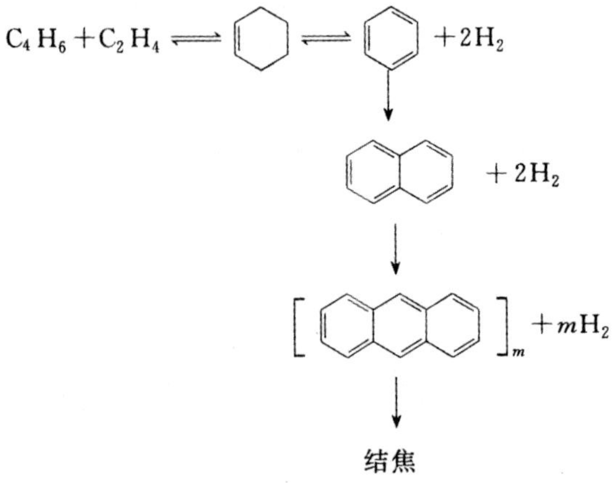

$$C_4H_6 + C_2H_4 \rightleftharpoons \text{(环状结构)} \rightleftharpoons \text{(环状结构)} + 2H_2$$

$$\downarrow$$

$$\text{(萘结构)} + 2H_2 \tag{6-20}$$

$$\downarrow$$

$$[\text{(稠环结构)}]_m + mH_2$$

$$\downarrow$$

结焦

3. 烯烃加氢和脱氢反应

烯烃可以加氢生成相应的烷烃，如：

$$C_2H_4 + H_2 \rightleftharpoons C_2H_6 \tag{6-21}$$

反应温度低时，有利于加氢平衡。

烯烃也可以脱氢生成二烯烃和炔烃，如：

$$C_2H_4 \rightleftharpoons C_2H_2 + H_2 \tag{6-22}$$

$$C_3H_6 \rightleftharpoons C_3H_4 + H_2 \tag{6-23}$$

$$C_4H_8 \rightleftharpoons C_4H_6 + H_2 \tag{6-24}$$

4. 烯烃分解生炭反应

在较高温度下，低分子的烷烃、烯烃都有可能分解为碳和氢。如：

$$C_2H_4 \rightleftharpoons 2C + 2H_2 \tag{6-25}$$

$$C_3H_6 \rightleftharpoons 3C + 3H_2 \tag{6-26}$$

低级烃类分解为碳和氢的 $\Delta G^{\ominus}_{1000K}$ 都是很大的负值，说明它们在高温下都有强烈分解的倾向，但由于动力学上阻力很大，并不能一步就分解为碳和氢，而是经过在能量上较为有利地生成乙炔的中间阶段：

$$C_2H_4 \xrightarrow[-H_2]{} CH \equiv CH \xrightarrow[-H_2]{} \cdots \longrightarrow C_n$$

因此，生炭反应实际上只有在高温条件下才可能发生，并且乙炔生成的碳不是断键生成单个碳原子，而是脱氢稠合成几百个碳原子。结焦与生炭过程二者机理不同。结焦是在较低温度下（$<$ 1200K）通过芳烃缩合而成。生炭是在较高温度下（$>$ 1200K）通过生成乙炔的中间阶段，脱氢为稠合的碳原子团。

从上述讨论可知，烃类热裂解的二次反应非常复杂，在二次反应中除了较大分子的烯烃裂解能增产乙烯、丙烯外，其余的反应都要消耗乙烯，降低乙烯的收率。由烯烃二次反应导致的结焦或生炭还会堵塞裂解炉管，影响正常生产，为此裂解原料中应尽量避免带有烯烃组分。

6.2 烃类热裂解的反应原理

烃类裂解反应机理是指在高温条件下烃类进行裂解反应的具体历程。

烃类裂解反应过程十分复杂，其反应机理有两种理论，一是分子反应机理，另一种是自由基反应机理。多数研究者认为，烃类热裂解是按自由基反应机理进行的。

下面先以单一组分——乙烷热裂解反应为例，说明其自由基反应机理并讨论烃类裂解反应。

6.2.1 乙烷裂解反应机理

乙烷分子中C—C键断裂所需的键能比C—H键断裂所需的键能小405.8—346 = 59.2 kJ/mol，可见裂解反应不可能从脱氢开始；据测定乙烷裂解反应的活化能E为263.6～293.7 kJ/mol，比C—C键断裂所需的能量小，因此可以推断乙烷裂解是按自由基链反应机理进行的。

自由基连锁反应分三个阶段。

链引发：　活化能 E_i/(kJ/mol)

$$C_2H_6 \xrightarrow[k_1]{} \dot{C}H_3 + \dot{C}H_3 \quad E_1 = 359.8 \tag{6-28}$$

$$\dot{C}H_3 + C_2H_6 \xrightarrow[k_2]{} CH_4 + C_2\dot{H}_5 \quad E_2 = 45.1 \tag{6-29}$$

链传递：

$$\dot{C}H_3 + C_2H_6 \longrightarrow CH_4 + \dot{C}_2H_5$$

$$\dot{C}_2H_5 \xrightarrow[k_3]{} C_2H_4 + \dot{H} \quad E_3 = 170.7 \tag{6-30}$$

$$\dot{H} + \dot{C}_2H_6 \xrightarrow[k_4]{} H_2 + \dot{C}_2H_5 \quad E_4 = 29.3 \tag{6-31}$$

链终止：

$$\dot{H} + \dot{C}_2H_5 \xrightarrow[k_5]{} C_2H_6 \quad E_5 = 0 \tag{6-32}$$

$$\dot{H} + \dot{H} \longrightarrow H_2 \tag{6-33}$$

$$\dot{C}_2H_5 + \dot{C}_2H_5 \longrightarrow C_4H_{10} \tag{6-34}$$

由此机理得到的乙烷裂解反应的活化能为：

$$E = \frac{1}{2}(E_1 + E_3 + E_4 - E_5) = \frac{1}{2} \times (359.8 + 170.7 + 29.3 - 0)$$
$$= 279.9(\text{kJ/mol})$$

与实际测得的活化能值很接近，证明对乙烷裂解机理的推断是正确的。

自由基反应的三个阶段特点和作用如下。

(1) 链引发。这是裂解反应的开始，烷烃链引发主要是断裂C—C键，而对C—H键的引发较小。当裂解反应进行一段时间后，产物分子增多时也可能发生链引发反应生成自由基。链引发反应的活化能较大，一般在290～330kJ/mol范围内。

(2) 链的增长反应。链的增长反应是一种自由基转化为另一种自由基的过程。但从性质上可分为两种反应，即自由基的分解反应和自由基的夺氢反应。分解反应的活化能在120～178kJ/mol范围内，而夺氢反应的活化能在29～45kJ/mol的范围内。这两种链传递反应的活化能都比链引发的活化能小，而这种反应是生成烯烃的反应，能使小分子烯烃的收率增多，还可提高裂解反应的转化率。

(3) 链终止反应。是自由基与自由基结合成分子的反应。

6.2.2 反应动力学

烃类裂解时，一次反应的反应速率基本上可作一级反应动力学处理，方程式为：

$$r = \frac{-\mathrm{d}C}{\mathrm{d}t} = kC \tag{6-35}$$

式中，r 为反应物的消失速率，mol/(L · s)；C 为反应物的浓度，mol/L；t 为反应时间，s；k 为反应速率常数，s^{-1}。

当反应物浓度由 $C_0 \to C$，反应时间由 $0 \to t$ 时，式(6-35) 积分结果是：

$$\ln \frac{C_0}{C} = kt \tag{6-36}$$

以转化率 α 表示时，因裂解反应是分子数增加的反应，故：

$$C = \frac{C_0(1-\alpha)}{\beta} \tag{6-37}$$

代入式(6-36) 中得：

$$\ln \frac{\beta}{1-\alpha} = kt \tag{6-38}$$

式中，β 为体积增大率。

β 值是指烃类原料气经裂解后所得裂解气的体积与原料气体积之比。其值是随着转化率和反应条件而变化，一般由实验来测定。

已知反应速率常数忌是随温度而改变的，以 k_T 表示，即：

$$10\mathrm{g}k_T = 10\mathrm{g}A - \frac{E}{2.303RT}$$

因此，当 β 已知时，求取 k_T 后即可求得转化率 α。

为了求取 C_6 以上烷烃和环烷烃的反应速率常数，常使之与正戊烷的反应速率常数关联起来：

$$10\mathrm{g}\left(\frac{k_i}{k_5}\right) = 1.510\mathrm{g}n_i - 1.05$$

式中，k_5 为正戊烷的反应速率常数，s^{-1}；k_i，n_i 为待测定的碳原子数和反应速率常数。

以上讨论的是单一组分的裂解动力学，对混合烃原料，在做动力学处理时，可将各组分分别作为单一组分看待。当然，裂解原料一般不会是单一组分，而是成分复杂的混合烃类，它们的分子量大小不同，结构各异，反应速率也不相同，而且由于自由基的传递和消失，影响了各组分的裂解速率，因而也影响了各组分的转化率和一次反应产物的组成分布。

烃类裂解过程除了一次反应外，还伴随着大量的二次反应。烃类热裂解的二次反应动力学是相当复杂的。据研究，二次反应中，烯烃的裂解、脱氢和生炭等反应都是一级反应。而聚合、缩合、结焦等反应都是大于一级的反应，二次反应动力学的建立仍需做大量的研究工作。

动力学方程用途之一是可以用来计算原料在不同裂解工艺条件下裂解过程的转化率变化，但不能确定裂解产物的组成。

6.3 热裂解原料与工艺条件

6.3.1 裂解原料

裂解原料大致可分为两大类,气态烃,如天然气、石油伴生气和炼厂气;液态烃,如轻油(即汽油)、煤油、柴油、原油闪蒸油馏分、原油和重油等。

气态原料价格便宜,裂解工艺简单,烯烃收率高,特别是乙烷－丙烷是优良的裂解原料。但是,气态原料特别是炼厂气,数量有限,组成不稳,运输不便,建厂地点受炼厂的限制,而且不能得到更多的联产品。因此,除充分利用气态烃原料外,还必须大量利用液态烃。液态原料资源多,便于输送和储存,可根据具体条件选定裂解方法和建厂规模。虽然乙烯收率比气态原料低,但能获得较多的丙烯、丁烯及芳烃等联产品。因此液态烃特别是轻油是目前世界上广泛使用的裂解原料。表6-1列出了不同原料在管式炉内裂解的产物分布。表6-2列出了生产1t乙烯所需原料量及联产副产物量。

表6-1 同原料裂解的主要产物收率 单位:%

裂解原料	乙烯	丙烯	丁二烯	混合芳烃	其他
乙烷	84.0	1.4	1.4	0.4	12.8
丙烷	44.0	15.6	3.4	2.8	34.2
正丁烷	44.4	17.3	4.0	3.4	30.9
轻石脑油	40.3	15.8	4.9	4.8	34.2
全沸程石脑油	31.7	13.0	4.7	13.7	36.8
抽余油	32.9	15.0	5.3	11.0	35.8
轻柴油	28.3	13.5	4.8	10.9	42.5
重柴油	25.0	12.4	4.8	11.2	46.6

表6-2 生产1t乙烯所需原料量及联产副产物量

指　　标	乙烷	丙烷	石脑油	轻柴油
需原料量/t	1.3	2.38	3.18	3.79
联产品量/t	0.2995	1.38	2.60	2.79
其中				
m(丙烯)/t	0.0374	0.386	0.47	0.538
m(丁二烯)/t	0.0176	0.075	0.119	0.148
m(三苯)/t	—	0.095	0.49	0.50

烃类裂解所得产品收率与裂解原料的性质密切相关。而对相同裂解原料而言,则裂解所得产品收率取决于裂解过程的工艺参数。

6.3.2 裂解温度

裂解过程是非等温过程，反应管进口处物料温度最低，出口处温度最高，由于测定方便，一般均以裂解炉反应管出口处物料温度表示裂解温度。

实际生产中所用原料多为石油的某个馏分，裂解温度对烯烃收率的影响如图 6-2 所示，不同原料在相同温度下进行裂解反应时，烯烃总收率相差很大。这表明必须根据所用原料的特性，采用适宜于原料裂解反应的温度才能得到最佳的烯烃收率。同时还必须注意产品的分布。例如，提高温度有利于烷烃生成乙烯，而丙烯及丙烯以上较大分子的单烯烃收率有可能下降，氢气、甲烷、炔烃、双烯烃和芳烃等将会增加。因此，需要对产品的要求做综合全面的考虑，选择最佳的操作温度。

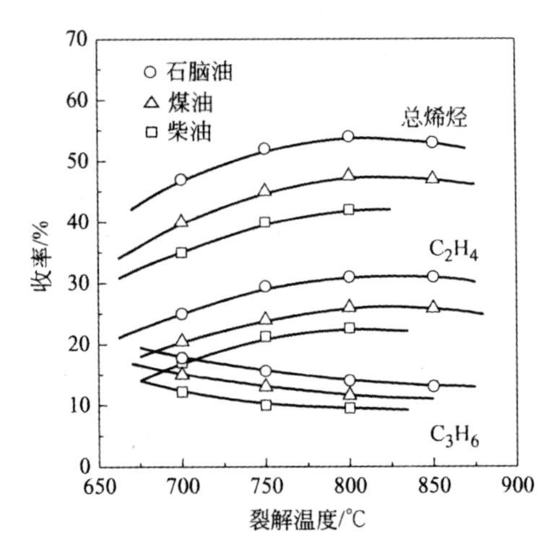

图 6-2 裂解温度对烯烃收率的影响

从自由基反应机理分析，温度对一次反应产物分布的影响是通过各种链式反应相对量实现的，提高裂解温度可增大链引发速率，产生的自由基增多，有利于提高一次反应所得的乙烯和丙烯的收率。

从热力学分析，裂解是吸热反应，需要在高温下才能进行。温度越高对生成乙烯、丙烯越有利，对烃类分解成炭和氢的副反应则更有利，即二次反应在热力学上占优势。因此，裂解生成烯烃的反应必须控制在一定的裂解深度范围内。所以，单纯从热力学上分析还不能确定反应的适宜温度。

从动力学分析，因为二次反应的活化能比一次反应的活化能小，所以提高温度，石油烃裂解生成乙烯的反应速率的提高大于烃分解为炭和氢的反应速率，即有利于提高一次反应对二次反应的相对速率，但同时也提高了二次反应的绝对速率。因此，应选择一个最适宜的裂解温度，控制适宜的反应时间，发挥一次反应在动力学上的优势，而克服二次反应在热力学上的优势，既可提高转化率，又可得到较高的乙烯收率。

6.3.3 裂解压力

烃类裂解反应的一次反应是体积增大、反应后分子数增加的反应，聚合、缩合、结焦等二次反应是分子数减少的反应。从热力学分析，降低反应压力有利于提高一次反应的平衡转化率，不利于二次反应进行。表6-3列出了乙烷分压对裂解反应的影响，在反应温度与停留时间相同时，乙烷转化率和乙烯收率随乙烷分压升高而下降，所以降低压力有利于抑制二次反应。

表6-3 乙烷分压对裂解反应的影响

反应温度/K	停留时间/s	乙烷分压/kPa	乙烷转化率/%	乙烯收率/%
1073	0.5	49.04	60	75
1073	0.5	98.07	30	70

从化学动力学分析，烃类热裂解反应的一次反应大多是一级反应，而二次反应大多是高于一级的反应。压力并不能改变反应速率常数，但可通过浓度影响反应速率。当压力减小时，相当于反应物的浓度变小，可以增大一次反应对二次反应的相对速率，有利于提高乙烯收率，减少结焦，增加裂解炉的运转周期。由上可见，降低裂解反应压力无论从热力学或动力学分析，对一次反应是有利的，且能抑制二次反应。

烃类裂解是在高温条件下进行，若采用负压操作，容易因密封不好而渗漏空气，引起爆炸事故。同时还会多消耗能源，对后序分离过程中的压缩操作不利。为此，通常在不降低系统总压的条件下，在裂解气中添加稀释剂以降低烃分压。稀释剂可以是惰性气体或水蒸气，一般都采用水蒸气，它除了具有稳定、无毒、廉价、易得、安全等特点外，还具有以下优点：

(1) 水蒸气分子量小，降低烃类分压作用显著。

(2) 水蒸气热容大，有利于反应区内温度的均匀分布。

(3) 水蒸气易从裂解产物中分离，不会影响裂解气的质量。

(4) 水蒸气可以抑制原料中的硫化物对裂解管的腐蚀作用。

(5) 水蒸气在高温下能与裂解管中的积炭或焦发生氧化作用，有利于减少结焦、延长炉管使用寿命。

(6) 水蒸气对炉管金属表面有钝化作用，可减缓炉管金属内的镍、铁等对烃类分解生炭反应的催化作用，抑制结焦速度。

水蒸气用量以稀释比表示，即以水蒸气与烃类的质量比表示。稀释比的确定主要受裂解原料性质、裂解深度、产品分布、炉管出口总压力、裂解炉特性以及裂解炉后急冷系统处理能力的影响。当采用易结焦的重质原料时，水蒸气量要加大。对较轻原料则可适当减少。水蒸气作为稀释剂在丙烷裂解过程中的作用可见图6-3。各种原料裂解的水蒸气稀释比列于表6-4。

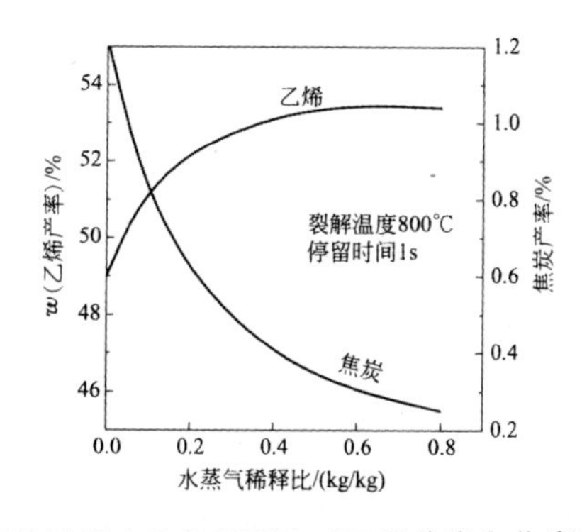

图6-3 丙烷裂解水蒸气稀释比对乙烯收率和焦炭产率的影响

表 6-4　不同裂解原料的水蒸气稀释比(管式炉裂解)

裂解原料	原料含氢量(ω)/%	结焦难易程度	水蒸气—烃比/(kg/kg)
乙烷	20	较不易	0.25～0.4
丙烷	18.5	较不易	0.3～0.5
石脑油	14.16	较易	0.5～0.8
轻柴油	约 13.6	很易	0.75～1.0
原油	约 13.0	极易	3.5～5.0

6.3.4　停留时间

裂解反应的停留时间是指从原料进入辐射段开始，到离开辐射段所经历的时间，即裂解原料在反应高温区内停留的时间。停留时间是影响裂解反应选择性、烯烃收率和结焦生炭的主要因素，并且与裂解温度有密切关系。从动力学看，二次反应是连串副反应，裂解温度越高，允许停留的时间则越短；反之，停留时间可以相应长一些，目的是以此控制二次反应，让裂解反应停留在适宜的裂解深度上。因此，在相同裂解深度之下可以有各种不同的温度一停留时间组合，所得产品收率也会有所不同。由图 6-4 粗柴油裂解温度和停留时间的关系可见，温度和停留时间对乙烯和丙烯的收率有较大的影响。在同一停留时间下，乙烯和丙烯的收率曲线随温度的升高都有个最大值，超过最大值后继续升温，因二次反应的影响其收率都会下降。而在高裂解温度下，乙烯和丙烯的收率均随停留时间缩短而增加。

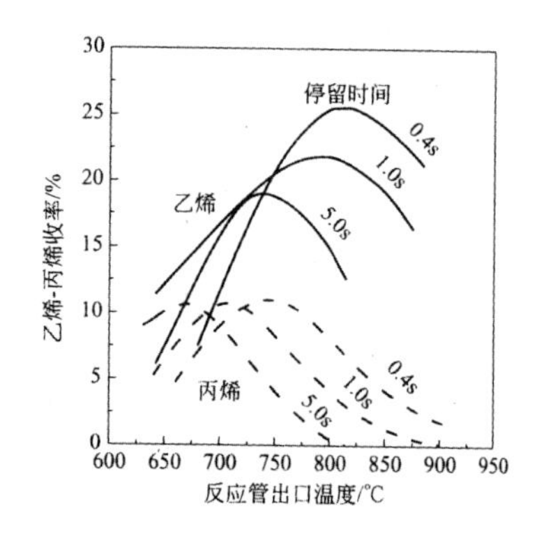

图 6-4　温度和停留时间对粗柴油裂解的影响

由表 6-5 裂解温度与停留时间对石脑油裂解结果的影响可见，裂解温度高，停留时间短，相应的乙烯收率提高，但丙烯收率下降。

表 6-5　石脑油裂解温度与停留时间对裂解产物的影响

实验条件及产物产率	实验 1	实验 2	实验 3	实验 4
停留时间/s	0.7	0.5	0.45	0.4
ω(水蒸气)/ω(石脑油)	0.6	0.6	0.6	0.6
出口温度/℃	760.0	810.0	850.0	860.0
乙烯收率/%	24.0	26.0	29.0	30.0
丙烯收率/%	20.0	17.0	16.0	15.0
ω(裂解汽油)/%	24.0	24.0	21.0	19.0
汽油中 ω(芳烃)/%	47.0	57.0	64.0	69.0

综上所述，对给定的裂解原料，管式裂解炉辐射盘管的最佳设计就是在保证合适的裂解深度条件下，力求达到高温—短停留时间—低烃分压的最佳组合，由此获得最理想的裂解产品收率

分布，并保证合理的清焦周期。但是，提高裂解温度不能超过反应管材质所耐高温的限度。随着裂解管材质的改进，允许裂解温度从 20 世纪 50 年代只能达到 750℃ 提高到目前的 900℃，乙烯收率可从 20% 左右提高到 30%。

6.4　管式裂解炉与裂解工艺流程

从原料和操作条件对裂解结果的分析来看，有好的裂解原料和好的工艺操作条件（高温、短停留时间、低烃分压）是保证乙烯收率高的必要条件。如果有好的操作条件，没有好的裂解设备也不能保证乙烯收率。因此，裂解设备很重要。按供热方式不同，裂解设备可分为间接传热和直接传热两大类。间接传热是热量通过管壁把热量传给管内物料将其加热至所需温度，如管式裂解炉就属于这种传热方式。直接传热是裂解原料直接与高温载体相接触，从热载体中获得热量。直接传热的载体有固体和液体两种，如固定床的蓄热炉、流化床的沙子炉属固体载热体；液体载热体有熔盐载热体等。目前，世界上应用最广泛、技术最成熟的是管式裂解炉。它具有工艺简单、操作方便以及烯烃收率高等优点。

6.4.1　管式裂解炉

1. 管式裂解炉的分类

按外形分，有方箱式炉、立式炉、门式炉、梯台式炉等；按炉管分布方式分，有横管和竖管等；按燃烧方式分，有直焰式、无焰辐射式和附墙火焰式等；按烧嘴位置分，有底部烧嘴、侧壁烧嘴、顶部烧嘴和底部侧壁联合烧嘴等。

2. 管式裂解炉的构造

管式裂解炉主要由炉体和裂解管两大部分组成。炉体用钢构件和耐火材料砌筑，分为对流室和辐射室，原料预热管和蒸气加热管安装在对流室，裂解管分布在辐射室内，在辐射室的炉侧壁和炉顶或炉底，安装一定数量的烧嘴。燃料在烧嘴燃烧后生成高温燃烧气，先经辐射室，再经对流室，烟道气从烟囱排出。原料配入水蒸气稀释剂后先进对流室，在对流管内被加热升温，然后进入辐射室炉管内发生裂解反应，生成的裂解气从炉管出来，离开炉子后进入急冷器进行急冷。

裂解管又分为组、程、路。组是一个独立的反应管系，有自己的进出口。一台裂解炉可以设一组炉管，也可设几组炉管，但各组之间的物料是互不相通的。在一组炉管内物料按一个方向流动为一程，流动方向改变了为另一程。例如 SRT-Ⅱ 炉管为 6 程；在同一组炉管中，物料平行流动分几路（也称股）。例如 SRT-Ⅱ－HC 型炉的第 1 程为 4 路，第 2 程为 2 路，第 3 至 6 程为单路。（程用符号 P 表示，如 3 P 表示 3 程）

SRT-Ⅰ 型竖管裂解炉结构如图 6-5 所示。由于裂解炉布管方式和燃烧方式不同，所以管式裂解炉的炉型有多种。

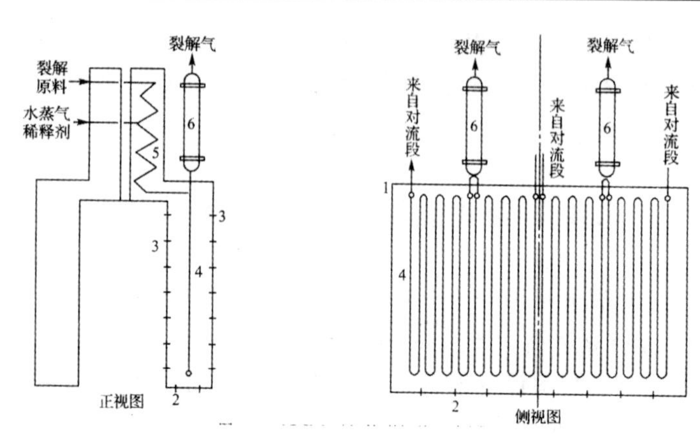

1— 炉体；2— 油气联合烧嘴；3— 气体无焰烧嘴；4— 辐射段炉管(反应管)；5— 对流段炉管；6— 急冷锅炉

图 6-5　SRT-Ⅰ 型竖管裂解炉示意图

3. 几种常见的炉型

(1) 鲁姆斯型炉

鲁姆斯型炉(Lummus Short Residence Time Type，SRT 型炉) 即短停留时间裂解炉，是美国 Lummus 公司 20 世纪 60 年代开发成功的，最先为 SRT-Ⅰ 型，随后又改进开发了 SRT-Ⅱ、SRT-Ⅲ、SRT-Ⅳ、SRT-Ⅴ、SRT-Ⅵ 型等。改进后的 SRT 各型裂解炉外形大体相同，但裂解管管径及排布不同，Ⅰ型为均径管，Ⅱ ～ Ⅳ 型为变径管。

SRT 的改进总是考虑使烃类在高温、短停留时间、低烃分压的操作条件下进行裂解反应，提高乙烯转化率，延长炉子的使用寿命，增加炉子的处理能力。措施是在反应初期采用小管径，反应后期采用较大管径，增加管子的路数和组数，减少程数。例如，SRT-Ⅱ 型变径布管，炉管排列形式为 4－2－1－1－1－1，程数为 6 P。而 SRT-Ⅲ 型变径布管，炉管排列形式为 4－2－1－1，程数为 4P，减小 2P。这一改进的关键是开发了新的管材 HP－40，炉管耐热温度更高，使裂解原料更迅速升温，进一步提高了乙烯收率。同时使烟道气出口温度从 SRT-Ⅱ 型的 180 ～ 200℃ 降低到 130 ～ 140℃。炉子的热效率提高至 93.5%。表观停留时间从 0.47s 缩短至 0.38s。

(2) 超选择性裂解炉

美国 Stone and Webster 公司开发的超选择性 USC 型裂解炉，采用了 USX 单套式和 TLX 管壳式急冷锅炉，双级串联使用。USX 是第一级急冷，TLX 是第二级急冷，构成三位一体的裂解系统，其裂解系统如图 6-6 所示。

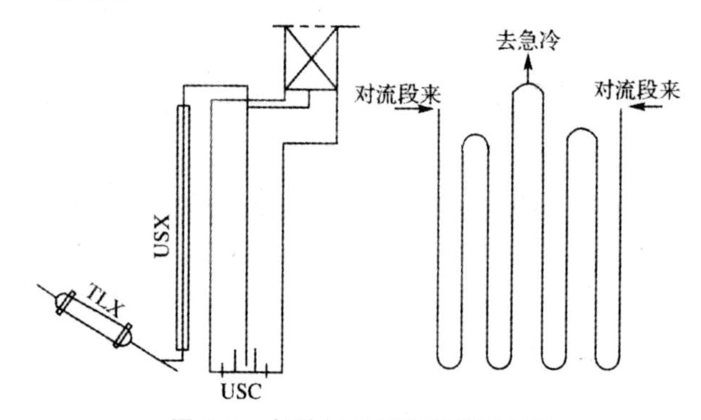

图 6-6　超选择性裂解炉裂解系统

每台USC裂解炉有16、24或32组管，每组4根炉管，呈W型，4程3次变径（夺63.5～88.9mm），每两组W管合用一台USX，每台炉16组W管共用8台USX，汇总后进入一台TLX急冷锅炉。8台USX和TLX共用一个汽包，产生10MPa高压蒸气。管材用HK－40及HP－40，停留时间0.2～0.3s。原料为乙烷—轻柴油，用轻柴油裂解原料可以100天不停炉清焦，炉子热效率为92%，乙烯收率为27.7%，丙烯收率为13.65%。

（3）毫秒型裂解炉

此型裂解炉是美国Kellogg公司1978年开发成功的。裂解炉系统如图6-7所示，炉管布置如图6-8所示。其特点是裂解管由单排管组成，仅一程，管径为25～30mm，热通量大，物料在炉管内停留时间可缩短到0.05～0.1s，是一般裂解炉停留时间的1/4～1/6。因此MSF型炉又称为超短停留时间炉。以石脑油为原料时，裂解温度为800℃～900℃，乙烯单程转化率可增到32%～35%，比其他炉型高。此炉炉管的排列结构满足了裂解条件的要求，达到了高温、短停留时间、低烃分压，对原料适应性广，成本低，乙烯收率高的目的。Kellogg公司已完成了年产2.5万吨乙烯的毫秒炉实验，并取得成功，现在正着手建设一个年产30万吨乙烯的工业生产装置。毫秒型裂解炉是一种值得关注的新技术。

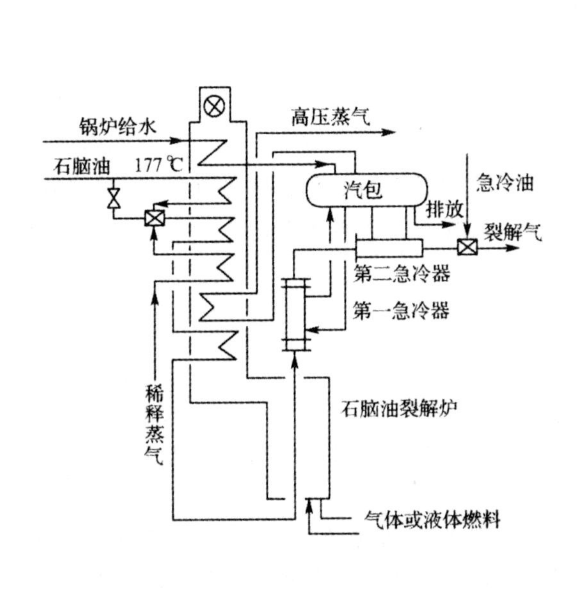

图6-7　毫秒型裂解炉系统

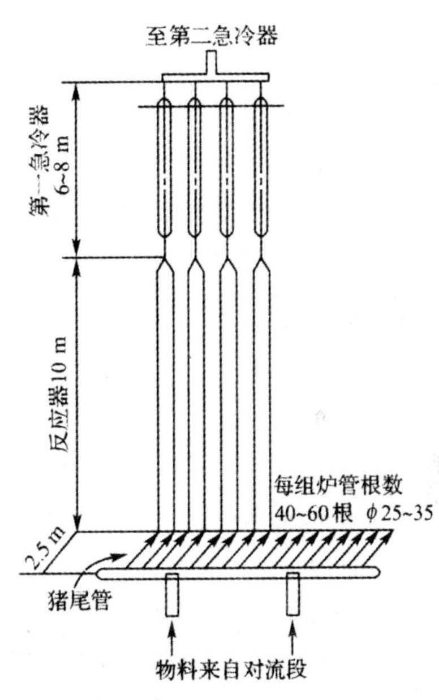

图6-8　毫秒型裂解炉炉管组

（4）倒梯台炉

倒梯台炉上部为辐射室，下部为对流室，如图6-9所示，急冷废热锅炉设在炉顶，两台炉共用一台抽风机和烟囱。每台炉有4组炉管，每组有7根炉管，每根炉管长11m，每组有二股进料，共5程，前4根为椭圆管，其传热面积比圆管增加7%～38%；后3根为圆管。此炉的最大特点是烧嘴安装方向向下，不易结焦，克服了水平和向上烧嘴不完全燃烧时的滴漏或结垢等毛病。对流段与辐射段之间由拱形墙隔开，对辐射室起反射作用，又保护了对流段炉管。急冷废热锅炉位于裂解管出口上方，用短管直接相连，间距小，裂解气一出来就进急冷器，有利于终止二次反应。

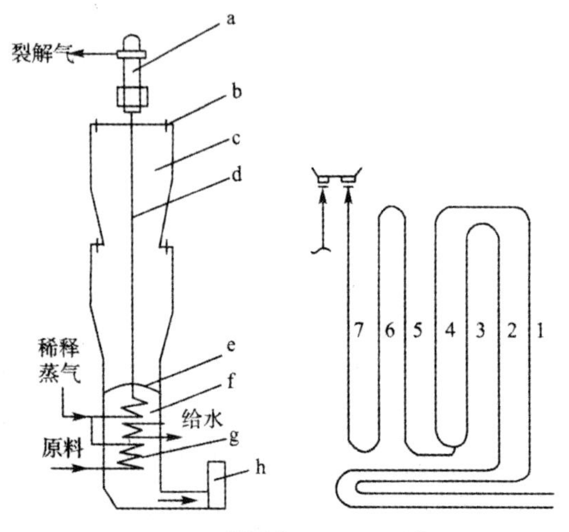

1、2、3、4— 椭圆管；5、6、7— 圆管；

a— 急冷废热锅炉；b— 烧嘴；c— 辐射室；d— 裂解管；e— 隔墙；f— 对流室；g— 预热管；h— 烟道

图 6-9　倒梯台垂直管裂解炉和裂解管布置图

6.4.2　裂解气的急冷、急冷换热器及清焦

从裂解管出来的裂解气含有烯烃和大量的水蒸气，温度为 727℃ ～ 927℃，烯烃反应性强，若任它们在高温下长时间停留，将会继续发生二次反应，引起结焦和烯烃的损失，因此必须将裂解气急冷以终止反应。当裂解气温度降至 650℃ 时，裂解反应基本终止。

1. 裂解气的急冷

急冷有间接急冷和直接急冷两种。

(1) 直接急冷

直接急冷的急冷剂用油或水直接与裂解气混合冷却。但急冷下来的油水密度相近，分离困难，污水量大，不能回收热量，近代方法一般先用间接急冷，后用直接急冷，最后用洗涤的方法。

(2) 间接急冷

从裂解炉出来的高温裂解气温度为 800℃ ～ 9000℃，在急冷的降温过程中要释放大量的热，是一个可加利用的热源，为此可用换热器进行间接急冷，回收这部分热量，以提高裂解炉的热效率，降低产品成本。用于此目的的换热器称为急冷换热器。急冷换热器与汽包所构成的发生蒸气系统称为急冷锅炉。有时也将急冷换热器称为急冷锅炉或废热锅炉。使用急冷锅炉有两个目的：一是终止裂解反应；二是回收废热。

2. 急冷换热器

急冷换热器是裂解气和高压水(8.7 ～ 12MPa) 经列管式换热器间接换热并使裂解气骤冷的重要设备，也是裂解装置中五大关键设备(裂解炉、急冷换热器、裂解气压缩机、乙烯压缩机、丙烯压缩机) 之一。它使裂解气在极短的时间(0.01 ～ 0.1s) 内，温度从 800℃ 下降至露点附近。急冷换热器的运转周期应不低于裂解炉的运转周期，为减少结焦应采取如下措施：一是增大裂解气在急冷换热器中的线速度，以避免返混使停留时间过长造成二次反应；二是必须控制急冷换热器出口温度，要求裂解气在急冷换热器中冷却温度不低于其露点。如果冷却到露点以下，裂解气中较

重组分就要冷凝下来，在急冷换热器管壁上形成缓慢流动的液膜，既影响传热，又因停留时间过长发生二次反应而结焦。常见的急冷换热器有 SHG 施米特型双套管式急冷换热器（图 6-10）、USX 型单套管式急冷换热器（图 6-11）和 TLX 管壳式急冷换热器等。

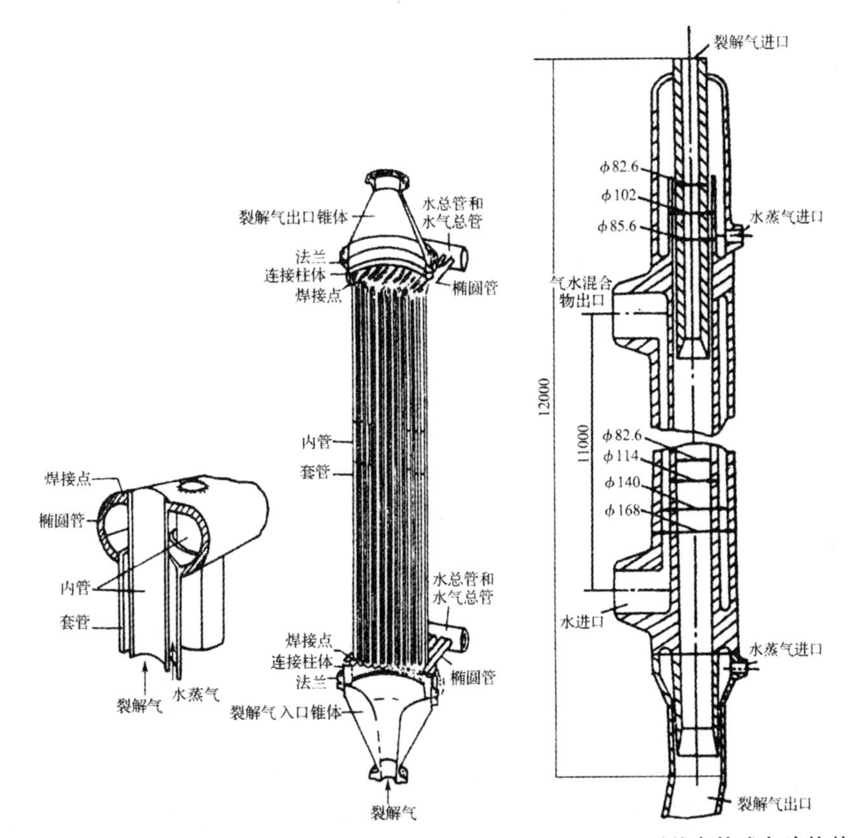

图 6-10　SHG 施米特型双套管式急冷换热器　　**图 6-11　USX 型单套管式急冷换热器**

3. 清焦

（1）炉管结焦

烃类在裂解过程中由于聚合、缩合等二次反应的发生，不可避免会产生结焦和生炭现象。焦、炭积附在炉管的内壁上。结焦程度将随裂解深度的加深和原料的重质化，使炉子的运转周期加长。随着焦和炭逐渐积累增加，有时可结成坚硬的环状焦层，使炉管的内径变小，阻力增大，因而进料温度增加，管壁温度升高，破坏了正常的裂解反应，影响生产，此时必须清焦。对管式裂解炉而言，如下任一情况出现均应停止进料，进行清焦。

① 裂解炉辐射段炉管某处出现光亮点。

② 裂解炉辐射段入口压力超过设计值的 10%。

（2）清焦方法

1）停炉清焦

将进料及出口裂解气切断后，用惰性气体或水蒸气清扫管线，逐渐降低炉管温度，然后通人空气和水蒸气烧焦，其反应为

$$C + O_2 \rightarrow CO_2$$

$$C + H_2O \rightarrow CO + H_2$$

$$CO + H_2O \rightarrow CO_2 + H_2$$

由于氧化反应是强放热反应，故需控制氧的浓度(用水蒸气加以控制)，并检查烧焦出口气体中的CO_2浓度，当CO_2含量低于0.2%(体积)时，清焦结束。

2) 不停炉清焦

它分交替裂解法和水蒸气、H_2清焦法两种。

① 交替裂解法。当重质烃原料裂解时(如柴油等)，裂解一段时间后有较多的焦炭需清焦，此时可切换轻质烃(如乙烷)去裂解，并加入大量的水蒸气，这样就起到清焦作用，当压差减小后，再切换到原来的原料。

② 水蒸气、H_2清焦法。定期将原料切换成水蒸气、H_2，方法同上。其特点是对整个裂解炉系统，可以将炉管轮流进行清焦。

6.4.3 裂解气的预分馏与裂解工艺流程

1. 裂解气的预分馏

裂解炉出口温度很高(800℃左右)，高温裂解气经急冷换热器的冷却，再经急冷器进一步冷却后，温度可降至200～300℃，将急冷后的裂解气进一步冷却至常温，并在冷却过程中分馏出裂解气中的重组分(如燃料油、裂解汽油、水分等)，这个环节称为裂解气的预分馏。经预分馏处理过的裂解气再送至裂解气压缩机压缩并进行深冷分离。显然，裂解气的预分馏过程在乙烯装置中起到十分重要的作用。

2. 裂解工艺流程

裂解工艺流程包括原料油和预热系统，裂解和高压水蒸气系统，急冷油和燃料油系统，急冷水和稀释水蒸气系统；不包括压缩、深冷分离系统。图6-12是轻柴油裂解工艺流程。

(1) 原料油和预热系统

原料油从贮罐1经预热器3和4与过热的急冷水和急冷油热交换后进入裂解炉的预热段。原料油供给必须保持连续、稳定，否则直接影响裂解操作的稳定性，甚至有损坏炉管的危险。因此原料油泵须有备用泵及自动切换装置。

(2) 裂解和高压水蒸气系统

预热过的原料油进入对流段初步预热后与水蒸气混合，再进入裂解炉的第二预热段预热到一定温度后，进入裂解炉的辐射段进行裂解。炉管出口的高温裂解气迅速进入急冷换热器6，使裂解反应立即停止，再去急冷器8用急冷油进一步冷却，然后进入汽油初分馏塔(油洗塔)9。

急冷换热器的给水先在对流段预热并局部汽化后送入高压汽包7，靠自然对流流入急冷换热器6，产生11MPa的高压水蒸气，从汽包送出的高压水蒸气进入裂解炉的预热段过热，再送入水蒸气过热炉过热至447℃后并入管网，供蒸气透平使用。

(3) 急冷油和燃料油系统

裂解气在急冷器8中用急冷油直接喷淋冷却，然后与急冷油一起进入汽油初分馏塔9，塔顶出来的裂解气为氢气、气态烃和裂解汽油以及稀释水蒸气和酸性气体。裂解轻柴油从汽油初分馏塔9的侧线采出，经汽提塔13汽提其中的轻组分后，作为裂解轻柴油产品。裂解轻柴油含有大量的烷基萘，塔釜采出重质燃料油。

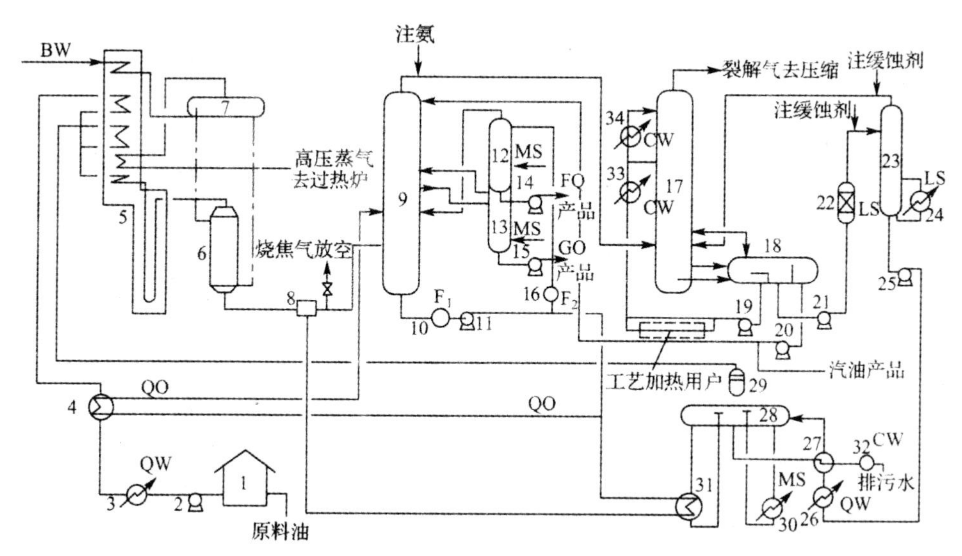

1— 原料油贮罐；2— 原料油泵；3、4— 原料油预热器；5— 裂解炉；6— 急冷换热器；7— 汽包；8— 急冷器；9— 汽油初分馏塔；10— 急冷油过滤器；11— 急冷油循环泵；12— 燃料油汽提塔；13— 裂解轻柴油汽提塔；14— 燃料油输送泵；15— 裂解轻柴油输送泵；16— 燃料油过滤器；17— 水洗塔；18— 油水分离罐；19— 急冷水循环泵；20— 汽油回流泵；21— 工艺水泵；22— 工艺水过滤器；23— 工艺水汽提塔；24— 再沸器；25— 稀释蒸气给水泵；26、27— 预热器；28— 稀释蒸气发生器汽包；29— 分离器；30— 中压蒸气加热器；31— 急冷油加热器；32— 排污水冷却器；33、34— 急冷水冷却器；CW— 冷却水；QW— 急冷水；MS— 中压水蒸气；LS— 低压水蒸气；QO— 急冷油；FO— 燃料油；GO— 裂解轻柴油；BW— 锅炉给水

图6-12　轻柴油裂解工艺流程图

自汽油初分馏塔塔釜采出的重质燃料油，一部分经汽提塔12汽提出其中的轻组分后，作为重质燃料油产品送出，大部分则作为循环急冷油使用，循环使用的急冷油分两股进行冷却，一股用来预热原料轻柴油后，返回作为汽油初分馏塔的中段回流，另一股用来发生低压稀释蒸气，急冷油被冷却后送至急冷器作为急冷介质，对裂解气进行冷却。

由于急冷油的黏度较大，在高温下经常会出现结焦现象并产生焦粒。因此在急冷油系统设置6 mm滤网过滤器10，并在急冷器喷嘴前设置燃料油过滤器16。

(4) 急冷水和稀释水蒸气系统　裂解气在汽油初分馏塔9中脱除重质燃料油和轻柴油后，由塔顶采出进入水洗塔17，用急冷水喷淋，使裂解气冷却，其中一部分稀释水蒸气和裂解汽油被冷凝下来并形成油水混合物，然后由塔釜进入油水分离罐18，分离出的水一部分供工艺加热用，冷却后的水再经急冷水冷却器33和34冷却后，作为水洗塔17的塔顶急冷水即工艺循环水。另一部分相当于稀释水蒸气的水量，由工艺水泵21经过滤器22送入汽提塔23，将工艺水中的轻烃汽提至水洗塔17，此工艺水由稀释蒸气给水泵25送入稀释蒸气发生器汽包28，再分别由中压蒸气加热器30和急冷油加热器31加热汽化产生稀释蒸气，经气液分离后再送入裂解炉。这种稀释蒸气循环系统，不仅节约了大量的新鲜锅炉用水，又减少了污水的排放对环境造成的污染。油水分离罐18分离出的裂解汽油，一部分由泵20送至汽油初分馏塔9作为塔顶回流循环使用，另一部分作为产品送出。

6.4.4 裂解汽油与裂解燃料油

1. 裂解汽油

烃类裂解副产的裂解汽油包括C5至沸程在50℃ ～ 200℃,下的所有裂解副产物,作为乙烯装置的副产品,其典型规格通常如下:

C_4 馏分　　0.5%(最大质量分数)

终馏点　　204℃

裂解汽油经一段加氢可作为高辛烷值汽油组分。如需经芳烃抽提分离芳烃产品,则应进行两段加氢,脱出其中的氧、硫、氮等杂原子化合物,并使烯烃全部饱和。

2. 裂解燃料油

烃类裂解副产的裂解燃料油是指沸程在200℃以上的重组分。其中沸程在200℃ ～ 360℃的馏分称为裂解轻质燃料油,相当于柴油馏分,但大部分为杂环芳烃,其中烷基萘含量较高,可作为脱烷基制萘的原料。沸程在360℃以上的馏分称为裂解重质燃料油,相当于常压重油馏分。除作燃料外,由于裂解重质燃料油的灰分低,是生产炭黑的原料。

6.5 裂解气的净化与分离

6.5.1 裂解气预处理

裂解气分离前一般都需要进行预处理。通常,裂解气分离的预处理包括以下几个主要过程:裂解气的压缩、酸性气体的脱除、脱炔和脱一氧化碳、脱除水分等。

裂解气分离前的预处理顺序,取决于裂解气的组成、性质、生产要求、预处理采用的方法以及过程的技术经济性等。因此,必须综合分析各种情况后才能具体确定。

1. 酸性气体脱除

裂解气中的酸性气体主要指 CO_2 和 H_2S,此外尚含有少量有机硫化物,如COS、CS_2、RSR′、RSH、(噻吩)等也可在脱除酸性气体过程中脱除掉。

(1)酸性气体的来源

H_2S来自两个方面,一部分由裂解原料带入;另一部分是由裂解原料中所含的有机硫化物在高温裂解过程中与氢发生氢解生成的。例如:

$$RSH + H_2 \rightarrow RH + H_2S$$

CO_2 来源于烃与水蒸气作用和裂解炉管中的焦炭与水蒸气作用,如:

$$CH_4 + 2H_2O \rightarrow CO_2 + 4H_2$$

$$C + 2H_2O \rightarrow CO_2 + 2H_2$$

CS2和COS在高温下与稀释水蒸气发生水解反应,也同时会生成 CO_2。

$$COS + H_2O \rightarrow CO_2 + H_2S$$

$$CS_2 + 2H_2O \rightarrow CO_2 + 2H_2S$$

当有氧带入反应系统时,与烃反应也能生成 CO_2。

$$C_nH_m + \left(n + \frac{m}{4}\right)O_2 \rightarrow nCO_2 + \frac{m}{2}H_2O$$

(2) 酸性气体的危害

这些酸性气体对裂解气的分离和利用都具有很大危害，必须将它们除去。

H_2S 能腐蚀设备和管道，使干燥用的分子筛使用寿命缩短，还会使加氢脱炔催化剂中毒。CO_2 在深冷分离过程中会结成干冰，堵塞设备和管道，影响正常生产。

酸性气体还影响乙烯、丙烯产品的进一步利用。例如，生产低压聚乙烯时，CO_2 和 H_2S 会破坏聚合催化剂的活性，影响高压聚乙烯的聚合速率和聚乙烯分子量，所以必须脱除酸性气体。

(3) 脱除方法

工业上一般用化学吸收法，采用适当的吸收剂来洗涤裂解气，可同时脱除 CO_2 和 H_2S 等酸性气体。吸收过程是在吸收塔内进行。

对吸收剂的要求如下。

① 对于 H_2S 和 CO_2 的溶解度大，反应性强，而对裂解气中乙烯、丙烯的溶解度小，不起反应。

② 在操作条件下蒸气压低，稳定性高，这样可减小吸收剂的损失，避免污染产品。

③ 黏度小，可节省循环输送功；腐蚀性小，设备可用一般钢材。

④ 来源丰富，价格便宜。

工业上已采用的吸收剂有 NaOH 溶液、乙醇胺溶液、*N*— 甲基吡咯烷酮等，具体选用时要根据酸性气体含量的多少、净化要求程度和酸性气体是否要求回收等条件选择确定。

管式炉裂解气中 H_2S 和 CO_2 含量一般较低，均采用 NaOH 溶液洗涤法，简称碱洗法。对含酸性气体较多的裂解气可采用乙醇胺溶液为溶剂，称为乙醇胺法。

(4) 碱洗法原理

裂解气中的酸性杂质与 NaOH 溶液发生下列反应，生成物 Na_2CO_3、Na_2S、RSNa 等能溶于废碱液中，排出后送到废液处理装置进行处理后被除去，达到净化的目的。

$$CO_2 + 2NaOH \rightarrow Na_2CO_3 + H_2O$$

$$H_2S + 2NaOH \rightarrow Na_2S + 2H_2O$$

$$COS + 4NaOH \rightarrow Na_2S + Na_2CO_3 + 2H_2O$$

$$RSH + NaOH \rightarrow RSNa + H_2O$$

(5) 碱洗流程

碱洗流程如图 6-13 所示。裂解气进入碱洗塔的底部，塔分为四段，最上段用水洗除去裂解气中夹带的碱雾，并达到降温的目的。下边三段分别利用不同浓度的碱液洗涤，最下段用 1% ～ 3%(质量分数) 的碱液洗涤，中段用 5% ～ 7%，上段用 10% ～ 15%。碱液用泵打循环，新鲜的 30%NaOH 碱液用来补充上段碱洗，以保持浓度为 10% ～ 15%(质量分数)，中段碱液的浓度由上段碱液补充，下段由中段碱液补充。最下段碱液使用一定程度后，作为废碱液排除掉。碱洗液与裂解气逆流接触，随着裂解气中酸性杂质含量的减少，碱洗液的浓度逐渐增加，这样既节省碱液用量，又保证了脱净酸性杂质，同时塔底设备不易堵塞(因下段碱液浓度低、盐的溶解度大)。其缺点是酸性气体不能回收。废碱液的处理可采用空气氧化、中和汽提、焚烧、生物处理等方法，以防止污染环境。

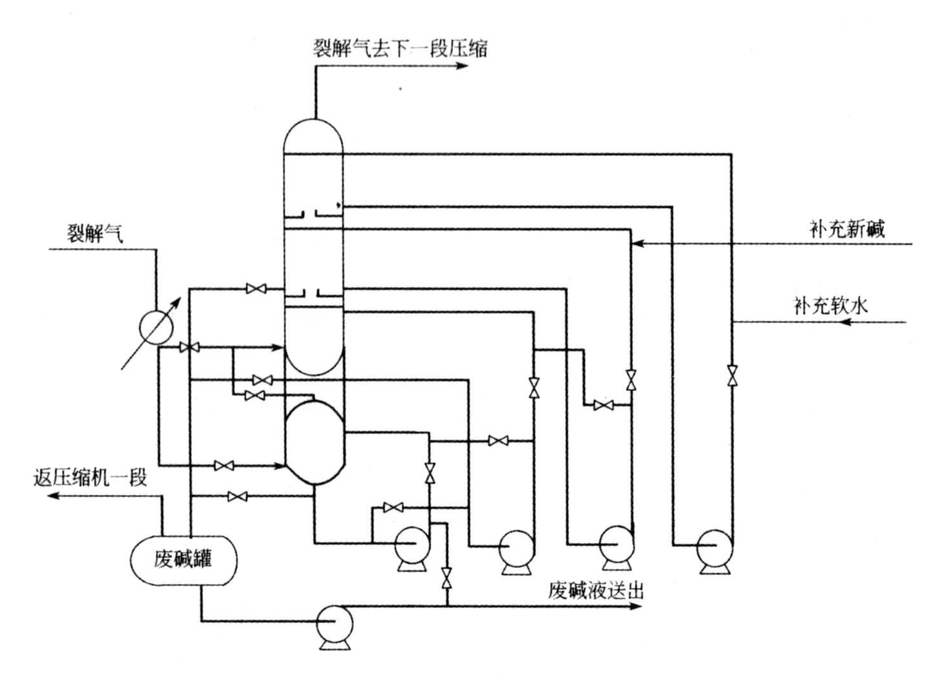

图 6-13 碱洗法流程

裂解气在碱洗塔内与碱液逆流接触，酸性气体被碱液吸收，除去酸性气体的裂解气由塔顶流出，去下一个净化分离设备。

(6) 碱洗塔的操作条件

操作条件的选用，一般根据酸性气体含量、操作费用和塔的构造等因素综合考虑。

1) 操作温度

硫化氢与碱液反应是可逆反应，但是温度对反应的平衡影响不大，而对吸收塔的塔板数影响很大。一般说来，温度升高，所需塔板数减少。但温度不能过高，否则会导致裂解气中重组分的聚合，生成的聚合物会堵塞设备和管道，影响正常操作。另外，热碱液对设备有腐蚀性。因此，碱液温度在 303 ～ 313K 左右为宜。

2) 碱液浓度

碱液浓度高，有利于提高对 H_2S 和 CO_2 的吸收率，减少碱液用量，但是，对于吸收操作来说，传质面积的大小对气液传质速率有很大影响，如果碱液用量少，要保证气液之间有足够的传质面积，只能提高碱液的循环量，这样就会增加动力消耗。另外，碱液浓度过高，会降低 Na_2CO_3 和 Na_2S 的溶解度，使大量的 Na_2CO_3 和 Na_2S 呈晶体状析出，影响操作过程的正常进行。所以，工业生产中控制碱液浓度在 2% ～ 15%(质量分数) 之间。

3) 操作压力

增加压力有利于气体在液体中的溶解，所以加压有利于酸性气体的脱除。但压力提高后，重质烃容易冷凝下来，影响过程的进行。同时，要求设备有更高的强度。因此，碱洗塔一般在 1.0 ～ 2.0MPa 的中压下操作。

(7) 其他碱洗法

当裂解气中酸性气体含量较高时，用 NaOH 碱洗，碱液不能回收，且耗碱量大，在这种情况下可采用乙醇胺法或其他吸收法。

乙醇胺是强有机碱，它是氨的三种取代物：一乙醇胺 $HOCH_2CH_2NH_2$、二乙醇胺 $(HOCH_2CH_2)_2NH$ 和三乙醇胺 $(HOCH_2CH_2)_3N$。

乙醇胺法的反应式为：

$$2HOCH_2CH_2NH_2 + H_2S \underset{110 \sim 130℃}{\overset{25 \sim 45℃}{\rightleftharpoons}} (HOCH_2CH_2NH_3)_2S$$

$$2HOCH_2CH_2NH_2 + CO_2 + H_2O \underset{110 \sim 130℃}{\overset{25 \sim 45℃}{\rightleftharpoons}} (HOCH_2CH_2\overset{+}{N}H_3)_2CO_3^{2-}$$

以上反应是可逆反应，其特点是低温、高压时反应向右进行，吸收酸性气体，并放出热量；当温度升高、压力降低时，反应向左进行，解吸并吸热，根据这一点可再生吸收剂，循环使用。由于乙醇胺与 COS 反应不能再生，同时乙醇胺吸收剂又较贵，所以不宜处理 COS 含量较高的气体。另外，乙醇胺吸收剂在较高温度下易挥发和分解，再加上循环使用能耗大等缺点，需慎重选用该吸收剂。

有的还采用醇胺与碱液相结合的方法，可取长补短。即先用醇胺脱除大量酸性气体，然后再用碱液法脱除少量酸性气体，耗碱量少，脱除效果好，同时又可回收大部分酸性气体。

2. 裂解气脱水

(1) 水的来源及危害

由于裂解原料中需配入一定比例的稀释蒸汽进行裂解，又由于急冷过程的水洗，再加上碱洗塔上部的水洗等操作步骤，所以裂解气中不可避免地含有一定量的水分。裂解气虽然经压缩过程处理，但仍含有少量的水分，一般为 $4\times10^{-4} \sim 7\times10^{-4}$（质量分数），当裂解气的分离采用深冷法时，在低温下水能凝结成冰，在一定的温度压力下，水还与轻质烃形成固体结晶水合物，如形成 $CH_4 \cdot 6H_2O$、$C_2H_6 \cdot 7H_2O$、$C_4H_{10} \cdot 7H_2O$ 等。

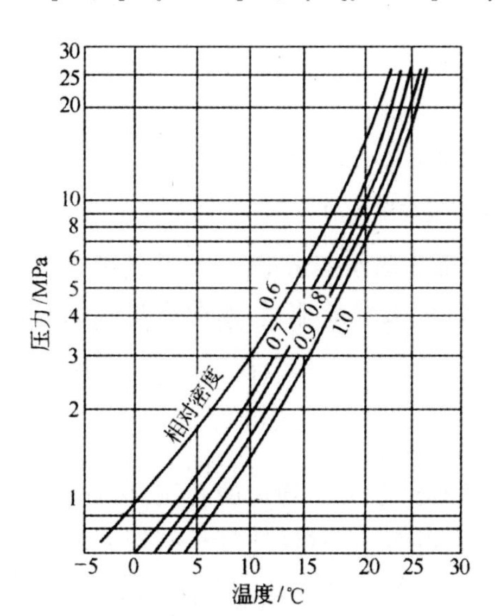

图 6-14　烃类气体混合物生成水合物的条件

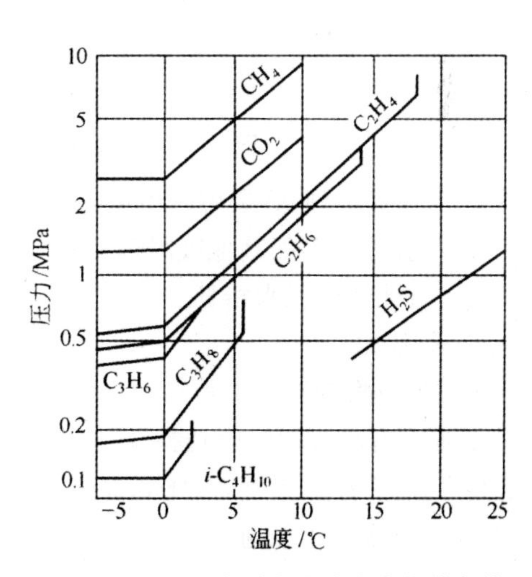

图 6-15　各种烃生成水合物的条件

从图 6-14 和图 6-15 可看出各类烃形成水合物的条件不同，但普遍规律是压力高、温度低的条件容易形成烃水合物，随着烃碳原子数的增加和混合烃相对密度加大，生成烃类水合物的起始温度升高。低温下形成的结晶水合物与冰雪相似黏附在设备和管壁上，轻则影响正常生产、增大动力消耗，重则堵塞设备和管道，直至停产。为了排除故障，可用甲醇、乙醇或热甲烷、氢等来解冻，大多数厂家采用甲醇，因为这些物质都能降低水的冰点和降低生成烃水合物的温度。这是消极方法，积极的办法是在裂解气进行分离前脱除水分，使其水含量 $< 5 \times 10^{-6}$。

(2) 脱水方法

脱水方法有许多，如冷冻法、吸收法、吸附法。现在广泛采用的方法是吸附法。

吸附是用多孔性的固体吸附剂处理流体混合物，使其中一种或几种组分吸附于固体表面上，以达到分离的目的。

吸附剂有好几种，如硅胶、活性氧化铝、活性铁钒土、分子筛等，各种吸附剂吸附容量如图 6-16 所示。

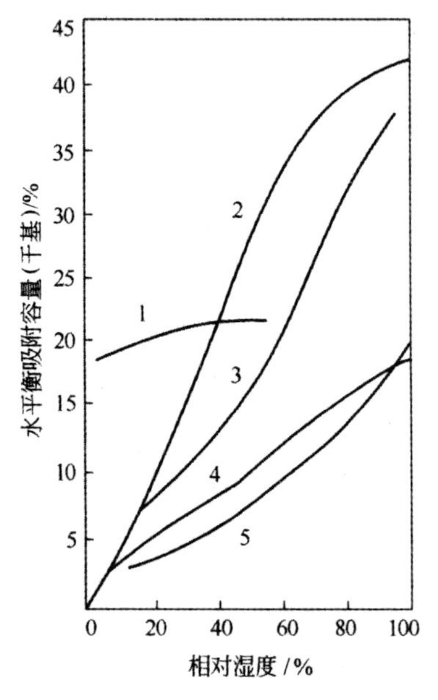

1—5A 分子筛；2— 硅胶；3，4— 活性氧化铝；5— 活性铁钒土

图 6-16　各种吸附剂吸附水容量与湿度的关系

由图 6-15 可看出，脱除裂解气中微量水分以分子筛吸附水容量最高，比其他吸附剂都好，当相对湿度大时，分子筛不如其他吸附剂。因此，当裂解气经五段压缩后，水分含量较低时，可用分子筛直接脱水就能达到脱水指标。

(3) 分子筛脱水

分子筛作为吸附剂有如下特点。

① 分子筛具有较强的吸附选择性，在分子筛内部有许多大小均匀的孔洞。因此分子筛只能吸附小于其孔径的分子。另外，分子筛又是一种极性吸附剂，它对极性分子有较大的亲和力。因此，可以选择一种水分子能通过而非极性分子如 H_2、CH_4 等非极性分子不吸附的分子筛，达到选择性脱除水分的目的。

② 分子筛在较低浓度下也具有较大的吸附能力。这是由于它具有较大的内表面积。因此，它特别适合用于含水量很低的深度干燥。

③ 分子筛吸附水汽的容量，随着温度变化很敏感。分子筛吸附是一个放热过程，温度降低吸附能力升高；温度升高，吸附能力大大降低。根据这一特点(低温吸附、高温脱附)，分子筛很容易

再生。

裂解气脱水常用 A 型分子筛，它的孔径大小比较均匀，有较强的吸附选择性，如 3A 分子筛只能吸附水不吸附乙烷分子，4A 分子筛能吸附水、乙烷。所以裂解气脱水常用 3A 分子筛。此分子筛是一种离子型极性吸附剂，只有水分子被吸附在分子筛(3A) 孔穴内。另外，分子筛吸附水蒸气的容量，随温度变化很敏感。吸附水是放热过程，所以低温有利于吸附，一般控制温度为常温(0℃ ～30℃)，高温则有利于吸热的脱附过程，可利用升温的办法使分子筛再生，一般控制在 80℃ ～120℃ 下脱附水，进行分子筛的再生。

裂解气经脱水后的露点要求为 —70℃。根据实际经验可知，裂解气露点为 —55℃，就可消除冰墙现象。

(4) 分子筛脱水及再生流程

图 6-17 是双床操作(一床脱水，一床再生和冷却，交替进行) 流程，这样配管简单，开关阀少。

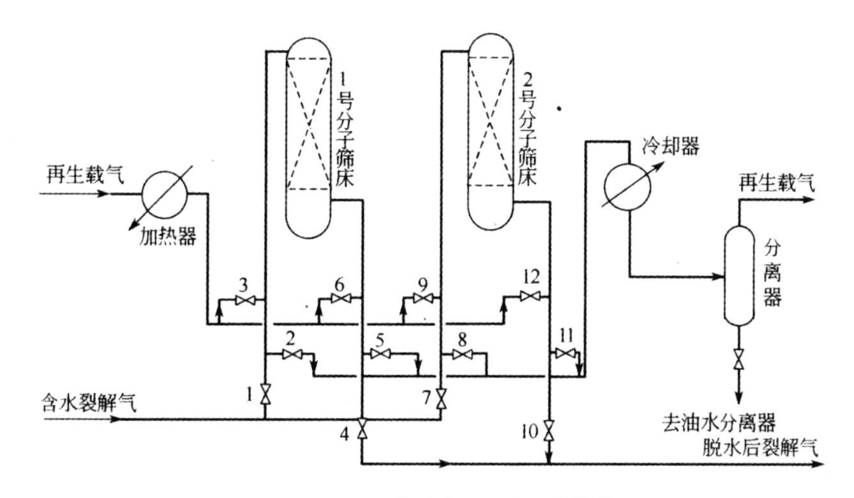

图 6-17　分子筛脱水 - 再生双床操作

1 号床脱水操作时，要脱水的裂解气经 1 号阀门自上送至 1 号分子筛床，气流向下流动，不致因气速较大而扰动床层，脱水后裂解气由床底部经 4 号阀门送出。2 号床再生时，载气(甲烷或氢气、氮气) 经 12 号阀自 2 号床底部进入，气流向上，这样再生作用由下而上，以保证床层底部完全再生。再生载气经 8 号阀，经冷却和分离后进燃料系统。

2 号床冷却时，载气不加热经 9 号阀直接入 2 号床顶部，气流向下流动，冷却床层后经 11 号阀到分离器后去燃料系统。冷载气由上而下，如冷载气中有水冷凝下来，首先留在进口的床层上部。这样当 2 号床转为脱水操作时，裂解气自上进入床层，水蒸发后随裂解气经分子筛层即被吸附，可以保持裂解气含水量不超出残余含水量指标。2 号床再生时，开始载气温度应缓慢提高，以除去大部分水分和烃类，以免造成烃的聚合，然后再逐步升温至 230℃ 左右，以除去吸附剂分子筛中的残余水分。

3. 炔烃脱除

(1) 概述

裂解气中含有少量乙炔，还有少量丙炔、丙二烯以及一氧化碳。在分离过程中，乙炔主要集中在 C_2 馏分，丙炔及丙二烯主要集中在 C_3 馏分。在裂解气中乙炔含量一般为 0.2% ～ 0.7%，而丙炔含量一般为 0.1% ～ 0.15%，丙二烯含量一般为 0.06% ～ 0.1%，它们是在裂解过程中生成的，一般裂解反应的温度高易生成炔烃。在 Kellogg 毫秒裂解炉高温超短停留时间的裂解条件下，C_2 馏分中富集的乙炔含量(摩尔分数) 高达 2.0% ～ 2.5%，C_3 馏分中丙炔和丙二烯的含量(摩尔分数) 达 5% ～ 7%。

由于乙烯、丙烯大多用来生产聚乙烯、聚丙烯，为保证聚合催化剂的寿命，对乙炔含量要求特别严格，如在聚乙烯生产中，要求 $C_2^{\equiv} < 10^{-5}$、$C_2^{\equiv} < 5 \times 10^{-6}$。在高压聚乙烯生产中，由于乙炔的积累，使乙烯分压降低，乙炔分压升高，当乙炔分压过高时会引起爆炸，所以必须脱除乙炔。丙炔和丙二烯的存在，将影响丙烯合成或聚合反应的顺利进行。

裂解气中含有少量的 CO，也是在裂解过程中稀释水蒸气同结炭发生水煤气化反应而生成的。

$$H_2O + C \rightleftharpoons CO + H_2$$

从裂解气分离出来的氢气中含有少量的CO，一般含量在0.4% ～0.8%(体积分数)。若用这样的氢气进行乙炔加氢反应，由于 CO 含量过高会使加氢催化剂中毒。裂解气中少量的 CO 带入富气馏分中，会使加氢催化剂中毒，而乙烯中若有 CO，将影响聚乙烯产品的性能。CO 的脱除可用甲烷化法，即 CO 加氢法。

(2) 脱炔方法

工业上脱炔的主要方法有选择性催化加氢法、溶剂(丙酮、二甲基甲酰胺和 N— 甲基吡咯烷酮等) 吸收法、低温精馏法、氨化法、乙炔酮沉淀法和络合吸收法等。

目前，裂解气中乙炔含量较少，生产规模又较大，大都采用选择性催化加氢法。此法在操作和技术经济上都比较有利，因此主要讨论催化加氢脱炔法。

(3) 催化加氢脱炔法

含有炔烃的裂解气，在催化剂的存在下进行加氢，乙炔转化为乙烯或乙烷从而达到脱除乙炔的目的。其反应式如下。

主反应　$C_2H_2 + H_2 \rightarrow C_2H_4 + 174.75kJ$　(1)

副反应　$C_2H_2 + 2H_2 \rightarrow C_2H_6 + 311.67kJ$　(2)

副反应　$C_2H_4 + H_2 \rightarrow C_2H_6 + 136.92kJ$　(3)

乙炔也可能聚合生成二聚、三聚等俗称绿油的物质。

从以上三个反应式来看，我们希望按反应(1) 进行，因为此反应不仅能脱除炔烃，还能增加乙烯收率。反应(2) 只能脱除炔烃，但不能增加乙烯收率。反应(3) 消耗大量的乙烯，降低了乙烯收率，是最不希望发生的反应。怎样才能促使主反应发生，抑制副反应的进行呢?

已知反应(1) 和反应(3) 各自单独进行时，反应(3) 比反应(1) 约快 10 ～ 100 倍，说明乙烯的消失速度比生成更为迅速。

已知裂解气中有大量的乙烯和氢，而只有极少量的乙炔，不希望大量的氢与大量的乙烯按反应(3) 进行，而希望仅与少量的乙炔按反应(1) 进行。为了按反应(1) 进行，加氢反应必须采用合适的具有选择性加氢的催化剂，即只对反应(1) 进行催化加氢的催化剂，这种催化剂必须满足下列几项要求：

① 催化剂对乙炔的吸附能力大于对乙烯的吸附能力；

② 能促进吸附的乙炔加氢生成乙烯的反应；

③ 乙烯在催化剂上的脱附速率应大于乙烯进一步加氢生成乙烷的速率；

④ 催化剂本身稳定性好，如不易中毒、有一定的抗酸性、耐高温、长期使用不易磨损等。

(4) 加氢脱炔催化剂

乙炔在催化剂上的反应(气—固相反应)一般经历三个阶段,第一阶段为参加反应物(乙炔)从气相扩散到催化剂表面,并在催化剂上吸附。第二阶段为被吸附的乙炔在催化剂表面进行反应。第三阶段为反应生成物(乙烯)从催化剂表面脱附下来,并扩散到气体中去。

为了提高反应的选择性,要求催化剂对乙炔的吸附能力大于对乙烯的吸附能力,而乙烯在催化剂上继续反应的能力要小于脱附能力。

为满足以上要求,采用选择性良好的催化剂是关键。催化剂对不饱和烃有化学吸附能力的性质,与其活性组分原子的电子构型有关,元素周期表Ⅷ族元素如钴(Co)、镍(Ni)、钯(Pd)等有此吸附能力。由于这些原子的最外电子层d能阶有空位,这就为不饱和烃在其金属表面进行化学吸附提供了条件。目前大多采用钴(Co)、镍(Ni)、钯(Pd)作乙炔加氢催化剂的活性组分,用铁(Fe)和银(Ag)作助催化剂,用分子筛或 α-Al_2O_3 作载体。

这些催化剂上乙炔的吸附能力比乙烯强,能进行选择性加氢。

(5) 加氢脱炔装置

根据加氢脱炔过程在裂解气分离流程中的位置不同,可分为前加氢脱炔和后加氢脱炔两种方法。

1) 前加氢脱炔

在脱甲烷塔前进行加氢脱炔,称前加氢脱炔。前加氢的加氢气体可以是裂解气的全馏分(顺序流程);在前脱丙烷流程中是 H_2、C_2^0、C_2、C_3 馏分;在前脱乙烷流程中是 H_2、C_1^0、C_2 馏分。从前脱炔所处理的馏分组成可看出都含有氢气。所以脱炔反应时不再需要外来氢气,因此前加氢又叫自给加氢。

前加氢由于氢气自给,故有流程简单、能量消耗低等优点。但也存在以下缺点,由于乙炔浓度低,氢气量不宜控制,尤其在前脱乙烷流程中 H_2 是过量的,氢气过量可使脱炔反应的选择性降低。其次,前加氢脱炔所处理的气体组成复杂,尤其是在顺序流程中为裂解气的全馏分。这样,对催化剂的要求就高,即活性高又不易中毒。同时,处理量大,催化剂用量大、反应器的体积也大,催化剂的寿命短,氢炔比不易控制。

2) 后加氢脱炔

在脱甲烷塔之后进行加氢脱炔,称后加氢脱炔。所处理的气体是 C_2 馏分,不含 H_2,所以脱炔用的 H_2 得外供,流程复杂。但由于处理的气体组成简单,杂质少,反应器体积小,而且易于控制 H_2 与炔烃的比例,使选择性提高,有利于提高乙烯收率和减少乙烯损失。后加氢脱炔催化剂不易中毒,使用寿命长,产品纯度高,一般采用钯作为催化剂。目前国内外乙炔加氢采用后加氢工艺的较多。

(6) 影响脱炔的主要因素

1) 温度

由于脱炔采用加氢脱炔法,是放热反应,所以必须严格控制反应温度,否则会发生爆炸事故。温度高还会使乙烯发生聚合反应,生成绿油等低分子聚合物。温度低对于放热反应有利,但温度低催化剂的活性低。因此,选择合适的反应温度很重要,合适的温度与脱炔催化剂有关。

2) 氢炔比的控制

氢炔比低,易发生烯烃聚合生成绿油;氢炔比高,易发生烯烃加氢反应生成乙烷,使乙烯收率下降。所以要根据炔烃在裂解气中的含量多少和脱炔的位置以及催化剂等因素选择合适的氢炔比。一般氢炔比控制在 2 ～ 3 为宜。

3) 空速

空速大，反应不完全，脱炔不彻底；空速小，反应时间长，易生成绿油，损失乙烯，空速的大小与脱炔位置和催化剂的种类有关。

4) 原料气中 CO 的影响

CO 在催化剂上吸附能力大于乙烯在催化剂上的吸附能力，少量的 CO(体积分数)($<1\times10^{-5}$) 存在可减少乙烯在催化剂上的吸附，降低乙烯的损失，故微量的 CO 又可进一步提高加氢反应的选择性。

在乙炔加氢过程中，有乙炔聚合反应和分解生炭反应发生，这些聚合物和炭沉积在催化剂表面上，降低了催化剂的活性，因此催化剂需要定期再生。

(7) 加氢脱炔流程

图 6-18 为 C_2 馏分加氢脱乙炔流程，脱乙烷塔顶产物乙炔、乙烯、乙烷馏分中含有 5×10^{-3} 左右的乙炔，与预热至一定温度的氢气(氢气中含微量 CO) 相混合，进入一段加氢绝热式反应器，进行加氢反应。由一段出来的气体再配入补充氢气，经调节温度后，进入二段加氢反应器，再进行加氢反应。反应后气体经换热器降温到 —6℃ 左右，送去绿油洗涤塔，用乙烯塔侧线馏分洗涤气体中含有的绿油，脱掉绿油的气体进行干燥，然后去乙烯精馏系统。

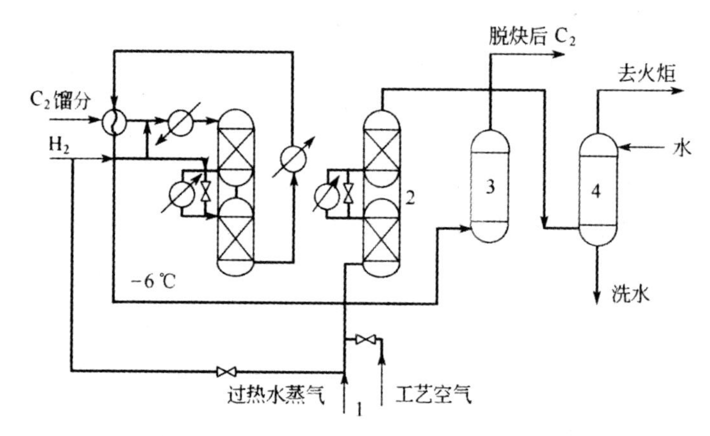

1— 加氢反应器；2— 再生反应器；3— 绿油吸收塔；4— 再生气洗涤塔

图 6-18　催化加氢脱炔和再生流程

再生过程是将切换下的、需再生的加氢脱炔反应器先用氮气吹扫使碳氢化合物低于 0.5%，再用再生气(氮气中配入适当空气) 升温(10 ～ 20℃/h)，升到 550℃ 后恒温 8h，再继续降温，降温速率为 20℃/h，直至常温为止。最后用氮气全面吹扫，当氧气含量 < 0.5% 后，通入氢气进行活化，使催化剂恢复活性。一般通入氢气时，以 20℃/h 的速率升温到 250℃ 恒温 4h；再以 20℃/h 速率升温至 400℃，恒温 8 h。降温时，以 20℃/h 速率降温至常温。然后用碳二馏分置换氢气，当氢含量低于 5% 时可认为再生完毕，方可使用。

C_3 馏分中的丙炔和丙二烯常采用液相加氢法脱除。C_3 馏分液相加氢流程也分两段加氢。一段是主反应器，使丙炔和丙二烯的含量由 2% 左右降到 0.2% 左右；二段是副反应器，进一步脱除丙炔和丙二烯，使其含量在 1.0×10^{-5}(质量分数) 以下。反应热主要是借助部分产物的汽化而移出。

6.5.2 压缩与制冷

1. 裂解气压缩

(1) 压缩目的

裂解气中许多组分在常压下都是气体，其沸点都很低，如果在常压下进行各组分的冷凝分离，则分离温度很低，需要消耗大量冷量，也需要耐低温而且体积大的分离设备，为了使分离温度不太低，可以适当提高分离压力。

裂解气的深冷分离温度与相应的压力有如下关系：

分离压力	分离温度
3.0～4.0 MPa	—96
0.6～1.0 MPa	—130℃
0.15～0.3 MPa	—140℃

当分离压力高时，其分离温度也随之提高，并多消耗压缩功；反之，则多耗制冷功。此外，分离压力高时，使精馏塔釜温升高，容易引起重组分聚合，并使烃类的相对挥发度降低，增加分离难度，低压则相反。两种方法各有利弊，深冷分离装置以高压法居多。但由于近年来分离技术和制冷技术的提高，低压法也有了新的发展。

高压法通过设置裂解气压缩机将低压裂解气加压，使其达到深冷分离所需要的压力。设置乙烯制冷压缩机和丙烯制冷压缩机可提高循环制冷剂（乙烯和丙烯）的压力，使其能在较高温度下冷凝，然后进行节流膨胀，在较低温度下汽化，通过换热使裂解气降低到所需要的低温（—100℃）。裂解气压缩机，乙烯、丙烯制冷压缩机，简称三机，是乙烯装置的关键设备。

压缩机主要有往复式压缩机和离心式压缩机。往复式压缩机出口压力高，适用于超高压但排气量不特别大的场合。离心式压缩机排气量大，转速高，可长期运转，适用于排气量大而排气压力不太高的场合。这两种压缩机各有所长。所以当压缩机容量较大时，可组成离心式一往复式串联机组，前几段压力低用离心式，后几段压力高用往复式，可发挥两种压缩机的特长，在一定的流量范围内是经济合理的。

(2) 裂解气的多段压缩

裂解气的压缩过程属于绝热压缩类型。绝热压缩比多变压缩和等温压缩消耗的压缩功都大，为了节省功，采用多段压缩，在段间设冷凝器，降低温度。段数越多，越接近等温压缩，消耗的压缩功就越小。另外，从绝热压缩过程推出的绝热压缩方程式为：

$$T_2 = T_1 \varepsilon^{\frac{k-1}{k}}$$

$$\varepsilon = \frac{p_2}{p_1}$$

$$k = \frac{C_p}{C_V}$$

式中，T_1，T_2 为压缩前后气体的温度，K；ε 为压缩比；p_1，p_2 为压缩前后气体的压力，MPa；k 为绝热指数。

从上式可看出 T_2 与压缩比和 T_1 有关，如果 T_1 高、压缩比大，则 T_2 就高。由于裂解气组成复杂，其中的烯烃、二烯烃易发生聚合，生成黏性物质，甚至树脂化，影响压缩机的运转。采用分段压缩可降低压缩比，而且段间设置冷却器使 T_1 降低，因此 T_2 也就降低了，聚合反应也不易发生了。

另外，在段间可在每段入口处喷入雾化油，使喷入量正好能湿润压缩机通道，这样也能防止聚合物和焦油沉积，使压缩机运转正常。一般压缩机出口温度不高于100℃，段间设置冷凝器，可把裂解气中的重质烃和水蒸气冷凝下来，减少分离系统和干燥器的负荷。如采用往复式压缩机，多段压缩可以提高容积系数，节省制造费用。多段压缩同时可满足工艺要求，例如在段间可插入脱除酸性气体、前脱丙烷、分子筛脱水等操作。

多段压缩虽有优点，但段数太多，阀门、管道、冷凝器等都将增多，一方面造价高，另一方面阻力降增加，当缺点占主要地位时就不合适了，需有适当的压缩段数。因此，合理选择压缩段数很重要，一般从以下几方面确定段数。

1）根据生产经验

在生产过程中积累的一些经验是：可依据终压来选定段数，如表6-6所示。

表6-6　从常压压缩到不同终压适宜级数

终压 /MPa	1	0.5～3	3～15	10～30	15～100	20～1 00
适宜级数	单	二	三	四	五	六

一般来说，凡是吸气量较大，而且经常开动的压缩机偏向于较多段数，而小型压缩机偏向于用较少段数，较为经济。

2）省功

要根据终压与效率关系曲线查出最省功的段数，即效率最高的曲线所对应的段数。

3）按照工艺要求

裂解气组成复杂，要求在每段的排气温度不超过90℃～108℃，求出压缩比，计算压缩段数，再根据段间设置的操作内容确定。总之，确定压缩机的段数，要综合考虑工艺、能耗、操作、投资等多种因素，经权衡后做出适宜的选择。

（3）裂解气压缩流程

林德公司的裂解气压缩流程是，在裂解气压缩机的工、Ⅱ、Ⅲ 和 Ⅳ 级间，采用裂解气直接水冷，如图6-19所示，这样大大降低了段间冷却冷凝器的压力降。因此，其功率下降7%～10%，而投资不增加。此流程除省功外，还因冷凝液返回前一段时，节流膨胀而降温，可把裂解气冷到较低温度，并节省冷量。另外，由于冷凝液与裂解气逆流接触，彼此发生传热传质，使得裂解汽油稳定。除裂解气段间直接水冷外，还采用新型低压降换热器进行段间间接冷却。

2. 裂解气分离系统能量利用

能量回收和合理利用是化工厂的重要问题。生产过程中能量消耗直接体现在产品的成本上，能量回收和利用的好坏，体现了工艺流程和技术的先进水平。

乙烯装置的能量合理利用主要表现在热区（裂解和急冷）的能量合理利用上，主要有三个途径。

（1）急冷器回收的能量约占1/3，更重要的是它能产生高能位的能量，用于驱动三机。

（2）初馏塔和附属系统回收的是低能位的能量，用于换热系统。

（3）烟道气的热量一般是用于裂解炉的对流室预热原料、锅炉给水和过热水蒸气等。

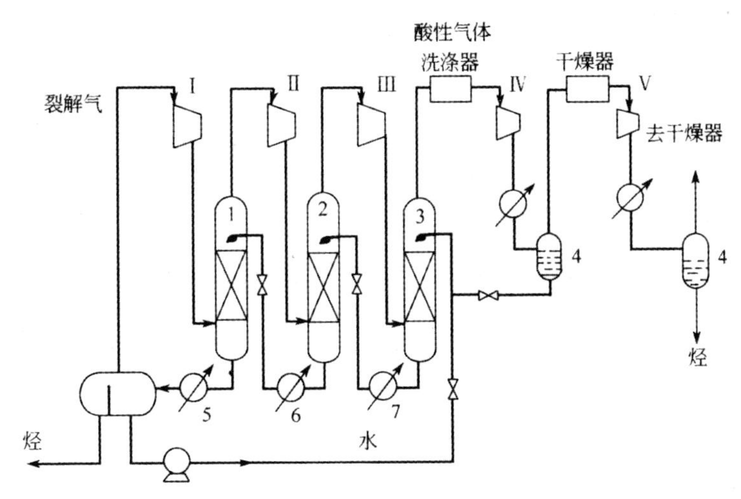

1～3—洗涤塔;4—蒸出塔;5～7—新型低压降换热器

图 6-19 裂解气压缩级间直接水冷新流程

冷区(裂解气分离系统)能量合理利用,主要有以下几方面。

① 在制冷过程中,合理选择制冷剂、制冷温度、制冷量和制冷设备。

② 在分离过程中合理利用热泵、中间冷凝器和中间再沸器。

③ 在制冷循环过程中,合理利用能量。

④ 在分离流程组织中合理使用冷冻级别并逐级分凝,合理利用低温高压的尾气制冷。

⑤ 合理选用制冷机和节流膨胀机等提高制冷系数。

(1) 制冷和复迭制冷

深冷分离过程除了对裂解气压缩外,还需要供给冷量,以保证完成分离的任务。

制冷是利用制冷剂压缩和冷凝得到冷剂液体,再在不同压力下蒸发,则可获得不同温度级位的冷冻过程。制冷的工作原理是依靠外界对系统做的压缩功,使工质自低温处吸热(制冷),向高温处排热,使热量自低温处向高温处流动。制冷温度不同,需要采用不同的工质。制冷温度越低,单位能量消耗越大。在制冷过程中必须选择制冷工质(制冷剂),下面以氨作为制冷剂说明制冷的工作原理。

根据氨随着压力改变而沸点变化的性质,为保证分离制冷系统的安全,不使系统中渗漏空气,一般制冷循环是在正压下进行。用氨作制冷剂最低温度只能是 —30℃。欲获得更低的温度,如供给脱甲烷塔顶的温度需 —100℃ 左右,那么就不能只采用氨制冷剂,需要采用常压下沸点很低的制冷剂。

如获得 —100℃ 温度级位的冷量,需用乙烯为制冷剂,但乙烯的临界温度为 9.5℃,低于冷却水的温度,因此不能用冷却水使乙烯冷凝,这样就不能构成乙烯蒸气压缩冷冻循环。此时,需要采用另一种制冷剂如氨或丙烯,使乙烯冷到临界温度以下,发生冷凝过程向氨或丙烯排热。这样氨或丙烯的冷冻循环可以和乙烯的制冷循环复迭起来组成复迭制冷,称二元复迭制冷。例如,脱甲烷塔操作是采用低压法,塔顶需更低温度(—140℃),则要选更低温度的制冷剂如甲烷,这样就构成了氨或丙烯的冷冻循环与乙烯的制冷循环,与甲烷的制冷循环复迭起来,构成三元制冷循环。多元制冷循环的目的是向需要温度最低冷量用户供冷,又向需要温度最高的热量用户供热。

(2) 制冷和多级制冷循环能量合理利用

1) 制冷剂的选择

从图 6-20 可看出不同的制冷剂，制冷温度范围不同，单位制冷量所消耗的功不一样，所以要求选好制冷剂使消耗的功小。首先，要根据分离所要求的温度选制冷剂。制冷温度高时，不要选择制冷温度范围低的制冷剂制冷，消耗的功大。当制冷温度和制冷量相同时，要选制冷剂蒸发潜热大的。这样，制冷剂用量就少，而且压缩功也小，节流

膨胀体积也小。另外，在固定的蒸发温度下，制冷剂应选蒸发压力较高的，而且在固定冷凝温度下，其冷凝压力要低，这样可减少压缩功。另外，制冷剂在蒸发时，比容较小的为宜，体积小压缩功就小。总之，制冷剂要选无毒、无腐蚀、稳定性好、安全性好、不易燃、不易爆、价格低的。

2) 制冷任务

制冷任务包括两个内容，一是制冷量；二是制冷温度。

根据逆卡诺循环制冷过程推出逆卡诺循环的制冷系数为：

$$\varepsilon_c = \frac{Q_2}{W} = \frac{Q_2}{Q_2 - Q_1} = \frac{T_2}{T_1 - T_2}$$

式中，T_1，T_2 为高温处和低温处的温度，K；Q_1，Q_2 为高温 T_1 处和低温 T_2 处传热热量，kJ；W 为压缩功，kJ。

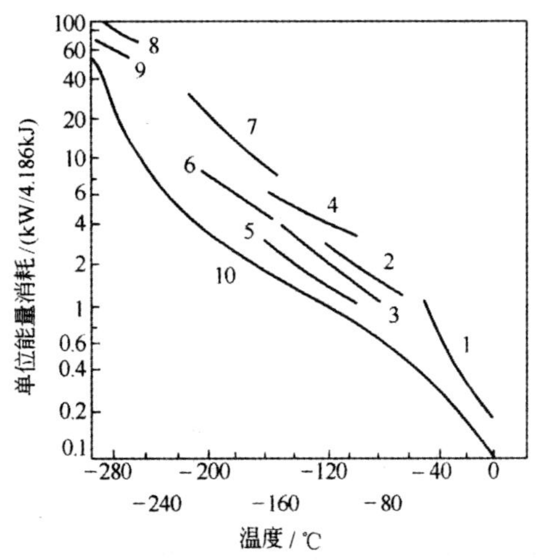

1—NH_3；2—C_2H_4；3—C_2H_4(电力回收)；4—CH_4。5—CH_4(用膨胀机)；6— 空气(用膨胀机)；

7—N_2；8—H_2；9—H_2(用膨胀机)；10— 逆行卡诺循环(环境温度 300K)

图 6-20　冷剂制冷温度范围与单位能耗关系

逆卡诺循环可作为改进实际制冷循环的参考。通过上式可知 Q_2 越大，则消耗功越大，所以 Q_2 要选取得合理。另外，还可看出 T_2(制冷剂吸热蒸发温度) 与 T_1(制冷剂排热冷凝温度) 的温差越大，则消耗的功 W 越大。因此，要合理选择压缩段数和多次节流方法使 $T_2—T_1$ 的温差缩小，提高制冷系数 ε_c，降低功耗。

3) 多级制冷循环能量合理利用

制冷分单级、二级和三级制冷循环，如果多级制冷循环只为了一个最低温度的供冷和一个最高温度的供热，这样 $T_2—T_1$ 温差太大，制冷系数 ε_c 太小了，能量利用不合理。采取多段压缩，在每一段可把压缩气体引出来供给不同温度级位的热量用户。由于段间裂解气进行了换热，本身的

温度降下来了，则最后一段压缩裂解气的温度也不会太高，压缩比小，T_1 低 T_2 也不高，这样温差小，制冷系数就高了，压缩功也减少了。当采用多次节流膨胀方法时，将每一次节流后引出的不同温度的液体换热，本身的温度降低，相对汽化率减少，这样不仅降低了传热过程冷剂（冷量用户）和工艺流体（制冷剂）的温差，还提高了换热器的有效能效率，并提高制冷系数。另外，采用将液态冷剂进行过冷的方法时，由于液体在过冷下进行节流膨胀，能多获得供冷的低温液态冷剂，气相冷剂产生少，使节流膨胀后的汽化率降低，提高制冷能力。多级制冷循环能量合理利用如图6-21所示。

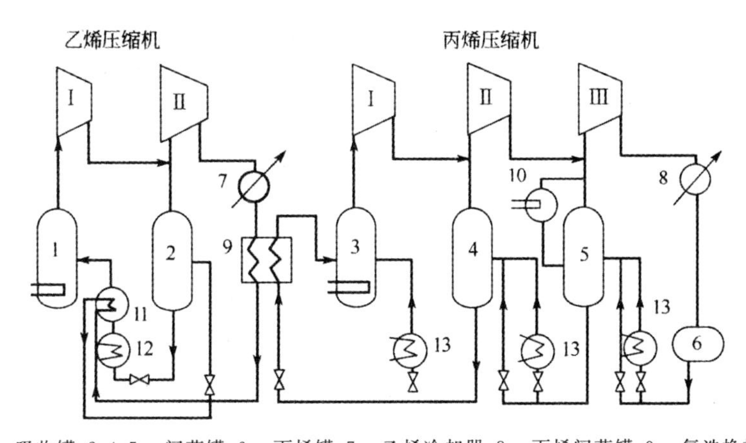

1，3— 吸收罐；2，4，5— 闪蒸罐；6— 丙烯罐；7— 乙烯冷却器；8— 丙烯闪蒸罐；9— 复迭换热器；
10— 丙烯冷凝器（热量用户）；11— 乙烯过冷器；12— 乙烯蒸发器（低温冷量用户）；13— 丙烯蒸发器（冷量用户）

图6-21　乙烯、丙烯复迭制冷的冷剂和热剂分配流程

（3）热泵

1）热泵类型的特点

热泵是制冷循环对塔顶供冷对塔釜供热，此系统称热泵。热泵精馏流程一般有三种，如图6-22所示。图6-22(a)为一般制冷的精馏过程，只对塔顶供冷而少对塔釜供热。图6-22(b)为闭式热泵流程，流程中制冷循环的工质（制冷剂）蒸发器与精馏塔顶冷凝器结合为一个设备，同时制冷循环的工质冷凝器与精馏塔底再沸器结合为一个设备。此流程特点是精馏系统与制冷循环系统自成体系，互不干扰，操作容易；塔顶和塔釜出料不受制冷循环工质的影响，不易污染。

图6-22(c)为开式A型热泵流程，此流程特点是不用外来冷剂作制冷循环工质，而是直接以塔顶蒸出的低温蒸气作制冷剂，经压缩提高压力和温度后去塔釜再沸器放热而凝成液体。凝液一部分出料，一部分经节流降温回流入塔。因此，可以认为塔顶冷凝器与塔釜再沸器结合为一个设备，比闭式又节省了一个冷凝器，而且把间接换热变成了直接传热，节省了能量。但此流程操作要求严格，因制冷循环与精馏系统不是自成体系，互相操作好坏都影响对方，产品质量易受操作条件和精馏塔进料的影响。但是，制冷工质可以就地取材（塔顶蒸气），节省了回流罐、回流泵和塔顶冷凝器。

图6-22(d)为开式B型热泵流程。图6-22(d)与6-22(c)的区别主要是制冷循环工质不一样，图6-22(c)采用塔顶出料，图6-22(d)采用塔釜出料。图6-22(d)是把塔釜再沸器与塔顶冷凝器结合为一个设备，去掉了制冷剂冷凝器，节省了设备，并可以就地取材，也省了制冷剂储罐，间接换热变为直接换热。但是，其精馏系统与制冷循环系统不是自成体系，而是互相干扰，影响产品的质量，所以控制条件要求严格。

一般情况下，闭式热泵容易操作，而且产品的纯度不易受干扰，如对产品纯度要求严时，采用闭式。一般当塔顶产品纯度较高时，可以采用开式A型热泵；当塔釜产品纯度较高时，可以采用开式B型热泵。

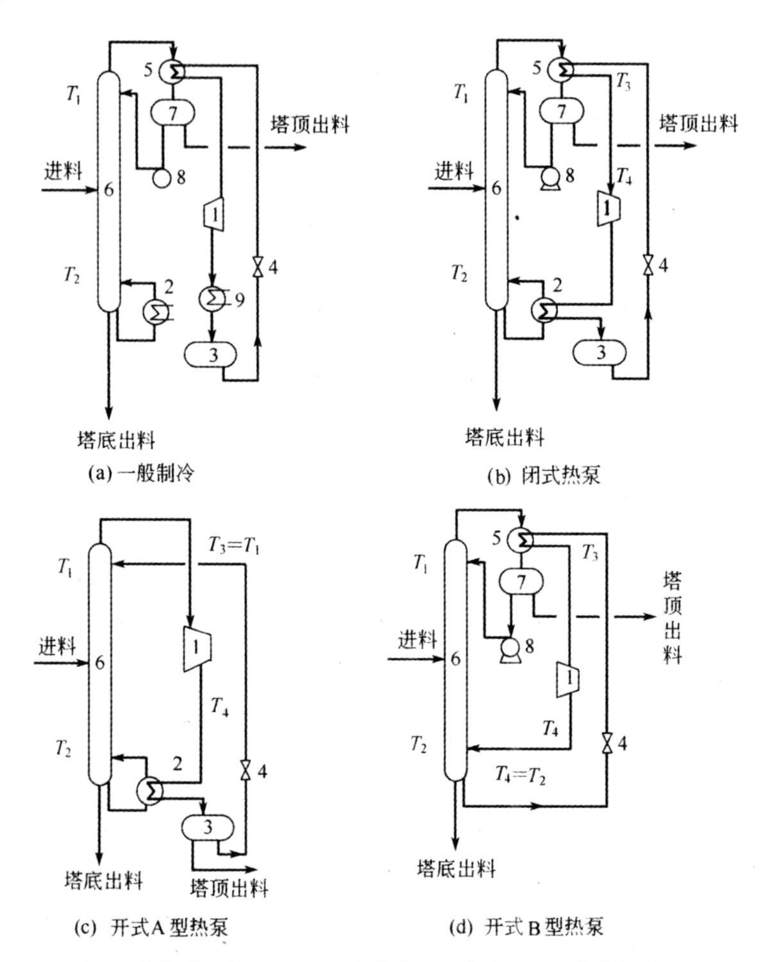

1— 压缩机；2— 再沸器；3— 冷剂储罐；4— 节流阀；5— 塔顶冷凝器；

6— 精馏塔；7— 回流罐；8— 回流泵；9— 冷剂冷凝器

图 6-22 精馏塔制冷方式

2）热泵的经济性和局限性

虽然所有的精馏塔都是塔顶供冷、塔釜供热，原则上都可以使用热泵。但不一定是合理的。根据图 6-22，可以把制冷系数写为：

$$\varepsilon_c = \frac{Q}{W} = \frac{T_4}{T_4 - T_3}$$

式中，T_3，T_4 为压缩机吸气温度和排气温度，K；Q 为热泵向精馏系统提供的冷量，kJ；W 为供给 Q 冷量外界对制冷循环所做的功，kJ。

图 6-22 中 T_1、T_2 分别为塔顶和塔釜温度，由于制冷循环的工质从压缩机出来的温度 T_4 要给塔釜再沸器供热，所以 T_4 应大于 T_2，则 $T_4 = T_2 + \Delta T_2$，又因工质 T_3 要对塔顶冷凝器供冷，所以 T_3 应低于 T_1 的温度，$T_3 = T_1 + \Delta T_1$，把 $T_4 = T_2 + \Delta T_2$ 和 $T_3 = T_1 + \Delta T_1$ 代入上式中，则为：

$$\varepsilon_c = \frac{T_2 + \Delta T_2}{(T_2 - T_1) + (\Delta T_2 + \Delta T_1)}$$

可看出的 ε_c 大小与 T_2、T_1、$T_2 - T_1$、ΔT_2、ΔT_1 都有关。当 T_2 温度较高(高于环境温度)时，T_4 更高，则 $T_4 - T_3$ 温差更大，ε_c 小，所以不用热泵。当 T_1 温度高于环境温度时不用热泵，可用江河水作冷剂，经济。当塔顶和塔釜温差大时，不用热泵。当塔顶温度低于环境温度、塔釜温度也低于环境温度而且温差较小时(一般不大于 20℃)，用热泵较经济合理。另外，制冷循环中制冷剂蒸发温度与塔顶温度差值不能太大，否则制冷系数小，消耗功大；制冷循环中制冷剂冷凝温度与塔釜温度之差也不能太大，否则消耗的功大。

(4) 中间冷凝器和中间再沸器及其作用

一般精馏塔只在精馏塔的两端(顶及釜)对塔内物料进行冷却和加热，称绝热精馏。在塔中间对塔内物料进行冷却或加热的精馏装置，称非绝热精馏，它包括采用中间冷凝器和中间再沸器以及 SRV 精馏等。当精馏塔顶和塔釜温差大时，不用热泵，而设置中间冷凝器达到节省能量的目的。精馏塔内物料温度自上而下逐渐升高，顶温最低，釜温最高，当顶温低于环境温度而釜温高于环境温度时，在精馏段设置中间冷凝器，可用温度比塔顶回流冷凝器稍高的、较廉价的冷剂作冷源，代替塔顶低温度级位的冷剂提供的冷量，可以节省能量。同理，在提馏段设置中间再沸器，可用温度比塔釜再沸器稍低的、廉价的热剂作热源，也可节省能量。当塔釜温度低于环境温度时，设置中间再沸器回收冷量，可以回收比塔釜更低温度的冷量，并可节省能量。但是，会导致精馏段的回流比和提馏段的蒸发比减少，为满足精馏产品纯度的要求，必须增加塔板数或加大回流比和蒸发比，这样投资费用和操作费用都将相应提高。

(5)SRV 精馏节能

SRV 精馏是具有附加回流和蒸发的精馏过程的简称。它是综合热泵技术、设置中间冷凝器和中间再沸器的精馏技术，而开发出来的一种新技术，它所依据的原理类似于中间冷凝器。图 6-23 是 SRV 精馏过程。

图 6-23(a) 表示的方案是从精馏段某一需要中间冷却的位置抽出一定数量的饱和蒸汽，经压缩后送人提馏段某一需要中间加热的位置。这时蒸汽冷凝。冷凝液经节流膨胀后返回精馏段。这样的方案，一方面达到了在精馏段某一需要中间冷却的位置上设置中间冷凝器的要求，另一方面又达到了在提馏段某一需要设置中间再沸器的要求，一举两得。同时又利用热泵将较低温度下要在中间冷凝器中所放出的热量，输送给较高温度下的中间再沸器。图 6-23(b) 表示的方案是从提馏段抽出一定的液体，经节流送往精馏段某一需要冷却的位置，这时节流后的液体蒸发为蒸汽，经压缩后返回提馏段。这一方案消除了提馏段、精馏段某一位置上需加热和冷却的要求。将以上方案推广到整个精馏塔，就是 SRV 精馏。从以上讨论可知，对于没有内、外极点的系统，精馏段全段均为中间冷却区，需移出热量。而提馏段全段为中间加热区，需要加入热量。这些需要移出或需加入热量的，都具有多个温度级别的特性，这时可采用图 6-24 所示方案。

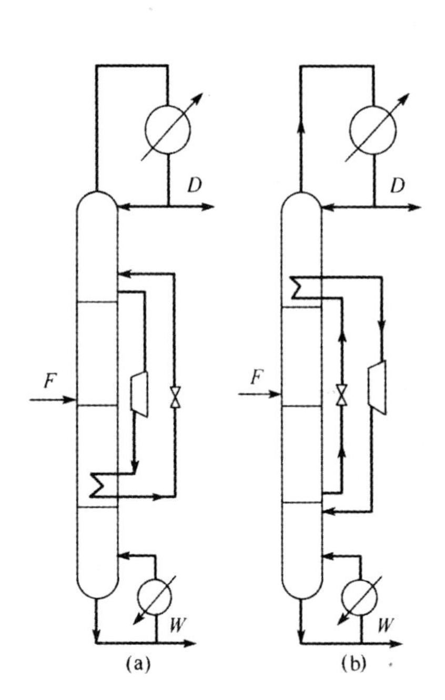

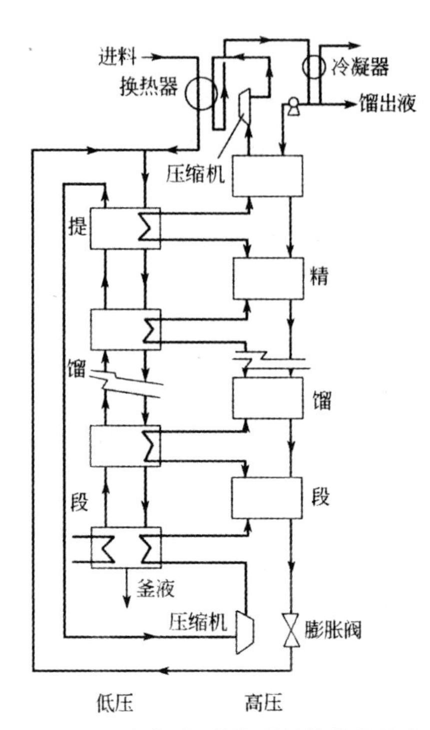

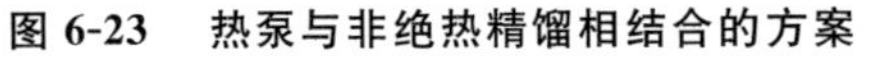
图 6-23　热泵与非绝热精馏相结合的方案

图 6-24　SRV 提馏段、精馏段精馏流程示意

精馏段与提馏段处于不同的压力，精馏段压力高而提馏段压力低，合理地控制两段的压力使精馏段相应位置的温度（经压缩后）均高于提馏段相应位置的温度，精馏段就可作为“多温度级位的热源”而向提馏段供热。同时提馏段也可以作为“多温度级位的冷源”。此系统适合于顶釜温差较小的低温精馏系统。例如，乙烯精馏塔采用 SRV 精馏后，能耗降低 50% ~ 75%。因此，低温精馏领域采用 SRV 精馏是目前值得注意的一个新的发展方向。

6.5.3　精馏分离

1. 脱甲烷塔

裂解气的组成与裂解原料、条件等因素有关，是一种复杂的混合物（气相）。脱甲烷塔的任务就是将裂解气中比乙烯轻的组分（如 H_2、CH_4）从塔顶分出，把比乙烯重的组分（C_2H_6、C 于、C 才）烃分出。脱甲烷塔的操作好坏直接影响产品乙烯的纯度和回收率。此塔在整个裂解气分离流程中，冷量消耗最多的约占 52%，而且分离温度最低。如低压法，塔顶温度为 −140℃，高压法也得 −100℃。此塔既要求耐低温，又要求耐高压（高压法），这样的设备材质、设备制造要求较高，费用也高。此塔在分离流程中的工艺安排，影响脱炔、冷箱位置的安排。另外，脱甲烷塔还有它的特殊性，即塔顶气相流出物不能在冷凝器中全凝，有不凝气体 H_2 和 CH_4。由于 H_2 的存在影响了 CH_4 的分压，要想从塔顶分离掉 CH_4，只有提高压力和降低温度才能满足塔顶露点的要求（规定了塔顶尾气组成）。从以上分析可知，脱甲烷塔在裂解气分离流程中占有相当重要的地位，引起了许多工程技术人员的关注和重视。当确定裂解气分离流程时，首先要考虑脱甲烷塔在流程中的位置，还要考虑脱甲烷塔的设备和材质。

2. 操作参数的选择

脱甲烷塔是一个多元系统精馏过程,但可以把它看成二元系统,因为可以把 CH_4 以下组分(轻组分) 看成 CH_4 组分,而把比 C_2H_4 重的组分看成 C_2H_4 组分。此塔的关键组分是 CH_4 和 C_2H_4,所以自由度为 2,可以自由规定两个因素,当组成规定以后(塔顶组成一般都规定好,因它确定了乙烯的损失),可以自由规定的因素只有一个了,如当温度定了,压力也就定了(不能自由选择),反之压力定了,温度也就确定了。在裂解气组成一定的情况下(也就是 CH_4/H_2 一定),温度和压力的确定取决于系统的汽—液相平衡性质,由露点法计算脱甲烷塔的压力与温度的关系。在塔顶设分凝器的情况下,相当于一块平衡板,塔顶蒸汽的温度相当于其露点温度,所以当尾气(脱甲烷塔顶) 组成一定时,可以用溶解度参数法求 K_1,用求露点方法求出不同压力下所对应的顶温数据。方法要点是在给定的压力 p 值下,假设一系列温度 T 值,满足露点方程式:

$$\sum x_i = \sum \frac{y_i}{K_i} = 1$$

式中,x_i 为 i 组分在气—液平衡时液相组成;y_i 为 i 组分在气—液平衡时气相组成;K_i 为 i 组分气—液平衡常数(溶解度法求)。

此时,所设的温度值既为所求的露点,也是脱甲烷塔的顶温,当压力变化时,所求的温度值也随着变化。

(1) 高压法

高压法的脱甲烷塔顶温度为 —96℃ 左右,压力为 3.1 ~ 3.8MPa。高压法的依据是提高压力比降低温度消耗的能量少,压力高,温度就高,这样制冷系统可采用乙烯冷剂,不必采用 CH4 和 H2 冷剂,节约制冷的能量消耗。当脱甲烷塔顶尾气压力高时,可借助高压尾气的自身膨胀获得额外的降温,比用 CH_4 冷冻机、H_2 冷冻机要简单经济。另外,由于压力高可增加气体的密度,可缩小脱甲烷塔的塔径和容积,消耗的耐低温材料少。当压力太高时,甲烷对乙烯的相对挥发度 $\alpha(C_1/C_2^=)$ 就越小,对分离不利,回流比和塔板数都得增加。

(2) 低压法

低压法压力为 0.18 ~ 0.25MPa,顶温为 —140℃。低压法的依据是由于压力低,相对挥发度 $\alpha(C_1/C_2^=)$ 值较大,分离效果好,易分离,塔板数和回流比都小,制造费用和操作费用低,另外,乙烯的回收率高。由于压力低,裂解气的密度小,塔径和容积就大,需耐低温的钢材多,则设备费用高,另外,还需要一套甲烷制冷系统,流程复杂,能耗大。

目前,两种方法都有采用,高压法在工程上较成熟并易行,国内外不少装置采用高压法。低压法也有其优越性,已逐渐为大型装置所采用。

3. 乙烯回收率

乙烯回收率的高低对工厂的经济效益有很大影响,它是评价分离装置是否先进的一项重要技术经济指标。下面从乙烯分离的物料平衡,分析影响乙烯回收率的因素(图 6-24)。由图 6-25 可知,乙烯回收率为 97%,乙烯损失有四处,第一处是在冷箱尾气(C_1^0、H_2) 中带出损失,占乙烯总量的 2.25%。第二处为脱乙烷塔,塔釜液带出乙烯总量的 0.284%。第二处乙烯的损失比较小,为了减少损失,就得增大此塔的塔底再沸器的蒸发比,这样能耗将增大,而且回收的乙烯量少不经济,因此可不回收这部分损失的乙烯。同理,第三处乙烯塔釜液损失乙烯量为 0.40%。第四处是压缩过程损失的乙烯量为 0.066%,这也是难免的。因此,只有脱甲烷塔顶尾气带走的乙烯损失量可观，主要考虑回收这部分乙烯。

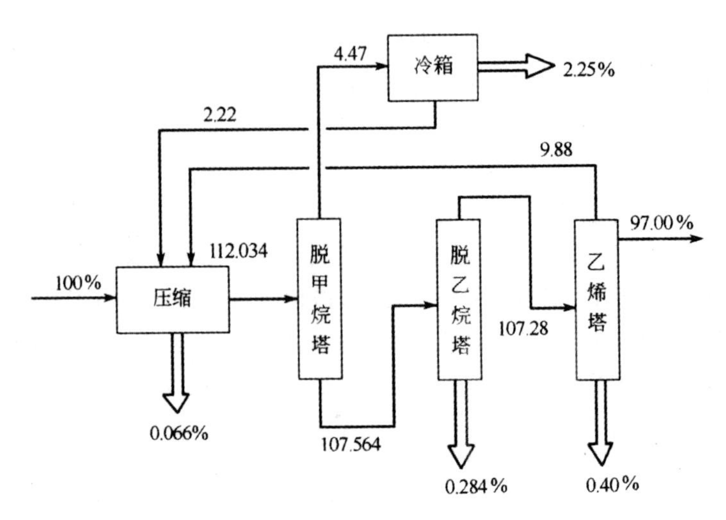

图 6-25 乙烯物料平衡

4. 影响脱甲烷塔顶乙烯损失的因素

(1) 原料气的组成

原料气中惰性气体、氢气等含量对尾气中乙烯含量影响较大。从图 6-26 可看出当 C_1^0/H_2 增大时，乙烯损失就小，反之损失就增大。当压力一定时，温度也就定了。

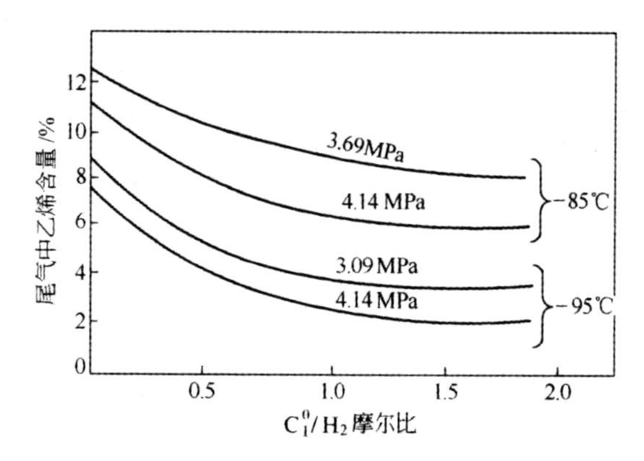

图 6-26 尾气中乙烯含量与 C_1^0/H_2 摩尔比的关系

(2) 压力和温度的影响

由露点方程可知当 C_1^0/H_2 减小时，$\sum x_i < 1$，只有提高压力和降低温度使 $K(C_1^0)$ 和 $K(C_2^=)$ 降低达到 $\sum x_i = 1$，否则乙烯损失将增加。总之，压力高、温度低均可提高乙烯收率。

(3) 冷箱提高乙烯回收率

冷箱是低温换(热)冷设备，温度范围为 160℃ ～ 400℃，外壳是用绝缘材料做成的箱型容器，内部包括高效板式换热器、低温气 — 液分离器、节流膨胀阀、阀体和管路等。冷箱的用途是将裂解气和脱甲烷塔顶尾气降温，制取富氢和富甲烷，回收尾气中的乙烯。冷箱的工作原理是利用尾气(脱甲烷塔顶)的高压通过节流膨胀来获得低温，是压缩过程的逆过程，$T_2 = T_1\left(\frac{p_2}{p_1}\right)^{\frac{K-1}{K}}$，$T_1$

降低，则 T_2 也降低，所以先降 T_1 后节流。

5. 乙烯塔

乙烯塔是分离 C_2 馏分（C_2^0、$C_2^=$），塔顶出产品乙烯达到聚合级要求，塔底回收乙烷。乙烯塔的冷量消耗仅次于脱甲烷塔，占总制冷量的36%～44%。乙烯塔由于分离同碳原子数的 C_2^0 和 $C_2^=$，因此相对挥发度比甲烷塔要小。由于乙烯塔顶产品纯度高、回收率高，所以分离较为困难，回流比和塔釜蒸发比都较大，相对理论板数也较多。乙烯塔是深冷分离装置中一个比较关键的塔。

在乙烯塔的进料组成中，C_2^0 和 $C_2^=$ 占 99.5% 以上，可以看作是二元精馏系统。根据相律，乙烯乙烷二元气—液系统的自由度为2。塔顶乙烯纯度是根据产品质量要求而确定的。温度与压力的确定只能是规定一个，另一个就确定了，如规定了压力，温度也就定了。

第7章　有机合成化工产品生产

7.1　甲醇与甲醛的生产

7.1.1　甲醇的生产

1. 甲醇的性质和用途

(1) 甲醇的性质

1) 物理性质

甲醇是最简单的饱和醇，分子式为 CH_3OH，相对分子质量为 32.04。在常温常压下，甲醇是易流动、易挥发、易燃的无色透明液体，具有类似于乙醇的气味。甲醇有很好的溶解能力，并且具有毒性。

2) 化学性质

① 氧化反应。甲醇与氧在不同的催化剂作用下反应，分别生成不同产物。

$$CH_3OH + \frac{1}{2}O_2 \rightarrow HCHO + H_2O \tag{7-1}$$

$$CH_3OH + \frac{1}{2}O_2 \rightarrow 2H_2 + CO_2 \tag{7-2}$$

$$2CH_3OH + 3O_2 \rightarrow 2CO_2 + 4H_2O \tag{7-3}$$

② 裂解反应。甲醇在铜催化剂作用下可裂解成 CO 和 H_2。

$$CH_3OH \rightarrow CO + 2H_2 \tag{7-4}$$

③ 脱水反应。甲醇在高温催化剂作用下分子间脱水生成甲醚。

$$2CH_3OH \rightarrow (CH_3)_2O + H_2O \tag{7-5}$$

④ 胺化反应。在高温、高压、催化剂作用下，甲醇和氨反应分别生成一甲胺、二甲胺、三甲胺。

$$CH_3OH + NH_3 \rightarrow CH_3NH_2 + H_2O \tag{7-6}$$

$$2CH_3OH + NH_3 \rightarrow (CH_3)_2NH + 2H_2O \tag{7-7}$$

$$3CH_3OH + NH_3 \rightarrow (CH_3)_3N + 3H_2O \tag{7-8}$$

除上面反应之外，甲醇还能和许多物质发生反应，生成新的物质。

(2) 甲醇的用途

甲醇是基本的有机化工原料，又是化工产品。它在基本有机化工中的用途仅次于乙烯、丙烯和苯等。

甲醇主要用于生产甲醛；其次是作为原料和溶剂生产合成材料、农药、医药、染料和油漆；甲醇还可用于生产对苯二甲酸二甲酯、甲基丙烯酸甲酯；甲醇的辛烷值很高，又可作汽油的添加剂；甲醇是直接合成乙酸的原料；甲醇的最新用途是用来作为人工合成蛋白的原料。

2. 生产甲醇的原料

(1) 天然气制甲醇

天然气是制造甲醇的主要原料。天然气的主要成分是甲烷，还含有少量的其他烷烃、烯烃与氮气。以天然气为原料生产甲醇的方法有蒸汽转化法、催化部分氧化法、非催化部分氧化法等，其中以蒸汽转化法生产甲醇应用得最广泛。

(2) 石脑油和重油制甲醇

原油精馏所得的220℃以下的馏分称为轻油，又称石脑油。以石脑油为原料生产合成气的方法有加压蒸汽转化法、催化部分氧化法、加压非催化部分氧化法、间歇催化转化法等。

其中加压蒸汽转化法为最常用的生产甲醇原料气的方法。

重油是石油炼制过程中的一种产品，以重油为原料制取甲醇原料气有部分氧化法和高温裂解法两种。重油部分氧化法是指重质烃类和氧气进行燃烧反应，反应放出的热使部分烃类化合物发生热裂解，裂解产物进一步发生氧化重整反应，最终得到以 H_2、CO为主及少量 CO_2、CH_4 的合成气。重油高温裂解法是在1500℃以上的高温下，在蓄热炉内将重油裂解，虽然不用氧气，但设备复杂，操作麻烦。

(3) 由固体原料煤、焦炭制甲醇

煤与焦炭是制造甲醇原料气的主要固体燃料。由于我国煤炭资源比较丰富，以煤为原料生产甲醇将是今后生产甲醇的主要方法。下面将主要以煤为原料讲解甲醇的生产方法。

不同原料生产甲醇的生产流程稍有不同，但总的流程均包括下列几个步骤：造气、除尘、脱硫变换、脱碳、精脱硫、合成、精馏等。

3. 低压法合成甲醇的反应原理

(1) 主反应

$$CO + 2H_2 \rightleftharpoons CH_3OH \tag{7-9}$$

当反应物中有二氧化碳存在时，二氧化碳按下列反应生成甲醇：

$$CO_2 + 3H_2 \rightleftharpoons CH_3OH + H_2O \tag{7-10}$$

(2) 副反应

副反应又可分为平行副反应和连串副反应。

1) 平行副反应

$$CO + 3H_2 \rightarrow CH_4 + H_2O \tag{7-11}$$

$$2CO + 2H_2 \rightarrow CH_4 + CO_2 \tag{7-12}$$

$$4CO + 8H_2 \rightarrow C_4H_9OH + 3H_2O \tag{7-13}$$

$$2CO + 4H_2 \rightarrow CH_3OCH_3 + H_2O \tag{7-14}$$

当有金属铁、钴、镍存在时，还可能有下列反应发生：

$$2CO + \rightarrow CO_2 + C \tag{7-15}$$

2) 连串副反应

$$2CH_3OH \rightarrow CH_3OCH_3 + H_2O \tag{7-16}$$

$$CH_3OH + nCO + 2nH_2 \rightarrow C_nH_{2n+1}CH_2OH + nH_2O \tag{7-17}$$

$$CH_3OH + nCO + 2(n-1)H_2 \rightarrow C_nH_{2n+1}COOH + (n-1)H_2O \tag{7-18}$$

4. 低压法合成甲醇的工艺条件

为了减少副反应，提高收率，除了选择适当的催化剂外，选择适宜的工艺条件也非常重要。工艺条件主要有温度、压力、空间速率和原料气组成等。

(1) 反应温度

反应温度影响反应速率和选择性。合成甲醇反应是一个可逆放热反应,反应速率随温度的变化有一最大值,此最大值对应的温度即为最适宜反应温度。

实际生产中的操作温度取决于一系列因素,如催化剂、压力、原料气组成、空间速率和设备使用情况等,尤其取决于催化剂的活性温度。由于催化剂的活性不同,最适宜的反应温度也不同。对 $ZnO-Cr_2O_3$ 催化剂,最适宜温度为380℃左右;而对 $CuO-ZnO-Al_2O_3$ 催化剂,最适宜温度为230℃～270℃。

(2) 反应压力

一氧化碳加氢合成甲醇的主反应与副反应相比,是物质的量减少最多、而平衡常数最小的反应,因此增加压力对提高甲醇的平衡浓度和加快主反应速率都是有利的。在铜基催化剂作用下,当空速为 $3000h^{-1}$ 时,不同压力下甲醇生成量的关系如图7-1所示。

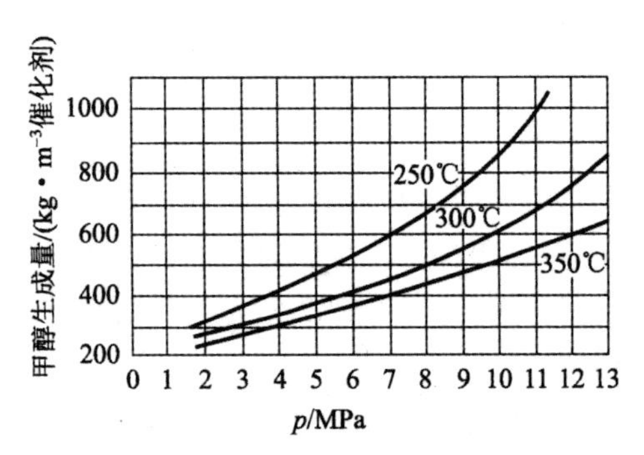

图7-1　合成压力与甲醇生成量的关系

由图7-1可以看出,反应压力越高,甲醇生成量越多,但是增加压力要消耗能量,而且还受设备强度限制,因此需要综合各项因素确定合理的操作压力。

(3) 原料气组成

甲醇合成反应原料气的化学计量比为 $n_{H_2}:n_{CO}=2:1$。一氧化碳含量高,不仅对温度控制不利,而且也会引起羰基铁在催化剂上的积聚,使催化剂失去活性,故一般采用氢过量。氢过量可以抑制高级醇、高级烃和还原性物质的生成,提高粗甲醇的浓度和纯度。同时,过量的氢可以起到稀释作用,且因氢的导热性能好,有利于防止局部过热和控制整个催化剂床层的温度。

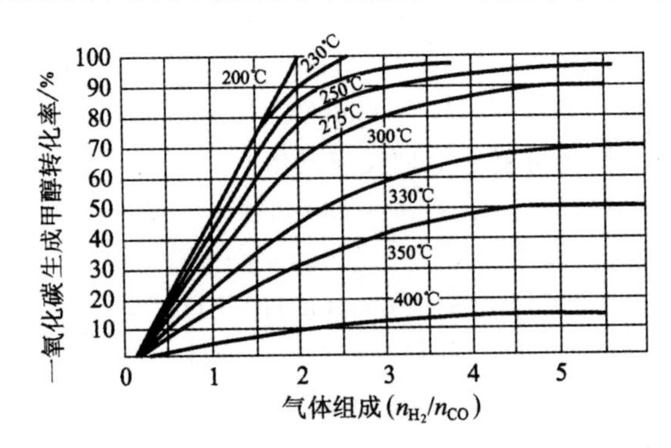

图7-2　合成气中 n_{H_2}/n_{CO} 与一氧化碳生成甲醇转化率的关系

原料气中氢气和一氧化碳的比例对一氧化碳生成甲醇的转化率也有较大影响,其影响关系如图 7-2 所示。从图中可以看出，增加氢的浓度，可以提高一氧化碳的转化率。但是，氢过量太多会降低反应设备的生产能力。工业生产上采用铜基催化剂的低压法合成甲醇，一般控制氢气与一氧化碳的物质的量之比为(2.2 ～ 3.0) ∶ 1。

(4) 空间速率

空间速率的大小影响甲醇合成反应的选择性和转化率。表 7-1 列出了在铜基催化剂上转化率、生产能力随空间速率变化的实际数据。

表 7-1 铜基催化剂上空间速率与转化率、生产能力的关系

空间速率 /h^{-1}	CO 转化率 /%	生产能力 /($m^3 \cdot m^{-3}$ 催化剂 · h^{-1})
20000	50.1	25.8
30000	41.5	26.1

从表 7-1 中数据可以看出，增加空速在一定程度上意味着增加甲醇产量。另外，增加空速有利于反应热的移出，防止催化剂过热。但空速太高，转化率降低，导致循环气量增加，从而增加能量消耗，同时，空速过高会增加分离设备和换热设备负荷，引起甲醇分离效果降低；甚至由于带出热量太多造成合成塔内的触媒温度难以控制正常。适宜的空间速率与催化剂的活性、反应温度与进塔气体的组成有关。采用铜基催化剂的低压法甲醇合成。工业生产上一般控制空速为 10000 ～ 20000h^{-1}。

5. 工艺流程

(1) 基本甲醇合成工艺流程

甲醇合成的工艺流程有多种。其发展的过程与新催化剂的应用以及净化技术的发展分不开。最早实现的是应用锌铬催化剂的高压工艺流程，此法的特点是技术成熟，投资及生产成本较高；随着铜基催化剂的发展以及脱硫净化技术解决后，出现了低压工艺流程，但低压工艺较低的操作压力导致设备相当庞大，因此又出现了以操作压力在 10MPa 左右的中压工艺流程。

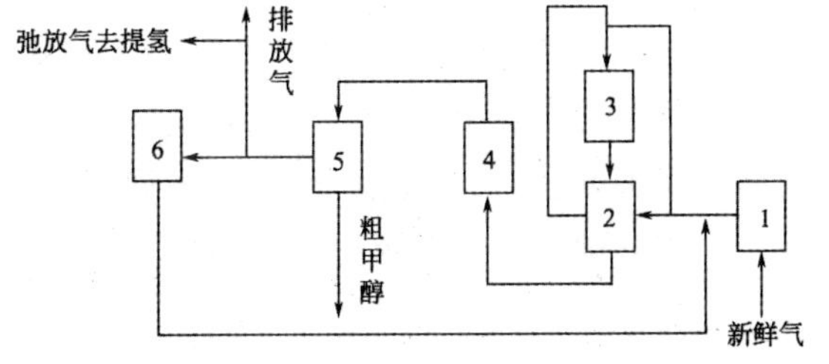

1— 新鲜气压缩机；2— 热交换器；3— 甲醇合成塔；
4— 水冷却器；5— 甲醇分离器；6— 循环机

图 7-3 甲醇合成工艺流程示意图

甲醇合成流程虽有不同，但是许多基本步骤是共同具备的。图 7-3 是最基本的甲醇合成工艺流程示意图。其工艺流程是：新鲜气由压缩机 1 压缩到所需的合成压力后与从循环机 6 来的循环气混合并分两股，一股主线进入热交换器 2，将混合气预热到催化剂活性温度，进入合成塔 3；另一股副线不经过热交换器而是直接进入合成塔以调节进入催化层的温度。经反应后的高温气体进入热交换器 2 与冷原料气换热后，进一步在水冷却器 4 中冷却，然后在分离器 5 中分离出液态粗甲醇，送精馏工段制备精甲醇。为控制循环气中惰性气的含量，分离出水和甲醇后的气体需小

部分放空(或回收至前面造气工段),大部分进循环机增压后返回系统,重新利用未反应的气体。

(2)低压法工艺流程

自铜基催化剂发展及脱硫净化技术解决后,出现了低压工艺流程,可在低压5MPa下将合成气进行合成生成甲醇。

图7-4为以煤为原料,进行低压合成甲醇的工艺流程:从压缩机来的原料气和循环机来的循环气分别进入油水分离器,随后进入中间换热器与合成塔底部出来的热合成气逆流换热,被加热到200℃～220℃后,由合成塔顶部进入管内催化剂层在255℃左右及催化剂作用下,氢气与一氧化碳、二氧化碳反应生成甲醇和水,同时,还有少量的副反应发生,生成二甲醚、高级醇等碳氢化合物,合成塔出口气体进入中间换热器壳程,与入塔气换热,温度降到83℃～95℃,大部分甲醇和水被冷凝下来。再进入两台串联的甲醇水冷器管内,与管外的循环水换热,被冷却到40℃以下,使甲醇和水进一步冷凝下来。气液混合物进入甲醇分离器,分离出粗甲醇,减压至0.4MPa进入甲醇闪蒸槽闪蒸出溶解的气体后,送中间储槽区粗甲醇储槽供精馏用。分离甲醇后的气体一部分进入循环机升压后进入油水分离器,一部分去提氢工段。由闪蒸槽出来的弛放气送到吹风气回收锅炉岗位燃烧炉内燃烧。由除氧器来的脱盐水进入合成塔顶部的汽包,混合后热水由下降管进入合成塔管间,利用甲醇合成反应热产生沸腾水,再由上升管进入汽包,产生中压蒸汽。

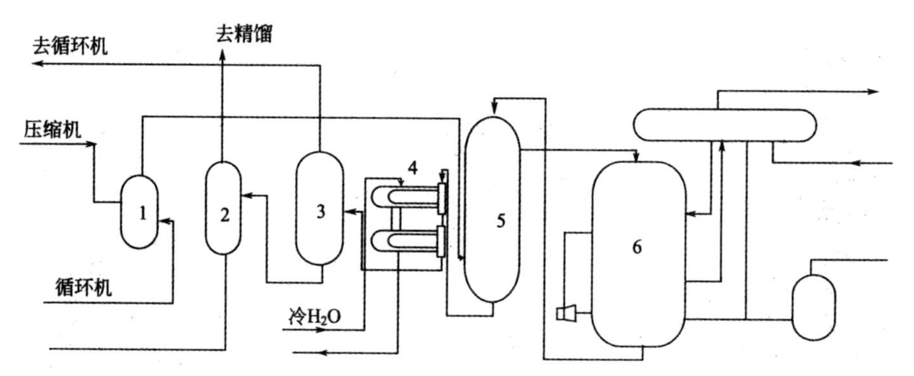

1—油水分离器;2—闪蒸槽;3—甲醇分离器;4—甲醇水冷器;5—中间换热器;6—合成塔

图7-4　以煤为原料,进行低压合成甲醇的工艺流程

目前低压合成甲醇的流程均属于低压气相法工艺,但其操作压力低,导致设备庞大,不利于甲醇生产的大型化,惰性气体有积累,能耗大等特点,因此又发展了中压合成法合成甲醇工艺流程。中压合成法是在低压法研究的基础上发展起来的,所用合成塔与低压法相同,流程也与低压法相似。

6. 合成甲醇的主要设备

甲醇合成塔是甲醇合成的主要设备。甲醇合成塔的基本结构由外筒、内件和电加热器三部分组成。外筒是一个高压容器,由多层钢板卷焊而成,也有的用扁平绕带绕制而成。内件由催化剂筐和换热器两部分组成。催化剂筐是填装催化剂进行合成反应的组合件,为了及时移走甲醇合成反应时产生的热量,在催化剂筐内安装了冷管,冷管内走冷却剂,使催化剂床层得到冷却而原料气则被加热到略高于催化剂的活性温度,然后进入催化剂床进行反应。

(1) 高压甲醇合成塔

高压甲醇合成塔根据冷管结构的不同可分为并流三套管式甲醇合成塔、单管并流式甲醇合成塔、U形管式甲醇合成塔、并流双套管式合成塔、单管折流式合成塔等等。

(2) 低压甲醇合成塔

低压甲醇合成塔主要有Lurgi管壳甲醇合成塔和I.C.I.冷激型合成塔。

1)Lurgi型甲醇合成塔。如图7-5所示，Lurgi型甲醇合成塔既是反应器又是废热锅炉。内部类似于一般的列管式换热器，列管内装催化剂，管外为沸腾水。甲醇合成反应放出的热很快被沸腾水移开。锅炉给水是自然循环的，这样通过控制沸腾水上的蒸汽压力，可以保持恒定的反应温度。这种塔的主要特点是采用管束式合成塔。合成塔温度几乎是恒定的，有效制止了副反应，并且由于温度恒定，催化剂没有超温的危险从而使催化剂寿命延长；利用反应热产生的中压蒸汽，经过热后可带动透平压缩机，压缩机用过的低压蒸汽又送至甲醇精馏部分使用，故整个系统热利用较好。但是，这种合成塔结构复杂，装卸催化剂不太方便。

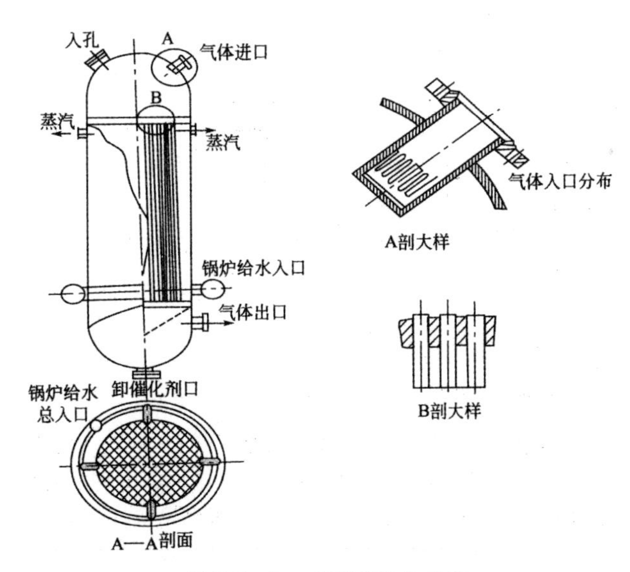

图7-5 Lurgi型甲醇合成塔

2)I.C.I.冷激式合成塔。如图7-6所示，这种合成塔主要由塔体、气体喷头、菱形分布器构成。塔体为单层全焊结构，不分内、外件，故筒体为热壁容器，要求材料抗氢蚀能力强，强度高，焊接性好；气体喷头为四层不锈钢的圆锥体组焊而成，固定于塔顶气体入口处，使气体均匀分布于塔内，喷头可以防止气流冲击催化床而损坏催化剂；菱形分布器埋于催化床中，并在催化床的不同高度平面上各装一组，全塔共装三组，它使冷激气和反应气体均匀混合，以调节催化床层的温度，是合成塔的关键部件。

菱形分布器由导气管与气体分布管两部分组成。导气管为双重套管，与塔外的冷激气总管相连，导气管的内套管上，每隔一定距离，朝下设有法兰接头。与气体分布管呈垂直连接。气体分布管由内外两部分组成，外部是菱形截面的气体分布混合管，它由四根长的扁钢和许多短的扁钢斜横着焊于长扁钢上构成骨架，并在外面包上双层金属丝网，内层为粗网，外层为细网。内部是一根双套管，内套管朝下钻有一排小孔，外套管朝上倾斜着钻有两排小孔，内、外套管小孔间距为80mm。

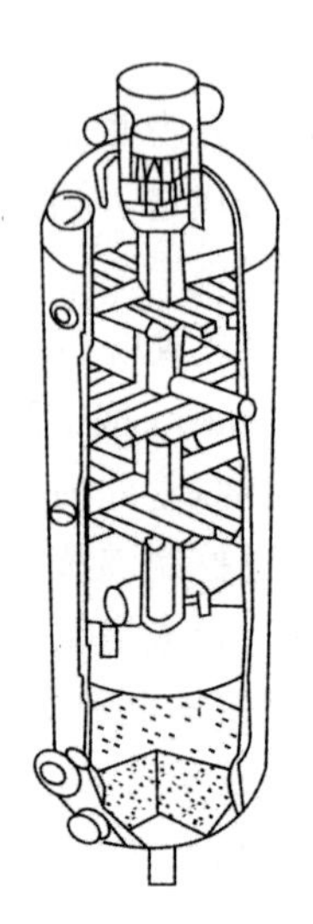

图 7-6 I. C. I. 冷激式合成塔

冷激气经导气管进入气体分布器内部后，自内套管的小孔流出，再经外套管小孔喷出，在混合管内和流过的热气流混合，从而降低气体温度并向下流动，在床层中继续反应。

在合成塔内，由于采用菱形分布器引入冷激气，气体分布均匀，床层的同平面温差很小，基本上能维持在等温下操作，从而延长催化剂的使用寿命；另外，这种合成塔装卸催化剂很方便。但是该合成塔温度控制不够灵敏，催化床不同位置要在不同温度下操作，操作温度严格地依赖于各段床层入口气体的温度，各段床层进口温度有小的变动，就会导致系统温度大的变化。这种温度的变化在一定程度上会影响合成塔的稳定操作。

7. 粗甲醇的分离

有机合成的生成物与合成反应的条件有密切关系，虽然参加甲醇反应的元素只有碳、氢、氧三种，但是往往由于合成反应的条件如温度、压力、空间速度、催化剂、反应气的组分以及催化剂的微量杂质等作用，都使合成反应偏离主反应的方向，生成各种副产物，成为甲醇中的杂质。这些副产物主要包括水、醇、醛、酮、醚、酸、烷烃、胺和少量催化剂粉末等，据定性、定量分析粗甲醇中的杂质有几十种，为了获得高纯度甲醇，需要通过精馏或萃取工艺提纯、清除所有杂质。

(1) 精馏原理

精馏的原理系利用液体混合物各组分具有不同的沸点，在一定温度下，各组分相应具有不同的蒸气压。当液体混合物受热汽化，达到平衡时，在气相中易挥发物质蒸气占较大比重，将此蒸气冷凝而得到含易挥发组分较多的液体，这就进行了一次简单的蒸馏。重复进行这个过程，最终就能得到接近纯组分的各物质。因此精馏的原理为：将液体混合物进行多次部分汽化、多次部分冷凝并分别收集，最终达到分离提纯的目的。

精馏通常可将液体混合物分离为塔顶产品(馏出液)和塔底产品(残液)两部分，也可根据混合物中各组分沸点的不同，分别从相应的塔板引出馏分，实现多元组分的分离。

(2) 精馏工艺

粗甲醇的精馏很多，主要有双塔精馏工艺和三塔精馏工艺。由于双塔精馏工艺逐渐被淘汰，因此，主要讲解三塔精馏工艺。

双效三塔精馏的目的是更合理地利用热量，它采用了两个主精馏塔，第一主精馏塔加压蒸馏，操作压力为0.56～0.60MPa，第二主精馏塔为常压操作，第一主精馏塔由于加压操作，可使沸点升高，顶部气相甲醇液化温度约为121℃，远高于第二主精馏塔塔釜液体的沸点温度，将其冷凝潜热作为第二主精馏塔再沸器的热源。这一方法较双塔流程节约热能30%～40%，不仅节省了加热蒸汽，也节省了冷却用水，有效地利用了能量。两个主精馏塔塔板数增加了一倍，自然分离效率大大提高，然而其能耗却反而降低。

但是双效三塔精馏为加压精馏，加压塔对于向塔内提供热源的蒸汽要求较高，对受压容器的材料、壁厚及制造也有相应要求，投资较大。双效三塔精馏工艺流程如图7-7所示。

粗甲醇进入预蒸馏塔1之前，先在粗甲醇预热器中，用蒸汽冷凝液将其预热到65℃，粗甲醇在预蒸馏塔中除去其中残余的溶解气体及低沸物。塔顶设置两个冷凝器5。在塔内上升气中的甲醇大部分冷凝下来进入预蒸馏塔回流槽4，经预蒸馏塔回流泵进入预蒸馏塔顶作回流。不凝气、轻组分及少量甲醇蒸气通过压力调节后至加热炉作燃料。预蒸馏塔塔底由低压蒸汽加热的热虹式再沸器向塔内提供热量。

为了防止粗甲醇对设备的腐蚀，在预蒸馏塔下部高温区加入一定量的稀碱液，使预蒸馏后甲醇的pH值控制在8左右。

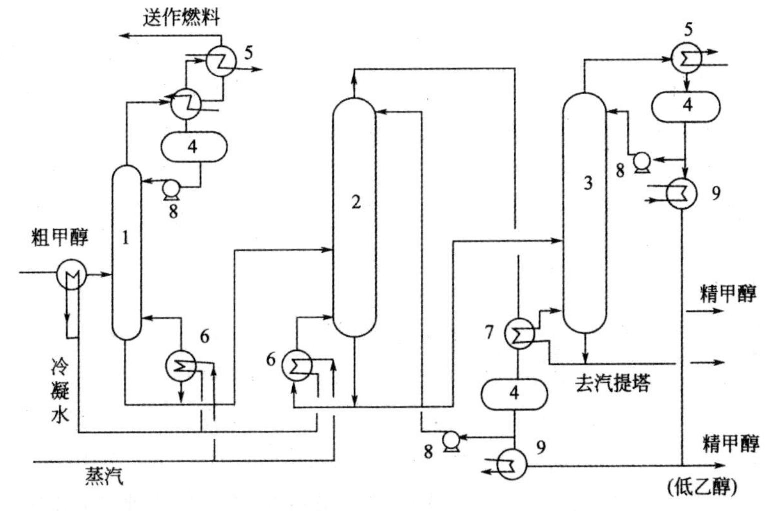

1—预蒸馏塔；2—第一精馏塔(加压)；3—第二精馏塔(常压)；4—回流液收集槽；

5—冷凝器；6—再沸器；7—冷凝再沸器；8—回流泵；9—冷却器

图7-7　双效三塔精馏工艺流程

由预蒸馏塔塔底出来的预蒸馏后甲醇，经加压塔进料泵加压后，进入第一主精馏加压塔2，塔顶甲醇蒸气进入冷凝再沸器7，也就是第一精馏加压塔的气相甲醇又利用冷凝潜热加热第二精馏常压塔的塔釜，被冷凝的甲醇进入回流槽，在回流槽稍加冷却，一部分由加压塔回流泵升压至0.8MPa送到加压塔做回流液，其余部分经加压塔精甲醇冷却器冷却到40℃后作成品送往精甲醇计量槽。

加压塔用低压蒸汽加热的热虹式再沸器向塔内提供热量，通过低压蒸汽的加入量来控制塔的操作温度。加压塔的操作压力大约为0.57MPa，塔顶操作温度大约为121℃，塔底操作温度大约为127℃。

由加压塔塔底排出的甲醇溶液送往第二主精馏常压塔3下部，从常压塔塔顶出来的甲醇蒸气经常压塔冷凝器冷却到 40℃ 后，进入常压塔回流槽，再经常压塔回流泵加压后，一部分送到常压塔塔顶作回流，其余部分送到精甲醇计量槽。常压塔顶操作压力大约为 0.006MPa，塔顶操作温度大约为 36℃，塔底操作温度大约为 95℃。

常压塔的塔底残液另外由汽提塔进料泵加压后进入废水汽提塔，塔顶蒸气经汽提塔冷凝器冷凝后，进入汽提塔回流槽，由汽提塔回流泵加压，一部分送废水汽提塔塔顶做回流，另一部分经汽提塔甲醇冷凝器冷凝至 40℃，与常压塔采出的精甲醇一起送往产品计量槽。如果采出的精甲醇不合格，可将其送至常压塔进行回收，以提高甲醇精馏的回收率。

(3) 常见的精馏设备

对精馏过程来说，精馏设备是使过程得以进行的重要条件。性能良好的精馏设备，为精馏过程的进行创造了良好的条件。它直接影响到生产装置的产品质量、生产能力、产品收率、消耗定额、三废处理以及环境保护等方面。

生产中对精馏塔的要求：

① 具有适宜的流体力学条件，气液两相接触良好；

② 结构简单，制造成本低；

③ 阻力小，压降小；

④ 操作稳定可靠，反应灵敏，调节方便。

1) 浮阀塔

浮阀塔主要由浮阀、塔板、溢流管、降液管、受液盘及无阀区等部分组成的。塔板结构如图 7-8 所示。

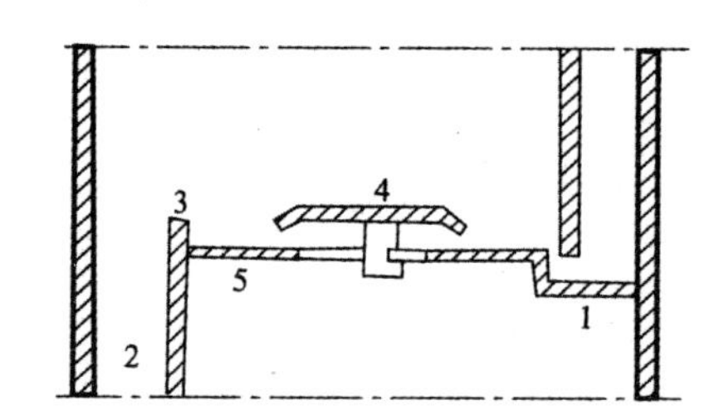

1— 受液盘；2— 降液管；3— 溢流堰；4— 浮阀；5— 塔板

图 7-8　塔板结构

浮阀塔有很多优点，如：生产能力大；塔板结构简单；安装容易；造价低；塔板效率高；操作弹性大；蒸气分配均匀等。但是浮阀塔对浮阀的安装要求严格，对浮阀的三只阀脚要按规定进行弯曲，既不可被塔板的阀孔卡住，也不可被蒸气吹脱；另外，浮阀塔的浮头容易脱落，严重影响塔板效率；浮阀塔仍然有液体返混现象。

2) 丝网波纹填料塔

填料塔结构如图 7-9 所示，填料塔是由塔体、填料、液体分布器、支撑板等部件组成。塔体一般是用钢板制成的圆桶形，在特殊情况下也可以用陶瓷或塑料制成。塔内填充有一定高度的填料层，填料的下面为支撑板，填料的上面有填料压板及液体分布器，必要时需将填料层分段，段与段之间设置液体再分布器。

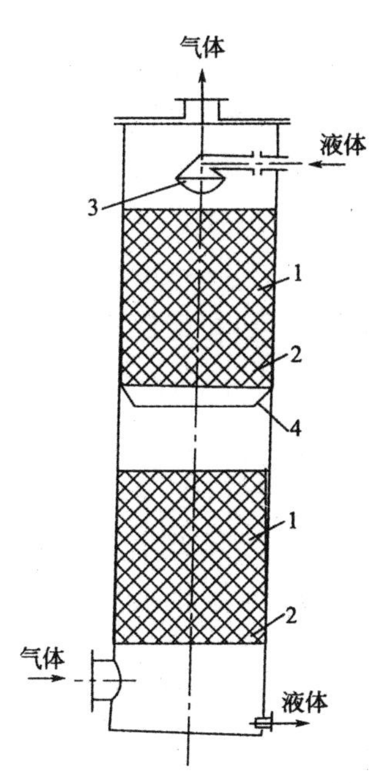

1— 填料；2— 支撑板；3— 喷头；4— 液体再分布器

图 7-9　填料塔结构

丝网波纹填料是网状填料发展起来的一种高效填料，它具有效率高、生产能力大、阻力小、滞留量小、放大效应不明显、加工易机械化等优点，因此广泛用于精馏操作。

7.1.2　甲醛的生产

甲醛是最重要的基本有机化工原料之一，是甲醇最重要的衍生物之一。甲醛是脂肪族醛系列中最简单的醛。甲醛最早是由俄国化学家于 1859 年通过亚甲基二乙酯水解制得的，1868 年才通过使用铂催化剂，用空气氧化甲醇合成了甲醛，但由于铂催化剂比较昂贵，没有实现工业化生产，一直到 1886 年和 1910 年分别用铜催化剂和银催化剂，才使甲醛生产实现了工业化。1910 年，酚醛树脂的开发成功，使甲醛工业得到了迅猛发展。目前，世界上甲醛的生产基本都采用甲醇空气氧化的方法。

1. 甲醛的性质和用途

(1) 甲醛的性质

1) 物理性质

甲醛俗称蚁醛，结构简式为 HCHO，相对分子质量为 30.03。甲醛在常温下是无色具有强烈刺激性的窒息性气体。甲醛易溶于水，可形成各种浓度的水溶液，37% ～ 40% 的甲醛水溶液称为福尔马林。甲醛气体可燃，能与空气形成爆炸性混合物，爆炸范围为 7% ～ 75%(体积分数)。甲醛水溶液的闪点与其组成有关，随甲醇浓度的升高而降低。甲醛水溶液的饱和蒸气压随溶液中甲醛和甲醇浓度的增加而降低。

甲醛是一种高毒物质，由于本身具有一定潜伏期(一般为 3 ～ 15 年) 故危害性持久，难以预防，已经被世界卫生组织确定为致癌和致畸形物质，被称为居室的“隐形杀手”。研究表明，甲醛具有强烈的致癌和促癌作用。在所有接触者中，儿童和孕妇对甲醛尤为敏感，危害也就更大。

2）化学性质

甲醛分子中含有碳氧双键，化学反应能力很强，可以和许多物质发生反应。甲醛的主要反应如下。

① 分解反应。干燥的纯甲醛气体能在380℃～100℃的条件下稳定存在，在300℃以下时，甲醛缓慢分解成CO和H_2，673K时，分解速度加快。

$$HCHO \rightarrow CO + H_2 \tag{7-19}$$

② 氧化反应。甲醛非常容易氧化成甲酸，甲酸进一步氧化为二氧化碳和水。

$$HCHO \xrightarrow{O_2} HCOOH \xrightarrow{O_2} CO_2 + H_2O \tag{7-20}$$

③ 还原反应。甲醛在金属或金属氧化物的催化作用下容易被氢气还原成甲醇。

$$HCHO + H_2 \rightarrow CH_3OH \tag{7-21}$$

④ 缩合反应。甲醛能自身发生缩合反应，除此之外，它还能和多种醛、醇、酚、胺等发生反应。

⑤ 加成反应。甲醛能与烯烃和酚发生加成反应。其中，甲醛和烯烃在酸催化剂存在下发生加成反应。通过这种反应，可由单烯烃制备双烯烃，并增加一个碳原子。

另外，甲醛和合成气在贵金属催化剂作用下反应可生成羟乙醛，进一步加氢生成乙二醇；甲醛、甲醇、乙醛和氨的混合物在以硅铝为催化剂，温度为600℃的条件下可生成吡啶和3－甲基吡啶。

（2）甲醛的用途

甲醛在工业上有广泛的用途，大量甲醛用于制造酚醛树脂、醛树脂、合成纤维等。福尔马林可作为消毒剂和防腐剂。另外，在适当催化剂（如三正丁胺）作用下，纯甲醛有很大的聚合能力，可得相对分子质量高达数万至十多万的线型聚合物，这种高聚物称为“聚甲醛”，有很高的硬度，可代替金属材料使用。

2. 甲醛的生产方法

甲醇的生产方法主要有甲醇氧化法和甲烷氧化法。甲烷氧化法生产甲醛方法简单，但反应复杂，且甲醛收率较低，故在工业上未能大规模地加以应用。目前工业上大量采用的是甲醇氧化法。甲醇氧化生产甲醛有三种途径，分别是甲醇氧化脱氢、甲醇单纯氧化及甲醇单纯脱氢。前两种是目前工业上所用的主要合成甲醛的方法，第三种是正在研究开发的用于生产高浓度甲醛的新方法。

甲醇氧化脱氢和甲醇单纯氧化都使用空气中的氧气作为催化剂。由于甲醇蒸气和空气能形成爆炸性混合物，因此甲醇氧化脱氢采用的甲醇空气必须过量，处于爆炸极限的上限。甲醇单纯氧化则采用空气过量的方式避开爆炸混合物。甲醇氧化脱氢采用金属银作催化剂，称为“银法”，而单纯氧化法生产甲醛采用的是钼酸铁和氧化钼的混合物作催化剂，故称为“铁－钼法”。两种方法的最终产品均为甲醛水溶液。甲醇单纯氧化法的优点是反应温度低、副反应少、产率高，缺点是设备庞大、动力消耗大。甲醇氧化脱氢法的优点是工艺成熟、设备和动力消耗比较小，缺点是产率较甲醇单纯氧化法低。

目前国内生产甲醛，主要采用甲醇氧化脱氢法，因此本节主要介绍这种方法。

（1）反应原理

在甲醇过量的情况下，也就是说，甲醇、空气和水蒸气组成的混合反应气中，甲醇的浓度处于爆炸的上限（＞36％），在银催化剂的作用下，甲醇转化成甲醛。主要发生以下三个反应。

甲醇氧化反应：

$$CH_3OH + \frac{1}{2}O_2 \rightarrow HCHO + H_2O - 159.1kJ/mol \tag{7-22}$$

甲醇脱氢反应：

$$CH_3OH \rightarrow HCHO + H_2 + 284.2kJ/mol \tag{7-23}$$

水的合成反应：

$$H_2 + \frac{1}{2}O_2 \rightarrow H_2O - 59.29kJ/mol \tag{7-24}$$

甲醇的氧化反应是在200℃左右下才开始的，是一个强放热反应。放出的热量使催化层的温度升高，反过来又使氧化反应不断加快。甲醇脱氢反应在低温下几乎不进行，当催化床温度达到600℃左右时，甲醇脱氢反应才进行得比较快，成为生成甲醛的主要反应。脱氢反应是一个可逆反应，甲醇脱氢生成甲醛的同时，也可以向生成甲醇的方向移动。当甲醇脱氢生成甲醛时放出的氢和氧进一步结合生成水后，脱氢反应不再可逆。由于混合反应器中氢和氧结合生成水，使氢的分压大大降低，从而使甲醇脱氢反应向生成甲醛的方向移动。

另外，甲醇的完全燃烧和不完全燃烧以及甲醛进一步氧化为甲酸，在高温下甲酸分解为一氧化碳和水，这些都是主要的副反应，具体反应如下。

甲醇完全燃烧反应：

$$CH_3OH + \frac{3}{2}O_2 \rightarrow CO_2 + 2H_2O - 162.22kJ/mol \tag{7-25}$$

甲醇不完全燃烧反应：

$$CH_3OH + O_2 \rightarrow CO + 2H_2O - 93.72kJ/mol \tag{7-26}$$

甲醛氧化反应：

$$HCHO + \frac{1}{2}O_2 \rightarrow HCOOH \rightarrow CO + H_2O - 159.1kJ/mol \tag{7-27}$$

甲醇的完全燃烧和不完全燃烧是主要的副反应，不仅消耗原料甲醇，也是造成甲醛收率降低的主要原因。另外，甲醛也可以进一步氧化生成甲酸，甲酸进一步氧化生成一氧化碳和水。由于混合气中含有水蒸气，因此甲酸的生成对设备造成很大的腐蚀。工业上为了避免这些副反应发生，必须严格控制反应温度、进入反应器的气体组成、原料的纯度、接触时间等，并要正确地选择设备材料。

在整个反应过程中，只有甲醇脱氢反应是吸热反应，其余反应均为放热反应，这些反应放出的热量除供甲醇脱氢反应消耗和反应器散热外，还有多余，因此，生产上把水蒸气引入原料混合气中，将多余的热量从反应系统中及时移走，使反应正常地进行。

(2) 催化剂

早期的甲醇氧化脱氢制造甲醛的工业生产中，是以铜为催化剂的，1925年第一次开始使用银催化剂。较早使用的是浮石银催化剂，后发展到使用电解银催化剂。浮石银催化剂是通过硝酸银溶液浸泡，然后高温焙烧使硝酸银分解，将银负载于浮石上制备的。

电解银催化剂的制备是将含银为99.9%的原料银作为阳极，在硝酸银电解液中进行电解。阳极银发生氧化反应生成银离子，不断溶解于电解液体，而阴极不断还原银离子为金属银并以微小颗粒沉积于阴极表面。其中的电化学反应如下：

$$\text{阳极}\ Ag \rightarrow Ag^+ + e^- \tag{7-28}$$

$$阴极\ Ag^{+}+e^{-} \rightarrow Ag \qquad (7\text{-}29)$$

这种方法制备的银粒称为电解银，由于电解银催化剂的活性和选择性均比浮石银催化剂有明显提高，因此，前者逐渐取代后者。

(3) 影响因素

① 温度。升高温度对于脱氢反应有利，但温度过高容易引起深度氧化和产品的分解，反应温度可由通入反应区的冷却水量、进入反应器的气体混合物的组成和量来控制。

② 原料气的组成。进入反应器的混合气体组成，对反应结果和过程的控制有很大的影响。首先，甲醇与空气的比例应该在爆炸范围以外，否则易引起混合物的燃烧和爆炸。其次，甲醇与空气的比例要适当，若甲醇与空气的比例不当，会引起反应温度的波动，若空气用量过多，大量的氢被氧化，增大了放热效应，使催化剂层的温度过高；当空气用量过少时，反应产生的热量不能补偿脱氢所需的热量，导致催化剂的温度迅速降低。通常每升甲醇蒸气和空气混合物中含甲醇约 0.5g。第三，水蒸气的存在对反应是有利的。它能带走部分反应热，避免催化剂层过热，并可增加甲醇的产率。

③ 原料的纯度。原料气中的杂质会严重影响催化剂的活性，因此对原料纯度应有严格的要求。当甲醇中含硫时，它会与催化剂形成不具活性的硫化银；含醛酮时则会发生树脂化，甚至成炭，覆盖于催化剂表面；含五羰基铁时，在操作条件下析出的铁沉积在催化剂表面，促进甲醛的分解。为此，空气应经过滤，以除去固体杂质，并在填料塔中用碱液($NaOH$ 或 Na_2CO_3)洗涤以除去 SO_2 和二氧化碳。为除去五羰基铁，可将蒸汽和气体混合物在反应前 200℃ ～ 300℃ 通过充满石英或瓷片的设备进行过滤。

(4) 工艺流程

如图 7-10 所示。用泵连续将原料甲醇送入高位槽 1，自此甲醇以二定量流速经过滤器 2，进入用蒸汽间接加热的蒸发器 3，同时，在蒸发器底部由鼓风机送入除掉灰尘及其他杂质的定量空气。空气流经过加热到 45℃ ～ 50℃ 的甲醇层时，被甲醇蒸气所饱和。为了控制氧化器内温度，在经蒸发的甲醇蒸气和空气混合物中，通入一定量的水蒸气，甲醇、空气、水蒸气混合物还须通过过热器 4，加热到 105℃ ～ 120℃，以避免混合气中甲醇凝液的存在，若有甲醇液体进入催化剂层，会因猛烈蒸发而使催化剂层发生翻动，即催化剂的“翻身”，破坏床层均匀，造成操作不正常。

过热后的混合气，再经阻火器 5 和过滤器 8(阻火器是为了阻止氧化器可能发生燃烧时波及后部的蒸发器，而过滤器是为了滤除含铁的杂质)，混合气于 105℃ ～ 120℃ 进入氧化器 9，在 380℃ ～ 650℃ 经催化剂(电解银)的作用，大部分甲醇转化为甲醛。为控制副反应的发生并防止甲醛分解，转化后的气体经列管冷却器冷却到 80℃ ～ 120℃，然后进入第一吸收塔 10，将大部分甲醛吸收，未被吸收的气体由塔顶引出，进入第二吸收塔 11 的底部，并从塔顶加入一定量的冷却水吸收，由第二吸收塔塔底采出稀甲醇溶液，由循环泵打入第一、第二吸收塔，作为吸收剂的一部分。自第一吸收塔塔底引出的吸收液经冷却器冷却后，即为含 10% 甲醇的甲醛溶液。甲醇的存在可防止甲醛聚合。甲醛产率为 80% 左右。

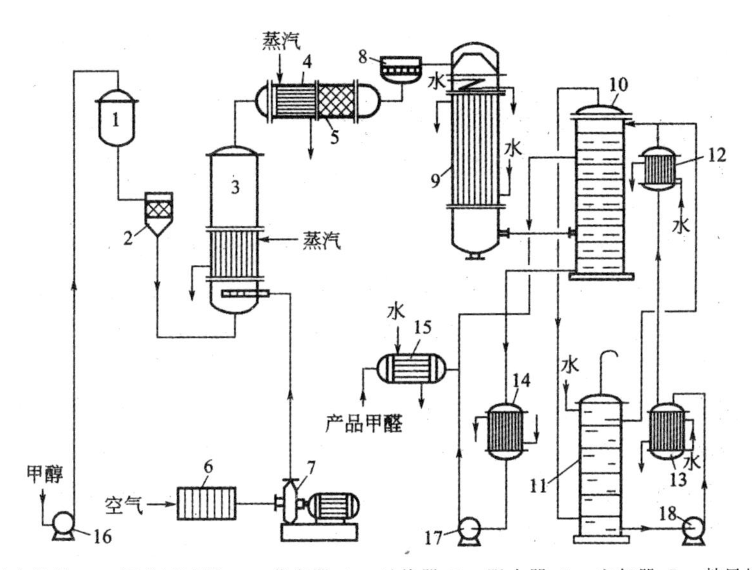

1— 甲醇高位槽；2— 甲醇过滤器；3— 蒸发器；4— 过热器；5— 阻火器；6— 空气器；7— 鼓风机；
8— 过滤器；9— 氧化器；10— 第一吸收塔；11— 第二吸收塔；12 ～ 15— 冷却器；16— 甲醇泵；17,18— 循环泵

图 7-10　甲醇氧化制甲醛的工艺流程

(5) 设备

甲醇氧化制甲醛的主要设备是氧化器。氧化器由两部分组成，上部是反应部分，在气体入口处连接一锥形的顶盖，可使气体分布均匀，蒸汽和气体混合物在置于格板的铜网上的催化剂层中进行反应。为了防止催化剂层过热，在催化剂层中装有冷却蛇管，通入冷水以带出部分反应热。在开车时，用电引火管来引发反应，以后借助反应热自动进行。反应情况可通过视孔观察，反应器所有与气体接触的地方都是紫铜制成的。氧化器下部是一紫铜的列管式冷却器，管外通以冷水。从催化剂层出来的反应气体在这里迅速冷却到 100℃ ～ 230℃，以免甲醛长时间处于高温而发生分解。但也不能冷却到过低的温度，以免甲醛聚合，造成聚合物堵塞管道。

由于铁能促进甲醛分解，因此生产甲醛的设备和管道应尽量避免用铁制件，例如蒸发器是不锈钢或铜制的，反应器以后的所有设备和管路都由铝制成。

(6) 常见异常现象及处理方法

常见异常现象及处理方法如表 7-2 所示。

表 7-2　甲醇氧化生产甲醛中常见异常现象及处理方法

异常现象	产生原因	处理方法
氧化温度过高或过低	① 蒸发器内气液相温度不稳定 ② 蒸发器内真空度不稳定 ③ 入蒸发器甲醇溶液浓度低 ④ 蒸发器内液面不稳定 ⑤ 反应系统阻力不稳定 ⑥ 水压不稳定 ⑦ 蒸汽压力和流量不稳定	① 调整蒸发器内气液相温度 ② 调整蒸发器内真空度 ③ 提高入料浓度至规定值 ④ 调整甲醇进入量和蒸发量 ⑤ 调整反应系统阻力 ⑥ 稳定水压至规定值 ⑦ 稳定蒸汽压力、流量至规定值

续表

异常现象	产生原因	处理方法
氧化器真空度上升	① 过滤器阻力大 ② 阻火器阻力大 ③ 蒸发器阻力大 ④ 氧化器阻力大	① 更换玻璃丝 ② 停车处理 ③ 停车处理 ④ 停车处理
水压低	① 水泵发生故障 ② 总水压不够	① 检修水泵 ② 提高水压
废气中氧含量高，转化率低	① 催化剂中毒或老化 ② 催化剂局部燃烧 ③ 催化剂不平 ④ 氧化温度控制不当 ⑤ 分析仪器有误	① 更换新催化剂 ② 减少加料量 ③ 停车处理 ④ 调节温度 ⑤ 检修仪表
废气中甲烷、一氧化碳超标，氢含量低	① 氧化温度过高 ② 催化剂中毒	① 降低氧化温度 ② 停车检修，更换催化剂
回火，催化剂表面燃烧有蓝色火焰	① 风量过低 ② 氧化器系统阻力大 ③ 氧化器漏气	① 提高风量 ② 检查反应系统，消除阻力 ③ 停车检修
熄火	① 甲醇蒸气带液体 ② 补加蒸汽带液体 ③ 过热温度太低	① 降低蒸发液面 ② 排液排水 ③ 提高过热温度

7.2 乙醛与乙酸的生产

7.2.1 乙醛的生产

1. 乙醛的性质和用途

乙醛在室温常压下是无色透明、易挥发的液体，具有强烈刺激性气味，沸点 293.8K，冰点 149K，着火点 316K，自燃温度 458 K；乙醛能与水、乙醇、乙醚及其他多种有机液体混溶；空气中爆炸极限 3.8% ～ 57%，氧气中爆炸极限 2.8% ～ 91%。

乙醛有毒，乙醛蒸气对人的眼鼻、呼吸器官有刺激作用，对中枢神经系统有麻醉作用，浓度超过 0.5 mg/L 时，会引起呼吸困难、咳嗽、头痛、支气管炎、肺炎等症状，在空气中的允许浓度为 0.1 mg/L。

乙醛的反应活性很强，能发生加成、聚合、缩合、氧化和还原等反应。乙醛易被氧化，可以自动氧化成乙酸；久置能聚合生成三聚乙醛，三聚乙醛是有香味的液体，沸点397K，不具有乙醛的特性，不易氧化，性质不活泼，所以变乙醛为三聚乙醛是储存乙醛的方便方法。若加稀酸对三聚乙醛进行蒸馏，则会解聚而蒸出易挥发的乙醛。乙醛与格氏试剂加成后再水解得到碳原子数增多的仲醇。

乙醛通常没有单独的用途，在工业上大量用于生产乙醇、乙酸等多种有机产品，如图7-11所示。

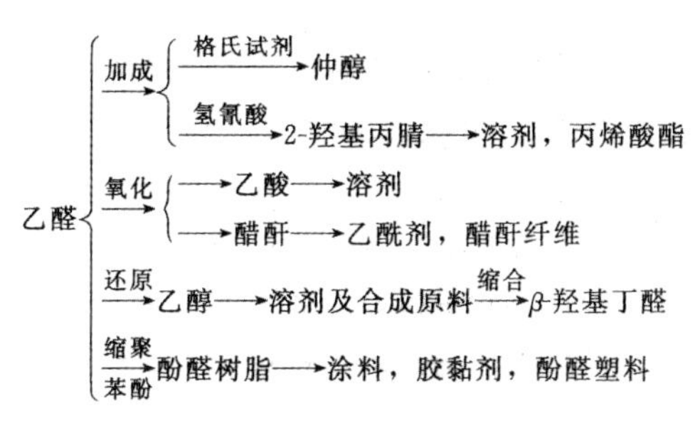

图7-11　以乙醛为基础的合成

2. 乙醛的生成方法

目前工业上生产乙醛的方法主要有乙炔液相水合法和乙烯液相氧化法两种。

乙炔液相水合法是在硫酸溶液中，以高价汞盐为催化剂，乙炔与水直接反应生成乙醛。这种方法可以得到高纯度、高产率的乙醛，但有两个缺点：一是需要使用毒性大、价格昂贵的汞盐作催化剂，有损生产操作者的健康，且催化剂的稳定性差，需要庞大的催化剂再生设备；二是因反应在硫酸溶液中进行，必须使用耐腐蚀的生产设备。

乙烯液相氧化法是将乙烯与空气（或氧气）通入氯化钯、氯化铜的盐酸水溶液中，在催化剂作用下，发生液相氧化反应生成乙醛。这种方法流程简单，公用设施量少，基建费用省；原料乙烯来源丰富，价格低廉，处理和储运安全；反应的选择性好，副产物乙酸、草酸等生成量少；乙醛的收率高（90%～95%）。但缺点是盐酸的腐蚀性大，需用钛合金钢设备。

下面重点介绍乙烯液相氧化法。

3. 乙烯液相氧化法生产乙醛

（1）反应原理

将乙烯与空气（或氧气）通入氯化钯、氯化铜的盐酸水溶液中，在催化剂作用下发生液相氧化反应，生成乙醛，同时还会生成乙酸、丁烯醛、氯甲烷、氯乙烷、二氧化碳、水等副产物。此法优于乙炔液相水合法。

主反应：

$$C_2H_4 + \frac{1}{2}O_2 \xrightarrow[PaCl_2 - CuCl_2 - HCl\text{水溶液}]{393 \sim 403K, 300 \sim 350kPa} CH_3CHO + 243.68kJ/mol \tag{7-30}$$

乙烯和氧在 $PaCl_2 - CuCl_2 - HCl$ 水溶液催化剂作用下生成乙醛的反应分三步进行。

1）乙烯羰化

乙烯在水存在下，被氯化钯氧化成乙醛，氯化钯被还原成金属钯。

$$C_2H_4 + PdCl_2 + H_2O \rightarrow CH_3CHO + Pd + 2HCl \tag{7-31}$$

2）钯氧化

由于用氧来氧化钯的反应速率比乙烯羰化反应速率慢约 100 倍，所以在生产中用氧化铜来加快钯的氧化反应，以保证催化剂连续使用，氯化铜将钯氧化成氯化钯的同时，还原成氯化亚铜。

$$Pd + 2CuCl_2 \rightarrow PdCl_2 + 2CuCl \tag{7-32}$$

3）亚铜氧化

在盐酸存在下，氯化亚铜氧化生成氯化铜。

$$2CuCl + \frac{1}{2}O_2 + 2HCl \rightarrow 2CuCl_2 + H_2O \tag{7-33}$$

上述三个反应组成了催化剂的循环体系，$PdCl_2$ 是催化剂，$CuCl_2$ 是氧化剂，由于氧与乙烯不直接氧化，使得乙烯氧化反应具有良好的选择性。

（2）工艺条件

1）催化剂

催化剂中 $PdCl_2$ 含量越高，羰化反应速率越快，乙醛收率越高，但 $PdCl_2$ 含量过高将会导致 $CuCl_2$ 来不及氧化过量的钯，使贵金属钯沉淀而损失掉。工业生产上采用的催化剂中钯的含量较低，一般为 3 ～ 5kg/m^3 溶液。

二价铜与总铜离子的比值称为催化剂的氧化度，氧化度高，有利于金属钯氧化；但氧化度过高会使游离的氯离子浓度增高，羰化反应速率减慢，氯化副产物增多；氧化度低则会影响钯的氧化，使钯从溶液中沉淀出来。生产上一般总铜量控制在 50 ～ 75kg/m^3，铜与钯的比值在 100 ～ 150 左右，氧化度在 50% ～ 60% 左右。

羰化反应速率与 H^+ 浓度成反比，所以催化剂溶液的酸度不宜过大，但酸度也不宜过小，否则会形成碱式铜盐 $Cu(OH)_2 \cdot Cu(OH)Cl \cdot xH_2O$ 的沉淀，因此 pH 一般控制在 0.8 ～ 1.2 之间，催化剂中钯盐含量减少和氯化亚铜沉淀的生成，都会导致 pH 上升。

在反应中生成的一些含氯副产物与主产物一起蒸发离开催化剂，消耗了盐酸，而不溶的树脂和草酸铜等副产物在催化剂溶液中会覆盖和包裹氯化钯催化剂，使催化剂的活性大大下降。为保持催化剂的活性，需连续从装置中引出部分催化剂溶液进行再生。

2）反应压力

压力增大，乙烯溶解度增大，催化剂溶液中乙烯浓度提高，羰化反应速率会加快，生产能力提高。但压力过大，乙醛不易从催化剂溶液中析出，副反应增多，乙醛选择性下降，同时，能量消耗增多，盐酸对设备的腐蚀加剧。所以采用的适宜压力（表压）为 300 ～ 350 kPa。

3）反应温度

乙烯直接氧化为乙醛的反应为放热反应，所以降低温度对反应平衡有利，在生产中反应热由乙醛和水的汽化带走，反应温度控制在 393 ～ 403K 之间。

4）原料气配比

主反应乙烯与氧的理论摩尔比是 2∶1，处在爆炸极限范围内，生产很不安全。标准状态下，乙烯在氧中的爆炸极限为 3% ～ 80%。因此，工业生产中采用乙烯大量过量的办法，使混合物的组成处在爆炸范围之外，同时，采用乙烯和氧分别通入反应器的方式，以避免形成爆炸混合气，乙烯的转化率控制在 35% 左右，新乙烯与循环气（循环乙烯）的摩尔比为 1∶2.3 左右。为使循环乙烯气组成稳定，惰性气体不至于过多积累，生产中需放掉部分循环乙烯气。

循环气必须严格控制氧的含量在 8% 左右，乙烯含量在 65% 左右。若氧的含量达到 9% 以上，乙烯含量降到60%以下时，必须立即停车，并用氮气置换系统中的气体，排入火炬烧掉。

5）空间速率

空间速率简称空速，单位为h^{-1}。计算式：

$$空速 = \frac{V_{反应气}}{V_{催化剂}} \tag{7-34}$$

式中，$V_{反应气}$——反应气体在标准状态下的体积流量，m^3/h；

$V_{催化剂}$——催化剂的体积，m^3。

空间速率增大，接触时间缩短，乙烯转化率下降。空间速率减小，接触时间增加，乙烯反应完全，转化率提高，但副反应产物也增加显著，使产率下降。所以，适宜空速为$350h^{-1}$左右。

6）原料纯度

原料乙烯中的炔烃、硫化氢和一氧化碳等杂质易使催化剂中毒，降低反应速率，乙炔分别能与亚铜盐和钯盐作用生成易爆炸性化合物，并使催化剂溶液组成发生变化而发泡；硫化氢与氯化钯在酸性溶液中能生成硫化物沉淀；一氧化碳能将钯盐还原成钯。所以原料气的乙烯纯度要大于99.7%，氧的纯度大于99%，乙炔含量小于30×10^{-6}，硫化物含量小于3×10^{-6}。

（3）反应器

工业上，乙烯液相氧化制乙醛采用具有循环管的鼓泡床塔式反应器，如图7-12所示。

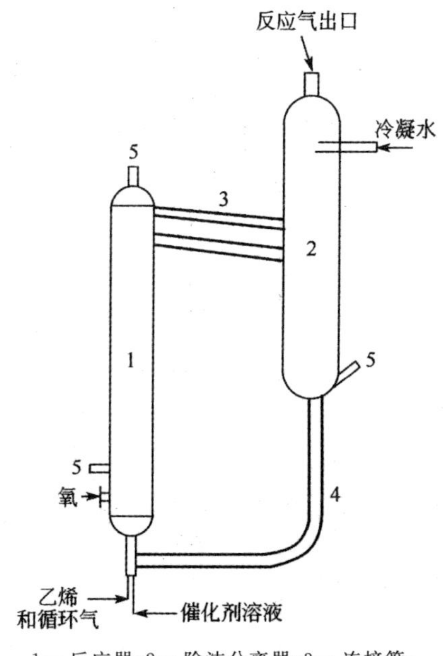

1—反应器；2—除沫分离器；3—连接管；

4—循环管；5—测温口

图7-12　乙烯液相氧化制乙醛反应器

反应器为立式圆筒形，内部不设构件，催化剂溶液装30%～50%，筒体材质为碳钢，筒内壁衬两层橡胶。橡胶不耐高温，在橡胶层上再衬两层耐酸砖（使橡胶层温度低于90℃）。反应器下部有氧气进口，底部有混合乙烯和循环催化剂进口。各法兰的连接和氧气管采用钛钢金属管。

原料乙烯和循环乙烯气的混合物与氧分别以较高气速进入反应器（鼓泡塔）内，并很容易地分布在催化剂溶液中进行反应，生成乙醛。乙醛和部分水立刻被反应放出的热量汽化，反应器内充满密度为 500～600kg/m³ 的气液混合物。该混合物经反应器上部侧线气体导管和液体导管进入除沫分离器。除沫分离器为气液分离器，在分离器内混合物流速降低使气液分离。分离下来的催化剂溶液的密度为反应器内气液混合物的两倍左右，经循环管自行返回反应器。催化剂溶液在反应器与除沫器之间快速循环，充分混合，使反应温度均匀。产物气由除沫器顶部排出，除沫器上部进水，以补充因汽化而减少的水，保持催化剂浓度的稳定。

(4) 工艺流程

乙烯液相氧化制乙醛的工艺流程主要分为乙烯氧化、粗乙醛的精制和催化剂的再生三部分。

1) 乙烯氧化

乙烯液化如图 7-13 所示。

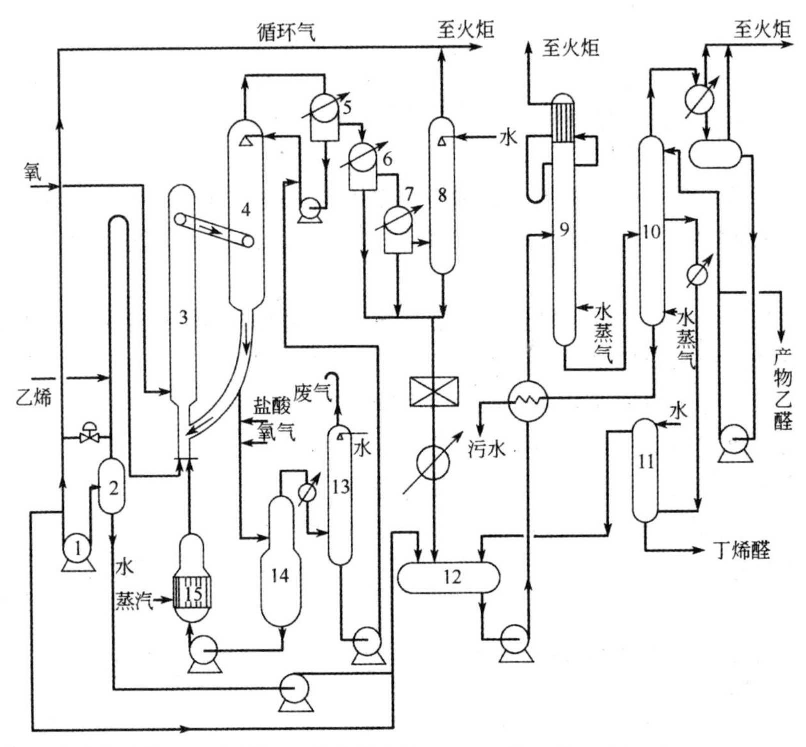

1— 水环泵；2— 气液分离器；3— 反应器；4— 除沫分离器；5～7— 第一、第二、第三冷凝器；8— 乙醛吸收塔；9— 脱轻组分塔；10— 精馏塔；11— 丁醛提取塔；12— 粗乙醛储槽；13— 水洗涤塔；14— 分离器；15— 分解器

图 7-13 乙烯液相氧化制乙醛的工艺流程

由乙醛吸收塔 8 来的循环乙烯气，经水环泵 1 压缩至气液分离器 2，分离后的气体与新鲜乙烯在管道中混合后进入反应器底部。分离器下部出来的循环工作液通过循环液泵加压，经冷却器冷却至 310K 以下，一部分同新补充的工作液一起进入水环泵 1。另一部分放入粗乙醉储槽 12 回收乙醛。

新鲜氧气从反应器下部送入，与乙烯气一起经催化剂溶液，在 398～403K、300～350kPa 下反应生成乙醛。反应后的带液产物气进入除沫分离器 4，在除沫分离器中进行气液分离，液体经除沫分离器底部循环管循环至反应器。经分离后的产物气进入第一冷凝器 5，将大部分水蒸气冷凝下来，冷凝液经过滤器用泵送入除沫器上部喷淋加入，补充反应过程中催化剂溶液的损失。另外还需连续补充一些新鲜软水。自第一冷凝器出来的气体再进入第二、第三冷凝器 6、7，将乙醛和高沸点副产物冷凝下来。未凝气体再冷却至318K以下，进入乙醛吸收塔8下部，用水吸收未凝乙醛，吸收液和第二、第三冷凝器6、7出来的凝液汇合过滤后，冷却进入粗乙醛储槽12。

乙醛吸收塔顶出来的未吸收气含乙烯65%、氧8%、乙醛0.01%左右，其余为惰性气体等副产物，为防止惰性气体在循环乙烯气中积累，将约3%的气体送至火炬烧掉，其余气体作为循环气，经水环泵压缩返回反应器。

2）粗乙醛的精制

储槽里的粗乙醛水溶液含乙醛10%以及少量氯甲烷(248.8K)、氯乙烷(285.3K)、巴豆醛(375.3K)、乙酸(391K)及其他副产物，这些副产物的沸点相差较大，采用一般精馏方法进行分离。

将粗乙醛从储槽12中抽出，送至换热器，经精馏塔10塔底排出的废水加热至368K左右，进入脱轻组分塔9，将低沸物氯甲烷、氯乙烷及溶解的二氧化碳和乙烯除去。为了减少与乙醛沸点相近的氯乙烷带走部分乙醛，利用乙醛易溶于水而氯乙烷不易溶于水的特性，在塔顶加入吸收水将部分乙醛吸收，同时降低塔釜液的含氯量。

脱轻组分塔在压力300kPa下操作，塔底部直接通入水蒸气加热。塔顶蒸出的极少量低沸物排入火炬烧掉。

从脱轻组分塔底部出来的粗乙醛送入精馏塔10进行精馏操作，将纯乙醛从水溶液中蒸出，塔顶未凝气体排入火炬烧掉。

脱轻组分塔和精馏塔的压力稳定可以通过调节通入塔内的保压氮气流量来控制。

从精馏塔10的精馏塔段引出一侧线，分离出丁烯醛馏分，冷却后进入丁醛提取塔11，含醛水溶液从塔上部流至粗乙醛储槽，丁烯醛溶液从底部流出。

3）催化剂溶液的再生

从除沫分离循环管连续引出部分催化剂溶液，加入盐酸和氧气，将CuCl氧化为$CuCl_2$，经减压、降温操作后，在分离器14中把催化剂溶液与溢出的气体分离。从底部引出的催化剂溶液，用泵加压到0.9～1.1MPa，送入分解器15，用直接蒸汽加热到443K，草酸铜分解成CO_2。排除掉CO_2的催化剂溶液送回反应器继续使用。顶部蒸汽混合物，经水洗涤塔用水吸收其中的乙醛后，洗液与第一冷凝器来的凝液混合，返回除沫分离器，废气排入火炬。

7.2.2　乙酸的生成

1. 乙酸的性质及用途

乙酸又名醋酸，是具有刺激气味的无色透明液体，无水乙酸在低温时凝固成冰状，俗称冰醋酸，结构简式是CH_3COOH。在16℃以下时，纯乙酸呈无色结晶，其沸点117.9℃。

乙酸是重要的有机酸之一，其主要物理常数见表7-3。

表7-3　乙酸的主要物理常数

凝固点/℃	沸点/℃	临界温度/℃	临界压力/10^5Pa	比热容/[kJ/(kg·K)]	汽化热/[kJ/(kg·K)]	爆炸范围(体积分数)/%
16.635	117.9	321	5.79	1.98	405.3	4.0～5.4

乙酸是许多有机物的良好溶剂，能与水、醇、酯和氯仿等有机溶剂以任何比例相混合。

乙酸蒸气刺激呼吸道及黏膜(特别对眼睛的黏膜),浓乙酸可灼烧皮肤。

乙酸是稳定的化合物,但在一定的反应条件下,能引起一系列的化学反应。

在强酸(H_2SO_4 或 HCl)存在下,乙酸与醇共热,发生酯化反应,如:

$$CH_3COOH + C_2H_5OH \xrightleftharpoons{H^+} CH_3COOC_2H_5 + H_2O \tag{7-35}$$

此反应为可逆反应,为提高乙酸乙酯的产量,工业上一般用过量的乙酸使平衡向右移动,并使生成的乙酸乙酯和水形成二元恒沸物(乙酸乙酯 91.8%,水 8.2%,沸点 70℃),用共沸精馏的方法不断从系统中蒸出。

在 750℃、78kPa 下,将乙酸蒸气通过催化剂磷酸三乙酯时,脱水生成乙酸酐或称醋酐。

在 90℃ ~ 100℃,有催化剂(磷、碘、硫)存在时,冰醋酸氯化得一氯乙酸。

乙酸与乙炔在高温下反应,可生成乙酸乙烯酯。

乙酸除用作溶剂外,还有广泛用途。乙酸在食品工业作防腐剂;在有机化工生产中,乙酸裂解可制得乙酸酐;而乙酸酐是制取乙酸纤维的原料。另外,由乙酸制得聚酯类,可作为涂料的溶剂和增塑剂,如乙酸乙烯酯是制取聚乙酸乙烯酯以及塑料、涂料工业中得到应用的共聚体的主要单体。乙酸还是制阿司匹林的原料。利用其酸性,乙酸可作为天然橡胶制造工业中的胶乳凝胶剂、照相的显像停止剂等。

2. 乙酸的生产方法

乙酸的制备方法有多种,以前是从木材干馏中得到,或用含糖、淀粉的物质,在乙酸菌的作用下发酵后,再用空气使乙醇氧化而获得低浓度的乙酸。此法只能酿造食用醋。

随着化学工业的迅速发展,对乙酸的需要量日益增多,目前各国多用合成方法来制取乙酸,主要方法如下。

(1)甲醇羰基化法

以钴－碘或铑－碘为合成催化剂,以甲醇为原料合成乙酸。此法生产的优点是:原料价廉易得,投资省,生产费用低,而且生成乙酸的选择性高达 99% 以上,相对乙醛氧化法有明显的优势。目前世界上有 40% 的乙酸是用该工艺生产的。

(2)乙醛氧化法

此法是以乙醛为原料,采用乙酸锰、乙酸钴或乙酸铜液相催化剂,在 50℃ ~ 80℃、0.6 ~ 0.8MPa 下进行氧化反应而制得乙酸。

本法生产的乙酸浓度高,产率高,副反应少,技术条件比较成熟,操作条件较缓和,是目前工业上普遍采用的方法,下面也对该方法做重点介绍。

3. 乙醛氧化生产乙酸

(1)反应原理

乙醛氧化生产乙酸是一个放热反应,其总反应为:

$$CH_3CHO + \frac{1}{2}O_2 \xrightarrow[70 \sim 80^\circ C,200 \sim 300kPa]{(CH_3COO)_2Mn} CH_3COOH + 346.01kJ/mol \tag{7-36}$$

该氧化反应不是单一的反应,在生成乙酸的同时,还会生成二乙酸亚乙酯、乙酸甲酯、甲酸、二氧化碳和水等副产物。

另外乙醛很容易被空气中的氧所氧化,生成过氧乙酸,它释放出的新生态氧又与乙醛作用生成乙酸。但大量过氧乙酸在 90℃ ~ 100℃ 时易发生爆炸,就是在低温时,过氧乙酸也易于积聚,会引起突然分解而爆炸。因此工业上采用乙酸锰消除爆炸的危险。

(2) 影响乙醛氧化的因素

乙醛液相氧化是通入反应器中的氧，先扩散到乙醛的乙酸溶液中，然后被乙醛吸收，借催化剂的作用，使乙醛氧化成乙酸。因此，影响乙醛氧化的主要因素如下。

① 氧的通入速度。氧的扩散和吸收与氧的通入速度有关。实践证明，气膜的厚度与通氧的速度成反比，气液接触面积的大小与通氧的速度成正比，即通氧的速度愈快，气膜愈薄，气液接触面积愈大，氧的吸收率也就愈大。但通氧的速度不能无限地增加，因为超过一定值后，氧的吸收率反而下降，同时还会带出大量的乙醛和乙酸，使正常的操作遭到破坏。

② 氧气分布板孔径的选择。分布板的孔径与氧的吸收率成反比。孔径小，可使气泡的数量增多和表面积增大，从而气液接触面增大。但孔径过小，阻力增加，使氧的压力升高；如果孔径过大，不仅气液接触不良，而且会加剧酸液被气体夹带。

③ 氧气通过液柱的高度。在一定的气速下，氧的吸收率和所通过的液柱高度成正比。液柱高，气液接触时间长，氧的吸收率高，同时液柱高，静压大，可促进氧气的溶解。氧的吸收率与液柱之间的关系如表7-4所示。

表7-4　氧的吸收率与液柱高度的关系

液柱高度/m	1.0	1.5	2.0	4.0	4.0以上
氧的吸收率/%	70	90	95～96	97～98	>98

由表7-4可见，当液柱高度超过4m时，氧的吸收率变化就不太明显。因此，氧气通入的位置应在液面下4m处或更深的地方，否则氧的吸收率就会降低。

④ 接触剂的用量。可用于氧化的接触剂很多，如锰、钴、铬等的乙酸盐，工业上普遍采用的是乙酸锰。

实践表明，乙酸锰的用量不同，氧的吸收率也不同，当原料中乙酸锰的用量在0.05%～0.063%时，氧的吸收率仅达93%～94%，故乙酸锰的加入量应大于0.065%，最好为0.08%～1%，如果再增加用量，便会给精馏操作带来额外的麻烦，如蒸发器的清洗次数增加等。

乙酸锰的加入方式也是重要的，最好先把它溶解在乙酸中，然后再通入氧化液，以便在反应器内分布均匀。

⑤ 氧化液成分。氧化液主要成分有乙醛、乙酸、乙酸锰、过氧乙酸和氧。此外，还有原料带入的水分以及副产物甲酸、乙酸甲酯和二氧化碳等。

氧化液中乙酸的含量要求在95%左右。乙酸含量增高，乙醛、水的含量则相应地减少，气相中的乙醛浓度就降低，从而爆炸的可能性和乙醛的损失就会大大减少。若乙酸含量在82%～95%，则氧的吸收率为98%左右。若浓度再增加，则氧的吸收率反而下降。

氧化液中水分不能超过2%～3%，否则，水与催化剂生成不活泼的过氧化锰的水合物，使其失活。为此，必须严格控制乙醛、氧和接触剂等原料中的水分。

⑥ 温度与压力。氧化反应是一放热反应，在反应过程中需将反应热不断除去，以控制一定温度。升高温度，对乙醛氧化成过氧乙酸及过氧乙酸的分解都有利，特别是后者。但温度过高，副反应会加剧，使乙酸中的甲酸、聚合物和油状物增多，同时，会使氧化塔顶部空间的乙醛和氧的浓度增高，增加了乙醛的自燃与爆炸的危险性。所以，需提高系统压力，使乙醛保持液相。若温度过低

(在 40℃ 以下),则会造成过氧乙酸的积聚,一旦温度回升,过氧乙酸就会剧烈分解而引起爆炸。此外,温度降低,反应速率变慢。故用空气氧化时,反应温度不得超过 70℃。若通入保安氮气,用氧气进行氧化,则反应温度可控制在 80℃。

反应压力的大小,对氧化速度也有直接影响。由乙醛氧化反应方程式可知,增加压力有利于反应进行,对氧的扩散、吸收都有利。同时,增加压力,可使乙醛的沸点升高,从而减少乙醛的损失。但是,增加压力,设备的费用也相应地增加。实际上,氧化塔操作压力控制在 150kPa(表压) 左右为宜。

(3) 反应器

生产上采用的氧化反应器为鼓泡式反应器,通常称为氧化塔。氧化塔的结构,必须满足工艺要求。氧化反应是个放热反应,为了确保反应在所需的温度下进行,必须考虑如何把产生的热量迅速排除;其次要考虑如何使通入的氧气与氧化液有效地均匀接触;最后还要考虑安全防爆的问题。氧化塔的结构如图 7-14 所示。

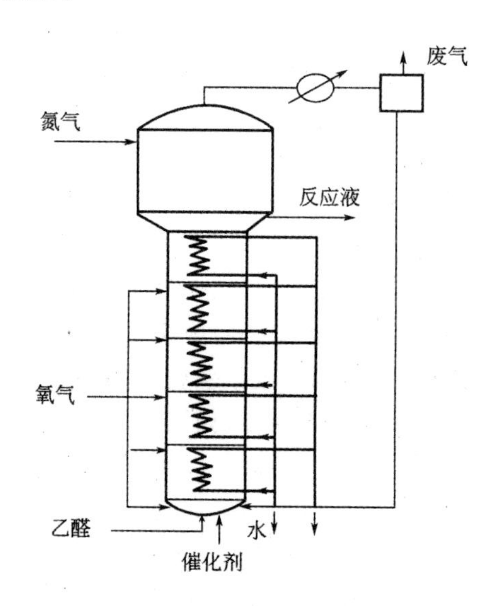

图 7-14 氧化塔结构

氧化塔由塔底、塔中和扩大器三部分组成。塔底有乙醛及催化剂入口,还有事故放料口和回流液流入口。塔身分为多节(一般为五节),每节装有蛇管,通冷却水控制反应温度。各节上部都有氧气分配管,分配管上有小孔,氧气以适当的速度从小孔吹入塔中。塔身之间装有花板,用来使氧气均匀分布。冷却水和氧气由各节分别进入,进入量由各节分别控制。塔顶的扩大部分作为缓冲器,减少雾沫夹带及冲淡可爆气体。顶部装有防爆膜,当压力超过 300kPa(表压) 时,膜即破裂,塔内液体及气体冲出塔外,以保持塔主体的安全。塔顶还装有氮气通入管,通入氮气可以降低气相中乙醛及氧气的浓度,从而防止爆炸。

(4) 生产流程

乙醛氧化生产乙酸的工艺流程是由氧化、蒸馏、副产品回收和乙酸锰配制四部分组成的。

1) 乙醛的氧化

乙醛的氧化流程见图 7-15。

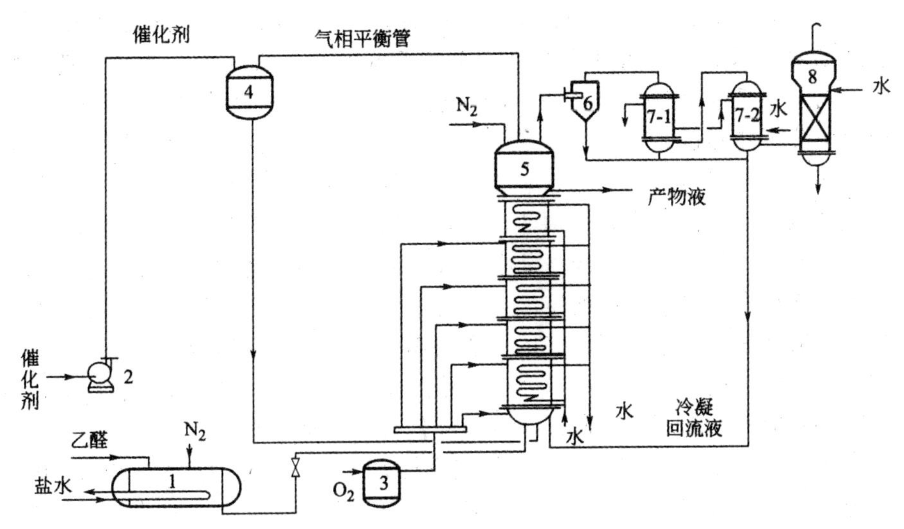

1— 乙醛储槽；2— 泵；3— 氧缓冲罐；4— 催化剂高位槽；5— 氧化塔；

6— 旋风分离器；7-1，7-2— 冷凝器；8— 尾气洗涤塔

图 7-15　乙醛氧化生产乙酸工艺流程

由仓库(或乙醛车间)来的乙醛进到乙醛储罐 1，乙醛储槽用氮气加压，用冷却水或冷冻盐水降低乙醛的挥发度，使乙醛储槽的温度保持在 20℃ 以下。乙醛经 350kPa(表压)压缩氮压入氧化塔 5 底部，催化剂乙酸锰由泵 2 打入高位槽 4，经转子流量计由氧化塔底部加入，维持塔内反应液中乙酸锰含量在 0.08% ～ 0.12%。为防止氧化塔内氧化液倒入乙醛储槽而造成事故，在乙醛去氧化塔的管道上安有止逆阀。

氧气在 350kPa(表压)下，连续送入缓冲罐 3，经氧气分配盘的五根支管分别进入氧化塔的一、二、三、四、五节中，各节氧气的分配量约为 40%、30%、10% ～ 15%、10%、5% 左右。

保安氮气经缓冲罐连续送入氧化塔顶部，冲淡塔顶废气(除含有少量氧外，还有乙醛与未分解的过氧乙酸)以防止发生爆炸。一般要求废气中氧含量不超过 10%。为保持氮气压力稳定，在去氧化塔顶部的氮气管道上装有自动调节装置。

乙醛在氧化塔中，在一定温度和压力下，经乙酸锰的催化作用与氧发生反应，生成粗乙酸(氧化液)，反应放出的热由塔内五节蛇管中的冷却水带走，温度控制在：1 ～ 3 节为 80℃ ～ 85℃；4 ～ 5 节为 70℃ ～ 80℃；塔顶气相温度为 60℃ ～ 70℃。若气相温度低于 60℃ ～ 70℃，会引起过氧乙酸的积聚并导致副反应加剧。当气相温度高于液相温度 10℃ 时，应停车处理。

氧化塔顶部排出的废气先进入旋风分离器 6 进行气液分离，然后进入冷凝器 7-1、7-2，分离液和冷凝液返回氧化塔底部。未凝气则进入尾气洗涤塔 8，用水洗下尾气中夹带的少量乙醛和乙酸，入回收系统，洗涤后的废气放入大气。

粗乙酸(氧化液)从氧化塔顶部扩大部分侧面引出，溢流至氧化液中间罐，以备精制。氧化塔内液面高度不能低于氧化塔出料口，以免废气窜入精制工序的蒸发器内而造成爆炸。氧化塔顶部装有防爆膜及安全阀，防爆膜每年更换一次。当氧化塔发生事故或停车检修时，氧化液放入事故放料槽。

2) 乙酸的精制

如图 7-16 所示，粗乙酸由氧化液中间罐 1 连续流入氧化液蒸发器 2 中(共两台，一台备用)，

在 120℃ ～ 125℃ 条件下，将乙酸汽化。乙酸锰、亚乙基二乙酸酯及一些胶状高沸物和杂质残留器底，一周左右用清水洗一次，以回收乙酸和乙酸锰。为保持生产的连续，清洗时须切换另一台蒸发器。

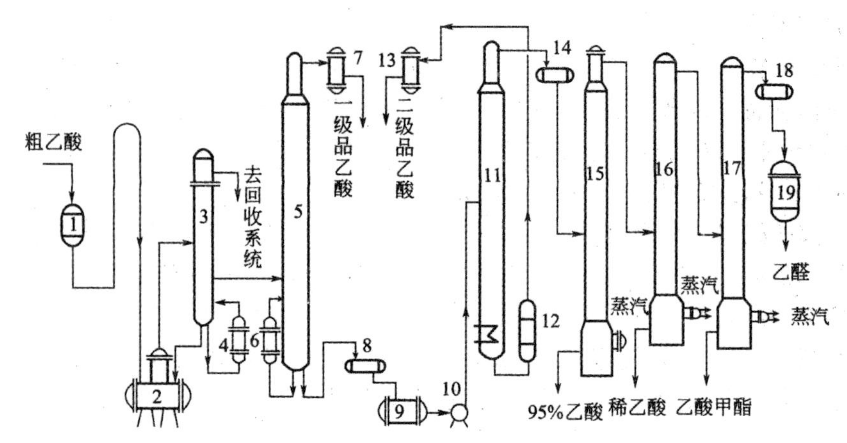

1— 氧化液中间槽；2— 氧化液蒸发器；3— 脱低沸物塔；4，6— 再沸器；5— 脱高沸物塔；7— 冷凝器；8— 高沸物乙酸冷却器；9— 事故放料槽；10— 输送泵；11— 二级品乙酸塔；12— 二级品蒸发器；13— 二级品乙酸冷凝冷却器；14— 二级品塔顶出料冷凝器；15— 乙酸回收塔；16— 混合酸回收塔；17— 乙醛及乙酸甲酯回收塔；18— 乙醛冷凝器；19— 回收乙醛中间槽

图 7-16　粗乙酸的精制和副产物回收工艺流程

从蒸发器 2 顶部蒸出的乙酸及低沸点混合气，进入脱低沸物塔 3。塔顶馏出的甲酸、乙酸、乙醛、乙酸甲酯和水等混合物去乙酸回收系统的乙酸回收塔 15、混合酸回收塔 16、乙醛及乙酸甲酯回收塔 17，以回收乙醛、乙酸和乙酸甲酯等。塔顶温度控制在 111℃ ～ 117℃ 左右，压力为 40 ～ 50kPa，在该塔最下一层塔板处引出气相物，调节流量后入脱高沸物塔 5。

脱高沸物塔塔顶温度控制在 118℃ 左右，压力为常压。塔顶馏出气体经冷凝器 7 冷却后，凝液为一级品乙酸。为保证二级品乙酸的质量，避免塔底高沸物的积聚，每小时须从塔底排除一定量的高沸物进入事故放料槽 9，以备蒸馏二级品乙酸用。

二级品乙酸塔为阶段开车。从事故放料槽 9 中用泵连续向二级品乙酸塔 11 打料，塔底用加热蛇管加热，控制釜温 118℃ ～ 122℃，塔底压力为 40 ～ 50kPa（表压）。塔顶馏出物二级品经冷凝器冷却，控制顶温在 99℃ ～ 102℃。塔顶凝液进入乙酸回收塔 15 中。塔底物料经蒸发器 12 再次蒸发，控制出口温度在 118℃ ～ 120℃。蒸出的气体全部进入二级品乙酸冷凝冷却器 13，凝液为二级品乙酸。

3）副产品的回收

从脱低沸物塔 3 塔顶脱出的低沸物气体和二级品乙酸塔塔顶凝液及氧化工序的尾气洗涤塔底部流出的混合液，连续进入乙酸回收塔 15 进行精馏，塔底得到 95％ 的乙酸，返回氧化液蒸发器 2 重新蒸馏。塔顶未凝气体进入混合酸回收塔 16 中，经分馏后得到乙酸、甲酸和水的混合稀酸，塔顶蒸出的乙醛与乙酸甲酯混合气连续进入乙醛、乙酸甲酯回收塔 17 进一步蒸馏，塔底得到浓度 ≥ 90％ 的乙酸甲酯。塔顶得到 ≥ 98％ 的乙醛蒸气，经冷冻盐水冷却后，凝液乙醛回收至乙醛中间槽 19，用冷冻盐水保冷，分析合格后用氮气压入氧化工序作原料。

4）乙酸锰的配制

在催化剂配制槽中加入 500kg 碳酸锰，并用泵由事故放料槽中打入 50％ ～ 60％ 的稀乙酸

500 kg，在搅拌下用间接蒸汽加热，温度控制在95℃，经4～5天后，取样分析，乙酸锰溶液外观为金黄色，无沉淀物，乙酸含量为45%～55%，锰含量在8%～12%为合格。合格后催化剂再用泵打入氧化系统乙酸锰高位槽备用。

(5) 生产操作要点

1) 系统开车

① 开车前准备。设备安装或检修完毕后，按规定的程序进行检查、清扫、气密实验、系统置换、系统水运转试车；乙醛球罐、氧气缓冲罐、氮气缓冲罐备料；热交换器投入使用；用成品乙酸洗涤氧化塔。

② 氧化液的配置。用泵将99.8%的乙酸送氧化塔，在塔中加热至75℃后，用氮气将75℃左右的含乙酸锰1.5%～2.5%的催化剂送入氧化塔，在塔中配置成氧化液，塔顶用氮气保持0.2MPa左右的压力。

③ 氧化塔投料。用氮气将乙醛压入氧化塔，并逐渐将塔内液体升温至75℃～78℃，然后缓慢通入氧气，氧化反应开始后可逐渐提高进氧量。如果塔内液位上涨停止然后下降，同时尾气含氧稳定，说明初始引发较理想，逐渐提高投氧量。进氧时要特别注意塔顶氧的含量，如果氧含量增加，要及时加大 N_2 量或减少氧的加入，保证含氧量小于5%(体积分数)。

④ 粗乙酸的精制。分别开启脱低沸物塔、脱高沸物塔、乙酸回收塔、混酸回收塔，依次对氧化塔产生的氧化液进行精馏，得纯度较高的乙酸成品。

2) 系统停车

接停车通知后，逐渐减少乙醛的加入量直至为零，然后逐渐减少氧气的加入量，尽量将反应器中的乙醛全部氧化，并将氧化液用泵向精制岗位出料，直到氧化液处理完为止。当精制岗位的精馏塔液位低于20%以后，缓慢停加热蒸汽，开始处理设备的剩余物料，处理完毕后，停止供气供水，降温降压，最后停止转动设备的运转，使生产完全停止。

停车后，按要求对系统进行清理，再用氮气对系统进行吹扫，吹尽残留的水分。

3) 正常操作要点

① 氧化塔液面必须高于出料口200mm，绝对不能低于出料口，以免氧化塔顶废气窜入蒸馏系统发生故障。

② 氧化塔气相温度不能高于液相温度，当气液两相温度相差10℃时，应紧急停车进行处理。

③ 要随时观察氧气和乙醛的配比和催化剂中乙酸锰的含量，保证催化剂中乙酸锰的含量达到要求。

④ 各精馏塔必须严格按工艺条件进行操作，不得任意更改参数，并且各塔的出料温度要严格控制，以免产品不合格。

7.3　环氧乙烷和丙烯腈的生产

7.3.1　环氧乙烷的生产

环氧乙烷在20世纪20年代已开始工业化生产，至今已有80多年的历史。工业生产环氧乙烷最早采用的方法是氯醇法。该法分两步进行，第一步将乙烯和氯气加入水中反应，生成2－氯乙醇。

$$CH_2{=}CH_2 + Cl_2 + H_2O \xrightarrow{50℃左右} \underset{OH}{CH_2}{-}\underset{Cl}{CH_2} + HCl \tag{7-37}$$

第二步，使2－氯乙醇与氢氧化钙反应生成环氧乙烷。

$$2\underset{OH}{CH_2}{-}\underset{Cl}{CH_2} + Ca(OH)_2 \xrightarrow{100℃} 2\,\underbrace{CH_2{-}CH_2}_{O} + CaCl_2 + 2H_2O \tag{7-38}$$

该法优点是对乙烯纯度要求不高，反应条件较缓和，但生产过程中消耗大量石灰和氯气，反应介质有强腐蚀性，腐蚀设备，且有大量含氯化钙的污水生成，污染环境，产品纯度低，现已被淘汰。1938年美国联合碳化合物公司(Union Carbide Corp)建立了第一套空气氧化法将乙烯直接环氧化制备环氧乙烷的生产装置。1958年美国壳牌化学公司(Shell Chemical Company)又开发了氧气法乙烯直接环氧化生产环氧乙烷的技术。由于直接氧化法与氯醇法相比具有原料单纯，工艺过程简单，无腐蚀性，无大量废料需排放处理，废热可合理利用等优点，故得到迅速发展。

由于氧气直接氧化法技术先进，适宜大规模生产，生产成本低，产品纯度可达99.99%，此外设备体积小，放空量少，排出的废气量只相当于空气氧化法的2%，相应的乙烯损失也少；另外，氧气氧化法流程比空气氧化法短，设备少，用纯氧作氧化剂可提高进料浓度和选择性，生产成本大约为空气氧化法的90%；同时，氧气氧化法比空气氧化法反应温度低，有利于延长催化剂的使用寿命。因此，近年来新建的大型装置均采用纯氧作氧化剂，逐渐取代了空气法而成为占绝对优势的工业生产方法。

1. 环氧乙烷的性质和用途

环氧乙烷在常温下为无色、有醚味的气体，沸点为10.5℃，可与水、醇、醚及大多数有机溶剂以任意比互溶，在空气中的爆炸极限为3.6%～78%(体积分数)，有毒，在空气中允许浓度为5×10^{-5}。

环氧乙烷是最简单、最重要的环氧化合物，由于环氧乙烷具有含氧三元环结构，性质非常活泼，极易发生开环反应。在一定条件下，可与水、醇、氢卤酸、氨及胺的化合物等发生加成反应，其通式为：

$$\underbrace{CH_2{-}CH_2}_{O} + XY \longrightarrow \underset{OX}{CH_2}{-}\underset{Y}{CH_2} \tag{7-39}$$

其中与水发生反应生成乙二醇，是制备乙二醇的主要方法。与氨反应可生成一乙醇胺、二乙醇胺和三乙醇胺。环氧乙烷本身还可开环聚合生成聚乙二醇。环氧乙烷易自聚，尤其当有铁、酸、碱、醛等杂质或高温下更是如此，自聚时放出大量的热，甚至发生爆炸，因此存放环氧乙烷的储槽必须清洁，并保持在0℃以下。

环氧乙烷是以乙烯为原料产品中的第三大品种，仅次于聚乙烯和苯乙烯。环氧乙烷的主要用途是生产乙二醇，约占全球环氧乙烷总量的60%，它是生产聚酯纤维的主要原料之一，其次是用于生产非离子表面活性剂以及乙醇胺类、乙二醇醚类、二甘醇、三甘醇等。环氧乙烷的用途如表7-5所示。

2. 乙烯直接氧化法制环氧乙烷的反应原理

(1) 乙烯直接氧化法制环氧乙烷的反应

乙烯在银催化剂上的氧化反应包括选择氧化和深度氧化，除生成目的产物环氧乙烷外，还生成副产物二氧化碳和水，并有少量甲醛和乙醛生成。其反应式如下。

主反应：

$$2CH_2{=\!=}CH_2 + O_2 \longrightarrow 2\underset{\diagdown O \diagup}{CH_2{-}CH_2} \tag{7-40}$$

平行副反应：

$$CH_2 = CH_2 + 3O_2 \rightarrow 2CO_2 + 2H_2O \tag{7-41}$$

串联副反应：

$$2\underset{\diagdown O \diagup}{CH_2{-}CH_2} + 5O_2 \longrightarrow 4CO_2 + 4H_2O \tag{7-42}$$

表 7-5　环氧乙烷及其衍生物的用途

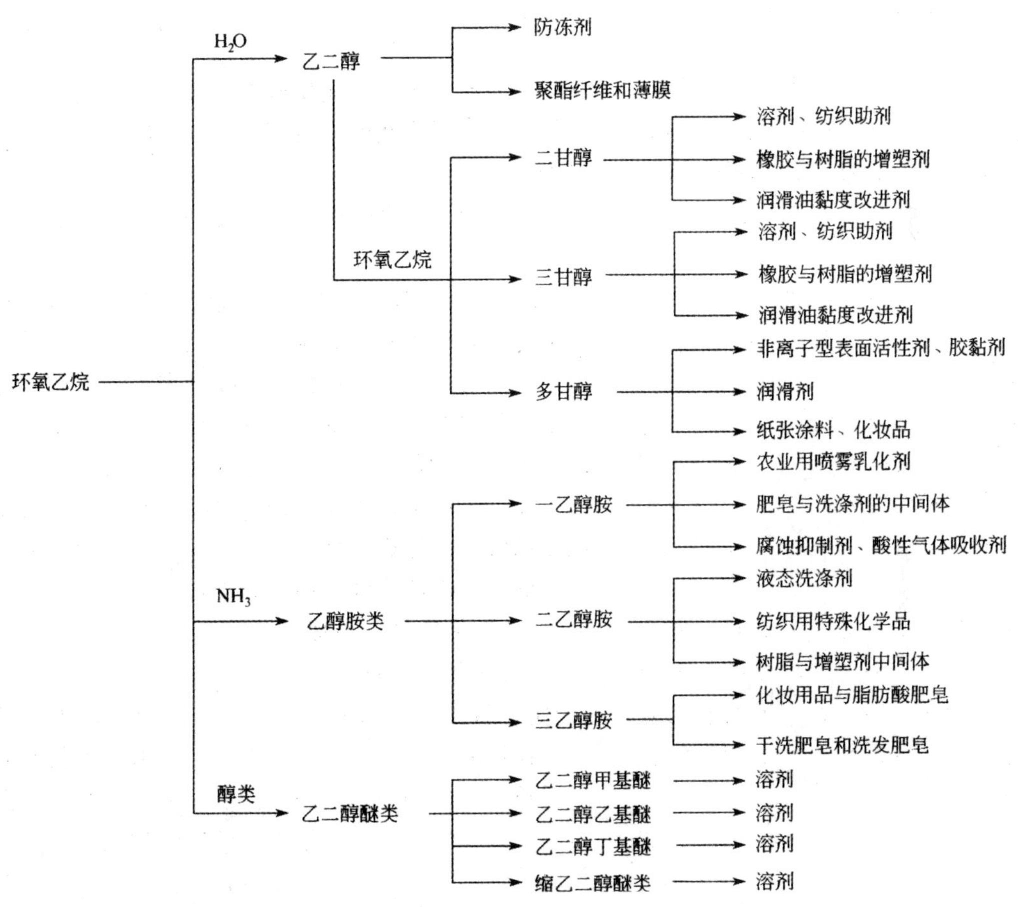

用示踪原子研究结果表明，完全氧化产物二氧化碳和水主要是由乙烯直接氧化生成，反应的选择性主要决定于平行副反应的竞争。由环氧乙烷氧化为二氧化碳和水的串联副反应也有发生，但是次要的。产物环氧乙烷的氧化可能是先异构化为乙醛，再氧化为二氧化碳和水，由于乙醛在反应条件下易氧化，故在反应产物中只有少量乙醛存在。

$$\underset{\diagdown O \diagup}{CH_2{-}CH_2} \xrightarrow{\text{异构化}} CH_3CHO \xrightarrow{O_2} CO_2 + H_2O \tag{7-43}$$

甲醛是乙烯的降解氧化的副产物。

$$CH_2 = CH_2 + O_2 \rightarrow 2HCHO \tag{7-44}$$

乙烯的完全氧化是强放热反应，其反应热要比乙烯环氧化反应大十多倍。故完全氧化副反应的发生，不仅使环氧乙烷的选择性降低，且对反应热效应也有很大的影响。

(2) 乙烯直接环氧化的催化剂与反应机理

1) 催化剂

乙烯直接氧化法生产环氧乙烷的工业催化剂为银催化剂。银催化剂是由活性组分银、载体和助催化剂所组成。

① 载体。主要功能是提高活性组分的分散度，防止银的微小晶粒在高温下烧结，使其活性保持稳定。由于乙烯环氧化过程存在着平行副反应和串联副反应的竞争，又是一强放热反应，故载体的表面结构和孔结构及导热性能，对反应的选择性和催化剂颗粒内部的温度分布有显著的影响。载体比表面积大，有利于银晶粒的分散，催化剂初始活性高。但比表面积大的催化剂孔径较小，反应生成的环氧乙烷难以从小孔中扩散出来，脱离表面的速度慢，从而造成环氧乙烷深度氧化，选择性下降。因此，工业上采用比表面积小、无孔隙或粗孔隙的惰性物质作载体，并要求有较好的导热性能和较高的热稳定性，使之在使用过程中不发生孔隙结构变化。为此，所用载体必须先经高温处理，以消除细孔结构和增加其热稳定性。常用的载体有 α－氧化铝、碳化硅、刚玉－氧化铝－二氧化硅等，一般比表面积为 0.3～0.4m^2/g，孔隙率 50% 左右，平均孔径 4.4μm 左右，也有采用更大孔径的。

② 助催化剂。采用的助催化剂有碱金属、碱土金属和稀土元素等，它们的作用不尽相同。碱土金属盐中，用得最广泛的是钡盐。在银催化剂中加入少量钡盐，可增加催化剂的抗熔结能力，有利于提高催化剂的稳定性，延长其寿命，并可提高其活性，但催化剂的选择性可能有所下降。添加碱金属盐可提高催化剂的选择性，尤其是添加铯的银催化剂，但其添加量要适宜，超过适宜值，催化剂的性能反而受到影响。添加稀土元素化合物，也可提高选择性。研究表明，两种或两种以上的助催化剂有协同作用，效果优于单一组分。例如，银催化剂中只添加钾助催化剂，环氧乙烷的选择性为 76%，只添加适量铯助催化剂，环氧乙烷的选择性为 77%。如同时添加钾和铯，则环氧乙烷的选择性可提高到 81%。

③ 抑制剂。在银催化剂中加入少量硒、碲、氯、溴等对抑制二氧化碳的生成，提高环氧乙烷的选择性有较好的结果，但催化剂的活性却降低，这类物质称调节剂，也叫抑制剂。工业生产中常加入微量的二氯乙烷，二氯乙烷热分解生成乙烯和氯，氯被吸附在银表面，影响氧在催化剂表面的化学吸附，减少乙烯的深度氧化。

④ 催化剂的制备方法。银催化剂的制备有两种方法，早期采用粘接法或称涂覆法，现在采用浸渍法。粘接法是使用粘接剂将活性组分、助催化剂和载体粘接在一起，制得的催化剂银分布不均匀，易剥落，催化性能差，寿命短。浸渍法一般采用水或有机溶剂溶解有机银(如羧酸银及有机胺构成的银胺络合物)作浸渍液，该浸渍液中也可溶有助催化剂组分，将载体浸渍其中，经后处理制得催化剂。用浸渍法制得的催化剂，活性组分银可获得较高的分散度，银晶粒可较均匀地分布在孔壁上，与载体结合较牢固，能承受高空速，催化剂寿命长，选择性高。催化剂的形状，一般都采用中空圆柱体，银含量为 9%～15%。目前用氧气氧化法生产环氧乙烷的工业催化剂选择性已达 83%～84%，实验室阶段更高。美国 Shell、SD、UCC 三家公司的技术代表了当今环氧乙烷生产的先进水平，中国银催化剂的研究也已达国际先进水平。

2）反应机理

关于乙烯在银催化剂上直接氧化为环氧乙烷的反应机理已进行了许多研究，但到目前为止，尚未有完全一致的认识。

下面介绍两种反应机理，一种是根据氧在银催化剂表面存在的吸附、乙烯和吸附氧的作用，以及乙烯选择性氧化为环氧乙烷的反应，提出了氧在银催化剂表面上存在两种化学吸附态，即原子吸附态和分子吸附态。

当由四个相邻的银原子簇组成的吸附位时，氧便解离形成原子吸附态 O^{2-}，这种吸附在任何温度吸附速率都很快，吸附活化能很低，原子吸附态氧 O^{2-} 易与乙烯发生深度氧化。

$$O_2 + 4Ag(\text{相邻}) \rightarrow 2O^{2-}(\text{吸附态}) + 4Ag^+ \tag{7-45}$$

$$CH_2 = CH_2 + 6O^{2-}(\text{吸附态}) + 6Ag^+ \rightarrow 2CO_2 + 6Ag + 2H_2O \tag{7-46}$$

当有二氯乙烷等抑制剂存在时，可使银催化剂的部分表面被覆盖，使这种吸附受到阻抑，从而使完全氧化反应减少，若银表面的 1/4 被氯覆盖，则无法形成四个相邻银原子簇组成的吸附位，从而抑制氧的原子态吸附和乙烯的深度氧化。但在温度较高时，经过吸附位的迁移，在不相邻的银原子上也能发生氧的原子态吸附。

$$O_2 + 4Ag(\text{不相邻}) \rightarrow 2O^{2-}(\text{吸附态}) + 4Ag^+ \tag{7-47}$$

但这种氧的原子态吸附与前面的吸附不同，活化能很高，不易发生。

另一吸附是氧的分子态吸附，当在催化剂表面上没有 4 个相邻的银原子簇可被利用时，可发生氧的分子态吸附，即氧的非解离吸附，形成活化了的离子化氧分子。

$$Ag + O_2 \rightarrow Ag - O^{2-}(\text{吸附态}) \tag{7-48}$$

乙烯与吸附的离子化分子氧反应，能有选择性地氧化为环氧乙烷并同时产生一个吸附的原子态氧。

$$CH_2{=}CH_2 + Ag{-}O^{2-}(\text{吸附态}) \longrightarrow \underset{\diagdown O \diagup}{CH_2{-}CH_2} + Ag{-}O^-(\text{吸附态}) \tag{7-49}$$

乙烯与 $Ag - O^{2-}$（吸附态）反应，氧化为二氧化碳和水。

$$CH_2 = CH_2 + 6Ag - O^-(\text{吸附态}) \rightarrow 2CO_2 + 6Ag + 2H_2O \tag{7-50}$$

总反应式为：

$$7CH_2{=}CH_2 + 6Ag{-}O^{2-}(\text{吸附态}) \longrightarrow 6\underset{\diagdown O \diagup}{CH_2{-}CH_2} + 2CO_2 + 2H_2O + 6Ag \tag{7-51}$$

根据此机理，如果氧的原子态吸附完全被抑制，而产物环氧乙烷不再继续氧化，那么乙烯环氧化反应的最大选择性为 6/7，即 85.7%。要达到此最高选择性，催化剂表面必须没有 4 个相邻的银原子簇存在，这与下列因素有关：催化剂的组成；催化剂的制备条件；抑制剂的用量及反应温度的控制等。

实际上，乙烯氧化生成环氧乙烷的选择性在转化率低时，可达 90% 以上，这与上述理论不相符。一些学者对此进行了修正，认为原子态氧也可生成环氧乙烷，还有人认为催化剂表面上的原子态吸附氧可快速结合成分子态氧，再与乙烯反应生成环氧乙烷。

另一种机理认为，原子态吸附氧是乙烯银催化氧化的关键氧种，原子态吸附氧与底层氧共同作用生成环氧乙烷或二氧化碳，分子态氧的作用是间接的。乙烯与被吸附的氧原子之间的距离不同，反应生成的产物也不同。当与被吸附的氧原子间距离较远时，为亲电性弱吸附，生成环氧乙烷；距离较近时，为亲核强吸附，生成二氧化碳和水。氧覆盖度高产生弱吸附原子氧，氧覆盖度低产生强吸附原子氧，凡能减弱吸附态原子氧与银表面键能的措施均能提高反应的选择性，根据该理论，选择性不存在上限。近年来的研究表明后一种机理更可能接近实际情况。

3. 乙烯环氧化的工艺条件

(1) 反应温度

乙烯环氧化过程中存在着平行的完全氧化副反应，反应温度是影响选择性的主要因素。反应温度升高，两个反应的速率都加快，但完全氧化反应的速率增加更快。在反应温度为 100℃ 时，反应产物几乎全是环氧乙烷，但反应速率很慢，转化率很低，无工业价值。随着温度升高，转化率增加，选择性下降，在温度超过 300℃ 时，产物几乎全是二氧化碳和水。此外，温度过高还会导致催化剂的使用寿命下降。考虑转化率和选择性之间的关系，以达到环氧乙烷的收率最高，工业上反应温度一般控制在 220℃ ～ 260℃。

(2) 空速

与反应温度相比，空速因素是次要的。空速减小，也会导致转化率提高，选择性下降，但影响不如温度显著。空速大小还影响催化剂的空时收率和单位时间的放热量，应全面考虑。工业上采用的空速与选用的催化剂有关，还与反应器和传热速率有关，一般在 4000 ～ 8000 h^{-1} 左右。催化剂活性高、反应热可及时移出时，可选择高空速，反之选择低空速。

(3) 反应压力

乙烯直接氧化的主副反应都是不可逆的，因此压力对主副反应的平衡和选择性影响不大。但加压可提高乙烯和氧的分压，加快反应速率，提高反应器的生产能力，也有利于回收环氧乙烷，因此工业上大都采用加压氧化法。但压力也不能太高，否则设备耐压要求提高，费用增大，环氧乙烷也会在催化剂表面产生聚合和积炭，影响催化剂寿命。一般工业上采用的压力在 2.0 MPa 左右。

(4) 原料气配比、致稳气及循环比

原料气中乙烯与氧的配比对氧化反应过程的影响是很大的。实际生产中乙烯与氧的配比一定要在爆炸极限以外，同时必须控制乙烯和氧的浓度在合适的范围内，过低，催化剂的生产能力小，过高，反应放出的热量大，易造成反应器的热负荷过大，产生“飞温”。乙烯与空气混合物的爆炸极限为 2.7% ～ 36%(体积分数)，与氧的爆炸极限为 2.7% ～ 80%(体积分数)，生产过程中由于循环气带入二氧化碳等，爆炸极限也有所改变。

为了提高乙烯和氧的浓度，可以采用加入第三种气体的办法来改变乙烯的爆炸极限，这种气体通常称为致稳气，致稳气是惰性的，能减小混合气的爆炸极限，增加体系的安全性能，有效地移出部分反应热，增加体系的稳定性。工业上曾广泛采用的致稳气是氮气，近年来采用甲烷作致稳气。用空气作氧化剂时，空气中的氮充当致稳气，乙烯的浓度为 5% 左右，氧的浓度为 6% 左右；以纯氧作氧化剂时，为使反应缓和进行，需加入致稳气，在用氮作致稳气时，乙烯的浓度可达 15% ～ 20%，氧的浓度为 7% ～ 8%。

循环比是指循环送入主反应器的循环气占主吸收塔顶排出气体总量的比例。在生产操作中，可通过正确掌握循环比来严格控制氧含量。在工艺设计中，循环比直接影响主、副反应器生产负荷的分配。提高循环比，主反应器负荷增加；反之副反应器负荷增加。生产中应根据生产能力、动力消耗及其他工艺指标来确定适宜的循环比，通常采用循环比为 85% ～ 90%。

(5) 原料气的纯度

在乙烯环氧化过程中，由于许多杂质对催化剂性能及反应过程带来不良影响，因此对原料气的纯度要求较高，原料气必须进行精制。原料气中的有害物质及其危害如下。

① 催化剂中毒。如硫化物、砷化物、卤化物等能使催化剂永久中毒，乙炔会使催化剂中毒并能与银反应生成有爆炸危险的乙炔银。

② 反应热效应增大。氢气、乙炔、C_3 以上的烷烃和烯烃都可发生燃烧反应，放出大量的热量，使反应过程难以控制；另外乙炔和高碳烯烃还会加快催化剂表面积炭从而失去活性。

③ 影响爆炸极限。氩气和氢气是空气和氧气中带来的主要杂质，过高会改变混合气的爆炸极限，降低氧的最大允许浓度。

④ 选择性下降。原料气及反应器管道中带入的铁离子会使环氧乙烷重排为乙醛，导致生成二氧化碳和水，使选择性下降。

在工业生产中，对原料乙烯纯度控制指标通常为：乙炔 $< 5\times10^{-6}\,kg/m^3$；C_3 以上烃 $< 1\times10^{-5}\,kg/m^3$；硫化物 $< 1\times10^{-6}\,kg/m^3$；氯化物 $< 1\times10^{-6}\,kg/m^3$；氢气 $< 5\times10^{-6}\,kg/m^3$。

环氧乙烷在水吸收塔中要被充分吸收，否则由循环气带回反应器，对环氧化有抑制作用，使转化率明显下降。二氧化碳对环氧化反应也有抑制作用，但适宜的含量会提高反应的选择性，提高氧的爆炸极限浓度，循环气中二氧化碳允许含量 $< 9\%$。

(6) 乙烯转化率

用纯氧作氧化剂时，乙烯的单程转化率一般控制在 12% ～ 15%，选择性可达 83% ～ 84%；用空气作氧化剂时，乙烯的单程转化率一般控制在 30% ～ 35%，选择性达 70% 左右。为了提高乙烯的利用率，工业上采用循环流程，即将环氧乙烷分离后未反应的乙烯再送回反应器。

4. 乙烯氧气氧化法生产环氧乙烷的工艺流程

乙烯氧气氧化法生产环氧乙烷的工艺流程包括反应部分和环氧乙烷回收精制两部分。如图7-17所示。

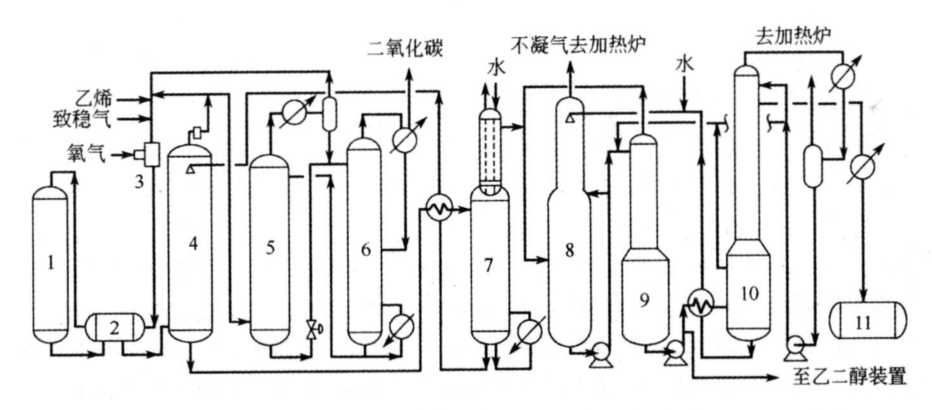

1— 环氧乙烷反应器；2— 热交换器；3— 气体混合器；4— 环氧乙烷吸收塔；5—CO_2 吸收装置；6—CO_2 解吸塔；7— 解吸塔；8— 再吸收塔；9— 脱气塔；10— 精馏塔；11— 储槽

图7-17　氧气法生产环氧乙烷工艺流程示意

(1) 氧化反应部分

新鲜原料乙烯和含抑制剂的致稳气在循环压缩机的出口与循环气混合，然后经混合器 3 与氧气混合。工业上采用多孔喷射器高速喷射氧气，以使气体迅速均匀混合，并防止乙烯循环气返回含氧气体的配管中。反应工序需安装自动分析监测系统、氧气自动切断系统和安全报警装置。混合后的气体通过热交换器 2 与反应生成气换热后，进入反应器 1。

反应器流出的气体经换热器 2 冷却后进入吸收塔 4，环氧乙烷可以与水以任意比互溶，采用水作吸收剂，可将环氧乙烷安全吸收。从环氧乙烷吸收塔排出的气体中含有未转化的烯、氧、二氧化碳和惰性气体，应循环使用。为了维持循环气中CO_2的含量不过高，其中90%左右的气体作循环气，剩余10%送往CO_2吸收装置5，用热碳酸钾溶液吸收CO_2，生成$KHCO_3$溶液，该溶液送至CO_2解吸塔6，经加热减压解吸CO_2，再生后的碳酸钾溶液循环使用。自二氧化碳吸收塔排出的气体经冷却分离出夹带的液体后，返回至循环气系统。

(2) 环氧乙烷回收精制部分

回收和精制部分包括将环氧乙烷自水溶液中解吸出来和将解吸得到的粗环氧乙烷进一步精制两步。自环氧乙烷吸收塔塔底排出的环氧乙烷吸收液，含少量甲醛、乙醛等副产物和二氧化碳，需进一步精制。

从吸收塔塔底排出的环氧乙烷吸收液经热交换、减压闪蒸后进入解吸塔7顶部，在此环氧乙烷和其他气体组分被解吸。被解吸出来的气体经过塔顶冷凝器，大部分水和重组分被冷凝，解吸出来的环氧乙烷进入再吸收塔8用水吸收，塔底可得含量为10%的环氧乙烷水溶液，塔顶排放解吸的二氧化碳和其他不凝性气体，送至蒸汽加热炉作燃料。所得的环氧乙烷水溶液经脱气塔9脱除二氧化碳后，一部分可直接送往乙二醇装置，另一部分进入精馏塔10，脱除甲醛、乙醛等杂质，制得高纯度环氧乙烷(可达到99.99%)，塔顶蒸出的甲醛(含环氧乙烷)和塔下部采出的含乙醛的环氧乙烷，均返回脱气塔9。在环氧乙烷回收和精制过程中，解吸塔和精馏塔塔釜排出的水，经热交换后，作环氧乙烷吸收塔的吸收剂，闭路循环使用，以减少污水量。

5. 主要设备——环氧乙烷反应器

由于银催化剂易结块，磨损严重，难以使用流化床反应器，工业上都采用列管式固定床反应器。列管式反应器类似于列管式换热器，外壳是钢板焊接的筒体，考虑到受热膨胀，常设有膨胀圈。反应器上、下有椭圆形或锥形封头，封头用不锈钢衬里。反应管按正三角形排列，管数需视生产能力而定，可自数百根至万根以上。催化剂均匀分装在反应管内，管间走载热体。为了减少管中催化剂层的径向温差，一般采用小管径，常用的为φ25～30mm的无缝钢管，但采用小管径，管子数目要相应增多，使反应器造价昂贵。近年来倾向于采用较大管径(φ38～42 mm)，同时相应增加管的长度，以增大气体流速，强化传热效率。但反应管子长度增加，气体通过催化床层的阻力增大，动力消耗增加，为了降低床层阻力，常采用球形催化剂。反应温度是借插在反应管中的热电偶来测量。为了能测到不同截面和高度的温度，需选择不同位置的管子根数，将热电偶插在不同高度。反应器的上下部都设置有分布板，使气流分布均匀。

载热体在管间流动或汽化以移走反应热。对于这类强放热反应，合理地选择载热体和载热体的温度控制是保持氧化反应能稳定进行的关键。载热体的温度与反应温度的温差宜小，但又必须移走反应过程释放的大量热量，这就要求有大的传热面积和大的传热系数。反应温度不同，所用载热体也不同，一般反应温度在240℃以下，宜采用加压热水作载热体。反应温度在250℃～300℃，可采用挥发性低的矿物油或联苯－联苯醚混合物等有机载热体。

图7-18(a)为加压热水作载热体的反应装置。以加压热水作载热体，主要借水的汽化移走反应热，传热效率高，有利于催化床层温度控制，提高反应的选择性，加压热水的进出口温差一般只有2℃左右，利用其反应热直接产生高压(或中压)水蒸气。但反应器的外壳要承受较高的压力，故设备投资费用较大。在反应器出口端，如果催化剂粉末随气流带出，会促进生成的环氧乙烷进一步深度氧化和异构化为乙醛，这样既增加了环氧乙烷的分离提纯难度，又降低了环氧乙烷的选择性，而且反应放出的热量会使出口气体温度迅速升高，带来安全上的问题，这就是所谓的"尾

烧”现象。目前工业上采用加冷却器或改进反应器上下封头的办法来加以解决。图 7-18(a) 是经过改进后的乙烯氧化制环氧乙烷反应器的结构示意。该反应器的上下封头的内腔都呈喇叭状，这一结构可以减少进入反应器的含氧混合气在进口处的返混而造成乙烯的燃烧，并使气体分布更均匀。同时也可使反应后的物料迅速离开高温区，以避免反应物料离开催化床层后，发生“尾烧”。

图 7-18(b) 是有机载热体带走反应热的反应装置，反应器外设置载热体冷却器，利用载热体移出的反应热副产中压蒸汽。

由于氧化反应具有爆炸危险性，在设计反应器时，必须考虑防爆装置。

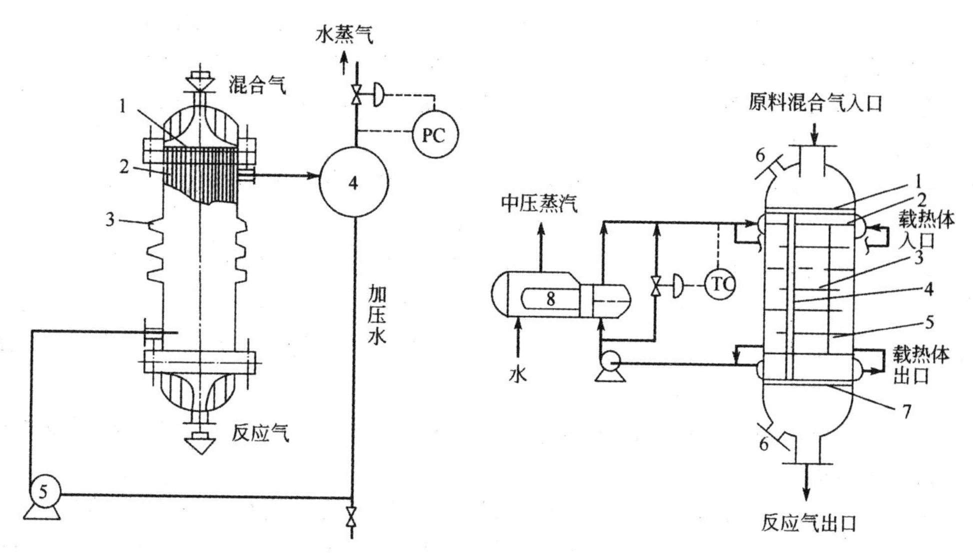

1— 列管上花板；2—反应列管；3— 膨胀圈；4— 气水分离器；5—加压热水泵

(a) 以加压热水作载热体的反应装置示意

1— 列管上花板；2,3— 折流板；4—反应列管；5— 折流板固定棒；6—入孔；7— 列管下花板；8 —载热体冷却器

(b) 以矿物油或联苯-联苯醚为载热体的反应装置示意

图 7-18　以热载体的反应装置示意

6. 环氧乙烷生产工艺技术的新进展

近年来，环氧乙烷生产工艺有了新进展。在氧 — 烃混合方面，日本触媒化学公司将含氧气体在吸收塔气液接触的塔盘上与生成气接触混合，吸收环氧乙烷后，混合气再经净化并补充乙烯，作反应原料。由于塔盘上有大量水存在，因此该方法安全可靠，同时可省去混合器。

含氯抑制剂的添加，在乙烯直接氧化生产环氧乙烷的工艺中，主反应的选择性稳定在 80% 以上，为了提高生成环氧乙烷选择性的一个重要方法是抑制副反应的发生，在反应气中加入极微量的二氯乙烷，可有效地抑制副反应的发生。含氯抑制剂除了二氯乙烷外，还有其他含氯化合物。

在乙烯回收技术方面，传统的乙烯回收技术有深冷分离法、双金属盐络合吸收法、溶剂抽提法、膨胀机法、吸附法等。这些技术气液操作(吸附法除外)，存在设备腐蚀、溶剂回收、来料预处理、投资大等问题，采用吸附分离法的改进方法 —— 变压吸附法回收环氧乙烷生产工业排放气中的乙烯具有工艺过程简单、装置规模小、投资少、能耗低、无腐蚀、易自动化等优点。

采用变压吸附法回收环氧乙烷生产工业排放气中的乙烯，技术的关键是研制优良性能的吸附剂，有关吸附剂的研究已有较多成果，吸附剂的制备方法是将铜离子或银离子负载在高比表面积的载体上，可制得负载型吸附剂，制备吸附剂可用的载体有分子筛、离子交换树脂和氧化铝等。

7.3.2 丙烯腈的生产

丙烯腈在常温下为无色透明的液体，具有特殊刺激性气味，沸点为77.3℃，其蒸气与空气混合易发生爆炸，爆炸范围为3.05%～17.5%(体积分数)。

丙烯腈分子的结构式为$CH_2=CH-C\equiv N$。由于分子中具有碳碳双键和氰基两种不饱和键，性质活泼，易发生加成、水解、聚合和醇解等反应。所以能制取不少重要的化工产品，如涂料、黏合剂、抗水剂等，更是三大合成材料的基本有机原料。用丙烯腈可生产聚丙烯腈纤维(腈纶)。用丙烯腈与丁二烯共聚可产生丁腈橡胶，是飞机油箱衬里和一些耐油性能要求较高的橡胶。用丙烯腈与丁二烯、苯乙烯共聚生产的丙烯腈－丁二烯－苯乙烯塑料(简称ABS塑料)，硬度、韧性、耐腐蚀性都很优良。丙烯腈与苯乙烯共聚生产的AS塑料耐油、耐热、耐冲击性能良好，它和ABS塑料常用于汽车和电器材料上。丙烯腈的主要用途可用图7-19表示。

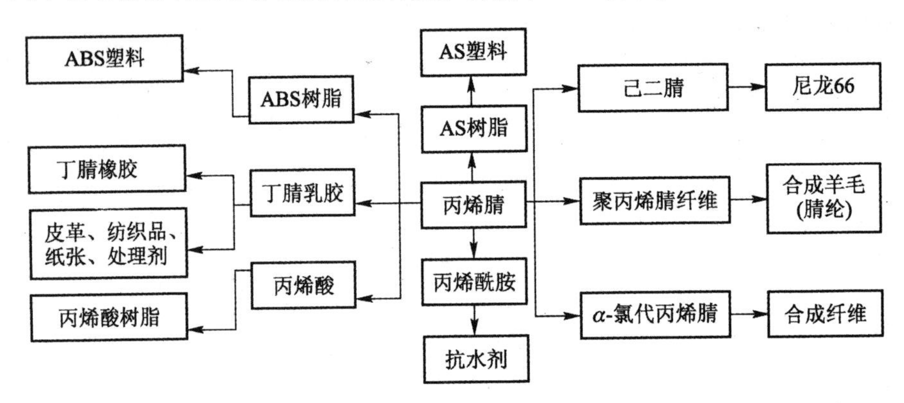

图7-19 丙烯腈的主要用途

1. 丙烯腈的生产方法和反应原理

自1894年丙烯腈在实验室问世以来，科研人员相继开发了环氧乙烷法、乙醛法、乙炔法、丙烯氨氧化法及目前正在开发的丙烷氨氧化法等方法。

(1) 环氧乙烷法

第二次世界大战期间，为了制造耐油性的丁腈橡胶，满足军用的需要，1940年首先建立了以环氧乙烷与氢氰酸合成丙烯腈的工业生产装置，其反应为

$$\underset{\diagdown O \diagup}{CH_2-CH_2} + HCN \xrightarrow[50\sim60℃]{Na_2CO_3} HO-CH_2-CH_2-CN \tag{7-52}$$

$$\underset{OH\quad\ \ CN}{CH_2-CH_2} \xrightarrow[200\sim220℃]{MgCO_3} CH_2=CH-CN+H_2O \tag{7-53}$$

这个生产方法所得丙烯腈纯度较高，但原料昂贵、来源不易、操作繁杂，后来逐渐被淘汰。

(2) 乙醛法

$$CH_3CHO+HCN \xrightarrow[10\sim20℃]{NaOH} CH_3-\underset{CN}{\overset{H}{C}}-OH \tag{7-54}$$

$$CH_3-\underset{CN}{\overset{H}{\overset{|}{\underset{|}{C}}}}-OH \xrightarrow[600\sim700℃]{H_3PO_4} CH_2=CH-CN+H_2O \tag{7-55}$$

(3) 乙炔法

1952 年以后，世界各国相继采用乙炔法生产丙烯腈。乙炔法是在氯化亚铜－氯化铵盐酸溶液中，氢氰酸与乙炔加成得丙烯腈。

$$HC \equiv CH + HCN \xrightarrow[Cu_2Cl_2-NH_4Cl-HCl]{80\sim90°C} CH_2=CH-CN \tag{7-56}$$

(4) 丙烯氨氧化法

20 世纪 60 年代以前采用的主要方法为环氧乙烷法、乙醛法、乙炔法。这几种方法均需要用剧毒的氢氰酸作原料，由于成本高、毒性大，限制了丙烯腈生产的发展。1959 年，出现了丙烯氨氧化法生产丙烯腈，该法原料便宜易得，对丙烯纯度要求不高，工艺流程简单，投资少，产品质量高。因此自实现工业化以后，迅速推动了丙烯腈生产的发展，成为 20 世纪 60 年代以来，生产丙烯腈的主要方法，丙烯、氨和氧在一定条件下除生成丙烯腈主反应外，还有副反应 。

主反应：

$$2CH_3-CH=CH_2+2NH_3+3O_2 \rightleftharpoons 2CH_2=CH-CN+6H_2O \tag{7-57}$$

副反应：

$$CH_3-CH=CH_2+3NH_3+3O_2 \rightleftharpoons 3HCN+6H_2O \tag{7-58}$$

生成氢氰酸的量约占丙烯腈质量的 1/6。

$$2CH_3-CH=CH_2+3NH_3+3O_2 \rightleftharpoons 3CH_3CN+6H_2O \tag{7-59}$$

生成乙腈的量约占丙烯腈质量的 1/7。

$$CH_3-CH=CH_2+O_2 \rightleftharpoons CH_2=CH-CHO+H_2O \tag{7-60}$$

生成丙烯醛的量约占丙烯腈质量的 1/100。

$$2CH_3-CH=CH_2+9O_2 \rightleftharpoons 6CO_2+6H_2O \tag{7-61}$$

生成二氧化碳的量约占丙烯腈质量的一半，它是产量最大的副产物。该反应是一个放热量较大的副反应，转化成二氧化碳的反应热要比转化成丙烯腈的反应热大三倍多，因此应特别注意反应器的温度控制。另外还生成乙醛、丙酮、丙烯酸、丙腈等副产物，因生成量较少，可忽略不计。

为了提高主产物收率，尽量减少副产物的生成量，必须采用催化剂。从 20 世纪 70 年代末期主要采用含铜、铋、铁等元素的 C—49 型催化剂。我国也先后研制了丙烯氨氧化的 M—82、M—86 催化剂，主要技术指标已达到或超过国外同类产品的水平。

2. 丙烯氨氧化法的工艺条件

(1) 原料的纯度

从裂解气催化裂化分离得到的丙烯中，可能含 C_2、C_4 烃类和硫化物。必须除去 C_4 烃类和硫化物。氨气和空气也必须经除尘、酸－碱洗涤后使用。

(2) 原料的配比

1) 丙烯与氨的配比

从反应原理看，丙烯既可氨氧化生成丙烯腈，也可氧化生成丙烯醛。丙烯与氨的配比与两产物的生成量有密切的关系，图 7-20 表示丙烯和氨的配比对产物的影响。

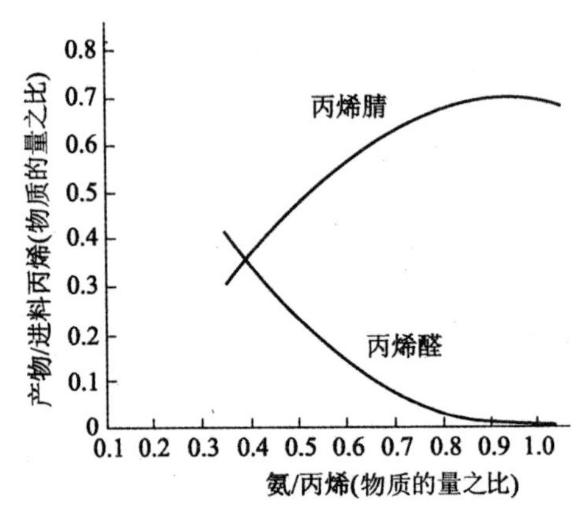

图 7-20　丙烯和氨的配比对产物的影响

从图 7-20 中可以看出，氨用量越大，则生成丙烯腈所占比例越大，根据反应方程式，氨与丙烯的物质的量之比应为 1∶1。若小于此值，则副产物丙烯醛生成量大。丙烯醛易聚合堵塞管道，并影响产品的质量。从图 7-20 中还可以看出，氨与丙烯比增加，对反应的有利程度并不明显，反而增加氨消耗量，且加重酸洗时氨中和塔的负担。因此，实际的比值应稍大于理论值，即丙烯∶氨 = 1∶(1.1 ～ 1.15)(物质的量之比)。

2) 丙烯与空气的配比

丙烯氨氧化是以空气为氧化剂，空气的用量大小直接影响到氧化结果。考虑到副反应要消耗一些氧，又为了保证催化剂活性组分处于氧化态，反应尾气中必须有剩余氧存在(一般控制在 0.1% ～ 0.5 %) 因此丙烯与空气的配比应大于理论值(丙烯∶空气 = 1∶7.3)。目前工业上采用丙烯与氧的物质的量比为:丙烯∶空气 = 1∶(9.5 ～ 14.6)(物质的量之比)。

3) 丙烯与水蒸气的配比

从丙烯氨氧化反应方程式来看，并不需要水蒸气，生产中加入水蒸气的原因是：

① 水蒸气有助于反应物从催化剂表面解吸出来，从而避免产物丙烯腈的深度氧化；

② 水蒸气的存在可稀释反应物的浓度，使反应趋于平缓，并对安全防爆有利；

③ 水蒸气热容大，可带走大量的反应热，便于反应器的温度控制；

④ 水蒸气存在可清除催化剂表面的积炭。

另一方面，水蒸气的加入，势必降低设备的生产能力，增加动力消耗。当催化剂活性较高时，也可不加水蒸气。因此，发展的趋势是改进催化剂的性能，以便少加或不加水蒸气。

从目前工业生产情况来看，当丙烯∶水蒸气 = 1∶3(物质的量之比) 时，综合效果较好。

(3) 反应温度

反应温度不仅对反应速率有影响，对反应转化率、选择性和丙烯腈的收率也有明显的影响。在温度低于 350℃ 时，氨氧化反应几乎不发生，随着温度的升高，丙烯转化率提高，图 7-21 给出了丙烯在 P-Mo-Bi-O/SiO_2 系催化剂上氨氧化的反应温度对主副反应产物收率的影响情况。从图 11-8 中可以看出，随着温度的升高，丙烯腈的收率逐渐增加，当温度为 460℃ 时，丙烯腈的收率达到最大值。

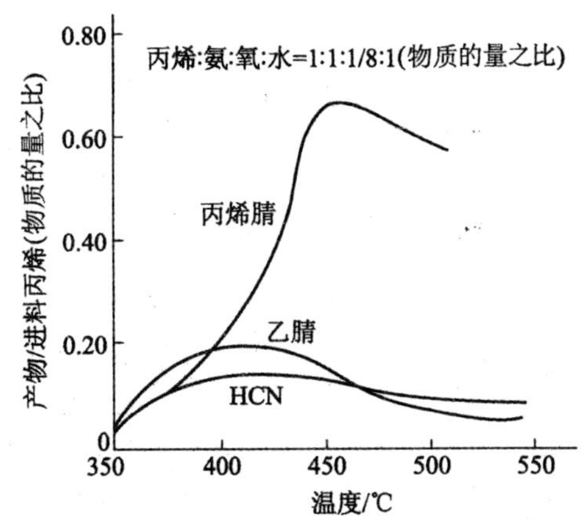

图 7-21　反应温度对主副反应产物收率的影响

（4）接触时间

由于丙烯氨氧化过程的主要副反应是平行副反应，丙烯腈的收率随接触时间的增加而增加，故允许控制足够的接触时间，以获得较高的丙烯腈收率，一般为 5 ～ 10s。表 7-6 是接触时间对反应产物收率的影响。

表 7-6　接触时间对反应产物收率的影响

接触时间 /s	丙烯转化率 /%	催化剂选择性 /%	单程收率 /%				
			丙烯腈	氢氰酸	乙腈	丙烯醛	二氧化碳
2.4	76.7	71.9	55.1	5.25	5.00	0.61	9.99
3.5	83.8	73.5	61.6	2.02	3.88	0.83	13.3
4.4	87.8	71.9	62.1	5.19	5.56	0.93	12.6
5.1	89.8	71.9	64.5	6.00	4.38	0.69	14.6
5.5	90.9	72.7	66.1	6.19	4.23	0.87	13.7

注：表中数据实验条件为反应温度 743K，空塔气速 0.8 m/s，进料配比丙烯：氨：氧：水(g) = 1：1：(2 ～ 2.2)：3(物质的量之比)。

3. 丙烯氨氧化法的工艺流程

丙烯腈生产流程主要有三部分，即丙烯腈合成部分、产品及副产物回收部分和分离精制部分。由于采用不同的技术，各国采用的流程有较大的差异，现介绍工业上常用的几种流程，如图 7-22 所示。

（1）丙烯腈的合成部分

丙烯氨氧化是强放热反应，反应温度较高，催化剂的适宜活性温度范围又比较狭窄，工业上大部分采用流化床反应器，以便及时排出反应热。纯度为 97% ～ 99% 的液态丙烯和 99.5% ～ 99.9% 的液态氨，在蒸发器 2 和 3 中蒸发，从丙烯－氨混合气体分配管进入流化床反应器 4。原料空气经过滤除去灰尘和杂质后，用空气压缩机 1 加压至 250 kPa 左右，在热交换器 5 中与反应器出口物料进行热交换，预热至 300℃ 左右，与一定量的水蒸气混合后，从流化床底部经空气分布板进入反应器 4。控制空气、丙烯和氨的流量以保持一定的配比。各原料气管路中均装有止逆阀，防止催化剂和气体倒流。

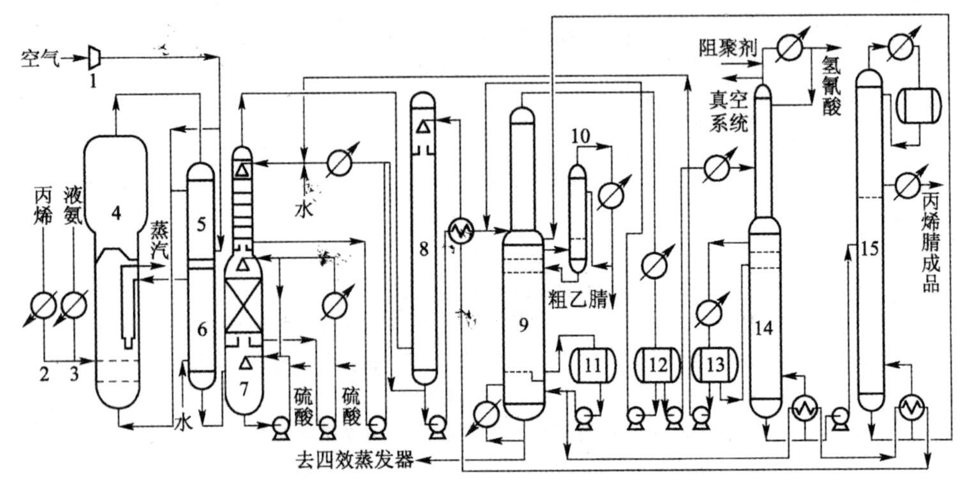

1—空气压缩机；2—丙烯蒸发器；3—氨蒸发器；4—反应器；5—热交换器；6—冷却管补给水加热器；7—氨中和塔；8—水吸收塔；9—萃取精馏塔；10—乙腈塔；11—贮罐；12、13—分层器；14—脱氢氰酸塔；15—丙烯腈精制塔

图 7-22 丙烯氨氧化生产丙烯腈工艺流程示意图

在流化床内设置一定数量的 U 形冷却管，通入高压热水，借水的汽化移走反应热，从而控制反应温度。反应放出的热量，一小部分由反应物带出，经过与原料空气换热和与冷却管补给水换热以回收其热量；大部分反应热由 U 形管冷却系统移出，产生高压过热水蒸气(4.0MPa)，作为空气压缩机的动力。高压过热水蒸气经透平压缩机利用其能量后，变为低压水蒸气(350kPa 左右)，可作为回收部分和分离精制部分的热源。

(2) 回收部分

从反应器流出的物料中，含有少量的氨及一些副产物，有氨存在使系统处于碱性，会发生一系列副反应，因此这些氨必须及时除去。反应后的气体从反应器顶部出来，经热交换器 5 冷却到 200℃ 左右，送入氨中和塔 7。工业上采用硫酸中和法除去氨，硫酸含量(质量分数) 为 1.5% 左右，pH 控制在 5.5 ～ 6.0。

由氨中和塔出来的反应物料进入水吸收塔 8，用温度为 5℃ ～ 10℃ 的冷水进行吸收分离。丙烯腈、乙腈、氢氰酸、丙烯醛、丙酮等溶于水，被水吸收；不溶于水或溶解度很小的气体，如惰性气体、丙烯、氧以及 CO_2、CO 和微量未被吸收的丙烯腈、氢氰酸、乙腈等从塔顶排出，经焚烧后排入大气。从吸收塔塔底排出的吸收液中丙烯腈的含量只有 4% ～ 5%，其他有机副产物含量约 1%，需将其回收。

(3) 分离精制部分

回收部分得到的粗丙烯腈含有氢氰酸及水等杂质，需进一步精制除去杂质以满足工业需要。精制的目的是把丙烯腈与副产物的水溶液进一步分离精制，以便获得聚合级丙烯腈和较高纯度的氢氰酸。

从吸收塔塔底部排出的吸收液加热后进入萃取精馏塔 9，在此塔中将丙烯腈与氢氰酸、乙腈分离。由于丙烯腈和乙腈的相对挥发度很接近，用一般的精馏方法难以分离，工业上一般采用萃取精馏使它们分离开来。利用水作为萃取剂，因为乙腈的极性比丙烯腈强，加入水可使丙烯腈对乙腈的相对挥发度大大提高。塔顶馏出的是氢氰酸、丙烯腈和水的共沸物，乙腈残留在塔釜。其他低沸物如丙烯醛、丙酮等，虽沸点较低，但由于能与氢氰酸发生加成反应，生成沸点较高的氰醇，故丙烯醛等主要不得以氰醇的形式残留在塔釜。由于丙烯腈与水部分互溶，蒸出的共沸物经冷却冷凝后，分为水相和油相，水相回至萃取精馏塔进料，油相即为粗丙烯腈，采出后首先在脱氢氰酸塔14中脱除氢氰酸，脱氢氰酸塔塔顶馏出液进入氢氰酸精馏塔可制得99.5％的氢氰酸，塔釜液进入丙烯腈精制塔15除去水和高沸点杂质。萃取精馏塔下侧线采出的一部分水，经热交换后送往水吸收塔8作吸收用水。

塔釜出水送往四效蒸发器，蒸发冷凝液体氨中和塔中性洗涤用水，浓缩液少量焚烧，大部分送往氨中和塔中部循环使用，以提高主、副产物的收率，减少含氰废水处理量。

由于所处理的物料容易自聚，聚合物会堵塞塔盘、填料和管路，需采取一定措施加以防止。一是丙烯腈精馏采用减压操作，二是加入一定量的阻聚剂。

4. 丙烯腈生产过程中的废物处理

在丙烯腈生产过程中，产生大量的含氰废水和废气，氰化物有剧毒，必须经过处理才能排放，以防污染环境。

(1) 废气处理

废气中含有低浓度有毒有机物，可采用在低温下与空气混合通过金属催化剂，燃烧后转化为CO_2、H_2O和N_2等无毒物质。

(2) 含氰废水处理

对于量少而含HCN和有机腈浓度大的废水，一般是滤去固体杂质后，添加辅助燃料直接下来燃烧，对于量大而氰化物含量较低的废水，可采用生化法处理。最常用的方法是曝气池活性污泥法，这种方法在曝气过程中易挥发的氰化物随空气逸出，造成二次污染。近年来广泛采用不会造成二次污染的生物转盘法。此外，还可以采用加压水解法、湿式氧化法和活性炭吸附法等辅助措施，处理丙烯腈生产过程中的废水。

5. 丙烯氨氧化合成反应器

丙烯氨氧化生产丙烯腈为气固相反应，且属强放热反应，所以对反应器有两个最基本的要求：一是必须保证气态原料和固体催化剂之间有良好的接触；二是能及时移走反应热以控制适宜的反应温度。工业上常用的反应器有两种型式：列管式固定床反应器和流化床反应器。由于固定床反应器设备结构复杂，更换催化剂麻烦，需要大量载热体，目前工业上大多采用流化床反应器。丙烯氨氧化是采用具有导向挡板的反应器，结构如图7-23所示。导向挡板可强化反应器的生产能力，使反应器具有较好的操作弹性。另外，还具有破碎气泡的作用，有利于传质的进行。

流化床反应器从其本身结构来看，可分成三部分：锥形体部分、反应段部分和扩大段部分。原料气在锥形体部分进入反应器，经分布板进入反应段。反应段装填催化剂，并装有导向挡板和具有一定面积的U形或直形冷却管，在管内通热水，通过高压热水的汽化带走反应热，从而控制反应温度。原料气在此和催化剂流化床层接触，进行反应。反应器上部为扩大段，在此段由于床径扩大，气体流速减慢，有利于气体所夹带的催化剂的沉降，为了进一步回收催化剂，在此段设有旋风分离器，由旋风分离器回收的催化剂通过下降管回至反应器。采用流化床的优点是：气、固两相接触面大，床层温度分布较均匀，易控制温度，操作稳定性好，生产能力大，操作安全，设备制造简单，催化剂装卸方便。缺点是催化剂磨损较多，气体返混严重，影响转化率和选择性。

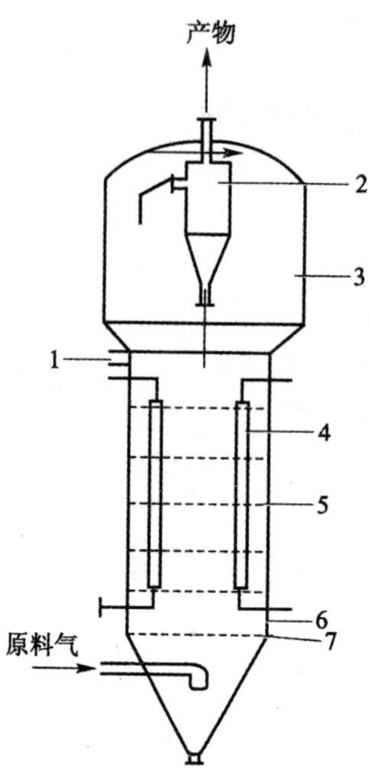

1— 加料口；2— 旋风分离器；3— 壳体；4— 换热器；
5— 内部构件；6— 卸料口；7— 气体分布板

图 7-23　圆筒形流化床反应器

第 8 章　高聚物合成

8.1　概述

材料是人类社会一切活动的基础，它与能源、信息并列为现代科学技术的三大支柱。高分子合成材料是以高分子化合物为主要成分的新型材料。由于它原料丰富，制造方便，加工成型简单，性能变化万千，所以它在工业、农业、国防、尖端科学技术、日常生活上都是不可缺少的材料。

8.1.1　高聚物及相关概念

高聚物又称高分子化合物，是由几百到几千个原子彼此以共价键连接起来的大分子化合物，具有较大的分子量。此类化合物虽然分子量很大，但其化学组成、结构一般比较简单（蛋白质例外），通常是以简单的结构单元为链节，通过共价键重复结合而成高聚物。

用于合成高聚物的低分子原料统称为单体。由一种单体形成的高聚物称为均聚物。例如聚氯乙烯是由氯乙烯单体形成的均聚物：

$$nCH_2{=\!=}CHCl \longrightarrow \cdots\ CH_2{-}\underset{\displaystyle Cl}{\underset{|}{CH}}{-}CH_2{-}\underset{\displaystyle Cl}{\underset{|}{CH}}{-}CH_2{-}\underset{\displaystyle Cl}{\underset{|}{CH}}\ \cdots$$

其中 $-CH_2-\underset{\displaystyle Cl}{\underset{|}{CH}}-$ 是氯乙烯单体进入高分子链后的基本结构，简称结构单元。高分子结构单元的数目称为聚合度，以 DP 表示。$\text{+}CH_2-CH_2\text{+}_n$又是聚氯乙烯高分子链中重复出现的结构，所以又称重复单元或链节。重复单元或链节的数目通常用行表示。对于均聚物，其结构单元和重复单元或链节都是相同的，即 $DP = n$。

由均聚物的结构式可知，均聚物的分子量 M_n 等于聚合度 DP（或重复单元数 n）与结构单元分子量 M_0 的乘积：

$$M_n = DP \times M_0 = nM_0$$

由两种或多种单体共同形成的高聚物称为共聚物。例如由氯乙烯单体和乙酸乙烯酯单体共同形成的氯乙烯 — 乙酸乙烯酯共聚物，其结构单元往往是无规则排布的，所以很难确定其重复单元。而聚酰胺一类的共聚物则属于另一类情况，两种结构单元在形成高聚物反应时失去了水分子，所以这类高聚物的每个重复单元均含有两个结构单元。

8.1.2　高聚物的基本特性

1. 高聚物分子量具有多分散性

低分子化合物一般有确定的分子量，例如水的分子量为 18，而高聚物却是分子量不等的同系物的混合物。这种高聚物分子量大小不均一的特性称为高聚物分子量的多分散性。高聚物分子量的多分散程度，通常用分子量分布表示。高聚物分子量分布范围宽时，称多分散性大；高聚物分子量分布范围窄时，称多分散性小。分子量分布也是影响高聚物性能、加工和应用的重要因素之一。分子量低的部分将使高聚物强度降低，分子量过高的部分又使成型加工时塑化困难。不同的高分子材料应有其合适的分子量分布，合成橡胶的分子量分布宜宽则弹性好，合成纤维的分子量分布宜窄则抗张强度大。

2. 高聚物分子的空间结构排列复杂

根据高聚物分子中基本结构单元连接方式不同，高聚物单个高分子链的几何形状可以分为线型、支链型和交联型三种。

线型高分子为线状长链高分子，例如聚苯乙烯、涤纶、未经硫化的天然橡胶等。

支链型高分子为主链上带有支链的高分子，例如高压聚乙烯和ABS树脂等。

交联型高分子是线型或支链型高分子以化学键交联形成的网状或体型结构的高分子，例如硫化后的天然橡胶、酚醛树脂及离子交换树脂等。

不同形状的高分子所组成的高聚物，其物理性能也存在差异。线型高聚物易溶解、熔融，具有可塑性；支链型高聚物的溶解能力较线型高聚物大，而密度、熔点和机械强度较低；交联型高聚物则难以溶解和熔融。

3. 高聚物的命名和分类

(1) 高聚物的命名。高聚物的命名法主要有通俗命名法和系统命名法。现将常用的通俗命名法简介如下。

1) 将单体名称前加以“聚”字命名高聚物。例如由单体氯乙烯聚合而成的高聚物叫作聚氯乙烯；由单体乙烯聚合而成的高聚物叫作聚乙烯。

2) 在单体名称后缀“树脂”二字命名高聚物。例如由单体苯酚与甲醛形成的高聚物叫作苯酚甲醛树脂(简称酚醛树脂)；由尿素与甲醛形成的高聚物叫作脲醛树脂。

3) 在单体名称后缀“橡胶”二字命名高聚物。例如由单体丁二烯与苯乙烯形成的共聚物简称丁苯橡胶；丁二烯与丙烯腈形成的共聚物简称丁腈橡胶。

(2) 高聚物的分类。高聚物的种类众多，可以从不同的角度对高聚物进行分类。常见的分类方法有以下两种。

1) 按高聚物的用途分类。根据用途可以将高聚物分为塑料、橡胶、纤维、涂料、胶黏剂等，其中塑料、橡胶、纤维用途广泛，用量较大，常称为三大合成材料。

2) 按高分子链结构分类。根据高分子主链化学结构，将高聚物分为碳链、杂链和元素有机高聚物。

① 碳链高聚物。指高分子主链完全由碳原子组成的高聚物，例如聚乙烯$\left[CH_2—O \right]_n$。

② 杂链高聚物。指高分子主链除含碳原子外，还含有氧、氮、硫等杂原子的高聚物，例如聚甲醛。

③ 元素有机高聚物。指高分子主链没有碳原子，由硅、硼、铝与氧、氮、硫等原子组成主链，而侧基却由有机基团组成的高聚物，例如聚硅氧烷$\left[\overset{R}{\underset{R}{Si}}—O \right]_n$。

4. 聚合反应概况

由低分子单体形成高聚物的化学反应称为聚合反应。按聚合反应机理的不同，可以将高聚物的形成反应分为连锁聚合反应和逐步聚合反应两大类。

（1）连锁聚合反应

单体经引发形成活性中心，瞬间即与单体连锁聚合形成高聚物的化学反应称为连锁聚合反应。连锁聚合反应的基本特点是瞬间形成分子量很大的高分子，此后分子量随聚合反应时间变化不大；只有活性中心进攻的单体分子参加聚合反应，单体转化率随聚合反应时间逐渐增加；反应连锁进行，中间产物一般不能单独存在和分离出来；连锁聚合反应是不可逆反应。

根据活性中心的不同，连锁聚合反应还可以进一步分为自由基型聚合反应、离子型聚合反应和配位型聚合反应。

① 自由基型聚合反应。单体经外因作用形成单体自由基活性中心，自由基活性中心再与单体连锁聚合成高聚物的化学反应，称为自由基型聚合反应。它的反应特征是单体一经活化便在瞬间形成大分子，其反应速率极快。延长反应时间只能提高单体的转化率，不能增加高聚物的分子量。

自由基型聚合反应中，高分子的成长过程经历链引发、链增长、链终止3个基元反应。按参加反应的单体种类的不同，自由基型聚合反应可以分为均聚合反应和共聚合反应。由一种单体分子间进行聚合的反应称均聚反应。例如苯乙烯单体间聚合后生成聚苯乙烯。由两种或多种单体共同参加的聚合反应称共聚反应。例如丁二烯和苯乙烯两种单体间聚合后生成丁苯橡胶。

② 离子型聚合反应。离子型聚合反应是合成高聚物的重要方法之一，是单体经阳离子或阴离子引发形成单体阳离子或单体阴离子活性种，再与单体连锁聚合形成高聚物的化学反应。

离子型聚合也是由链引发、链增长、链终止3个基元反应组成的，另外还具有以下特征：其活性中心为离子；链引发反应的活化能低，聚合速度快；链增长反应的活性链端总带有反离子；链终止反应不能发生活性离子链偶合终止；离子型聚合反应对单体有较高的选择性。

③ 配位型聚合反应。配位型聚合反应也是离子型聚合反应的一种类型，它是单体经配位聚合引发剂的作用形成单体阴离子配位活性种，再连锁定向插入单体聚合形成高聚物的化学反应。配位型聚合反应合成的高聚物，其燃点比自由基型和普通离子型聚合反应合成的高聚物要高。

（2）逐步聚合反应

单体之间很快反应形成二聚体、三聚体，再逐步形成高聚物的化学反应称为逐步聚合反应。逐步聚合反应的基本特点是分子量随聚合反应时间逐步增加；反应初期单体转化率大；反应逐步进行，每步反应产物都可以单独存在和分离出来；逐步聚合反应大多是可逆平衡反应。含官能团单体的缩聚反应是最典型的逐步聚合反应。根据单体的不同，逐步聚合反应可以进一步分为缩聚反应、开环逐步聚合反应和逐步加聚反应。

① 缩聚反应。缩聚反应是由含有两个或两个以上官能度的单体分子间逐步缩合聚合形成高聚物，同时析出低分子副产物（如水、醇、氨、卤化氢等）。其突出的特点是在单体形成高聚物的同时有低分子副产物析出，所以缩聚反应产物的化学组成与单体的化学组成不同。

缩聚反应广泛应用于制造塑料、合成橡胶、合成纤维、黏合剂和涂料等。酚醛树脂、脲醛树脂、环氧树脂、涤纶、尼龙等都是由缩聚反应合成的。

② 逐步加聚反应。逐步加聚反应是由单体分子通过氢移位，逐步形成高聚物的化学反应，又称氢移位聚合反应。此反应仅对单体分子中含有活泼原子或原子团的化合物才具有很高的反应速率，并且可以形成高分子量的聚合物。主要产品有聚氨酯、聚脲等。

③ 开环逐步聚合反应。开环逐步聚合反应是由低分子环状化合物通过开环，从而逐步形成高聚物的化学反应。例如 e－己内酰胺开环聚合生成聚己内酰胺。

8.1.3 聚合反应的实施方法

聚合方法的选择对高聚物的合成、研究和工业化生产具有十分重要的意义。同种单体、同类型的聚合反应，若选择不同的实施方法，其工艺过程、操作条件、聚合设备、车间布置、产品成本及所得产品的性能、外观、使用价值等都会出现较大的差异。而不同的实施方法在合成工艺中既有共性，又各有独自的规律性。

聚合反应的实施方法按单体和聚合介质的溶液分散情况可划分为本体聚合、溶液聚合、悬浮聚合和乳液聚合四种。在高聚物生产的发展史上，自由基聚合长期占领先地位，四种聚合方法最早是针对自由基聚合反应而划分的。缩聚与离子型聚合生产也可以参照这四种实施方法分类。

1. 本体聚合

单体本身只加入少量引发剂或直接在热、光、辐射能作用下进行聚合的方法称为本体聚合。本体聚合按单体的聚合相态可分为气相聚合、液相聚合和固相聚合，其中液相本体聚合用途最广。

自由基型聚合、离子型聚合、配位型聚合与缩聚反应都可以选用本体聚合方法。例如丁苯橡胶的合成属于离子型本体聚合，有机玻璃的合成属于自由基型本体聚合。

本体聚合的关键问题是反应热的排除。因反应体系中无散热介质，随反应进行，黏度不断增大，使反应热很难排散，影响机械强度，严重时会引起爆炸。一般采用分段聚合的方法来散热。第一阶段进行预聚，在较低的转化率条件下进行反应，由于体系黏度小，散热较容易。第二阶段在薄型设备中继续聚合，使散热面扩大，并通过控制聚合温度控制反应速率，避免急剧放热。

本体聚合的突出优点是产物纯净，适合生产板材、型材、透明制品，而且聚合和成型同时进行。

2. 溶液聚合

单体溶于适当溶剂中，经引发剂引发的聚合方法称为溶液聚合。按高聚物在溶剂中的溶解情况，能溶于溶剂中的称为均相溶液聚合，所得产物可直接作黏合剂、涂料等，例如丁苯橡胶、聚丁二烯；不溶于溶剂中并且被析出的称为非均相溶液聚合，所得产物需经单体脱除、过滤、洗涤、干燥等才能成为产品，例如结晶聚丙烯、丁基橡胶。

溶液聚合的重要问题是溶剂的选择，溶剂的性质直接影响聚合速率、产品结构和分子量大小等。选择的溶剂应具有无阻聚或缓聚作用，链的转移常数不大等特点。

溶液聚合的优点是体系黏度低，反应热易散失，反应温度容易控制；溶液可以作为分子量调节剂使用；可连续化生产。但是溶液聚合的单体浓度较低，聚合速率慢，转化率不高，生产能力小，溶剂回收费用高。

3. 悬浮聚合

单体在机械搅拌和悬浮剂作用下，以液滴状悬浮于介质（如水）中，经引发剂引发的聚合方法称为悬浮聚合。悬浮聚合的聚合反应在每个小液滴中进行，所以悬浮聚合基本是小单位（液滴）体积内的本体聚合。

悬浮聚合主要用来生产聚氯乙烯、聚苯乙烯等产品。

悬浮聚合的优点是聚合体系黏度低，聚合热易传散；产品分子量稳定，杂质少；后处理简单，生产成本低。缺点是产品中附有少量悬浮剂残留物，影响产品的绝缘性。

悬浮聚合的特殊方式称为反相悬浮聚合，即水溶性单体在不溶解单体的有机溶剂中的悬浮聚合。

4. 乳液聚合

单体在乳化剂作用下，分散在水中成乳状液，经引发剂引发的聚合方法称为乳液聚合。

乳液聚合发生在乳化剂分子形成的胶束内，聚合率较高，产品分子量较大，而且分子量分布较窄。乳液聚合广泛应用于自由基型聚合，例如在合成橡胶的生产中采用乳液聚合的有丁苯橡胶、丁腈橡胶、氯丁橡胶等。

乳液聚合的优点是水作分散介质，容易散热、廉价安全；乳液稳定，聚合速率快，产品分子量高，可低温聚合和连续操作；适用于直接应用乳胶作黏合剂、涂料、处理剂和生产乳液泡沫橡胶的场合。缺点是制备粉状固体时，乳胶后处理过程复杂，成本高，产品中乳化剂等杂质难以除尽，有损电性能。

在实际应用中，同种单体既可以选用不同的方法，也可以根据产品性能要求和经济效果选用几种方法进行工业化生产。

8.2　合成树脂与塑料

合成树脂与塑料严格来说概念是不同的，合成塑料中，未加工成型前的原始高聚物在工程技术上都称为合成树脂。

树脂分为天然树脂和合成树脂两大类。天然树脂是指由植物或动物分泌、提炼出来的天然高聚物，如天然橡胶、虫胶、琥珀等。合成树脂是指由单体合成或将某些天然高聚物如纤维素、蛋白质经化学改性所得到的高聚物的总称。合成树脂是制造塑料、合成纤维、合成橡胶、黏合剂、涂料、离子交换树脂等物质的主要原料。

塑料是以树脂为主要成分，适当加入填料、增塑剂及其他助剂，在一定温度和压力等条件下能成型为各种制品的一种高聚物材料，其弹性模量介于同类树脂制成的纤维与橡胶之间。

8.2.1　塑料的分类与组成

塑料的种类繁多，有不同的分类方法。

(1) 按受热后性能的表现不同分类

① 热塑性塑料。加热时变软以至流动，冷却变硬，这种过程是可塑的，可以反复进行。聚乙烯、聚丙烯、聚氯乙烯、聚苯乙烯、聚甲醛、聚碳酸酯、聚酰胺、丙烯酸类塑料等都是热塑性塑料。热塑性塑料中树脂分子链都是线型或带支链的结构，分子链之间无化学键产生，加热时软化流动，冷却变硬的过程是物理变化。其优点是加工成型简便，具有较好的物理力学性能，缺点是耐热性和强度较差。

② 热固性塑料。在一定温度下受热或其他方法可固化定型成不溶不熔的塑料制品，这种变化是不可逆的。热固性塑料的树脂固化前是线型或带支链的，固化后分子链之间形成化学键，成为三度的网状结构，不仅不能再熔融，在溶剂中也不能溶解。酚醛树脂、脲醛树脂、环氧树脂等都是热固性塑料。其优点是耐热性高，力学性能好。

(2) 按树脂合成时的反应类型分类

按塑料中树脂合成时的反应类型，可将树脂分为聚合型树脂和缩聚型树脂，相应的塑料分别称为聚合型塑料和缩聚型塑料。

① 聚合型塑料。树脂是由聚合反应制得的。这种树脂一般是由含有不饱和键，主要是双键的单体，借双键打开生成的，反应过程中无低分子产物释出。聚烯烃、聚卤代烯烃、聚苯乙烯、聚甲醛、丙烯酸类塑料都属于聚合型塑料。

② 缩聚型塑料。树脂是由缩聚反应制得的。这种树脂一般是由含有某种官能团（一般最少含有两个官能团）的单体，借官能团之间的反应使单体连接起来而形成的，如酚醛树脂、聚酰胺树脂等。

（3）按产物的性能和应用范围分类

① 通用塑料。通用塑料是指产量大、成本低、性能多样化、用途广的一类塑料。通用塑料一般皆具有良好的成型工艺性，可采用多种工艺成型出多种用途制品，如聚乙烯、聚氯乙烯、聚苯乙烯、聚丙烯、酚醛塑料和氨基树脂等，主要供生产日用品和工农业上的一般应用。

② 工程塑料。工程塑料是指适用于工程结构、机器零部件和化工设备，具有一定机械强度、耐化学腐蚀、耐热、耐磨等特性的一类塑料，如聚酰胺、聚碳酸酯、聚苯醚、ABS 树脂等。

③ 特种塑料。特种塑料是指具有某种特殊功能，适用于某种特殊用途的塑料。例如，用于导电、导磁、感光、防辐射、光导纤维、液晶等场合的塑料。这类塑料有聚四氟乙烯、有机硅、环氧树脂、芳香环树脂等。

8.2.2 聚氯乙烯的生产

聚氯乙烯简称 PVC，是由氯乙烯聚合而得的高聚物。其结构式为：$\left[\underset{\underset{O}{\|}}{C}-(CH_2)_5-NH\right]_n$。

它是最早实现工业化的塑料制品之一。以聚氯乙烯树脂为基础的塑料具有良好的绝缘性和耐腐蚀性等特点，可用来制造薄膜、导线和电缆的绝缘层、人造革、软管、化工设备及隔声绝热的泡沫塑料。

1. 聚氯乙烯的性能

聚氯乙烯树脂是无定形结构的白色粉末，是一种线型结构聚合物，也是一种热塑性高聚物，分子量一般在 36000 ～ 93750，相对密度为 1.35 ～ 1.46。聚氯乙烯塑料有较高的机械强度、良好的化学稳定性，常温下可以耐任何浓度的盐酸。聚氯乙烯对光、热的稳定性较差。在不加热稳定剂的情况下，聚氯乙烯 100℃ 时开始分解，130℃ 以上分解更快。阳光中的紫外线和氧会使聚氯乙烯发生光氧化分解，因而使聚氯乙烯的柔性下降，最后发脆。而且聚氯乙烯的抗冲击性能差，耐寒性也不理想。

2. 生产原料

（1）主要原料

氯乙烯（$CH_2=CHCl$），在常温常压下为带有乙醚气味的无色气体，沸点为 －13.8℃，冰点为 －153.6℃，爆炸范围为 4% ～ 22%，聚合热为 96.3kJ/mol（23kcal/mol）。

氯乙烯能溶于脂肪族和芳香族的烃类化合物中，并能溶于醇、醚、酮及其他有机溶剂中，微溶于水。同时，氯乙烯对人体具有麻醉作用，当空气中的浓度超过其允许浓度 $30mg/m^3$ 时，即会引起中毒。

氯乙烯是含有双键的不对称分子，化学性质活泼，易发生加成反应，在光、热或引发剂的作用下能聚合成聚氯乙烯。工业上，氯乙烯通常采用由乙炔与氯化氢合成法，或乙烯通过氧氯化法制得。

(2) 辅助原料

① 引发剂。氯乙烯聚合属于自由基型聚合反应，聚合所采用的引发剂主要有偶氮二异丁腈、偶氮二异庚腈、过氧化碳酸二异丙酯等。

② 分散剂。工业上常用的分散剂有明胶、聚乙烯醇等。

③pH 值调节剂。为了确保介质的 pH 值，常加入起缓冲作用的 pH 值调节剂，以确保氯乙烯的聚合在 7 ～ 8 的偏碱性介质的条件下进行。调节剂有水溶性碳酸盐、磷酸盐、焦磷酸钠等。

(3) 水

水是分散介质，又是热交换介质。对聚合用水应有严格的要求，杂质含量应尽可能降低，最好采用无离子水，特别是对氯根和铁离子应严格控制，否则会阻碍聚合反应。

3. 聚氯乙烯树脂的合成

聚氯乙烯是由氯乙烯单体在过氧化物、偶氮二异丁腈之类引发剂作用下，或在光、热作用下，按自由基型连锁聚合反应的机理聚合而成的均聚物。聚合的方法有悬浮法、乳液法、溶液法和本体法四种，当前多采用悬浮法。

单体氯乙烯可用电石乙炔法、烯炔法、电石乙炔与二氯乙烷联合法及氧氯化法四种方法制取。由于氧氯化法是以石油化工产品为原料，来源丰富，成本低，所以世界上约有 82% 左右的氯乙烯以此法生产。

氧氯化法生产氯乙烯的化学反应可表示如下：

$$2CH_2=CH_2+Cl_2+\frac{1}{2}O_2 \longrightarrow 2CH_2=CHCl+H_2O$$

氧氯化法合成氯乙烯的主要生产过程包括乙烯氯化、二氯乙烷裂解、乙烯氧氯化三个步骤。

(1) 乙烯氯化

乙烯氯化是强放热反应，除了主反应外，当温度较高或氯气过量时容易发生一些副反应。为了防止副反应发生，应使乙烯略过量($C_2H_4:Cl_2=1.1:1$)，并维持反应温度在 35℃ ～ 40℃。反应在常压下进行。反应所需催化剂 $FeCl_3$ 不需要另外加入，可以由反应对塔的腐蚀而自生。

如图 8-1 所示，将去掉 C_3 以上烷、烯、炔的石油裂解气与氯气按比例通人氯化塔中进行反应。反应后的尾气经冷凝分离出二氯乙烷，剩余的气体经碱洗去掉 HCl 等，剩下的主要是氯与甲烷，可送气柜贮存作燃料用。反应生成的二氯乙烷，送至贮槽中，用 5% 的 NaOH 溶液中和掉酸性杂质，再经脱水塔去掉水分，将粗二氯乙烷送至精馏塔精馏，得到高纯度的二氯乙烷再经过脱水，可以得到含水量在 100×10^{-6} 以下的二氯乙烷，可供裂解使用。

(2) 二氯乙烷裂解

二氯乙烷裂解是吸热反应，其反应方程式如下：

$$CH_2Cl-CH_2Cl \longrightarrow CH_2=CHCl+HCl$$

裂解的同时，还可能发生下列副反应：

$$CH_2=CHCl \longrightarrow CH=CH+HCl$$

$$CH_2=CHCl+HCl \longrightarrow CH_3CHCl_2$$

$$CH_2Cl-CH_2Cl \longrightarrow C+H_2+HCl$$

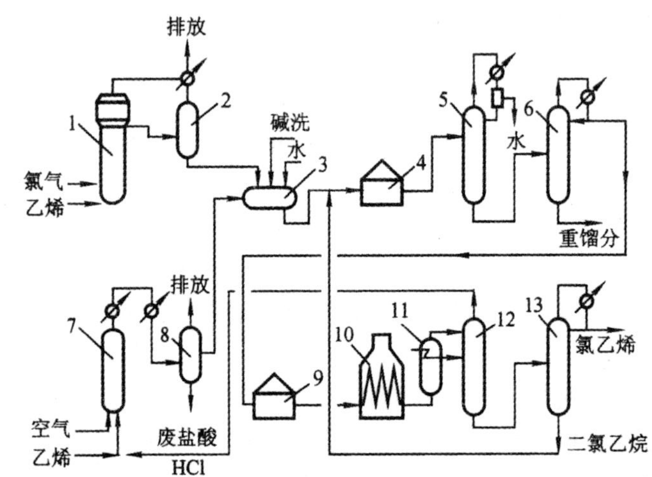

1— 氯化塔；2— 中间槽；3— 中和槽；4— 粗二氯乙烷贮槽；5— 脱水塔；
6— 粗二氯乙烷精馏塔；7— 氧氯化反应器；8— 分离器；9— 精制二氯乙烷贮槽；
10— 裂解炉；11— 急冷器；12— 脱氯化氢塔；13— 氯乙烯精馏塔

图 8-1　由乙烯合成氯乙烯的流程

为了加快裂解反应的速率，应该在高温下进行反应。但是温度过高，二氯乙烷将深度裂解生成焦炭。因此，生产中反应温度常控制在 500℃ ～ 550℃。从二氯乙烷裂解的反应方程式可以看出，该反应是体积增大的反应。因此，加压对反应平衡不利，但是有利于传热、裂解后气体的分离和提高生产能力。所以实际生产中裂解反应是在 0.6 ～ 1.5MPa 的压强下进行的。增加停留时间能提高转化率，但延长时间能增加生炭等副反应，导致氯乙烯产率降低，所以生产上常采用短停留时间(小于 10s)，控制转化率在 50% 左右。

裂解反应多半在管式炉内进行。将精制后的二氯乙烷送人裂解炉，裂解气出炉后在盛有二氯乙烷的鼓泡式急冷器中急冷、除炭，然后进入脱氯化氢塔。分离出的 HCl 浓度为 90%，可作下一步氧氯化反应的原料。从塔底流出的粗氯乙烯进入氯乙烯精馏塔。从塔顶馏出氯乙烯，经碱洗纯度可达 99.9%。塔底为二氢乙烷，精制后，送回裂解炉循环使用。

(3) 乙烯氧氯化

乙烯氧氯化是一个强烈的放热反应。放热量约为 $250kJ \cdot mol^{-1}$。因此反应温度常控制在 190℃ ～ 250℃。反应所需的催化剂是附着在氧化铝或硅藻土微球上的氯化铜，还有助催化剂氯化钾。乙烯、氯化氢与空气这三种原料的配比是：乙烯：氯化氢：空气 ＝ (1.05 ～ 1.1) ∶ 2 ∶ (3.6 ～ 4)。

氧氯化反应多采用流化床反应器。将从二氯乙烷裂解回收的氯化氢加热至 170℃，与氢气反应，去掉其中所含的乙炔(生成乙烯)，然后与预热至 130℃ 的原料乙烯混合进入氧氯化器。空气也从底部进入氧氯化器。它们在催化剂作用下，在 190℃ ～ 250℃ 的反应温度及 250 ～ $300h^{-1}$ 的空速下进行反应，生成二氯乙烷、水和其他少量氯化烃类。把反应生成的热气体，送入分离器。从分离器顶部排出的尾气中含有少量二氯乙烷，可经吸收后放空。从分离器上部出来的粗二氯乙烷送至二氯乙烷的中和槽，与乙烯氯化生成的二氯乙烷合并处理。从分离器底部排出的是废盐酸。

氧氯化法除了在生产氯乙烯时应用外，也可用于由甲烷生产甲烷氯化物，由苯生产氯苯，由丙烯生成二氯丙烷等反应。氧氯化法的最大意义在于综合利用了较难处理的副产物氯化氢，使氯的利用更加合理。

4. 氯乙烯的聚合悬浮

氯乙烯聚合的化学反应式为

$$nCH_2 = CHCl \longrightarrow [CH_2 = CHCl]_n$$

氯乙烯聚合与其他烯烃聚合机理相似，通常采用游离基型反应。用在较低温度下能形成游离基的化合物作为引发剂。应用最多的引发剂是过氧化十二酰、过氧化二碳酸二异丙酯、偶氮二异庚腈等。这些引发剂可以单独使用，也可以并用。

悬浮聚合以无离子水为介质，加 0.05% ～ 0.5%(质量分数) 的悬浮剂。常用的悬浮剂有明胶、聚乙烯醇、醋酸乙烯共聚物、甲基纤维素等。悬浮剂的种类和用量对树脂颗粒的大小、分布、形状和空隙率有很大的影响。这些因素直接影响树脂的密度、吸收增塑剂的性能和加工性能。

聚合时要加入 0.02% ～ 0.3%(质量分数) 的引发剂。为了有效地控制相对分子质量，还加入三氯乙烷作为链转移剂。此外，还要加入少量缓冲剂(如磷酸氢二钠) 和消泡剂等。

氯乙烯悬浮聚合的典型配方见表 8-1。

表 8-1　氯乙烯悬浮聚合的典型配方

成分	无离子水	氯乙烯	悬浮剂	引发剂	缓冲剂	消泡剂
数量	100	50 ～ 70	0.05 ～ 0.5	0.02 ～ 0.3	0 ～ 0.1	0 ～ 0.002

表 8-1 配方中，如加入 0.01% ～ 0.03% 的乳化剂，产品颗粒的形状就会有很大变化，表面形成棉花球状和炒米花状，比表面积比球形颗粒大 8 倍，吸引增塑剂量多，速度快，适于进行干混料加工。

(1) 聚合条件

① 温度。聚合温度升高能加快聚合反应速率，但却使聚合物的相对分子质量降低(每相差 2℃，将使聚合物的相对分子质量相差约 23000)。因此应根据产品的不同规格，采取不同的聚合温度。一般操作温度在 46℃ ～ 58℃ 之间，温度波动范围应不大于 ±0.2℃。

② 压强。聚合压强不是独立变量，它是操作温度下，氯乙烯的蒸气压和水的蒸气压之和。操作温度为 50℃ 时，表压为 0.70MPa，操作温度为 58℃ 时，表压为 0.87MPa。

(2) 聚合流程

氯乙烯悬浮聚合常采用间歇操作，工艺流程如图 8-2 所示。

将经过过滤器 1 的无离子水用泵打入聚合釜中，再将明胶配制槽 4 中的明胶溶液经过滤器 5 加入釜中，同时将引发剂及其他助剂加入釜内，向聚合釜内充入氮气，把空气赶出，再将纯度为 99.9% 以上的氯乙烯由计量槽 6 经过滤器 7 加入釜内。开动搅拌器，加热，当釜内温度升至开始聚合的温度(46℃ ～ 58℃) 时，停止加热，在反应釜夹套中通入冷却水，在规定的温度和压强下，使氯乙烯进行聚合，聚合时间根据聚合温度不同而异，当釜内压强降低时，即完成聚合反应。

未反应的氯乙烯气体经泡沫捕集器排入气柜。被氯乙烯带出的少量树脂被泡沫捕集器捕集下来，树脂流至沉降池中，作为次品定期进行处理。反应釜中生成的聚氯乙烯树脂，从釜底的出料阀排出，经去碱处理、过滤、洗涤、干燥，即为聚氯乙烯树脂。

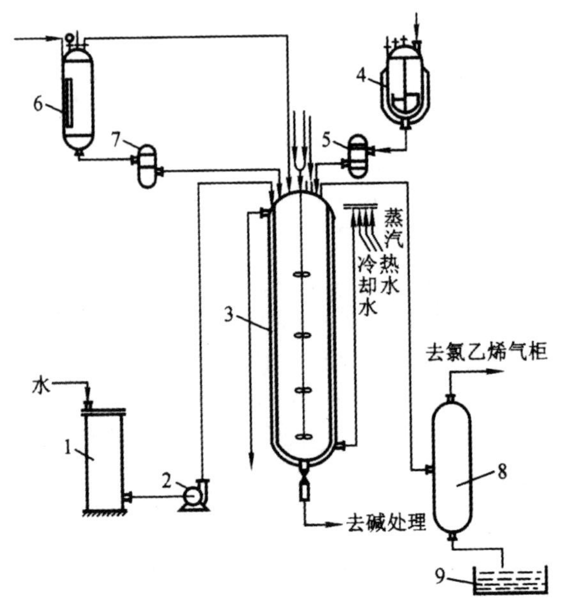

1— 过滤器;2— 泵;3— 聚合釜;4— 明胶配制槽;5— 过滤器;
6— 计量槽;7— 过滤器;8— 泡沫捕集器;9— 沉降池

图 8-2　氯乙烯悬浮聚合的工艺流程

8.2.3　塑料的加工成型

塑料制品通常是由聚合物及添加剂混合后,在受热的条件下形成一定形状冷却完型后,再修整而成。由于热塑性塑料与热固性塑料受热后的表现不同,加工成型方法也不同。

1. 热塑性塑料成型的方法

(1) 注射成型

注射成型又称注塑成型,是热塑性塑料主要加工成型的方法之一。把塑料粉或颗粒由加料斗加入立式或卧式注射机的料筒,用电加热使之软化成为流体后,用螺杆施加压力,经过机嘴注入冷的金属模具内,在模内凝固成型,脱模后即得聚氯乙烯塑料制品。常用的无线电配件、电器零件、笔杆、梳子、盒子等小件日用品和工业品大多是用注射成型的。注射成型如图 8-3 所示。

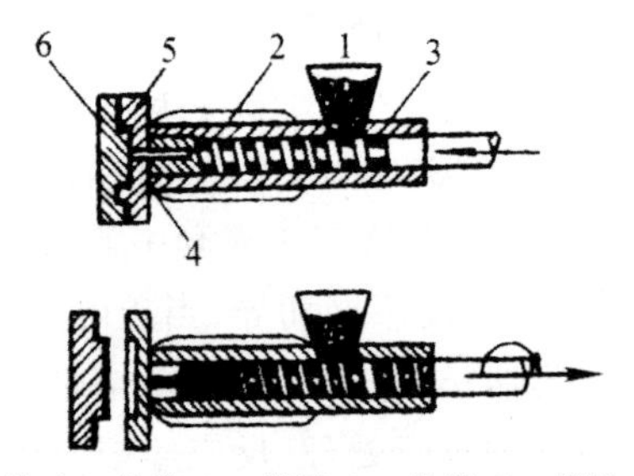

1— 加料斗;2— 料筒;3— 螺杆;4— 机嘴;5— 模具;6— 制品

图 8-3　注射成型

(2) 挤塑成型

挤塑成型又称挤出法、挤压法，也是热塑性塑料加工成型的主要方法之一。把塑料粉或颗粒经加料斗连续加入螺旋挤出机的卧式料筒，电加热软化后由在筒内旋转的螺杆，把料推挤向机头，经模具的口型隙缝挤出。一般用冷水冷却成为一定形状的连续制品，如管材、棒材、板材及被覆塑料绝缘的电线电缆。螺旋挤出机见图8-4。

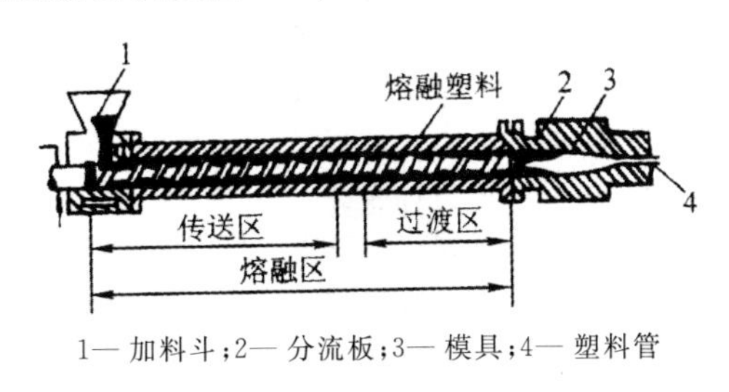

1— 加料斗；2— 分流板；3— 模具；4— 塑料管

图8-4　螺旋挤出机

(3) 吹塑成型

吹塑成型是制造空心塑料制品或塑料薄膜的加工成型方法。吹制瓶子、桶、圆球等空心塑料制品时，将从挤出机挤出的管状坯料，置于两半组合的模具中，加热软化，切割成两端封闭的小段。把压缩空气吹进管心，使坯料胀大到紧贴模壁，冷却脱模后，即得所需制品。

吹制薄膜时，将连续从挤出机挤出的管状坯料，在机头引入压缩空气，使塑料扩大成为极薄的圆筒，经过一系列导辊卷取制品，然后加工为塑料袋或剖开成为塑料薄膜。吹制塑料薄膜如图8-5所示。

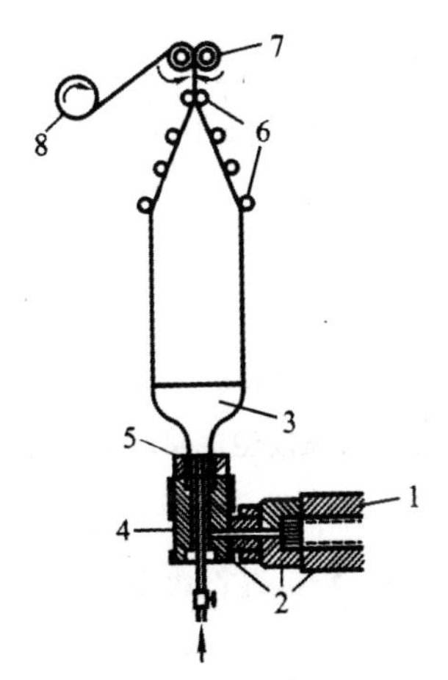

1— 挤出机料筒；2— 加热器。3— 吹塑管状薄膜；4— 模具；

5— 心轴；6— 导辊；7— 夹紧辊；8— 卷曲成卷

图8-5　吹塑成型

2. 热固性塑料成型的方法

(1) 模压成型

模压成型又称压塑法，是制造热固性塑料的主要加工成型方法之一。把酚醛塑料粉放在金属模具中加热使之软化，并在液压机的压力下流满模具，酚醛树脂在此时继续发生缩合反应，生成丙阶段树脂而固化(见图8-6)。压制时的压强一般为15～25MPa，温度为150℃～190℃。为了使制品内部也达到硬化所需的温度，薄的制品压制的时间约几分钟，厚的制品要压制几十分钟。在压制过程中为了排出酚醛树脂发生缩聚反应生成的水蒸气和其他气体，还要在中间进行减压，使模具松动一下，以避免成品中形成气泡。

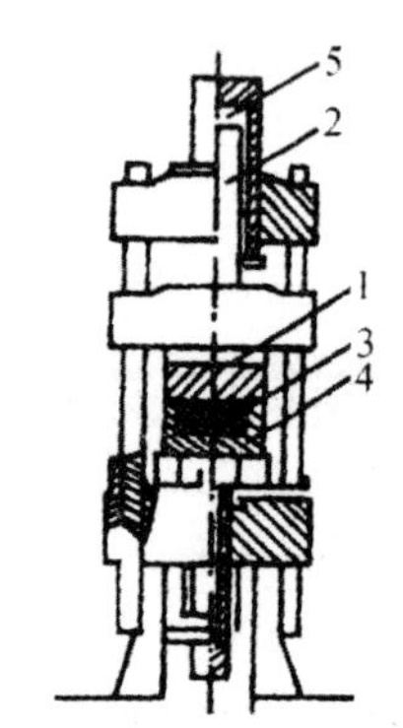

1— 垫板；2— 活塞；3— 制品；4— 模具；5— 油缸

图 8-6　模压成型

（2）层压成型

层压成型是制造增强塑料的方法之一。先将层状填料（如纸、棉布、玻璃布等）在浸胶机（图 8-7(a)）内浸涂酚醛树脂溶液。烘干后，裁成一定尺寸，层叠在一起成为板材或卷成棒状或管状。然后在层压机（图 8-7(b)）上加压加热固化成型。此外，酚醛塑料的成型也可以采用浇铸成型法。

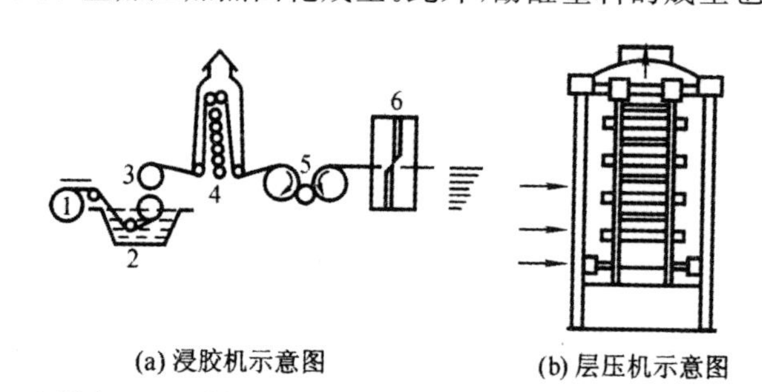

(a) 浸胶机示意图　　(b) 层压机示意图

1— 原料布；2— 浸渍槽；3— 挤压辊；4— 干燥塔；5— 冷却辊；6— 裁切机

图 8-7　层压成型法制聚氯乙烯薄膜

8.3　合成橡胶

橡胶是一种具有弹性和多种特性的有机高分子材料。它能在较宽的温度范围（−50℃ ～150℃）保持高弹性。此外，还具有良好的耐疲劳强度、耐磨、耐化学腐蚀、电绝缘性等特殊性能，传统用途是制作汽车、飞机、摩托车、自行车的轮胎，同时也用于制作胶带、胶管、胶鞋、电线电缆、防水建材、密封制品、医用橡胶制品、日用杂品、机械零部件及儿童玩具等。因此，在工农业生产、交通运输、高新技术、军工以及日常生活等方面，都起着很大的作用。据统计，一辆载重汽车需用橡胶 200 多千克，一辆坦克需用橡胶 800 多千克，一架喷气式飞机需要橡胶 600 多千克，一艘三万吨级的军舰需橡胶 68 吨。此外，像火箭、人造卫星和宇宙飞船等需要各种具有特殊性能的橡胶制品。由此可见，橡胶工业与工农业、国防建设有着十分密切的联系。

8.3.1　橡胶工业的发展

最初人们把从橡胶树流出的乳白色胶汁，经过凝聚、脱水等处理，得到固体橡胶。从18世纪末，人们开始利用天然橡胶制作橡皮等文具用品。由于橡胶受热时变软发黏，遇冷时又变硬发脆，因此未能得到广泛应用。19世纪中叶，发现橡胶与硫在一起加热后，就能使橡胶变成富有弹性、不受温度变化的材料，从此天然橡胶才真正进入实用阶段。但天然橡胶只能由从橡胶树上割下来的乳汁，经过化学处理而制得。橡胶树只能生长在热带、亚热带一些气候条件适宜的地方。从培植橡胶树到开始割胶需要6～8年的时间，而且其生命周期仅30年左右。3000株橡胶树在一年内才能割到1t橡胶。生产1000t橡胶要栽种300万株橡胶树，占地3万亩，还要大批农业劳动力，因此天然橡胶满足不了人们对橡胶制品日益增长的需要。为了寻求新的橡胶来源，各国纷纷开始了合成橡胶的探索。1932年前苏联利用列别捷夫法合成橡胶投入生产，五年以后，德国也开始生产。在第二次世界大战期间，美国、加拿大相继建立了合成橡胶工业。到1945年全世界橡胶的产量达70多万吨。1997年全世界合成橡胶的产量首次突破1000万吨，大大超过同年天然橡胶产量635万吨。现在合成橡胶产量每年以10%以上的速度增长。我国自从1958年首先实现氯丁橡胶工业化生产以来，目前合成橡胶的年生产能力已达到200万吨，位居世界第三位。我国已在兰州化工、上海高桥石化、北京燕山石化、锦州石化、大庆石化等地建成了丁苯橡胶、顺丁橡胶、氯丁橡胶、丁基橡胶、丁腈橡胶、乙丙橡胶等通用橡胶大规模生产的基地，还建设了多种合成乳胶（如丁苯、丁腈、氯丁等）和热塑性弹性体（如聚烯烃类、苯乙烯类、聚酯类、聚氯乙烯类）的基地，生产规模均在万吨级以上。此外，还研制开发了多种优异性能和特殊用途的特种合成橡胶（如硅橡胶、氟橡胶、聚丙烯酸酯橡胶、聚硫橡胶、聚氨酯橡胶），粉末橡胶，流体橡胶等新品种。同时，对通用合成橡胶进行化学改性和物理改性技术，使它具有新的独特的理化性能，达到扩大用途的目的。

8.3.2　丁苯橡胶的生产

丁苯橡胶是目前世界上产量最多的一种合成橡胶，约占合成橡胶总产量的一半以上。由于生产丁苯橡胶时，单体的配比、聚合温度及聚合时采用的乳化剂不同，有500多个品种，所以它是应用最广泛的合成橡胶。

1. 生产丁苯橡胶的反应

丁苯橡胶是丁二烯与苯乙烯在水乳液中共聚而成的。反应可表示如下：

$$nCH_2=CH-CH=CH_2+nCH(C_6H_5)=CH_2 \xrightarrow[5^\circ C,\ 50^\circ C]{\text{引发剂}} \left[CH_2-CH=CH-CH_2-CH(C_6H_5)-CH_2\right]_n$$

丁苯橡胶中丁二烯和苯乙烯的相对比例对丁苯橡胶的性能影响很大，当共聚物中苯乙烯含量为10%时，得到弹性良好的耐寒橡胶，但机械性能较差。当苯乙烯含量达到25%时，可得到弹性、物理机械性能和加工性能都好的丁苯橡胶。

2. 丁苯橡胶的生产过程

丁二烯与苯乙烯采用乳液聚合法，根据反应温度的不同，分为高温聚合(50℃)和低温聚合(5℃)两种。低温聚合所得丁苯橡胶，其抗张强度、耐磨性能、耐老化性能均较高温法聚合的丁苯橡胶好。所以多采用低温聚合。生产丁苯橡胶的流程如图 8-8 所示。生产过程大致可分为以下四个阶段。

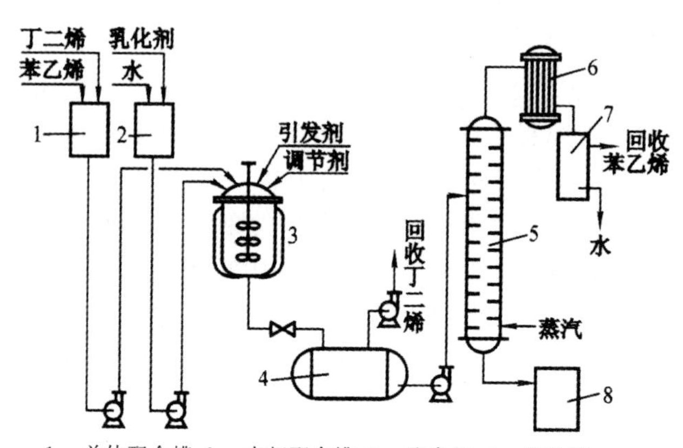

1— 单体配合槽，2— 水相配合槽；3— 聚合釜；4— 蒸发槽；
5— 苯乙烯蒸馏塔；6— 冷凝器；7— 分离器，8— 乳乳贮槽

图 8-8　丁苯橡胶生产流程

(1) 单体相和水相的配制

苯乙烯和丁二烯的混合物称为单体相。由于苯乙烯和丁二烯的密度相差较大，必须在单体配合槽 1 中充分混合后再加入聚合釜 3 中。水相是在水相配合槽 2 中先加入软水，再依次加入乳化剂(如硬脂酸皂、合成洗涤剂、松香皂)、稳定剂(如干酪素、淀粉) 等配成乳化液。

(2) 聚合

聚合在不锈钢制的聚合釜 3 中进行。釜内有蛇管，釜外有供通入冷却盐水的夹套。将混合均匀的单体相及水相分别加入釜中，开动搅拌器，并依次加入引发剂(如过氧化氢异丙苯)、调节剂(如叔十二硫醇)、活化剂(促进引发剂在较低温度下发挥作用的，如亚硫酸钠、乙二胺) 等，聚合温度控制在 5℃ 左右，聚合时间平均不超过 24h，当最终转化率达到 60% ～ 65% 时，加入终止剂(如对苯二酚、二甲基二硫代氨基甲酸钠)，终止聚合反应，送入下一步处理。

(3) 脱气

反应终止后的胶乳，经过过滤，进入丁二烯蒸发槽 4，以蒸出没有反应的丁二烯。胶乳再进入苯乙烯蒸馏塔 5，用水蒸气蒸馏法脱出苯乙烯，经冷凝回收，可循环使用。

(4) 凝聚后处理

精制后的胶乳流入胶乳贮槽 8 中，加入防老剂，以防止橡胶在长时间贮存及使用过程中与空气、日光、酸、碱接触发生变黏、变脆等老化现象。然后再加入凝聚剂，常用的凝聚剂有硫酸 — 食盐溶液、醋酸 — 食盐溶液。凝固成大颗粒的橡胶还要经洗涤、脱水、干燥、成型等后处理，即为丁苯橡胶。

8.3.3　顺丁橡胶的生产

顺丁橡胶是以 1,3- 丁二烯为原料，在不同引发剂存在下，经聚合反应而制得的具有结构规整的聚丁二烯橡胶。由于顺丁橡胶的来源丰富，具有良好的耐磨、耐低温、耐老化性能、弹性高、动态负荷下(作为轮胎时) 发热小，能与天然橡胶、氯丁橡胶、丁腈橡胶等并用，适于制造汽车轮胎和耐寒橡胶制品。因此，发展极为快速，已成为世界第二大合成橡胶品种。

1. 顺丁橡胶的结构

丁二烯含有共轭双键，1,4 — 加成聚合时，可生成顺 — 1,4 — 聚丁二烯及反 — 1,4 — 聚丁二烯，其结构如下：

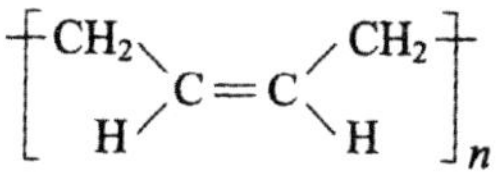

$$\left[\begin{array}{ccc} CH_2 & & CH_2 \\ & C=C & \\ H & & H \end{array}\right]_n \qquad \left[\begin{array}{ccc} CH_2 & & H \\ & C=C & \\ H & & CH_2 \end{array}\right]_n \qquad \left[\begin{array}{c} CH_2-CH \\ \quad\quad | \\ \quad\quad CH \\ \quad\quad \| \\ \quad\quad CH_2 \end{array}\right]_n$$

顺-1, 4-聚丁二烯 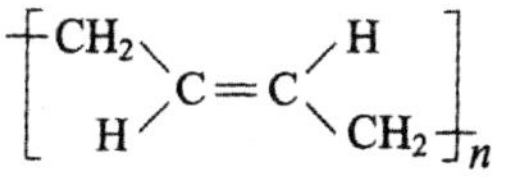　　反-1, 4-聚丁二烯 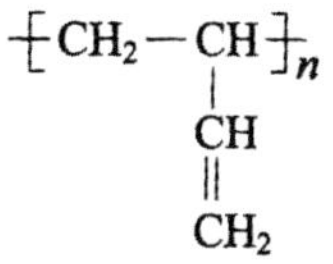　　1, 2-聚丁二烯

若分子链中含 80% 以上 1,2 — 聚丁二烯或 80% 以上反 — 1,4 — 聚丁二烯，呈树脂状特性；含 90% 以上顺 — 1,4 — 聚丁二烯，在室温下具有良好的橡胶性能。

一般将顺 — 1,4 — 聚丁二烯含量在 96% ～ 98% 的称为高顺式聚丁二烯橡胶，简称高顺丁橡胶；顺 — 1,4 — 聚丁二烯含量较低的常称为低顺丁橡胶。在工业生产中所谓顺丁橡胶，主要是指高顺丁橡胶，但有时以顺 — 1,4 — 聚丁二烯含量 $>$ 90% 的都称为顺丁橡胶。

2. 顺丁橡胶的生产方法

聚丁二烯橡胶的生产方法按聚合方式分类有溶液法、乳液法和气相法三种，目前工业生产常用的是溶液法。按照丁二烯聚合时使用引发剂的不同可分为镍系、钴系、钛系和稀土四类。按照聚合物结构分类有高顺式聚丁二烯、低顺式聚丁二烯和中乙烯基聚丁二烯三类。目前我国工业生产的聚丁二烯橡胶，主要是溶液法镍系高顺式 — 1,4 — 聚丁二烯橡胶。

溶液法镍系高顺式 — 1,4 — 聚丁二烯橡胶是以沸程 60℃ ～ 90℃ 的重整抽余油为溶剂，在环烷酸镍、三氟化硼乙醚络合物、三异丁基铝组成的镍系催化剂及微量极性化合物的引发下，单体丁二烯进行立体规整定向聚合而制成的。聚合反应在 3 ～ 5 台串联的反应釜中进行，聚合温度 65℃ ～ 90℃，聚合时间 1.5 ～ 3.0h。丁二烯转化率在 85% 以上。在生成的胶液中加人防老剂后进入凝聚釜进行水析凝聚，析出的胶粒用水洗涤，挤压脱水，膨胀干燥，压块，即得成品。镍系顺丁橡胶生产工艺流程见图 8-9。

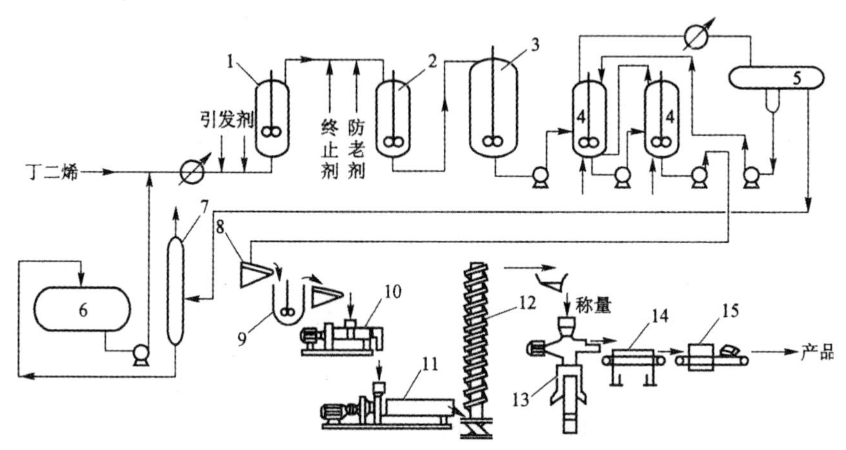

1— 聚合釜；2— 终止釜；3— 胶罐；4— 凝聚釜；5— 油水分层罐；6— 溶剂罐；
7— 脱水塔；8— 振动筛；9— 洗胶罐；10— 挤压脱水机；11— 膨胀干燥机；
12— 提升机；13— 压块机；14— 包装机；15— 检测器

图 8-9　镍系顺丁橡胶生产工艺流程图

8.3.4　热塑性橡胶

热塑性橡胶是一类在常温下显示橡胶弹性，高温下又能塑化成型的高分子聚合物。这种在热的作用下能够可逆交联的聚合物，兼有橡胶和热塑性塑料的特点，也可称作热塑性弹性体。

热塑性弹性体的结构特点是同时具有串联或接枝某些化学组成不同的树脂段(也称硬段)和橡胶段(又称软段)。在硬段的高分子链段间的作用力可以形成物理交联，或具有在高温下能解离的化学键。所以在高温下会软化或熔化，在加压下呈塑性流动，显现出热塑性塑料的加工特性。而软段的高分子链则是自由旋转能力较大的高弹性链段。所以软段在常温下能显示出硫化胶的弹性、强度和形变特征等机械物理性能，可代替一般硫化胶制备橡胶制品。

1. 热塑性弹性体的分类

(1) 按高分子结构分类

按高分子结构分类，如表 8-2 所示。

表 8-2　热塑性弹性体的分类

- 热塑性弹性体
  - 嵌段聚合物
    - 聚苯乙烯-聚二烯烃共聚物类(SBS、SIS等)
    - 聚氨酯类
    - 聚酯类
    - 聚烯烃类
  - 接枝聚合物
    - 聚丁二烯接枝苯乙烯类(PB/PS)
    - 氯化丁基橡胶接枝聚苯乙烯类(CHR/PS)
    - 乙丙橡胶接枝聚苯乙烯类(EPDM/PS)
    - 乙丙橡胶-聚烯烃共混物(EPDM/PO)
    - 丁基橡胶接枝聚乙烯类(HR/PE)
  - 其他类型
    - 络合离子型
      - 乙烯、丙烯酸共聚物
      - 羟酸酯离子聚合体
      - 磺化三元乙丙共聚物
    - 结晶相型
      - 反-1，4-聚异戊二烯
      - 间-1，2-聚丁二烯

(2) 按硬段组分分类

按硬段组分可分为7类(见表8-3)。

表8-3　热塑性弹性体按硬段组分的分类

序号	类别(代号)	硬段	软段	产品(或略称代号)名称
1	苯乙烯类(SDS) (或称 TPS)	聚苯乙烯(PS)	聚丁二烯(PB)	丁二烯—苯乙烯嵌段聚物(SBS)
			聚异戊二烯(PIP)	苯乙烯—异戊二烯嵌段共聚物(SIS)
			氢化聚丁二烯	(SEBS)
			氢化聚异戊二烯	(SEPS)
2	聚烯烃类(TPO)	聚乙烯(PE)	聚乙烯—三元乙丙弹性体(EPDM/PE)	交联三元乙丙橡胶(EPDM)
			(EPDM)	聚乙烯—三元乙丙弹性体(EPDM/PP)
		聚丙烯(PP)	丁腈橡胶	NBR/PP
3	聚氨酯类(TUP)	异氰酸酯和低分子二元醇或胺扩链剂	聚酯聚醚	聚酯型热塑性聚氨酯弹性体聚醚型热塑性聚氨酯弹性体
4	聚酯类(TOEE)	短链聚酯(结晶型)	无定形长链聚醚或聚酯(非结晶型)	聚酯类热塑性弹性体
5	聚酰胺类	聚酰胺	聚酯或聚醚	聚酯型热塑性聚酰胺弹性体或聚醚型热塑性聚酰胺弹性体
6	聚氯乙烯类(PVC)	结晶聚氯乙烯(PVC)	非结晶聚氯乙烯	日本信越公司商品有: EZ—800 TK—4500
7	其他类	结晶聚乙烯	乙烯—乙酸乙酯共聚物乙烯—丙烯酸乙酯共聚物	热塑性EVA弹性体热塑性EEA弹性体
		反—1,4—异戊二烯(结晶体)	顺—1,4—聚异戊二烯(非结晶体)	Polysar公司商品名TRANS-PIP
		间规—1,2—聚丁二烯	非结晶聚丁二烯	日本JSR公司商品为JSB-RB

2. 热塑性弹性体典型产品生产方法简介

热塑性弹性体的生产方法主要包括嵌段共聚和接枝共聚的化学合成法及机械共混法两类。

(1) 苯乙烯类热塑性弹性体的生产简介

苯乙烯类热塑性弹性体是由聚苯乙烯构成硬段,由二烯烃链段构成软段的三嵌共聚物或多嵌共聚物。例如,丁苯热塑橡胶是以苯乙烯和丁二烯为单体,丁基锂为引发剂,环己烷为溶剂,四氢呋喃为活化剂，进行阴离子嵌段聚合反应。一般采用三步加料法（先加 1/2 苯乙烯、加丁二烯、再加1/2苯乙烯），控制反应温度 50℃ ～ 110℃，反应压力 0.5MPa，总反应过程 1.5 ～ 3h。聚合终止后，经闪蒸回收溶剂，再经凝聚、挤压脱水、膨胀干燥，即得成品。

(2) 聚烯烃类热塑性弹性体的生产简介

聚烯烃类热塑性弹性体是橡胶和聚烯烃树脂组成的混合聚合物。可用机械共混法和接枝共聚法生产。接枝共聚法一般采用大分子接枝共聚法在溶剂中进行反应，是以橡胶为主链，通过接枝聚合引入烯烃树脂支链。如丁基橡胶接枝聚乙烯、乙丙橡胶与苯乙烯树脂接枝、聚丁二烯与苯乙烯接枝。由于接枝法生产工艺较复杂，现仍处于研制、开发、推广阶段，但是有良好的发展前景。目前仍多采用机械共混法。

机械共混法中常用部分结晶型嵌段乙丙橡胶与聚烯烃树脂聚乙烯或聚丙烯直接共混法。共混时还要加人链段调节剂或高效载体引发剂。还可以加入各种填料、抗氧剂、稳定剂颜料等，在混炼设备中共混。

8.4 合成纤维

8.4.1 通用合成纤维

1. 聚酰胺

聚酰胺是脂肪族和半芳香聚酰胺（PA，又称尼龙）经熔融纺丝制成的合成纤维。脂肪族聚酰胺 4、聚酰胺 46、聚酰胺 6、聚酰胺 66、聚酰胺 7、聚酰胺 9、聚酰胺 10、聚酰胺 11、聚酰胺 610、聚酰胺 612、聚酰胺 1010 等和半芳香聚酰胺 6 T、半芳香聚酰胺 9 T 等都可以纺丝制成纤维，其中聚酰胺 66 和聚酰胺 6 是最重要的两种聚酰胺前驱体（precursor）。聚酰胺和蚕丝（主要成分是氨基酸，也含酰胺基团）的结构相似，其特点是耐磨性好，有吸水性（图 8-10）。聚酰胺是制作运动服和休闲服的好材料。聚酰胺的主要工业用途是轮胎帘子线、降落伞、绳索、渔网和工业滤布。

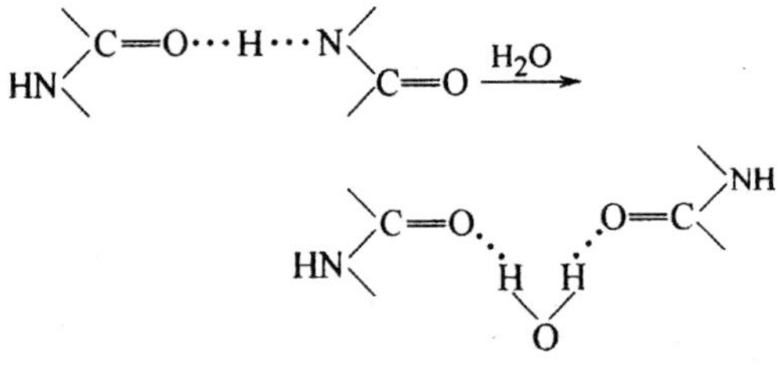

图 8-10　聚酰胺的吸水机理

(1) 聚酰胺 66

聚酰胺 66 制备时，其相对分子质量控制在 20000 ～ 30000，纺丝温度控制在 280℃ ～ 290℃（聚酰胺 66 的熔点为 255℃ ～ 265℃）。聚酰胺 66 的性能见表 8-4。用 FTIR 二向色性比可测定聚酰胺 66 的拉伸比和链取向的关系（图 8-11）。

表 8-4 聚酰胺 66 的性能

<table>
<tr><th colspan="2">性能</th><th>普通型</th><th>高强型</th><th colspan="2">性能</th><th>普通型</th><th>高强型</th></tr>
<tr><td rowspan="2">断裂强度 /(cN/dtex)</td><td>干</td><td>4.9～5.7</td><td>5.7～7.7</td><td colspan="2">回弹率(伸长 3% 时)/%</td><td>95～100</td><td>98～100</td></tr>
<tr><td>湿</td><td>4.0～5.3</td><td>4.9～6.9</td><td colspan="2">弹性模量 /(GN/m²)</td><td>2.30～3.11</td><td>3.66～4.38</td></tr>
<tr><td colspan="2">干湿强度比 /%</td><td>90～95</td><td>85～90</td><td colspan="4"></td></tr>
<tr><td rowspan="2">伸长率 /%</td><td>干</td><td>26～40</td><td>16～24</td><td rowspan="2">吸湿性 /%</td><td>湿度 65% 时</td><td>3.4～3.8</td><td>3.4～3.8</td></tr>
<tr><td>湿</td><td>30～52</td><td>21～28</td><td>湿度 95% 时</td><td>5.8～6.1</td><td>5.8～6.1</td></tr>
</table>

注：1cN/dtex = 91MPa。

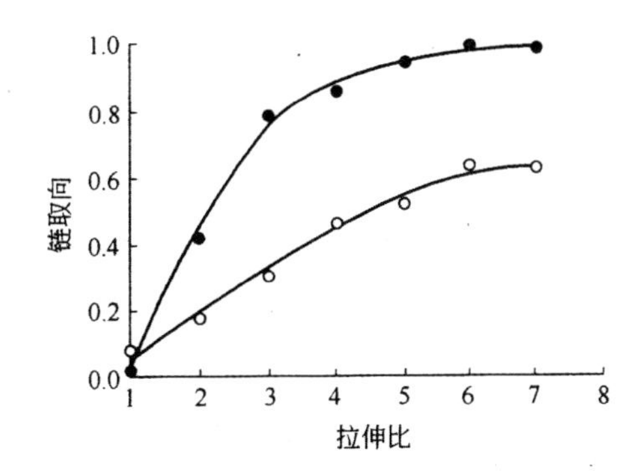

图 8-11 聚酰胺 66 拉伸比和链取向的关系

(2) 聚酰胺 6

制备聚酰胺 6 时，其相对分子质量控制在 14000 ～ 20000，纺丝温度控制在 260℃ ～ 280℃（聚酰胺 6 的熔点为 215℃）。聚酰胺 6 的性能见表 8-5。通过原位宽角 X 散射研究发现，聚酰胺 6 纺丝过程的结晶指数、喷丝头距离和纺丝速率之间的关系见图 8-12，表明在刚出喷丝头时，聚酰胺 6 不结晶；结晶指数在一定喷丝头距离时突然增加且随纺丝速率提高而减小。

表 8-5 聚酰胺 6 的性能

<table>
<tr><th colspan="2">性能</th><th>普通型</th><th>高强型</th></tr>
<tr><td rowspan="2">断裂强度 /(cN/dtex)</td><td>干</td><td>4.4～5.7</td><td>5.7～7.7</td></tr>
<tr><td>湿</td><td>3.7～5.2</td><td>5.2～6.5</td></tr>
<tr><td colspan="2">干湿强度比 /%</td><td>84～92</td><td>84～92</td></tr>
<tr><td rowspan="2">湿伸长率 /%</td><td>干</td><td>28～42</td><td>16～25</td></tr>
<tr><td>湿</td><td>36～52</td><td>20～30</td></tr>
<tr><td colspan="2">回弹率(伸长 3% 时)/%</td><td>98～100</td><td>98～100</td></tr>
<tr><td colspan="2">弹性模量 /(GN/m²)</td><td>1.96～4.41</td><td>2.75～5.00</td></tr>
<tr><td rowspan="2">吸湿性 /%</td><td>湿度 65% 时</td><td>3.5～5.0</td><td>3.5～5.0</td></tr>
<tr><td>湿度 95% 时</td><td>8.0～9.0</td><td>8.0～9.0</td></tr>
</table>

注：1cN/dtex = 91MPa。

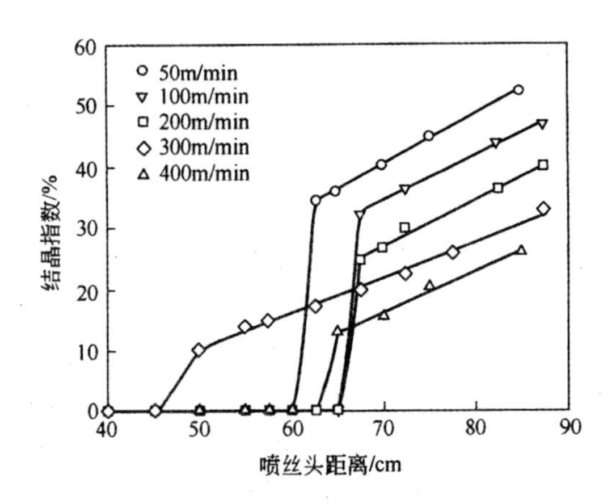

图 8-12 结晶指数、喷丝头距离和纺丝速率之间的关系

(3)PA 6T 和 PA 9T 纤维

半芳香聚酰胺 PA 6T 和 PA 9T 的结构分别为：

$$-NH(CH_2)_6NHCO-\langle C_6H_4\rangle-CO- 、 \left[-\underset{\|}{\overset{}{C}}\!\!\!\!\underset{O}{}-\langle C_6H_4\rangle-\underset{O}{\overset{}{C}}-\underset{H}{N}-(CH_2)_9-\underset{H}{N}-\right]$$

式中，6 和 9 代表二元胺中的碳原子数；T 代表对苯二酸。

PA 6T 经熔体纺丝制成的纤维的强度为 55cN/tex，伸长率为 12%，耐热温度为 300℃。PA 9T 纤维的力学性能与纺丝速率的关系见表 8-6。

表 8-6 PA 9T 纤维的力学性能与纺丝速率的关系

纺丝速率 /(m/min)	双折射 /×1000	密度 /(g/cm³)	拉伸强度 /Mpa	杨氏模量 /GPa	断裂伸长率 /%
100	32.8	1.1334	87	2.17	335
200	32.9	1.1341	99	2.19	292
500	36.1	1.1350	116	2.27	161
1000	63.1	1.1366	168	2.40	91
2000	74.7	1.1395	203	2.89	77

(4) 氢化芳香尼龙纤维

氢化芳香尼龙的合成路线是：

$$n\,\left(\begin{matrix}CO\\|\\NH\end{matrix}\right) \longrightarrow \left[-NH-\langle C_6H_{10}\rangle-\overset{O}{\overset{\|}{C}}-\right]_n$$

所用单体为双环内酰胺。氢化芳香聚酰胺可在浓硫酸中纺丝制成纤维。纤维的强度为 40cN/tex，伸长率为 10%，在 300℃ 的强度保留率为 40%。

2. 聚酯纤维

聚酯纤维是含芳香族取代羧酸酯结构的纤维，主要包括聚对苯二甲酸乙二醇酯(PET)、聚对苯二甲酸丙二醇酯(PTT)、对苯二甲酸丁二醇酯(PBT)、聚萘酯(PEN)等纤维。

(1) 涤纶

涤纶是聚对苯二甲酸乙二醇酯(PET)经熔融纺丝制成的合成纤维，相对分子质量为15000～22000。PET的纺丝温度控制在275℃～295℃(PET的熔点为262℃，玻璃化温度为80℃)。PET成纤的结构见图8-13，典型的纤维直径约为5mm，由数百个直径约为25的单丝组成，而单丝由直径约为10nm的原纤组成。原纤由直径为10nm的片晶所堆砌而成，片晶间由无定形区域连接，片间的堆砌长度为50nm。在拉伸过程中，堆砌的片晶沿纤维轴方向取向，而在松弛过程中，堆砌的片晶发生扭曲(图8-14)。涤纶的力学性能见表8-7。涤纶是最挺括的纤维，易洗、快干、免烫。但涤纶的透气性、吸湿性、染色性差限制了涤纶在时装行业的应用，需要通过化学接枝或等离子体表面处理改件以引入亲水性基团。

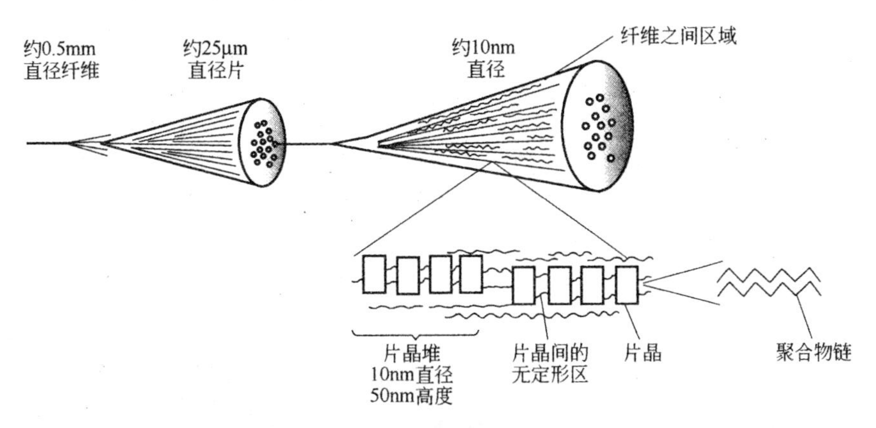

图8-13　涤纶的结构

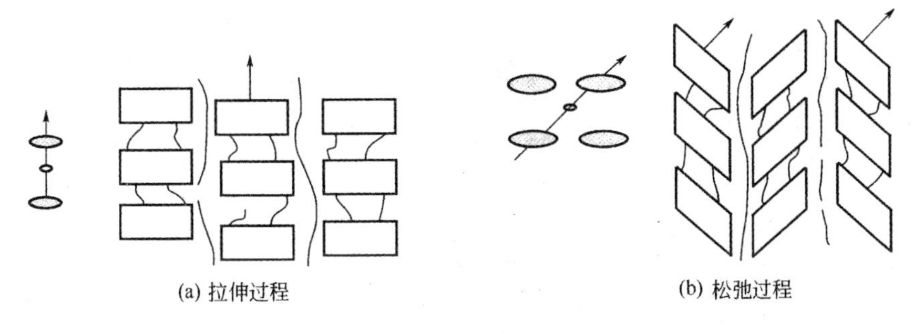

(a) 拉伸过程　(b) 松弛过程

图8-14　片晶结构的变化

表8-7　涤纶的力学性能

性能	数值	性能	数值
强度/(cN/dtex)	36～48	弹性回复/%	—
断裂伸长率/%	30～55	变形4%～5%	98～100
吸湿性/%	0.3～0.9	变形10%	60～65

注：1cN/dtex＝91MPa。

(2) 聚对苯二甲酸丙二醇酯纤维

聚对苯二甲酸丙二醇酯(polytrimethylene terephthalate),简称 PTT。PTT 纤维是由对苯二甲酸和 1,3－丙二醇的缩聚物经熔体纺丝制备的纤维,具有反－旁－反－旁式构象:

PTT 的熔点为 230℃,玻璃化温度为 46℃。纤维的结晶结构见图 8-15。由于 PTT 分子链比 PET 柔顺,结晶速率比 PET 大(图 8-16),故 PTT 纤维的主要物理性能指标都优于涤纶,具有比涤纶、聚酰胺更优异的柔软性和弹性回复性,优良的抗折皱性和尺寸稳定性,耐气候性、易染色性以及良好的屏障性能,能经受住 Y 射线消毒,并改进了抗水解稳定性,因而可提供开发高级服饰和功能性织物,被认为是最有发展前途的通用合成纤维新品种。由于在高于玻璃化温度时无定形相不会显示橡胶和液体行为,PTT 纤维的高弹性回复被认为是硬无定形相(rigid amorphous phase,RAP) 即取向的无定形相的存在所致。RAP 存在于晶相和非晶相的界面,其含量随结晶温度的增加而提高。纺丝速率对 PTT 纤维取向的影响见图 8-17,表明纺丝速率 $<$ 3000m/min 时,PTT 纤维的结晶度和取向因子很小。PTT 纤维取向度的突变发生在很窄的纺丝速率范围(3500 ~ 4000m/min)。

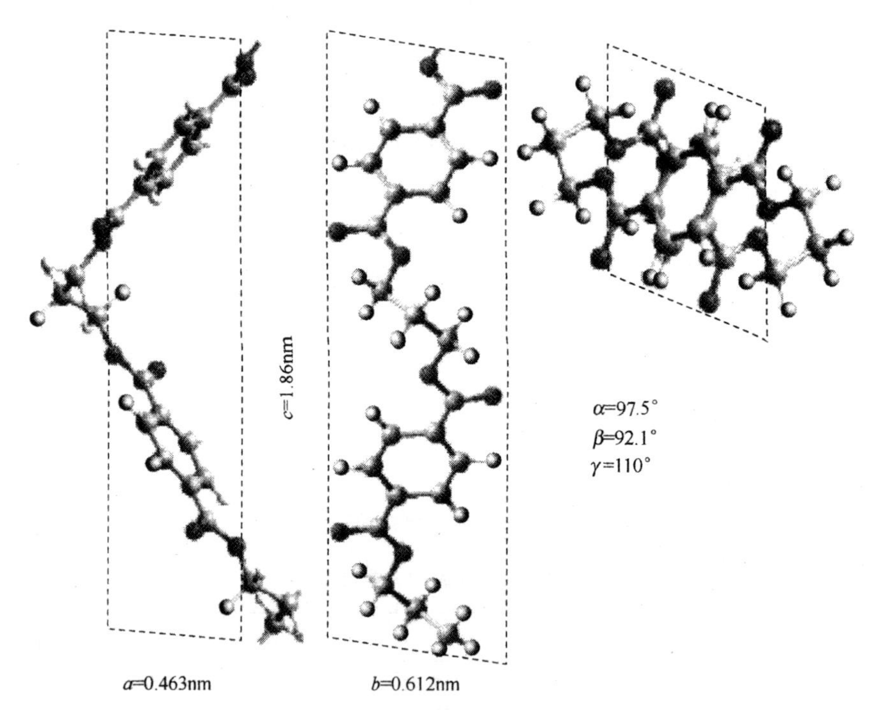

图 8-15　PTT 纤维的结晶结构

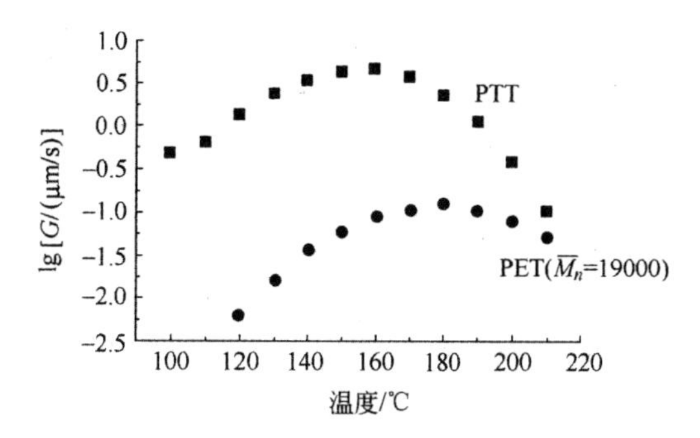

图 8-16　球晶生长速率与结晶温度的关系

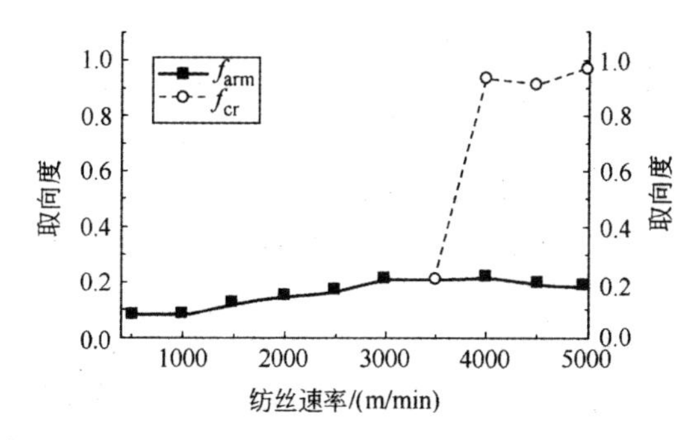

图 8-17　纺丝速率对晶区和非晶区取向度的影响

(3) 聚对苯二甲酸丁二醇酯纤维

聚对苯二甲酸丁二醇酯(polybutylene terephthalate),简称PBT。PBT纤维是由对苯二甲酸或对苯二甲酸二甲酯与1,4－丁二醇经熔体纺丝制得的纤维。该纤维的强度为30.91～35.32cN/tex,伸长率30%～60%。由于PBT分子主链的柔性部分较PET长,因而使PBT纤维的熔点(228℃)和玻璃化温度(29℃)较涤纶低,其结晶化速率比聚对苯二甲酸乙二醇酯快10倍,有极好的伸长弹性回复率和柔软易染色的特点,特别适于制作游泳衣、连裤袜、训练服、体操服、健美服、网球服、舞蹈紧身衣、弹力牛仔服、滑雪裤、长统袜、医疗上应用的绷带等弹性纺织品。

和聚酰胺家族类似,聚酯系列也存在亚甲基单元的奇－偶效应(图8-18)。PET和PBT含偶数的亚甲基单元,PTT含奇数的亚甲基单元。PET和PBT分子链与苯连接的两个羰基处于相反方向,亚甲基键为反式构象,而PTT分子链与苯连接的两个羰基处于相同方向,亚甲基键为旁式构象。结晶速率次序为PBT > PTT > PET。熔融温度次序为PET > PTT > PBT。奇－偶效应也影响力学性能。

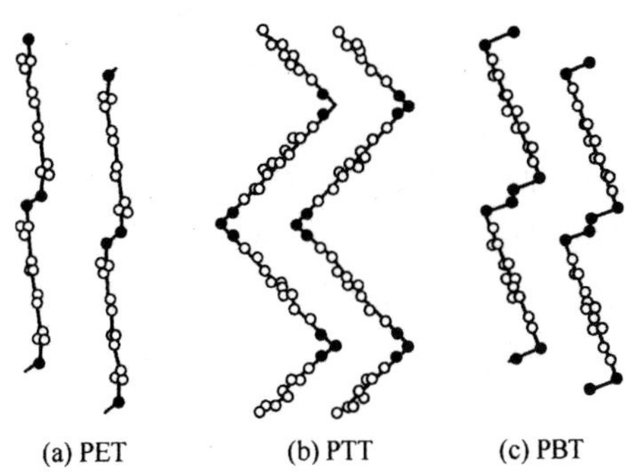

图 8-18　聚酯纤维亚甲基单元的奇－偶效应

(4) 聚萘酯纤维

聚萘酯(polyethylene－2,6－naphtalate),简称 PEN。PEN 纤维是用 2,6— 萘二甲酸二甲酯与乙二醇的缩聚物聚萘二甲酸乙二醇酯熔体纺丝制备的纤维。与涤纶相比,PEN 纤维的分子主链用萘基取代了苯基:

$$\left[-C_{10}H_6-\overset{O}{\overset{\|}{C}}-O-CH_2-CH_2-O-\overset{O}{\overset{\|}{C}}- \right]_n$$

因此熔点(272℃)、玻璃化温度(124℃)和熔体黏度高于 PET 并具有高模量、高强度,抗拉伸性能好,伸长率可达 14%,尺寸稳定性好,热稳定性好,化学稳定性和抗水解性能优异等特点。PEN 属于慢结晶和多晶型的聚合物。

3. 腈纶

腈纶是由聚丙烯腈或含 85% 以上丙烯腈的共聚物制成的合成纤维。聚丙烯腈可以从丙烯腈自由基聚合反应所得到的聚丙烯腈均聚物或与丙烯酸甲酯(MA)、甲基丙烯酸(MAA)、衣康酸(IA) 的二元或三元共聚物进行溶液纺丝制成纤维(图 8-19)。聚丙烯腈共聚物能明显改善纤维的染色性、阻燃性和力学性能。由于链内和链间强的相互作用,聚丙烯腈或聚丙烯腈共聚物低于熔点(320℃ ～ 330℃) 发生环化、脱氢、交联和热分解反应。腈纶的制备主要采用湿纺工艺。湿纺工艺是将聚丙烯腈或聚丙烯腈共聚物溶解在溶剂中(纺丝液),纺丝液经喷丝板后在含凝固剂的凝固浴中凝固形成纤维。干纺工艺也使用聚丙烯腈或聚丙烯腈共聚物的纺丝原液,但凝固浴是气相(蒸气、热空气或惰性气体),起蒸发溶剂的作用。

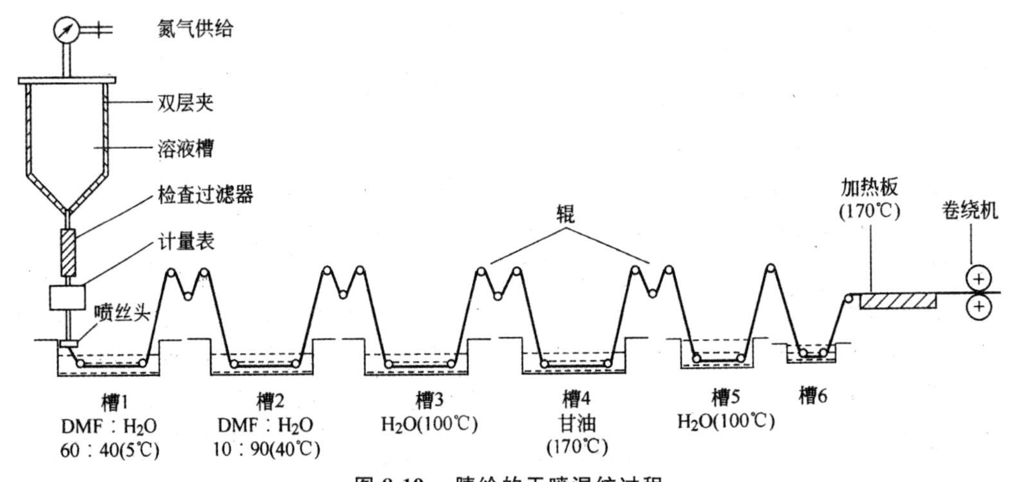

图 8-19　腈纶的干喷湿纺过程

聚丙烯腈的内聚能较大(分子间作用力大),为 991.6J/cm^3,需要选择内聚能大的溶剂或能与聚丙烯腈相互作用的溶剂配制聚丙烯腈纺丝液。用于聚丙烯腈的溶剂有二甲基甲醺胺(DMF)、二甲基乙酰胺(DMA)、二甲基亚砜(DMSO)、碳酸乙酯(EC)、硫氰酸钠(NaSCN)、硝酸(HNO_3)、氯化锌($ZnCl_2$)。表 8-8 为使用不同纺丝液和凝固浴的工艺条件,所用聚丙烯腈的相对分子质量为 50000 ～ 80000。

MA:

$$CH_2{=}CH{-}COOCH_3$$

MAA：

$$CH_2=C(CH_3)-COOH$$

IA：

$$CH_2=C(CH_3)-COOH$$

表 8-8　聚丙烯腈纺丝液和凝固浴的工艺条件

溶剂	纺丝液浓度 /%	凝固与组成	凝固与温度 /℃
100%DMF	40 ～ 60	DMF － H_2O	5 ～ 25
100%DMAC	40 ～ 55	DMAC － H_2O	20 ～ 30
100%DMSO	50	DMSO － H_2O	10 ～ 40
85% ～ 90%EC	20 ～ 40	EC － H_2O	40 ～ 90
50%NaSCN	10 ～ 15	NaSCN － H_2O	0 ～ 20
70%HN03	30	HNO_3 － H_2O	3
54%$ZnCl_2$	14	$ZnCl_2$ － H_2O	25

腈纶的力学性能见表 8-9。腈纶蓬松柔软，被誉为人造羊毛。腈纶分子结构中含氰基，有优良的耐晒性，可应用在户外使用的织物，如帐篷、窗帘、毛毯等。以腈纶为原料还可生产阻燃的聚丙烯腈基氧化纤维和高性能的碳纤维。

表 8-9　不同纤度腈纶的力学性能

性能	纤度 /dtex	
强度(干)/(cN/dtex)	2.65 ～ 3.53	2.65 ～ 3.53
伸长率(干)/%	30 ～ 42	30 ～ 40
钩强度 /(cN/dtex)	1.8 ～ 2.7	1.8 ～ 2.7
钩伸长率 /%	20 ～ 30	20 ～ 30
卷曲数 /(个 /25ram)	9 ～ 13	8 ～ 12
卷曲度 /%	15 ～ 25	15 ～ 25
残留卷曲度 /%	10 ～ 20	15 ～ 25

注：lcN/dtex = 91MPa。

4. 丙纶

等规聚丙烯经熔体纺丝制成丙纶。用于成纤聚丙烯的相对分子质量为 10 ～ 30 万，熔点为 175℃。丙纶的性能见表 8-10。由于等规聚丙烯的分子链不含极性基团，为提高纤维强度，等规聚丙烯的分子量比涤纶和聚酰胺大，而分子量的增大导致熔体黏度的提高，因此纺丝温度需比其熔点高出很多，为 255℃ ～ 290℃。等规聚丙烯还可经膜裂纺丝法(图 8-20)，即先吹塑成膜再切割成扁丝，用于生产编织袋和土工织物。等规聚丙烯无纺布的制造采用熔喷纺丝法，即用压缩空气把熔体从喷丝孔喷出，使熔体变成长短粗细不一致的超细短纤维，纤维直径为0.5～10μm。若将短纤维聚集在多孔滚筒或帘网上形成纤维网，通过纤维的自我黏合或热黏合制成无纺布。丙纶的吸湿性、染色性、耐光性和耐热性都不好，限制了它在衣用纤维的市场发展。丙纶的主要应用是制成扁丝和无纺布。

表 8-10　丙纶的性能

性能	数值	性能	数值
强度 /(cN/dtex)	3.1～4.5	回弹性(5% 伸长时)/%	88～98
伸长率 /%	15～35	沸水收缩率	0～3
模量(10% 伸长时)/(cN/dtex)	61.6～79.2	回潮率	＜0.03
韧度 /(cN/dtex)	4.42～6.16		

注：1cN/dtex = 91MPa。

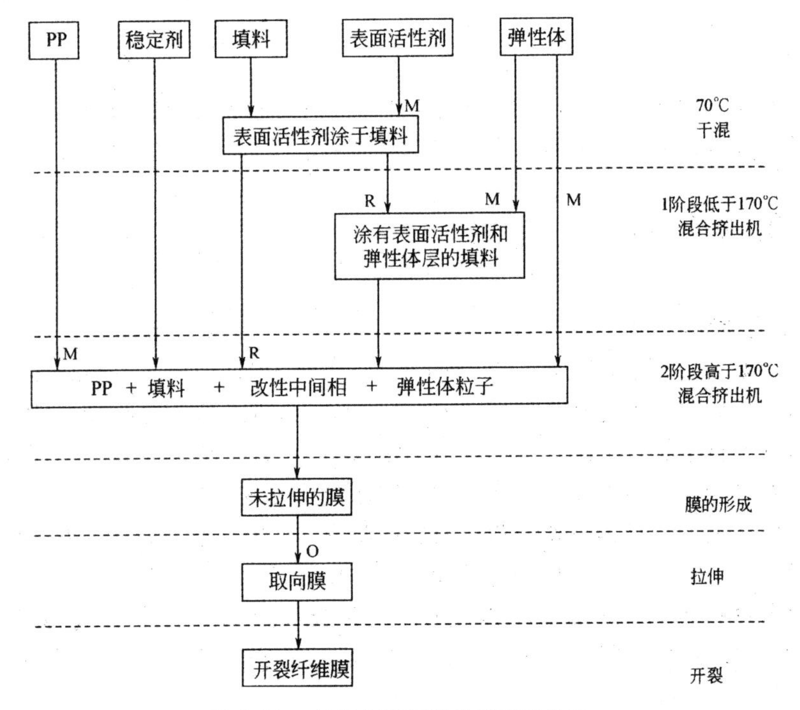

图 8-20　多组分聚丙烯的膜裂纺丝法

M—熔融；R—反应；O—取向

5. 维纶

维纶是聚乙烯醇缩甲醛纤维的简称。它是乙酸乙烯(VAc)溶液聚合得到聚乙酸乙烯(PVAc)，经醇解(皂化)得到聚乙烯醇(可用溶液纺丝法制造聚乙烯醇纤维，但不耐热水)，再经缩醛化制造的纤维：

$$-\!\!\!\!\![CH_2-\underset{\underset{OCOCH_3}{|}}{CH}]_n- + nCH_3ON \xrightarrow{NaOH} -\!\!\!\!\![CH_2-\underset{\underset{OH}{|}}{CH}]_n- + nCH_3COOCH_3$$

$$\sim CH_2-\underset{\underset{OH}{|}}{CH}-CH_2-\underset{\underset{OH}{|}}{CH}\sim + HCHO \xrightarrow{H^+} \sim CH_2-\underset{O}{CH}-CH_2-\underset{O}{CH}\sim \ (O-CH_2-O) + H_2O$$

维纶的性能和外观近似于蚕丝，可织造绸缎衣料，吸湿性和耐日光性好，但弹性较差。维纶的性能见表 8-11。

表 8-11　维纶的性能

性能		普通型	强力型	性能		普通型	强力型
强度 /(cN/dtex)	干	2.63.5	5.3 ~ 8.4	伸长率 /%	干	17 ~ 22	8 ~ 22
	湿	1.8 ~ 2.8	4.4 ~ 7.5		湿	17 ~ 25	8 ~ 26
弹性模量 /(cN/dtex)		5.3 ~ 79	62 ~ 220	回潮率 /%		3.5 ~ 4.5	3.0 ~ 5.0
弹性回复率 /%		70 ~ 90	70 ~ 90				

注：1cN/dtex = 91MPa。

从聚乙酸乙烯制备的聚乙烯醇的结构是无规立构的，近来又采取了另一条合成路线从特戊酸乙烯(VPi) 聚合：

$$CH_2=\underset{\underset{OCOC(CH_3)_3}{|}}{CH} \longrightarrow -\!\!\!\!\!(CH_2-\underset{\underset{OCOC(CH_3)_3}{|}}{CH})_n-$$

得到聚特戊酸乙烯(PVPi)，经皂化得到聚乙烯醇。所得聚乙烯醇的结构是间规立构的，具有比乙酸乙烯路线得到的聚乙烯醇更高的熔点和热稳定性。

8.4.2　高性能合成纤维

1. 超高分子量聚乙烯纤维

超高分子量聚乙烯纤维是用超高分子量聚乙烯 UHMWPE 经凝胶纺丝制成的合成纤维，UHMWPE 的重均分子量可达百万数量级。UHMWPE 纤维的制备采用凝胶纺丝—超延伸技术，以十氢萘、石蜡、二甲苯或含硬脂酸铝的十氢萘为溶剂，配制成稀溶液(2% ~ 10%)，使高分子链处于解缠状态。然后经喷丝孔挤出后快速冷却成凝胶状纤维，通过超倍拉伸，纤维的结晶度和取向度提高，高分子折叠链转化成伸直链结构(图 8-21)，因此具有高强度和高模量。以十氢萘为溶剂测定 UHMWPE 的凝胶点(温度) 与质量分数的关系见图 8-22。凝胶点是通过黏度－温度曲线得到的(图 8-23)。UHMWPE 的性能见表 8-12。在所有的纤维中，UHMWPE 纤维具有最低的相对密度(< 1)，但缺点是极限使用温度只有 100℃ ~ 130℃(天然纤维和通用合成纤维的耐热温度 ≤ 150℃)。UHMWPE 纤维的主要用途是制作头盔、装甲板、防弹衣和弓弦。UHMWPE 纤维作为先进复合材料的增强体应用时，因其具有非极性的链结构和伸直链的聚集态结构、化学惰性、疏水和低表面能特征，需要进行表面处理，以增加纤维表面的极性基团和表面积，提高其与树脂基体的界面黏合性。低温等离子体、铬酸化学刻蚀、电晕、光化学表面接枝反应都可用于 UHMWPE 纤维的表面处理。

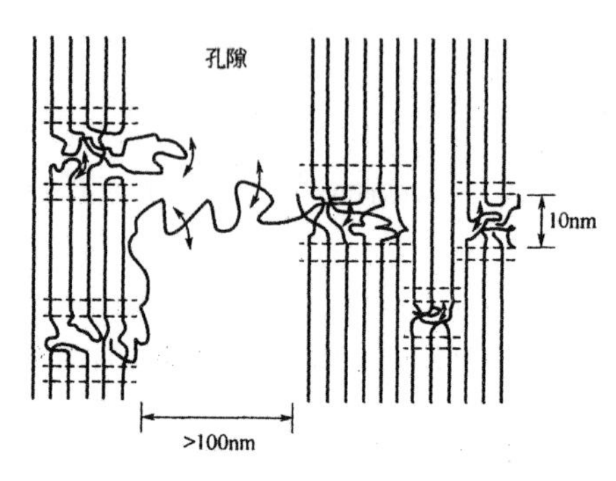

图 8-21 UHMWPE 纤维结构模型

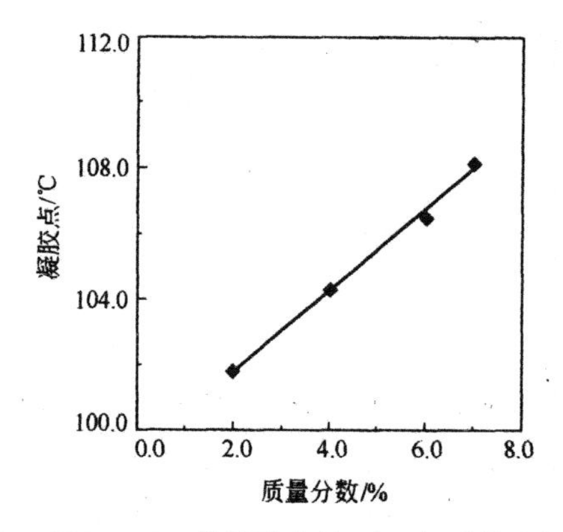

图 8-22 UHMWPE 的凝胶点(温度)与质量分数的关系

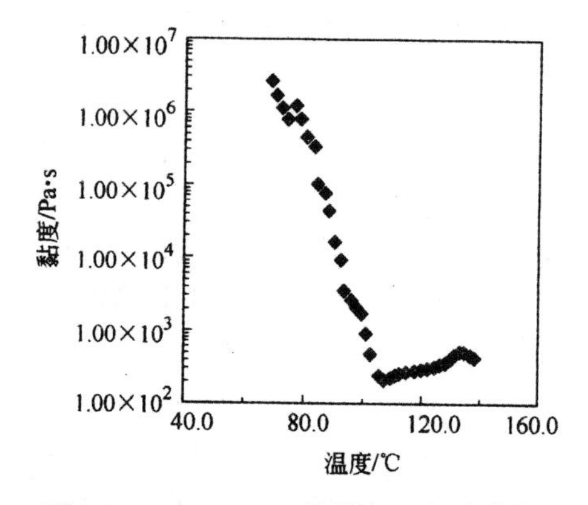

图 8-23 UHMWPE 的黏度一温度曲线

表 8-12 UHMWPE 纤维(Dyneema)的性能

性能	SK60	SK76
强度 /(cN/dtex)	28	37
模量 /(cN/dtex)	902	1188
伸长率 /%	3.5	3.8
密度	0.97	0.97

注:1cN/dtex = 91MPa。

2. 芳香聚酰胺纤维(芳纶)

(1) 聚对苯二甲酰对苯二胺(PPTA) 纤维

聚对苯二甲酰对苯二胺，简称 PPTA。PPTA 纤维商品名 Kevlar，是用 PPTA 经溶液纺丝制成的纤维。PPTA 的合成采用低温溶液聚合，以 N－甲基吡咯烷酮(NMP) 与六甲基磷酰胺(HMPA) 的混合溶剂或添加 LiCl2、CaCl2 的 NMP 为溶剂，其化学反应为：

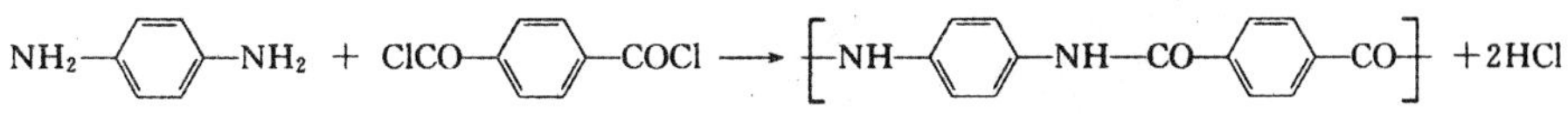

$$NH_2-C_6H_4-NH_2 + ClCO-C_6H_4-COCl \longrightarrow \left[NH-C_6H_4-NH-CO-C_6H_4-CO \right] + 2HCl$$

相对分子质量为 20000～25000。PPTA 分子链中苯环之间是 1,4－位连接，呈线型刚性伸直链结构并具有高结晶度，属溶致液晶聚合物。PPTA 在硫酸中能形成向列型液晶，可采用液晶纺丝法，但溶液浓度存在临界浓度(≈8%～9%)，即 PPTA 在溶液的质量分数大于临界浓度，溶液呈光学各向异性(液晶态)。PPTA 纺丝液的浓度大于 14%。Kevlar 主要有三个品种：Kevlar29 是高韧性纤维，Kevlar49 是高模量纤维，Kevlarl49 是超高模量纤维，其性能见表 8-13。Kevlar 的分子结构模型见图 8-24，具有分子间氢键面，Kevlar29 的取向角为 12.2°，Kevlar49 的取向角为 6.8°，Kevlar29 的取向角为 6.4°。芳纶具有沿径向梯度的皮芯结构(图 8-25)，芯层中结晶体的排列接近各向同性，皮层中结晶体的排列接近各向异性。芳纶作为高性能的有机纤维和先进复合材料的增强体，主要应用于航空航天领域如火箭发动机壳体和飞机零部件，防弹领域如头盔、防弹运钞车和防穿甲弹坦克，土木建筑领域如混凝土、代钢筋材料和轮胎帘子线：芳纶在作为先进复合材料增强体应用时需要进行表面处理，常用的方法是用氨气氛的低温等离子体处理。

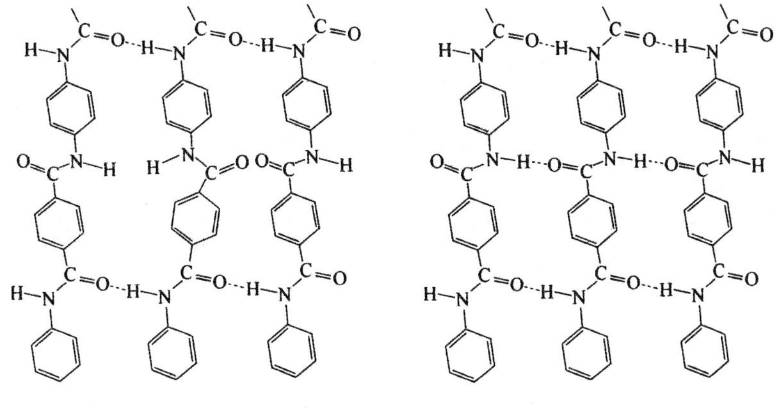

(a) Kevlar 29　　(b) Kevlar149

图 8-24　芳纶的分子结构模型

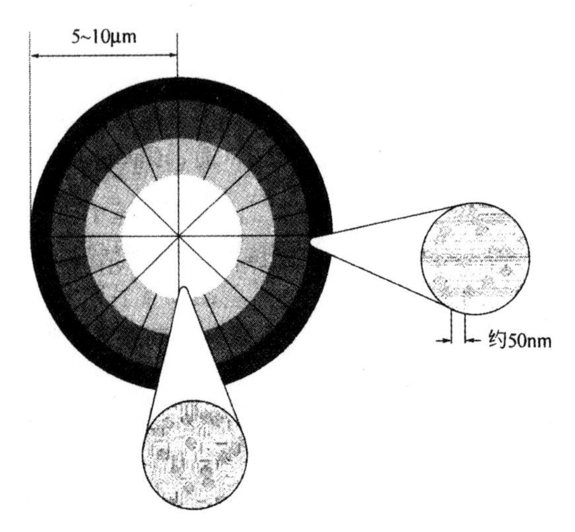

图 8-25 芳纶的皮芯结构

表 8-13 Kevlar 的性能

性能	Kevlar29	Kevlar49	Kevlarl49
模量 /GPa	78	113	138
强度 /GPa	2.58	2.40	2.15
伸长率 /%	3.1	2.47	1.5

日本 Teijin 公司生产的 Twaron 的结构与 Kevlar 类似，开发的 Technora 的结构为：

$$\left[\left(NH - C_6H_4 - NH \right)_m \left(NH - C_6H_4 - O - C_6H_4 - NH \right)_n \left(CO - C_6H_4 - CO \right) \right]$$

它是一种的共聚物，其模量为 73GPa，强度为 3.4 GPa，伸长率为 4.6%。

(2) 聚间苯二甲酰间苯二胺纤维

聚间苯二甲酰间苯二胺采用间苯二甲酰氯和间苯二胺为原料在二甲基乙酰胺溶剂中进行低温溶液聚合：

$$\left[\overset{O}{\overset{\|}{C}} - C_6H_4 - \overset{O}{\overset{\|}{C}} - NH - C_6H_4 - NH \right]$$

其分子中苯环之间全是 1,3- 位链接，呈约 120° 夹角，大分子为扭曲结构，在溶液中不能形成液晶态。聚间苯二甲酰间苯二胺纤维采用溶液纺丝法，商品名为 Nomex。Nomex 可加工成绝缘纸在变压器和大功率电机应用，蜂窝结构材料在飞机上应用；毡作为工业滤材和无纺布在印刷电路板应用。

(3) 对 / 间芳纶

链结构单元中既含对位也含间位的芳纶(商品名为 Tverlana)：

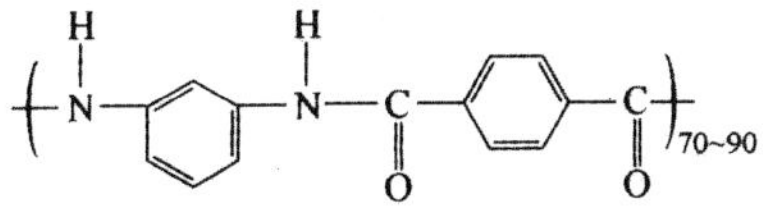

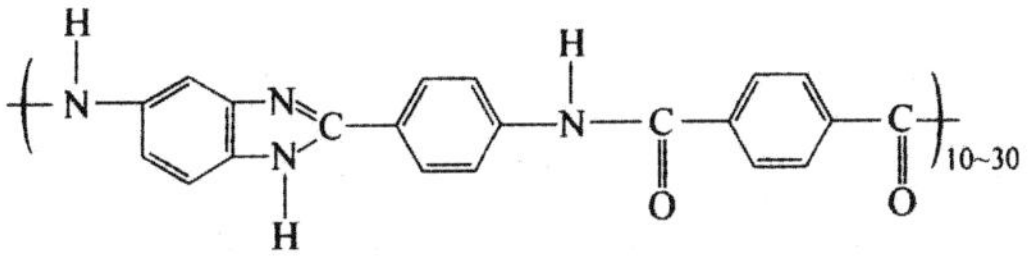

组合了间位芳纶的经济性、阻燃性和对位芳纶的耐热性，拉伸强度为 30 ～ 60cN/tex(1cN/ tex = 91MPa)，弹性模量为 14GPa。

(4) 芳砜纶

芳砜纶又称聚苯砜对苯二甲酰胺纤维（PSA），芳砜纶的化学结构为：

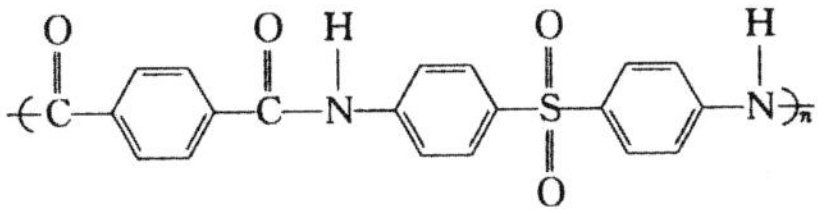

芳砜纶是我国自主研发并产业化的高性能纤维（商品名为特安纶），由 4,4 — 二氨基二苯砜、3,3 — 二氨基二苯砜和对苯二甲酰氯的缩聚物制成。芳砜纶的耐热性（图 8-26）、耐化学性和阻燃性都优于芳纶，价格也低于芳纶。

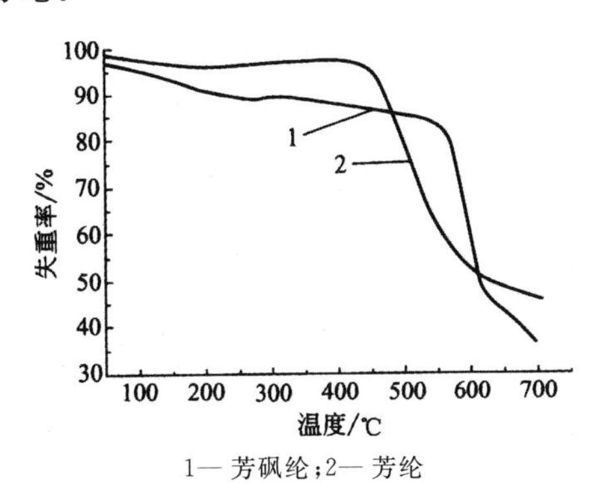

1— 芳砜纶；2— 芳纶

图 8-26　芳砜纶的热失重曲线

3. 热致液晶聚酯纤维

热致液晶聚酯纤维是羟基苯甲酸、对苯二甲酸和一系列第三单体的缩聚物：

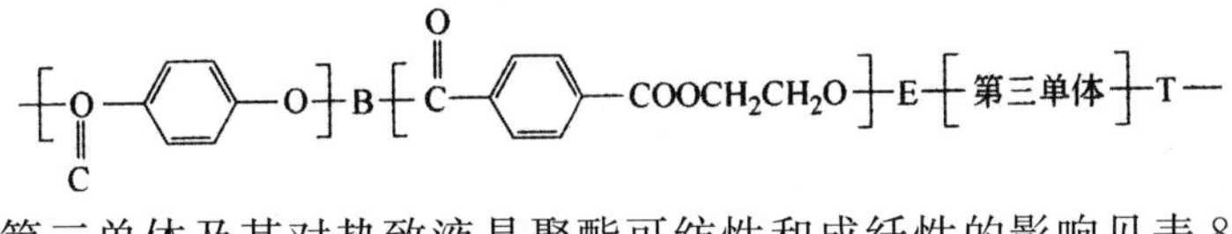

可熔体纺丝，第三单体及其对热致液晶聚酯可纺性和成纤性的影响见表 8-14。

对羟基苯甲酸和羟基萘甲酸的缩聚物：

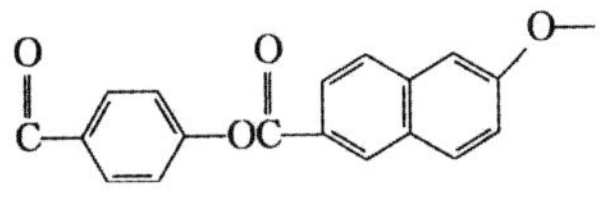

经熔体纺丝制成液晶聚酯纤维的性能见表 8-15。

表 8-14　第三单体对液晶聚酯可纺性和成纤性的影响

第三单体	缩合聚合时间 ①/h	[η]/(dL/g)	外观	可纺性	纤维丝 ②
VA	4.1	0.76	乳白色，有光泽	很好	很强
PBA	5.3	0.67	金黄色	中等	强
MHB	6.5	0.5	淡黄色	中等	中等
HQ-TPA	5.5	0.71	淡黄色，没有光泽	好	强
BPA-TPA	7.0	0.38	乳白色，没有光泽	差	弱
DHAQTPA	7.5	0.35	褐色，没有光泽	好	弱
1,5-DHN-TPA	4.5	0.97	金黄色，有光泽	中等	强
2,7-DHN-TPA	4.6	0.81	淡褐色，没有光泽	中等	强
PHB/PET(60/40)	6.0	0.60	淡黄色，有光泽	中等	中等

注：① 缩合聚合时间是指在真空中缩合聚合反应所经历的整个时间。

② 纤维丝的强度是好是坏，取决于特定的情况。

高取向的细纤维丝可以直接作为增强的短切纤维丝应用于纤维增强复合材料体系。

表 8-15　Ⅰ 型和 Ⅱ 型液晶聚醋纤维的性能

性能	Ⅰ 型(高强度性)	Ⅱ(高模量型)	性能	Ⅰ 型(高强度性)	Ⅱ(高模量型)
相对密度	1.41	1.37	伸长率 /%	3.8	2.4
熔点 /℃	250	250	拉伸模量 /(cN/dtex)	528	774
拉伸强度 /(cN/dtex)	22.9	19.4	分解温度 /℃	＞400	＞400
干湿强度比	98	98	最高使用温度 /℃	150	150

注：1cN/dtex = 91MPa。

溶液聚合的含环脂肪族间隔基的液晶聚酯：

HOCH$_2$–(环己烷)–CH$_2$OH

\+

Cl–C(=O)–(苯环)–C(=O)–Cl

\+

OH–(氯代苯环, Cl)–OH

↓ −HCl

–[O–(氯代苯环, Cl)–O–C(=O)–(苯环)–C(=O)]–[O–CH$_2$–(环己烷)–CH$_2$–O–C(=O)–(苯环)–C(=O)]–

也可熔体纺丝成纤维。

4. 芳杂环纤维

(1) 聚苯并咪唑(PBI) 纤维

聚苯并咪唑(polybenzimidazole，PBI) 是间苯二甲酸二苯酯和四氨联苯的缩聚物：

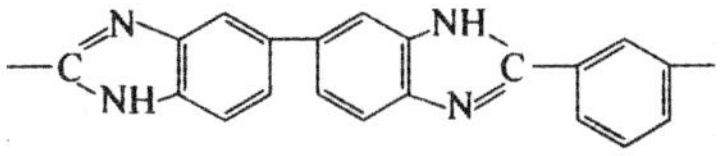

以二甲基乙酰胺为溶剂(纺丝液浓度为 20% ～ 30%) 在氮气下进行干纺得到 PBI 纤维，PBI 纤维可经酸处理，提高尺寸稳定性：

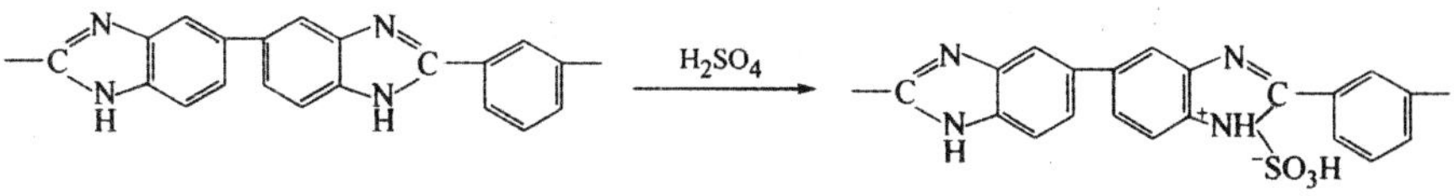

$\xrightarrow{H_2SO_4}$

PBI 纤维具有优异的耐热性，在 600℃ 开始热分解，900℃ 的热失重为 30%。然而 PBI 纤维的吸水性大，限制了其工程应用的范围。

(2) 聚亚苯基苯并二噁唑(PBO) 纤维

聚亚苯基苯并二噁唑，简称 PPBO，通常称为 PBO。PBO 由 2,4 － 二氨基间苯二酚盐酸盐与对苯二甲酸缩聚而得的含苯环和苯杂环(苯并二噁唑) 刚性棒状分子链：

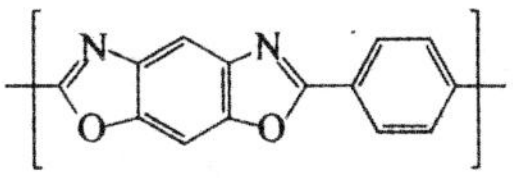

具有溶致液晶性。采用干喷湿纺可获得高取向度、高强度、高模量、耐高温(N_2 下的热分解温度 > 650℃，330℃ 空气中加热 144h 失重 < 6%)，耐水和化学稳定的纤维，商品名为 Zylon(美国道化学公司)。PBO 纤维的结构模型见图 8-27，含许多似毛细管状的细孔，在横截面上分子链沿径向取向，在纵截面上伸直的分子链沿纤维轴取向，高强度 PBO 纤维的取向度因子 > 0.95，高模量 PBO 纤维的取向度因子为 0.99。PBO 纤维的强度超过碳纤维和芳纶，缺点是压缩性能差。

(3) 聚亚苯基苯并二噻唑(PBZT) 和含单甲基(MePBZT) 和四甲基(tMePBZY) 侧基的聚亚苯基苯并二噻唑纤维

聚亚苯基苯并二噻唑，简称 PPBT，或称为 PBZT。PBZT 纤维由 1,4 － 二氨基、2,5 － 苯二硫基(DADMB) 与对苯二甲酸(TPA) 在多聚磷酸(PPA) 介质中缩聚而得的含苯环和苯杂环(苯并二噻唑) 刚性棒状分子链：

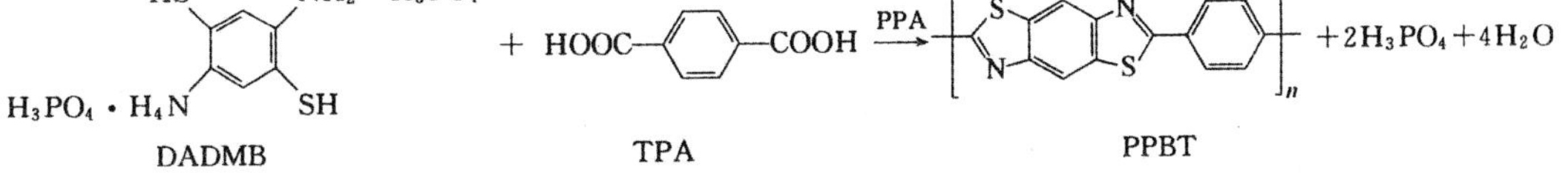

DADMB + TPA $\xrightarrow{PPA}$ PPBT $+ 2H_3PO_4 + 4H_2O$

具有溶致液晶性。采用干喷湿纺可获得高取向度、高强度(1.2 ～ 3.2GPa)、高模量(170 ～ 283GPa)、耐高温(N_2 下的热分解温度 > 600℃，330℃ 空气中加热 144h 失重 < 5%) 和化学稳定(耐强酸) 的纤维。含侧甲基的 PBZT 纤维可通过交联网络的形成来改善 PBZT 纤维的横向压缩性能。MePBZT 纤维在 450℃ ～ 550℃ 发生交联反应：

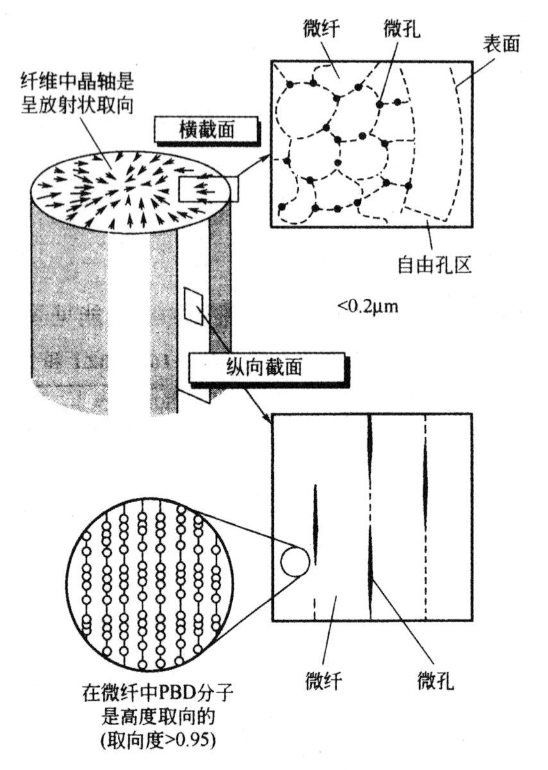

图 8-27 PBO 纤维的结构模型

TMePBZT 及其与 PBZT 共聚物的结构为：

也具有很好的耐热性和横向压缩性。

(4)M5 纤维

聚－1,6－二咪唑并[4,5－b:4′5′e]吡啶－1,4,(2,5－二羟基苯)(polypyridobisimidazole,PIPD)纤维(简称为 M5 纤维)的化学结构为:

$$H_2N,\ NH_2,\ H_2N,\ NH_2\ (\text{吡啶}) + HOOC-C_6H_2(OH)_2-COOH \xrightarrow{PPA} \left[\ \cdots\ \right]_n$$

聚合物纤维的拉伸强度由主链的化学键决定,而压缩强度由链间二次作用力决定。PIPD 具有双向分子内和分子间氢键网络(图 8-28),提供的 M5 纤维不仅具有高强度和高模量,而且具有高压缩强度。此外,M5 纤维还具有优异的耐燃性和自熄性,LOI $\geqslant$ 50%。

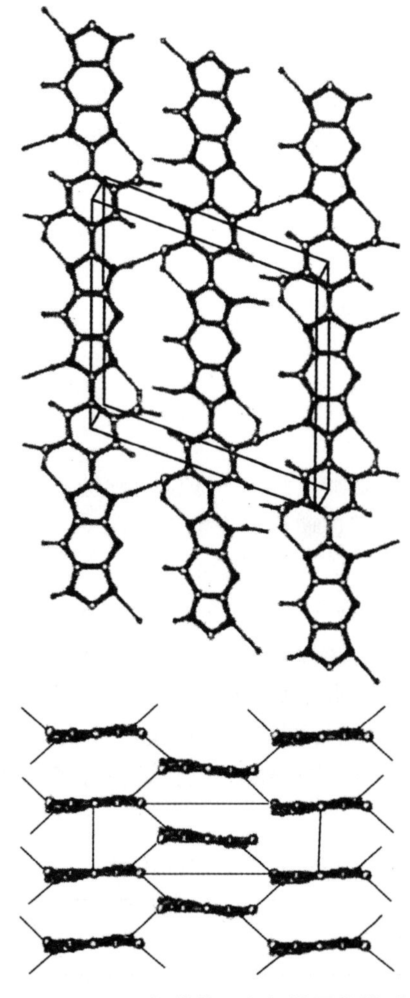

图 8-28　M5 纤维的双向氢键网络模型

(5) 聚酰亚胺(PI) 纤维

聚酰亚胺具有高耐热性、化学稳定性和力学性能,但溶解性差,造成加工困难。热固性聚酰亚胺(polyimide,PI) 不能直接纺丝制成纤维。聚酰亚胺纤维的制造采用两步法,首先将聚酰亚胺中

间体聚酰胺酸(polyamicacid,PAA)在溶液中纺丝(PAA纤维),然后再热处理使聚酰胺酸脱水成聚酰亚胺纤维:

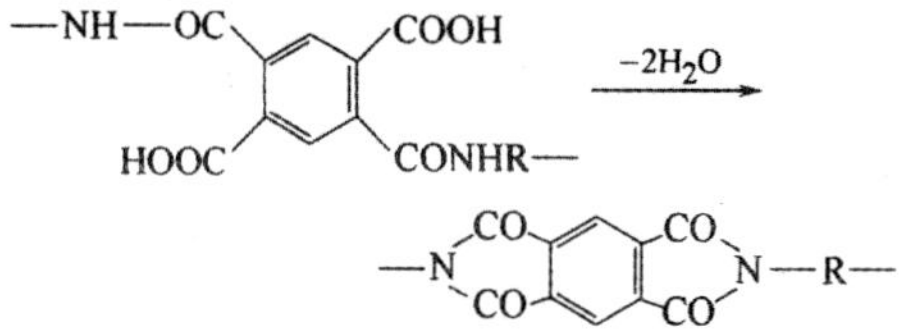

具有优异耐热性的BBB纤维的合成路线为:

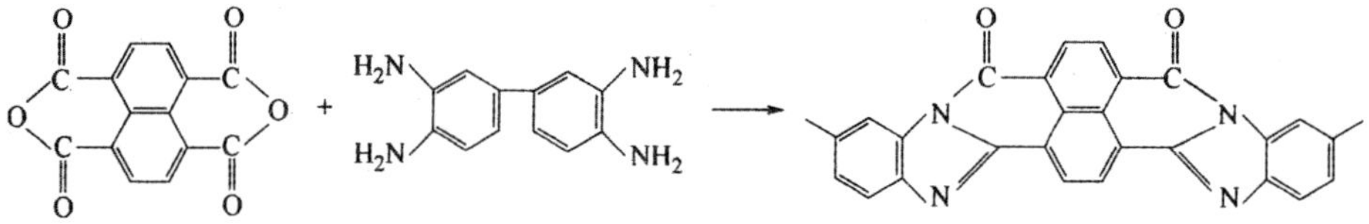

BBB纤维的强度为47cN/tex,伸长率为3%～3.5%,600℃时强度可保留50%。

(6)聚－1,3,4－二噁唑(polyoxadiazole,POD)纤维

聚－1,3,4－二噁唑是利用便宜的原料对苯二甲酸和硫酸肼在发烟硫酸中一步合成的:

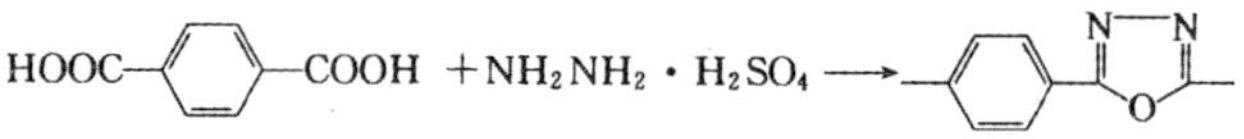

经湿纺得到的纤维的强度为40～60cN/tex,伸长率为4%～8%,在300℃时强度可保留50%～60%,耐热性与聚酰亚胺纤维相当。

8.4.3 功能合成纤维

1. 高弹性合成纤维

氨纶是聚氨酯纤维的简称。聚氨酯纤维的分子链由软链段和硬链段两部分组成,其中软段由非晶性的脂肪族聚酯或聚醚组成,其玻璃化温度为－70℃～－50℃,在常温处于高弹态,硬段由结晶性的芳香族二异氰酸酯组成,在应力作用下不变形。大多数氨纶采用干纺工艺,氨纶的突出特点是高弹性,其性能见表8-16。氨纶纤维通常有500%～800%的伸长;弹性回复性能也十分出众,在伸长200%时,回缩率为97%,在伸长50%时,回缩率超过99%。氨纶纤维之所以具有如此高的弹力,是因为它的高分子链是由低熔点、无定形的“软”链段为母体和嵌在其中的高熔点、结晶的“硬”链段所组成。柔性链段分子链间以一定的交联形成一定的网状结构,由于分子链间相互作用力小,可以自由伸缩,造成大的伸长性能。刚性链段分子链结合力比较大,分子链不会无限制地伸长,造成高的回弹性。

表8-16 氨纶的性能

性能	聚醚型	聚酯型	性能	聚醚型	聚酯型
强度/(cN/dtex)	0.618～0.794	0.485～0.574	弹性模量/(cN/dtex)	0.11	—
伸长率/%	480～550	650～700	回潮率/%	1.3	0.3
回弹率/%	95(伸长500%)	98(伸长600%)	—		

硬弹性纤维是指结晶性聚合物在大伸长变形后具有高弹性回复的纤维。硬弹性丙纶是在应变结晶(熔体在高应变场下结晶)和热结晶(热处理)过程中形成的。控制等规聚丙烯熔体纺丝(纺丝速率为 1000 ~ 1500m/min)的初生纤维的取向度(初生纤维的双折射率为 16×10^{-3} ~ 17×10^{-3})和热处理可制备出硬弹性丙纶，其弹性回复率 > 90%。

2. 耐腐蚀合成纤维

有两类氯纶：① 用无规立构聚氯乙烯制备的氯纶，聚氯乙烯的制备采用悬浮聚合法在 45 ~ 60℃ 聚合，所得聚氯乙烯的玻璃化温度为 75℃，成纤聚氯乙烯的相对分子质量为 60000 ~ 100000，经溶液纺丝制成氯纶，其力学性能见表 8-17。氯纶具有抗静电性、保暖性和耐腐蚀性好的特点。② 用高间规度聚氯乙烯制备的氯纶，采用低温(－30℃)聚合得到高间规度的聚氯乙烯，玻璃化温度为 100℃，经溶液纺丝制成列维尔。

表 8-17　氯纶的力学性能

性能	数值	性能	数值
强度 /(cN/dtex)	2.28 ~ 2.65	弹性模量 /GPa	53.9 ~ 68.6
湿强 / 干强 /%	100 ~ 101	3% 伸长弹性回复 /%	80 ~ 85
伸长率 /%	18.4 ~ 21.2	沸水收缩率 /%	50 ~ 61

注：1cN/dtex = 91MPa。

聚四氟乙烯的制备采用乳液聚合法，凝聚后生成 0.05 ~ 0.5μm 的颗粒，相对分子质量为 300 万。氟纶的制造多采用乳液纺丝法，即把聚四氟乙烯分散在聚乙烯醇水溶液中，按照维纶纺丝的工艺条件纺丝，然后在 380℃ ~ 400℃ 烧结，此时聚乙烯醇被烧掉，聚四氟乙烯则被烧结成丝条，在 350℃ 拉伸得到氟纶。氟纶的化学稳定性突出，能耐强酸和强碱。氟纶的力学性能见表 8-18。

表 8-18　氟纶的力学性能

性能	数值	性能	数值
强度 /(cN/tex)	1.15 ~ 1.59	初始模量 /(cN/tex)	14.21 ~ 17.66
伸长率 /%	13 ~ 115	回潮率 /%	0.01

注：1cN/tex = 9.1MPa.

3. 阻燃合成纤维

纤维的可燃性用极限氧指数表示。极限氧指数(limiting oxygen index，LOI)是纤维点燃后在氧－氮混合气体中维持燃烧所需的最低含氧量的体积分数：

$$\mathrm{LOI}\% = \frac{O_2}{O_2 + N_2} \times 100\%$$

在空气中氧的体积分数为 0.21，故纤维的 LOI ≤ 0.21 就意味着能在空气中继续燃烧，属于可燃纤维；LOI > 0.21 的纤维属于阻燃纤维。一些合成纤维的燃烧性见表 8-19，其中腈纶和丙纶易燃(容易着火，燃烧速率快)，聚酰胺、涤纶和维纶可燃(能发烟燃烧，但较难着火，燃烧速率慢)，氯纶、维氯纶、酚醛纤维等难燃(接触火焰时发烟着火，离开火焰自灭)。维氯纶是聚乙烯醇 - 聚氯乙烯的共聚物经缩醛化制备的纤维，具有好的阻燃性。制法是将氯乙烯和低分子量的聚乙烯醇一起进行乳液聚合，所得乳液与聚乙烯醇水溶液混合配制成纺丝液，用维纶湿纺工艺进行纺丝、热处理和缩醛化。丙烯腈－氯乙烯共聚物经溶液纺丝制备的纤维称为腈氯纶或阻燃腈纶。酚醛纤维是热塑性酚醛树脂经熔体纺丝制备的交联型热固性纤维，具有好的阻燃性。腈纶在张力、热和空气进行热氧化处理发生环化、脱氢和氧化反应，可得到预氧化纤维，也具有优异的阻燃性。

表 8-19　合成纤维的燃烧性

纤维	LOI/%	纤维	LOI/%
耐燃纤维	—	阻燃涤纶	28 ~ 32
氟纶	95	阻燃腈纶	27 ~ 32
阻燃纤维	—	阻燃丙纶	27 ~ 31
酚醛纤维	332 ~ 34	可燃纤维	—
偏氯纶	45 ~ 48	聚酰胺	20.1
氯纶	35 ~ 37	涤纶	20.6
维氯纶	30 ~ 33	维纶	19.7
腈氯纶	26 ~ 31	腈纶	18.2
PBI	41	丙纶	18.6
芳纶	33 ~ 34	—	—

4. 医用合成纤维

医用合成纤维要求纤维具有生物相容性，可分为生物可降解性和不可降解性纤维。可降解性合成纤维有脂肪族聚酯纤维，包括聚羟基乙酸（PGA）、聚乳酸（PLA）、聚已内酯（PCL）、聚羟基丁酸酯（PHB）、聚羟基戊酸酯（PHV）及其共聚物，纤维分子链中的酯键易水解或酶解，降解产物可转变为其他代谢物或消除。所以具有生物可降解性的脂肪族聚酯纤维可用于医学可吸收缝线、自增强人造骨复合材料（PGA 纤维增强 PGA）、无纺布。非降解性合成纤维有锦纶、涤纶、腈纶、丙纶等，它们也可医用，如丙纶、聚酰胺和涤纶用于非吸收性缝合线，涤纶和氟纶用于制造人工血管，聚丙烯腈中空纤维用于人工肾（血液透析器），聚丙烯中空纤维用于人工心脏，膨胀的氟纶用于韧带。

5. 超细合成纤维－新合纤和差别化合成纤维

新合纤并不是指新的合成纤维，而是指采用超细合成纤维制备的具有新质感（新颖、独特且超过天然纤维的风格和感觉）的纤维织物。纤度（线密度）是表征纤维粗细的指标，用 1000m 长纤维质量(g) 的 1/10 表示，单位是分特（dtex）。纤维根据纤度的一般分类是：粗旦纤维（＞7.0dtex）、中旦纤维（7.0 ～ 2.4dtex）、细旦纤维（＜ 2.4 ～ 1.0dtex）、微细纤维（＜ 1.0 ～ 0.3dtex）、超细纤维（＜ 0.3dtex）。超细合成纤维的结构可分类为单一结构型和复合结构型两类。复合结构型的超细纤维可用两种不同的纤维通过复合纺丝工艺制备。

差别化合成纤维是指通过分子设计合成或通过化学和物理改性制备具有预想结构和性能的成纤聚合物或利用革新的纺丝工艺赋予纤维新的性能并与通用纤维有差别的纤维。通过对合成纤维分子链和表面的改性和复合化技术（图 8-29），可提高纤维染色性，制备抗静电纤维。阻燃性通用合成纤维纤维(阻燃涤纶、阻燃丙纶等)、抗起球纤维等。染色技术是纺织品后整理的一道工序,要求纤维的可染性好,具有染色均一性和坚牢度,直接影响纤维的光泽和色彩。合成纤维在加工和使用过程中产生的静电是有害的。合成纤维的带电性序列见图 8-30,即当前后两种纤维摩擦接触时,前者带正电,后者带负电。在纤维分子侧链中引入极性基团可有效的消除静电。用四溴双酚 A 双羟乙基醚作为阻燃共聚单体合成的涤纶具有很好的阻燃性。添加无机阻燃剂如氢氧化铝、氢氧化镁、红磷、氧化锡等或有机阻燃剂如磷系的磷酸三辛酯、磷酸丁乙醚酯、磷酸三(2,3－二氯丙基)酯、磷酸三(2,3－二溴丙基)酯、氯系的氯化石蜡、氯化聚乙烯、溴系的四溴双酚 A、十溴二苯醚等可制备阻燃性纤维。

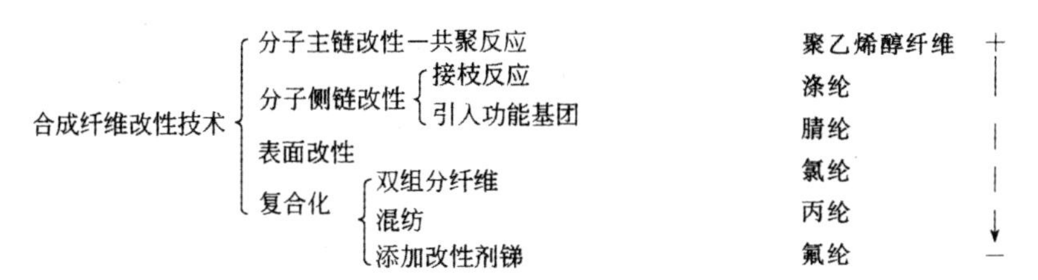

图 8-29　合成纤维改性和复合化技术　　图 8-30　合成纤维的带电性序列

为了改善聚酰胺和涤纶的表面性质,可在聚酰胺和涤纶表面接枝丙烯酸酯。在引发剂、分散剂和活化剂存在下,丙烯酸可接枝到聚酰胺 6 表面,丙烯酸的接枝率对聚酰胺 6 吸湿性和膨胀性的影响见表 8-20。丙烯酸也可接枝到涤纶表面,其结构为:

$$\left[C_6H_4-\underset{\underset{O}{\|}}{C}-O-CH-CH_2 \right]_m + nCH_2=\underset{\underset{COOH}{|}}{CH} \longrightarrow \left[C_6H_4-\underset{\underset{O}{\|}}{C}-O-\underset{\underset{(CH_2-\underset{\underset{COOH}{|}}{CH})_n}{|}}{CH}-CH_2 \right]_m$$

表 8-20　丙烯酸的接枝率对聚酰胺 6 吸湿性和膨胀性的影响

样品 X(质量分数)/%	湿度用质量分数表示 /%				纤维丝的膨胀(质量分数)/%
	相对湿度 65%	相对湿度 100%	相对湿度 65%	相对湿度 100%	
	4h		同等条件,24h 后		
PA－未处理	1.50	4.75	3.37	8.12	15.00
PA－PAA(2.99)	2.36	4.87	3.43	9.06	16.50
(13.07)	3.06	5.48	3.79	10.33	18.10
(28.88)	3.82	5.96	3.92	13.01	29.90
(38.40)	3.92	6.90	3.97	15.32	33.32

丙烯酸的接枝率对涤纶吸湿性和膨胀性的影响见表 8-21。

在盐酸或对甲苯磺酸溶液中,用过氧化硫酸盐为引发剂制备的聚酰胺 6 接枝聚苯胺的导电性能见表 8-22。

表 8-21 丙烯酸的接枝率对涤纶吸湿性和膨胀性的影响

No.	接枝率(质量分数)/%	湿度用质量分数表示/%			纤维丝的膨胀(质量分数)/%
		相对湿度 65%	相对湿度 100%		
		4h 后	24h 后	48h 后	
PET	未处理	0.28	0.61	0.65	5.82
1	8.50	0.88	4.11	4.20	13.42
2	10.31	1.55	8.27	8.86	22.37
3	27.21	1.99	11.29	12.87	31.55
4	33.69	2.16	14.12	15.43	49.64
5	36.61	2.29	14.62	17.00	52.76

表 8-22 聚酰胺 66 接枝聚苯胺的导电性

聚合物	接枝比例/%	介　质	导电性/[Ω/(m·cm)]
Nylon66	—	—	0.88×10^9
Nylon66－g－PAn	13.5	HCl	8.51×10^6
	15.2	HCl	10.3×10^6
Nylon66－g－PAn	15.0	PTSA	14.3×10^3
	28.2	PTSA	19.6×10^3

6. 双组分纤维

双组分纤维由两种不同的纤维组成，其熔体纺丝工艺见图 8-31。双组分纤维有多种形态(图 8-32)：① 皮芯结构(core shell)，一种聚合物为皮，另一种聚合物为芯；② 并列结构(side by side)；③ 橘瓣结构(orange type)；④ 带形结构(fibers split into bands)；⑤ 海岛结构(islands in the sea)，一种聚合物为连续相，另一种聚合物为分散相。

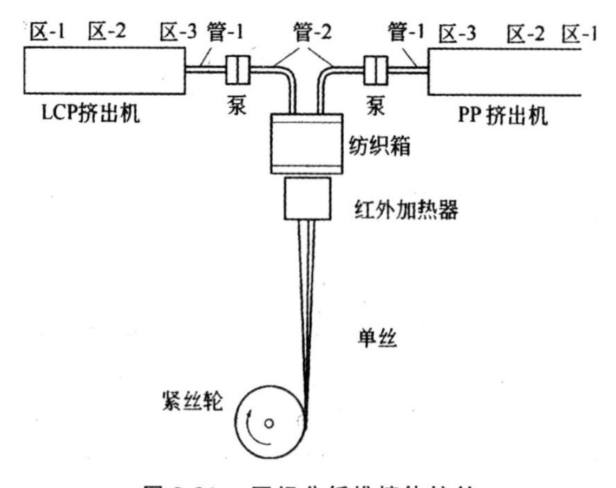

图 8-31 双组分纤维熔体纺丝

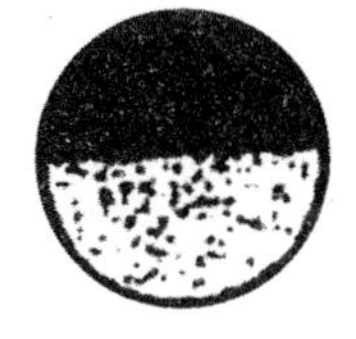

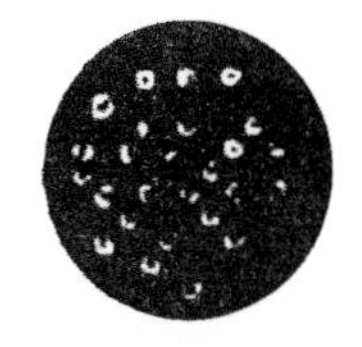
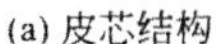

(a) 皮芯结构　(b) 并列结构　(c) 橘瓣结构　(d) 带形结构　(e) 海岛结构

图 8-32　双组分纤维的形态

7. 智能合成纤维

对合成纤维日益增多的要求是智能化，即能对环境具有感知能力并对人们的需求作出反应，智能合成纤维(smart fibers) 和服装应运而生。服装设计师正在设计可以监测身体功能的服装，可以转发电子邮件和判断人的情绪的饰物以及可以改变颜色的服装。智能服装中装备有特殊的微型计算机和全球定位系统及通信装置，可以不断监视使用者的体温、饥饿和心脏跳动情况，当人体出现异常情况时可提醒使用者，如果发现使用者无反应则会提醒急救中心。该衣服上还安装有太阳能处理系统，可以不间断地满足衣服上各种仪器的电能需求。

抗菌纤维可以防止细菌传染和减少细菌造成的气味，已经用于体育服装。自洗衣是在衣服纤维上植入不同种类的细菌，不但能除去衣服上的污垢、气味和汗味，还会排出芳香气味，使衣物爽洁怡人。智能泳衣参考了鲨鱼的游泳姿态、鲨鱼皮的纹理和飞机外形结构，采用新的高弹力织物可以对水产生排斥作用在水中游动时的阻力。具有救生功能的电子滑雪服的功能是当滑雪服内的温度测得滑雪者体温过低时，衣料便会自动加热。可根据环境条件调节温度(暖或凉) 的服装也已经问世，如用形状记忆合金纤维制造的衬衫使用镍钛记忆合金纤维和聚酰胺混织而成，比例为五根尼龙丝配一根镍钛合金丝。当周围温度升高时，这件衬衣的袖子会立即自动卷起，让你凉快一下。一种可使医生及时了解人体能状况的生命衬衣已研制成功，它装有 6 个传感器，分别织入领口、腋下、胸骨及腹部等部位，与佩戴在腰带上的微型电脑连接，将使用病人的心跳、呼吸、心电图及胸、腹容积变化等指标，通过微型电脑，经互联网传至分析中心，再由分析中心将结果通知医生，对防止绞痛、睡眠性呼吸暂停等突发性衰竭的病人非常有效。微电路板中的导电聚合物纤维织物可以储藏信息。利用光子的智能纤维可以像含光敏性染料的纤维那样随环境变化而改变颜色。对雷达惰性的纤维可以用于隐身飞机、坦克和军服。

第 9 章　石油炼制

9.1　石油的化学组成

9.1.1　石油的成因

原油，又称天然石油。它和人造石油一起总称石油。

原油是从不同深度的地层里开采出来，在海洋里也可由浅海地层中开采出石油来。

天然石油通常是淡黄到黑色的、流动或半流动的粘稠液体，一般为黑色或红褐色，但也有水白透明的、黄色的或绿色的。有的带有绿色或蓝色的荧光。相对密度一般都小于 1，介于 0.8 ～ 0.98 之间。

原油的生成原因说法不一，目前最普遍说法是：在一些气候温暖、潮湿的内陆湖泊或海边，水中繁殖着各类动植物，特别是水里的浮游生物（如鱼类或甲壳类）十分丰富。这些生物死亡之后，同周围河流带来的泥沙一起沉积在水底。天长日久沉积物层层加厚，随着地壳的运动、地层的变迁，这许许多多有机的生物遗体被深深埋在岩层里，在隔缘空气的条件下，受地层高温、高压的影响及一些细菌的作用，慢慢变成了石油和天然气。由于生成原油的环境不同，最初形成的石油是油珠，它是分散的，但由于本身物性及外来的压力，渐渐被挤入到组织松软、颗粒较粗的岩石内，这称为石油的移栖。石油移栖后就慢慢地聚集在一起，形成储油层。移栖的压力，常来自地下水，所以当石油停留下来的时候，就由于相对密度的不同而分为气、油、水三层，油之所以没散失，是因为油层的顶上覆盖有紧密的岩石。

9.1.2　石油的成分

1. 石油中的元素

石油是一种成分非常复杂的混合物，欲要开展对石油成分的研究，必须从分析其元素组成入手。由表 9-1 可以看出，组成石油的元素主要是碳、氢、硫、氮、氧。其中碳的含量占 83% ～ 87%，氢含量占 11% ～ 14%，两者合计达 96% ～ 99%，其余的硫、氮、氧及微量元素总共不过 1% ～ 4%。不过，这仅就一般而言，有的石油例如墨西哥石油仅硫元素含量就高达 3.6% ～ 5.3%。大多数石油含氮量甚少，约千分之几到万分之几，但也有个别石油如阿尔及利亚石油及美国加利福尼亚石油含氮量可达 1.4% ～ 2.2% 左右。

除上述五种主要元素外在石油中还发现有微量的金属元素与其他非金属元素。

在金属元素中最重要的是钒（V）、镍（Ni）、铁（Fe）、铜（Cu）、铅（Pb），此外还发现有钙（Ca）、钛（Ti）、镁（Mg）、钠（Na）、钴（Co）、锌（Zn）等。

在非金属元素中主要有氯（Cl）、硅（Si）、磷（P）、砷（As）等，它们的含量都很少。

表 9-1　世界某些石油的元素组成

石油产地	C	H	S	N	O
大庆混合原油	85.74	13.31	0.11	0.15	
大港混合原油	85.67	13.40	0.12	0.23	
胜利原油	86.26	12.20	0.80	0.41	
克拉玛依原油	86.10	13.30	0.04	0.25	0.28
孤岛原油	84.24	11.74	2.20	0.47	
苏联杜依玛兹	83.90	12.30	2.67	0.33	0.74
墨西哥	84.20	11.40	3.60	0.80	
美国宾西法尼亚	84.90	13.70	0.50		0.90
伊朗	85.40	12.80	1.06		0.74

从元素组成可以看出，组成石油的化合物主要是烃类。现已确定，石油中的烃类主要是烷烃、环烷烃、芳香烃这三族烃类。至于不饱和烃，在天然石油中一般是不存在的。硫、氮、氧这些元素则以各种含硫、含氧、含氮化合物以及兼含有硫、氮、氧的胶状和沥青状物质的形态存在于石油中，它们统称为非烃类。

2. 石油的馏分和馏分组成

石油或石油产品是组成复杂的混合物，没有固定的沸点。当加热蒸馏石油时，低沸点的组分首先蒸发出来，高沸点的组分则随蒸馏温度升高后才蒸发出来。蒸馏出第一滴油品时的气相温度叫初馏点。蒸馏出10%，50%，90%体积时的气相温度，分别叫10%点、50%点和90%点。蒸馏最后达到的气相最高温度叫终馏点或干点。在一定温度范围蒸馏出的油品叫馏分，即馏出的部分。蒸馏石油及石油产品时，从初馏点到干点的这一温度范围叫某馏分的馏程。例如航空汽油的馏程为40℃～180℃，车用汽油为35℃～200℃。馏分组成也可以利用某个温度范围内馏出物的质量分数或体积分数来表示。

馏分常冠以汽油、煤油等名称，但馏分并不是石油产品，如汽油馏分不等于汽油。原油馏分还必须进行再加工至满足石油产品的规格要求后，才能成为石油产品。同一沸点范围馏分也可以加工成不同产品。例如航空煤油(150℃～250℃)、灯用煤油(200℃～300℃)、轻柴油(200℃～350℃)都包含着一段200℃～250℃的共同馏分。

一般低于200℃的馏分称为汽油或低沸馏分，200℃～250℃为煤柴油或中沸馏分，350℃～500℃为润滑油或高沸馏分。馏分沸点升高，碳原子数和平均分子量均增加，如表9-2所示。

表 9-2　原油馏分的沸点与碳原子数和分子量的关系

馏分	碳原子数	分子量
航空汽油馏分，40℃～180℃	C_5～C_{10}	100～120
车用汽油馏分，80℃～205℃	C_5～C_{11}	100～120
溶剂油馏分，160℃～200℃	C_8～C_{11}	100～120
灯用煤油馏分，200℃～300℃	C_{11}～C_{17}	180～200
轻柴油馏分，200℃～350℃	C_{15}～C_{20}	210～240
低粘度润滑油	$>C_{20}$	300～360
高粘度润滑油		370～470

3. 石油的烃类组成

组成石油的元素主要是C和H,石油中的化合物主要也是碳氢化合物,即烃类。石油中的烃类可分为烷烃、环烷烃和芳香烃。

烷烃分正构烷烃和异构烷烃。在常温下 $C_1 \sim C_4$ 为气体,$C_5 \sim C_{15}$ 为液体,C_{16} 以上为固体。在多数石油中,烷烃的含量较多。

石油中的环烷烃主要有五元环和六元环。除单环外,还有双环环烷烃。两个环可能都是五碳环,也可能都是六碳环,或者是一个五碳环一个六碳环,还有带不同侧链的环烷烃。

芳香烃分为单环、双环和多环芳香烃,有带侧链的芳香烃,还有由环烷烃和芳香烃混合组成的环烷 — 芳香烃。

一般天然石油中不含不饱和烃,但二次加工产品多数含有数量不等的不饱和烃,包括烯、环烯、二烯、环二烯和炔等。

除了烃类外,石油中还含有许多非烃类化合物,主要是含硫、氧、氮化合物和胶质 - 沥青质。虽然石油中S,N,O元素质量分数只有约1%,其化合物却可能达15% ~ 20%,是不能忽视的重要组成部分。

不同沸点的馏分密度不同。沸点愈高的馏分密度愈大;同样沸点范围的石油馏分,密度也因其化学组成不同而异。含烷烃高的油品密度较小,含芳烃高的油品密度较大。由此可知,石油馏分的密度、平均沸点与它的化学组成之间存在一定关系。人们根据实验数据总结出如下的经验关系式:

$$K = 1.216\frac{\sqrt[3]{T}}{d_{15.6}^{15.6}}$$

式中,K 为特性因数;T 为原油或石油产品的平均沸点,K;$d_{15.6}^{15.6}$ 为原油或石油产品的相对密度。

石油是烃类的复杂混合物,当组成不同时,K 值也有差别。一般原油 K 值为9.7~13.0,其大小随组成而变化。含烷烃较多的油品 K 值为12.0 ~ 13.0;含芳香烃较多的油品 K 值为9.7 ~ 11.0;含环烷烃较多的油品 K 值为11.0 ~ 12.0。

特性因素可用于了解石油及其馏分的化学性质,对确定石油的加工方案有参考价值,还可用于求它的物性参数,如汽化潜热等。

石油的烃类分析一般用3种方式表示。一是单体烃分析,如用气相色谱法测出汽油馏分的单体烃或其他馏分的正构烷烃;二是烃类族分析,即测出原油所含的饱和烃(P)、环烷烃(N)、及芳香烃(A);第3种分析以结构族组成表示。馏分油的结构族组成分析采用n-d-M法(ASTMD 3238)。随着石油馏分沸点的升高,烃类的结构越来越复杂。有一些分子中既有芳香环,又有环烷环,还带有烷基侧链。因此,对石油的重馏分提出了结构族组成的概念。它是把各原油馏分数以千百计的各种复杂分子都看成是一种"平均分子",由烷基侧链、环烷环和芳香环3个"结构单位"所组成。用平均分子上的环数(芳香环和环烷环)和碳原子在各个结构单位上所占的百分数来表示它的组成。例如,用 C_A,C_N,C_P 分别表示芳香环、环烷环和烷基侧链上碳原子占分子中总碳分子数的百分数,R_A,R_N,分别表示芳香环和环烷环的环数,则石油的结构族组成就可较清楚地用这些参数表示。平均分子的概念把复杂的问题简化了。如果通过实验测定了某馏分的平均分子量和元素组成,就可以像化合物一样写出它的平均分子式来。这种分子式可能出现小数,如大庆石油375℃ ~ 400℃ 窄馏分饱和烃的分子式为 $C_{22.8}H_{44.1}$,通式为 $C_nH_{(2n-1.5)}$。

表9-3、表9-4分别列出了我国某些油田的轻馏分油的烃族组成、200℃～500℃馏分的烃族组成及润滑油馏分的结构族组成。

表9-3　大庆及中原重整原料的烃族组成(以质量分数计)

	碳数	烷烃/%	环烷烃/%	芳香烃/%	总计/%
大庆油田	C_3	0.05	—	—	0.05
	C_4	1.43	—	—	1.43
	C_5	6.33	1.24	—	7.57
	C_6	10.98	7.89	0.26	19.13
	C_7	14.6	12.48	—	27.08
	C_8	16.27	6.31	0.92	23.50
	C_9	13.19	5.96	0.32	19.47
	C_{10}	1.51	0.25	—	1.76
	总计	64.36	34.13	1.51	100.00
中原油田	C_4	0.10	—	—	0.10
	C_5	1.21	0.21	—	1.42
	C_6	5.91	5.39	5.87	17.17
	C_7	13.97	9.50	8.87	32.34
	C_8	17.35	8.31	6.93	32.59
	C_9	9.87	4.99	0.55	15.41
	C_{10}	0.75	0.22	—	0.97
	总计	49.16	28.62	22.22	100.00

表9-4　大庆200℃～500℃馏分的烃族组成(以质量分数计)

实沸点范围/℃	200～250	250～300	300～350	350～400	400～450	450～500
烷烃/%	55.7	62.0	64.5	63.1	52.8	44.7
正构烷烃	32.6	40.2	45.1	41.1	23.7	15.7
异构烷烃	23.1	21.8	19.4	22.0	29.1	29.0
环烷烃/%	36.6	27.6	25.6	24.8	33.2	39.0
一环烷烃	25.6	18.2	17.1	11.8	13.6	17.4
二环烷烃	9.7	6.9	5.7	6.8	8.4	10.6
三环烷烃	1.3	2.5	2.8	2.6	5.3	7.3
四环烷烃	—	—	—	2.9	3.3	3.1
五环烷烃	—	—	—	0.7	1.8	0.6
六环烷烃	—	—	—	—	0.8	—

续表

实沸点范围/℃	200～250	250～300	300～350	350～400	400～450	450～500
芳香烃/%	7.7	10.4	9.9	11.8	13.8	15.9
单环芳烃	5.2	6.6	6.8	6.5	7.8	9.0
双环芳烃	2.5	3.6	2.5	3.2	3.3	3.8
单环芳烃	—	0.2	0.6	1.5	1.4	1.6
单环芳烃	—	—	—	0.5	0.8	0.8
单环芳烃	—	—	—	—	0.1	0.3
未鉴定	—	—	—	0.1	0.4	0.4
噻吩类/%	—	—	—	0.3	0.2	0.4

4. 石油中的非烃化合物

烃类是石油的主体，但非烃类也同样不能忽视。虽然在原油中S，N，O等杂原子的质量分数不过1%～2%，但它们是以化合物形态存在，而且通常是大分子化合物。假定含硫化合物的平均分子量是320，而且每个分子只含一个硫原子，则含硫化合物质量分数将是元素质量分数的10倍。这样，石油中非烃组分的质量分数将是百分之几十。

S，N，O在石油馏分中质量分数分布的一般规律是随着馏分沸点升高而增大，而且绝大部分集中在重油、渣油中，以胶状沥青状物质的形态存在。

(1) 石油中的含硫化合物

世界各地石油的含硫量多少不一，通常称$w(S)>2\%$的为高硫原油，0.5%～2.0%的为含硫原油，$w(S)<0.5\%$为低硫原油。我国的石油除胜利、江汉和孤岛外，均属低硫石油。而中东、前苏联第二巴库、委内瑞拉的某些原油则是典型的高硫石油。由于硫对石油加工、产品质量影响极大，所以含硫量通常作为评价原油的一项重要指标。

硫在石油中的存在形态已确定的有元素硫、硫化氢、硫醇、硫醚、二硫醚、噻吩及其同系物。元素硫、硫化氢及硫醇都能与金属作用而腐蚀设备，称为活性硫；硫醚、二硫醚、噻吩等硫化合物对金属没有直接腐蚀作用，称为非活性硫。

在石油加工过程中，硫的危害主要是对金属的腐蚀作用。当发动机燃料中有含硫化合物时，燃烧后均变成SO_2和SO_3，遇水生成H_2SO_3或H_2SO_4，对金属有强烈腐蚀作用。硫酸或亚硫酸与润滑油作用生成磺酸、硫酸脂及胶质等。此外，硫的氧化物对烃类氧化产物的缩合还有加速作用，会促进漆膜、积炭和油泥的生成，加速机械零件的磨损，使润滑油的使用周期缩短。含硫化合物对汽油的抗爆性也有不良影响，使辛烷值降低。有氧存在时，噻吩氧化生成磺酸，这是导致柴油迅速变色和贮存时产生沉淀的原因。硫还是大多数催化剂的毒物，因此炼油厂要用种种方法脱硫。

(2) 石油中的含氧化合物

石油的中氧的质量分数一般约在千分之几的范围。我国玉门原油中氧的质量分数为0.81%，克拉玛依为0.28%。石油中的氧几乎90%以上集中在胶状沥青状物质中，因此多胶质重质石油中氧的质量分数一般较高。除了胶状沥青状物质以外的含氧化合物可分为酸性和中性两大类。酸性的含氧化合物中有环烷酸、脂肪酸及酚类，总称为石油酸；中性的含氧化合物有醛、酮等，含量极微。

酸性含氧化合物中最重要的是环烷酸，约占石油酸的95％。一般原油含环烷酸都在1％以下，克拉玛依原油中环烷酸的质量分数为0.48％。环烷酸在原油馏分中的分布规律很特殊，在中沸点馏分（多在250℃～300℃）有最高值，低沸点或高沸点馏分中都比较低。研究表明，从不同馏分中所得到的环烷酸，无论分子量大小如何，都是一羧基的。

环烷酸的化学性质和脂肪酸相似，易溶于油，不溶于水。但其碱金属盐则相反，不溶于油而易溶于水。环烷酸能腐蚀金属，通常要用碱洗的方法将之除去。

（3）石油中的含氮化合物

石油中氮的质量分数一般在万分之几至千分之几。氮在石油中主要是以胶状沥青状物质形态存在，在馏分中的分布也是随着馏分沸点升高而增加，有90％左右集中在渣油里。从石油和页岩油中分离或鉴定出的含氮化合物，绝大部分是含氮杂环化合物，根据它们的碱性强弱，可以分为2类：碱性氮化合物——能用高氯酸（$HClO_4$）在醋酸溶液中滴定的氮化物，包括吡啶、喹啉、异喹啉及吖啶的同系物；非碱性氮化物——不能用高氯酸滴定的氮化物，包括吡咯、吲哚和咔唑的同系物。

此外，还有另一类很重要的非碱性氮化物，即金属卟啉化合物。石油中的微量钒、镍、铁等在原油中都以金属卟啉化合物的形态存在，大部分结合在沥青质的胶粒中，小部分分布在渣油的油分和胶质中。由于简单的卟啉化合物具有一定挥发性，所以从煤油开始的中间馏分含有痕量的钒和镍。复杂的卟啉化合物虽不挥发，但它对热不稳定，在370℃开始就有热分解。

碱性氮化物和钒、镍等微量元素化合物是催化裂化所用硅铝催化剂的毒物，还会引起油品变质、变色。所以，减少氮化物在油品中的含量对改进油品质量有重要意义。

5. 石油中的胶状沥青状物质

石油中的胶状沥青状物质，是石油非烃组分中最重要的一类。石油中S，O，N的绝大部分都以这种形态存在。它们是一些分子量很高、分子中杂原子不止一种的复杂化合物，大部分集中在原油蒸馏后的渣油中。由于结构不明，只能根据其外形称之为胶状沥青状物质。

胶质受热或氧化可转化为沥青质、甚至不溶于油的油焦质（焦炭状物质）。油品中含有胶质，使用时就会生成炭渣，使机械部件磨损、油路堵塞。因此在精制过程中要把大部分胶质除去。沥青质是中性物质，是一种深褐色或黑色的无定型固体，密度稍高于胶质，不溶于石油醚和酒精，在苯中形成胶状溶液（先吸收溶剂而膨胀，再均匀分散）。原油中的沥青质没有挥发性，全部集中在渣油中。当加热到300℃时，会分解成焦炭状物质和气体。沥青质的分子量一般约2000，为胶质分子量的2～3倍。其$n(C)/n(H)$为10～11，也比胶质高，说明它是高度缩合的产物。

沥青质可认为是胶质的缩合产物，其分子结构基本相似而且更复杂些。沥青质受热或氧化也可进一步缩合成半油焦质和油焦质。它们的区别是：沥青质能溶于CS_2和CCl_4，半油焦质能溶于CS_2而不溶于CCl_4，油焦质不溶于任何溶剂。

石油高度减压蒸馏所余的渣油称为人造沥青，或者用一般渣油作原料，长时间吹入空气氧化，使一部分烃类、胶质转化为胶质和沥青质，也是常用的制造人造沥青的方法。人造沥青是沥青质、胶质、沥青质酸酐和油分的混合物，是道路、建筑、油漆和电器绝缘的重要材料。

我国石油的渣油一般含饱和烃多，芳香烃和沥青质少，通常不作为道路沥青的原料。而孤岛原油的渣油含沥青质约8％，是生产道路沥青的适宜原料。

6. 石油中的固体烃

石油中有一些高熔点在常温下为固态的烃类，如C_{16}以上的正构烷烃，它们通常以溶解状态存在于原油中。当温度降低，溶解度低于原油中的浓度时，就会有一部分结晶析出。这种从原油中分离出来的固体烃类，在工业上称为蜡。根据蜡的结晶形状可将蜡分为两种：一种板状(或鳞片状、带状)结晶的称为石蜡；一种细小针状结晶的称为地蜡。

石蜡通常从柴油、润滑油馏分中分离出来，地蜡则从减压渣油中分离出来。高粘度的重质润滑油中有石蜡也有地蜡。一般说来，石蜡分子量为300～500，分子中碳原子数为20～30，熔点为30℃～70℃；地蜡分子量为500～700，分子中碳原子数为35～55，熔点为60℃～90℃。地蜡的沸点、熔点、分子量、密度、粘度、折射率都比相应的石蜡高，颜色也较深。从化学性质比较，石蜡对化学试剂比较稳定，不与氯磺酸反应，在熔融态与发烟硫酸作用时仅颜色稍变黑。地蜡则比较活泼，能与氯磺酸反应而放出HCl气体，与发烟硫酸共热时发生剧烈反应，产生泡沫并生成焦炭状物质。

研究表明，石蜡是由各种不同烃类组成的，但以烷烃为主。随石蜡熔点的上升，正构烷烃含量渐减，其他烃类的含量渐增；地蜡主要是由固体环烷烃及芳香烃组成，正构烷烃含量不多，而异构烷烃极少。

蜡存在于原油或原油馏分中，严重影响油品的低温流动性，对原油的输送、加工和产品质量都有不良影响。油中即使含少量的蜡，在低温下会结晶析出并形成晶网，阻碍油品流动，甚至会使油凝固。我国石油大都是多蜡、高凝点油品，要生产出低温流动性能好的油品必须进行脱蜡。

蜡本身也是一种很有价值的石油产品。石蜡可做蜡烛、蜡纸，还在医药和化妆品工业有广泛应用。石蜡氧化生成的脂肪酸可作为肥皂和合成洗涤剂的原料。由于地蜡具有较高的熔点和微针状结晶，具有良好的绝缘性能和密封性能，可应用于电子工业和航天工业。石蜡还是制造烃基润滑脂的重要原料。

9.2 常减压蒸馏工艺及设备

原油一般都不宜直接利用，而是需要将原油按选定的加工方案，根据沸点范围切割成不同的馏分(称为油品)，然后将馏分再加以精制，方能得到我们真正需要的产品。

原油蒸馏的装置，在长期生产实践中不断得到改进。早期采用釜式加热，其工艺落后、生产能力不高，现已为管式蒸馏装置所取代。在这种装置中，原油靠管式加热炉连续加热，并在精馏塔中分馏为各种产品，所以叫管式蒸馏，其生产能力显著提高，目前大多数炼油厂均采用这种装置。

9.2.1 常减压蒸馏设备及流程

常减压蒸馏的工艺流程按期加工方向不同，可分为一级蒸馏、二级蒸馏、三级蒸馏、四级蒸馏四大类型。大多数炼油厂都采用三级蒸馏的形式。

将原油预热至100℃，经脱盐处理后，进入换热器预热至220℃～250℃，再进入初馏塔。利用回流液控制塔顶温度在100℃左右，馏出物经冷凝分离得到拔顶气和轻汽油。初馏塔底的油送圆筒式常压炉加热至360℃～370℃，再送入常压塔。塔顶馏出温度控制在100℃～200℃，经分离后得重汽油。轻汽油和重汽油都是直接蒸馏得到的，所以统称直馏汽油，国外称石脑油。直馏汽油经过重整加工后，可作为高级汽油或作提取芳烃的原料。从塔的侧线引出的油品经汽提塔汽提(汽提是用过热水蒸气在汽提塔中把溶于液体中的低沸点组分吹出，并返回蒸馏塔)后，分别获得煤油、轻汽油和重汽油。从塔底引出的油，经圆筒式减压炉加热至400℃左右，进入减压塔，减压塔顶接减压系统，使塔顶的绝对压强保持在8kPa左右。从减压塔侧线引出的油品可作催化裂化原料或滑润油原料。塔底排出的减压渣油可作锅炉燃料，若经氧化处理可制得石油沥青，也可作焦化原料，进一步生产石油焦和气态烃、汽油、柴油等。减压渣油如果以丙烷为溶剂脱去沥青，可进一步制取高黏度润滑油和地蜡。常减压蒸馏的燃料型原油蒸馏的典型工艺流程如图9-1所示。

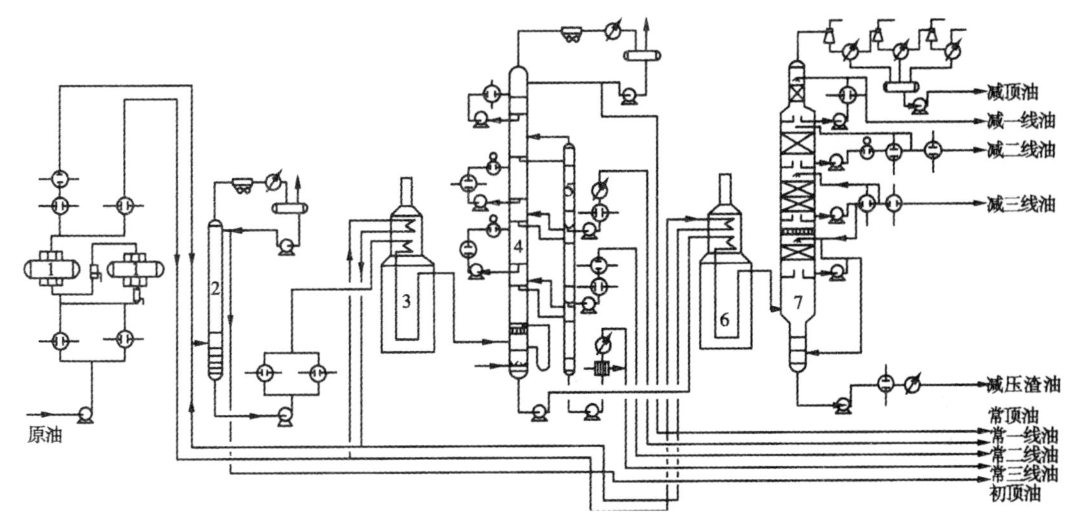

1— 电脱盐罐；2— 初馏塔；3— 常压加热炉；4— 常压塔；
5— 常压汽提塔；6— 减压加热炉；7— 减压塔

图9-1　燃料型原油蒸馏典型工艺流程图

1. 初馏

初馏目的是将原油中所含轻汽油（干点约140℃左右），在此塔中馏出，有少量水分和腐蚀性气体也同时分出，这样既可减轻常压炉、塔的负荷，保证常压塔稳定操作，又可减少腐蚀性气体对常压塔的腐蚀。

2. 常压蒸馏

过去原油的常压蒸馏和减压蒸馏是单独进行的。现在为了节省热量和提高设备生产能力，多数是将常压蒸馏和减压蒸馏联合成一套复合的常压 — 减压装置流程。常压蒸馏是在常压下进行，目的是在分出400℃以下的各个馏分，如汽油、煤油和柴油等。塔底蒸余物为重油，重油可作燃料。然而重油中却又含有重柴油、润滑油、沥青等高沸点组分，这些组分还需要进一步蒸馏方可。

3. 减压蒸溜

如将以上所得重油，提高温度后继续蒸馏，则重油组分就会发生碳化分解而破坏，严重影响油品质量，这样是不能得到有用的润滑油的。为此，就需要采用减压方法，在温度仍采用380℃ ～ 400℃，或略高于400℃，压力为40毫米汞柱（0.05大气压，绝压）或者说真空度为720毫米汞柱情况下进行蒸馏。这样既防止了破坏反应，又降低了热能消耗，还加快了蒸馏速度。

通过减压蒸馏可取出润滑油馏出物，如锭子油、机器油、汽缸油等，而从塔底则放出渣油。渣油是炼制石油沥青的原料，将渣油放在氧化锅中，用空气流吹10小时即得成品。

9.2.2 常减压蒸馏操作影响因素及调节

1. 常压系统操作影响因素

常压系统生产燃料油，要求严格的馏分组成，所以常压系统以提高分馏精确度为主。分馏精确度是精馏塔效能和操作好坏的标志之一，通常用相邻两个馏分的"重叠"和"间隙"来表示。如两馏分中，轻馏分的终馏点低于重馏分的初馏点时，说明分馏效果好，此温度的间隔称为"间隙"；反之，轻馏分的终馏点高于重馏分的初馏点时，说明分馏效果差，此时称为"重叠"。分馏精确度的高低，除与分馏塔的结构（塔板型式、板间距、塔板数等）有关外，在操作上的主要影响因素是温度、压力、回流比、塔内汽流速度及水蒸气量等。

（1）温度

炉出口温度、塔顶及侧线温度都要严格控制平稳，任何一点波动都会影响分馏效果。在原料一定的情况下，若提高炉出口温度，会使进塔油品的汽化量和带入塔内的热量增加。其他各点温度如不注意调节也会相应提高，使产品变重。反之，炉出口温度突然降低，就会使进入塔内的油气量及热量减少，如不进行相应调节，其他各点温度也会随之下降，使产品变轻。因此生产中关键点的温度都有仪表自动控制。

（2）压力

操作压力降低，有利于各组分在较低的温度下沸腾，消耗热量较少。压力增高不利于汽化与分馏，但可降低油汽体积流量，有利于提高处理量。操作中，初馏塔和常压塔压力变高，往往是由于原油含水多、塔顶回流带水或处理量增大等原因，促使塔内蒸汽量增大而引起的。这时容易造成冲油事故，必须密切注视压力的变化。

（3）回流比

回流比的大小直接影响塔顶温度和分馏效果，是调节产品质量的重要手段。增大回流比，可改善分馏效果。若回流比过大，一方面将使塔内油汽速度增大，如超过允许速度，会造成雾沫夹带严重，反而对分馏不利；另一方面使加热蒸汽和冷却水耗量增大，操作费用上升。所以

必须控制适当回流比。

（4）汽流速度

塔内空塔汽流速度过高，雾沫夹带严重，分馏效果降低；汽流速度过低，不仅处理量下降，分馏效果也下降，甚至产生漏液。操作中应在不超过允许速度的前提下，使气速尽可能高，既可提高分馏效果，又可提高设备的处理能力。常压塔允许气速一般为 0.8 ～ 1.1m/s，减压塔一般为1 ～ 3.5m/s。

（5）水蒸气量

在常减压系统汽提塔中用过热水蒸气汽提，一方面它是主塔和侧线的补充热源，另一方面也能起降低油气分压的作用，以利于除去其中的轻组分。蒸气量不宜过大，总量一般为原油处理量（质量分数）的 2% ～ 5%。若蒸气量过大，塔内气速过高，将会破坏塔的平稳操作，同时在塔顶还要消耗过多的冷却水来冷凝。

2. 减压系统操作影响因素

减压系统生产润滑油馏分或裂化原料，对馏分组成要求不太高。在馏出油残炭合格的前提下尽可能提高拔出率，减少渣油量是该段操作的主要目标。所以，减压系统以提高汽化段真空度、提

高拔出率为重要控制指标。其主要影响因素如下：

(1) 塔盘压力降

选用阻力较小的塔盘和采用中段回流，使蒸汽负荷分布均匀。同时，应在满足分馏要求的前提下，尽量减少塔盘数。

(2) 塔顶气体导出管压力降

为降低减压塔顶至冷凝器间的压力降，一般减压塔顶都不出产品，也不打塔顶回流，而用一线油打循环回流来控制塔顶温度。这样塔顶导出管蒸出的只有不凝气和吹入塔内的水蒸气。由于塔顶的蒸汽量大为减少，降低了导出管的压力降。

(3) 抽真空设备的效能

采用二级蒸汽喷射器，控制好蒸汽压力和水温的变化及冷凝器的用水量，一般能满足要求。

综上所述，在常压系统关键是控制好温度，在温度发生波动时，最主要的调节手段是改变回流比；在减压系统操作中，蒸汽压力变化是造成真空度波动的关键因素，必须注意调节。

3. 各种条件变化时的调节方法

(1) 原油含水量的变化

原油含水量高，将使预分馏塔操作困难。由于含水量多，一方面使换热后原油升温不够，影响预分馏塔的汽化量；另一方面大量水汽化会使预分馏塔内压力增大，液面波动，严重时造成冲塔或塔底油泵抽空。此时应补充热源，使原油换热后进初馏塔油温在 200℃ 以上，尽量使水分在预分馏塔蒸出。

(2) 产品头轻

产品头轻即初馏点低、闪点低，说明低沸点馏分未充分蒸出。不仅影响这一油品的质量，还影响上段油品的收率。处理方法是提高上段侧线油品的馏出量，使下来的回流减少，馏出温度提高，或加大本线汽提蒸汽量，均可使轻组分被赶出。

(3) 产品尾重

尾重的表现为干点高、凝点高，对润滑油馏分则表现为残炭高。尾重说明该段产品与下段馏分分割不清，重组分被携带上来了。这样，不但本线油品质量不合格，还影响下段侧线油品的收率。处理方法是降低本线油品的馏出量，使回到下层去的内回流加大，温度降低；或减少下一线的汽提蒸气量，均可减少重组分上来的可能性。

9.2.3　常减压蒸馏产品

常减压蒸馏的原料是原油，产品是各种馏分。由于各油田原油的性质差别很大，目标产品馏分的用途也各不相同，应根据具体情况改变侧线数目、各馏分的沸点范围和收率来满足生产要求。一般而言，常压拔出率为 25% ～ 40%，减压拔出率约 30%。蒸馏产品产率和馏分范围如表 9-5 所示。

表 9-5　常减压蒸馏产物

项目	产品	一般沸点范围 /℃	一般产率(质量分数)/%
初馏塔顶	汽油组分(或铂重整原料)	初馏点 ～ 95 或略高	2 ～ 3
常压塔顶	汽油组分(或铂重整原料)	95 ～ 200(或 95 ～ 130)	3 ～ 8

续表

项目	产品	一般沸点范围/℃	一般产率(质量分数)/%
常压一线	煤油(或航空煤油)	200～250(或130～250)	5～8
常压二线	轻柴油	250～300	7～10
常压三线	重柴油	300～350	7～10
减压测线	催化裂化原料或润滑油原料	350～520	约30
减压渣油	焦化原料、润滑油原料、氧化沥青原料或燃料油组分	＞520	35～50

9.2.4 常减压蒸馏设备防腐蚀

在炼油装置中，设备管线腐蚀是个相当严重的问题，加工含硫原油时更为突出。所谓腐蚀，是指材料(特别是金属材料)与周围介质作用生成相应化合物而丧失其原来性质的过程。炼油工业中高温、高压及各种腐蚀性介质的使用，是造成腐蚀的原因。

原油中引起设备和管线腐蚀的主要物质是无机盐类、各种硫化物和有机酸等。氯化钙和氯化镁在120℃即开始水解生成氯化氢：

$$CaCl_2 + 2H_2O \longrightarrow Ca(OH)_2 + 2HCl$$

$$MgCl_2 + 2H_2O \longrightarrow Mg(OH)_2 + 2HCl$$

水解生成的氯化氢在分馏塔中随轻组分和水蒸气一起上升至塔顶并馏出，当温度降低，水蒸气凝结成水时，氯化氢易溶于水生成盐酸，就会对钢铁引起严重腐蚀：

$$Fe + 2HCl \xrightarrow{H_2O} FeCl_2 + H_2$$

生成的氯化亚铁溶于水而消耗钢材。这种腐蚀称为 $HCl-H_2O$ 型腐蚀。

原油中的硫化氢会引起 $H_2S-HCl-H_2O$ 型更严重的腐蚀：

$$H_2S + Fe \longrightarrow FeS + H_2$$

$$FeS + 2HCl \longrightarrow FeCl_2 + H_2S$$

原油中的环烷酸在低于220℃时，基本不腐蚀管壁。但温度增高，腐蚀逐渐增加，到270℃～280℃时腐蚀性最强。温度再高，由于环烷酸部分汽化但未冷凝，腐蚀性反而下降。温度超过350℃时，环烷酸汽化量增加，腐蚀又加剧。直至温度达425℃左右，环烷酸已基本全部汽化，所以环烷酸对高温设备不产生腐蚀。

国内外炼油厂经长期研究和生产实践，普遍采取了以下几种行之有效的防腐蚀措施：原油电脱盐、原油注碱、塔顶馏出线注氨、注缓蚀剂和注水，即所谓"一脱四注"工艺性综合措施。

1. 原油电脱盐

初馏塔、常压塔顶部和馏出系统腐蚀的主要因素是氯化氢，腐蚀速度与原油含盐量有密切关系。因此，原油电脱盐就成为强有力的防腐措施之一。由于氯化氢的生成量与含盐量的关系大致是对数函数关系，因而脱盐必须与其他措施相配合才能取得良好效果。措施适当，可有效抑制 $H_2S-HCl-H_2O$ 型腐蚀.

2. 原油注碱

在脱盐后的原油中注入碱液，一方面可以把原油中残留的氯化钙和氯化镁转化为不易水解的氯化钠；另一方面可中和已经生成的氯化氢、原油中的硫化氢和环烷酸。生产实践表明注碱效果十分显著，原油注入理论量130%～180%的纯碱后，常压塔顶回流罐中冷凝水中氯离子质量分数降低80%～85%，铁离子质量分数降低60%～90%。

3. 塔顶馏出线注氨

氨(液氨或氨水)作为中和剂注入，以中和塔顶馏出系统残存的HCl，H_2S，调节冷凝水的pH值至7.5～8.5，以减轻腐蚀。此项措施一般与注缓蚀剂、注水配合使用。

4. 塔顶馏出线注缓蚀剂

缓蚀剂大多是油溶性的物质，一般带有极性基团(含氧、氮、硫等原子的官能团)。它能吸附在金属表面上，形成一层单分子抗水性保护膜，使腐蚀介质不能与金属表面直接接触，从而保护金属表面免遭腐蚀。缓蚀剂有特定的适宜pH值范围，因而常与注氨同时进行。我国炼油厂常用的缓蚀剂有氯代烷基吡啶、多氧烷基咪唑啉的油酸盐、Li－酰胺型缓蚀剂等，注入量为塔顶馏出物总量的5×10^{-6}～10×10^{-6}。

5. 塔顶馏出线注水

在塔顶馏出线注碱性水，以冲洗掉注氨时所生成的铵盐，并将最初冷凝出来的酸性水稀释中和，以减少氨用量。另外，由于馏出线的管壁厚，更换也比较容易，注水急冷馏出线气体后，实际上可将部分轻微腐蚀移至馏出线内，以减轻冷凝器的腐蚀。注水量一般为塔顶馏出量的7%～16%。

9.2.5　常减压蒸馏系统的换热网络及节能措施

提高热回收率是原油蒸馏设备节能的关键。通常采用下列措施来提高原油换热终温：

(1) 分馏塔取热合理分配，增加高温热源的热量

在保证产品收率和质量的前提下，适当减少塔顶回流，尽量多从塔的中下部取出高温位热源，使其在换热系统中得到充分利用。

(2) 充分利用中、低温热源

塔顶或经换热后温度小于130℃的低温热源还可用于加热锅炉给水、电脱盐用水、油罐保温用水等，有效提高全系统的总热量利用率。

(3) 优化换热流程

换热流程的最优合成是目前国际上广泛研究的热门课题。应用夹点设计技术可使整个换热系统达到平均温差合理、传热系数高、热流密度大、压降低等优化技术指标，使系统接近最优操作条件。用计算机计算优化的换热系统可使原油换热后的终温由过去的230℃～240℃提高到285℃～310℃，减少常压炉的热负荷，燃料消耗量降低36%～48%。

此外，选用新型高效换热器、换热网络与催化裂化装置或焦化装置热源联合考虑等措施，都可提高整体热量利用率，达到可观的节能效果。

9.3　催化裂化工艺

催化裂化是以重质馏分油为原料，在催化剂存在条件下，在450℃～530℃高温和0.1～0.3MPa压力下，经过以裂化为主的一系列反应，生成气体、汽油、柴油、重质油及焦炭的工艺过

程。其主要特点是轻质油收率高，可达70%～80%，比热裂化和延迟焦化都高。气体产率为10%～20%，其中主要是C_3，C_4，烯烃质量分数可达50%以上，是优良的石油化工原料和生产高辛烷值组分的原料。汽油产率为30%～60%，安定性好，辛烷值为70～80，高于直馏汽油和热裂化汽油、焦化汽油。柴油产率为20%～40%，其中含芳烃多，抽提出来的是宝贵的化工原料。

由于催化裂化在生产轻质油品方面的优越性，它已成为炼油厂提高原油加工深度、生产高辛烷值汽油、柴油和液化气的最重要的一种重油轻质化工艺过程。

在催化裂化过程中，原料油在催化剂上进行催化裂化反应时，一方面通过裂化等反应生成气体、汽油等较小分子的产物；另一方面又同时发生缩合等反应，生成较大分子的产物直至焦碳。所生成的焦炭沉积在催化剂表面上，在很短时间内（几分钟到十几分钟）催化剂的活性就由于表面上碳沉积增多而大大下降。这时必须停止反应，转而用空气烧去积碳以恢复催化剂的活性，这一烧焦过程称为“再生”。裂化反应为吸热反应，催化剂再生是强放热反应，因此在反应时需要供给热量，再生时又必须移走大量的热。由此可见，如何更好地解决周期性地进行反应和再生，同时又周期性地供热和散热这一矛盾，是催化裂化工业发展的关键。

9.3.1 催化裂化的化学反应

1. 化学反应

（1）裂化反应

由大分子的烷烃、烯烃裂化成小分子的烃时，分子越大、支链越多越易断裂。C_5以上的烷烃较难断裂，断裂后的生成物一般是C_3以上的分子。环烷烃可以发生环断裂和侧链断裂。单环芳烃十分稳定，只有具侧链的单环芳烃才能发生侧链断裂反应。下面是几个典型的裂化反应。

$$C_{20}H_{42} \longrightarrow C_{13}H_{26} + C_7H_{16}$$

环戊基—C—C ⟶ C=C(—C—C)—C—C—C

苯基—C—C(C)—C ⟶ 苯 + C=C(C)—C

（2）异构化反应

异构化有下列三种类型：

① 骨架异构化，直链变为支链。例如：

C—C—C—C ⟶ C—C(C)—C

② 双键向中间转移。例如：

C = C − C − C ⟶ C − C = C − C

③ 几何异构化，如顺式变为反式。例如：

H—C(C)=C(C)—H ⟶ H—C(C)=C(C)—H（反式，两个C分处双键两侧）

(3) 芳构化反应

环烷烃脱氢或烯烃环化后再脱氢生成芳烃的反应都属于芳构化。例如：

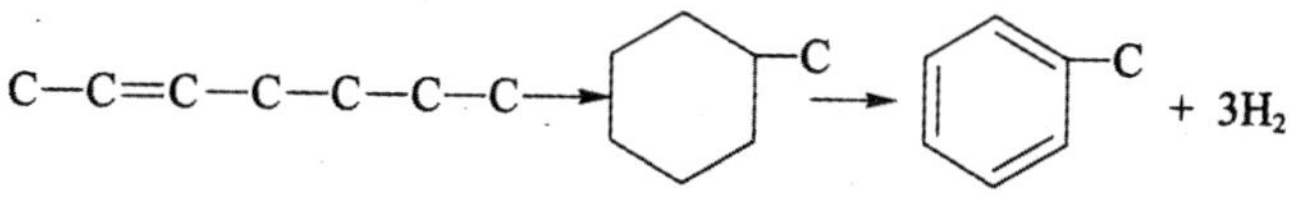

$$C-C=C-C-C-C-C \longrightarrow \text{(甲基环己烷)} \longrightarrow \text{(甲苯)} + 3H_2$$

(4) 氢转移反应

烷烃分子中的氢转移到烯烃；两个烯烃分子之间发生氢转移反应，一个获得氢原子变成烷烃，另一个失去氢原子变成二烯烃；环烷烃分子中的氢转移到烯烃，本身变为芳烃；多环芳烃缩合成焦炭，都属于氢转移反应。典型反应如下：

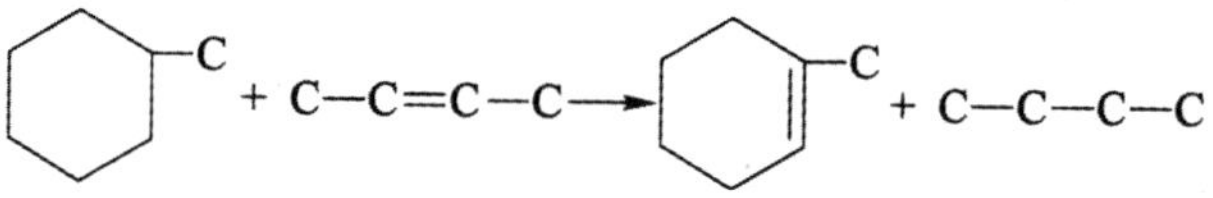

$$\text{(甲基环己烷)} + C-C=C-C \longrightarrow \text{(甲基环己烯)} + C-C-C-C$$

(5) 叠合缩合反应

叠合缩合反应是小分子叠合或缩合成大分子的反应。

在以上各种反应中，裂化和芳构化是吸热反应，叠合是放热反应，异构化是放热反应，但放热很少，所以总的来看催化裂化反应是吸热的。

2. 催化裂化反应特点

烃类的催化裂化反应是在固体催化剂表面上进行的，原料油在高温下汽化，反应属于气—固相非均相催化反应。反应物首先从油气流扩散到催化剂的微孔表面，并且被吸附在表面上，然后在催化剂的作用下进行化学反应。生成的反应物先从催化剂表面上脱附，再扩散至油气流中去。催化裂化的一般历程为扩散 → 吸附 → 反应 → 脱附 → 再扩散 5 个步骤。因此，某种烃类催化裂化的反应速度不仅与本身的化学反应速度有关，而且还与它被吸附的难易程度有关。对于易吸附的烃类，催化裂化速度决定于化学反应速度；对于化学反应速度很快的烃类，催化裂化速度决定于吸附速度。

实验证明，碳原子相同的各种不同的烃类吸附能力大小顺序是稠环芳香烃 > 稠环环烷烃 > 烯烃 > 单烷基侧链的单环芳香烃 > 环烷烃 > 烷烃；同类烃中，分子量越大越容易被吸附。化学反应速度的快慢顺序是烯烃 > 异构烷与烷基环烷烃 > 正构烷烃 > 烷基苯 > 稠环芳烃。

比较以上两方面可知，各种烃类被吸附的难易和化学反应快慢的顺序并不一致。如果原料中含稠环芳烃较多时，它最容易被吸附而化学反应速度又很慢，吸附后牢牢占据了催化剂表面，并容易缩合成焦炭，使催化剂失去活性，从而使整个原油馏分的催化裂化反应速度降低。因此，稠环芳烃是原料中的不利组分；环烷烃有一定的吸附能力和一定的反应能力，是催化裂化原料中的理想组分。

原油馏分的催化裂化反应是一种复杂的平行、连串反应，如图 9-2 所示。原料可同时朝几个方向进行反应，既有分解，又有缩合，这种反应称为平行反应；同时，随反应深度加深，中间产物又会继续反应，这种反应称为连串反应。

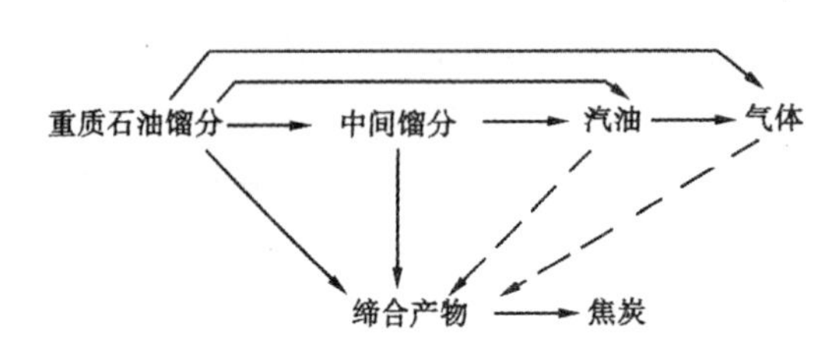

图 9-2 原油馏分的催化裂化反应 （虚线表示不重要的反应）

由平行一连串反应特点可看出，裂化反应后产物的馏分范围比原料宽得多，既有气体、汽油，又有柴油和循环油，还有焦炭，反应深度对各产品产率分配有重要影响。因此，为了得到最高的汽油（或柴油）产率，必须控制适当的催化裂化转化深度。

3. 催化裂化过程中化学反应的种类

（1）裂化反应

裂化反应是催化裂化的主要反应，其反应速度比较快。烃分子中的 C—C 键断裂，使大分子变为小分子，原料分子越大越易裂化。碳原子数相同的链状烃中，异构烃比正构烃容易裂化得多，裂化速度的顺序是叔碳 > 仲碳 > 伯碳。环烷烃裂化时既能断链，也能断开环生成异构烯烃。芳烃的环很稳定不能打开，但烷基芳烃很容易断链，断链是发生在芳香环与侧链相连的 C—C 键上，生成较小的芳烃与烯烃，又叫脱烷基反应。侧链越长，异构程度越大，越容易脱掉，而且至少有 3 个碳的侧链基才容易脱掉。脱乙基比较难，单环芳烃不能脱甲基，而只能进行甲基转移反应，只有稠环芳烃才能脱掉一部分甲基。

（2）异构化反应

异构化反应是分子量大小不变而改变分子结构的反应。在催化裂化中异构化反应很显著，分为 3 种类型：一是骨架异构化，包括直链变为支链，支链位置改变，五元和六元环烷之间互相转化等；二是烯烃的双键移位异构化；三是烯烃分子空间结构改变，称为几何异构化。

（3）氢转移反应

烃分子上的氢脱下来立即又加到另一个烯烃分子上使之饱和的反应称为氢转移反应。氢转移反应不同于分子氢参加的脱氢和加氢反应，是活泼氢原子的转移过程，其反应速度比较快。在氢转移过程中，供氢的烷烃会变成烯烃，环烷烃变成环烯烃进而变成芳香烃，甚至缩合成焦炭，同时使烯烃和二烯烃得到饱和。二烯烃最容易经氢转移饱和为单烯烃，所以催化裂化产品中二烯烃很少，产品饱和度较高，安定性较好。

（4）芳构化反应

烯烃环化并脱氢生成芳香烃，使裂化产品中芳香烃含量增加，汽油的辛烷值提高，但柴油的十六烷值会降低。转化成的芳香烃若进一步反应时也会缩合成焦炭。

（5）叠合反应

叠合反应是烯烃与烯烃加合成更大分子烯烃的反应。叠合深度不高时，可生成一部分异构烃，但大部分深度叠合的产物是焦炭。由于裂化反应占优势，在催化裂化中叠合反应并不显著。

（6）烷基化反应

烯烃与芳烃加合的反应称为烷基化反应。烯烃主要是加到双环和稠环芳烃上，进一步环化脱氢以致生成焦炭。这类反应在催化裂化反应的比例也不大。

由上分析可以看出，在催化裂化条件下，烃类进行的最主要反应是分解反应，大分子变成小分子，同时异构化、芳构化和氢转移反应也是有利反应。这些反应不仅提高了轻质油收率，而且还使产品中异构烃和芳香烃含量增加，烯烃，特别是二烯烃含量减少，这就提高了汽油辛烷值，改善了安定性，提高了产品质量。所以裂化分解、异构化、芳构化和氢转移4种反应是理想反应。而叠合、烷基化，特别是脱氢缩合反应，使小分子变成大分子，直至缩合成焦炭，是催化裂化装置中的不利反应。

9.3.2　催化裂化催化剂

催化剂是实现催化裂化工艺的关键，多年来催化剂和工艺两者并驾齐驱、相辅相成，促进了催化裂化技术的持续发展。在催化裂化所采用的反应温度和压力下，原油烃类本身就具有进行分解、芳构化、异构化、氢转移等反应的可能性，但异构化、氢转移反应的速度很慢，在工业上没有现实意义。使用催化剂大大提高了这些反应的速度，从而使催化裂化装置的生产能力、汽油产率和质量都比热裂化优良。

1. 催化剂的种类和结构

工业上广泛应用的催化裂化剂分两大类：一类是无定形的硅酸铝，包括天然活性白土和合成硅酸铝；另一类是结晶型硅铝酸盐，又称分子筛催化剂。

目前世界上大多数催化裂化装置均来用分子筛硅酸铝催化剂。分子筛硅酸铝亦称合成泡沸石，是一种具有立方晶格结构的硅铝酸盐。通常是硅酸钠（Na_2SiO_3）和偏铝酸钠（$NaAlO_2$）在强碱水溶液中合成的晶体，其主要成分为金属氧化物、氧化硅、氧化铝和水。其晶体结构中具有整齐均匀的孔隙，孔隙直径与分子直径差不多。如4A型分子筛的孔隙直径为0.4nm，13X型是0.9nm。这些孔隙只能让直径比孔隙小的分子进入，故称为分子筛。分子筛硅铝酸盐的化学组成可用以下通式来表示：

$$Me_{2}/nO \cdot Al_2O_3 \cdot xSiO_2 \cdot yH_2O$$

式中，Me为金属离子，通常为Na，K，Ca等；n为金属离子的价数；x指SiO_2的摩尔数（或硅铝比，即$n(SiO_2)/n(Al_2O_3)$；y代表结晶水的摩尔数。

不同类型的分子筛，主要是硅铝比不同，结合的金属离子不同。人工合成的含钠离子的分子筛没有活性，其钠离子可用离子交换的方法用其他阳离子置换。如氢离子置换得到H－Y型分子筛，稀土金属离子（如铈、镧、镨等）置换得到稀土－Y型分子筛（Re－Y型），兼用氢离子和稀土金属离子置换得到Re－H－Y型分子筛。目前应用较多的是Re－Y型分子筛。稀土元素经离子交换进入分子筛的晶格，使其活性大大提高，通常比硅酸铝催化剂的活性高出上百倍。目前工业上应用的分子筛硅酸铝催化剂，一般只含5%～15%的分子筛，其余是硅酸铝载体。载体不仅能降低催化剂成本，而且能起到分散活性、提高热稳定性和耐磨性、传递热量及使大分子烃预先反应等多种作用。载体和分子筛互相促进，使裂化达到很高的转化率和更好的产品分布。

分子筛催化剂具有裂化活性高、氢转移活性高、选择性好、稳定性高和抗重金属能力强等优点，但缺点是允许的含碳量低，只有0.2%（硅酸铝催化剂为0.5%）。当催化剂含碳量增加0.1%，转化率就会降低3%～4%。

2. 催化剂的催化性质

催化剂的催化性质包括活性、稳定性和选择性三项。活性是催化剂促进化学反应速度的性能，活性需通过专门试验测定。稳定性是使催化剂在使用过程中反复进行反应和再生，经常受到高温和水蒸气的作用而保持其活性的能力，也就是催化剂耐高温和水蒸气老化的性能，可通过热老化活性试验和蒸汽热老化活性试验进行测定。一般来说，高铝硅酸铝催化剂比低铝硅酸铝催化剂稳定性好，粗孔催化剂比细孔催化剂稳定性好。分子筛催化剂的稳定性高，且随硅铝比增加而增加。在不同类型阳离子的分子筛中，又以稀土离子型最稳定。选择性是催化剂能增加目的产品产率和改善其质量的性能。分子筛催化剂比无定形硅酸铝催化剂选择性好。活性高的催化剂，其选择性不一定好，应综合比较其性能指标来选择适当的催化剂。

自从催化裂化原料普遍重质化，大量掺入渣油以来，对催化剂的要求逐步苛刻，基质的作用和功能更加突出。首先要选择对渣油要有足够的裂化活性、动态活性高的催化剂；其次要求催化剂水热稳定性和抗重金属稳定性好。

3. 催化剂的中毒和污染

碱和碱性氮化合物会紧紧覆盖酸性部位而中和掉催化剂的酸性，硫化铁会遮盖活性中心，这些现象称为催化剂的中毒。水蒸气能通过破坏催化剂的结构来降低稳定性，并使活性和比表面积显著下降，一般称该现象为老化。重金属污染主要是由镍、钒、铁、铜等在催化剂表面沉积，降低了催化剂的选择性，而对活性影响不大，称为重金属污染。特别是镍和钒，会使液体产品和液化气产率降低，干气和焦炭产率上升，产品不饱和度增加，特别明显的是氢气产率增加，甚至会使风机超负荷，大大降低装置的生产能力。克服重金属污染的主要措施除了使用抗污染能力强的分子筛催化剂外，同时应采用优质原料油，以尽可能降低原料油馏分中的硫和重金属含量。

9.3.3 催化裂化操作因素分析

对一套催化裂化装置的基本要求是处理能力大、轻质油产率高、产品质量好，这三者是互相联系又互相矛盾的。例如，当主要目的是多产汽油产品时，轻柴油产率和轻质油总收率就相应低些，处理量也较低；当要求多产轻柴油时，汽油产率就低些，处理量则高些。因此，要掌握各种因素对处理量、产品产率和产品质量的影响规律，据此调整操作条件来达到各种不同的产品要求和质量指标。

1. 基本概念

(1) 转化率、产率、回炼比

反应转化产物与原料之比称为转化率，如以新鲜原料为基准时称为总转化率，以装置总进料为基准时称为单程转化率。由原料转化所得各种产品与原料之比称为各产品的产率。生产中常常是把“未转化" 的原料全部或一部分重新送入反应器进行反应，这部分原料叫循环油或回炼油，回炼油与新鲜原料之比叫回炼比，总进料量与新鲜原料量之比称为进料比。

(2) 藏量、空间速度

反应器内经常保持的催化剂量称为藏量。对流化床反应器，一般指分布板以上密相床层的藏量。每小时进入反应器的原料量与反应器内催化剂藏量之比称为空间速度，简称为空速，常以 % 表示。例如某反应器的催化剂藏量为 10t，进料 50t/h，则空速为 $5h^{-1}$。空速反映原料与催化剂接触反应的时间。空速越大，表示原料同催化剂接触反应的时间越短。空速的倒数常用来表示反应时间，但它不是反应器中真正的反应时间，只是一个相对值，故称为假反应时间。

(3) 催化剂的对油比

每小时进入反应器的催化剂量(即催化剂循环量)与每小时总进料量之比,称为催化剂对油比,简称剂油比,常以$n(C)/n(O)$表示。例如反应时进料量为100t/h,催化剂循环量为500t/h,则$n(C)/n(O)=5$。剂油比表示每吨原料油与多少吨催化剂接触。在焦炭产率一定时,若剂油比高,则平均每颗催化剂上沉积的焦炭就少些,因而催化剂的活性就高些。可见剂油比反映了在反应时与原料油接触的催化剂的活性。

(4) 强度系数

生产中发现$\frac{n(C)/n(O)}{V_0}$这一比值与转化率有一定关系,称为强度系数。如果$n(C)/n(O)$提高,V_0也提高,只要保持两者的比例不变,则转化率基本上不变。这就是说,$n(C)/n(O)$提高使催化剂的活性提高,反应速度加快;另一方面V_0提高,使原料在反应器内反应的时间缩短了,又缓和了反应的进行。当强度系数不变时,这两个互相对立的影响大致互相抵消,于是反应的深度不变,转化率也不变。

强度系数越大,则转化率越高。对性质不同的原料油,在同一强度系数下操作,原料越重则转化率越高,原料油芳烃含量越少或特性因数越大则转化率越高。床层式流化催化裂化反应器的强度系数一般为0.5～1.0。

2. 操作因素分析

(1) 原料油性质

主要指原料油的化学组成。若原料油含吸附能力较强的环烷烃多,化学反应速度快,选择性好,因而气体、汽油产率高,焦炭产量比较低。含烷烃较多的原料,化学反应速度较快,但吸附性能差。含芳烃较多的原料反应速度最慢,其吸附能力很强,选择性差,极易生成焦炭。此外,还要求原料油中镍、钒、铁、铜等重金属含量少,以减少重金属对催化剂的污染。残炭值大的原料油品收率低、焦炭产率高,残炭值一般要求在0.3%～0.4%。

(2) 反应温度

提高反应温度可使反应速度加快,提高实际转化率,从而提高设备的处理能力。目的是多产柴油时,宜采用较低的反应温度(460℃～470℃),在低转化率、高回炼比的条件下操作;目的为多产汽油时,则宜用较高的反应温度(500℃～530℃),在高转化率、低回炼比条件下操作;目的产物为燃料气体时,则宜选择更高的反应温度。反应温度对分解反应和芳构化反应的反应速度比对氢转移反应速度要敏感得多,因此产物中芳香烃和烯烃含量较多时,可得辛烷值高的汽油,而其柴油十六烷值则较低。

(3) 反应压力

提高反应压力使反应器内的油气体积缩小,相当于延长反应时间,也可使转化率提高。压力增加有利于吸附而不利于重质油品的脱附,所以焦炭产率明显上升,汽油产率略有下降,但此时烯烃含量减少,油品安定性提高。床层流化催化裂化反应表压通常控制在0.17MPa±0.02MPa,提升管催化裂化反应表压为0.2～0.3MPa。

(4) 空速和反应时间

降低流化床催化裂化装置的空速就是延长反应时间,有利于提高转化率,更有利于反应速度相对较慢的氢转移反应的进行,因此可减少烯烃含量,提高油品的安定性。因提升管催化裂化过程是稀相输送过程,应该采用反应时间来描述。在提升管中的停留时间就是反应时间。在提升管反应器中，刚开始反应速度最快，转化率增加也快，但1s后反应速度和转化率的增加幅度就趋缓。反应时间过长，会引起汽油分解等二次反应和过多的氢转移反应，使汽油产率和丙烯、丁烯产率降低。反应时间要根据原料油性质、催化剂特性、产品的要求和试验结果来决定。通常为 2 ～ 4s。

(5) 催化剂对油比

提高剂油比，可减少单位催化剂上的积炭量，从而增加催化剂的活性，提高转化率。剂油比大，反应深度大，汽油中的芳烃含量增加，硫含量和烯烃含量都降低。

(6) 回炼比

改变回炼比实质是改变进料的性质。回炼油比新鲜油原料含有较多的芳烃，难裂化易生焦。回炼比加大，其他条件不变则转化率下降，处理能力降低。回炼比大，反应条件缓和，单程转化率低，二次反应较少，汽油 / 气体及汽油 / 焦炭较高，汽油和轻质油的总产率高。反之，回炼比低时，生产能力大而汽油和轻质油总产率低。

从以上各因素分析可知，影响催化裂化的操作因素较多，它们之间既互相影响又互相联系。各因素都影响原料的裂化深度，从而影响处理能力、产品分布及产品质量。转化率能较全面反映各操作因素与处理能力、产品分布和产品质量间的关系，因而生产中一般将转化率列为催化裂化过程的重要指标。

9.3.4 催化裂化工艺流程

催化裂化装置一般由反应 — 再生系统、分馏系统和吸收 — 稳定系统 3 个部分组成。下面分别介绍流化床催化裂化装置和分子筛提升管催化裂化装置的工艺流程。

1. 流化床催化裂化工艺流程

流化床催化裂化使用无定形硅酸铝催化剂，普遍采用的反应 — 再生型式的特点是反应器和再生器两器同高度并列，催化剂循环采用 U 型管密相输送，其工艺流程如图 9-3 所示。

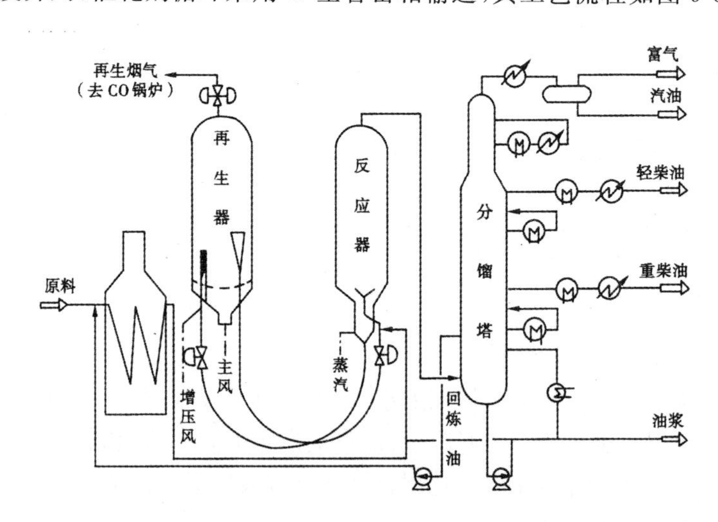

图 9-3 同高并列式催化裂化反应 —— 再生及分馏系统流程

(1) 反应 — 再生系统

新鲜原料油经换热后与回炼油混合，经加热炉加热至 350℃ ～ 400℃ 后，用蒸汽雾化并喷入反应器提升管。在提升管内与再生后的高温催化剂(550℃ ～ 600℃)接触，立即有 15% ～ 20% 的原料油汽化并反应，经过部分反应的油气和催化剂一起通过分布板进入反应器的密相床层继续进行反应，温度为450℃～500℃。反应产物经旋风分离器分离出夹带的催化剂后，离开反应器去分馏塔。积有焦炭的催化剂从密相落入反应器汽提段，此处吹入过热水蒸气汽提，将所吸附的油气置换出来，重新返回反应床层。经汽提后的催化剂经U型管送入再生器。在再生器提升管的底部通入增压风，降低了提升管内催化剂的密度，使催化剂从反应器经U型管不断循环到再生器中去。

再生器的作用是烧去催化剂上的积炭，以恢复催化剂的活性。再生器也是流态化操作过程，由主风机供给空气，温度控制在600℃左右。温度过高会破坏催化剂的活性并损坏设备。再生后的催化剂落入溢流管，再经过立管、U型管送回反应器循环使用。再生烟气经旋风分离器分离出夹带的催化剂后，通入废热锅炉回收热量。

(2) 分馏系统

由反应器来的反应产物进入分馏塔底部，经分馏后在塔顶得到富气和汽油，侧线抽出轻柴油、重柴油和回炼油，塔底产品为油浆。轻柴油和重柴油在汽提塔中分别汽提后(图上未画出)，经换热、冷却后出装置。与一般分馏塔不同之处有两点，一是带有催化剂粉末的进料油温度较高(约460℃)，必须换热降温到饱和状态并用过滤器除去所夹带的粉尘；二是全塔剩余热量大，因此采用塔顶循环回流、两个中段回流和塔底油浆循环，以回收较多的热量。

(3) 吸收－稳定系统

吸收－稳定系统的工艺流程如图9-4所示。

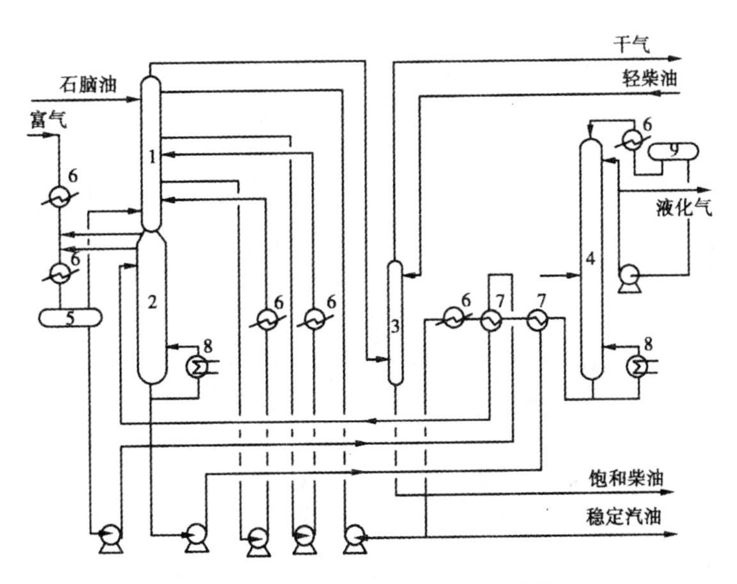

1—吸收塔；2—脱吸塔；3—再吸收塔；4—脱丁烷塔；
5—平衡罐；6—冷凝器；7—换热器；8—重沸塔；9—回流罐

图9-4　双塔吸收稳定工艺流程

吸收－稳定系统操作压力为1.0～2.0MPa，主要设备是吸收—解吸塔、再吸收塔和脱丁烷塔。吸收—解吸塔的作用是以稳定汽油为吸收剂，把富气中的C_3，C_4组分吸收下来。塔分为两段，上段为吸收段，下段为解吸段。富气由塔的中部进入，稳定汽油和石脑油由塔顶打入，两者逆流接触，稳定汽油吸收富气中的C_2，C_3，C_4组分。在解吸段，汽油与来自塔底的高温气流(塔底有重沸器）相遇，C_2 被解吸出来。最后塔顶馏出物基本上是脱除了 $\geqslant C_3$ 的贫气。吸收是放热过程，为了维持较低的吸收温度，在吸收段有一个循环回流。贫气中夹带的汽油经再吸收塔吸收后，干气由塔顶引出。来自分馏塔的柴油馏分通入再吸收塔吸收汽油后又送回分馏塔循环。

脱丁烷塔操作压力一般在 0.8 ～ 1.0MPa。吸收了 C_3，C_4 的汽油自塔中部进入，塔底产品是合格的稳定汽油，塔顶产品经冷凝后分为液态烃（主要是 C_3，C_4）和气态烃（$\leqslant C_2$）。因为在此操作压力下，C_3，C_4 的烃类经冷凝冷却后，完全为液体。

2. 分子筛提升管催化裂化

各种催化裂化装置，其分馏系统和稳定吸收系统都是相同的，只是反应 — 再生系统有所不同。分子筛催化剂提升管催化裂化工艺具有处理能力大、轻质油收率高、产品质量好等特点。工艺的灵活性高，这是因为分子筛催化剂的类型和组成、操作条件，可按不同产品方案调节。此外，分子筛催化剂的抗重金属污染能力强，重金属污染对产品产率和质量影响较小。不足的是，分子筛再生催化剂的含炭量对催化剂的活性和选择性影响很大，因此强化再生是保证稳定操作的必要条件。一般通过提高再生温度（640℃ ～ 680℃）和再生表压（0.12 ～ 0.26MPa），使再生催化剂中炭的质量分数低于 0.1%。

分子筛催化剂催化裂化装置通常有高低并列式和同轴式两种类型的反应器和再生器的组合。高低并列式和同轴式反应再生系统流程如图 9-5 和图 9-6 所示。后者两器重叠，采用直管输送，结构紧凑，占地面积小，投资和能耗都小一些，是现在的主要发展型式。

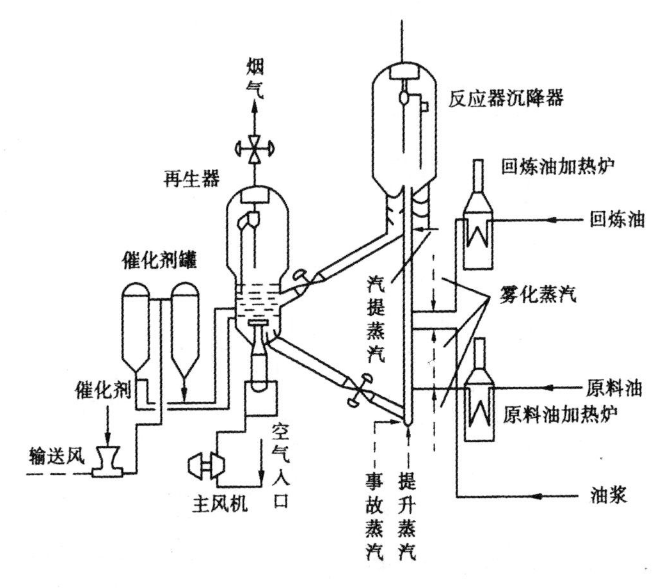

图 9-5　高低并列式提升管催化裂化反应再生系统流程

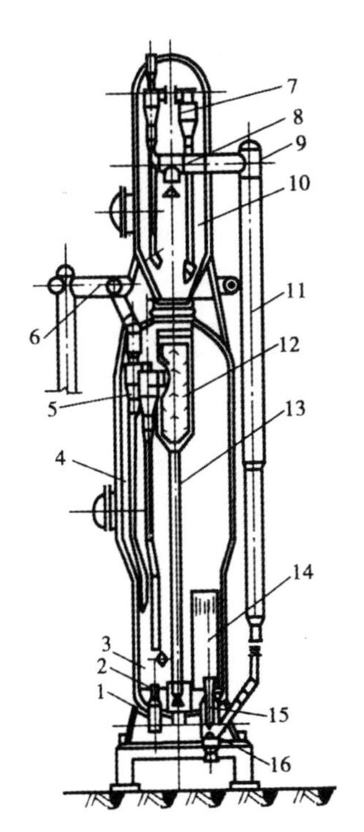

图9-6 同轴式提升管催化裂化反应再生系统流程

9.3.5 催化剂再生技术及动力回收

1. 催化剂再生技术的发展

催化剂再生质量对催化剂活性影响很大,目前除提高再生温度来降低催化剂残炭量外,还采用了单器两段再生和快速床再生、两器错流两段再生、逆流两段再生和烟气串联两段再生等新技术来降低再生催化剂炭含量,强化催化裂化过程。目前再生技术发展的总趋势是提高烧焦温度、降低再生催化剂含碳量及系统中催化剂藏量,实际使用的以两段高效再生方式为主。

逆流两段再生流程如图9-7所示。第一再生器设在第二再生器的上部,约20%的焦炭在第二再生器被烧掉。第二再生器的烟气进入第一再生器继续烧焦,离开第一再生器的烟气中CO和O_2的体积分数分别为4%~6%和1%。由于两个再生器串联,只有一股烟气,有利于烟气的能量回收,同时也降低了空气的用量。该流程可使再生催化剂中碳的质量分数降到0.05%。

快速床再生由快速床(又称前置烧焦罐)、稀相管和鼓泡床组成。目前普遍采用带滑阀的外循环管前置烧焦罐两段再生流程如图9-8所示。烧焦罐实际上是快速流化床,其中高流速、高温度、高氧含量和低催化剂藏量的条件,使烧焦强度提高到500kg/(h·t),辅以CO燃烧可使管内温度高达700℃,约90%焦炭在高速床被烧掉。但二密相床烧焦强度较低,总烧焦强度为250kg/(h·t)左右。再生催化剂含碳量可降低到0.1%左右。

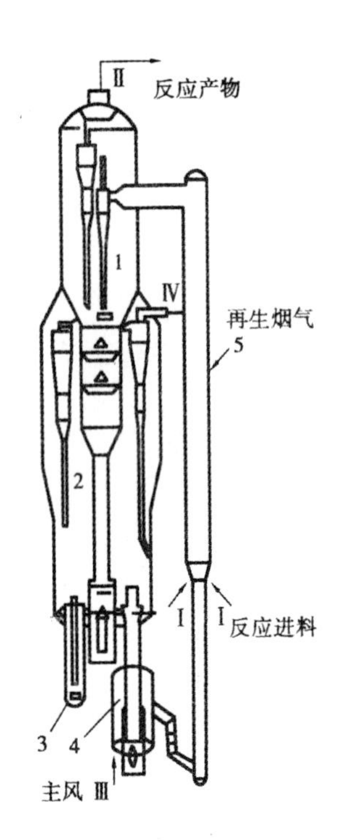

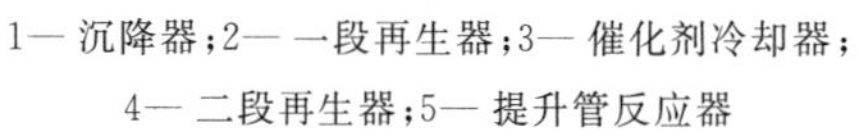
1— 沉降器；2— 一段再生器；3— 催化剂冷却器；
4— 二段再生器；5— 提升管反应器

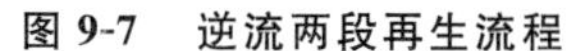
图 9-7　逆流两段再生流程

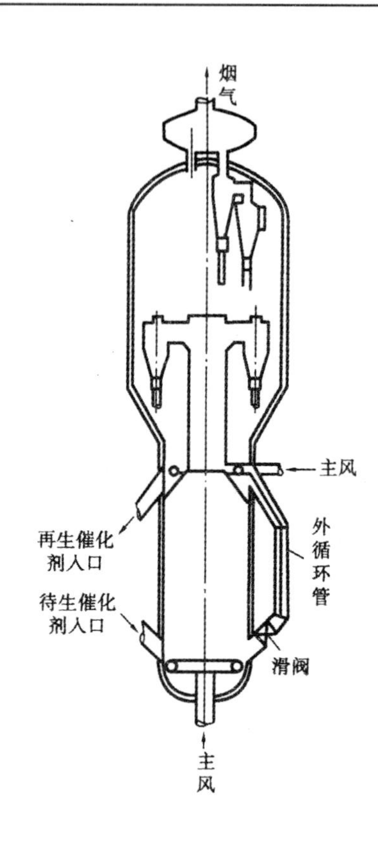

图 9-8　外循环管前置烧焦罐两段再生流程

烟气串联高速床两段再生流程如图 9-9 所示。该工艺采用了烧焦罐、湍流床的烟气串联布局。一段再生与二段再生的分界有一个大孔径、低压降的分布板。这样不仅使第一段达到快速床条件，而且使第二段达到高速湍流床条件，两段烧焦都得到强化，总烧焦强度提高。该工艺是将反应再生系统的总催化剂藏量降低到 25kg/(d·t)，再生催化剂碳的质量分数 $<0.1\%$。

2. 烟气轮机动力回收技术的应用

随着催化剂再生技术的发展，再生烟气温度和压力都越来越高，再生器顶部烟气温度可达 730℃ 以上，压力达 0.36MPa 左右。再生器高温烟气所带走的能量约占全装置能耗的 1/4。因此，如何有效利用这部分能量是提高全装置能量利用率的关键。

20 世纪 70 年代以来，烟气轮机动力回收技术的开发成功为合理利用再生烟气能量开辟了一条全新道路，使能量利用率大大提高，催化裂化装置的经济效益不断上升。

图 9-10 是一种典型烟气轮机动力回收工艺流程。热烟气从再生器进入三级旋风分离器，除去烟气中绝大部分催化剂微粒后进入烟气轮机。烟气在烟气轮机中推动机械做功后，温度降低 120℃ ～ 180℃，排出的烟气可以进入 CO 锅炉或余热锅炉回收剩余的热能。

一些运行良好的装置回收的能量除能满足主风机动力需要外，还可向外输出电力。

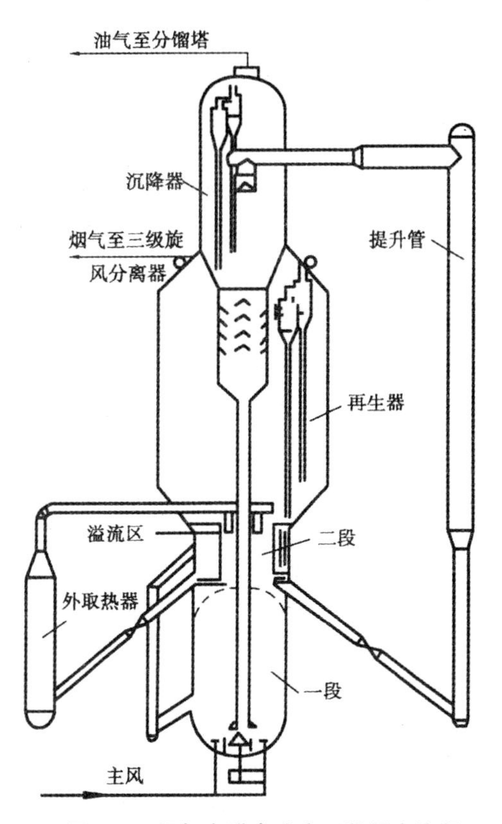

图 9-9 烟气串联高速床两段再生流程

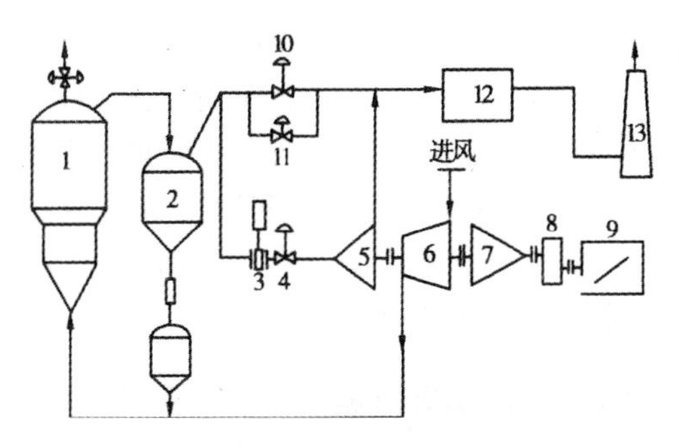

1— 再生器;2— 三级旋风分离器;3— 闸阀;4— 调节蝶阀;5— 烟气轮机;6— 轴流风机;7— 汽轮机;8— 变速箱;9— 电彬发电机;10— 主旁路阀;11— 小旁路阀;12— 余热锅炉;13— 烟囱

图 9-10 再生烟气能量回收系统流程图

9.4 催化重整工艺

重整是指烃类分子重新排列成新的分子结构的工艺过程。采用铂催化剂进行的重整叫铂重整,采用铂铼催化剂或多金属催化剂进行重整叫铂铼重整或多金属重整。

催化重整工艺早在1949年就由美国环球油品公司开发成功,至今仍是炼油厂总工艺流程的重要组成部分。其主要特点是:能为交通运输提供高辛烷值汽油和航空汽油组分,能为三大合成提供原料(苯、甲苯、二甲苯),能为炼油厂本身提供大量廉价的副产氢气。我国自1965年以来,已先后建成多套大型工业装置。

9.4.1 催化重整的基本原理

在催化重整反应条件下,主要进行以下五类反应:六元环烷脱氢反应、异构化反应、烷烃的脱氢环化反应、加氢裂化反应、脱甲基反应、芳烃脱烷基反应和积炭反应等。

六元环烷脱氢后即变为芳烃,这类反应速度最快,是产生芳烃和氢气的最重要来源。此类反应一般为强吸热反应,反应温度越高,转化率越高。

直链烷烃异构化反应通常不能得到芳香烃,但正构烷烃异构化可以提高辛烷值。五元环烷烃异构化可转化成六元环烃,进而可以部分转化成芳香烃。直链烷烃脱氢后环化,再脱氢或异构化可得芳香烃。脱氢环化为吸热反应,反应速度很慢,但它是生产芳香烃的重要反应。

加氢裂化得不到芳香烃,但因催化剂需要有足够酸性来促进异构和脱氢环化反应,所以加氢裂化反应在芳烃生产中也有重要作用。

脱甲基反应、芳烃脱烷基反应及积炭反应都是生产中不需要的反应,特别是积炭反应,可破坏催化剂,尤其应注意避免。

烃类的迭合、缩合反应产生焦炭,使催化剂活性下降。温度越高积炭可能性越大,提高氢分压可抑制焦炭生成。由于铂重整催化剂有很强的催化加氢活性,又是在较高氢分压条件下操作的,所以烯烃很容易被加氢饱和。焦化、裂化汽油含较多的烯烃,为减少积炭,应先进行加氢精制后才能作为重整原料。

催化剂是催化重整工艺过程的关键。重整催化剂通常由一种或多种金属高度分散在多孔载体上制成。目前已经工业化的双金属重整催化剂主要有铂铼、铂锡和铂铱系列,广泛使用的是铂催化剂,其中铂的质量分数为0.3%～0.7%,卤族元素为0.3%～1.5%。催化剂载体也多用γ—$A1_2O_3$,它具有中等孔多、小于2nm的孔少、热稳定性好、能在较苛刻条件下操作等特点。铂重整催化剂是一种双功能催化剂,它的两种催化功能分别由铂及酸性载体提供。铂构成脱氢活性中心,促进脱氢、加氢反应。酸性载体促进裂化、异构化等反应。如何保证催化剂的两种功能之闭良好地配合是铂催化剂制造和铂重整工艺操作中的一个重要问题。必须使两种活性组分配比适当,才能得到活性高、选择性好、稳定性强的催化剂。

9.4.2 催化重整过程的主要影响因素

1. 原料油组成

原料油的组成不同,在一定条件下芳烃的收率有很大差别。原料油的干点高、重组分多,芳烃产率高。但馏分过重,积炭反应容易进行。我国炼油厂多用含芳烃较多的直馏石脑油为重整原料。

为了防止催化剂中毒,对重整原料油中一些对催化剂有害的杂质一般要求其质量分数为:$w(S)$为$0.15\times10^{-6}\sim0.5\times10^{-6}$;$w(N)<0.5\times10^{-6}$;$w(Cl)<0.5\times10^{-6}$;$w(H_2O)<0.5\times10^{-6}$;$w(As)<0.5\times10^{-6}$;$w(Pb,Cu)<0.5\times10^{-6}$。硫的质量分数不宜过低的原因是,在高温低压条件下,过低的硫的质量分数可能在管道金属表面催化作用下发生丝状炭的生成反应,因而积炭损坏催化剂。

2. 反应温度

温度是催化重整过程最积极、最活跃的因素。重整的最基本反应——芳构化是强吸热反应,吸热量大，而加氢裂解反应要放出热量，放热量较小。因此，总的热效应为吸热，反应器出口比入口温度低得多。

温度对铂重整产品收率的影响大致如图 9-11 所示。温度升高，有利于芳烃的生成和辛烷值的提高。但高温也加剧副反应的进行，使油收率降低。超过 500℃ 时，芳构化反应速率增加幅度很小，而加氢裂化反应加剧。因此必须全面考虑确定重整过程的温度，以得到最理想的芳香度产品和较高的收率为标准。一般说来，反应温度在开工初期较低(480℃ ～ 500℃)，到运转末期可提高至 515℃ 左右。

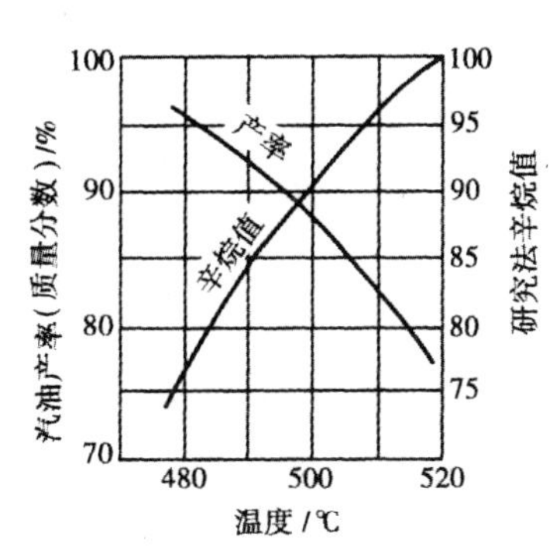

图 9-11　温度对重整过程产品和收率的影响

3. 反应压力

芳构化是体积增大的脱氢反应，提高压力会抑制环烷脱氢和烷烃环化脱氢，而促进加氢裂化反应，因此压力低有利于芳构化反应，并可抑制加氢裂化，使汽油和芳烃产率、氢气产率和纯度都提高。所以芳烃生产多在较低压力(1.8 ～ 2.5MPa)下操作。但压力低时容易积炭，使催化剂活性下降快、运转周期缩短。生产中往往采用适当提高氢油比的措施来解决这一矛盾。用双金属催化剂时，由于它的容焦能力强，可在更低的压力下(1.4 ～ 1.8MPa)操作。

4. 空速

随进料空速增加，产品收率增高，装置处理能力提高，但产品芳香度和辛烷值、气体烃产率下降。芳烃生产通常采用较高空速、中等温度及中等压力，使烷烃加氢裂化反应减少并多转化为芳烃，氢气产率高，催化剂再生周期长。

5. 氢油比

氢油比指标准状态时氢气流量与进料量的比值。提高氢油比可抑制焦炭生成反应，降低催化剂的失活速率，提高催化剂的稳定性，延长催化剂寿命。同时循环氢气还将大量热量带入反应器，氢油比高可减少反应床层温度降。但氢油比过高使循环气量增大，压缩功耗增加。氢油比小，氢分压低，有利于烷烃脱氢环化和环烷脱氢，但积炭反应加快。因此，对稳定性较高的催化剂和生焦倾向小的原料(原料较轻，且含环烷烃较多)，可采用较小的氢油比，反之宜采用较大的氢油比。

9.4.3　典型催化重整工艺流程

催化重整装置由四部分组成：原料预处理、重整、芳烃抽提和芳烃分离。图 9-12 为预处理和重整部分工艺流程图。

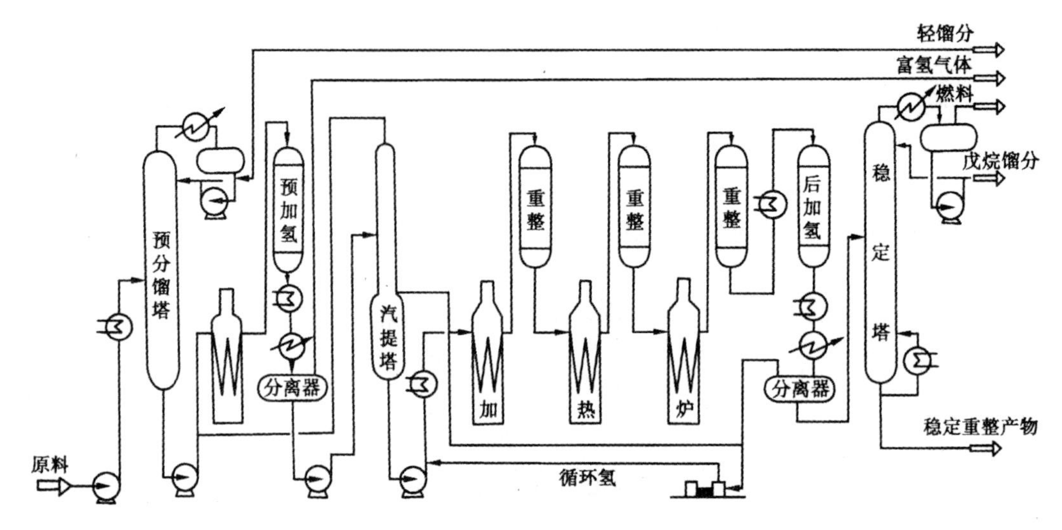

图 9-12 典型催化重整工艺流程图(预处理和重整部分)

1. 原料预处理

原料预处理包括预脱砷、预分馏和预加氢 3 部分，目的是脱除对催化剂有害的杂质，将原料切割成适合重整要求的馏程范围。

砷能使重整催化剂严重中毒，应严格控制原料含砷量小于 100×10^{-9}。当原料含砷量高时，必须预脱砷。预脱砷主要设备为两台切换使用的脱砷罐，内装混合脱砷剂。脱砷剂一般有 5% ～ 10% 硫酸铜—硅铝小球和 5% ～ 10% 硫酸铜－0.1% 氯化汞 — 硅铝小球两种。预脱砷在常温常压下进行，根据原料含砷量大小，空速可用 $1 \sim 4h^{-1}$。废脱砷剂在 500℃ 下焙烧再生后，其活性可基本恢复。

预分馏的任务是根据重整产品要求，切割具有一定馏程的馏分作为重整原料，同时脱除原料油中的水分。芳烃生产一般选用环烷烃含量高、馏程为 60℃ ～ 130℃ 或 60℃ ～ 145℃ 的窄馏分油重整。由于小于 60℃ 的馏分一般为 C_5 以下组分，不可能转化为芳烃，因此应该在预处理时除去。

预加氢目的是除去原料油中能使催化剂中毒的砷、铅、铜、汞、铁等元素及硫、氮、氧化合物，使它们的含量降到允许范围内。加氢同时还可使烯烃饱和，以减少催化剂上积炭，延长操作周期。在催化剂作用下，原料油中的含硫、含氮、含氧等化合物加氢分解，生成 H_2S,NH_3 和水等气体，再经预加氢汽提塔被氢气汽提出去。原料中的烯烃加氢生成饱和烃。原料中的砷及铅等金属化合物加氢分解出砷及金属，然后吸附在加氢催化剂上。预加氢一般用钼酸钴或钼酸镍催化剂，反应温度 320℃ ～ 370℃，压力 1.8 ～ 2.5MPa，空速 $2 \sim 6h^{-1}$。

2. 重整

经预处理后的原料油用泵自预加氢汽提塔底抽出后，与循环氢气压缩机来的循环氢气混合，经重整加热炉加热至一定温度后进入重整反应器。重整是强吸热反应，所以把 3 个反应器和 3 座加热炉串联，以维持所需的反应温度。催化剂在 3 个反应器中的分配比通常为 1：2：2。在使用新催化剂时，第一反应器的入口温度一般为 490℃。生产进行一段时期后，催化剂活性降低，入口温度可逐步提高，但不能超过 520℃。铂重整其他操作条件一般为：空速 $2 \sim 5h^{-1}$、氢油比(体积比)1200 ～ 1500、压力 2.5 ～ 3.0MPa。芳烃产率为 30% ～ 35%，重整转化率为 75% ～ 85%。

自最后一个反应器出来的反应产物和循环氢气，经过换热、冷却后进入高压分离器。分出的气体大部分经循环氢压缩机加压后，在系统中循环。少部分则引至预加氢部分作为汽提塔汽提介质，最后作为副产氢送出装置。分出的液体重整油经稳定塔脱除轻烃后，可作为高辛烷值汽油产品或进一步加氢使其中的烯烃饱和。后加氢精制采用钼酸钴、钼酸镍或钼酸铁催化剂，反应温度320℃～370℃。加氢后再进入高压分离器，分出的重整生成油再进入稳定塔中蒸馏分离，塔顶得C_5以下组分，塔底得C_6以上的脱戊烷生成油，作为芳烃抽提的进料。

3. 抽提

由于重整生成油中含有30%～50%的铂重整芳烃、少量没有转化的环烃和微量的烯烃，其余为烷烃，所以用普通分馏方法无法得到纯度很高的芳烃。工业上目前广泛使用的是液相抽提法，即溶剂萃取法。常用的溶剂有二乙二醇醚、三乙二醇醚、四乙二醇醚、环丁砜、N－甲基吡咯烷酮、二甲基亚砜等。它对芳烃溶解能力最大，烯烃次之，其次为环烷烃，而对烷烃的溶解能力最小。对同一烃类的溶解能力随分子量增大而减小。在芳烃中，对苯的抽提率在98%以上，甲苯不小于95%，二甲苯只有85%左右。此溶剂温度愈高，对各种烃类的溶解度愈大；溶剂含水愈多，溶解度减少，而选择性增加。因此，需根据试验来选择适宜的操作温度和含水量。

芳烃抽提阶段分为4部分：抽提、汽提、水洗和溶剂回收。芳烃抽提工艺流程如图9-13所示。

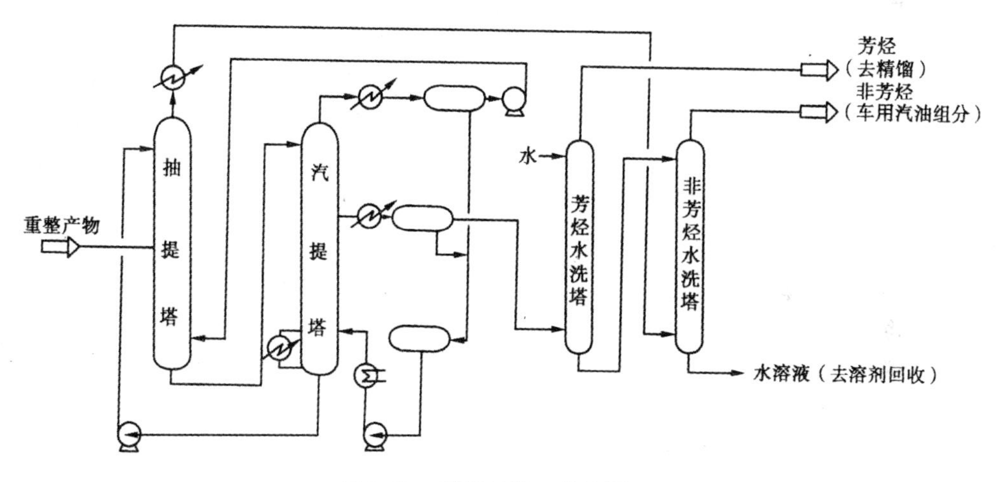

图9-13　芳烃抽提工艺流程

原料从抽提塔中部进入，溶剂自塔顶打入。由于相对密度为1.116的溶剂与原料密度相差大，在塔内形成逆流抽提。塔内维持130℃～150℃，压力0.8MPa，溶剂比12～17。塔底还打回流以提高产品纯度，回流比(回流芳烃/抽提进料)为1.1～1.5。芳烃溶液从塔底抽出，非芳烃从塔顶取出。

抽提塔底的芳烃溶液送至汽提塔利用水蒸气汽提和分馏，将溶在其中的芳烃分离出来。由于在抽提过程中总有少量的非芳烃溶于溶剂，故自汽提塔顶出来的芳烃含有少量非芳烃。塔顶气体冷凝后分两层，上层是烃类，作为回流芳烃打回抽提塔。芳烃在塔中部以蒸汽形式取出。汽提塔底的溶剂可循环使用。塔顶及塔中部引出的气体冷凝后都分出水层，经换热汽化后重新通人汽提塔作为汽提介质。

汽提塔中部取出的芳烃和抽提塔顶取出的非芳烃，都要经过水洗以除去所含的少量溶剂。经水洗后的非芳烃和芳烃即可作为中间产品送出装置。非芳烃可作为车用汽油组分油，或作为溶剂和制取烯烃的裂解原料。芳烃则进一步分离为苯、甲苯、二甲苯等。水洗塔底出来的稀溶剂通过水分馏塔和减压塔，分离出溶剂循环使用。老化变质的溶剂则间断排出。

4. 芳烃分离

芳烃分离工艺流程如图 9-14 所示。自抽提部分来的芳烃先进入苯塔，塔顶馏出物中还含有少许轻质非芳烃和水分，所以不作为产品而全部回流。产品苯来自塔顶第四层塔盘上抽出，塔底油再送至甲苯塔分离出甲苯，甲苯塔底釜液再进入二甲苯塔。二甲苯塔顶馏出物为混合二甲苯，塔底得九碳重芳烃。

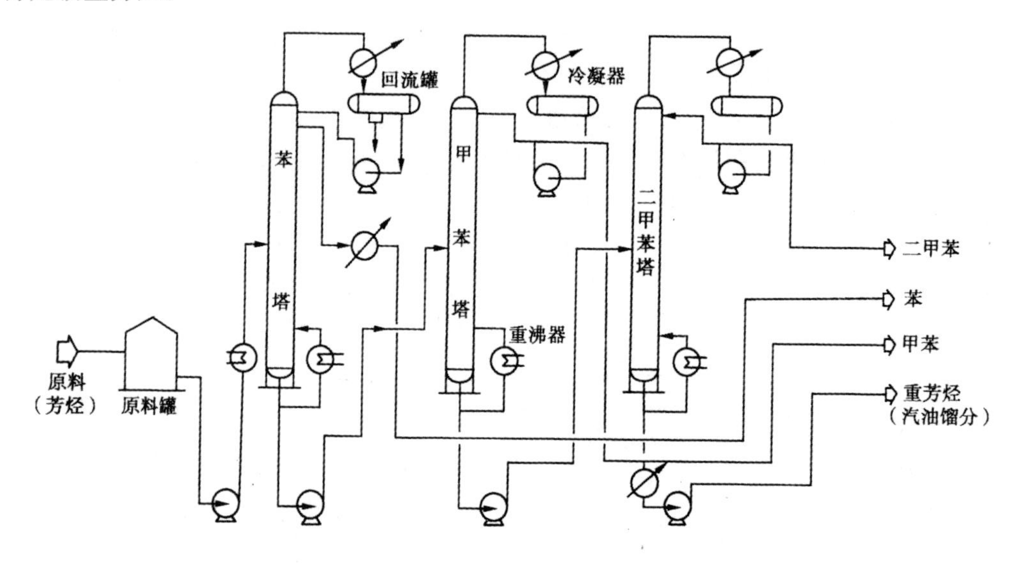

图 9-14　芳烃分离工艺流程

第10章　煤化工单元工艺

10.1　概述

10.1.1　煤化工概述

煤化工即指经化学方法将煤炭转换为气体、液体和固体产品或半产品，而后进一步加工成化工、能源产品的工业，包括焦化、电石化学、煤气化等。随着世界石油资源的不断减少，煤化工有着广阔的前景。主要包括煤的气化、液化、干馏，以及焦油加工和电石乙炔化工等。在煤化工可利用的生产技术中，炼焦是应用最早的工艺，并且至今仍然是化学工业的重要组成部分。煤的气化在煤化工中占有重要地位，用于生产各种气体燃料，是洁净的能源，有利于提高人民生活水平和环境保护；煤气化生产的合成气是合成液体燃料等多种产品的原料。煤直接液化，即煤高压加氢液化，可以生产人造石油和化学产品。在石油短缺时，煤的液化产品将替代目前的天然石油。

18世纪后半叶出现了煤化工，19世纪形成了完整的煤化工体系。进入20世纪，许多以农林产品为原料的有机化学品多改为以煤为原料生产，煤化工成为化学工业的重要组成部分。第二次世界大战以后，石油化工发展迅速，很多化学品的生产又从以煤为原料转移到以石油、天然气为原料，从而削弱了煤化工在化学工业中的地位。煤中有机质的化学结构，是以芳香族为主的稠环为单元核心，由桥键互相连接，并带有各种官能团的大分子结构，通过热加工和催化加工，可以使煤转化为各种燃料和化工产品。焦化是应用最早且至今仍然是最重要的方法，其主要目的是制取冶金用焦炭，同时副产煤气和苯、甲苯、二甲苯、萘等芳烃。煤气化在煤化工中也占有重要的地位，用于生产城市煤气及各种燃料气，也用于生产合成气；煤低温干馏、煤直接液化及煤间接液化等过程主要生产液体燃料，在20世纪上半叶曾得到发展，第二次世界大战以后，由于其产品在经济上无法与天然石油相竞争而趋于停顿，当前只有在南非仍有煤的间接液化工厂；煤的其他直接化学加工，则生产褐煤蜡、磺化煤、腐殖酸及活性炭等，仍有小规模的应用。

世界上生产的煤，主要用作电站和工业锅炉燃料；用于煤化工的占一定比例，其中主要是煤的焦化和气化。80年代世界焦炭年产量约340Mt，煤焦油年产量约16Mt（从中提炼的萘约1Mt）。煤焦油加工的产品广泛用于制取塑料、染料、香料、农药、医药、溶剂、防腐剂、胶黏剂、橡胶、碳素制品等。1981年，世界合成氨总产量95.3Mt，主要来源于石油和天然气。以煤为原料生产的氨只占约10%；自煤合成甲醇的比例也很小，仅占甲醇总产量约1%。

2007年是中国煤化工产业稳步推进的一年，在国际油价一度冲击百元大关、全球对替代化工原料和替代能源的需求越发迫切的背景下，中国的煤化工行业以其领先的产业化进度成为中国能源结构的重要组成部分。煤化工行业的投资机遇仍然受到国际国内投资者的高度关注，煤化工技术的工业放大不断取得突破、大型煤制油和煤制烯烃装置的建设进展顺利、二甲醚等相关的产品标准相继出台。新型煤化工以生产洁净能源和可替代石油化工的产品为主，如柴油、汽油、航空煤油、液化石油气、乙烯原料、聚丙烯原料、替代燃料(甲醇、二甲醚)等,它与能源、化工技术结合,可形成煤炭—能源化工一体化的新兴产业。煤炭能源化工产业将在中国能源的可持续利用中扮演重要的角色,是今后20年的重要发展方向,这对于中国减轻燃煤造成的环境污染、降低中国对进口石油的依赖均有着重大意义。可以说,煤化工行业在中国面临着新的市场需求和发展机遇。煤化工前景纵观近百年化学工业的发展历史,其间每次原料结构的变化总伴随着化学工业的巨大变革。1984年世界化石燃料探明的可采储量,煤约占74%,而石油约12%、天然气约10%,从资源角度看,煤将是潜在的化工主要原料。未来煤化工将在哪些领域,以什么速度发展,将取决于煤化工本身技术的进展以及石油供求状况和价格的变化。从近期来看,钢铁等冶金工业所用的焦炭仍将依赖于煤的焦化,而炼焦化学品如萘、蒽等多环化合物仍是石油化工所较难替代的有机化工原料;煤的气化随着气化新技术的开发应用,仍将是煤化工的一个主要方面;将煤气化制成合成气,然后通过化学合成一系列有机化工产品的开发研究,是近年来进展较快,且引起关注的领域;从煤制取液体燃料,无论是采用低温干馏、直接液化或间接液化,都不得不取决于技术经济的评价。煤化工替代燃料产品可分为三类:含氧燃料(醇/醚/酯)、合成油(煤制油)、气体燃料(甲烷气/合成气/氢气)。其中含氧燃料技术成熟,是近期应予推广应用的重点;合成油与现有车辆技术体系和基础设施完全兼容,但其技术尚待完善,将在2020年发挥重要作用;气体燃料优点很多,我国将从基础科学研究、前沿技术创新、工程应用开发等方面逐一突破。

10.1.2 煤的特征和分类

1. 煤的特征

由于成煤植物和生成条件的不同,煤一般可以分为三大类:腐殖煤、残殖煤和腐泥煤。由高等植物形成的煤称为腐殖煤。由高等植物中稳定组分(角质、树皮、孢子、树脂等)富集[一般含量都在(碳)=50%~60%]而形成的煤称为残殖煤。这两类煤都在沼泽环境中形成。主要由湖沼、泻湖中的藻类等浮游生物在还原环境下经过腐败分解而形成的煤称为腐泥煤。在自然界中分布最广最常见的是腐殖煤,如泥炭、褐煤、烟煤、无烟煤就属于这一类。残殖煤的分布不广,储量也不大,云南省禄劝的角质残殖煤,江西省乐平、浙江省长广的树皮残殖煤,以及山西省大同煤田的少量孢子残殖煤夹层等属于这一类。腐泥煤的储量并不多,研究也较不完整,我国山东省鲁西煤田有腐泥煤。属于腐泥煤类的还有藻煤、胶泥煤、油页岩等。油页岩是带有大量矿物质[(矿物质)40%以上]的藻煤,辽宁省抚顺、广东省茂名及吉林省桦甸等地储藏丰富,位居世界第4位,预测储量为0.452Tt,查明资源量为31.5Gt,按含油率6%计算,相当于石油量分别为27.12Gt和1.89Gt,这对石油资源日益紧缺的中国而言,无疑是一笔巨大的财富。目前油页岩主要用于制造人造石油,它的综合利用技术正在进行广泛的研究和开发。我国南方许多省区的石煤也是属于生长在早古生代地层中的一种腐泥煤。另外,还有主要由藻类和较多腐殖质所形成的腐殖腐泥煤,如山西浑源和大同,山东新汶、兖州、枣庄等地的烛煤,以及用于雕琢工艺美术品的抚顺的煤精等。

腐殖煤类和腐泥煤类的主要特征示如表10-1所示。

表 10-1　腐植煤类和腐泥煤类的几种主要特征

种类 特征	腐殖煤类	腐泥煤类
颜色	褐色和黑色	褐色占多数
光泽	光亮的居多	暗
用火柴燃烧	不燃烧	燃烧，有沥青味
有机物的氢含量	一般(氢)＜6％	一般(氢)＞6％，可达 11.5％
低温焦油产率	一般小于 20％	一般大于 25％

2. 煤的分类

根据煤化程度的不同，腐殖煤类又可分为泥炭、褐煤、烟煤及无烟煤四个大类，现将它们的特征简述如下。

(1) 泥炭又称草炭，是棕褐色或黑褐色的不均匀物质。含水量高达(水)＝85％～95％。经自然风干燥后水分可降至(水)＝25％～35％，此时相对密度可达 1.29～1.61。泥炭中含有大量未分解的植物根、茎、叶的残体，有时用肉眼就可以看出，因此泥炭中的木质素和碳水化合物的含量较高。含碳量为(碳)＜50％。此外，泥炭中还含有一种在成煤过程中开始形成的、可用碱抽出、用酸沉淀的新物质(即腐殖酸)和可被某些有机溶剂抽出的酸性沥青等。

(2) 褐煤。大多呈褐色或暗褐色，因而得名。无光泽，相对密度为 1.1～1.4。随煤化程度的加深，褐煤颜色变深变暗，相对密度增加，质地变得致密，水分减少，腐殖酸开始时增加，以后又减少。外表上已看不到未分解的植物组织残体，含碳量为(碳)＝60％～70％，热值为 23～27MJ/kg(相当于 5500～6500kcal/kg)。

(3) 烟煤。灰黑色至黑色，燃烧时火焰长而多烟。不含有腐殖酸，因它已溶合成为更复杂的中性的腐殖质。硬度较大，相对密度为 1.2～1.45。多数能结焦，含碳量为础(碳)＝75％～90％，热值为 27.2～37.2MJ/kg(相当于 6500～8900 kcal/kg)。在工业生产上，为更合理地利用煤炭资源，根据煤化程度，结合煤的挥发分和黏结性，又将烟煤细分为长焰煤、气煤、肥煤、焦煤和瘦煤等。

(4) 无烟煤。俗称白煤或红煤。呈灰黑色，带有金属光泽，是腐殖煤类中最年老的一种煤。相对密度为 1.4～1.8。燃烧时无烟，火焰较短，不结焦，含碳量一般在(碳)＝90％以上，热值为 33.4～33.5MJ/kg(相当于 8000～8500kcal/kg)。

10.2　煤的热分解

将煤在惰性气氛中加热至较高温度时发生的一系列物理变化和化学反应的过程称为煤的热分解或热解。煤在工业规模条件下发生的热分解通常又称为炭化或干馏。煤在热解过程中放出热解水、CO_2、CO、石蜡烃类、芳烃类和各种杂环化合物，残留的固体则不断芳构化，直至在足够高的温度下转变为固体炭或焦炭。这一过程取决于煤的性质和预处理条件，也受到热解过程特定条件的影响。

煤的热解是煤的热化学转化的基础。煤的热化学转化是煤炭加工的最主要的方法，包括煤的干馏、气化和液化等。研究煤的热解化学可以对煤的热加工过程和新技术的开发，如快速热解、加氢热解、等离子热解等起到指导作用，同时有助于阐明煤的分子结构。

10.2.1 煤的热解过程

将煤在隔绝空气的条件下加热时，煤的有机质随着温度的升高发生一系列变化，形成气态（煤气）、液态（焦油）和固态（半焦或焦炭）产物。典型黏结性烟煤受热时发生的变化示于图 10-1。

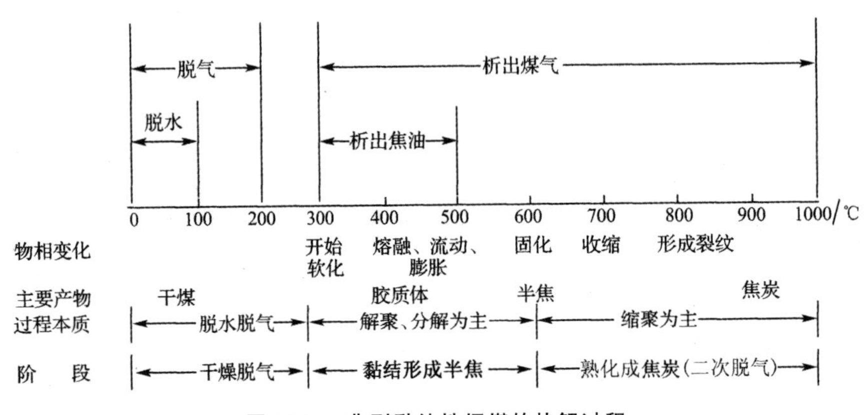

图 10-1 典型黏结性烟煤的热解过程

从图 10-1 可以看出，煤的热解过程大致可以分为三个阶段：

(1) 第一阶段（室温 ～ 300℃）。为干燥脱气阶段。这一阶段析出的物质有 H_2O（包括化学结合的）、CO、CO_2、H_2S（少量）、甲酸（痕量）、草酸（痕量）和烷基苯类（少量）。脱水主要在 120℃ 前，200℃ 左右完成脱气（CH_4、CO_2 和 N_2），200℃ 以上发生脱羧基反应。含氧化合物的析出源于包藏物、化学吸附表面配合物及羧基和酚羟基的分解。这一阶段煤的外形无变化。不同煤种开始热分解析出气体的温度不同：泥炭为 200℃ ～ 250℃；褐煤为 250℃ ～ 350℃；烟煤为 350℃ ～ 400℃；无烟煤为 400℃ ～ 450℃。

(2) 第二阶段（300℃ ～ 600℃）。这一阶段的特征是活泼分解，以解聚和分解反应为主，生成和排出大量挥发物（煤气和焦油），在 450℃ 左右焦油量最大，在 450℃ ～ 550℃ 气体析出量最多。烟煤（尤其是中等变质程度的烟煤）在这一阶段经历了软化、熔融、流动和膨胀直到再固化，并形成气、液、固三相共存的胶质体。液相中有液晶或中间相存在。胶质体的数量和质量决定了煤的黏结性和结焦性。固体产物半焦与原煤相比，芳香层片的平均尺寸和真密度等变化不大，这表明半焦生成过程中缩聚反应并不太明显。

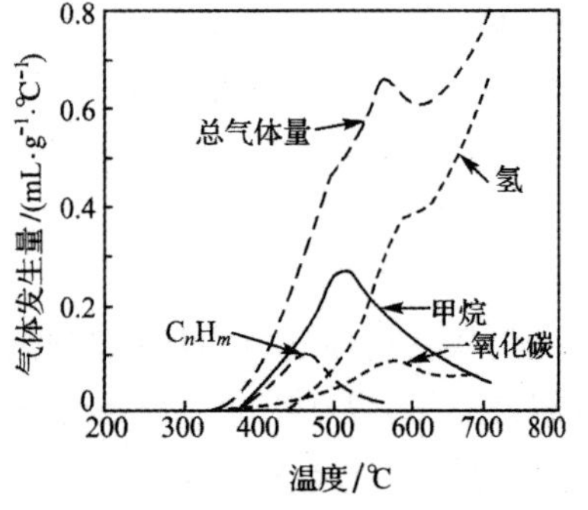

图 10-2 高挥发分烟煤的热解

（升温速度 1.8℃/min）

(3) 第三阶段（600℃ ～ 1000℃）。又称二次脱气阶段。经过活泼分解之后留下的半焦几乎全部是芳构化的，其中仅含少量非芳香碳，但有较多的杂环氧、杂环氮和杂环硫保留下来。此外，还有一部分醚氧和醌氧。随着温度的不断升高，半焦逐渐变成焦炭。这一阶段的反应以缩聚为主。析出的焦油量极少，挥发分主要是多种烃类气体、氢气和碳的氧化物。气体产物中占主要地位的是 H_2 和 CO，伴有少量 CH_4 和 CO_2。

氢主要是由芳香部分的缩聚作用产生，而碳的氧化物的来源是热稳定性较好的醚氧、醌氧和氧杂环。焦炭的挥发分小于2%，芳香核增大，排列的有序性提高，结构致密、坚硬并有银灰色金属光泽。从半焦到焦炭，一方面析出大量煤气，另一方面焦炭本身的密度增加，体积收缩，导致生成许多裂纹，形成碎块。

高挥发分烟煤热解过程中气体产物的析出情况如图10-2所示。

10.2.2 影响煤热解过程的因素

1. 煤质

在相近的热解条件下，煤阶对挥发分析出速度的影响表明它和煤的化学成熟程度有明显的关系。随着碳含量的增加和相应的挥发分的减少，活泼分解趋向于在越来越高的温度下和越来越窄的温度范围内进行，最大失重速率和最后的总失重逐渐减小。

就产物的组成而言，年轻煤热解时煤气、焦油和热解水产率高，煤气中CO、CO_2和CH_4含量高，焦渣不黏结；中等变质程度的烟煤热解时，煤气和焦油产率比较高，热解水较少，黏结性强，可得到高强度的焦炭；高煤阶煤(贫煤以上)热解时，焦油和热解水的产率很低，煤气产率也较低，且无黏结性，焦粉产率高。

煤的岩相组成对煤的热解也有显著影响。

2. 温度

煤热解终温是产品产率和组成的重要影响因素，也是区别炭化或干馏类型的标志。温度的升高，使得具有较高活化能的热解反应有可能进行，同时生成了具有较高热稳定性的多环芳烃产物，如图10-3所示。

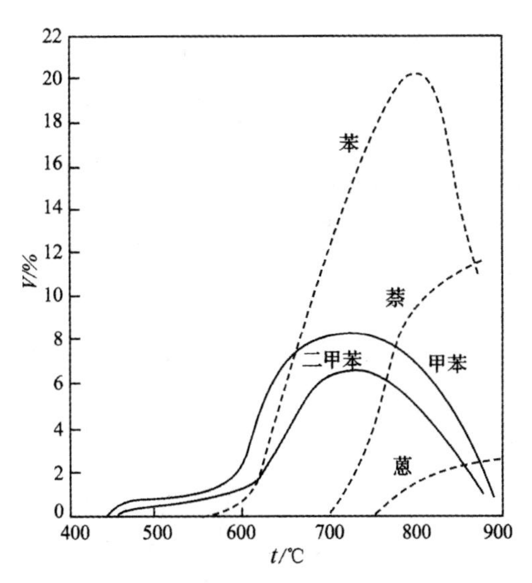

图10-3 煤脱气温度对生成的化合物的影响

表10-2列出了3种工业干馏温度条件下，干馏产品的分布与性状。随最终温度的升高，焦炭和焦油产率下降，煤气产率增加而发热量降低，焦油中芳烃与沥青增加，酚类和脂肪烃含量降低，煤气中氢气成分增加而烃类减少。

表 10-2　不同最终温度下干馏产品的分布与性状

产品分布与性状			最终温度		
			600℃(低温干馏)	800℃(中温干馏)	1000℃(高温干馏)
产品产率		焦 /	80 ~ 82	75 ~ 77	70 ~ 72
		焦油 /	9 ~ 10	6 ~ 7	3.5
		煤气 /[Mm^3/t(干煤)]	120	200	320
产品性状	焦炭	着火点 /℃	450	490	700
		机械强度	低	中	高
		挥发分 /%	10	约 5	< 2
	焦油	相对密度	< 1	1	> 1
		中性油 /%	60	50.5	35 ~ 40
		酚类 /%	25	15 ~ 20	1.5
		焦油盐基 /%	1 ~ 2	1 ~ 2	~ 2
		沥青 /%	12	30	57
		游离碳 /%	13	~ 3	4 ~ 10
		中性油成分	脂肪烃、芳烃	脂肪烃、芳烃	芳烃
	煤气	H_2/%	31	45	55
		CH_4/%	55	38	25
		发热量 /(MJ/m^3)	31	25	19

3. 加热速度

加热速度对煤热解的温度 — 时间历程有明显的影响。脱挥发物速度呈现最大值时的温度及脱挥发物的最大速度随加热速度增大而增高,如图 10-4 所示。

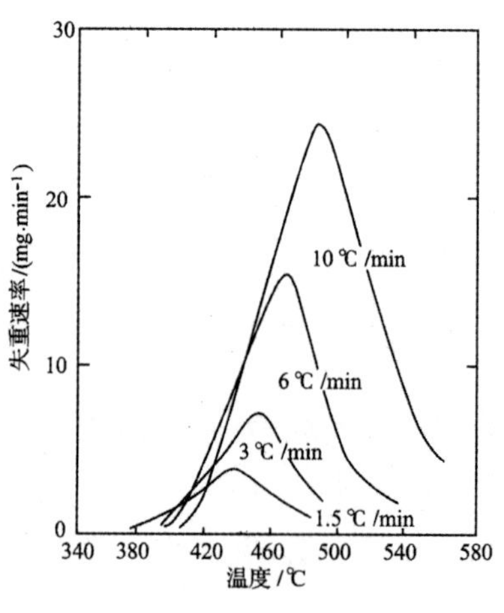

图 10-4　煤失重速率与常规加热速度的典型关系

很高的加热速度(高达10^5℃/s)可使脱挥发物的温度范围移动高达400℃～500℃,其主要原因是升温速度大大超过了挥发物能够逃离煤的速率。例如,当升温速度由1℃/s增至10^5℃/s时,褐煤挥发分脱除10%至90%完全程度的温度范围由400℃～840℃变为860℃～1700℃。

在很高的加热速度下,煤的最终总失重可超过用工业分析方法测得的挥发分。这种效应大多表现为可凝性(形成焦油的)烃类的产率较高。

4. 压力和粒度

压力和粒度都是影响挥发分在煤的内部传递的参数,它们都对失重速率和最终失重有影响。这些参数的影响取决于有效气孔率(与煤化程度和煤岩组成有关)和释放出的物质的性质(随温度而变化)。

煤热解所处的压力与失重呈反比关系。其原因是较低的压力减小了挥发物逸出的阻力,因而缩短了它们在煤中的停留时间。例如,将某种高挥发分烟煤以650～750℃/s的升温速度加热至1000℃时,在100 Pa的压力下,失重为54%～55%;在0.1 MPa下为47%～48%;在9 MPa下为37%～39%。同时,焦油产率由约32%降为11%(质量分数),气体产率由约4%升为7%(质量分数)。

煤的粒度的影响表现为:粒度越大,热失重率越低,半焦产率越高,焦油产率越低,H_2、CO和CO_2的产率越高。例如,某高挥发分烟煤粒度由1mm降为0.05 mm时,大粒子的失重比小粒子的失重低3%～4%。但具有大量开孔结构的褐煤则测不出这种变化。这表明,当挥发物可以更自由地逸出时,二次反应受到了抑制。

10.3　煤的低温干馏

10.3.1　煤的干馏

煤作为能源直接燃烧,以获得洁净方便的能源如电能和热能,是最简单的煤利用方法,但却是一种最浪费和效率最低的原料利用方式。煤化学组成中许多可能被利用的化合物被直接烧掉,同时带来严重的SO_x、NO_x和粉尘污染。因此要求把煤转化成更加合乎生态要求和更为方便的形式来利用。煤的转化利用方法主要有煤干馏、煤气化和煤液化等。

煤的干馏是在隔绝空气条件下把煤加热至一定温度,使煤转化成气体产物(煤气)、液体产物(焦油、水)和固体产物(半焦或焦炭)的过程。干馏终温低于700℃称为低温干馏,高于900℃称为高温干馏或炼焦。

就原料和产物组成结构而言,干馏过程利用煤分子结构中潜在的优势,使富氢部分产物以优质液态和气态能源或化工原料产出,同时产生贫氢的半焦或焦炭。同一煤种和它的半焦相比,半焦含有的污染物少于原煤,因此半焦替代煤燃烧对环境保护有利。与煤气化和液化相比,低温干馏是比较温和和经济的过程,其投资和运行成本都远低于气化和液化。

10.3.2　煤低温干馏工艺

1. 工艺原理的实现

煤低温干馏工艺需要解决以下问题:提供工艺过程需要的热量;处理固体(煤)的黏结倾向;气、

液(焦油)及固体(焦)三相产品的分离;各相产品改质成为有用产品;处理有毒产物和副产品;有效并且经济地完成任务。工艺的中心问题是强化热加工过程强度,并使过程朝目标方向进行。

煤干馏过程由下列过程构成:

(1) 燃料的加热过程 —— 物理过程;

(2) 燃料有机质的热分解过程 —— 化学过程;

(3) 初次分解产物在固体内部的扩散过程 —— 物理过程;

(4) 初次挥发产物在反应空间中的二次反应过程 —— 化学过程。

过程进行的总的程度,取决于其中从动力学上来说是最慢的一个过程,即所谓控制步骤。在通常条件下(例如加热速度小于 50℃/min 时),控制性的过程是煤粒的加热过程;当加热速度超过通常的范围(例如达到 300℃/s),煤分解速率开始起主导作用。实现煤快速加热的基本条件是控制煤具有较小的粒度和与此相适应的加热方式。

2. 低温干馏典型工艺

低温干馏的方法和类型很多,按加热方式有外热式、内热式;按煤料的形态有块煤、型煤与粉煤;按供热介质不同有气体热载体和固体热载体;按煤的运动状态分为固定床、移动床、流化床和气流床等。

(1) 连续式外热立式炉

典型炉型为伍德炉和考伯斯炉。图 10-5 为考伯斯炉。干馏所需热量由加热炉墙传入。此炉对原料煤要求有一定的黏结性(坩埚膨胀序数 $\frac{3}{2} \sim 4$),并具有一定块度(小于 75 mm,其中小于 10mm 的小于 75%),以利于获得焦块,并使干馏室煤料有一定透气性。原料煤可以是弱黏性煤,虽然热稳定性好的不黏结性煤也可以生产煤气,但所得产品焦炭强度差,碎焦多。

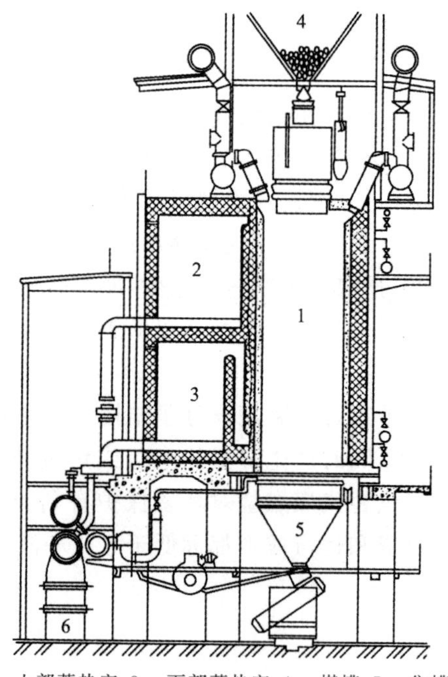

1— 干馏室;2— 上部蓄热室;3— 下部蓄热室;4— 煤槽;5— 焦槽;6— 加热煤气管

图 10-5 考伯斯炉

为了强化生产，由干馏室(或称炭化室)下部吹入回炉煤气，冷却赤热焦炭，吹入气流被加热，在上升过程中热量传给冷的煤料，强化传热过程，提高了炉子生产能力。

煤料由上部加入干馏室，干馏所需热量主要由炉墙传入。火道加热用燃料为发生炉煤气或回炉的干馏气。干馏室下部焦炭被吹入的冷气流冷却至 150℃ ～ 200℃，落入焦槽并喷水冷却后排出。

国内曾用伍德炉和考伯斯炉来生产城市煤气。

(2) 连续式内热立式炉

又称气流内热式炉，典型炉型为德国开发的鲁奇(Lurgi)低温干馏炉，如图 10-6 所示。适用于年轻非黏结性块煤(20 ～ 80mm)、粉状褐煤和烟煤需预先压块。煤在炉中不断下行，热气流逆向通入进行加热。煤在炉内移动过程分成三段：干燥段、干馏段和焦炭冷却段，故又名三段炉。

在上段循环热气流把煤干燥并预热到 150℃；在中段，即干馏段，热气流把煤加热到 500℃ ～ 850℃；在下段，焦炭被冷循环气流冷却到 100℃ ～ 150℃ 后排出。排焦机构控制炉子生产能力。上部循环气流温度保持在 280℃。

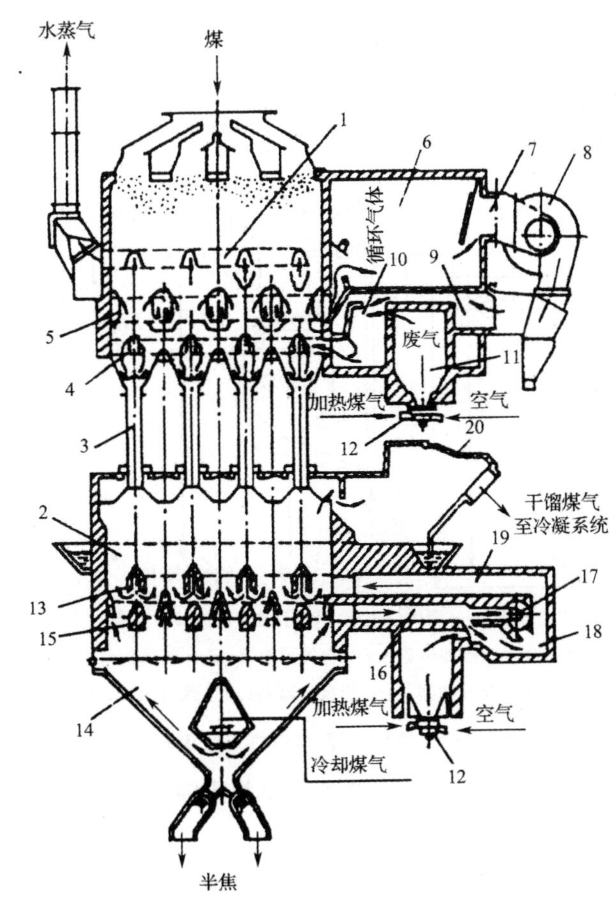

1— 干燥段；2— 干馏段；3— 连通管；4— 干燥段炉排；5— 引风道；6— 集气室；7— 挡板；8— 风机；9— 通风道；10— 混合室；11— 干燥段燃烧室；12— 燃烧器；13— 干馏段炉排；14— 半焦槽；15— 引风道；16— 通风道；17— 风机；18— 混合室；19— 加热煤气道；20— 干馏煤气集气室

图 10-6　鲁奇低温干馏炉示意图

循环气和干馏煤气混合物由干馏段引出，其中液态产物在后续冷凝冷却系统分出。大部分净化煤气送到干燥段和干馏段燃烧炉，有一部分直接送入焦炭冷却段。剩余煤气外送，可以作为加热用燃料。冷凝冷却系统包括初冷器、焦油分离槽、终冷器以及洗苯塔。

一台处理褐煤型煤 300 ～ 500t/d 的鲁奇三段炉，可得型焦 150 ～ 250t/d、焦油 10 ～ 16t/d、剩余煤气 180 ～ 220m^3/t 煤。

(3) 固体热载体干馏法

外热式干馏装置传热慢，生产能力小。气流内热式的燃烧废气稀释了干馏的气态产物，且只能处理块状煤。采用固体热载体进行煤干馏，加热速率快，单元设备生产能力大，干馏煤气未被稀释，热值高，焦油产率高，适合粉煤干馏。典型工艺有以瓷球作为热载体的美国 Toscoal 法，以热半焦为热载体的俄罗斯 ETCh 工艺和德国鲁奇－鲁尔煤气工艺(Lurgi－Ruhrgas，LR)。

鲁奇－鲁尔生产装置的生产能力达 800t/d，其干馏流程如图 10-7 所示。通过气流加热管中部分半焦燃烧，使热载体达到需要的温度。沉降分离室使燃烧气体与半焦热载体分离，分离热半焦与原煤在混合器内混合，混合的煤料在炭化室内进一步进行干馏。部分热焦粉作为产品由炭化室排出，其余部分返回气流加热管循环。

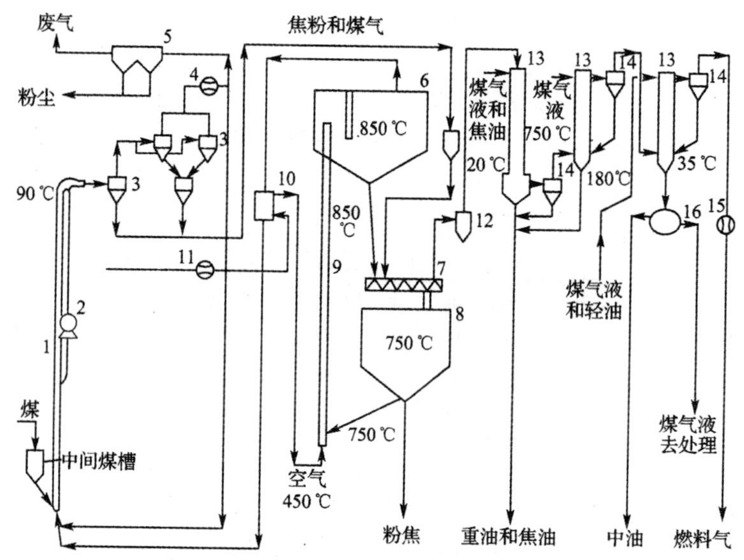

1— 干燥管；2— 锤式粉碎机；3— 旋风分离器；4— 干燥管风机；5— 电除尘器；6— 沉降分离室；
7— 混合器；8— 炭化室；9— 气流加热管；10— 空气预热器；11— 鼓风机；12— 炭化室旋风分离器；
13— 三级气体净化冷却器；14— 旋风分离器；15— 煤气风机；16— 分离器

图 10-7　鲁奇－鲁尔煤气工艺流程图

大连理工大学也进行了以半焦为热载体的褐煤低温干馏工业试验，装置能力为 150t/d。

3. 低温干馏工艺的发展趋势

煤低温干馏工艺的基本发展趋势是以获取最大油产率为目标的快速干馏和加氢快速热解，以及在此基础上的联合工艺，以实现煤制油的能源利用效率的最大化。就干馏(热解) 工艺主体而言，要求能够满足：可利用粉煤，包括硫分和灰分含量高的劣质粉煤；干馏产品构成符合要求，且通过对过程的适当控制，能够影响热解产品的种类和数量比例；干馏过程能量转化效率高；减少含硫、氮的有毒化合物及废水的排放；干馏装置的生产能力达到使从煤制油在经济上可行所必须达到的规模。

煤的加氢热解的基本途径与干馏相同，不同的一点是在足够的氢压下，使氢与固体内的有机质（碳）进行缓和的放热反应，提高液体和气体的产率，同时消耗一部分固体（半焦）。氢还可使反应产物稳定，这些产物是通过干馏初始所得到的能聚合的物质（如自由基和烯烃等）。典型加氢热解工艺如 Coalcon 加氢热解工艺的流程，如图 10-8 所示。

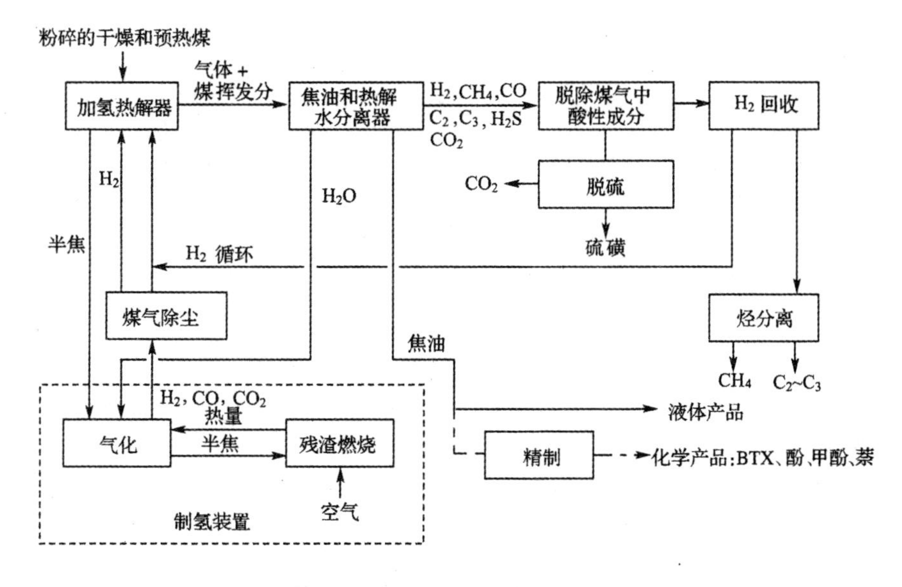

图 10-8 Coalcon 加氢热解工艺流程

煤与相对富氢的其他有机物的共热解也是提高热解焦油产率和改善焦油品质的有效途径，不仅反应条件温和，而且减免了制氢成本。典型的与煤共热解的原料包括石油渣油、废塑料、生物质、甲烷等。其中煤与可再生和碳中性的生物质的共热解最值得期待。

新开发的煤快速热解工艺多采用气流床和流化床。气流床热解属于闪速热解的最低范围。煤快速加氢热解可以在等离子流中进行。在等离子流中进行的煤闪速加氢热解，由于其高能耗，目前还不经济，但其远景发展可与高温原子反应堆的余热利用相结合。

实现煤快速干馏工艺的能源效率最大化的有效途径是建立联合工艺，其中热解半焦或气化制氢用于加氢热解和焦油提质，或用于燃烧供热和生产电能。例如根据波兰 PNC 方法（灰热载体）对城市用的能源联合体的设计（图 10-9），它可满足电能、热能以及煤气的需要，此外还生产出液体燃料。

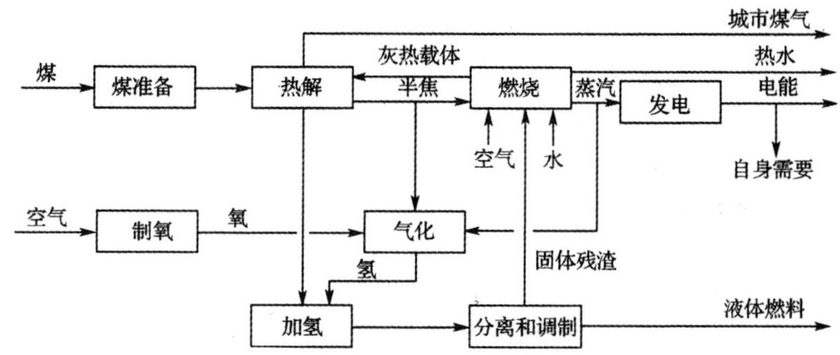

图 10-9 基于 PNC 法的城市能源联合体的设计

针对高挥发分煤原料，采用分级转化模式，如图 10-10 所示，可以最大限度地进行煤制油的生产，并提高煤制油的能源利用效率。

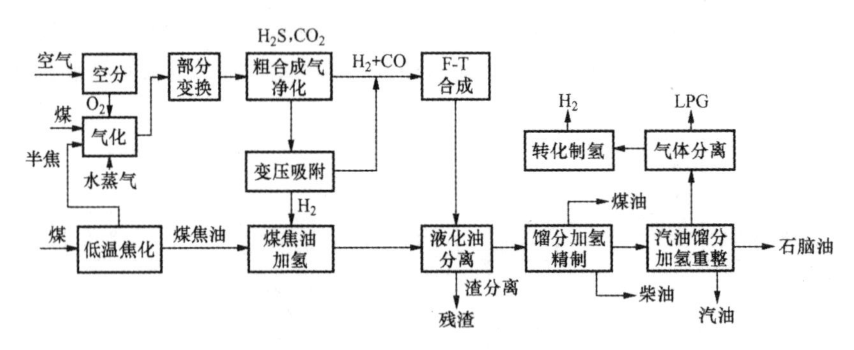

图 10-10　煤分级转化制油示意图

10.4　煤的高温干馏

煤在炼焦炉中隔绝空气加热到 1000℃ 左右，经过干馏的一系列阶段，最终得到焦炭、焦油和煤气，这一过程称为高温干馏或炼焦。

炼焦的主要目的是为了制取焦炭，焦炭是高炉炼铁的原料。炼焦时副产的煤气和化学产品，特别是芳香族化合物，在化学工业得到广泛应用。1735 年，在英国第一次用焦炭还原铁矿石获得成功，故通常把 1735 年作为炼焦工业的起点。二百多年来，炼焦工业随冶金工业的发展不断改进，成为煤综合利用的最为成熟的工艺。

10.4.1　焦炭

1. 焦炭的用途与质量要求

焦炭主要用于高炉炼铁，即作为冶金焦。焦炭在高炉中起三个作用：① 作为骨架，保持高炉的透气性；② 提供热源；③ 作为铁矿石的还原剂。此外，焦炭也作为铁的增碳剂。

焦炭的成本构成生铁生产总成本的 1/2 以上。因此，焦比即生产 1t 生铁需要的焦炭数量，在高炉冶炼过程的经济中具有重要意义。由于采用了生产能力大而工艺效率更高的高炉，部分地是由于引入了气体、液体和固体代用燃料，现代高炉生产 1t 生铁消耗的焦炭约 500kg，有时可降低到 300 ～ 350kg。

焦炭的质量由其化学、物理化学和物理特性所决定。

化学性质主要着眼于焦炭作为燃料和还原剂的适合性，化学组成中废物（水分、灰分和硫分）的含量具有决定性意义。

焦炭中的水分并不参与高炉冶炼过程，但是焦炭水分含量的波动却可以对高炉内部的热利用产生不利的影响，因此，对高炉焦炭的要求不仅仅限于尽量降低水分含量，而且更要求这一指标能保持稳定不变。

焦炭中的矿物质会降低其热值，并且可能使机械强度变差以及间接和直接地增加高炉炉渣数量。焦炭中灰分含量每增加 1%，焦比增加 2% ～ 3%。

由焦炭带入高炉中的特别有害的废物是硫分。据估计，70% ～ 80% 的硫是由焦炭带入的。脱硫需要消耗相应数量的熔剂，结果增加焦炭的消耗量。焦炭中全硫每增加0.1%，则熔剂消耗增加1.2%，而焦比增加0.3%～1.1%，高炉生产能力降低2.0%。

中国一级焦炭的灰分和硫分分别要求不大于12.0%和不大于0.6%。

高炉焦炭的成熟度根据挥发分含量来评定，成熟良好的焦炭，其干基挥发分为0.9%～1.1%。

高炉焦炭的物理化学性质中着重于它的反应性。工业试验结果表明，采用低反应性的焦炭会使焦比降低，主要是因为降低了由于生成一氧化碳而造成的碳损失。

高炉焦炭的物理性质中最重要的是其块度和机械强度。高炉中在含铁原料和熔剂的软化带和熔化带，焦炭作为唯一的以固态存在的成分，应该保持有足够的块度尺寸，以便使熔化的物料向炉缸区域流动，并让气体自由流向高炉顶部。为了满足这种要求，焦炭必须具有适当的原始粒度以及良好的机械性质。焦炭在高炉中下落的过程中，在机械力和化学试剂的作用下（焦块互相和与炉壁之间摩擦、热应力、部分气化以及炉渣的浸蚀），其尺寸逐渐变小。当高炉有效容积增大而焦炭下降路程延长时，其粒度减小程度就更大。高炉焦炭块度尺寸的上限不应超过80mm，因为大块焦炭的裂纹网发达而强度较低。高炉焦炭块度的下限尺寸越来越移向20～30mm。

在评定高炉焦炭的筛分组成时，筛下部分的比例，首先是焦粉数量具有很大意义。焦粉是特别不希望出现的粒度级别。带入高炉中的焦粉及由于焦块在高炉内部破碎和摩擦产生的焦粉，其一部分随高炉气体被吹走，而在高炉的下部则使透气性恶化，并造成炉渣增稠的不利现象。

除冶金焦外，焦炭还用于铸造、气化、铁合金生产、电石生产、非铁金属生产、矿石烧结和燃料等。不同用途焦炭的质量要求亦不相同，见表10-3。

表10-3　各种焦炭质量要求

焦炭类型	粒度 mm	灰度(d)%	硫分(d)%	挥发分(d)%	气孔率 %	反应性 $cm^2(CO_2)/(g \cdot s)$	比电阻 $\Omega \cdot cm$
高炉焦炭	＞25	＜15	＜1.0	＜1.2	＞42	0.4～0.6	—
铸造焦炭	＞80	＜12	＜0.8	＜1.5	＞42	＜0.5	—
电热化学焦炭	5～25	＜15	＜3	＜3.0	＞42	＜1.5	
矿粉烧结焦炭	0～3	＜15	＜3	＜3.0	＞40	＞1.5	—
民用焦炭	＞10	＜20	＜2.5	＜20.0	＞40	＞1.5	—

2. 焦炭的质量评价

(1) 焦炭的工业分析和元素分析

分析方法同煤。各种焦炭对化学成分的要求基本一致。焦炭有机质平均含碳96.5%～98%，氢0.5%～0.9%，氮0.5%～1.3%，氧0.2%～1.5%。还含有硫0.7%～1.5%。

碳含量决定于焦炭的最终干馏温度。

(2) 焦炭的反应性

焦炭的反应性是指在严格规定的条件下（温度、压力、气化介质数量、焦炭质量和粒度）与选定的氧化剂反应的能力。实践中，焦炭的反应性通常相对于二氧化碳来测定。

在动力学区域内焦炭与二氧化碳的气化速度是通过测定其失重或反应气体的组成、压力或体积变化来评定的。例如，在日内瓦方法中，将质量7g的粒度1～3mm的焦炭样品，用二氧化碳在1000℃下汽化15 min，根据反应后气体的组成计算反应速度常数。铸造焦炭和高炉焦炭的反应速度常数为0.5～0.4cm^3/(g·s)。我国国家标准(GB/T4000—2008)规定的焦炭反应性是指块度为20±1 mm的焦炭在1100±5℃时与二氧化碳反应2小时后焦炭质量损失的百分数。

高炉内焦炭品质恶化的主要原因是气化反应，即Boudouard反应：

$$CO_2 + C \rightarrow 2CO \quad (10\text{-}1)$$

它消耗碳，使焦炭气孔壁变薄，促使焦炭强度下降，粒度减小。因此，焦炭反应性与焦炭在高炉中性状的变化有密切关系，能较好地反映焦炭在高炉中的状况，是评价焦炭热性质的重要指标。

配煤的性质及炼焦条件影响焦炭的反应性。采用低变质程度的配煤组分，能够提高其焦炭的反应性。提高炼焦最终温度，则反应性降低。灰分中某些成分，尤其是碱和氧化铁，能够催化焦炭的氧化过程。在工业条件下焦炭的燃烧和气化速度除取决于反应性外，还取决于其物理性质，如筛分组成及气孔结构的发展。

(3) 焦炭强度

焦炭强度包括耐磨强度和抗碎强度。中国采用米贡(Micum)转鼓试验方法测定，转鼓直径1000 mm，长度1000 mm，每分钟25转，转4min。取大于60 mm焦样50 kg，鼓内大于40 mm的焦块百分数作为抗碎强度M_{40}，鼓外小于10mm的焦粉百分数作为耐磨强度M_{10}。中国的高炉用焦炭强度要求见表10-4。

表10-4　高炉用焦炭强度要求

级别	转鼓强度指数/%		级别	转鼓强度指数/%	
	M_{40}	M_{10}		M_{40}	M_{10}
1	≥80.0	<8.0	3	≥72.0	<10.0
2	≥76.0	<9.0	4	≥65.0	<11.0

10.4.2　炼焦配煤

1. 炼焦配煤原理

在炼焦条件下，单种煤炼焦很难满足上述焦炭质量的要求，而且煤炭资源也不可能满足单种煤炼焦的需求，只能采用配煤办法。采用配煤炼焦，既要确保焦炭质量符合要求，增加炼焦化学产品的产量，又要做到合理利用煤炭资源。

配煤原理可以形象地表示如图10-11所示。将煤分为黏结组分和纤维组分。以强黏结性煤的黏结组分含量和纤维组分强度为标准，其他煤种按此标准来配。若黏结组分不足，就加入黏结组分；若纤维强度不足，就加入补强材料(如焦粉)。

构成配煤的不同基础煤种炼得焦炭的微观结构不同。例如，由高挥发分弱黏结性煤形成的焦炭，具有较大的气孔，气孔壁薄，反应性强，在高炉内变脆龟裂而生成大量粉末。由强黏结性煤形成的焦炭，其气孔均匀且致密，呈网状或纤维状结构，这种组织相对比较坚固，其反应性适中，反应后仍能保持较好的强度。配煤中的黏结组分(即可产生大量胶质体的部分)和瘦化组分(低挥发分、高变质程度的煤、焦粉甚至灰分)的配比合适，才可能获得性能良好的焦炭。

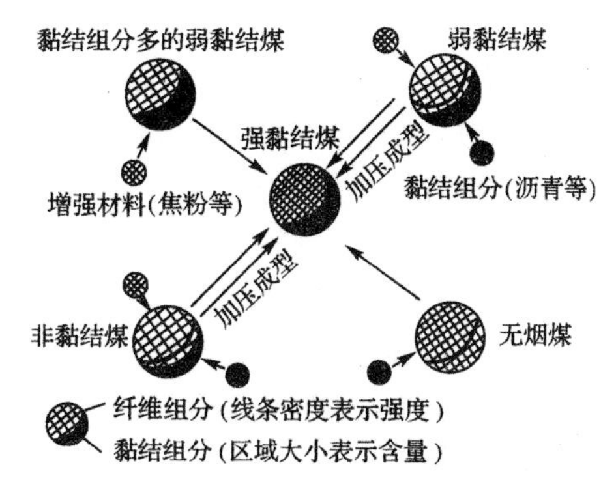

图 10-11　配煤基本原理

炼焦过程影响焦炭质量的主要因素是煤料在塑性区(350℃ ～ 500℃)和半焦收缩区(500℃ ～ 750℃)的动态。因此,可用基氏流动度、奥亚膨胀度、黏结指数、结焦性指数等指导配煤和预测焦炭强度。

2. 炼焦配煤的质量要求

配煤的质量指标如下:

(1) 水分。入炉煤水分应力求稳定,控制在 10% ～ 11%,水分过多会使结焦时间延长。

(2) 细度。它指配煤中小于 3 mm 的颗粒占配煤的百分数,常规炼焦时为 72% ～ 80%,配型煤炼焦时约 85%,捣固炼焦时约 90% 以上。且尽量减少小于 0.5mm 的细粉含量。

(3) 灰分。煤料中灰分在炼焦后全部残留在焦炭中,一般要求配煤时灰分小于 10%。

配煤灰分可根据所配煤种的灰分,按加和性计算。

(4) 硫分。炼焦时 80% ～ 90% 的煤中硫残留在焦炭中,故要求煤料中硫含量越低越好,一般配煤时硫小于 1%。配煤的硫含量可根据所配煤种的硫含量,按加和性计算。

(5) 配煤的煤化度。配煤的挥发分可直接测定,也可按加和性计算。配煤的煤化度影响焦炭的气孔率、比表面积、光学显微结构及反应后强度。配煤煤化度指标的适宜范围是 $V_{daf} = 26\% \sim 28\%$ 或 $R_{max} = 1.2\% \sim 1.3\%$。

(6) 配煤的黏结性指标。这是影响焦炭强度的重要因素。根据结焦机理,配煤中各单种煤的塑性温度区间应彼此衔接和依次重叠。配煤黏结性指标的适宜范围是:以最大流动度 MF 为黏结性指标时,为 70(或 100) ～ 10^3 DDPM(表示转速,以分度 / 分表示,360° 为 100 分度,转速越快,则流动度越大);以奥亚膨胀度 b_t 为指标时,$b_t \geq 50$;以胶质层最大厚度 y 为指标时,$y = 17 \sim 22$ mm;以黏结指数 G 为指标时,$G = 58 \sim 72$。配煤的黏结性指标一般不能用单种煤的黏结性指标按加和性计算。

(7) 配煤的膨胀压力。配煤的膨胀压力只能由实验测定,不能从单种煤的膨胀压力按加和性计算。通常在常规炼焦配煤范围内,煤料的煤化度加深则膨胀压力增大。对同一煤料,增加煤的相对堆密度,膨胀压力也增加。

10.4.3　煤在炭化室内的成焦过程

1. 煤的黏结和成焦

煤的成焦过程可分为煤的干燥预热阶段(< 350℃)、胶质体形成阶段(350℃ ～ 500℃)、半焦

形成阶段(500℃ ～ 750℃)、焦炭形成阶段(750℃ ～ 950℃)。

煤加热到 350℃ ～ 500℃ 热解产生气、液、固三相共存的胶质体。由于它的透气性差,发生膨胀,而当温度超过胶质体的固化温度时,则固化形成半焦,这一过程称为煤的黏结。黏结性即煤黏结自身和惰性物的能力。要使煤在热解时黏结得好,应该有足够数量和热稳定性的液体产物。液体应有足够的流动性,使固体颗粒润湿,并填满颗粒之间的空隙。而且胶质体应覆盖较大的温度间隔,也应有一定的黏度,有一定的气体生成而发生膨胀,形成均一的胶质体。焦煤与肥煤是具有这些特性的煤。而弱黏结性煤热解形成液体少,液体的热稳定性差,容易挥发掉,所以黏结性差。

将半焦由 500℃ 加热至 1000℃ 时,半焦继续热分解,由于放出气体而质量继续减轻,在这一阶段形成的挥发分的数量几乎占煤体积挥发分总产率的 50%,减轻的质量可占原煤质量的 20% ～ 30%,但半焦体积减小引起的收缩应力足够大时,可使整块半焦碎裂和形成焦炭块。焦炭的质量取决于裂级和气孔的多少、气孔壁的厚度及焦炭(没有可见裂纹的焦炭体)的强度。焦炭的强度取决于煤的黏结性和气孔壁的结构强度。

由各单种煤制得的半焦,在进一步加热时收缩动态各不相同。气煤制得的半焦开始收缩的温度最低,并且在刚开始形成很薄的半焦时(500℃)就达到最大收缩速度,加热至 1000℃ 时的最终收缩量也最大,故气煤焦炭的裂纹最多、最宽、最深,焦块细长而易碎;肥煤的半焦裂纹生成情况类似于气煤半焦,不同之处在于:当收缩速度最大时,半焦层已较厚,气孔壁也厚些,韧性也大一些,故裂纹少些、窄些、浅些,焦炭的块度和强度也大些;焦煤的半焦在 600℃ ～ 700℃ 才达到最大收缩速度,此时半焦层已较厚,其气孔壁也厚,韧性也大,加之最大收缩速度和最终收缩量都小,故焦煤焦炭裂纹少、块大、强度高;瘦煤半焦的收缩类似于焦煤半焦,故焦炭裂纹少、块大。但瘦煤因黏结、熔融不好,造成焦炭耐磨性差。

粉碎的单种煤或配合煤在工业炼焦条件下形成冶金焦炭(一定的强度、耐磨性、反应性和块度)的性质称为煤的结焦性。结焦是比黏结更广的概念。结焦性好的煤,其黏结性一定好(如焦煤);但黏结性好的煤,结焦性不一定好(如气肥煤)。

2. 炭化室内成焦特征

炭化室是由两侧炉墙供热,所以结焦过程的特点是单向供热,成层结焦,而且成焦过程中的传热性能随炉料状态和温度而变化。图 10-12 给出了成层结焦过程的示意图。由图可见,在同一时间,离炭化室墙面不同距离的各层炉料因温度不同而处于结焦过程的不同阶段,在装煤后 7 h 内,炭化室同时存在湿煤层、干煤层、胶质体层(塑性层)、半焦层和焦炭层等五个层。焦炭在靠近炉墙处首先形成,而后逐渐向炭化室中心推移。当炭化室中心最终成焦并达到结焦温度时,炭化室结焦才结束,这时炭化室中心温度可以作为整个炭化室焦炭成熟的温度,也称炼焦最终温度,一般该温度为 950℃ ～ 1050℃。

膨胀压力过大时,能危及炉墙。炉内两胶质层是逐渐移向中心的,最大膨胀压力出现在两胶质层在中心汇合处,相当于结焦时间的 2/3 左右。

炭化室同时进行着成焦的各个阶段,因此半焦收缩时相邻两层间存在收缩梯度,也即相邻层间温度不同,收缩值的大小不同,故存在收缩应力,出现裂纹。另外,由于各部位半焦收缩时的加热速率不相同,故产生的收缩应力也不同,在靠近炉墙处,加热速率快,收缩应力大,裂纹网多,形状似菜花,称为焦花。成熟的焦饼中心有一条焦缝,这是由于炭化室两侧同时加热,两侧同时固化收缩所致。

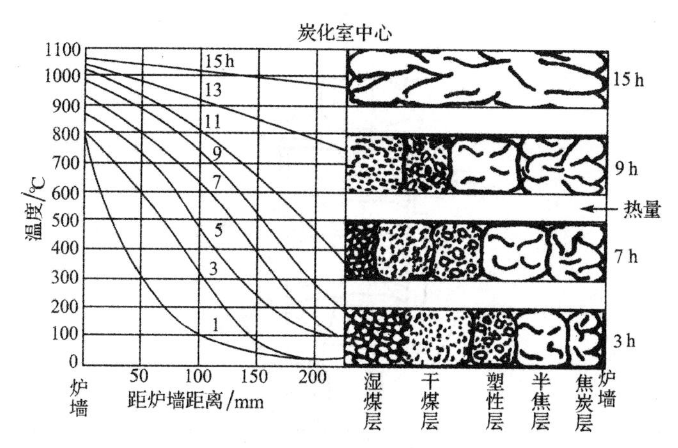

图 10-12　不同结焦时刻炭化室内炉料和温度关系图

煤结焦过程的气态产物大部分是在塑性温度区间，特别是在固化温度以上产生的。当煤受热时在两侧形成胶质层，胶质层的透气性较差，这时干煤层热解生成的气态产物和塑性层产生的气态产物的一部分从塑性层的内侧和顶部流经炭化室顶部空间排出，这部分气体称为“里行气”，占气态产物总量的10％～25％。塑性层内产生的气态产物中的大部分及半焦层内产生的气态产物则穿过高温焦炭层裂缝，沿焦饼与炭化室墙之间的缝隙向上流经炭化室顶部空间而排出，这部分气体产物称为“外行气”，占气态产物总量的75％～90％。

由煤层、塑性层和半焦层内产生的气态产物称为一次热解产物。一次热解产物在流经焦炭、焦饼与炉墙间隙及炭化室顶部空间时，因受到高温作用发生二次热解反应，尤其是外行气，经受二次热解反应的温度高、时间长，因此外行气的二次热解深度对焦化产品的组成起主要影响。

700℃～800℃是形成苯族芳烃的最佳范围。在温度高于800℃时，稠环芳烃（萘、蒽）比例增加并开始产生石墨。为保证炼焦化学产品的质量，炭化室顶部空间的温度一般不超过800℃。

10.5　煤的气化

煤的气化过程是一个热化学过程。它是以煤火煤焦（半焦）为原料，以氧气（空气、富氧或纯氧）、水蒸气或氢气等作气化剂（或称气化介质），在高温条件下通过化学反应把煤火煤焦中的可燃部分转化为气体的过程。煤的气化是最有应用前景的技术之一，这不仅因为煤气化的新技术—相对较为成熟，而且煤转化为煤气之后，通过成熟的气体净化技术处理，对环境污染可减少到最低程度，例如煤炭多联产、煤气化联合循环发电，就是一种高效低污染的洁净煤新技术，其发展前景相当好。

10.5.1　煤的气化原理

煤的气化过程是在煤气发生炉（又称气化炉）中进行的。移动床气化时，发生炉与气化过程如图10-13所示。

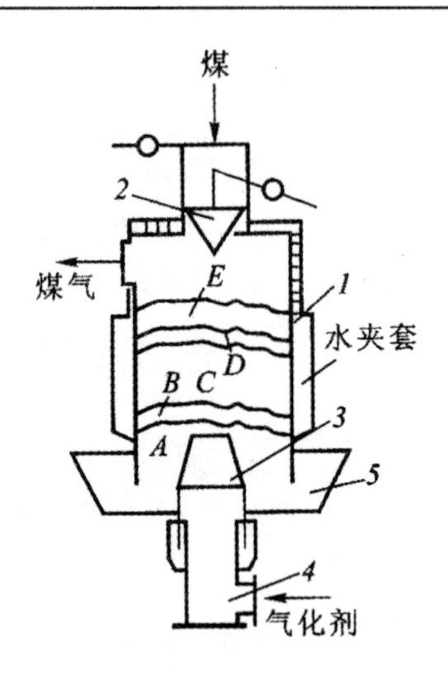

1—炉体;2—加料装置;3—炉栅;4—送风口;5—灰盘料层:A—灰渣;B—氧化层;C—还原层;D—干馏层;E—干燥层

图 10-13　发生炉与气化过程

发生炉是由炉体、加煤装置和排灰渣装置等三大部分构成的,原料煤和气化剂逆向流动,气化原料煤由上部加料装置装入炉膛,依次下行,灰渣炉渣由下部的灰盘排出。气化剂由炉栅缝隙进入灰渣层,与热灰渣换热后被预热,然后进入灰渣层上部的氧化层;在氧化层中气化剂中的氧与原料中的碳反应,生成二氧化碳,生成气体和未反应的气化剂一起上升,与上面炽热的原料接触,二氧化碳和水蒸气分别与碳反应生成 CO 和 H_2,此层称为还原层;还原层生成的气一体和剩余未分解的水蒸气一起继续上升,加热上面的原料层,使原料进行干馏,该层称为干馏层;干馏气与上升热气体混合物即为发生炉煤气、热煤气将上部原料预热干燥,进入发生炉上部空间,由煤气出口引出。发生炉用水夹套回收炉体散热。

煤在煤气发生炉中高温条件下受热分解,放出低分子的碳氢化台物,煤本身逐渐焦化,可以近似地看成是炭。炭再与气化剂发生一系列的化学反应,生成气体产物。

似水蒸气作气化剂通入炽热的煤层时,发生下列反应而转化为合成气。

$$C + H_2O \rightleftharpoons CO + H_2 \quad \Delta H^\ominus = 118.073kJ/mol$$

$$C + 2H_2O \rightleftharpoons CO_2 + 2H_2 \quad \Delta H^\ominus = 74.947kJ/mol$$

$$CO_2 + C \rightarrow 2CO \quad \Delta H^\ominus = 160.781kJ/mol$$

上述反应均为吸热反应,若连续通入水蒸气,将使煤层温度迅速下降。为了维持煤层的高温反应条件,必须交替地通入水蒸气和空气。当向炉内通入空气时,主要进行煤的燃烧反应,加热煤层,此时主要反应为:

$$C + O_2 \rightarrow CO_2 \quad \Delta H^\ominus = -409.489kJ/mol$$

$$2C + O_2 \rightarrow 2CO \quad \Delta H^\ominus = -124.354kJ/mol$$

$$2CO + O_2 \rightarrow 2CO_2 \quad \Delta H^\ominus = -285.134kJ/mol$$

反应温度愈高,煤的分解反应愈完全

$$CO_2 + C \rightarrow 2CO \quad \Delta H^\ominus = 160.781kJ/mol$$

$$C + 2H_2 \rightarrow CH_4 \quad \Delta H^\ominus = -77.878kJ/mol$$

$$CO + H_2O \rightleftharpoons CO_2 + H_2 \quad \Delta H^{\ominus} = -43.126 kJ/mol$$

10.5.2 煤气化工艺

1. 移动床气化

移动床气化方法又分常压及加压两种。常压方法比较简单，但对煤种有一定要求，要用块煤，低灰熔点的煤难以使用。常压方法单炉生产能力低，常用空气—水蒸气为气化剂，制得低热值煤气，煤气中含大量的 N_2，不定量的 H_2，CO_2，O_2 和少量的气体烃。加压方法常用氧气与水蒸气为气化剂，对煤种适用性大大扩大。为了进一步提高过程热效率又开发了液态排渣的移动床加压气化炉，它也是加压移动床的一种改进形式。

2. 碎煤流化床气化

发展流化床气化方法的原因是为了提高单炉的生产能力和适应采煤技术的发展，直接使用小颗粒碎煤为原料，并可利用褐煤等高灰分劣质煤。它又称为沸腾床气化，把气化剂（水蒸气和富氧空气或氧气）送入气化炉内，使煤颗粒呈沸腾状态进行气化反应。在反应床内，当气流速率低于流态化临界速率为移动床，当气流速率高于颗粒极限沉降速率为气流床，当气流速率介于这两个速率之间时为流化床。

3. 煤的气流床气化

气流床气化炉，最为成熟的是常压操作的 Koppers－Totzek(K－T) 法，在此法基础上后来又开发成功加压的Shell法以及Prenflo法，这些气化炉都是干煤粉进料的。湿法进料的有 Texaco 方法、Destec 法和多喷嘴水煤浆煤气化方法。

气流床气化原理：所谓气流床，就是气化剂（水蒸气与氧）将粉煤夹带入气化炉进行并流气化。粉煤被气化剂夹带通过特殊的喷嘴进入反应器，瞬时着火，形成火焰，温度高达 2000℃。粉煤和气化剂在火焰中作并流流动，粉煤急速燃烧和气化，反应时间只有几秒钟，可以认为放热与吸热反应差不多是同时进行的，在火焰端部，即煤气离开气化炉之前，碳已全部耗尽。在高温下，所有的干馏产物都被分解，只含有很少量的 CH_4[$\varphi(CH_4) = 0.02\%$]，气化所得的煤气中含有 CO，H_2，CO_2，H_2O 四个部分，在高温下（1500℃以上）由反应（$CO + H_2O \rightarrow CO_2 + H_2$）的平衡确定煤气组成，而且煤颗粒各自被气流隔开，单独地裂解、膨胀、软化、烧尽直到形成熔渣，因此煤黏结性对煤气化过程没有什么影响，煤中灰分以熔渣形式排出炉外。

10.6 煤的液化

所谓煤炭液化，是将煤中有机质大分子转化为中等分子的液态产物，其目的就是来生产发动机用液体燃料和化学品，也是我国煤代油战略的有效途径之一。煤炭液化有两种完全不同的技术路线，一种是直接液化，另一种是间接液化。

煤炭直接液化是指通过加氢使煤中复杂的有机高分子结构直接转化为较低分子的液体燃料，转化过程是在含煤粉、溶剂和催化剂的浆液系统中进行加氢、解聚，需要较高的压力和温度。直接液化的优点是热效率较高、液体产品收率高；主要缺点是煤浆加氢工艺过程的总体操作条件相对苛刻。

煤炭间接液化是首先将煤气化制合成气（$CO + H_2$），合成气经净化、调整 H_2/CO 比，再经过催化合成为液体燃料，其优点是煤种适应性较宽、操作条件相对温和、煤灰等三废问题主要在气化过程中解决，其缺点是总效率比不上前者。

10.6.1 直接液化

直接液化是在高温（400℃ 以上）、高压（10MPa 以上），在催化剂和溶剂作用下使煤的分子进行裂解加氢，直接转化成液体燃料，再进一步加工精制成汽油、柴油等燃料油，又称加氢液化。煤炭直接液化作为曾经工业化的生产技术，在技术上是可行的。目前国外没有工业化生产厂的主要原因是，在发达国家由于原料煤价格、设备造价和人工费用偏高等导致生产成本偏高，难以与石油竞争。

1. 煤加氢液化过程中的反应

煤在溶剂中的加氢液化反应极其复杂，是一系列顺序反应和平行反应的综合，可归纳如下：

(1) 煤的热解

煤被加热到一定温度，煤结构中键能最弱的部位开始断裂为自由基碎片：

$$\text{煤}\xrightarrow{\text{热裂解}}\text{自由基碎片}\sum R\cdot \tag{10-1}$$

(2) 对自由基“碎片”的供氢

热解自由基“碎片”是不稳定的，只有与氢结合后才能稳定，其反应为：

$$\sum R\cdot + H \rightarrow \sum RH \tag{10-2}$$

供给自由基的氢源主要来自以下几方面：① 溶解于溶剂油中的氢在催化剂作用下变为活性氢；② 溶剂油可供给的或传递的氢；③ 煤本身可供应的氢（煤分子内部重排、部分结构裂解或缩聚放出的氢）；④ 化学反应生成的氢，如 $CO + H_2O \rightarrow CO_2 + H_2$。

(3) 脱氧、硫、氮杂原子反应

加氢液化过程中，煤结构中的一些氧、硫、氮也产生断裂，分别生成 H_2O（或 CO_2，CO），H_2S 和 NH_3 气体而被脱除。

(4) 缩合反应

在加氢液化过程中，由于温度过高或供氢不足，煤热解的自由基“碎片”彼此会发生缩合反应，生成半焦和焦炭，它是煤加氢液化中不希望发生的反应。

2. 煤加氢液化的产物

煤加氢液化后得到的产物并不是单一的，而是组成十分复杂的，包括气、液、固三相的混合物。液固产物组成复杂，实验室研究是要先用溶剂进行分离，通常所用的溶剂有正己烷（或环己烷）、甲苯（或苯）和四氢呋喃 THF（或吡啶）。可溶于正己烷的物质称为油，是煤液化产物的轻质部分，其相对分子质量小于 300；不溶于正己烷而溶于甲苯的物质称为沥青烯（asphaltene），类似于石油的沥青质，其平均相对分子质量约为 500；不溶于甲苯而溶于四氢呋喃（或吡啶）的物质称为前沥青烯（preasphaltene），属煤液化产物的重质部分，其平均相对分子质量约为 1 000；不溶于四氢呋喃的物质称为残渣，它由未反应煤、矿物质和外加催化剂组成，也包括缩聚产物半焦。一般煤加氢液化产物分离流程如图 10-14 所示。

而煤加氢液化的反应历程可见图 10-15 所示。

上述反应历程中 C_1 表示煤有机质的主体，C_2 表示存在于煤中的低分子化合物，C_3 表示惰性成分。此历程并不包括所有反应。图 10-16 所示为煤加氢液化生成 SRC-I、SRC-Ⅱ 的反应历程。

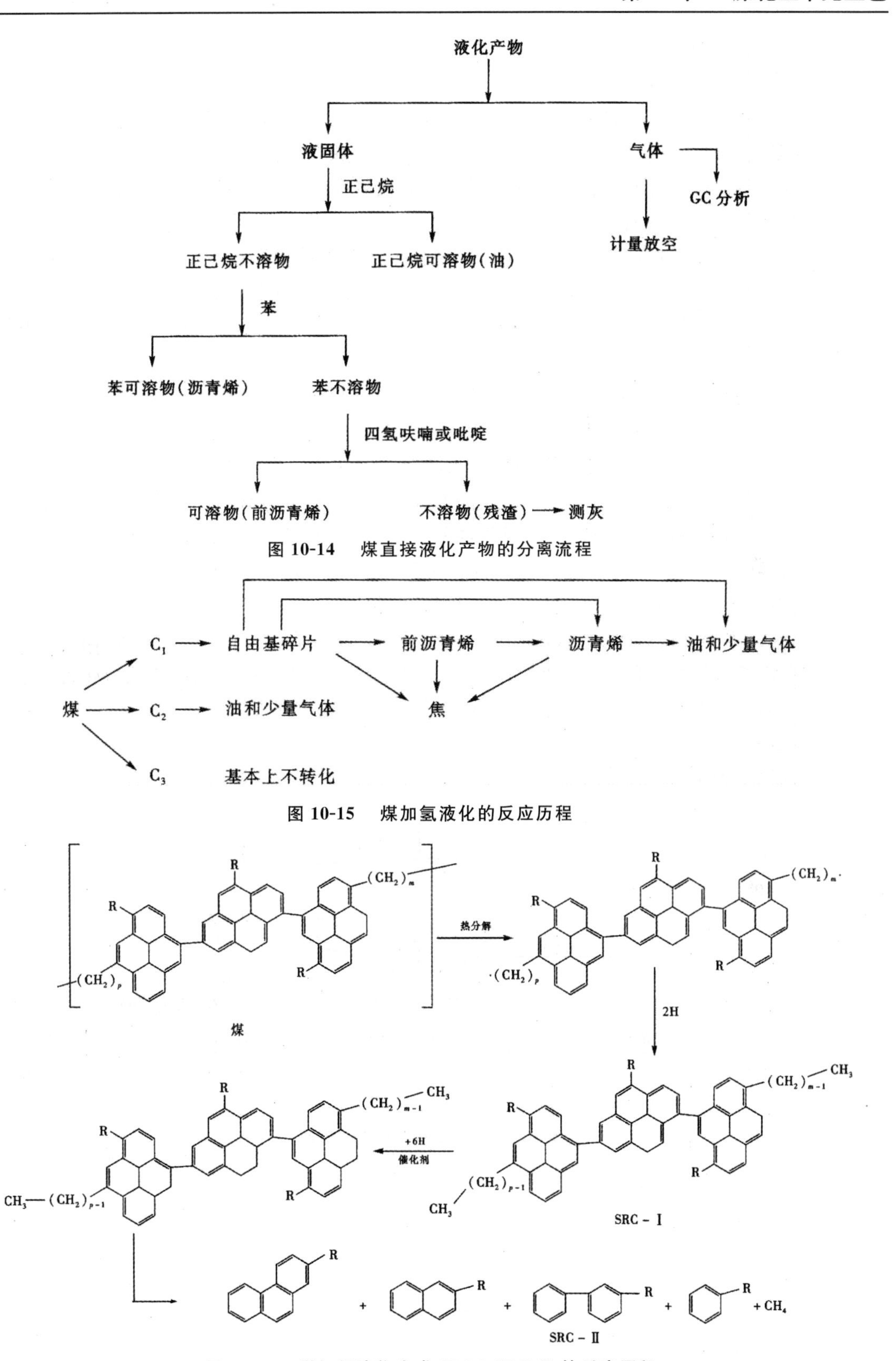

图 10-14　煤直接液化产物的分离流程

图 10-15　煤加氢液化的反应历程

图 10-16　煤加氢液化生成 SRC-Ⅰ、SRC-Ⅱ 的反应历程

10.6.2 间接液化

煤的间接液化技术是先将煤全部气化成合成气，然后以煤基合成气（一氧化碳和氢气）为原料，在一定温度和压力下，将其催化合成为烃类燃料油及化工原料和产品的工艺，包括煤炭气化制取合成气、气体净化与交换、催化合成烃类产品以及产品分离和改制加工等过程。

煤间接液化可分为高温合成与低温合成两类工艺。高温合成得到的主要产品有石脑油、丙烯、α-烯烃和 C_{14} ～ C_{18} 烷烃等，这些产品可以用作生产石化替代产品的原料，如石脑油馏分制取乙烯、α-烯烃制取高级洗涤剂等，也可以加工成汽油、柴油等优质发动机燃料。低温合成的主要产品是柴油、航空煤油、蜡和 LPG 等。煤间接液化制得的柴油十六烷值可高达 70，是优质的柴油调兑产品。

煤间接液化制油工艺主要有 Sasol 工艺、Shell 的 SMDS 工艺、Syntroleum 技术、Exxon 的 AGC-21 技术、Rentech 技术。已工业化的有南非的 Sasol 的浆态床、流化床、固定床工艺和 Shell 的固定床工艺。国际上南非 Sasol 和 Shell 马来西亚合成油工厂已有长期运行经验。

典型煤基 F-T 合成工艺包括：煤的气化及煤气净化、变换和脱碳；F-T 合成反应；油品加工等 3 个纯“串联”步骤。气化装置产出的粗煤气经除尘、冷却得到净煤气，净煤气经 CO 宽温耐硫变换和酸性气体（包括 H_2 和 CO_2 等）脱除，得到成分合格的合成气。合成气进入合成反应器，在一定温度、压力及催化剂作用下，H_2S 和 CO 转化为直链烃类、水以及少量的含氧有机化合物。生成物经三相分离，水相去提取醇、酮、醛等化学品；油相采用常规石油炼制手段（如常、减压蒸馏），根据需要切割出产品馏分，经进一步加工（如加氢精制、临氢降凝、催化重整、加氢裂化等工艺）得到合格的油品或中间产品；气相经冷冻分离及烯烃转化处理得到 LPG、聚合级丙烯、聚合级乙烯及中热值燃料气。

工艺流程如图 10-17 所示。

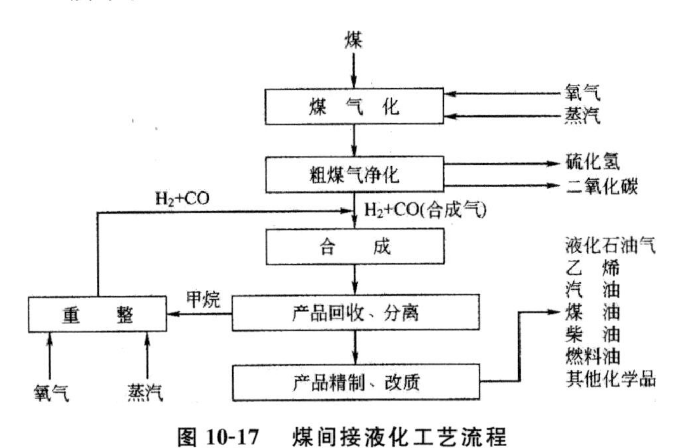

图 10-17 煤间接液化工艺流程

第11章　化工工艺计算与反应器

11.1　物料衡算

11.1.1　物料衡算概述

1. 物料衡算的目的和意义

在工艺设计过程中，当确定了工艺路线、方法和工艺流程以后，就需进行物料计算。物料衡算是根据物质质量守恒定律，对进出生产装置、生产工序或单台设备的物料进行平衡计算。计算原料与产品之间的定量转变关系，以确定原料消耗量，各种中间产品、副产品、成品的产量以及生产过程中各阶段的损耗量和它们的组成。

物料衡算是能量衡算、设备工艺计算和所有工艺计算的基础，是决定生产过程中所需设备台数（对间歇生产为台时）、容量和主要工艺尺寸的根本依据。所以物料衡算是化工工艺计算的极其重要的一环。

在进行物料衡算时，要深入分析生产过程，以便通过物料衡算确定生产过程的最经济、最合理的工艺条件，确定最佳工艺流程。由此可见，物料衡算对工艺设计起着重大的作用；另外，在生产过程中，还可以通过物料衡算来发现生产上存在的不合理现象，检查生产过程中的不合理损耗以及帮助分析计量测试数据是否正确。

2. 反应过程物料衡算的步骤

（1）画出简单的物料衡算流程图

绘制流程图时应着重考虑物料的来龙去脉，不允许有遗漏，每一种物料都要表示在图上，并将每种物料的重量、组成或体积、温度、压力数据标注出来，如果是待求项，则应将字母符号标写清楚。这样的示意图一目了然，知道哪些是已知条件，哪些是未知条件。

（2）数据收集

根据工厂实践或试验选取确定工艺条件的数据、消耗定额及各阶段损耗数据，并查有关手册获取物理化学常数及计算所需的数据。

（3）注明变化过程

明确物料在各工序、各设备中发生的化学变化及物理化学变化，写出主、副反应方程式。这样可明确反应前后的物料组成以及它们之间的定量关系。

（4）选择计算基准与计算单位

在物料衡算过程中，要明确计算基准，根据计算对象选择统一的计算单位。如对于连续生产过程中的物料衡算，通常以单位时间产品量或单元时间原料量作为计算基准，单位用t/d、kg/h、m^3/h等；对于间歇生产过程的物料衡算，常用每批产品产量作为计算基准，单位用kB/B；对于气体常以标准状态（0℃，1×10^5kPa）下气体的体积作为计算基准，单位用$m^3/kmol$、L/mol等。

(5) 确定计算顺序

物料衡算的顺序可以由进入整个装置的物料开始，顺物料流程逐个设备计算，直至流出装置的物料；也可以由流出整个装置的物料开始，逆物料流程逐个设备计算，直至流入装置的物料。顺流程计算过程概念清晰，符合物料流动顺序，容易理解，因此应尽量采用顺流程。

对于复杂的生产过程，在进行物料衡算时，可先将生产过程分解到工序，对各工序进行物料衡算，然后再将各工序分解到设备，对各设备进行物料衡算。对于简单生产过程可直接对整套装置中各设备进行物料衡算。

(6) 全面展开计算

根据所收集的数据资料及选择的计算单位，按所确定的计算顺序，运用化学、化工及物化知识，逐个工序、逐台设备建立物料平衡计算。在建立物料平衡关系式时，经常会用到以下关系式。

① 质量守恒关系式。对于每一个工序或设备，应遵守质量守恒定律。

② 化学计量关系式。有化学反应发生时，反应物与生成物之间的转换关系服从化学计量关系。

③ 组分数量分数关系式。每一股物流的各组分摩尔分数之和恒等于1，或各组分质量分数之和恒等于1。

④ 设备关系式。描述设备操作特征的关系式，不同设备中的物料变化不同，其关系式也是不同的。有时一个设备或工序用到的关系式不止一个，甚至非常复杂。

(7) 核对和整理计算结果

在物料衡算中，每一个工序或设备进行物料衡算后，都应立即根据约束条件对计算结果进行物料平衡校核，确保每一步计算结果正确无误。当计算全部结束后，应及时整理，编写物料衡算说明书。物料衡算说明书内容大致包括数据资料、计算公式、全部计算过程及计算结果等。

(8) 绘制物料流程图，编写物料平衡表

根据物料衡算的结果绘制物料流程图，编写物料平衡表。物料流程图、物料平衡表是说明物料结果的一种简捷而清晰的表示方法，它能够清楚地表示各种物料在流程中的位置、数量、组成、流动方向、相互之间的关系等。

11.1.2 具体物料衡算

物料衡算的依据是质量守恒定律：

$$\text{进入系统的物料量} = \text{离开系统的物料量} + \text{系统内物料积累量} \tag{11-1}$$

对于稳定的连续流动系统过程，无物料的积累，如果过程中没有物料的损失，则输入的总物料量等于输出的物料量，即

$$\sum G_F = \sum G_E \tag{11-2}$$

在进行物料衡算时，必须选择某一物料的数量作为计算的依据，称为物料衡算的基准。基准的物料可以不同于每小时或每批的实际物料量，而是为计算方便来选定。作为基准的物料，既可以选用原料，也可以选用产品；既可以选用总物料，也可以选用某一个组分，这种组分往往选用不发生变化的惰性物料。基准物料的常用单位为 kg、Nm^3(标准立方米) 或 kmol；对于发生复杂化学反应的过程，最好选用元素的物质的量(kmol)。在一个系统中进行各设备的物料衡算时，应采用同一个基准，以避免发生计算错误。

1. 物理变化过程

当体系只发生物理变化时，除了建立总物料衡算式之外，还可以按每一种组分分别建立该组分的物料衡算式。

如图 11-1 所示，湿气体在冷却塔内冷却冷凝时，该物料可看作由干气体和水蒸气两种组分所组成，所以可建立如下三个物料衡算式：

总物料衡算式

$$V_F = V_E + W \tag{11-3}$$

干气体的物料衡算式

$$V_{gF} = V_{gE} \tag{11-4}$$

水的物料衡算式

$$V_{WF} = V_{WE} + W \tag{11-5}$$

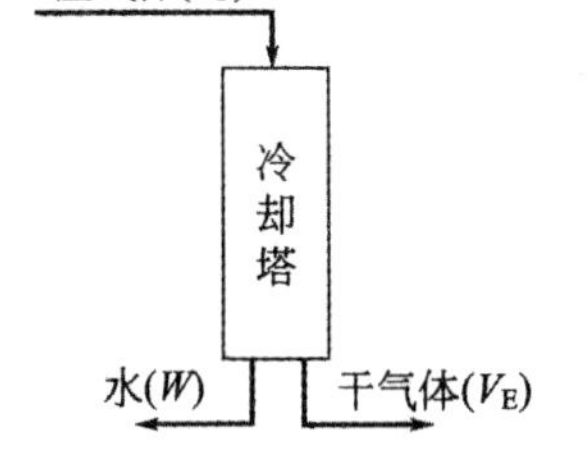

图 11-1　气体冷却冷凝

因为干气体量与水和水蒸气量之和等于湿空气总量，所以上述三个物料衡算式并不是完全独立的，其中的一个物料衡算式可以从另外两个组合得到。就是说，对于由两种组分组成的体系，衡算式总数为三个，而独立的物料衡算式只有两个。由此可以得到，独立的物料衡算式数与组分数是相等的，物料衡算式的总数比组分数多一个。

【例 11-1】苯、甲苯、二甲苯混合物采用由两个精馏塔组成的单元操作设备进行分离，得到三种物流，各为一种物质的富集液，系统流程如图 11-2 所示。已知料液流率为 1000 mol · h^{-1}，其组成为苯 20%，甲苯 30%，其余为二甲苯(均为摩尔分数)。在第一个精馏塔的釜底液中含苯 2.5% 和甲苯 35%，然后进入第二个精馏塔分离，塔顶得到 8% 和甲苯 72% 的溜出液，试计算各个精馏塔得到的馏出液、釜底液及其组成。

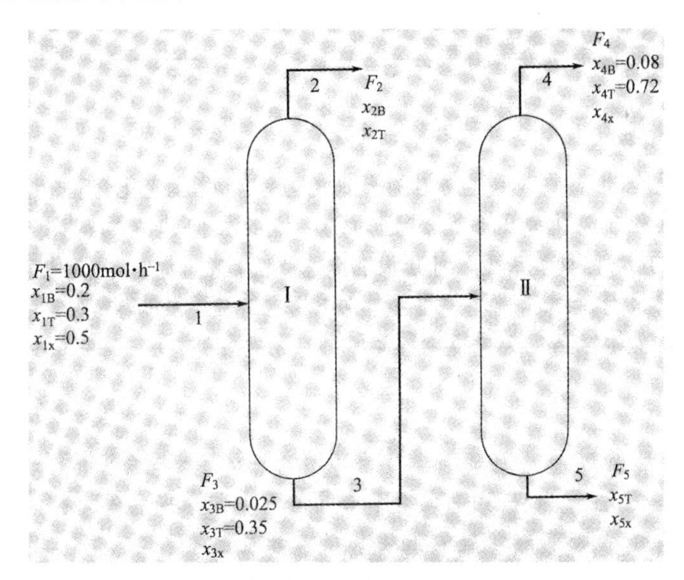

图 11-2　【例 11-1】的系统流程图

解　在系统流程图上，标明各流股物料量，mol · h^{-1}；其 x_{3B}、x_{3T}、x_{3X}。分别表示流股 3 中苯、甲苯和二甲苯的组成。

该精馏过程可列出三组衡算方程，每组选出三个独立方程，即

塔 Ⅰ：总物料为

$1000 = F_2 + F_3$

苯为

$1000 \times 0.2 = F_2 x_{2B} + 0.025F_3$

甲苯为

$1000 \times 0.3 = F_2(1 - x_{2B}) + 0.35F_3$

塔 Ⅱ:总物料为

$F_3 = F_4 + F_5$

苯为

$0.025F_3 = 0.08F_4$

甲苯为

$0.35F_3 = 0.72F_4 + F_2 x_{5T}$

整个过程:总物料为

$1000 = F_2 + F_4 + F_5$

苯为

$1000 \times 0.2 = F_2 x_{2B} + 0.08F_4$

甲苯为

$1000 \times 0.3 = F_2(1 - x_{2B}) + 0.72F_4 + F_2 x_{5T}$

以上 9 个方程式中只有 6 个是独立的,所以由塔 Ⅰ 和塔 Ⅱ 的物料衡式联立,或者由总平衡方程式与任一单元的物料平式联立,均可求解得到本题所需结果。由塔 Ⅰ 和塔 Ⅱ 的物料平衡式联立,把所得结果列于表 11-1 中。

表 11-1　求解结果

流股 组分	1		2		3		4		5	
	/mol·h^{-1}	组成	/mol·h^{-1}	组成	/mol·h^{-1}	组成	/mol·h^{-1}	组成	/mol·h^{-1}	组成
苯	200	0.20	180	0.90	20	0.025	20	0.08		
甲苯	300	0.30	20	0.10	280	0.35	180	0.72	100.1	0.182
二甲苯	500	0.50			500	0.625	50	0.20	449.9	0.818
合计	1000	1.00	200	1.00	800	1.00	250	1.00	550	1.00

2. 化学变化过程

对于发生化学反应的过程,建立物料衡算式的方法与物理变化过程有所不同。现以碳与氧燃烧生成一氧化碳和二氧化碳的反应过程为例,说明如何建立物料衡算方程式。如图 11-3 所示,进入设备的物料为碳和氧,离开设备的物料为碳、氧、一氧化碳和二氧化碳。显然,这个过程不能按照上述物理变化过程那样列出这四种组分的物料衡算式。对于化学反应过程,同一种元素的物质的量(mol) 是不变的,所以可以按元素的物质的量列出物料衡算式。

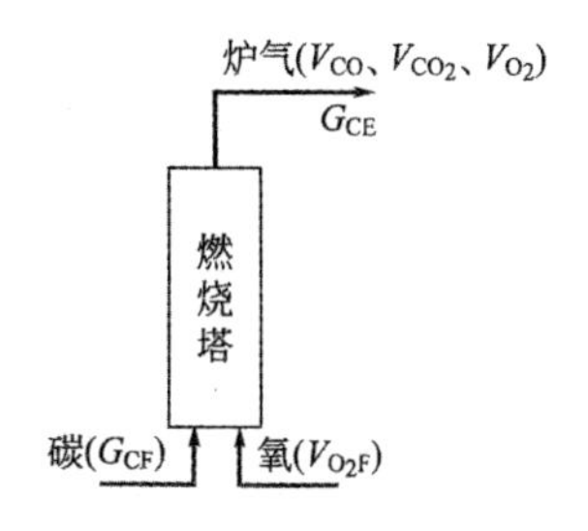

图 11-3　碳与氧燃烧

各种元素的物料衡算式如下：碳为

$$G_{CF} = V_{CO} + V_{CO_2} + V_{CE} \tag{11-6}$$

氧为

$$V_{O_2F} = 0.5V_{CO} + V_{CO_2} + V_{O_2} \tag{11-7}$$

总物料衡算式（按元素的物质的量计）

$$G_{CF} + 2V_{O_2F} = 2V_{CO} + 3V_{CO_2} + 2V_{O_2} + G_{CE} \tag{11-8}$$

这三个物料衡算式并不是完全独立的，而独立的衡算式只有两个。这就是说，独立的物料衡算式数与参加反应的元素种类数相等。发生化学反应的物料组分数一般都比独立的物料衡算式数多，如图 11-3 的反应过程，参加反应的组分有四种，但只有两种元素。为了进行物料衡算，尚需考虑发生的独立反应。在此过程中，发生如下两个独立反应：

$$C + O_2 = CO_2 \tag{11-9}$$

$$C + 0.5O_2 = CO \tag{11-10}$$

根据这两个独立反应转化的程度，就可以确定某些组分之间的定量关系。在碳与氧燃烧的过程中，有两种元素和两个独立的反应，两者之和正好等于体系的组分数。这种关系不是偶然的，对所有发生化学反应的过程，都存在着组分数 N 等于元素总数 M 与独立反应数 R 之和的关系，即 $N = M + R$。

进行化学过程的物料衡算时，常常应用转化率、产率、选择性等概念，现作如下说明。

转化率是对某一组分来说的。反应所消耗的物料量与投入反应的物料量之比值称为该组分的转化率，一般以分率来表示，如果用符号 X_A 表示 A 组分的转化率，则得

$$X_A = \frac{\text{反应消耗 A 组分的量}}{\text{投入反应 A 组分的量}} \tag{11-11}$$

产率（收率）是指主产物的实际收得量与按投入原料计算的理论产量之比值。用分率或百分率来表示，如果用符号 Y 来表示产率，则得

$$Y = \frac{\text{主产物实际收得量}}{\text{按投入原料计算的理论产量}} \tag{11-12}$$

或

$$Y = \frac{\text{主产物收得量折算成原料量}}{\text{原料投料量}} \tag{11-13}$$

选择性是表示各种主、副产物中，主产物所占的分率或百分率。用符号 S 表示，则得

$$S = \frac{\text{主产物收得量折算成原料量}}{\text{反应掉的原料量}} \tag{11-14}$$

相对于同一反应而言，转化率、产率与选择性之间存在如下关系：

$$Y = XS \tag{11-15}$$

从实验装置上测得转化率、产率、选择性等数据，常常作为设计工业反应器的依据。从生产装置上测得转化率、产率、选择性等数据，是评价整套装置实际效果的重要指标之一。

化工生产工艺流程有循环过程和非循环过程(序列过程)。对于序列过程，其物料衡算可以从第一个单元开始，依次进行各单元设备的计算。但因化学反应不完全，往往将未引起反应的物料经分离后循环使用，使之成为循环过程。对于简单的循环回路，多采用确定的循环比进行过程的物料量计算；而复杂的循环回路，常用迭代法进行物料量的计算，用此法求解时，必须给定切割的物料量，此处是在循环回路中输入物流数最少而输出物流数最多。如图 11-4 所示，该工艺过程是由复杂的循环回路组成的。如果给定了分流器 6 排放量占其输入量的比例，此过程可在混合器 4 与闪蒸器 5 之间切割，然后赋予节点 5 初值进行整个过程的迭代，直到节点 12 与节点 5 的物料量相等或近似相等为止。

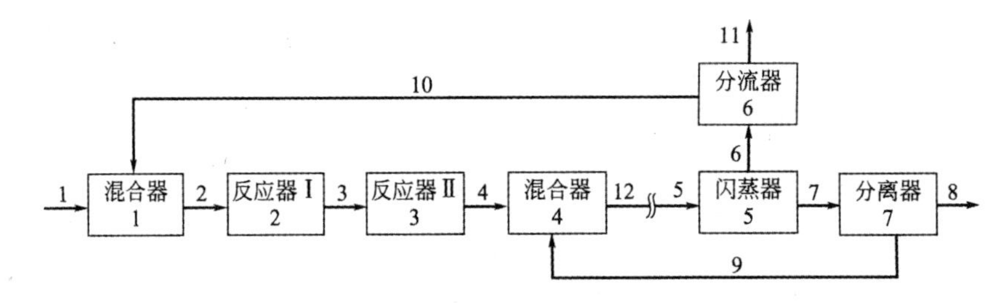

图 11-4　具有复杂循环回路的工艺过程

在带有循环物流的过程中，由于有些惰性组分或某些杂质没有分离掉，在循环中逐渐积累，会影响正常生产和正常操作。为了使循环系统中惰性组分保持在一定浓度范围内，需要将一部分循环气排放出去，这种排放称为弛放过程。

在连续弛放过程中，稳态的条件为：

$$\text{弛放时惰性气体排出量} = \text{系统惰性气体进入量} \tag{11-16}$$

弛放物流中任一组分的浓度与进行弛放那一点的循环物流浓度相同。因此，弛放物流的流率由下式决定：

$$\text{料液流率} \times \text{料液中惰性气体浓度} = \text{弛放物流流率} \times \text{指定循环流中惰性气体浓度} \tag{11-17}$$

【例 11-2】用邻二甲苯气相催化氧化生产邻苯二甲酸酐(苯酐)。邻二甲苯投料量 205 kg/h，空气(标准状态)4500 m^3/h。反应器出口物料组成(摩尔分数)如表 11-2 所示。试计算邻二甲苯转化率、苯酐收率及反应选择性。

表 11-2　反应器出口物料组成

组分	苯酐	顺酐	邻二甲苯	氧气	氮气	其他	合计
摩尔分数 /%	0.65	0.04	0.03	16.58	78	4.70	100

解　画出物料流程图，如图 11-5 所示。

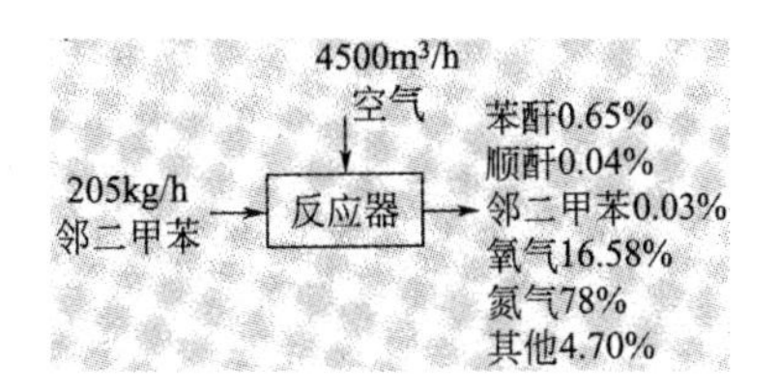

图 11-5 物料流程图

主反应式为

$$\text{C}_6\text{H}_4(\text{CH}_3)_2 + 2\text{O}_2 \longrightarrow \text{C}_6\text{H}_4(\text{CO})_2\text{O} + 3\text{H}_2\text{O}$$

其中：$M_{苯酐} = 148.11$，$M_{邻二甲苯} = 106.17$。

因尾气中含有大量的惰性组分 N_2，故选择 N_2 作为物料衡算的联系物。反应器出口物料的总流量为

$$\frac{\frac{4500}{22.4} \times 79.2\%}{78\%} = 204\text{kmol/h}$$

反应器出口物料中苯酐的流量为

$$204 \times 0.65\% = 1.326\text{kmol/h}$$

反应器出口物料中邻二甲苯的流量为

$$204 \times 0.03\% \times 106.17 = 6.50\text{kg/h}$$

所以，邻二甲苯的转化率为

$$X = \frac{205 - 6.5}{205} \times 100\% = 96.83\%$$

苯酐收率为

$$Y = \frac{1.326}{\frac{205}{106.17}} \times 100\% = 68.67\%$$

反应选择性为

$$S = \frac{Y}{X} = \frac{68.67\%}{96.83\%} \times 100\% = 70.92\%$$

【例 11-3】苯甲酰苯甲酸(BB 酸)脱水缩合制蒽醌，要求控制反应终点时硫酸组成为 93.5%。每批投料工业 BB 酸 400 kg，含水 10%，干品含纯 BB 酸 97%，缩合剂硫酸的浓度为 97.8%，求浓硫酸的需用量。缩合反应的转化率为 99%(以上均为质量分数)。

解 反应式为

$$C_6H_5(CO)C_6H_4COOH \xrightarrow{H_2SO_4} C_6H_4(CO)_2C_6H_4 + H_2O$$

400 kg 工业 BB 酸中，含纯 BB 酸

$$400 \times 0.9 \times 0.97 = 349\text{kg}$$

含水

$$400 \times 0.1 = 40\text{kg}$$

含杂质

$$400 \times 0.9 \times 0.03 = 11\text{kg}$$

反应生成蒽醌

$$349 \times 0.99 \times 208/226 = 318\text{kg}$$

反应生成水

$$349 \times 0.99 \times 18/226 = 27.5\text{kg}$$

未反应的 BB 酸

$$349 \times 0.01 = 3.5\text{kg}$$

设 97.8% 的 H_2SO_4 用量为 Xkg，反应后废酸总量为

$$X + 40 + 27.5 = X + 67.5$$

反应后废酸浓度为

$$\frac{0.978X}{X + 67.5} = 0.935$$

解得

$$X = 1470\ \text{kg}$$

废酸质量为

$$1470 + 67.5 = 1537.5\ \text{kg}$$

每批投料物料平衡表如表 11-3 所示。

表 11-3　每批投料物料平衡表

输入				输出			
名称	质量 /kg	组成 /%	纯重 /kg	名称	质量 /kg	组成 /%	纯重 /kg
工业 BB 酸	400	BB 酸 87.2	349	粗蒽醌	332.5	蒽醌 95.6	318
		H_2O 10.0	40			BB 酸 1.1	3.5
		杂质 2.8	11			杂质 3.3	11.0
浓硫酸	1470	H_2SO_4 97.8	1437.6	废酸	1537.5	H_2SO_4 93.5	1437.5
		H_2O 2.2	32.4			H_2O 6.5	100
合计	1870		1870		870		1870

【例 11-4】由氢气和氮气生产合成氨时，原料气中总含有一定数量的惰性气体，如氩和甲烷。为了防止循环氢、氮气中惰性气体的积累，因此应设置弛放装置，如图 11-6 所示。

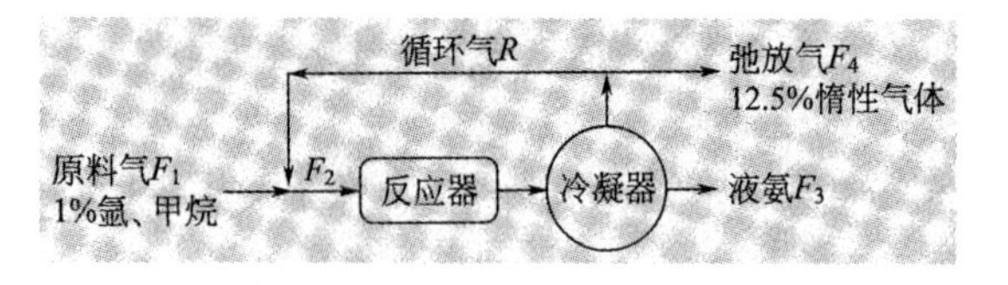

图 11-6　流程示意图

假定原料气的组成(摩尔分数)N_2 24.75，H_2 74.25，气体 1.00。N_2 的单程转化率为 25%，循

环物料中惰性气体为 12.5%，NH_3 3.75%(摩尔数)，试计算各股物流的流率和组成。

解　基准：原料气 100mol/h

循环物流组成(以 I 代表惰性组分)：

因循环气和弛放气从同一节点分流，故循环物流组成与弛放气组成相同。已知：$x(\mathrm{I}) = 0.125$，$x(NH_3) = 0.0375$，$x(N_2) = \frac{1-0.125-0.0375}{4} = 0.2094$，$x(H_2) = 0.2094 \times 3 = 0.6281$。

弛放气流率 F_4 由惰性气体平衡求出。惰性气体平衡：$100 \times 0.01 = 0.125F_4 \Rightarrow F_4 = 8\text{mol/h}$。

循环物流流率 R 由 N_2 组分衡算求出。N_2 组分衡算为

$$(0.2475F_1 + 0.2094R) \times (1-0.25) = (F_4 + R) \times 0.2094 \Rightarrow R = 322.58\text{mol/h}$$

进反应器混合气的流率 F_2 为

$$F_2 = R + F_1 = 322.58 + 100 = 422.58\text{mol/h}$$

产品液氨的流率 F_3(由质量衡算得)：为简化计算，将惰性气体全部看作是 Ar，取相对分子质量为 40，则有原料气质量流率为

$$1 \times 40 + 99 \times \frac{3}{4} \times 2 + 99 \times \frac{1}{4} \times 28 = 881.5\text{g/h}$$

弛放气质量流率为

$$8 \times 0.125 \times 40 + 8 \times 0.0375 \times 17 + 8 \times 0.2094 \times 28 + 8 \times 0.6281 \times 2 = 102\text{g/h}$$

液氨质量流率为

$$881.5 - 102 = 779.5\text{g/h}$$

液氨摩尔流率 F_3 为

$$F_3 = \frac{779.5}{17} = 45.85\text{mol/h}$$

物料衡算结果汇总如表 11-4 所示。

表 11-4　物料衡算结果

项目		原料气 F_1	循环气 R	混合气 F_2	弛放气 F_4	液氨 F_3
摩尔流率 /(mol/h)		100	322.58	422.58	8	45.85
物流组成(摩尔分数)	N_2	0.2475	0.2094	0.2184	0.2094	0
	H_2	0.7425	0.6281	0.6552	0.6281	0
	I	0.01	0.125	0.0978	0.125	0
	NH_3	0	0.0375	0.0286	0.0375	1.00
合计		1.00	1.00	1.00	1.00	1.00

11.2 热量衡算

11.2.1 热量衡算的目的和意义

化工生产中的物理过程和化学反应过程都与能量的传递或能量形式的变化有关。能量消耗是一项重要的经济指标，它是衡算工艺过程、设备设计、操作水平是否合理的主要指标之一。能量衡算是以物料衡算为基础的，同时又是设计计算的基础。通过能量衡算可以求出设备的热负荷，进而确定设备的传热面积以及加热或冷却剂的用量。化工生产中热量的消耗是能量消耗的主要部分，因此，化工生产中的能量衡算主要是热量衡算。

热量衡算是根据能量守恒定律对设备在操作过程中传入热量或传出热量的平衡计算。热量衡算的基本过程是在物料衡算的基础上进行单元设备的热量计算，然后再进行整个系统的热量平衡，尽可能做到热量的综合利用。

热量衡算的目的在于通过热量衡算来确定下列问题：① 确定加热或冷却剂用量，为其他工程（如供水、供汽、燃料系统等）提供主要设计依据；② 确定需要设备传递的热量，即有效热负荷，为设备设计提供依据；③ 在修正设计方案时，根据所提出的能量利用方案中的估计数据，分析热量利用是否合理，以提高热量的综合利用。

11.2.2 具体热量衡算

热量衡算是以热力学第一定律为基础的。根据物料衡算的结果，在给定物料的温度和相态条件下，由热量衡算求取过程热量的变化。热量衡算式可写为

输入的总热量 = 输出的总热量 + 积累的热量 + 损失的热量

对于稳定的连续流动过程，无热量的积累，且不计入热量的损失时，输入的总热量 $\sum Q_F$ 就等于输出的总热量 $\sum Q_E$，即

$$\sum Q_F = \sum Q_E \tag{11-18}$$

因为热量是相对值，所以在进行热量衡算时，应选定基准的温度和相态。基准温度可以任意选择，但一般选取 0℃ 或 25℃，因为在这两个温度下的热力学数据较多，易于查用。

反应体系能量衡算的方法按计算焓时的基准区分，主要有以下两种方法。

1. 以反应热为基准的计算方法

如果已知标准反应热（$\Delta H_r^{\ominus}$），则可选 298K，101.3 kPa 为反应物及产物的计算基准。对非反应物质也可选适当的温度为基准（如反应器的进口温度或平均比热容表示的参考温度）。为方便计算过程的焓变，将进出口流股中组分的流率 n_i 和焓 H_i 列成表，然后按式（1-1）计算过程的 ΔH。

$$\Delta H = \frac{n_{AR}\Delta H_r^{\ominus}}{\mu_A} + \sum (n_i H_i)_{\text{输出}} - \sum (n_i H_i)_{\text{输入}} \tag{11-19}$$

式中，下角标 A 为任意一种反应物或产物；n_{AR} 为过程中生成或消耗 A 物质的量（注意此数不一定是 A 在进料或产物中的物质的量），mol；μ_A 为 A 的化学计量系数。n_{AR} 和 μ_A 均为正值。

如果过程中有多个反应，在式(11-19)中要有每一个反应的$\frac{n_{AR}\Delta H_r^{\ominus}}{\mu_A}$项。所以对于同时有多个反应的过程，这个基准不够简便。

2. 以生成热为基准的计算方法

以组成反应物及产物的元素，在 25℃，101.3 kPa 时的焓为零，非反应分子以任意适当的温度为基准。也要画一张填有所有流股组分n_i和H_i的表，只是在这张表中反应物或产物的H_i是每个物质 25℃ 的生成热与物质由 25℃ 变到进口状态或出口状态所需显热和潜热之和。过程的总焓变即为

$$\Delta H = \sum (n_i H_i)_{输出} - \sum (n_i H_i)_{输入} \tag{11-20}$$

所以这种基准中的物质是组成反应物和产物的、以自然形态存在的原子。

【例 11-5】甲烷在连续式反应器中经空气氧化生产甲醛，副反应是甲烷完全氧化生成CO_2和H_2O。

$$CH_4(气) + O_2 \rightarrow HCHO + H_2O(气)$$
$$CH_4(气) + 2O_2 \rightarrow CO_2(气) + 2H_2O(气)$$

以 100 mol 进反应器的甲烷为基准，物料流程如图 11-7 所示。假定反应在足够低的压力下进行，气体可看作理想气体。甲烷于 25℃ 进反应器，空气于 100℃ 进反应器，如要保持出口产物为 150℃，需从反应器取走多少热量？

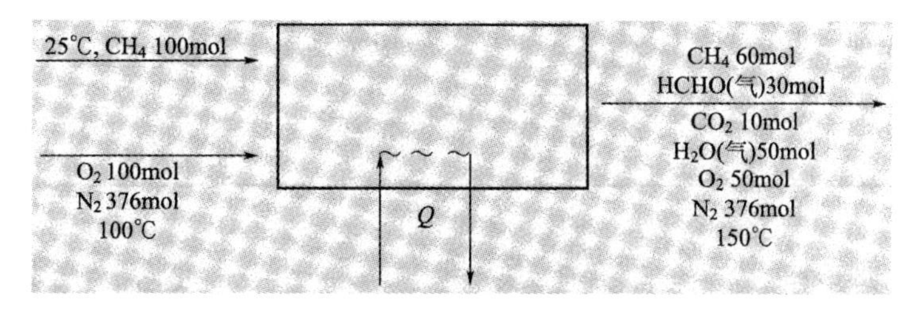

图 11-7　物料流程示意图

解　物料衡算：100mol 进料中的CH_4。物料衡算结果如图 11-7 所示。

能量衡算：取 25℃ 时生成各个反应物和产物的各种原子(即 C、O、H)为基准，非反应物质N_2也取 25℃ 为基准(因 25℃ 是气体平均摩尔热容的参考温度)。

(1) 各组分单位进料(25℃)的焓值

①25℃ 下进料甲烷的焓查手册得CH_4生成热$H_{f,CH_4}^{\ominus} = -74.85 kJ/mol$，因此

$$H_{进}(CH_4) = H_{f,CH_4}^{\ominus} = -74.85 kJ/mol$$

②$H_{O_2,100℃}$：查手册得$\bar{C}_p(100℃) = 29.8\ J/K \cdot mol$

$$H_{进}(O_2) = \bar{C}_p(100℃)(100-25) = 2235\ J/mol = 2.235\ kJ/mol$$

③$H_{N_2,100℃}$：查手册得$\bar{C}_p(100℃) = 29.16\ J/K \cdot mol$

$$H_{进}(N_2) = \bar{C}_p(100℃)(100-25) = 2.187\ kJ/mol$$

(2) 各组分单位出料的焓值

①$H_{O_2,150℃}$：查手册得$\bar{C}_p(150℃) = 30.06\ J/K \cdot mol$

$$H_{出}(O_2) = \bar{C}_p(150℃)(150-25) = 3.758\ kJ/mol$$

②$H_{N_2,150℃}$：查手册得$\bar{C}_p(150℃) = 29.24\ J/K \cdot mol$

$$H_{出}(N_2)=\bar{C}_p(150℃)(150-25)=3.655\ kJ/mol$$

③$H_{CH_4,150℃}$:查手册得 $\bar{C}_p(150℃)=39.2\ J/K\cdot mol$

$$H_{出}(CH_4)=H^{\ominus}_{f,CH_4}+\int_{25}^{150}C_p(CH_4)dT=-74.85+4.9=-69.95kJ/mol$$

④$H_{HCHO,150℃}$:查手册得 $\Delta H^{\ominus}_{f,HCHO}=-115.90kJ/mol$,$\bar{C}_p(150℃)=9.12\ J/K\cdot mol$

$$H_{HCHO,150℃}=\Delta H^{\ominus}_{f,HCHO}+\bar{C}_p(150℃)(150-25)=-115.9+1.14=-114.76\ kJ/mol$$

⑤$H_{CO_2,150℃}$:分别查得 $\Delta H^{\ominus}_{f,CO_2}=-393.5kJ/mol$ 及 $\bar{C}_p=39.52\ J/K\cdot mol$,则

$$H_{CO_2,150℃}=\Delta H^{\ominus}_{f,CO_2}+[\bar{C}_p\ (150℃)\times 125]$$

可得

$$H_{CO_2,150℃}=-393.5+4.94=-388.56\ kJ/mol$$

⑥$H_{H_2O,150℃}$:查手册得 $\Delta H^{\ominus}_{f,H_2O}=-241.83kJ/mol$ 及 $\bar{C}_p=34.0\ J/K\cdot mol$,可得

$$H_{H_2O,150℃}=\Delta H^{\ominus}_{f,H_2O}+[\bar{C}_p\ (150℃)\times 125]=-241.83+4.27=-237.56\ kJ/mol$$

将以上结果填入进出口焓表 11-5 中。

表 11-5　物料进出口焓值

物料	$n_{进}$ /mol	$H_{进}$ /(kJ/mol)	$n_{出}$ /mol	$H_{出}$(kJ/mol)	物料	$n_{出}$ /mol	$H_{出}$(kJ/mol)
CH_4	100	−74.85	60	−69.95	HCHO	30	−114.76
O_2	100	2.235	50	3.758	CO_2	10	−388.56
N_2	376	2.187	376	3.655	H_2O	50	−237.56

注:参考态为 25℃,C,O,H,N。

由式(11-20)可得

$$\Delta H=\sum(n_iH_i)_{输出}-\sum(n_iH_i)_{输入}$$

$$=60\times(-69.95)+50\times 3.758+376\times 3.655+30\times(-114.76)+10\times(-388.56)+50\times(-237.56)-[100\times(-74.85)+100\times 2.235+376\times 2.187]$$

$$\approx -15400kJ$$

当能量衡算不计动能变化时

$$Q=\Delta H\approx -15400kJ$$

本题的计算格式除了用上面的进出口焓表以外,也可以用表 11-6 的形式表示计算焓变结果,可以把整个计算过程都表示出来,简单明了,便于检查核对。

表 11-6　计算过程的焓变

<table>
<tr><td colspan="2">物质</td><td>CH_4</td><td>O_2</td><td>N_2</td><td>HCHO</td><td>CO_2</td><td>H_2O</td><td rowspan="7">总输入
=-7485
+223.5
+822.3
=-6439.2
kJ</td><td rowspan="12">总焓变
=Q
=-21842.5-
(-6439.2)
≈-15400
kJ</td></tr>
<tr><td colspan="2">$\Delta H_f^\ominus$ / (kJ/mol)</td><td>-74.85</td><td></td><td></td><td>-115.90</td><td>-393.5</td><td>-241.83</td></tr>
<tr><td rowspan="5">输入
CH_4(25℃)
O_2; N_2(100℃)</td><td>n /mol</td><td>100</td><td>100</td><td>376</td><td></td><td></td><td></td></tr>
<tr><td>$n\Delta H_f^\ominus$ /kJ</td><td>-7485</td><td></td><td></td><td></td><td></td><td></td></tr>
<tr><td>$\bar{C}_p$/[kJ/(mol·℃)]</td><td></td><td>0.0298</td><td>0.02916</td><td></td><td></td><td></td></tr>
<tr><td>$n\bar{C}_p$/℃</td><td></td><td>2.980</td><td>10.964</td><td></td><td></td><td></td></tr>
<tr><td>$n\bar{C}_p\Delta$</td><td>0</td><td>223.5</td><td>822.3</td><td></td><td></td><td></td></tr>
<tr><td rowspan="5">输出
(皆为150℃)</td><td>n /mol</td><td>60</td><td>50</td><td>376</td><td>30</td><td>10</td><td>50</td><td rowspan="5">总输出
=-(4491+3477
+3935+
12091.5)+(294+187.9+1374
+34.2+
49.4+212.5)
=-21842.5 kJ</td></tr>
<tr><td>$n\Delta H_f^\ominus$ /kJ</td><td>-4491</td><td></td><td></td><td>-3477</td><td>-3935</td><td>-12091.5</td></tr>
<tr><td>$\bar{C}_p$/[kJ/(mol·℃)]</td><td>0.0392</td><td>0.03006</td><td>0.02924</td><td>0.00912</td><td>0.03952</td><td>0.034</td></tr>
<tr><td>$n\bar{C}_p$/(kJ/℃)</td><td>2.352</td><td>1.503</td><td>10.994</td><td>0.2736</td><td>0.395</td><td>1.700</td></tr>
<tr><td>$n\bar{C}_p\Delta T$ /kJ</td><td>(294)</td><td>187.9</td><td>1374</td><td>34.2</td><td>49.4</td><td>212.5</td></tr>
</table>

注：带括号的数值不是由平均摩尔热容计算的，而是用积分式 $n\int_{T_1}^{T_2} C_p \mathrm{d}T$ 计算。

11.3 反应器

11.3.1 概述

1. 化学反应器的分类

化工生产中的反应器无论从结构型式、大小及操作条件来看都是多种多样的。可按不同的方法进行分类。

(1) 按反应器的结构型式分类

按结构型式的不同，反应器可分为釜式、管式、塔式、固定床式、流化床式和移动床式等几种，如图 11-8、图 11-9 所示。

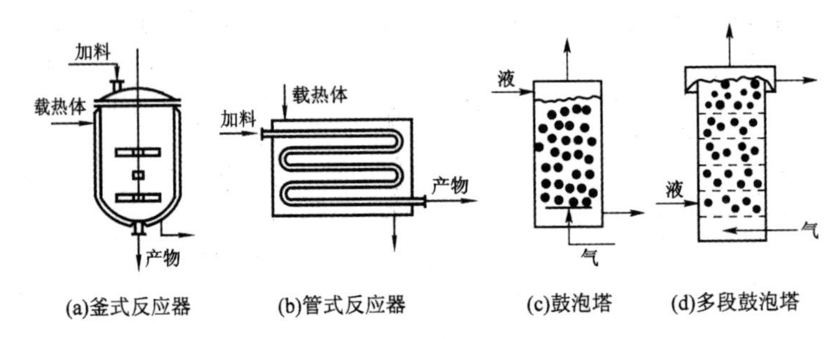

图 11-8 不同结构型式的反应器(1)

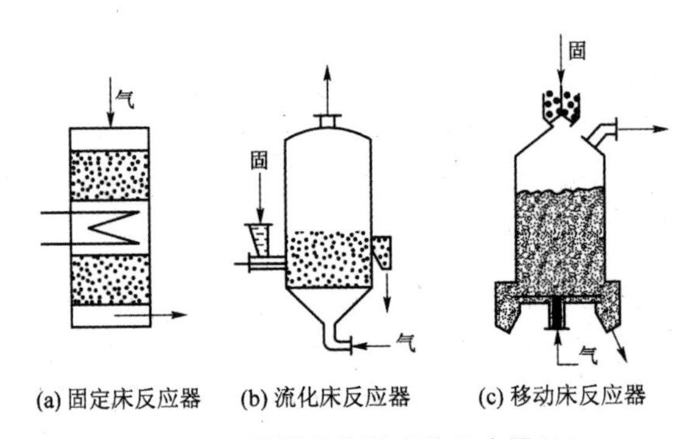

图 11-9 不同结构型式的反应器(2)

釜式反应器又称反应釜。一般其高度与其直径相等或稍高。釜式反应器内多设有搅拌器，目的是使物料的组成和温度各处均匀一致。搅拌器有桨式、锚式和螺旋桨式等不同形式。为了控制反应温度，一般都将反应釜做成夹套式以利于换热，有的还在釜内安装加热或冷却用的蛇管。适用于液相、气—液相、液—液相、液—固相等反应。例如精细有机合成、制药、油漆等的生产大量使用这种反应器。

管式反应器为细长的直管、盘管或列管。其管长远大于其直径。由于其单位体积的换热面积大，故有利于热量的传递。适用于气相、液相、气—液相、气—液—固相等反应。例如，轻油的裂解。

塔式反应器一般为高大的圆筒形设备，其高度一般为直径的几倍至十几倍。塔内一般装有填料或塔板以利于传质。塔式反应器常用于气—液相、液—液相反应，填充固体催化剂的反应器

常用于气 — 固相催化反应。

固定床反应器的特点是内部填充固定不动的固体颗粒，这些颗粒可以是催化剂，也可以是反应物。

流化床反应器是一种有固体颗粒参与的反应器，这些颗粒在反应器内处于运动状态。如果固体颗粒被流体带出后又经分离返回反应器内循环使用，称为循环流化床；如果固体颗粒在反应器内运动，其与流体构成的床层就像沸腾的液体，称为沸腾床反应器。

移动床反应器也是一种有固体颗粒参与的反应器，固体颗粒从反应器上部连续加入，在器内自下而上移动，最后由反应器底部卸出。

这种分类方法对于研究反应器是很合适的，因为结构型式相同的反应器其传质和传热等传递过程特性相同，这样对反应器的设计是很有意义的。

(2) 按操作方式分类

工业反应器有三种操作方式：间歇操作、连续操作和半间歇(半连续) 操作，如图 11-10 所示。

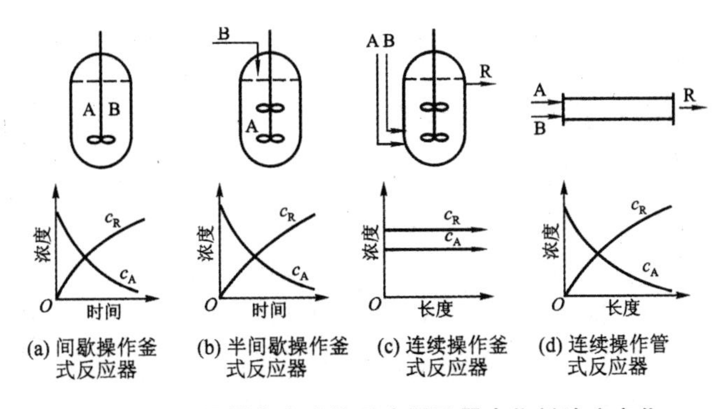

图 11-10　不同操作方式的反应器及器内物料浓度变化

间歇操作反应器又称分批操作反应器，其操作特点是进行反应的原料一次加入反应器内，然后在一定条件下，经过一定时间反应达到所要求的反应程度后，将反应物料全部卸出。然后加入第二批原料，重新操作。间歇操作反应器几乎都是釜式的，其他结构型式很少见。通常这种反应器用于化工开发的初始阶段或小批量生产过程。

连续操作反应器又称流动式反应器，其特点是在稳态操作条件下，进料、反应、出料均连续不断地进行。反应器内某一部位的操作参数均不随时间而发生变化，因此，有利于控制产品质量，便于过程的自动控制，节省劳动力，适于大规模生产。连续操作可以采用管式反应器，也可以采用釜式反应器，但由于在两种反应器内流体的流动状态不同，因此反应物浓度的变化情况也有本质上的差别。

半间歇操作是间歇操作和连续操作两种操作方式的结合。如反应物中的一种一次全部加入反应器，而另一种反应物以一定的速率连续加入或分批加入，直至反应结束后，将产物全部卸出。例如氯苯的生产就有采用这种操作方式，苯一次全部加入反应器中，氯气则连续通入反应器，未反应氯气连续排出反应器。当反应达到要求后，停止通氯气，卸出反应物料。半间歇操作反应器具有间歇操作反应器和连续操作反应器的某些特点。

(3) 按反应物系的相态分类

按物系的相态，化学反应可分为均相反应和非均相反应。反应器可以按照反应物系的不同相态而划分为相应的类型，即均相反应器和非均相反应器。这种分类方法对反应器的设计也是有利的，因为同一相态的反应其动力学规律相同，在分析和设计反应器时，可用同一类型动力学公式。

在均相反应中，消除了扩散对反应的影响，采用的反应器结构较简单。气相反应一般采用管式反应器，而单一液相反应可以采用管式，也可采用釜式。

对于非均相反应，扩散对反应的影响很大，两相接触状况与反应的结果有密切关系。如对气—液非均相反应，可以采用气体鼓泡通过液层的鼓泡塔（如图 11-8(c)、(d) 所示）；对于气—固非均相反应，可以采用固定床、流化床和移动床式反应器。

(4) 按温度条件分类

温度是影响化学反应速率很重要的因素。温度控制不当容易引起副反应；对于催化反应，温度控制不当还会影响催化剂的活性和寿命。

有些反应，由于反应热甚小，而反应物料的热容又很大，因此反应过程中温度的变化很小，这类反应可近似看成等温反应。如果反应热较大，但通过换热设备和适当的操作方式等，也可以达到或接近于等温反应。上述情况对应的反应器称为等温反应器。如果反应热很大，即使通过器壁进行换热，也不能避免反应物系温度的变化，此时的反应器称为非等温反应器。当反应热不大，或反应生成物可以将热量带走以及反应的允许温度范围较宽时，也可使反应在不与外界交换热量的绝热条件下进行，这种反应器称为绝热反应器。

2. 流体在反应器内的流动模型

规模较大的化工生产过程多采用连续操作方式。在连续操作反应器中，反应物料的流动状况会有很大的不同。理想化的两种典型极端流动模型是理想置换流动模型和理想混合流动模型。

理想置换流动又称理想排挤或活塞流，它是根据物料在管式反应器内的高速流动情况提出来的一种模型。由流体力学可知，当物料在管内高速流动时，其速度分布较为均匀，只是在靠近管壁极薄的一层内存在速度梯度，即速度分布不均匀。理想置换流动模型认为物料的速度分布是完全均匀的，如图 11-11(a) 所示。流体通过反应器时，在与流动方向垂直的任一截面上，流体各质点的流速、温度、浓度、压力等相等。所有物料粒子在反应器内的停留时间均相同，在流动方向（轴向）上，物料粒子没有混合与扩散。

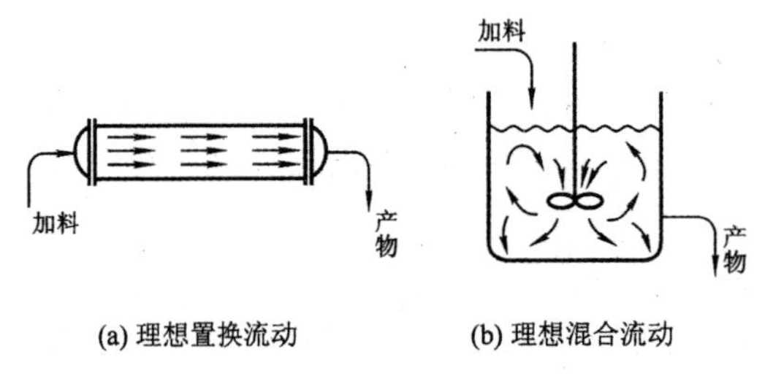

图 11-11　两种理想流动模型

理想混合流动又称完全混合流动，它是根据高效率搅拌釜内流体流动情况提出来的一种模型。如图 11-11(b) 所示，反应物料以一定流量进入反应器后，立即与反应器内流体完全混合均匀；由反应器连续导出的流体，其浓度和温度与反应器内的完全一样。

工业生产中许多反应器内流体的流动状况介于两种理想流动状况之间，称为非理想流动。在工程计算中，为了简便，通常把比较接近于某种理想流动的过程当作理想流动处理。如对于管式反应器，特别是当其管长远大于管径时，较接近于理想置换流动，对应反应器就称为理想管式反应器；而搅拌十分强烈又均匀的连续搅拌釜式反应器，就十分接近理想混合流动。

如上所述，反应器的种类是多种多样的，但从结构型式、操作方式及流动模型上考虑，具有典型性的是理想均相反应器 —— 间歇釜式反应器、连续管式反应器、连续釜式反应器及连续多釜串联反应器，常把这几种反应器称为基本反应器。在接下来的几节将着重介绍这几种反应器。

3. 反应器的物料衡算

反应器设计最基本的内容是：选择合适的反应器型式；确定最佳的操作条件；针对所选定的反应器型式，根据所确定的操作条件，计算完成规定的生产任务所需的反应器体积等。其中反应器体积的确定是核心内容。

化学反应过程中往往伴随着热量、质量及动量的传递，这些传递过程对反应速率有着直接的影响。因此，在反应器设计计算中必须进行物料衡算、能量衡算和动量衡算。通过衡算可得到反应器的基本方程，再结合动力学方程即可计算反应器的体积。由于实际反应过程是复杂的，所以以上的计算过程也将非常复杂，为此可对具体过程做出合理的简化。当流体通过反应器前后的压力降不大而作恒压反应处理时，动量衡算可略去。对于大多数反应器，常常可把位能、动能及功等略去，实质上只作热量衡算，而对于等温过程，则无需作热量衡算。下面主要对等温、均相反应器的计算进行讨论。

物料衡算的理论基础是质量守恒定律。进行物料衡算时，通常是对物料的某一组分进行衡算。衡算范围视反应器具体情况而定。如果反应器内的物料组成均匀（如釜式搅拌反应器），可对整个反应器中的某一组分进行衡算；如果物料组成随着在反应器内位置的不同而变化（如管式反应器），则必须对微元反应体积内的某一组分进行衡算。

物料衡算可以用下列普遍式表示：

$$\underset{(1)}{\begin{bmatrix}\text{某组分的}\\\text{引入速率}\end{bmatrix}} = \underset{(2)}{\begin{bmatrix}\text{某组分的}\\\text{引出速率}\end{bmatrix}} + \underset{(3)}{\begin{bmatrix}\text{由反应而引起的}\\\text{某组分消耗速率}\end{bmatrix}} + \underset{(4)}{\begin{bmatrix}\text{某组分的}\\\text{积累速率}\end{bmatrix}} \tag{11-21}$$

根据操作方式的不同，式(11-21) 可作适当的简化。

4. 对反应器的要求

反应器的种类繁多，各有其特点和用途。通常对反应器有如下要求。

(1) 反应器要有足够的反应体积。足够的反应体积能保证反应物在反应器中有充分的反应时间，以达到规定的转化率和产品的质量指标。

(2) 反应器的结构要保证反应物之间、反应物与催化剂之间有良好的接触状态。

(3) 反应器要能有效地控制温度。反应过程必须在最适宜的温度下进行，要求反应器能及时地供给或移走热量。

(4) 反应器要有足够的机械强度和耐腐蚀能力，以保证反应过程安全可靠。

(5) 反应器要求经济耐用。

因为有各种各样的化学反应和生产过程，没有一种反应器能对所有的要求都适用。根据生产任务和工艺条件，必须明确选择的目的和对反应的要求，有所侧重，反复比较，满足主要目的。

11.3.2 间歇釜式反应器

1. 间歇釜式反应器的特点

间歇釜式反应器又称间歇反应釜，它是化工生产中广泛应用的一种反应器，如图 11-12 所示是一种常见的间歇釜式反应器。如具有以下特点，可视为理想间歇釜式反应器(以下简称间歇釜式反应器)。

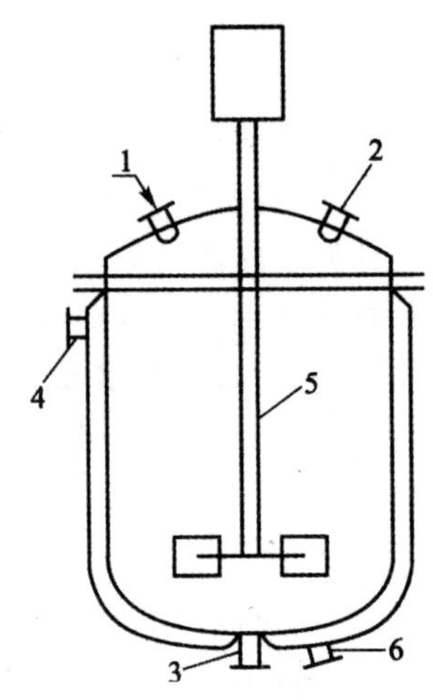

1— 加料口；2— 温度计或压力表插口；3— 出料口；4— 加热剂或冷却剂进出口；
5— 搅拌器；6— 加热剂或冷却剂进出口

图 11-12 间歇釜式反应器

(1) 由于强烈的搅拌，反应器内物料可达到分子尺度上的均匀，且反应器内浓度处处相等，因而排除了物质传递对化学反应的影响。

(2) 由于反应器配有换热器，可使反应器内物料温度处处相等，因而排除了热量传递对化学反应的影响。

于是，反应的结果将唯一地由化学反应动力学所确定，这时反应器的有关计算较为方便、简单。另外在这种情况下，不但可以直接考察化学反应动力学与反应结果的关系，而且可作为与伴有各种传递过程影响时的反应结果相比较的基准。

实际生产中的大多数间歇釜式反应器基本具有以上特点。此种反应器具有较大的通用性和灵活性，适用于小批量多品种产品的生产，也常应用于中间实验厂以取得反应速率等有关数据。在精细化工、制药、染料、涂料等行业得到广泛应用。

由于间歇釜式反应器属间歇操作，釜内物料组成、反应速率等均随时间不断变化，这种情况下如果没有严格的操作规程，则会导致不同批次产品质量的差异，管理耗费人力，且难以实现自动化。在操作过程中占用一定的非反应时间，设备利用率较低。

2. 反应时间的计算

对于间歇釜式反应器，主要是求反应物达到规定的转化率所需的反应时间。由于反应釜内的物料组成是均匀的，故可对整个反应器在微元时间 $d\tau$ 内作某一反应组分 A 的物料衡算。因为是间歇操作，在反应时无物料的加入和引出，所以式(11-22) 可简化为

$$\begin{bmatrix}\text{由反应而引起的}\\ \text{组分 A 消耗速率}\end{bmatrix}=-\begin{bmatrix}\text{组分 A 的}\\ \text{积累速率}\end{bmatrix} \tag{11-22}$$

设反应混合物所占体积为 V_R，又称之为反应器的有效容积。在反应温度下按反应组分 A 计算的反应速率为 $r_A[\mathrm{mol \cdot m^{-3} \cdot s^{-1}}]$；反应器内组分 A 的初始量为 $n_{A0}[\mathrm{mol}]$，任意瞬间的量为 $n_A[\mathrm{mol}]$，此时的转化率为 x_A，则在此瞬间整个釜内反应组分 A 的消耗速率为

$$\text{组分 A 的消耗速率} = r_A V_R \tag{11-23}$$

由于组分 A 的量 n_A 随时间改变，因此在反应器内的积累速率应以组分 A 的量 n_A 对时间的微分，即$\frac{dn_A}{d\tau}$ 表示。又因为 $n_A = n_{A0}(1-x_A)$，所以组分 A 的积累速率为

$$\frac{dn_A}{d\tau} = \frac{d[n_{A0}(1-x_A)]}{d\tau} = -n_{A0}\frac{dn_A}{d\tau} \quad [\mathrm{mol \times s^{-1}}]$$

将以上两式代入式(11-22) 得

$$r_A V_R = -\frac{dn_A}{d\tau} = -n_{A0}\frac{dx_A}{d\tau}$$

$$d\tau = n_{A0}\frac{dx_A}{r_A V_R}$$

上式积分得

$$\tau = n_{A0}\int_0^{x_A}\frac{dx_A}{r_A V_R} \tag{11-24}$$

式(11-24) 为在间歇釜式反应器中反应物达到一定转化率所需反应时间的计算公式，也称间歇釜式反应器的基本方程。

对于液相反应，反应混合物的体积可视为恒定不变(恒容反应)，于是式(11-15) 可简化为

$$\tau = \frac{n_{A0}}{V_R}\int_0^{x_A}\frac{dx_A}{r_A} \tag{11-25}$$

设 c_{A0} 为反应物 A 的初始浓度。因为 $c_{A0} = \frac{n_{A0}}{V_R}$，则有

$$\tau = c_{A0}\int_0^{x_A}\frac{dx_A}{r_A} \tag{11-26}$$

因为恒容反应的转化率与浓度有下列关系：

$$x_A = \frac{c_{A0}-c_A}{c_{A0}} \quad c_A = c_{A0}(1-x_A)$$

$$dc_A = -c_{A0}dx_A$$

故式(11-26) 改用浓度表示为

$$\tau = -\int_{c_{A0}}^{c_A}\frac{dc_A}{r_A} \tag{11-27}$$

若反应速率与浓度的函数关系 $r_A = kf(c_A)$ 为已知，代入式(11-26) 或式(11-27) 即可求出反应时间。

例如，若反应为简单的一级反应：$A \rightarrow R$，则有

$$r_A = kc_{A0}(1-x_A) \text{ 或 } r_A = kc_A$$

等温反应时，k 为常数，将上两式分别代入式(11-26)、式(11-27)，积分得

$$\tau = \frac{1}{k}\ln\frac{1}{1-x_A} = \frac{1}{k}\ln\frac{c_{A0}}{c_A} \tag{11-28}$$

式(11-28)表示了一级反应的反应结果与反应时间的关系。之所以用两种形式表示是为了适应工业生产上的两种不同要求。工业生产上对这样的简单反应主要有两种要求。一是要求达到规定的单程转化率,即着眼于反应物的利用率或是着眼于减轻后处理工序分离任务,这时应用式(11-28)的前者较为方便。另一是要求反应物达到规定的残余浓度,这完全是为了适应后处理工序的要求,例如有害杂质的除去即属此类,这时应用式(11-29)的后者较为方便。

对于如下的二级反应:A + A → R,有

$$r_A = kc_A^2 = kc_{A0}^2(1-x_A)^2$$

代入式(11-27)、式(11-28),积分可得

$$\tau = \frac{1}{k}\left(\frac{1}{c_A}-\frac{1}{c_{A0}}\right) = \frac{x_A}{kc_{A0}(1-x_A)} \tag{11-29}$$

对于零级反应,$r_A = k$,代入式(11-26)、式(11-27)可得

$$\tau = \frac{c_{A0}x_A}{k} = \frac{c_{A0}-c_A}{k} \tag{11-30}$$

对于某些反应,若 $r_A = kf(c_A)$的关系比较复杂,难以进行积分,则可以采用图解积分法求反应时间。将$\frac{1}{r_A}$对 x_A 或对 c_A 作图,如图 11-13 所示,由曲线下方的面积,即可求出反应时间。

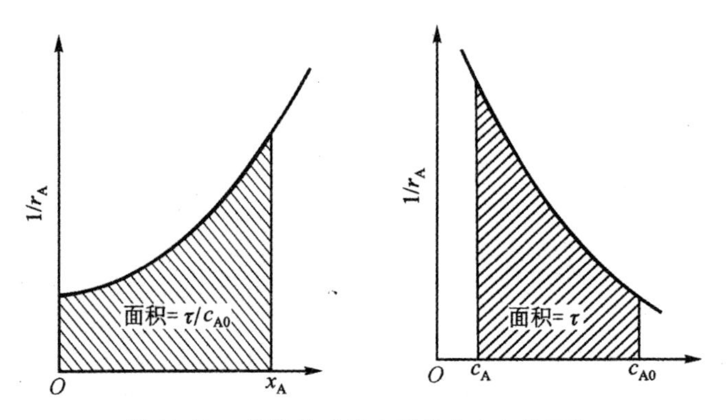

图 11-13 间歇釜式反应器基本方程的图解

由式(11-26)、式(11-27)可知,在间歇釜式反应器中,反应物达到一定转化率所需的反应时间只取决于过程的反应速率,而与反应器的大小无关。反应器的大小是由需处理的反应物料量决定的。这说明无论在大型反应器还是在小型反应器中进行反应,只要保证反应条件相同,就可达到相同的反应结果。所以可根据实验室数据直接设计、放大工业规模的间歇釜式反应器。但需注意,实验室的小型反应器容易达到温度、浓度等处处均匀一致,而大型反应器不容易做到这一点。所以,工业规模的间歇釜式反应器的反应效果与实验室的反应效果相比,或多或少是有一定差异的。

3. 反应器容积的计算

间歇釜式反应器的有效容积 V_R 需根据单位时间处理的反应物料体积 q_V 及操作时间来决定。前者可由生产任务计算得到;后者由两部分构成,一是反应时间 τ;二是辅助时间 τ'(即装料、卸料、清洗等非反应时间),其值根据生产实际经验来确定。由此可得

$$V_R = q_V(\tau+\tau') \tag{11-31}$$

由于搅拌的影响,釜式反应器不能装满反应物料,所以反应器实际容积 V_T 大于有效容积

V_R。二者的关系为

$$V_T = \frac{V_R}{\varphi} \tag{11-32}$$

式中，φ 称为装料系数，它表示加入反应器内的物料体积占反应器容积的分数。φ 值根据经验选定，一般在 0.5 ~ 0.8。

如果计算所得反应器实际容积太大，则可折成几个适当大小的较小反应器同时生产。

【例 11-6】　在间歇釜式反应器内，己二酸和乙二醇以等摩尔比在 70℃ 下进行缩合反应生产醇酸树脂，反应以少量 H_2SO_4 为催化剂。以己二酸为着眼组分的反应速率方程式为 $r_A = kc_A^2$。由实验测得在 70℃ 时，$k = 0.118\text{m}^3 \cdot \text{kmol}^{-1} \cdot \text{h}^{-1}$，己二酸的初始浓度 $c_{A0} = 4\ \text{kmol} \cdot \text{m}^{-3}$，若每天处理 2400kg 的乙二酸，每批操作的辅助时间为 1h，装料系数为 0.75，若要求己二酸的转化率达 80%，试求反应器容积。

解　① 计算每批料的反应时间

已知：$x_A = 0.8, k = 0.118\text{m}^3 \cdot \text{kmol}^{-1} \cdot \text{h}^{-1}, c_{A0} = 4\text{kmol} \cdot \text{m}^{-3}$

代入式(11-31) 得

$$\tau = \frac{x_A}{kc_{A0}(1 - x_A)} = \left[\frac{0.8}{0.118 \times 4 \times (1 - 0.8)}\right]\text{h} = 8.47\text{h}$$

② 反应器的实际容积。已知每天处理己二酸 2400kg，又己二酸的摩尔质量为 146 $\text{kg} \cdot \text{mol}^{-1}$，故平均每小时处理己二酸的物质的量为

$$\left(\frac{2400}{24 \times 146}\right)\text{kmol} \cdot \text{h}^{-1} = 0.685\text{kmol} \cdot \text{h}^{-1}$$

平均每小时处理反应混合物的体积 q_V 为

$$q_V = \frac{0.685\text{kmol} \times \text{h}^{-1}}{c_{A0}} = \left(\frac{0.685}{4}\right)\text{m}^3 \cdot \text{h}^{-1} = 0.171\text{m}^3 \cdot \text{h}^{-1}$$

代入式(11-32) 得

$$V_R = q_V(\tau + \tau') = [0.171 \times (8.47 + 1)]\text{m}^3 = 1.62\text{m}^3$$

$$V_T = \frac{V_R}{\varphi} = \left(\frac{1.62}{0.75}\right)\text{m}^3 = 2.16\text{m}^3$$

11.3.3　管式反应器

1. 管式反应器的特点

在 11.3.1 节对管式反应器已进行了简单的讨论，本节讨论的管式反应器是指理想管式反应器，又称理想置换反应器、活塞流反应器。该反应器具有以下特点：

(1) 在正常情况下，它是连续稳态操作，故在反应器轴向的各个截面上，物料浓度、反应速率、转化率等不随时间变化。

(2) 在反应器轴向的不同截面上，物料浓度、反应速率、转化率等不相等。

(3) 由于径向具有均匀的速度分布，故径向不存在浓度差。

这里主要讨论等温、恒容的情况。

2. 反应器容积的计算

在管式反应器内，因反应物的浓度沿物料流动方向而变化，故在进行反应器容积计算时，需

要对微元反应体积作某一反应组分的物料衡算。

如图11-14所示，在反应器内取微元体积dV_R，对该微元体积进行组分A的物料衡算。在稳定状态时，由于没有物料积累，式(11-21)的第(4)项为零，故式(11-21)可以改写为

$$\begin{bmatrix}\text{组分 A 的}\\ \text{引入速率}\end{bmatrix}=\begin{bmatrix}\text{组分 A 的}\\ \text{引出速率}\end{bmatrix}+\begin{bmatrix}\text{组分 A 的反}\\ \text{应消耗速率}\end{bmatrix} \tag{11-33}$$

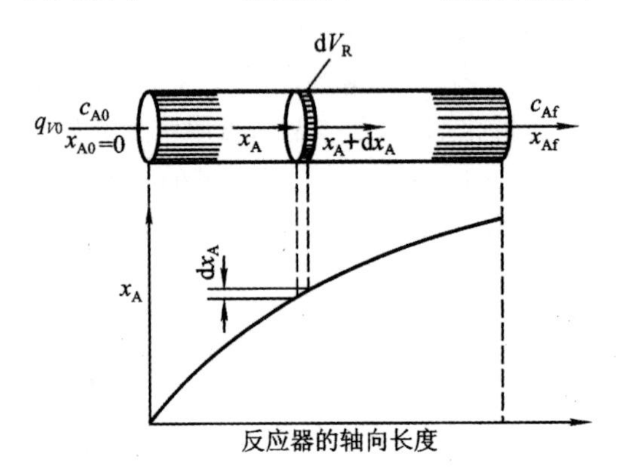

图 11-14 理想置换反应器

设反应器进口处反应组分A的初始浓度为c_{A0}、反应混合物的体积流量为q_{V0}，则在微元体积内有

组分 A 的引入速率 $= q_{V0}c_{A0}(1-x_A)$

组分 A 的引出速率 $= q_{V0}c_{A0}(1-x_A-dx_A)$

组分 A 的消耗速率 $= r_A dV_R$

代入式(11-32)得

$$q_{V0}c_{A0}(1-x_A) = q_{V0}c_{A0}(1-x_A-dx_A)+r_A dV_R$$

整理得

$$q_{V0}c_{A0}dx_A = r_A dV_R \tag{11-34}$$

对于整个反应器，将式(11-34)积分可得

$$\frac{V_R}{q_{V0}} = \int_0^{x_A}\frac{dx_A}{r_A} \tag{11-35}$$

对于恒容反应，因

$$x_A = \frac{c_{A0}-c_A}{c_{A0}} \quad dx_A = \frac{dc_A}{c_{A0}}$$

则式(11-35)可变为

$$\frac{V_R}{q_{V0}} =- c_{A0}\int_{c_{A0}}^{c_A}\frac{dc_A}{r_A} \tag{11-36}$$

式(11-34)、式(11-35)即为管式反应器的基本方程。

令

$$\tau = \frac{V_R}{q_{V0}} \tag{11-37}$$

τ称为空间时间。则式(11-34)、式(11-35)分别变为

$$\tau =- c_{A0}\int_0^{x}\frac{dx_A}{r_A} \tag{11-38}$$

$$\tau = -\int_{c_{A0}}^{c_A} \frac{dc_A}{r_A} \tag{11-39}$$

若反应速率与浓度的函数关系 $r_A = kf(c_A)$ 为已知，代入式(11-38)、式(11-39) 即可求出空间时间 τ。

例如，对于一级反应，有

$$r_A = kc_{A0}(1 - x_A) \text{或} r_A = kc_A$$

等温反应时，k 为常数，将上两式分别代入式(11-38)、式(11-39)，积分得

$$\tau = \frac{1}{k}\ln\frac{1}{1-x_A} = \frac{1}{k}\ln\frac{c_{A0}}{c_A} \tag{11-40}$$

对于二级反应，若有

$$r_A = kc_A^2 = kc_{A0}^2(1 - x_A)^2$$

代入式(11-34)、式(11-35)，积分可得

$$\tau = \frac{1}{k}\left(\frac{1}{c_A} - \frac{1}{c_{A0}}\right) = \frac{x_A}{kc_{A0}(1-x_A)} \tag{11-41}$$

对于零级反应，$r_A = k$，代入式(11-34)、式(11-35) 可得

$$\tau = \frac{c_{A0}x_A}{k} = \frac{c_{A0} - c_A}{k} \tag{11-42}$$

对于某些反应，若 $r_A = kf(c_A)$ 的关系比较复杂，难以进行积分，则也可以和间歇釜式反应器反应时间的求法一样，用图解积分法求解。即将 $\frac{1}{r_A}$ 对 x_A 或对 c_A 作图，如图 11-13 所示，由曲线下方的面积，即可求出空间时间。

由式(11-37) 可求反应器容积，即

$$V_R = q_{V0}\tau \tag{11-43}$$

3. 空间时间与空间速率

正如反应时间是对间歇釜式反应器中反应过程速率的度量标志一样，空间时间、空间速率常作为连续流动反应器性能的度量标志。

对于管式反应器，如式(11-37) 所示，已定义反应器容积与进口物料体积流量之比为空间时间 τ。在该反应器内进行恒容反应时，空间时间 τ 即等于反应物料在反应器内的停留时间。然而当反应物料通过反应器容积发生变化时，即发生变容反应时，反应物料在反应器内停留时间并不等于空间时间 τ。但由于非恒容过程停留时间的计算比较麻烦，因此仍用空间时间 $\frac{V_R}{q_{V0}}$ 来表示反应器的性能。

空间时间的倒数称为空间速率 S_V，即

$$S_V = \frac{q_{V0}}{V_R} \tag{11-44}$$

对于恒容过程，当体积流量采用反应器温度及压力下的数值时，空间速率(简称空速) 表示单位时间内通过的反应物料体积是反应器容积的多少倍。如空速为 3 h^{-1}，表示每小时送入的反应物体积是反应器容积的 3 倍，空速表明反应器的生产能力。空间速率大则说明反应器处理反应物的能力大。

因为空间时间、空间速率是与物料的温度、压力等有关，所以在讲空间时间和空间速率时需

指明条件。为了方便,多以物料进口处条件为基准。

【例 11-7】在理想管式反应器中进行己二酸与己二醇的缩合反应,条件与【例 11-6】相同。试计算反应器的容积。若将转化率提高到 90%,其他条件不变,所需反应器的容积又为多少?

解 ① 因为是液相反应,所以可按恒容计算。

根据式(11-42)得

$$空间时间\ \tau=\frac{x_A}{kc_{A0}(1-x_A)}=\left[\frac{0.8}{0.118\times4\times(1-0.8)}\right]h=8.47h$$

$$反应器\ V_R=q_{V0}\tau=(0.171\times8.47)m^3=1.45m^3$$

② 若转发率提到了 $x_A=0.9$,则

$$\tau=\frac{x_A}{kc_{A0}(1-x_A)}=\left[\frac{0.9}{0.118\times4\times(1-0.9)}\right]h=19.07h$$

$$V_R=q_{V0}\tau=(0.171\times19.07)m^3=3.26m^3$$

与例 11-6 比较可见,对于相同条件下的同一反应,只要在管式反应器内的停留时间与在间歇釜式反应器内的反应时间相等,就能达到同样的转化率。比较前面公式亦可知这是必然的。为什么会这样呢?在间歇釜式反应器中,反应物从开始反应到结束,由于充分的搅拌,任一时刻全釜的浓度、转化率等处处都是相等的,但却是随时间而改变的。而理想管式反应器属连续稳态操作,它的浓度、转化率等参数随着管长而改变,但在反应器轴向的某个截面上,浓度、转化率等都相等且不随时间变化。换言之,在理想管式反应器中浓度、转化率等随管长而变化,在间歇釜式反应器中这些参数是随时间而变化。由图 11-15、图 11-16 更清楚地看出它们的变迁史是相同的。所以,在设计、放大理想管式反应器时,可以利用间歇釜式反应器的实验数据。

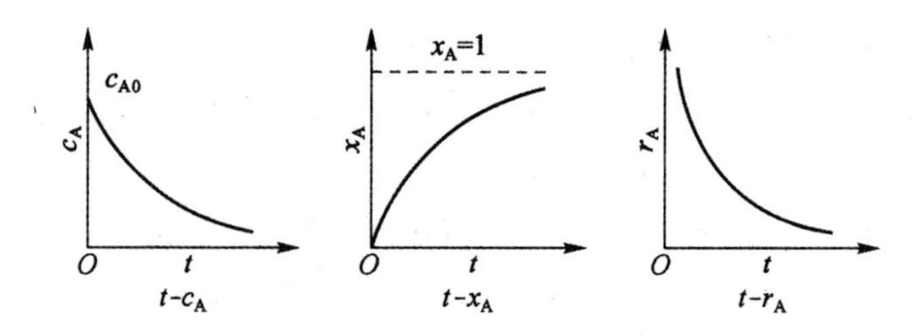

图 11-15 间歇釜式反应器中浓度、转化率和反应速率随时间的变化

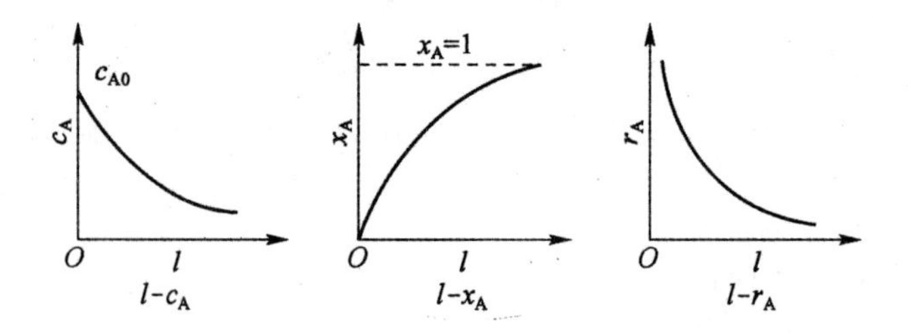

图 11-16 理想管式反应器中浓度、转化率和反应速率随管长的变化

与例 11-6 比较还可看出,对于相同条件下的同一反应达到相同转化率,间歇釜式反应器的有效容积比管式反应器的容积大,这是因为间歇釜式反应器存在非反应时间,处理同样的物料量就需要通过增大反应器容积来补偿。

管式反应器兼有管式和连续式反应器的一切优点,但对于反应速率慢,需要较长停留时间的反应,由于需要反应器的容积较大,如用管式反应器,则会增大设备投资。

11.3.4　连续釜式反应器

1. 连续釜式反应器的特点

图 11-17 为连续釜式反应器示意图。其结构型式和间歇釜式反应器相同，但操作方式是连续的。其特点是：

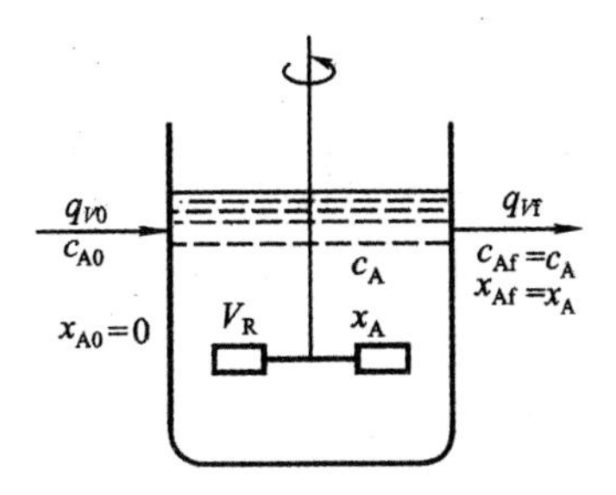

图 11-17　全混流反应器示意图

(1) 由于充分搅拌，釜内物料浓度、温度等参数处处相同，且等于离开反应器物料的浓度、温度等。

(2) 物料连续流入和流出，釜内物料浓度、温度等参数不随时间变化，是稳态过程。

连续釜式反应器内物料流动状况属理想混合流动，所以又称理想混合反应器或全混流反应器。

2. 反应器容积的计算

根据连续釜式反应器的特点，确定整个反应器为物料衡算范围。对反应组分 A 进行物料衡算，可得出下列物料衡算式：

$$\begin{bmatrix}\text{组分 A 的}\\\text{引入速率}\end{bmatrix}=\begin{bmatrix}\text{组分 A 的}\\\text{引出速率}\end{bmatrix}+\begin{bmatrix}\text{组分 A 的}\\\text{消耗速率}\end{bmatrix} \tag{11-45}$$

$$q_{V0}c_{A0} \quad = \quad q_{Vf}c_A \quad + \quad r_A V_R$$

式中，r_A 为在反应器内条件下，也即出口条件下的反应速率，为一定值；q_{V0}、q_{Vf} 分别为进、出口处物料的体积流量；V_R 为反应物料的体积，即反应器的有效容积。恒容反应时，$q_{Vf}=q_{V0}$，$c_A=c_{A0}(1-x_A)$，代入式(11-45) 得

$$q_{V0}=(c_{A0}-c_A)=r_A V_R \tag{11-46}$$

$$q_{V0}c_{A0}x_A=r_A V_R \tag{11-47}$$

两式变形得

$$\frac{V_R}{q_{V0}}=\frac{c_{A0}-c_A}{r_A} \tag{11-48}$$

$$\frac{V_R}{q_{V0}}=\frac{c_{A0}x_A}{r_A} \tag{11-49}$$

式(11-48)、式(11-49) 即为全混流反应器的基本方程。

令

$$\bar{\tau}=\frac{V_R}{q_{V0}} \tag{11-50}$$

$\bar{\tau}$称为空间时间。

若反应速率与浓度的函数关系 $r_A = kf(c_A)$为已知，代入式(11-48) 或式(11-49) 即可求出空间时间$\bar{\tau}$，进而求出反应器有效容积 V_R。

例如，对于一级反应，有

$$r_A = kc_{A0}(1-x_A)\text{或} r_A = kc_A$$

等温反应时，k 为常数，将上两式分别代入式(11-48)、式(11-49)，可得

$$\bar{\tau} = \frac{V_R}{q_{V0}} = \frac{x_A}{k(1-x_A)} = \frac{c_{A0}-c_A}{kc_A} \tag{11-51}$$

对于二级反应，若有

$$r_A = kc_A^2 = kc_{A0}^2(1-x_A)^2$$

代入式(11-48)、式(11-49)，可得

$$\bar{\tau} = \frac{V_R}{q_{V0}} = \frac{x_A}{kc_{A0}(1-x_A)^2} = \frac{c_{A0}-c_A}{kc_A^2} \tag{11-52}$$

对于零级反应，$r_A = k$，代入式(11-48)、式(11-49)，可得

$$\bar{\tau} = \frac{c_{A0}x_A}{k} = \frac{c_{A0}-c_A}{k} \tag{11-53}$$

将$\frac{1}{r_A}$对 x_A 或对 c_A 作图，如图 11-18 所示，由$\frac{1}{r_A}$与$(c_{A0}-c_A)$所包围的长方形面积，即可求出空间时间$\bar{\tau}$。

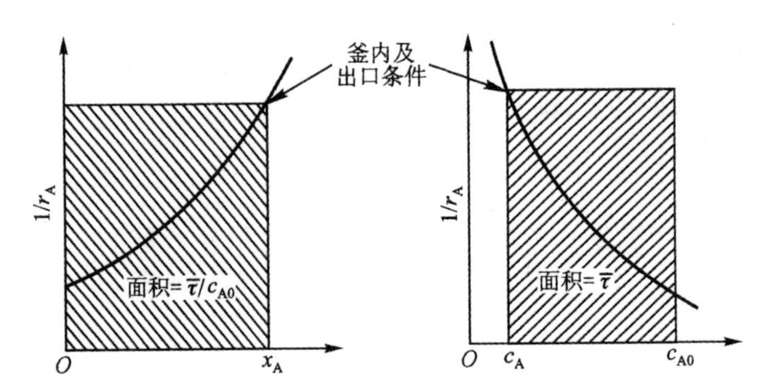

图 11-18　全混流反应器的空间时间图解

求出空间时间$\bar{\tau}$后，由式(11-50) 即可求得反应器有效容积 V_R。

需注意，对于全混流反应器，空间时间$\bar{\tau}$不等于物料在反应器内的停留时间。对于全混流反应器，各流体微元在反应器内的停留时间不尽相同。对于恒容反应，空间时间$\bar{\tau}$等于物料在反应器内的平均停留时间。

【例 11-8】在全混流反应器中进行己二酸与己二醇的缩合反应，条件与【例 11-6】相同。试计算转化率达 80% 时反应器有效容积。

解　根据式(11-53) 得

$$\bar{\tau} = \frac{V_R}{q_{V0}} = \frac{x_A}{kc_{A0}(1-x_A)^2} = \left[\frac{0.8}{0.118\times4\times(1-0.8)^2}\right]\text{h} = 42.37\text{h}$$

反应器有效容积 $V_R = q_{V0}\bar{\tau} = (0.171\times42.37)\text{m}^3 = 7.25\text{m}^3$。

3. 返混及其对化学反应的影响

将例 11-8 与例 11-7 比较可见,同属连续操作,在管式反应器内的停留时间与在全混流反应器的平均停留时间不同,进而反应器的有效容积也不同,为什么会这样呢?反应是在等温的条件下进行的,所以引起二者不同的原因是反应物的浓度,在不同的反应器中反应物呈现不同的浓度分布,如图 11-19 所示。

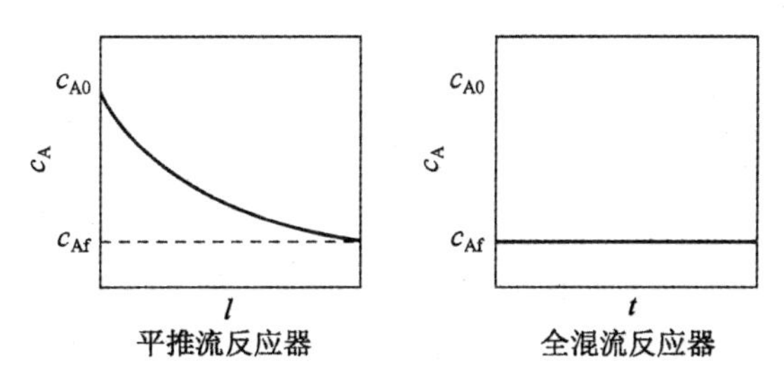

图 11-19　理想管式反应器和全混流反应器中反应物浓度分布

在全混流反应器中,由于受搅拌作用,进入反应器的物料粒子可能有一部分立即从出口流出,以致停留时间很短,也可能有些粒子到了出口附近,刚要离开反应器却又被搅了回来,以致这些粒子在反应器内的停留时间很长,所以物料粒子在全混流反应器中的停留时间是不同的,最短几乎为零,最长可为无限。换言之,在全混流反应器中不同停留时间的物料可以在同一时刻同聚反应器中。通常把这种先后进入反应器,具有不同停留时间的物料粒子之间的混合称为返混。在全混流反应器中,物料粒子停留时间不同,所以存在一平均停留时间,即前面提到的$\bar{\tau}$。

正是由于返混的存在,使得在全混流反应器中,具有高反应物浓度的新鲜物料刚进入反应器就与反应器内已充分反应的低反应物浓度的物料混合,从而使反应物浓度一下降到最低 c_{Af}(对应最终转化率),进而反应速率(对于正级数反应而言,以下同)始终在最低水平下进行;对于理想管式反应器,所有物料粒子的停留时间是相同的,不存在返混,反应物浓度从进口处 c_{A0} 沿管长逐渐降低,最后达到出口处最低 c_{Af} 进而反应速率也就沿管长逐渐降低。因此在同样条件下,完成同样生产任务、达到相同的最终转化率,全混流反应器就需更长的平均停留时间,更大的反应器体积。

返混又称逆向混合,它与一般所指的混合是不同的。一般所指的混合即搅拌混合,是指不同空间位置上物料粒子之间的混合。显然在间歇釜式反应器中,由于物料的停留时间都相同,故不存在返混或返混为零,但它的搅拌混合是充分的。在全混流反应器中,搅拌混合也是充分的,但存在返混,且返混程度极大。理想管式反应器中不存在搅拌混合,返混亦为零。通常把返混为零和返混为极大的反应器称为理想反应器。连续操作的实际反应器中一般都有一定程度的返混,返混程度介于零和极大之间。

全混流反应器比间歇釜式反应器操作条件稳定,所得产品质量均匀,容易实现自动化,更适合于大规模生产。虽然全混流反应器比间歇釜式反应器可以省去装料、卸料、清扫等非反应时间,但从图 11-12 与图 11-18 的比较,以及例 11-6、例 11-8 的计算中可以看出,全混流反应器的平均停留时间比间歇釜式反应器的反应时间长得多。

返混是表征反应器性能的十分重要的参数,它反映了物料粒子在反应器内的停留时间分布情况。返混程度不同,物料粒子在器内的停留时间分布不同,反应的结果就不同。

返混并非反应器中特有的一种现象,凡连续过程都会存在一定程度的返混,如在板式精馏塔中,若气速过大,则由下而上流动的气体会把由上而下的液体带上去,即产生雾沫夹带,液体这种由下而上的流动是一种逆向流动,即产生了返混。

返混的结果是降低了过程的推动力。如在全混流反应器中,由于返混降低了新鲜反应物在反应器内的浓度,从而降低了反应速率,所以从动力学角度返混是不利的。

对于简单反应、可逆反应($aA+bB \rightleftharpoons cC+dD$),由于没有副反应的发生,所以在一定条件下达到一定反应程度时,通常先考虑所需反应器体积。由于反应速率因采用不同类型的反应器而存在差别,所以达到一定反应程度时所需各类反应器体积的大小不尽相同。对于简单反应、可逆反应,根据速率准则,来比较完成某一生产任务所需各类反应器有效容积的大小。间歇釜式反应器和活塞流反应器的比较前面已说明,这里对同为连续操作的活塞流反应器和全混流反应器加以比较。

对于某一反应,在生产要求相同(物料流量相同、反应物达到的转化率相同、反应温度等条件相同)情况下,定义所需活塞流反应器的有效容积 V_{RP} 和全混流反应器的有效容积 V_{RS} 之比为容积效率 η,即

$$\eta=\frac{V_{RP}}{V_{RS}} \tag{11-54}$$

对活塞流反应器,有

$$V_{RP}=q_{V0}\tau$$

对全混流反应器,有

$$V_{RS}=q_{V0}\bar{\tau}$$

所以容积效率为两反应器的空间时间之比,即 $\eta=\frac{\tau}{\bar{\tau}}$。

下面仅就简单的零级、一级、二级反应进行讨论。

对于一级反应,有

$$\eta=\frac{\ln\frac{1}{1-x_A}}{\frac{x_A}{1-x_A}}=\frac{1-x_A}{x_A}\ln\frac{1}{1-x_A} \tag{11-55}$$

对于零级反应,有

$$\eta=1 \tag{11-56}$$

对于二级反应,有

$$\eta=1-x_A \tag{11-57}$$

据以上三式,η 对 x_A 作图,如图 11-20 所示。

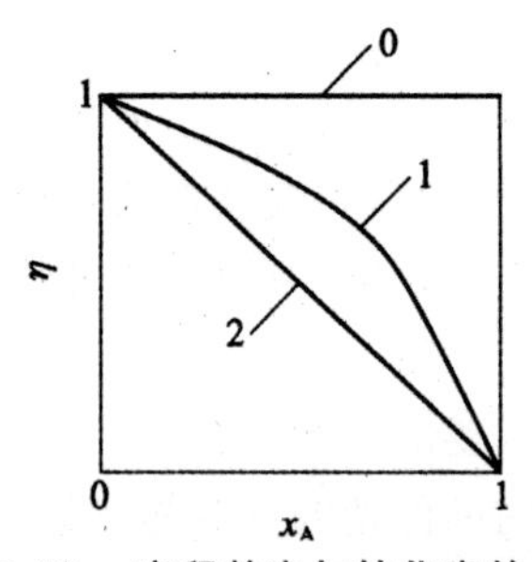

图 11-20 容积效率与转化率的关系

由图可得出：

(1) 零级反应 $\eta = 1$。因为零级反应的反应速率与浓度无关，所以两种反应器的有效容积相同。

(2) 对于正级数反应，$\eta < 1$，即完成同样的生产任务所需的反应器有效容积，全混流反应器比活塞流反应器要大些，且随着反应级数的增加两种反应器有效容积的差别更大。反应级数一定时，两种反应器有效容积的差别随转化率增加而变大。

11.3.5　气 — 固相催化反应器

在化工生产中多数化学反应是非均相反应，如硫铁矿焙烧制二氧化硫、二氧化硫氧化、氨的合成、乙烯氧化制环氧乙烷及石化工业中的催化重整等。非均相反应系统中同时存在两个或两个以上的相，所以在发生化学反应的同时，必然存在着相间和相内的传递过程，否则非均相反应不可能发生。非均相反应有许多类型，如气体借助固体催化剂作用而进行的气 — 固相催化反应，气体组分直接与固体物料发生的气 — 固相非催化反应，还有气 — 液相反应、液 — 液相反应、液 — 固相反应、气 — 液 — 固相反应等。其中的气 — 固相催化反应在实际生产中应用广泛，人们对其研究也比较成熟。

1. 固体催化剂简介

气 — 固相催化反应采用的催化剂是多孔的或非多孔的。如 NO 氧化成 NO_2 采用的是非多孔的铂丝催化剂。因为铂丝催化剂的活性极高，反应速率极快，故不需很大的催化剂表面。为了提高反应速率和生产强度，工业生产中常将催化剂制成多孔性的颗粒，即颗粒内部由很多互相连通的、形状不规则的孔道所组成，从而具有复杂的网络结构。正是由于这种网络结构，使得催化剂具有巨大的表面，化学反应便在这些表面上进行。通常以单位质量催化剂颗粒所具有的表面积(称为比表面积) 来衡量催化剂表面积的大小，单位为 $m_2 \cdot g^{-1}$。比表面积通常由实验测定。多孔性固体催化剂的比表面积可高达 $200 \sim 300 m^2 \cdot g^{-1}$，甚至更大，如活性炭的比表面积为 $500 \sim 1500$ $m^2 \cdot g^{-1}$。

空隙率是反映催化剂结构特征的另一参数。颗粒空隙率是指颗粒中空隙体积与颗粒体积之比，用 ε_P 表示。催化剂填充在反应器中构成了催化剂床层。床层空隙率是指颗粒间的空隙体积与床层体积之比，用 ε 表示。床层空隙率越大，气体通过床层的流动阻力越小。

催化剂的性能对整个反应影响很大，工业生产中通常要求催化剂满足以下要求：

(1) 具有较高的活性和选择性。

(2) 使用寿命长，不易中毒。

(3) 具有较好的结构参数及机械强度。

2. 气 — 固相催化反应过程

以反应 $A(g) \rightarrow R(g)$ 为例，说明气 — 固相催化反应过程。整个过程及反应物与产物的浓度变化，如图 11-21 所示。图中 A 为反应物，R 为生成物，c_{Ag}、c_{As} 和 c_A 分别表示反应物在气相主体、催化剂外表面和催化剂颗粒内部的浓度；c_{Rg}、c_{Rs} 和 c_R 分别表示产物在气相主体、催化剂外表面和催化剂颗粒内部的浓度。

气 — 固相催化反应过程通常包括以下几个步骤：

(1) 气相中的反应组分从气相主体经气膜扩散到颗粒的外表面。

(2) 反应组分从颗粒的外表面通过微孔扩散到内表面。

(3) 反应组分在颗粒内表面被吸附。

(4) 被吸附的反应组分彼此之间或被吸附的反应组分与气相中的反应组分之间进行表面反应而生成产物。

(5) 生成的产物从颗粒的内表面脱附。

(6) 脱附的产物从颗粒的内表面通过微孔扩散到外表面。

(7) 产物从颗粒外表面经气膜扩散到气相主体。

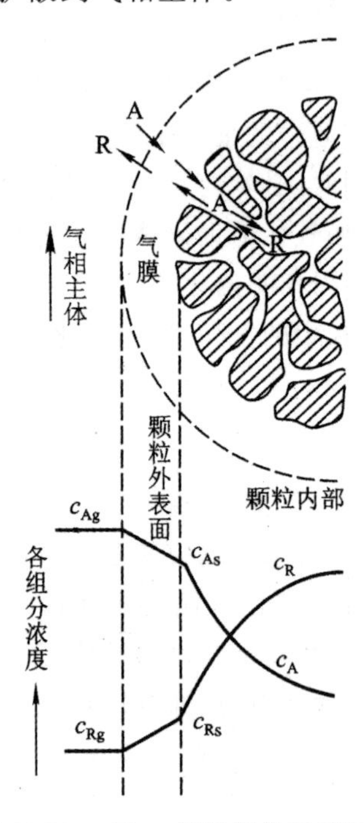

图 11-21　气 — 固相催化反应过程

上述七个步骤可以划分成三类,(1)、(7) 属于外扩散,(2)、(6) 属于内扩散,(3)、(4)、(5) 属于表面反应。这些步骤中内扩散和表面反应发生在颗粒内部,是同时进行的,属于并联过程。构成表面反应的(3)、(4)、(5) 是串联进行的。外扩散、内扩散过程和表面反应过程也是串联进行的。在串联进行的过程中,最慢的一步控制着整个气 — 固相催化反应过程的快慢。最慢的这一步称为过程的控制步骤。

下面讨论各步骤对总过程速率的影响。

(1) 外扩散

外扩散发生于流体相与催化剂颗粒外表面之间,属于相际传递过程,而在催化剂颗粒的外表面包有一层做滞流流动的气膜,所以可以采用菲克定律描述其速率。若催化反应的速率常数很大,而通过气膜的扩散传质系数相对很小,则外扩散就成为整个过程的控制步骤。在铂网上进行的氨催化氧化反应即属于外扩散控制。增大气体的流量,实质也是增大了气体的流速,减少了两相界面上气膜的厚度,从而降低外扩散的阻力,加快整个过程的速率。由于工业生产一般追求速度和效率,所以大多数情况下,气体都采取高流速操作,因而外扩散阻力相对较小。

(2) 内扩散

催化剂颗粒内部微孔的内表面是表面反应进行的主要场所。反应物是通过微孔的孔口沿微孔向内扩散的。在此内扩散过程中，反应就在微孔表面发生，即内扩散与表面反应是同时进行的。这样使得催化剂颗粒内部不同位置的反应速率并不一致，越接近于颗粒的外表面，反应物的浓度越高，而产物的浓度越低。若温度不变，则越接近于颗粒的外表面，单位表面积上的表面反应速率越大。反之，越往颗粒内部，反应物的浓度越低，表面反应速率越小。当表面反应速率很大，而扩散速率相对小时，反应物在扩散到颗粒内部中心之前，可能就已达到反应平衡，因此颗粒内部中心区域已不能发挥催化作用（这个区域称为死区），这时整个过程的速率就取决于内扩散的速率。内扩散对大多数气 — 固相催化反应过程有较重要的影响。内扩散的影响因素较多，常以内表面利用率的大小来衡量内扩散对气 — 固相催化反应过程影响的程度。在催化剂颗粒上的实际反应速率与按颗粒外表面反应物的浓度、温度计算的假想反应速率之比，称为催化剂的有效系数或内表面利用率。

减小催化剂颗粒的粒径，即是缩短了内扩散的距离，这样可以达到减小内扩散阻力、提高催化剂的内表面利用率的目的。但注意催化剂颗粒的粒径减小，会使催化剂床层空隙率降低，从而导致气体通过床层的流动阻力增大。例如在氨合成塔催化剂床层的上部，由于反应物的浓度高，表面反应速率大，内扩散阻力会使催化剂内表面利用率降低，所以催化剂床层的上部使用粒径较小的催化剂；又如硫酸生产中 SO_2 转化器的第一段，为了提高催化剂的内表面利用率，而不增大催化剂床层的流动阻力，可采用环形催化剂等。

（3）表面反应

当采取措施使得内、外扩散阻力很小，或者当表面反应速率常数较大，内、外扩散阻力可以忽略不计时，气 — 固相催化反应过程的速率将由表面反应速率决定。提高表面反应速率，即可以提高整个过程的速率。由于表面反应包括吸附、反应和脱附三个串联的步骤，因此提高其中最慢一步骤的速率，才可以提高整个过程的速率。例如氢氮混合气在铁催化剂存在下合成氨时，首先是氮被吸附于催化剂的表面并解离为氮原子，而后这些被解离吸附的氮原子再与氢进行表面反应。其中氮的解离吸附是控制步骤，因此适当提高氢氮混合气中氮所占的比例，可以加快氮的吸附过程，从而能使整个过程的速率得到提高。

3. 固定床催化反应器

根据固体催化剂在反应器中的运动状态，气 — 固相催化反应器可分为两类。处于静止状态的有固定床和滴流床反应器；处于运动状态的有流化床、移动床等。本节重点讨论固定床和流化床。

大多数固定床催化反应器是圆柱形。催化剂颗粒填充于反应器内，反应气体以一定的空间速率通过催化剂床层，并与催化剂颗粒接触而进行反应。

固定床催化反应器内的温度控制非常重要。对于简单反应和可逆的吸热反应，在催化剂活性允许的范围内，提高反应温度，可以加快反应速率，从而提高设备的生产强度。对于可逆的放热反应，由于催化剂活性的要求、反应速率的要求，则存在给定转化率下的最适宜温度，即净反应速率最大的温度。最适宜温度一般随转化率升高而逐步降低，如果能使催化剂床层内的温度随着反应的进行沿着最适宜温度变化，就可以使反应尽快进行，从而使反应器具有较高的生产强度。对于有副反应发生的复杂反应，还必须考虑如何控制温度才能有效避免副反应的发生。

温度对催化剂的活性及使用寿命有直接影响。当温度过低，催化剂活性低起不到应有的催化作用。但温度超过催化剂的耐热温度，由于催化剂有效组分的升华、半融或烧结等，使得其活性很快降低，并且缩短催化剂的使用寿命。

根据催化剂床层是否与外界进行热量交换，固定床催化反应器分为绝热式、换热式。

(1) 绝热式固定床催化反应器

绝热是指反应物一次通过催化剂床层而与外界无热量交换，如图 11-22 所示。绝热式固定床催化反应器结构简单，设备费用低。适用于反应热效应较小，反应混合物的热容量大，温度变化对反应过程的影响小及反应的单程转化率低等情况。

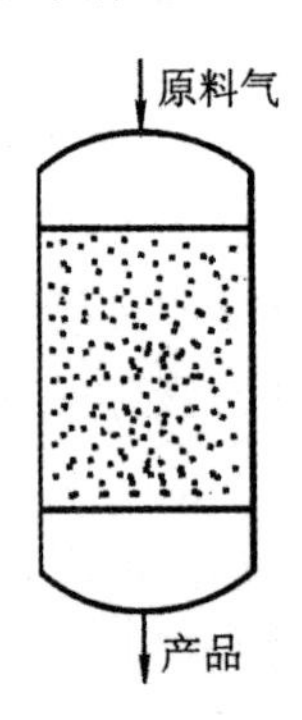

图 11-22 绝热式固定床催化反应器

(2) 多段绝热式固定床催化反应器

当反应热效应较大，采用图 11-22 所示的绝热式反应器会使反应器内温度变化超过允许的范围时，可采用图 11-23 所示的多段绝热式固定床催化反应器。这种反应器是将催化剂床层分为若干段，各段内进行绝热操作。多段绝热式固定床催化反应器多用于放热反应。按段间换热方式的不同，又可以分为间接换热式和冷激式。

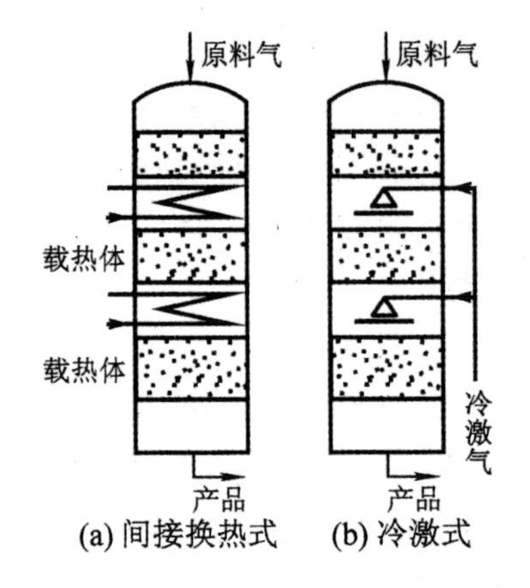

图 11-23 多段绝热式固定床催化反应器

间接换热式是在段间安装换热器，其作用是将上一段的反应气冷却。换热器可以放在反应器内，如图 11-23(a) 所示，也可以放在反应器外(图中未画出)。硫酸生产中二氧化硫的催化氧化就采用此种反应器。

冷激式是指直接向热的反应气喷入冷激气，以进行温度调节，使反应能在比较接近于最适宜温度的条件下进行，如图 11-23(b) 所示。冷激气可以是冷的原料气，也可以是非原料气。

实际应用中还可以将间接换热式和冷激式联合使用，如硫酸生产中二氧化硫的催化氧化反应器。

(3) 对外换热式固定床催化反应器

如图 11-24 所示，在这种反应器内的列管内或管间填充催化剂，催化剂床层内在进行反应的同时，还通过管壁与外界交换热量，从而调节并维持反应温度。由于催化剂床层的热阻一般较大，管径太大时，容易产生径向温度分布；管径太小，则容易使催化剂填充不均匀，而使各管对流体的阻力产生差异，最终导致气体通过各管而与催化剂的接触时间不等。接触时间短的，转化率低；接触时间长的，也会因为发生副反应而影响目的产物的收率。填充催化剂的管子直径一般为 20 ～ 35mm。对外换热式固定床催化反应器主要用于热效应大，而温度允许变化范围窄的反应。此种反应器结构复杂，制造成本较高。

当催化剂需频繁再生或更换时不宜采用固定床催化反应器。

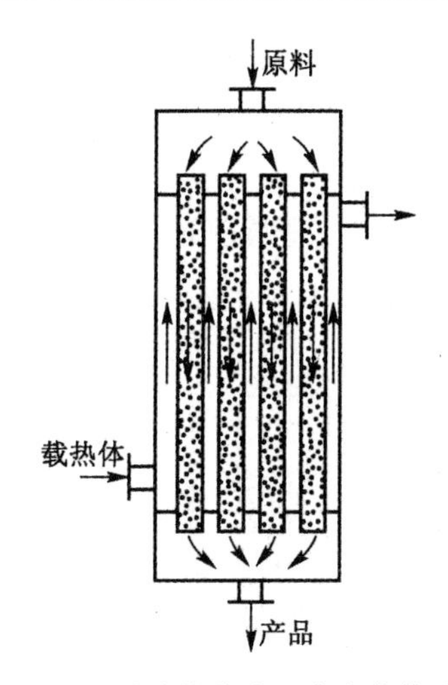

图 11-24　对外换热式固定床催化反应器

(4) 自身换热式固定床催化反应器

与对外换热式固定床催化反应器相比，自身换热式固定床催化反应器是用冷的原料气来冷却热的反应气，冷的原料气被预热到反应所需的温度，然后进入催化剂床层进行反应。该种反应器只适用于放热反应。热的反应气与冷的原料气的相对流向、反应器内具体的结构型式对换热起着重要的作用。自身换热式固定床催化反应器有单管逆流式、单管并流式、双套管式、三套管式等多种不同形式。如图 11-25(a) 所示为单管逆流式，如图 11-25(b) 所示为双套管并流式。

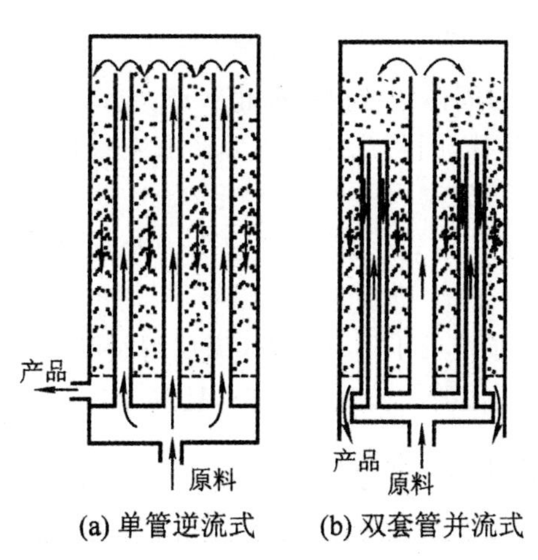

(a) 单管逆流式　(b) 双套管并流式

图 11-25　自身换热式固定床催化反应器

单管逆流式反应器结构最简单，因为催化剂床层的最上部没有绝热段，故床层内温度上升不够快。另外，单管逆流式反应器内催化剂床层的下部被冷气体强烈冷却，使催化剂床层温度过低，偏离最适宜温度较大。

双套管并流式反应器内催化剂床层的上部有绝热段，温度上升较快，能较早地达到最适宜温度。但双套管上部环隙内气体的温度较高，与管外温度差较小，传热速率低，不能把催化剂床层内已达到最适宜温度的反应气在反应中所放出的热量及时地导出，因此床层内不同高度的温度与最适宜温度仍有一定距离。

4. 流化床催化反应器

流化床反应器广泛应用于工业生产中，它是固体颗粒在流体的带动下而处于悬浮运动状态，并同时进行非均相反应的一类装置，适用于催化和非催化反应。

（1）流态化现象

当流体自下而上流过固体颗粒床层时，随着流速的增加，会发生如下现象，参看图 11-26。

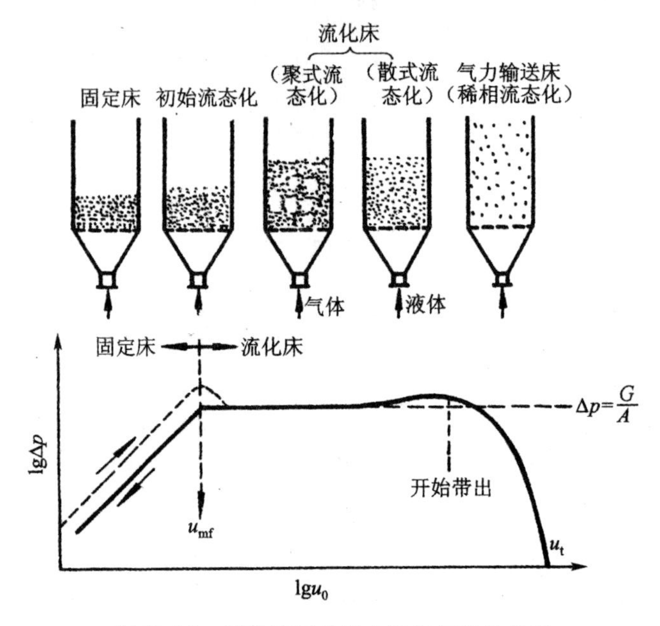

图 11-26　颗粒床层的压力降与气速的关系

① 当流速较低时，床层内的固体颗粒保持静止状态，流体只是在固体颗粒之间的空隙流动，此时的床层称为固定床。在固定床阶段，床层的压力降随流速的增大而增加。

② 当流速达到某一定值后，床层内的固体颗粒开始松动，流速再增大，床层膨胀，床层空隙率增大，以致在一个小的流速范围内，压力降随流速的增大而减少。这是流态化的开始，此时流体的流速称为初始流态化速度 u_{mf}。

③ 当流速进一步增大，颗粒则处于运动状态，床层继续膨胀，空隙率继续增加，在相当宽的流速范围内，流体通过床层的压力降 Δp 几乎不变，且等于床层单位截面上固体颗粒所受的重力，即 $\Delta p=\frac{G}{A}$，此时称床层处于流态化阶段。

④ 当流速超过一定的流速范围而继续增大时，床层内的固体颗粒开始被流体带出而离开床层，床层的上层表面已消失，此时的床层称为气力输送床或稀相流态化。相应的流速称为终端速率或带出速度。

床层处于流态化阶段时，有明显的上界面，称为流化床。此时固体颗粒在许多方面表现出类似液体的性质。例如当容器倾斜时，床层上界面将保持水平；当容器器壁开孔时，颗粒将从孔口流出，并可以像液体一样由一个容器流到另一个容器；床层中两点的压力差可以用 U 形液柱压差计测量等。

对于液 — 固物系，从流态化开始时，随着流体速度的增大，床层是平稳的逐渐膨胀。固体颗粒分散比较均匀，床层上界面较清晰，这种流态化称为散式流态化。对于气 — 固物系，从流态化开始，床层上界面上下波动明显。气体主要以鼓泡形式通过床层，气泡在上升过程中长大、合并，到达床层顶部又破裂，从而引起床层上界面上下起伏。床层内的颗粒多是聚结成团地运动，很少分散开来。气速越大，床层上下起伏越激烈，固体颗粒运动越剧烈，这种流态化称为聚式流态化。

聚式流态化时有两种不正常现象 —— 腾涌现象和沟流现象。在床径较小而高度较高时，气体高速通过床层时，小气泡易合并成大气泡而将床层分成几段，物料以活塞流的方式向上运动。当到达床层上部后，气泡破裂，固体颗粒重新回落，此时称为腾涌。腾涌使气、固之间的接触状况恶化，影响反应结果。另外，腾涌使反应器受到剧烈的冲击，损坏内部构件，同时加剧了颗粒的磨损。在大直径的床层中，由于固体颗粒填充不均匀或气体初始分布不均，造成大量气体只是经过床层的局部区域而上升，即产生沟流现象。沟流时气固接触时间不均，在催化剂床层某些部位因局部反应剧烈而破坏催化剂，而在另外的某些区域由于流过的气量少而影响了催化剂作用的正常发挥。总之，沟流可使工艺过程恶化，不能达到预期的生产目的。

(2) 流化床催化反应器的结构

流化床催化反应器广泛应用于气固相催化反应，其结构形式很多。如图 11-27 所示为传统流化床催化反应器。它主要包括壳体、气体分布装置、换热装置、气固分离装置等。原料气由下方的气体分布板进入反应器内的催化剂床层，使器内的固体催化剂颗粒流态化。气体分布板的作用是使气体分布均匀，分布板的设计应保证不漏固体催化剂颗粒但也不堵塞，结构简单，制造方便等。气体离开床层时难免要带走部分细小的颗粒，从而影响产品质量及造成催化剂的损失。为此将壳体的上部直径增大，目的使气流速度降低，从而部分较大的颗粒又可以沉降下来，落回到床层中。较细的颗粒则可以通过安装在流化床上方的旋风分离器分离下来，再返回到床层，目的是防止催化剂颗粒被气体带出而受到损失。为了维持正常的反应温度，一般常采用外夹套式换热器和流化床内设置内部换热器两种主要形式。为了防止床层内气泡的集结长大，常需要在床层内部安装网状挡板（图中未画出）等，它可以破碎大气泡，改善流化质量，提高反应效果。

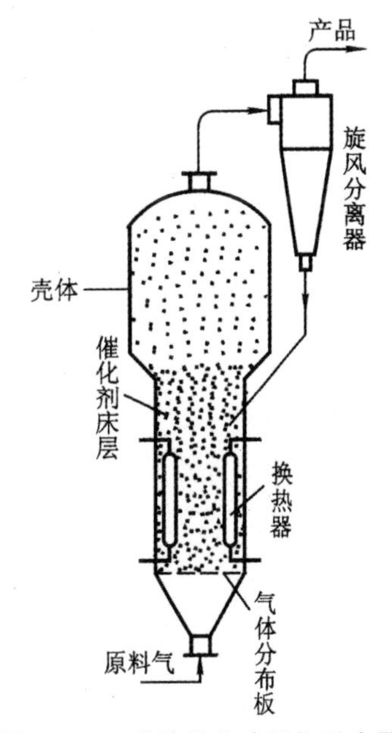

图 11-27　传统流化床催化反应器

(3) 流化床催化反应器的特点

与固定床催化反应器相比，流化床催化反应器具有很多优点：

① 可以使用小粒径的催化剂，从而使内扩散阻力小，提高了催化剂的利用率。

② 由于催化剂颗粒在气流中处于运动状态，颗粒与流体的界面不断更新，因此提高了传质和传热的效果。这对于强放热反应或吸热反应的温度调节非常有利，床层内的温度及固

体颗粒分布均匀。

③ 由于流化床内的催化剂颗粒具有流动性，很容易连续地加入或导出，因此便于催化剂的更换和再生。

④ 床层的压力降始终保持一定，不随气速的改变而改变。

流化床催化反应器的主要缺点有：

① 流化床中由于存在返混，因此在一定程度上降低了反应速率、转化率、选择性和收率等。

② 为了保持适当的流化状态，气体流速和催化剂颗粒粒径受到一定限制。

③ 由于催化剂颗粒在气流中不断运动而造成催化剂颗粒的磨损，及部分小粒径颗粒易被气流带出，致使催化剂损失大。

④ 设备和管道等由于和固体颗粒的摩擦，磨损严重。

由以上看出，流化床催化反应器特别适用于热效应大且需要进行等温操作的反应，以及催化剂的使用寿命短而需要再生的反应。

第 12 章　绿色化学化工

12.1　绿色化学与绿色化工

绿色化学与化工是 21 世纪化学工业可持续发展的科学基础，其目的是将现有化工生产的技术路线从“先污染，后治理”改变为“从源头上根治污染”。我国“十一五”中长期科技规划的宏伟目标是建设资源节约型、环境友好型社会。资源节约型、环境友好型社会具有丰富的内涵，包括有利于环境的生产和消费方式，无污染或低污染的技术和产品，少污染与低损耗的产业结构，符合生态条件的生产力布局，倡导人人关爱环境的社会风尚和文化氛围。按照我国的发展目标，中国化学科学与工程的发展也必须走绿色化道路，实现由分子水平去研究、设计、创造新的有用物质，直至完成其工业制造与转化过程的全程目标，最终实现资源的生态化利用，建立生态工业园区，实现循环经济，促进并保证经济发展与资源、能和环境相协调。

12.1.1　绿色化学

1. 绿色化学的含义

绿色意味着人类对自然完美的一种高级追求的表现，它不把人看成大自然的主宰者，而是看作大自然中的普通一员，追求的是人对大自然的尊重以及人与自然的和谐关系。世界上很多国家已把“化学的绿色化”作为新世纪化学发展的主要方向之一。

绿色化学的最大特点在于它是在始端就采用实现污染预防的科学手段，因而过程和终端均为零排放或零污染。显然，绿色化学技术不是对终端或生产过程的污染进行控制或处理。所以绿色化学技术与上述的“三废”处理有着根本区别，“三废”处理是终端污染控制而不是始端污染的预防。

绿色化学(Green Chemistry) 又称环境无害化学(Environmentally Benign Chemistry) 或洁净化学(Clean Chemistry)，与其相对应的技术称为绿色技术、环境友好技术。绿色化学的核心是利用化学原理从源头上消除化学工业对环境的污染，其理想是采用“原子经济”(Atom Economy) 反应，即原料中的每一原子都转化成产品，不生成或很少生成副产品或废物，提高化学反应的选择性，实现或接近废物“零排放”的过程；同时也不采用有毒、有害的原料、催化剂和溶剂等，并生产环境友好的产品。从环保、经济和社会的要求看，化学工业的发展不能再走先污染后治理之路。绿色化学是当今化学学科的研究前沿，它综合了化学、物理、生物、材料、环境、计算机等学科的最新理论和技术，是具有明确社会需求和科学目标的新型交叉学科。

2. 绿色化学的研究内容

绿色化学是研究如何减少或消除有害物质的使用，开发生产环境友好化学品的工艺过程，以求从源头防止污染的学科。因此，绿色化学的研究内容主要有：

(1) 清洁合成(Clean Synthesis) 工艺和技术，减少废物排放，目标是“零排放”(Zero Emission)。

(2) 改革现有工艺过程,实施清洁生产(Clean Production)。

(3) 安全化学品和绿色新材料的设计和开发。

(4) 提高原材料和能源的利用率,大量使用可再生资源(Renewable Resource)。

(5) 生物技术和生物质(Biomass) 的利用。

(6) 新的分离技术(Novel Separation Technologies)。

(7) 绿色技术和工艺过程的评价。

(8) 绿色化学的教育,用绿色化学变革社会生活,促进社会经济和环境的协调发展。

绿色化学的核心是要利用化学原理和新化工技术,以"原子经济性"为基本原则,研究高效高选择性的新反应体系(包括新的合成方法和工艺),寻求新的化学原料(包括生物质资源),探索新的反应条件(如对环境无害的反应介质),设计和开发对社会安全、对环境友好、对人体健康有益的绿色产品(见图 12-1)。

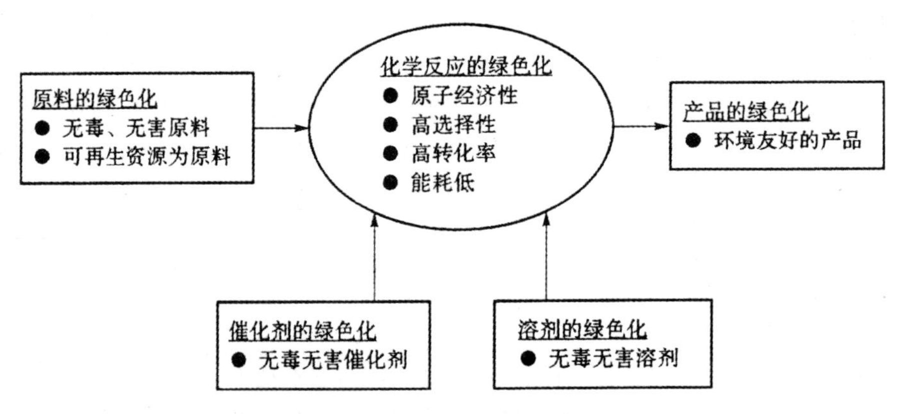

图 12-1　绿色化学过程示意图

3. 绿色化学的原则和特点

绿色化学作为一门具有明确的社会需求和科学目标的新兴交叉学科,经过 10 多年的探索和研究,已总结出一些理论和原则,这就是 Anastas P. T. 和 Warner J. C 提出的绿色化学十二原则(Twelve Principles of Green Chemistry):

- 防止污染优于污染的治理(Prevention)。
- 提高合成反应的"原子经济性"(Atom Economy)。
- 无害的化学合成(Less Hazardous Chemical Synthesis)。
- 设计安全的化学品(Design Safer Chemicals)。
- 使用无毒无害的溶剂(Safer Solvents and Auxiliaries)。
- 合理使用和节省能源(Design for Energy Efficiency)。
- 尽可能利用可再生资源(Use Renewable Resource)。
- 尽可能减少不必要的衍生步骤(Reduce Derivatives)。
- 采用高选择性的催化剂(Catalysis)。
- 设计可降解的化学品(Design for Degradation)。
- 预防污染进行实时分析(Real Time Analysis for Pollution Prevention)。
- 防止事故和隐患的安全化学工艺(Inherently Safer Chemistry for Accident Prevention)。

这些原则带动了绿色化学的学术研究、化工实践、化学教育、政府政策和公众的认知等,为今后绿色化学的研究和发展指明了方向。

从科学观点看，绿色化学是传统化学思维的发展与创新，是在环境友好条件下化学和化工的融合和拓展；从环境观点看，它是利用化学原理和新化工技术，从源头上预防或消除污染，保护生态环境的新科学和新技术；从经济观点看，它能合理利用资源和能源，降低生产成本，符合可持续发展的要求。正因如此，科学家们认为，绿色化学是21世纪化学化工发展的最重要领域之一。

4. 绿色化学和可持续发展

化工生产给人类创造了很多财富，生产了许多各个领域必需的产品，满足了人们生产和生活的越来越高的要求。经过50多年的建设和发展，我国的化学工业取得了令世界瞩目的巨大成就。1949年我国化学工业总产值仅有3.2亿元，到2005年已达到3.2万亿元，增长10000倍。全国已有化肥、酸碱盐、医药、农药、新材料、高分子聚合物、涂料、信息材料等19大行业，形成布局合理、门类齐全、规模不断发展的石油化学工业体系。目前我国有20多种主要化工产品的产量位居世界的前列，已成为石油化工生产大国和消费大国，在全球化学工业中占有举足轻重的地位。

我国在可持续发展战略的指引下，清洁生产、环境保护受到各级政府部门的高度重视。1994年，国务院常委会通过了《中国21世纪议程》，并把它作为中国21世纪人口、环境与发展的白皮书，在其第三部分"经济可持续发展"中明确提出：改善工业结构与布局，推广清洁生产工艺和技术。同年，原化工部召开了第八次全国化工环保工作会议，发出了"全面推行清洁生产，实现化学工业可持续发展"的号召，明确提出实施化工清洁生产是化工系统的重要任务。强调依靠科技进步，加强"三废"治理与废物综合利用，节约资源，并取得了明显的成效。化学工业万元能耗由1990年的7.41t标准煤下降到1996年的4.80t标准煤，下降35%；化工废物综合利用产值由1990年12.57亿元增至1996年49.77亿元，同时每年可少排废水13亿吨，废气3000多亿立方米，废渣近1000万吨。但是，由于人口基数大，工业化进程的加快，大量排放的工业污染物和生活废弃物使我国人民面临日益严重的资源短缺和生态环境问题。

有资料统计，我国矿产资源总储量虽名列世界第2位，但人均占有量仅为世界人均占有量的1/2，居世界第80位。目前我国已有45种矿产资源严重不足，据已探明的储量和现有的开采水平推算，铁的维持期限为47年，铜68年，铝80年，锌和铅73年，锡55年，石油约50年。能源短缺，从1993年起我国已成为石油进口国。而且，我国是一个水资源严重缺乏的国家，水资源总储量虽为2.8万亿立方米，但人均占有量为2300m^3，为世界人均占有量的1/4，居世界第88位。全国有300多个城市缺水，其中100多个城市严重缺水，尤其是我国北方地区缺水严重，已成为社会经济发展的重要制约因素之一。与此同时，我国每年废水排放量达366亿吨，其中工业废水233亿吨，86%的城市河段水质超标，江河湖泊重金属污染和富营养化问题突出，七大水系污染殆尽。

我国是世界上煤产量最大的国家，每年煤产量超过10亿吨，成为世界上以煤为主要能源的国家。但是我国资源和能源的利用率却很低，目前总能源利用率为30%左右，矿产资源利用率为40%～50%。例如，1994年我国1000美元GDP耗煤2.041吨，是日本的13.7倍，德国、意大利、法国的8.7倍，美国的4.6倍，印度的1.9倍，世界平均水平的4.71倍。如此巨大的资源、能源消耗，不仅造成了极大的浪费，而且也成为环境污染的主要来源，因此，以SO_2和烟尘为主要污染物的大气污染将长期存在，酸雨形势不容乐观。据调查，我国的酸雨现象遍及全国22个省市，受害耕地面积达2.67万平方千米，有由西南、华南蔓延至华中、华东和东北之势。

总之，由于传统的发展模式消耗大量资源和能源，加之产业结构不尽合理，科学技术和管理水平较为落后，使得我国出现生态环境恶化、资源严重短缺的现象。因此，必须更新观念，确立"原

料 — 工业生产 — 产品使用 — 废品回收 — 二次资源”的新模式，采用“源头预防及生产过程全控制”的清洁工艺替代“末端治理”的被动环保策略，依靠科技进步，大力发展绿色化学化工，节能降耗，发展循环经济，走资源 — 环境 — 经济 — 社会协调发展的道路。

12.1.2　绿色化工

1. 绿色化工的定义及特点

绿色化学是近十年来产生和发展起来的新兴交叉学科，它要求利用化学原理从源头上消除环境污染，在其基础上发展起来的技术则称为绿色化工技术。最广为认可的绿色化工的定义是“能够减少或去除危险物质的使用和产生的化工产品的设计和工艺”。

基于以上原子经济性的概念，美国环保署(EPA) 支持绿色化工的 12 项原则，最初是在 1998 年由绿色化学的先行者 —— 耶鲁大学绿色化学和绿色工程中心主管 PaulT. Anastas 提出的。Anastas 认为，绿色化工是一种前瞻性的方法，可为公司提供一种将环境和人类健康保护一体化地整合人产品和工艺开发中的方法。绿色化学的核心是利用化学原理从源头上减少和消除工业生产对环境的污染。按照绿色化学的原则，理想的化工生产方式应是反应物的原子全部转化为期望的最终产物。这绿色化工的 12 项原则是：

(1) 预防(prevention)。防止产生废物比在它产生后再处理或清除更好。

(2) 原子经济(atom′ economy)。设计合成方法时，应尽可能使用于生产加工过程的材料都进入最后的产品中。

(3) 无害(或少害) 的化学合成(1ess hazardous chemical syntheses)。无论在哪里行得通，所设计的合成方法都应该使用和产生对人类健康和环境具有小的或没有毒性。

(4) 设计无危险的化学品(design safer chemicals)。化学产品应该设计得使其有效地显示受期望的功能而毒性最小。

(5) 安全的溶剂和助剂(safer solvents and auxiliaries)。所使用的辅助物质包括溶剂、分离试剂和其他物品当使用时都应是无害的。

(6) 设计要有能效(design for energy efficiency)。化学加工过程的能源要求应该考虑它们的环境和经济的影响，并应该尽量节省。如果可能，合成方法应在室温和常压下进行。

(7) 使用可再生的原料(use renewable feedstocks)。当技术上和经济上可行时，原料和加工厂粗料都应可再生。

(8) 减少衍生物(reduce derivatives)。如果可能，尽量减少和避免利用衍生化反应，因为此种步骤需要添加额外的试剂并且可能产生废物。

(9) 催化作用(catalysis)。具有高选择性的催化剂比化学计量学的试剂优越得多。

(10) 设计要考虑降解(design for degradation)。化学产品的设计应使它们在功能终了时分解为无害的降解产物并不在环境中长期存在。

(11) 为了预防污染进行实时分析(real — time analysis for pollution prevention)。需要进一步开发新的分析方法使可进行实时的生产过程监测并在有害物质形成之前给予控制。

(12) 防止事故发生的固有安全化学(inherently safer chemistry for accident prevention)。在化学过程中使用的物质和物质形态的选择应使其尽可能地减少发生化学事故的潜在可能性，包括释放、爆炸以及着火等。

其内涵主要体现在以下 5 个“R”：

Reduction:“减量”,即减少“三废”排放;

Reuse:“重复使用”,诸如化学工业过程中的催化剂和载体等,这是降低成本和减废的需要;

Recvcling:“回收”,可以有效实现“省资源、少污染、减成本”的要求;

Regeneration:“再生”,即变废为宝,节省资源和能源,减少污染的有效途径;

Rejection:“拒用”,指对一些无法替代,又无法回收、再生和重复使用的,有毒副作用及污染作用明显的原料,拒绝在化学过程中使用,这是杜绝污染的最根本方法。

绿色化工工艺过程包括原料绿色化——采用无毒无害的原料或可再生资源;过程绿色化——采用原子经济性反应、采用绿色催化剂和溶剂、过程强化(外场强化,流程集约化、装备微型化);产品绿色化——设计安全的化学品,设计可降解的环境友好化学品。

2. 绿色化工过程

简单地说,绿色化工过程是指“零排放"的化工过程,即不排放“三废”以及其他环境污染物,同时还要求原料、产品与环境友好,具有可行的经济性。

长期以来,人们习惯于用产物的选择性(S)或产率(y)作为评价化学反应过程的标准,然而这种评价指标是建立在单纯追求最大经济效益的基础上的,它不考虑对环境的影响,无法评判废物排放的数量和性质,往往有些产率很高的工艺过程对生态环境带来的破坏相当严重。很显然,把产率(y)作为唯一的评价指标已不能适应绿色化学工业发展的需要。

(1) 原子经济性

原子经济性(Atom Economy,AE)或原子利用率(Atom Utilization, AU)可表示为:

$$\text{原子经济性(AE)}=\frac{\text{目标产物的相对分子质量}}{\text{反应物质的相对分子质量总和}}\times 100\%$$

对于一般的合成反应:

$$A+B \longrightarrow C+D$$

$$AE=\frac{\text{C 的分子质量}}{\text{A 的相对分子质量}+\text{B 的相对分子质量}}\times 100\%$$

对于复杂的化学反应:

$$A+B \longrightarrow C+D \qquad F+G \longrightarrow H$$
$$\downarrow$$
$$C+D \longrightarrow E \qquad H+I \longrightarrow J$$
$$E+J \longrightarrow P$$

$$AE=\frac{M_{r,P}}{M_{r,A}+M_{r,B}+M_{r,D}+M_{r,F}+M_{r,G}+M_{r,I}}\times 100\%$$

该式中不包括中间体相对分子质量。

原子经济性是衡量所有反应物转变为最终产物的量度。如果所有的反应物都被完全结合到产物中,则合成反应是100%的原子经济性。理想的原子经济性反应不应使用保护基团,不形成副产物,因此,加成反应和分子重排反应等是绿色反应,而消去反应和取代反应等原子经济性较差。

原子经济性是绿色化学的重要原理之一,是化学家和化学工程师们用以指导其工作的主要尺度之一,通过对化学工艺过程的计量分析,合理设计有机合成反应过程,提高反应的原子经济性,可以节省资源和能源,提高化工生产过程的效率。

但是,用原子经济性来考察化学反应过于简单,它没有考察产物的产率和选择性、过量反应物、试剂和催化剂的使用、溶剂的损失以及能量的消耗等,单纯用原子经济性作为化学反应过程"绿色性"的评价指标还不够全面,应和其他评价指标结合才能做出科学的判断。

(2) 环境因子

环境因子(Environmental Factor,用 E 因子表示)是荷兰有机化学教授 R. A. Sheldon 在1992 年提出的一个量度标准,定义为每产出 1kg 目标产物所产生的废弃物的质量(kg),即将反应过程中的废弃物总量除以产物量。

其中废弃物是指目标产物以外的所有副产物。由上式可见,$E_{因子}$ 越大,意味着废弃物越多,对环境的负面影响就越大,因此,$E_{因子}$ 为零是最理想的。Sheldon 计算了不同化工行业的 $E_{因子}$,见表 12-1。

表 12-1　不同化工行业的 $E_{因子}$ 比较

化工行业	产量规模 /(t/a)	$E_{因子}$/(kg 副产物 /kg 产物)
石油炼制	$10^6 \sim 10^8$	约 0.1
大宗化工产品	$10^4 \sim 10^6$	$<1 \sim 5$
精细化工	$10^2 \sim 10^4$	$5 \sim 50$
医药化工	$10 \sim 10^3$	$25 \sim 100$

由表 12-1 可知,从石油炼制到医药化工,$E_{因子}$ 逐步增大,其主要原因是精细化工和医药化工中大量采用化学计量式反应,反应步骤多,原(辅) 材料消耗较大。

由于化学反应和过程操作复杂多样,$E_{因子}$ 必须从实际生产过程中所获得的数据求出,因为 $E_{因子}$ 不仅与反应有关,也与其他单元操作有关。

3. 绿色化工工艺进展

由于大宗基本有机原料的生产量大,往往年产量达百万吨以上,选择原子经济反应十分重要。目前,在基本有机原料的生产中,有的已采用原子经济反应,如丙烯氢甲酰化制丁醛、甲醇羰化制醋酸、乙烯或丙烯的聚合、丁二烯和氢氰酸合成己二腈等。另外,有的基本有机原料的生产所采用的反应,已由二步反应改成采用一步的原子经济反应,如环氧乙烷的生产,原来是通过氯醇法二步反应制备,开发银催化剂后,改为乙烯直接氧化生成环氧乙烷的原子经济反应。

近年来,开发新的原子经济反应已成为绿色化工技术研究的热点之一。

(1) 寻找安全有效的反应原料

①Enichem Ee 公司采用钛硅分子筛催化剂,将环己酮、氨、过氧化氢反应,可直接合成环己酮肟,环己酮转化率 99.99%,环己酮肟选择性 98.2%,基本上实现了原子经济反应,并已工业化。与由氨氧化制硝酸、硝酸离子在 Pt 和 Pd 贵金属催化剂上用氢还原制备羟胺、羟胺再与环己酮反应合成环己酮肟的复杂技术路线相比,不仅简化了流程,而且不副产硫酸铵。

② 环氧丙烷是生产聚氨酯泡沫塑料的重要原料,传统上主要采用二步反应的氯醇法,不仅使用危险的氯气为原料,而且还产生大量含氯废水和废渣,造成环境污染,因此正在开发钛硅分子筛上催化氧化丙烯制环氧丙烷的原子经济新方法。此外,针对钛硅分子筛催化反应体系,提高过氧化氢在反应中的利用率,开发降低钛硅分子筛合成成本的技术,开发与反应匹配的工艺和反

应器也是努力的方向。

③ 目前化工生产中经常使用光气、甲醛、氢氰酸、丙烯腈为原料，毒性较大。以光气为例，它本身是一种军用毒气，但它又能与许多有机化合物发生反应，生产多种产品。生产聚氨酯的传统工艺是以胺和光气为原料合成异氰酸酯：

$$RNH_2 + COCl_2 \longrightarrow RNCO + 2HCl$$

再用 RNCO 与 R′OH 反应生成聚氨酯：

$$RNCO + R'OH \longrightarrow RNHCO_2R'$$

这一工艺不仅要使用剧毒的光气为原料，而且产生有害的副产物氯化氢。美国孟山都公司的新工艺用二氧化碳代替光气，CO_2 与 $COCl_2$ 的不同在于 CO_2 以氧原子代替了 $COCl_2$ 中的氯原子，但又保持了分子中含有 CO 的成分，所以 CO_2 与胺反应，同样可以生成异氰酸酯：

$$RNH_2 + CO_2 \longrightarrow RNCO + H_2O$$

进一步反应可制得聚氨酯：

$$RNCO + R'OH \longrightarrow RNHCO_2R'$$

二氧化碳是无毒气体，它对环境的危害是产生温室效应，但在生产聚氨酯工艺中，CO_2 是被消耗的原料，这对减少地球上温室气体的排放意义重大。而在消耗 CO_2 的同时，所生成的水更是一种无污染的副产物。

因此，孟山都公司为聚氨酯设计的新工艺可谓巧妙之极，而设计的指导思想则是绿色化学。为此，1996 年，美国政府给孟山都公司颁发了美国总统绿色化学挑战奖。

(2) 新型催化剂与催化过程的研究与开发是实现传统化学工艺无害化的主要途径

① 杂多化合物催化剂泛指杂多酸及其盐类，是一类由中心原子(如 P、Si、Fe、B 等杂原子及其相应的无机矿物酸或氢氧化物)和配位原子(如 Mo、W、V、Ta 等多原子)按一定的结构通过氧原子桥联方式进行组合的多氧簇金属配合物，用 HPA 表示。HPA 的阴离子结构有 Keggin、Dawson、Anderson、Wangh、Silverton、Standberg 和 Lindgvist 等 7 种结构。由于杂多酸直接作为固体酸，比表面积较小($< 10m^2/g$)，需要对其固载化。固载化后的杂多酸具有“准液相行为”，酸碱性和氧化还原性的同时，还具有高活性、用量少、不腐蚀设备、催化剂易回收、反应快、反应条件温和等优点而逐渐取代 H_2SO_4、HF、H_3PO_4 应用于催化氧化、烷基化、异构化等石油化工领域的各类催化反应。

虽然绿色化工催化剂理论发展逐渐得到完善，但大多数催化剂仍停留在实验室阶段，催化剂性能不稳定、制备过程复杂、性价比低是制约其工业化应用的主要原因，但从长远角度考虑，采用绿色化工催化剂是实现生产零污染的一个必然趋势。环境友好的负载型杂多酸催化剂既能保持低温高活性、高选择性的优点，又克服了酸催化反应的腐蚀和污染问题，而且能重复使用，体现了环保时代的催化剂发展方向。今后的研究重点应是进一步探明负载型杂多酸的负载机制和催化活性的关系，进一步解决活性成分的溶脱问题，并进行相关的催化机理和动力学研究，为工业化技术提供数据模型，使负载型杂多酸催化剂早日实现工业化生产。

② 烃类选择性氧化在石油化工中占有极其重要的地位。据统计，用催化过程生产的烃类有机化学品中，催化选择氧化生产的产品约占 25%。烃类选择性氧化为强放热反应，目的产物大多是热力学上不稳定的中间化合物，在反应条件下很容易被进一步深度氧化为二氧化碳和水，其选择性是各类催化反应中最低的。这不仅造成资源浪费和环境污染，而且给产品的分离和纯化带来很大困难，使投资和生产成本大幅度上升。所以，控制氧化反应深度，提高目的产物的选择性始终

是烃类选择性氧化研究中最具挑战性的难题。早在20世纪40年代，Lewis等就提出烃类晶格氧选择性氧化的概念，即用可还原的金属氧化物的晶格氧作为烃类氧化的氧化剂，按还原一氧化模式，先在反应器中烃分子与催化剂的晶格氧反应生成氧化产物，失去晶格氧的催化剂被输送到再生器中用空气氧化到初始高价态，然后再送回反应器中进行反应。这样，反应是在没有气相氧分子的条件下进行的，可避免在气相中发生的深度氧化反应，从而提高反应的选择性，而且因不受爆炸极限的限制可提高原料浓度，使反应产物容易分离回收，这是一种控制氧化深度、节约资源和保护环境的绿色化工技术。

根据上述还原一氧化模式，Dupont－Monsanto公司已联合开发成功丁烷晶格氧氧化制顺酐的提升管再生工艺，建成第一套工业装置。氧化反应的选择性大幅度提高，顺酐收率由原有工艺的50%提高到72%，未反应的丁烷可循环利用，被誉为绿色化工技术。此外，间二甲苯晶格氧氮氧化制间苯二腈也有一套工业装置。在Mn、Cd、Ti、Pd等变价金属氧化物上，通过甲烷和空气周期切换操作，实现了甲烷氧化偶联制乙烯新技术。由于晶格氧化具有潜在的优点，近年来已成为选择性氧化研究的前沿。工业上重要的邻二甲苯氧化制苯酐，丙烯和丙烷氧化制丙烯腈均可进行晶格氧氧化反应的探索。关于晶格氧氧化的研究与开发，一方面要根据不同的烃类氧化反应，开发选择性好、载氧能力强、耐磨强度高的新型催化材料；另一方面要根据催化剂的反应特点，开发相应的反应器及其工艺。

(3) 采用无毒无害的浴剂

大量的与化学品制造相关的污染问题不仅来源于原料和产品，而且源自在其制造过程中使用的物质。最常见的是在反应介质、分离和配方中所用的溶剂。当前广泛使用的溶剂是挥发性有机化合物(VOC)，其在使用过程中有的会引起地面臭氧的形成，有的会引起水源污染，因此，需要限制这类溶剂的使用。采用无毒无害的溶剂代替挥发性有机化合物作溶剂已成为绿色化工技术的重要研究方向之一。目前，最活跃的研究项目是开发超临界流体(SCF)，特别是超临界二氧化碳作溶剂。超临界二氧化碳是指温度和压力均在其临界点(311℃，7.48×10^3kPa)以上的二氧化碳流体。它通常具有液体的密度，因而有常规液态溶剂的溶解度；在相同条件下，它又具有气体的黏度，因而又具有很高的传质速度。而且，由于具有很大的可压缩性，流体的密度、溶剂溶解度和黏度等性能均可由压力和温度的变化来调节。超临界二氧化碳的最大优点是无毒、不可燃、价廉等。采用超临界二氧化碳代替有机溶剂作为油漆、涂料的喷雾剂和泡沫塑料的发泡剂已在工业上应用，在原有喷涂工艺中，采用超临界二氧化碳，有机溶剂用量减少2/3至4/5，大大减少了挥发性有机溶剂的排放量；用二氧化碳代替氟氯烃作苯乙烯泡沫塑料的发泡剂，已获得1996年美国总统绿色化学挑战奖的“改变溶剂/反应条件奖”。

除采用超临界溶剂外，还有研究水或近临界水作为溶剂以及有机溶剂/水相界面反应。采用水作溶剂虽然能避免有机溶剂，但由于其溶解度有限，限制了它的应用，而且还要注意废水是否会造成污染。在有机溶剂/水相界面反应中，一般采用毒性较小的溶剂如(甲苯)代替原有毒性较大的溶剂，如二甲基甲酰胺、二甲基亚砜、醋酸等。采用无溶剂的固相反应也是避免使用挥发性溶剂的一个研究方向，如用微波来促进固—固相有机反应。

(4) 过氧化氢是一种强氧化剂，广泛应用于化工、医药、食品、电子、环保等领域

近年来，随着环保要求的提高，作为一种“清洁氧化剂”越来越受到人们的关注。从原子经济学上讲，过氧化氢几乎是一种理想的氧化剂，提供一个氧，自身变为水，用它进一步制取许多化合物，使现有生产工艺大大简化。目前，过氧化氢参与的反应主要是环氧化、醇化(羟基化)、酮化、肟

化(氨氧化)、磺化氧化等,在替代原有工艺上表现出越来越大的优越性。过氧化氢参与的选择性氧化过程,选择性高、无污染,是清洁化工的发展方向,该过程的研究在国内外开展得较多。目前美国的ARCO公司、UOP公司、意大利的Enichem公司等对此类反应投入了巨大的资金,申请了多项专利。

(5) 生物技术在发展绿色化工和资源利用方面均十分重要

首先是在有机化合物原料和来源上,采用生物质代替当前广泛使用的石油,是一个长远的发展方向。在150多年前,人类使用的有机化合物大多来源于植物及动物,随后来源于煤炭,至二次世界大战后,基本上有机化合物原料均来自石油。石油及石油化工制造了多种多样的合成材料,在为人类带来绚丽多彩的生活的同时,其中的许多过程也带来了不少环境问题。石油是不可再生的资源,虽有人提出石油枯竭后,将返回到以煤炭作为有机化合物的原料,但考虑到以煤炭为原料将带来的污染问题,更多的有识之士认为将返回到以酶为催化剂,以生物质为原料生产有机化合物的时代。

12.2　绿色产品

化学工业是一个多行业、多品种的产业。化学工业既是原材料生产工业,又是加工工业,不仅包括生产资料的生产,还包括生活资料的生产。化学工业按其生产原料划分,可分为煤化工、石油化工、生物化工;按其产品的类别及产量的大小划分,可分为基本有机化工、无机化工、高分子化工和精细化工;按产品用途分类,可分为医药、农药、肥料、染料、涂料等。

世界各国、不同时期对化学工业的分类是不尽相同的。中国对化学工业的分类按化工产品划分,分为19类产品;若按行政管理划分,分为20个行业。中国化学工业范围的划分见表12-2。

表12-2　中国化学工业范围的划分

按化工产品划分的产品		按行政管理划分的化工行业	
化学矿	合成药品	化学矿	橡胶制品
无机化工原料	食品和饲料添加剂	无机盐	催化剂、试剂和助剂
有机化工原料	信息用化学品	化学肥料	染料和中间体
化学肥料	橡胶和橡塑制品	酸、碱	化学农药
农药	催化剂和助剂	煤化工	化学医药
高分子聚合物	试剂	石油化工	涂料、颜料
涂料、颜料	化工产品	有机化工原料	感光和磁性中间体
染料	其他化学产品	合成纤维单体	化学试剂
日用化学品	化工机械	合成树脂与塑料	化工新型材料
胶黏剂		合成橡胶	化工机械

12.2.1　无机化工主要产品

(1) 无机酸、碱与化学肥料

无机酸主要有硫酸、硝酸、盐酸等;常用碱类主要有“两碱”(纯碱、烧碱);化学肥料,主要有氮肥、磷肥、钾肥和复混肥等。即“三酸、两碱”与化学肥料。

（2）无机盐

无机盐的种类很多，主要有碳酸钙、硫酸铝、硝酸锌、硅酸钠、高氯酸钾、重铬酸钾等。

（3）工业气体

工业气体包括氧、氮、氢、氯、氨、氩、一氧化碳、二氧化碳、二氧化硫等。

（4）元素化合物和单质

元素化合物主要有氧化物、过氧化物、卤化物、硫化物、碳化物、氰化物等；单质主要有氧、硅、铝、铁、钾、钠、镁、磷、氟、溴、碘等。

12.2.2 基本有机化工主要产品

以碳氢化合物及其衍生物为主的通用型化工产品，如乙烯、丙烯、丁二烯、苯、甲苯、二甲苯、乙炔、萘（即“三烯、三苯、一炔、一萘”）、合成气等。这些产品是以石油、煤、天然气等为原料，经过初步化学加工制造的有机化工基础产品。由这些基本产品出发，经过进一步的化学加工，可生产出种类繁多、品种各异、用途广泛的有机化工产品。例如，醇、酚、醚、醛、酮、酸、酯、酐、酰胺、腈以及胺等重要的基本有机化工产品。

基本有机化工产品主要用于生产制造塑料、合成橡胶、合成纤维、涂料、黏合剂、精细化工产品及其中间体的原料，也可以直接作为溶剂、吸收剂、萃取剂、冷冻剂、麻醉剂、消毒剂等。基本有机化工产品的用量和生产能力都很大。

12.2.3 高分子化工主要产品

高分子化工产品是通过聚合反应获得的相对分子质量高达 $10^4 \sim 10^6$ 的高分子化合物。按用途分，高分子化工产品有塑料、合成橡胶以及橡胶制品、合成纤维、涂料和黏合剂等；按功能分，有通用、特种高分子化工产品。

通用高分子化工产品产量较大、应用广泛，如聚乙烯、聚丙烯、聚氯乙烯、聚苯乙烯，涤纶、腈纶、锦纶，丁苯橡胶、顺丁橡胶、异戊橡胶、乙丙橡胶等。

特种高分子化工产品具有耐高温特性，如在苛刻条件下作为结构材料的聚碳酸酯、聚芳醚、聚砜、聚芳酰胺、有机硅树脂以及氟树脂等，或者是具有光电、磁等物理性能的功能高分子产品，如感光高分子材料、光导纤维以及光、电或热致变色的高分子材料、高分子分离膜、高分子液晶、仿生高分子、生物降解高分子材料、催化剂、试剂以及医用高分子化工产品等。

高分子化工产品是一类发展迅速、用途广泛的新型材料。

12.2.4 精细化工主要产品

精细化工产品是一类加工程度深、纯度高、生产批量小、附加值高，自身具有某种特定功能或能增进（赋予）产品特定功能的化学品，也称作精细化学品或专用化学品。

1986 年，我国暂定农药、染料、颜料、涂料（含油漆和油墨）、黏合剂、食品和饲料添加剂、催化剂和各种助剂、化学原药和日用化学品、试剂和高纯物、功能高分子材料（包括功能膜、偏光材料等）、信息用化学品（包括感光材料、磁性材料等能接收电磁波的化学品）等 11 类产品为精细化工产品。

香精和香料、精细陶瓷、医药制剂、酶制剂、功能高分子材料、电子信息材料、生物医药、生物农药等也属精细化学品的范畴。

12.2.5　生物化工主要产品

生物化工产品是指采用生物技术生产的化工产品，主要有乙醇、丁醇、丙酮、柠檬酸、乳酸、葡萄糖酸、L－赖氨酸、L－色氨酸、维生素、抗生素、生物农药、饲料蛋白、酶制剂等。

12.3　化工清洁生产

在绿色化学基础上发展的技术称为绿色技术，又称为清洁生产技术。那么，什么是清洁生产？清洁生产主要包括哪些内容？如何实施清洁生产？这些是人们普遍关注的问题。

12.3.1　清洁生产的含义

清洁生产（Cleaner Production）这一概念是由联合国环境规划署工业与环境规划行动中心在1989年首先提出的，也被称为“污染预防”“废物减量化”“废物最小量化”“无废工艺”等，得到了国际社会的普遍认可和接受。

联合国环境规划署对清洁生产所下的定义为：“清洁生产是指将综合预防的环境策略持续地应用于生产过程和产品中，以便减少对人类和环境的风险性。对生产过程而言，清洁生产包括节省原材料和能源，淘汰有毒原材料并在全部排放物和废物离开生产过程以前减少它们的数量和毒性；对产品而言，清洁生产策略旨在减少产品在整个生产周期过程（包括从原材料提炼到产品的最终处置）中对人类和环境的影响。清洁生产不包括末端治理技术如空气污染控制、废水处理、固体废弃物的焚烧或填埋。清洁生产通过应用专门技术，改进工艺技术和改变管理态度来实现。”

《中国21世纪议程》也对清洁生产作出了定义：“清洁生产是指既可满足人们的需要又可合理使用自然资源和能源并保护环境的实用生产方法和措施，其实质是一种物料和能耗最小的人类生产活动的规划和管理，将废物减量化、资源化和无害化，或消灭于生产过程之中。同时对人体和环境无害的绿色产品的生产亦将随着可持续发展进程的深入而日益成为今后产品生产的主导方向。”

清洁生产是人们思想和观念的一种转变，是环境保护战略由被动反应向主动行动的一种转变。清洁生产通过对产品设计、原料选择、工艺改革、生产过程产物内部循环利用等环节的全过程控制，提高物质转化过程中资源和能源的利用率，并最大限度地减少废弃物的生成和排放，是工业生产实现低消耗、低污染、高产出、高效益的管理模式。因此，清洁生产是时代进步的要求，是世界工业发展的一种大趋势。

12.3.2　清洁生产的内容

清洁生产主要包括以下四方面的内容。

（1）清洁能源

包括对现有能源和常规能源的清洁利用；可再生能源的利用；新能源的开发；各种节能技术的推广应用等。

(2) 清洁原料

尽量少用或不用有毒有害的原材料,尽可能采用可再生资源。

(3) 清洁的生产过程

开发高选择性的催化剂和相关助剂,采用少废或无废的新工艺和高效设备,强化生产操作和控制技术,提高物料的回收利用和循环利用率,以最大限度减少生产过程中的三废排放量。

(4) 清洁的产品

产品设计应考虑节约原材料和能源,使之达到高质量、低消耗、少污染。产品在使用过程中及使用后不对人体健康和生态环境产生不良影响。同时产品的包装应安全、合理,在使用后易于回收、重复使用和再生。

12.3.3 实施清洁生产的途径

清洁生产的提出和推行使社会、经济与环境保护一体化,是实现可持续发展的重要举措。实施清洁生产主要有如下途径。

1. 加强清洁生产的法制宣传教育

1994年我国政府在《中国21世纪议程》中明确提出要进一步推进清洁生产立法。2002年6月29日《清洁生产促进法》在第九届全国人民代表大会常务委员会第二十八次会议通过,2003年1月1日全面实行。清洁生产法是在市场经济条件下保护生态环境、促进经济发展的一种行之有效的法律。要加强清洁生产法的宣传教育,要坚决执行“预防为主,防治结合”和“谁污染,谁治理”等政策法规,加强排污审计和环境评价,以法治厂,规范企业的行为,引导企业实施清洁生产,使企业的经济活动与可持续发展的要求相适应。

2. 改革生产工艺和技术

通过改革生产工艺,更新生产设备或者开发绿色合成技术,例如,新型催化技术、生物工程技术、膜技术、微波化学技术、声化学技术、电化学技术、光化学技术等,提高反应的“原子经济性”,以达到提高原材料和能源的利用率,减少废弃物产生的目的。

在产品设计和原材料选择时以保护环境为目标,不使用有毒有害的原料和助剂,不生产对人体健康和生态环境产生危害的产品。

3. 严格科学管理

从我国工业发展的战略分析,清洁生产是一场新的革命,是对我国传统工业发展的重大变革,即摒弃我国工业发展以资源高消耗、环境重污染为特征的粗放型经营和通过外延增长追求企业效益的传统模式转变为资源低消耗、环境轻污染为特征的集约型经营和通过内涵增长追求企业效益的新型发展战略。因此,要转变传统的旧式生产观念,建立一套健全的科学管理体系,将节能、降耗、减污的目标和考核量化并分解到企业各个层次,有效地指挥调度,严格地监督,公平地奖惩,从而使人为的资源浪费和污染排放减至最小。组织安全文明生产,实现企业的经济效益和社会环境效益的双赢。

4. 注重清洁生产的人员培训

清洁生产具有可持续发展的内涵。要推行清洁生产,实现我国工业的可持续发展,关键在人。未来科学技术发展的挑战,实质是人才的竞争。要注重清洁生产的人员培训,推广清洁生产技术,提高职工的综合素质。尤其要系统培养清洁生产的专门人才和高级人才,培养和造就一大批能全面掌握国内外清洁生产的最新技术，主动承担重大项目的科学研究，参与重要工程建设，推动企业清洁生产的专家队伍。

总之，推行清洁生产是实现我国工业可持续发展的必然。

12.4　化学反应绿色化的途径

12.4.1　绿色化学工艺的途径

如何实现绿色化学的目标，是当前化学、化工界研究的热点问题之一。绿色化工技术的研究与开发主要围绕"原子经济"反应，提高化学反应的选择性，无毒无害原料、催化剂和溶剂，可再生资源为原料和环境友好产品开展的，如图12-2所示。

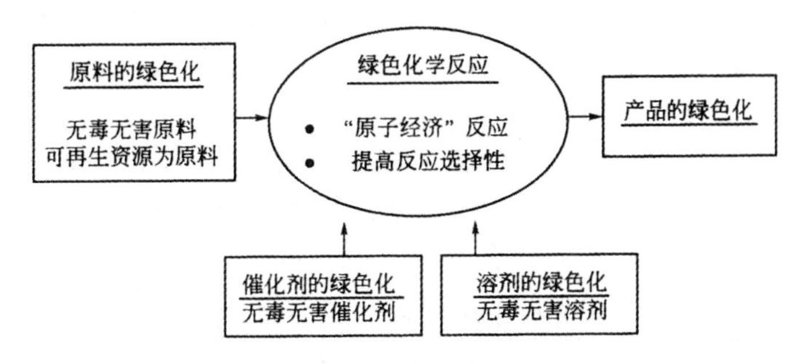

图12-2　绿色化学工艺的途径

1. 开发原子经济反应

近年来，开发新的原子经济反应已成为绿色化学研究的热点之一。在已有的原子经济反应如烯烃氢甲酰化反应中，虽然反应已经是理想的，但是原用的油溶性均相铑催化剂与产品分离比较复杂，或者原用的钴催化剂运作过程中仍有废催化剂产生，因此对这类原子经济反应的催化剂仍有改进的余地。

所以近年来开发水溶性均相络合物催化剂已成为一个重要的研究领域。由于水溶性均相配合物催化剂与油相产品分离比较容易，再加以水为溶剂，避免了使用挥发性有机溶剂。

2. 提高烃类氧化反应的选择性

烃类选择性氧化为强放热反应，目的产物大多是热力学上不稳定的中间化合物，在反应条件下很容易被进一步深度氧化为二氧化碳和水，其选择性是在各类催化反应中最低的。所以，控制氧化反应深度，提高目的产物的选择性始终是烃类选择氧化研究中最具挑战性的难题。

早在20世纪40年代，Lewis等就提出了烃类晶格氧选择氧化的概念，即用可还原的金属氧化物的晶格氧作为烃类氧化的氧化剂，按还原一氧化(Redox)的模式，采用循环流化床提升管反应器，在提升管反应器中烃分子与催化剂的晶格氧反应生成氧化产物，失去晶格氧的催化剂被输送到再生器中用空气氧化到初始高价态，然后送入提升管反应器中再进行反应。

根据上述还原一氧化模式，Dupont公司已开发成功丁烷晶格氧氧化制顺酐的提升管再生工艺，建成第一套工业示范装置。氧化反应的选择性大幅度提高，顺酐收率由原有工艺的50%(摩尔分数)提高到72%(摩尔分数)，未反应的丁烷可循环利用，被誉为绿色化学反应过程。

3. 采用无毒、无害的原料

为了人类健康和社区安全，需要用无毒无害的原料代替它们来生产所需的化工产品。在代替剧毒的光气作原料生产有机化工原料方面，Komiya研究开发了在固态熔融的状态下，采用双酚A和碳酸二苯酯聚合生产聚碳酸酯的新技术，它取代了常规的光气合成路线，并同时实现了两个绿色化学目标。一是不使用有毒有害的原料；二是由于反应在熔融状态下进行，不使用作为溶剂的可疑的致癌物——甲基氯化物。

4. 采用无毒、无害的催化剂和溶剂

为了保护环境，多年来国外正从分子筛、杂多酸、超强酸等新催化材料中大力开发固体酸烷基化催化剂。其中采用新型分子筛催化剂的乙苯液相烃化技术引人注目，这种催化剂选择性高，乙苯质量收率超过99.6%，而且催化剂寿命长。

当前广泛使用的溶剂是挥发性有机化合物(VOC)，其在使用过程中有的会引起地面臭氧的形成，有的会引起水源污染，因此，需要限制这类溶剂的使用。采用无毒无害的溶剂代替挥发性有机化合物作溶剂已成为绿色化学的重要研究方向。

在无毒无害溶剂的研究中，最活跃的研究项目是开发超临界流体(SCF)，特别是超临界二氧化碳作溶剂。超临界二氧化碳的最大优点是无毒、不可燃、廉价等。除采用超临界溶剂外，还有研究水或近临界水作为溶剂以及有机溶剂/水相界面反应。

5. 采用生物技术从可再生资源合成化学品

生物技术在发展绿色技术和利用资源方面均十分重要。首先在有机化合物原料和来源上，采用生物量(生物原料)代替当前广泛使用的石油是一个长远的发展方向。生物技术中的化学反应，大都以自然界中的酶或者通过DNA重组及基因工程等生物技术在微生物上产出工业酶为催化剂。酶反应大多条件温和，设备简单，选择性好，副反应少，产品性质优良，又不产生新的污染。

6. 有机电化学合成方法

有机电合成化学是一门正在迅速成长中的新兴学科，它以电子代替传统化学合成中大量使用的氧化剂和还原剂，通过电极反应界面的设计，可以实现结合光—电—催化于一体的原子经济反应，既节约资源，又对环境友好，产品成本和过程投资也减少了。

12.4.2 绿色化工过程实例

1. 环己酮肟的绿色生产工艺

ε-己内酰胺(简称己内酰胺，CPL)是一种重要的有机化工原料，主要用作生产聚酰胺6工程塑料和聚酰胺6纤维的原料。聚酰胺6工程塑料主要用作汽车、船舶、电子电器、工业机械和日用消费品的构件和组件等，聚酰胺6纤维可制成纺织品、工业丝和地毯用丝等，此外，己内酰胺还可用于生产抗血小板药物6-氨基己酸，生产月桂氮草酮等，用途十分广泛。近年来，己内酰胺的需求一直呈增长趋势，尤其是亚洲地区。90%以上的己内酰胺是经环己酮肟化生成环己酮肟，再经贝克曼重排转化来生产的。

(1) 环己酮肟传统生产方法

1943年，德国I. G. Fanben公司(BASF公司的前身)最早实现了以苯酚为原料的己内酰胺工

业化生产，该工艺称为拉西法(Raschig)，又名环己酮一羟胺(HSO)工艺。该工艺分为两步，第一步是羟胺硫酸盐制备，先将氨经空气催化氧化生成的NO、NO_2用碳酸铵溶液吸收，生成的亚硝酸铵用二氧化硫还原得羟胺二磺酸盐，再水解得到羟胺硫酸盐溶液。第二步是环己酮的肟化，环己酮与羟胺硫酸盐反应，同时加入氨水中和游离出来的硫酸，得到环己酮，见如下反应式。

$$2\,C_6H_{10}O + (NH_2OH)_2\cdot H_2SO_4 + 2NH_3 \longrightarrow 2\,C_6H_{10}NOH + (NH_4)_2SO_4 + 2H_2$$

该工艺投资小，操作简单，催化剂价廉易得，安全性好。但主要缺点是：原料液$NH_3\cdot H_2O$和H_2SO_4消耗量大，在羟胺制备、环己酮肟化反应和贝克曼重排反应过程中均副产大量经济价值较低的$(NH_4)_2SO_4$；能耗(水、电、蒸汽)高，环境污染大，设备腐蚀严重，三废排放量大。特别是$(NH_4)_2SO_4$副产高限制了H_2SO_4工艺的发展。

德国BASF公司和波兰Polimex公司开发了BASF/Polimex－NO还原工艺，对硫酸羟胺制备进行了工艺改进：先在水蒸气存在下用氧气使氨氧化得NO，然后在钯催化剂作用下使NO还原，还原过程的副产物是氨和N_2O_4。环己酮肟生产采用二段逆流肟化流程，进料环己酮萃取肟化硫铵中的有机物后再进入肟化反应系统。

$$2NO + 3H_2 + H_2SO_4 \longrightarrow (NH_3OH)_2SO_4$$

该工艺可以避免羟胺制备过程中生成$(NH_4)_2SO_4$，因而此项技术被迅速推广，BASF公司也成为目前世界上最大的己内酰胺生产商。但主要缺点为：投资大、工艺路线长、工艺控制过程复杂、生产成本高，而且随后的肟化和重排反应中仍会产生$(NH_4)_2SO_4$。

(2) 环己酮肟绿色生产方法的原理

意大利EniChem公司首先研发的环己酮液相氨氧化工艺，在连续式搅拌釜中环己酮、氨和H_2O_2在低压下由TS－1分子筛催化反应直接制备环己酮肟，并采用膜分离技术实现催化剂与产物的分离，取消了传统的羟胺制备工艺，缩短了工艺流程，操作难度低，投资小，能耗少。在“三废”处理方面，采用较好的处理方法，环己酮肟的排放物对环境不构成污染。

$$C_6H_{10}{=}O + NH_3 + H_2O_2 \xrightarrow{TS\text{-}1} C_6H_{10}{=}NOH + 2H_2O$$

主要副反应有：

$$2\,C_6H_{10}NOH + H_2O_2 \longrightarrow 2\,C_6H_{10}O + N_2O + 2H_2O$$

$$2\,C_6H_{10}O + 2NH_3 + 5H_2O_2 \longrightarrow O{=}C_6H_8{=}N{-}N{=}C_6H_8{=}O + 10H_2O$$

$$2NH_2OH + 2H_2O_2 \longrightarrow N_2O + 5H_2O$$

$$2NH_3 + 3H_2O_2 \longrightarrow N_2 + 6H_2O$$

$$2H_2O_2 \longrightarrow O_2 + 2H_2O$$

关于TS－1催化的环己酮肟化反应机理有两种认识，参见图12-3。

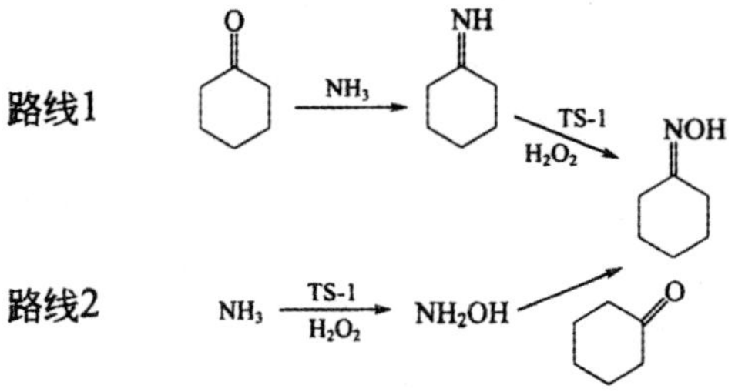

图 12-3 环己酮肟化反应的反应机理

(3) 环己酮肟化反应条件

① 溶剂。环己酮肟化反应体系中，加入合适的溶剂可以使有机和水两相混溶成均相，有利于反应的进行。有文献报道称，肟化反应的理想溶剂是醇，如叔丁醇或异丙醇。

② 反应温度。选择反应温度须从环己酮转化率、环己酮肟选择性和过氧化氢利用率三方面综合考虑。从表 12-3 中可以看出，在温度为 70℃ ～ 90℃ 范围内，环己酮肟的选择性很高，超过 99%。超过 80℃ 时，过氧化氢的分解速率比较显著，致使环己酮的转化率和环己酮肟的选择性都略有下降。

表 12-3 温度对环己酮肟化反应的影响

反应温度 /℃	环己酮转化率 /%	环己酮肟选择性 /%	反应温度 /℃	环己酮转化率 /%	环己酮肟选择性 /%
50	82.3	99.7	80	98.6	99.9
60	93.1	99.3	90	98.0	99.2
70	99.3	99.8			

注：溶剂为叔丁醇。

③ 反应压力。环己酮肟化反应可在常压下进行，加压可增加氨在液相中的溶解度，使液相中氨 / 环己酮摩尔比增加，对增加环己酮转化率和环己酮肟选择性有利。因此，常用的反应压力为 0.18 ～ 0.3MPa。

④ 原料配比。无论是间歇反应还是连续反应，氨水都是过量的。一是氨水易挥发，温度较高时氨水的利用率有所下降；二是氨水过量有助于羟胺的生成。多数情况下，氨 / 环己酮摩尔比为 2 ∶ 1。

过氧化氢不稳定，遇热易分解，特别是碱性物质可明显加速过氧化氢的分解反应。过氧化氢分解不仅降低了其有效利用率，还会导致发生环己酮肟深度氧化和一些非催化氧化副反应，降低肟的选择性。因此，过高的过氧化氢 / 环己酮摩尔比对肟化反应不利。为了使环己酮完全转化，省去酮与肟的分离步骤，一般过氧化氢稍过量，过氧化氢 / 环己酮摩尔比为(1.1 ～ 1.2) ∶ 1。

(4) 环己酮肟化的工艺流程

环己酮肟化工艺流程见图 12-4。工艺中采用两级串联的连续釜式反应器。原料环己酮、过氧化氢和氨与叔丁醇的溶液首先加入第一级反应器，在反应器的上方设有放空口，以排除少量副产物的 N_2、O_2、N_2O 气体，控制环己酮在第一级反应器中的转化率为 95%，反应混合物经过滤滤掉其中夹带的少量催化剂粉末后进入第二级反应器，向第二级反应器中补加过氧化氢，目的是使环己酮转化完全，两级反应器中过氧化氢和酮的总摩尔比为 1 ∶ 1。

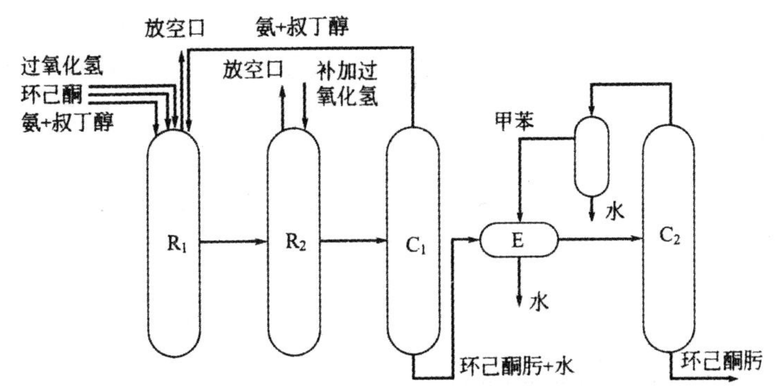

R— 反应器；C— 精馏塔；E— 萃取器及相分离器

图 12-4　环己酮肟化工艺流程示意图

反应后的混合物经过滤器分离出固体催化剂，与第一级反应器分出的催化剂合并后循环或送再生装置，液体催化剂中主要含有叔丁醇、水、氨和环己酮肟，进入精馏塔，塔顶蒸出氨与叔丁醇和水的共沸物（含 12% 叔丁醇），循环返回第一级反应器，塔釜为肟和水，进萃取器，以甲苯为溶剂萃取肟。萃取相进精馏塔，塔顶馏出物为甲苯和水的非均相共沸物，在相分离器中分出甲苯相循环返回萃取器，水相与萃取相合并去后处理工段，塔釜得到精制肟送贝克曼重排工段。

2. 苯与乙烯烷基化制备乙苯

乙苯是重要的有机化工原料，主要被用来生产苯乙烯，同时也是医药的重要原料。苯乙烯可以制取透明度高的聚苯乙烯、改性的耐冲击的聚苯乙烯橡胶、ABS 二聚物、SAN 二聚物、丁苯橡胶和不饱和树脂等。目前在工业生产中，除极少数（≤ 4%）的乙苯来源于重整轻油 C_8 芳烃馏分抽提外，其余 90% 以上是在适当催化剂存在下由苯与乙烯烷基化反应来制取。

苯与乙烯基化的主要反应式为：

$$C_6H_6 + H_2C{=}CH_2 \longrightarrow C_6H_5{-}C_2H_5$$

从反应式看出这是一个原子经济反应。除主反应外，还有多烷基、异构化、烷基转移及缩合和烯烃聚合等副反应。

(1) 乙苯传统生产方法

乙苯合成的烷基化方法经过了长时间的发展，20 世纪 80 年代以前最典型的是 $AlCl_3$ 法。该法采用的是 Friedel－Crafts 工艺，用 $AlC1_3$、络合物为催化剂。反应的副产物主要为二乙苯和多乙苯，有传统的无水 $A1Cl_3$ 法和高温均相无水 $A1C1_3$ 法之分。

传统的无水 $AlCl_3$ 法，是 DOW 化学公司于 1935 年开发的最早的乙苯生产工艺，在工业生产中占有重要地位。该法使用 $AlCl_3$－HCl 络合物为催化剂，$A1Cl_3$ 溶解于苯、乙苯和多乙苯的混合物中，生成络合物。该络合物在烷基化反应器中与液态苯形成两相反应体系，同时通入乙烯气体，在温度 130℃ 以下，常压至 0.15MPa 下发生烷基化反应，生成乙苯和多乙苯，同时，多乙苯和乙苯发生烷基转移反应。

该工艺乙烯的转化率接近 100%，乙苯的收率较高，循环苯和乙苯的量较小；苯与乙烯的烷基化反应和多乙苯的烷基转移反应可在同一台反应器中完成。

但是，其反应介质的腐蚀性强，设备造价与维修费用高以及反应产物有机相经过水洗、碱洗后产生大量含有氢氧化铝淤浆的废水，加上废催化剂，造成了严重的环境污染。由于其他烯烃能同样进行烷基化反应而消耗苯，并给分离造成困难；硫化物和乙炔能使催化剂失活，水使 $AlCl_3$ 发生水解而生成不溶物 $Al(OH)_3$，易造成管道堵塞。另外，$AlCl_3$ 用量大，物耗、能耗很高，副产焦油量也比较大。

由于传统的无水 $AlCl_3$ 法存在着污染腐蚀严重及反应器内两个液相等问题，1974 年 Monsanto/Lummus 公司联合开发了高温液相烷基化生产新工艺即高温均相无水 $AlCl_3$ 法，反应温度为160℃ ～ 180℃，压力为0.6 ～ 0.8MPa，乙烯与苯的摩尔比为0.8，进料乙烯浓度范围可为15％ ～ 100％。

该流程与传统工艺基本无差别，不同的是高温均相无水 $AlCl_3$ 法采用的是内外圆筒的烷基化反应器。乙烯、干燥的苯、三氯化铝络合物先在内筒反应，在此内筒里乙烯几乎全部反应完，然后物料投入外筒使多乙苯发生烷基转移反应。

该工艺特点为，烷基化和烷基转移反应在两个反应器中进行，乙苯收率高，副产焦油少，$AlCl_3$ 催化剂用量大为减少(仅为传统法的 1/3)，从而减少了废催化剂的处理量。但这种方法也只是使设备腐蚀及环境污染问题有所缓解，并未从根本上得到解决。

(2) 以固体酸为催化剂的生产工艺

① 以固体酸为催化剂的气相生产工艺。最早采用的固体酸催化剂为 $BF_3/\gamma-Al_2O_3$，它对原料中的水分含量要求严格。其腐蚀性小于三氯化铝液相法，无酸性物排出，重质副产物生成量少，即使采用 10％ 乙烯，苯和乙烯的转化率也可达到 97％ ～ 99％，但是反应条件苛刻，该法仍未避免使用卤素。

20 世纪 70 年代末 Mobil 公司又开发成功了以 ZSM-5 分子筛为催化剂的气相烷基化法，该法对苯和乙烯的烷基化反应及二乙苯和苯的烷基转移反应均具有较强的活性和良好的选择性。烷基化反应在高温、中压的气相条件下进行，反应温度 370℃ ～ 430℃，反应压力 1.42 ～ 2.84MPa，乙烯质量空速 3 ～ $5h^{-1}$。

该工艺特点为无污染、无腐蚀、反应器可用低铬合金钢制造；尾气及蒸馏残渣可作燃料；乙苯收率高；能耗低，烷基化反应温度高，有利于热量的回收；催化剂价廉，寿命两年以上，每 1kg 乙苯耗用的催化剂较传统 $AlCl_3$ 法价廉 10 ～ 20 倍。

但是，乙烯是以气相存在于反应体系中，在有催化剂条件下容易齐聚生产大分子烯烃及长链烷基苯等。这些副反应一方面使乙苯收率降低，另一方面也加速了催化剂的失活，缩短催化剂的再生周期。

② 以固体酸为催化剂的液相烷基化循环反应工艺。20 世纪 90 年代初 Unocal/Lummus/UOP 三家公司联合推出了固体酸催化剂上苯与乙烯液相法制乙苯的新技术，以 USY 沸石为催化剂，$A1_2O_3$ 为黏合剂。烷基化反应器分两段床层，苯与乙烯以液相进行烷基化反应，各床层处于绝热状态。在 232℃ ～ 316℃ 和 2.79 ～ 6.99MPa 下进行反应，苯的质量空速 2 ～ $10h^{-1}$，苯 / 乙烯摩尔比 4 ～ 10。反应体系保持液相，苯的单程转化率为 16.2％(质量分数)，乙烯全部反应，乙苯收率 99％ 以上。

该工艺特点是：催化剂再生周期长；反应条件温和；无设备腐蚀和三废处理问题；乙苯产品中二甲苯的含量低；过程设备材料全部使用碳钢，因而装置总投资仅为相同处理能力三氯化铝法的70％；乙苯产品质量与三氯化铝法相同，但纯度优于气相法；催化剂不怕水，因而原料苯不需要干燥；在整个运转周期中，产品乙苯的收率和质量都不下降。

在此基础上，中石化石油化工科学研究院和北京燕山石化集团联合开发出了一种将苯和乙烯液相烷基化部分反应液直接循环到反应器的循环反应新工艺，具有工艺流程简单，能耗低的特点。固体酸为催化剂的液相法工艺流程如图 12-5 所示。

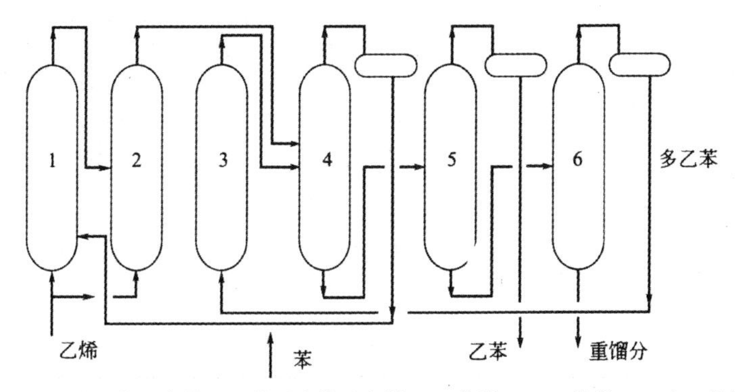

1,2— 烷基化反应器；3— 烷基交换反应器；4— 苯塔；5— 乙苯塔；6— 多乙苯塔

图 12-5　在固体酸催化剂上苯－乙烯液相烷基化生产乙苯新工艺流程

来自苯塔顶部的循环苯与新鲜苯混合后，一部分进入第一个烷基化反应器的底部，与乙烯自下而上并流反应，乙烯分为两部分分别进入两个串联烷基化反应器底部，以便保证每个反应器入口有较高的苯／乙烯分子比。另一部分苯则与从多乙苯塔顶蒸出的多乙苯馏分混合，进入烷基交换反应器的底部，自下而上进行烷基交换反应。两种反应器出口的反应产物均送入苯塔，塔顶切出未反应的苯；塔底液体则进入乙苯塔，并从乙苯塔顶蒸出乙苯产品。反应产物中的多乙苯从乙苯塔底送入多乙苯塔，塔顶蒸出的多乙苯送入烷基交换反应器，塔底重质馏分排出系统。该重质馏分含 70% 的二苯乙烷，后者可通过脱烷基反应回收产生的苯。

以沸石为催化剂合成乙苯，具有无腐蚀、无污染、流程简单、能量利用率高等巨大优越性，是今后乙苯合成的发展方向。气相法和液相法各有自己的特点，二者不能互相取代。以 $AlCl_3$ 为催化剂的生产方法和以固体酸为催化剂的生产方法的主要区别见表 12-4。

表 12-4　分别以 $AlCl_3$ 和固体酸为催化剂的生产方法对比

项目	以 $AlCl_3$ 为催化剂的生产方法		以固体酸为催化剂的生产方法	
	无水 $AlCl_3$ 法	均相 $AlCl_3$ 法	气相法	液相法
原料要求	苯：脱除硫化物水 乙烯：$C_2H_4>90\%$(体积分数) C_3H_6,$C_4H_8<1.0\%$(体积分数) $H_2S<5mg/m^3$ $C_2H_2<0.5\%$(体积分数)	苯：脱除硫化物和水； 乙烯：H_2S、O_2、CO_2、H_2O 需净化至质量分数 5×10^{-6}	苯：水含量 0.02% ～ 0.05%(质量分数) 纯乙烯／稀乙烯	苯：水含量无要求 纯乙烯
n(苯)/n(乙烯)	2.9 ～ 3.3	1.3	5.7	6
催化剂	$AlCl_3-HCl$	$AlCl_3-HCl$	ZSM－5 寿命一般 3 年 运转周期 2 月	Y 型沸石寿命一般 4 年 运转周期 1 年
反应温度 /℃	95 ～ 130	140 ～ 200	370 ～ 430	255 ～ 270

续表

项目		以 $AlCl_3$ 为催化剂的生产方法		以固体酸为催化剂的生产方法	
		无水 $AlCl_3$ 法	均相 $AlCl_3$ 法	气相法	液相法
反应压力 /MPa		0.1 ～ 0.15	0.7 ～ 0.9	1.2 ～ 1.6	3.7 ～ 4.4
烷基转移反应器		无需	需要	无需	需要
乙苯收率 /%		97.5	99	98	＞99
设备腐蚀情况		严重	比较严重	无	无
环境污染		严重	比较严重	无	无
能耗	电能 /10^7 J	9.4	3.2	3.2	0.14
	燃料 /10^4 J	6.47	2.09	1.46	3.77

12.5 绿色化学化工技术

绿色化工技术是在绿色化学基础上开发的从源头上阻止环境污染的化工技术，是指采用绿色化工技术进行清洁生产、制取环境友好产品的全过程。绿色化工技术的发展，与绿色化学的活动密切相关。美国化学界把“化学的绿色化”作为 21 世纪化学进展的主要方向之一。美国总统绿色化学挑战奖代表了在绿色化学领域取得的最高水平和最新成果。美国《未来学家》杂志载录的未来绿色化工技术具有以下特点：

(1) 能持续利用。

(2) 以安全的用之不竭的能源供应为基础。

(3) 高效率地利用能源及其他资源。

(4) 高效率地利用废旧物质和副产品。

(5) 越来越智能化。

(6) 越来越充满活力。

绿色化工技术是 21 世纪化学工业的主要发展方向之一。该技术最理想的情况是采用“原子经济”反应，即原料分子中的每一个原子都转化成产品，而不产生任何废物和副产品，实现废物“零排放”，也不采用有毒有害的原料、催化剂及溶剂，并生产环境友好的产品。

研究、开发和应用绿色化工技术的目的，在于最大限度地节约资源、防止化学化工污染、生产环境友好产品，服务于人类与自然的长期可持续性发展。绿色化工技术的内容广泛，当前，比较活跃的有如下方面。

(1) 新技术。催化反应技术、新分离技术、环境保护技术、等离子化工技术、纳米技术、空间化工技术、微型化技术等。

(2) 新材料。功能材料(如记忆材料、光敏树脂等)、纳米材料、绿色建材、特种工程塑料、特种陶瓷材料等。

(3) 新产品。生物柴油、生物农药、生物可降解塑料、磁性化肥、绿色制冷剂等。

(4) 催化剂。生物催化剂、稀土催化剂等。

(5) 清洁原料。农林牧副渔产品及其废弃物、清洁氧化剂等。

(6) 清洁能源。氢能源、生物质能源、太阳能、醇能源等。

(7) 清洁溶剂。水溶剂、超临界流体溶剂等。

(8) 清洁设备。特种材质设备、密闭系统设备、自控系统设备等。

(9) 清洁工艺。配方工艺、分离工艺、催化工艺、仿生工艺等。

(10) 节能技术。燃烧节能技术、传热节能技术、余热节能技术、电子节能技术等。

(11) 节水技术。咸水淡化技术、水处理技术、水循环使用和综合利用技术等。

(12) 生化技术。生化合成技术、生物降解技术、基因重组技术等。

(13)"三废"治理。综合利用技术、废物最小化技术、必要的末端治理技术等。

(14) 化工设计。绿色设计、原子经济性设计、计算机辅助设计等。

例如，苯甲醛的生产。传统工艺是甲苯氯化水解法，是将干燥的氯气通人沸腾状态的甲苯中，氯化生成亚苄基二氯，然后在碱性或酸性条件下水解后精馏制得苯甲醛。甲苯氯化水解法的工艺流程长、产率低，所产生的大量氯化氢不仅对设备严重腐蚀，而且对环境造成很大污染；所得产品中含有微量氯，不能用作食品、医药及香料的原料。

而新兴的甲苯氧化法是绿色化工工艺，该方法是以空气作为氧化剂，在催化剂作用下直接将甲苯氧化为苯甲醛。甲苯氧化法生产过程中没有废酸或废碱及氯化氢气体的排放，产品中不含氯，不对环境造成二次污染，而且优化了生产设备及过程，流程简单，减少了能耗，达到了绿色化工生产的效果。

参考文献

[1] 徐绍平，殷德宏，仲剑初．化工工艺学[M]. 2 版．大连：大连理工大学出版社，2012.

[2] 窦锦民．有机化工工艺[M]. 2 版．北京：化学工业出版社，2011.

[3] 人力资源和社会保障部材料办公室．无机物生产工艺[M]. 北京：中国劳动社会保障出版社，2011.

[4] 朱志庆．化工工艺学[M]. 北京：化学工业出版社，2011.

[5] 马瑛．无机物工艺[M]. 2 版．北京：化学工业出版社，2011.

[6] 高玉莲，马海华，张荣明．高分子化学合成原理与方法研究[M]. 北京：中国商务出版社，2011.

[7] 张荣．工业化学[M]. 北京：化学工业出版社，2011.

[8] 刘晓琴．化学工艺学[M]. 北京：化学工业出版社，2010.

[9] 潘鹏章．化学工艺学[M]. 北京：高等教育出版社，2010.

[10] 陈志明．有机合成原理及线路设计[M]. 北京：化学工业出版社，2010.

[11] 马宇衡．有机合成反应速查手册[M]. 北京：化学工业出版社，2009.

[12] 邓建强．化工工艺学[M]. 北京：北京大学出版社，2009.

[13] 薛叙明．精细有机合成[M]. 2 版．北京：化学工业出版社，2009.

[14] 贾红兵，朱绪飞．高分子材料[M]. 南京：南京大学出版社，2009.

[15] 谭世语，薛荣书．化工工艺学[M]. 3 版．重庆：重庆大学出版社，2009.

[16] 丁惠平．有机化工工艺[M]. 北京：化学工业出版社，2008.

[17] 贡长生．现代工业化学[M]. 武汉：华中科技大出版社，2008.

[18] 马骝强．精细化工工艺学[M]. 北京：化学工业出版社，2008.

[19] 潘祖仁．高分子化学[M]. 4 版．北京：化学工业出版社，2007.

[20] 田铁牛．化学工艺[M]. 北京：化学工业出版社，2007.

[21] 曾繁蕊．化学工艺学概论[M]. 2 版．北京：化学工业出版社，2005.

[22] 韩冬冰等．化工工艺学[M]. 北京：中国石化出版社，2003.

[23] 王小宝．无机化学工艺学[M]. 北京：化学工业出版社，2000.